"十二五"普通高等教育本科国家级规划教材

材料力学（I）

（第四版）

苟文选　王安强　主编

科学出版社

北　京

内 容 简 介

本书为"十二五"普通高等教育本科国家级规划教材，曾获陕西省优秀教材一等奖。

作为新形态教材《材料力学（Ⅰ、Ⅱ）》的基础模块，本书包括绪论、拉伸与压缩、剪切、扭转、弯曲内力、弯曲应力、弯曲变形、应力状态及应变状态分析、强度理论、组合变形时的强度计算、压杆稳定、动载荷、平面图形的几何性质等内容。各章均配有相应的思考题和习题，书后附有习题参考答案。

本书可作为高等工科院校力学、机械、土木建筑、材料、航空航天等大类的教材，也可作为上述各大类函授、网络教育和科技工作者的参考书。

图书在版编目（CIP）数据

材料力学. Ⅰ / 苟文选，王安强主编. — 4 版. — 北京：科学出版社，2023.7

"十二五"普通高等教育本科国家级规划教材

ISBN 978-7-03-074581-1

Ⅰ.①材… Ⅱ.①苟… ②王… Ⅲ.①材料力学－高等学校－教材 Ⅳ.①TB301

中国国家版本馆 CIP 数据核字（2023）第 011110 号

责任编辑：朱晓颖 / 责任校对：王 瑞
责任印制：张 伟 / 封面设计：迷底书装

科 学 出 版 社 出版

北京东黄城根北街 16 号
邮政编码：100717
http://www.sciencep.com

北京建宏印刷有限公司印刷

科学出版社发行　各地新华书店经销
*
2005 年 8 月第 一 版　开本：787×1092 1/16
2023 年 7 月第 四 版　印张：26 3/4
2025 年 7 月第十五次印刷　字数：685 000

定价：**79.80 元**

（如有印装质量问题，我社负责调换）

前　言

材料力学是变形体力学的重要分支之一，是高等工科院校的一门专业基础课，是机械、土木建筑材料、航空航天、力学等专业的一门必修主干课。材料力学紧密结合工程实际中的力学问题，通过理论、实验和计算手段，探索材料力学性能的奥秘，选择工程材料的最优利用，通过强度、刚度和稳定性计算，保证构件安全可靠、经济实用，为工程最优设计提供理论基础和计算方法。

本书是国家精品课程和首批国家级线上一流本科课程"材料力学"的配套教材。结合国家工科力学教学基地、国家级力学实验教学示范中心和国家级力学基础课程教学团队建设，编写团队经过三十余年的不懈锤炼，历经多次再版，现在已在科学出版社出版第四版。其间曾荣获国家级优秀教学成果一等奖、普通高等教育"十一五"国家级规划教材、"十二五"普通高等教育本科国家级规划教材、陕西普通高等学校优秀教材一等奖等荣誉，以教材为蓝本衍生的"材料力学"MOOC荣获首批国家级一流本科课程等各类教学成果奖。同时形成以《材料力学》新形态教材为核心，包括《材料力学教与学》《材料力学解题方法与技巧》《材料力学重点、难点、考点辅导与精析》等在内的系列化教材体系，发挥了很好的教学示范和辐射作用。在这里谨向参与各版次编写工作的教师致以谢意！

本套教材包括两部分：《材料力学（Ⅰ）》是基础模块，含绪论、拉伸与压缩、剪切、扭转、弯曲内力、弯曲应力、弯曲变形、应力状态及应变状态分析、强度理论、组合变形时的强度计算、压杆稳定、动载荷、平面图形的几何性质等内容；《材料力学（Ⅱ）》是拓展模块，含能量法、力法求解超静定、疲劳强度、扭转及弯曲问题的进一步研究、超过弹性极限材料的变形与强度、材料力学行为的进一步认识、实验应力分析等内容。各章均配有相应的思考题和习题，书后附有习题参考答案。

随着"互联网+"行动计划等有关政策出台，信息技术对教育的革命性影响日趋明显，将"互联网+"技术与高校教育教学相结合，成为高等教育改革的新亮点。同时，随着高新科技快速发展，对工科基础类课程的改革创新需求尤为明显，教育理念转变为以学生为中心，与"价值塑造、能力培养、知识传授"相结合的新目标。新的教学手段和方法不断涌现，一系列材料及实验新国标颁布，亟待进行教材的改版工作。

本次第四版编写结合新工科对高等教育教学的新要求，从以下方面进行修订：充实绪论，以史为鉴，增加民族自豪感和自信心；增加名义应力和真实应力、名义应变和真实应变的概念及异同；调整组合梁的弯曲应力计算章节顺序；增加各向异性和正交各向异性材料的胡克定律；增加无损检测技术及其应用的介绍；完善有关材料力学知识点，实验设备、测试技术、工程实例等的动画、视频、图片(标以"*")，读者可以通过扫描书中二维码观看；材料性能及实验保持和目前最新国标一致；充实和替换部分例题、习题，突出分析问题和解决问题的思路。

参加第四版改版工作的有王安强、王心美、王锋会、赵彬、黄涛、刘军、何新党、苟文选等。苟文选、王安强任主编。

从第一部《材料力学》问世的近 200 年间，材料及材料力学发生了翻天覆地的变化，工业革命及现代科技不断推动着材料学科的发展，材料力学这门古老的学科，也在不断创新中萌发新枝，限于编者水平有限，虽经几代人的磨砺，但疏漏与不足在所难免，真诚希望读者提出宝贵意见，使得教材日臻完善。

编　者

2022 年 12 月于西安

主要使用的量和单位

分类	符号	名称	国际单位	备注
外力	F	集中载荷	N, kN	1kgf = 9.81N
	q	分布载荷集度	N/m, kN/m	1kgf/m = 9.81N/m
	p	压力、压强、总应力	Pa, MPa	$1kgf/cm^2 = 98100Pa$
	M, M_e	外力偶矩	N・m, kN・m	1kgf・m = 9.81N・m
	F_{bs}	挤压力	N, kN	
	F_R	约束反力	N, kN	
	$F_A(F_{Ax}, F_{Ay})$	A 处的支座反力	N, kN	
内力	F_N	轴力	N, kN	
	F_s, F_{sy}, F_{sz}	剪力	N, kN	
	M, M_y, M_x	弯矩	N・m, kN・m	
	T	扭矩	N・m, kN・m	
应力、应变、位移	$\sigma, \sigma_x, \sigma_y, \sigma_z$	正应力	Pa, MPa	$1Pa = 1N/m^2$
	$\tau, \tau_{xy}, \tau_{yz}, \tau_{zx}$	切应力	Pa, MPa	$1kPa = 10^3Pa$
	$\sigma_1, \sigma_2, \sigma_3$	主应力	Pa, MPa	$1MPa = 10^6Pa$
	σ_{max}	最大正应力	Pa, MPa	$1GPa = 10^9Pa$
	σ_{min}	最小正应力	Pa, MPa	$1MPa = 1N/mm^2$
	σ_t, σ_c	拉、压应力	Pa, MPa	
	σ_{bs}	挤压应力	Pa, MPa	
	σ_{ri}	相当应力(计算应力)	Pa, MPa	
	$\sigma_{r,M}$	摩尔强度理论中的相当应力	Pa, MPa	
	σ_{cr}	压杆临界应力	Pa, MPa	
	$\varepsilon, \varepsilon_x, \varepsilon_y, \varepsilon_z$	线应变(相对变形)		
	$\varepsilon_p, \varepsilon_e$	塑性应变、弹性应变		
	γ	切应变	rad	
	θ	体应变、梁的转角	rad	
	w	梁的挠度	mm	
	Δ	广义位移	mm, rad	
	φ	相对转角	rad	
	φ'	单位长度转角	rad/m	

续表

分类	符号	名称	国际单位	备注
材料特性	σ_u	极限应力	Pa, MPa	
	σ_p	比例极限	Pa, MPa	
	σ_e	弹性极限	Pa, MPa	
	σ_s	屈服极限（屈服点应力）	Pa, MPa	
	σ_b	强度极限	Pa, MPa	
	σ_{bt}	抗拉强度	Pa, MPa	
	σ_{bc}	抗压强度	Pa, MPa	
	$[\sigma]$	许用应力	Pa, MPa	
	$[\sigma_t]$, $[\sigma_c]$	许用拉、压应力	Pa, MPa	
	$[\sigma_{bs}]$	许用挤压应力	Pa, MPa	
	$[\sigma_{st}]$	稳定许用应力	Pa, MPa	
	$[\tau]$	许用切应力	Pa, MPa	
	$[\theta]$	弯曲许可转角	rad/m	
	$[\varphi']$	单位长度许可转角	rad/m	
	E	弹性模量（杨氏模量）	GPa	
	E_t, E_c	拉伸（压缩）弹性模量	GPa	
	G	切变模量（剪切弹性模量）	GPa	
	μ	泊松比		
	$A(\delta)$	（断后）伸长率		
	$Z(\psi)$	断面收缩率		
	λ	压杆的柔度（长细比）		
	μ	压杆的长度因数		
	α_t	线（膨）胀系数		
	γ	重量密度	N/m^3, kN/m^3	
	ρ	密度	kg/m^3	
	K	体积模量	GPa	
	K_t	理论应力集中因数		
	k	曲率	mm^{-1}, m^{-1}	
	n	安全系数		
	n_s, n_b	塑性、脆性材料的安全系数		
	n_{st}	稳定安全系数		
	GI_p	圆轴的抗扭刚度	N · m^2	
	GI_t	非圆截面杆的抗扭刚度	N · m^2	

续表

分类	符号	名称	国际单位	备注
截面特性	A	截面面积	mm^2, m^2	$1m^2 = 10^6 mm^2$
	A_{bs}	挤压面积	mm^2, m^2	
	V	体积	mm^3, m^3	$1m^3 = 10^9 mm^3$
	ρ	曲率半径	mm, m	
	i, i_y, i_z	惯性半径	mm, m	
	S, S_y, S_z	截面一次矩(静矩)	mm^3, m^3	
	S^*, S_y^*, S_z^*	给定截面一次矩	mm^3, m^3	
	I, I_y, I_z	截面二次矩(惯性矩)	mm^4, m^4	
	I_{yz}	截面二次矩(惯性积)	mm^4, m^4	
	I_p	截面二次极矩(极惯性矩)	mm^4, m^4	
	W, W_y, W_z	弯曲截面系数	mm^3, m^3	
	W_p	扭转截面系数	mm^3, m^3	
	C	截面形心		
	b	截面宽度	mm, m	
	h	截面高度	mm, m	
	r, R	半径	mm, m	
	d, D	直径	mm, m	
	S	弧长	mm, m	
	l, L	长度	mm, m	
	δ	厚度	mm, m	
其他	P, P_k	功率(千瓦)	W, kW	$1W = 1J/s$
	P_{hp}	功率(马力)	hp	$1hp = 735.5W$
	W	(外力)功	J	$1J = 1N \cdot m$
	V, V_s	应变能	J	
	v_s	应变能密度	J/mm^3	
	n	转速	r/min	
	t	摄氏温度	℃	
	$\alpha, \beta, \gamma, \theta, \varphi$	(平面)角	$(°)$, rad	

注：① 国际单位中的空格为"无量纲"。

② 主要使用的量和单位表的编写依据是中华人民共和国国家标准 GB 3100—1993《国际单位制及其应用》、GB/T 3101—1993《有关量、单位和符号的一般原则》和 GB/T 3102.3—1993《力学的量和单位》。

目　录

第1章　绪论 ……………………………… 1
　1.1　材料力学简史 ……………………… 1
　1.2　材料力学的任务 …………………… 4
　1.3　变形固体的基本假设 ……………… 5
　1.4　外力、内力及应力的概念 ………… 6
　　1.4.1　外力 ……………………………… 6
　　1.4.2　内力 ……………………………… 6
　　1.4.3　应力 ……………………………… 7
　1.5　位移、变形及应变的概念 ………… 8
　　1.5.1　位移 ……………………………… 8
　　1.5.2　变形和应变 ……………………… 9
　1.6　构件的分类　杆件的基本变形 …… 11
　思考题 …………………………………… 12
　习题 ……………………………………… 12

第2章　拉伸与压缩 ……………………… 15
　2.1　概述 ………………………………… 15
　2.2　轴力和轴力图 ……………………… 15
　2.3　截面上的应力 ……………………… 16
　　2.3.1　横截面上的应力 ………………… 17
　　2.3.2　斜截面上的应力 ………………… 18
　2.4　材料拉伸时的力学性质 …………… 19
　　2.4.1　试件(试样) ……………………… 20
　　2.4.2　低碳钢拉伸时的力学性质 ……… 21
　　2.4.3　卸载定律及冷作硬化 …………… 24
　　2.4.4　其他材料拉伸时的力学性质 …… 24
　　2.4.5　真应力-应变 …………………… 26
　　2.4.6　材料应力-应变曲线的简化 …… 26
　2.5　材料压缩时的力学性质 …………… 28
　2.6　拉(压)杆的强度条件 ……………… 30
　　2.6.1　安全系数和许用应力 …………… 30
　　2.6.2　强度条件 ………………………… 31
　2.7　拉(压)杆的变形　胡克定律 ……… 34
　　2.7.1　纵向变形 ………………………… 34

　　2.7.2　横向变形 ………………………… 35
　2.8　拉(压)超静定问题 ………………… 43
　2.9　装配应力和温度应力 ……………… 50
　　2.9.1　装配应力 ………………………… 50
　　2.9.2　温度应力 ………………………… 54
　2.10　拉伸(压缩)时的应变能 ………… 58
　2.11　应力集中的概念 ………………… 59
　思考题 …………………………………… 61
　习题 ……………………………………… 63

第3章　剪切 ……………………………… 72
　3.1　连接件的强度计算 ………………… 72
　　3.1.1　剪切的实用计算 ………………… 72
　　3.1.2　挤压的实用计算 ………………… 73
　3.2　纯剪切　切应力互等定理　剪切
　　　　胡克定律 …………………………… 82
　　3.2.1　纯剪切 …………………………… 82
　　3.2.2　切应力互等定理 ………………… 83
　　3.2.3　剪切胡克定律 …………………… 83
　3.3　剪切应变能 ………………………… 84
　思考题 …………………………………… 85
　习题 ……………………………………… 86

第4章　扭转 ……………………………… 90
　4.1　概述 ………………………………… 90
　4.2　外力偶矩　扭矩和扭矩图 ………… 91
　　4.2.1　外力偶矩的计算 ………………… 91
　　4.2.2　扭矩和扭矩图 …………………… 91
　4.3　圆轴扭转时截面上的应力计算 …… 93
　　4.3.1　横截面上的应力 ………………… 93
　　4.3.2　截面二次极矩 I_p 和扭转截面
　　　　　　系数 W_p …………………… 96
　　4.3.3　斜截面上的应力 ………………… 97
　4.4　圆轴扭转时的变形计算 ………… 100

4.5　圆轴扭转时的强度条件　刚度条件
　　　圆轴的设计计算 ················103
　　　4.5.1　强度条件 ················103
　　　4.5.2　刚度条件 ················103
　　　4.5.3　设计计算 ················103
4.6　材料扭转时的力学性质 ········107
　　　4.6.1　试件(试样) ············108
　　　4.6.2　试验设备 ··············108
　　　4.6.3　试验条件 ··············108
　　　4.6.4　性能测定 ··············108
　　　4.6.5　低碳钢和铸铁扭转力学性质的
　　　　　　测定 ··················110
　　　4.6.6　塑性极限扭矩 ··········111
4.7　圆柱形密圈螺旋弹簧的应力和
　　　变形 ························111
　　　4.7.1　簧丝横截面上的应力 ····111
　　　4.7.2　弹簧的变形 ············113
4.8　矩形截面杆自由扭转理论的
　　　主要结果 ····················114
　　　4.8.1　非圆截面杆和圆截面杆扭转时
　　　　　　的区别 ················114
　　　4.8.2　矩形截面杆的扭转 ······115
4.9　扭转超静定问题 ··············117
思考题 ····························120
习题 ······························121

第5章　弯曲内力 ··················128
5.1　弯曲的概念 ··················128
5.2　梁的载荷与支座的简化 ········129
　　　5.2.1　外载荷的简化 ··········129
　　　5.2.2　常见支座的简化 ········129
　　　5.2.3　静定梁的基本形式 ······130
5.3　平面弯曲的内力方程及内力图 ···130
5.4　载荷集度、剪力和弯矩间的微分
　　　关系 ························137
　　　5.4.1　分布载荷作用段 ········137
　　　5.4.2　集中力 F 作用处 ······138
　　　5.4.3　集中力偶 M_e 作用处 ···139
　　　5.4.4　积分关系及应用 ········139

5.5　用叠加法作弯矩图 ············144
5.6　平面刚架与曲杆的内力 ········145
　　　5.6.1　平面刚架 ··············145
　　　5.6.2　平面曲杆 ··············148
思考题 ····························149
习题 ······························149

第6章　弯曲应力 ··················155
6.1　纯弯曲时梁的正应力 ··········155
　　　6.1.1　变形几何关系 ··········155
　　　6.1.2　物理关系 ··············156
　　　6.1.3　静力平衡关系 ··········157
6.2　正应力公式的推广　强度条件 ···160
　　　6.2.1　非对称梁的纯弯曲 ······160
　　　6.2.2　横力弯曲时的正应力 ····161
　　　6.2.3　弯曲正应力强度条件 ····161
　　　6.2.4　塑性极限弯矩 ··········166
6.3　矩形截面梁的弯曲切应力 ······167
6.4　常见截面梁的最大弯曲切应力 ···170
　　　6.4.1　工字形、槽形截面 ······171
　　　6.4.2　圆形截面 ··············171
6.5　弯曲切应力的强度校核 ········172
6.6　变截面梁和等强度梁的计算 ····176
6.7　提高梁强度的主要措施 ········180
　　　6.7.1　合理安排梁的受力 ······180
　　　6.7.2　选用合理的截面形状 ····181
　　　6.7.3　组合梁 ················183
思考题 ····························184
习题 ······························185

第7章　弯曲变形 ··················191
7.1　概述 ························191
7.2　挠曲线的近似微分方程 ········191
7.3　用积分法求梁的变形 ··········193
7.4　用叠加法求梁的变形 ··········200
7.5　梁的刚度条件及提高梁刚度的
　　　措施 ························206
　　　7.5.1　刚度条件 ··············206
　　　7.5.2　提高梁刚度的措施 ······206
7.6　用变形比较法解简单超静定梁 ···207

思考题 …………………………………212
习题 ……………………………………212

第8章　应力状态及应变状态分析 ………218
8.1　概述 ……………………………218
8.2　用解析法分析二向应力状态 ………219
8.3　用图解法分析二向应力状态 ………224
8.4　主应力迹线 ……………………229
8.5　三向应力状态 …………………230
8.6　平面应变状态分析 ……………235
8.7　广义胡克定律 …………………237
8.8　三向应力状态下的应变参数 ………240
　　8.8.1　体积应变 …………………240
　　8.8.2　应变能密度 ………………241
　　8.8.3　体积改变比能和形状改变
　　　　　比能 ……………………241
8.9　弹性常数 E、G、μ 的关系 ………242
8.10　各向异性材料的广义胡克
　　　定律 ……………………………243
思考题 …………………………………244
习题 ……………………………………245

第9章　强度理论 …………………………250
9.1　概述 ……………………………250
9.2　经典强度理论 …………………251
　　9.2.1　最大拉应力理论
　　　　　（第一强度理论）……………251
　　9.2.2　最大伸长线应变理论
　　　　　（第二强度理论）……………252
　　9.2.3　最大切应力理论
　　　　　（第三强度理论）……………252
　　9.2.4　形状改变比能理论
　　　　　（第四强度理论）……………253
9.3　经典强度理论的试验研究 ………254
　　9.3.1　关于断裂条件的试验研究 ……254
　　9.3.2　关于屈服条件的试验研究 ……255
9.4　近代强度理论 …………………256
　　9.4.1　莫尔强度理论 ………………256
　　9.4.2　双切应力强度理论 …………258
9.5　统一强度理论 …………………260

9.6　强度理论的应用 ………………261
思考题 …………………………………267
习题 ……………………………………267

第10章　组合变形时的强度计算 ………271
10.1　概述 ……………………………271
10.2　斜弯曲 …………………………271
10.3　拉伸（压缩）与弯曲的组合 ………275
　　10.3.1　拉伸（压缩）与弯曲的组合 ……275
　　10.3.2　偏心拉伸（压缩）…………278
10.4　弯曲与扭转的组合 ……………281
10.5　组合变形的普遍情形 …………288
思考题 …………………………………293
习题 ……………………………………294

第11章　压杆稳定 ………………………298
11.1　基本概念 ………………………298
11.2　细长压杆的临界压力 …………299
　　11.2.1　两端铰支细长压杆的临界力 ……299
　　11.2.2　其他支承条件下细长压杆的
　　　　　临界力 …………………302
11.3　压杆的临界应力 ………………304
　　11.3.1　细长杆临界应力及欧拉公式的
　　　　　适用范围 ………………304
　　11.3.2　中、小柔度杆的临界应力 ……306
　　11.3.3　临界应力总图 …………307
11.4　压杆的稳定计算 ………………313
11.5　稳定系数法 ……………………316
11.6　提高压杆稳定性的措施 ………320
　　11.6.1　选择合理的截面形状 ………320
　　11.6.2　减小压杆的支承长度 ………320
　　11.6.3　改善杆端约束情形 …………320
　　11.6.4　合理选择材料 ……………320
11.7　纵横弯曲的概念 ………………321
思考题 …………………………………324
习题 ……………………………………324

第12章　动载荷 …………………………329
12.1　概述 ……………………………329
12.2　等加速直线运动及匀速转动时
　　　构件的动应力计算 ……………329

　　　12.2.1 构件做等加速直线运动时的
　　　　　　 动应力 ·············329
　　　12.2.2 构件做匀速转动时的动应力 ····331
12.3 冲击问题 ·······················334
12.4 冲击韧度 ·······················345
12.5 提高构件抗冲击能力的措施 ····346
12.6 考虑被冲击构件质量的冲击
　　 应力 ···························347
思考题 ·································350
习题 ···································351

附录 A　平面图形的几何性质 ·····356

附录 B　简单截面图形的几何性质 ·········379

附录 C　简单载荷下梁的弯矩、剪力、
　　　　挠度和转角 ·············381

附录 D　型钢截面尺寸、截面面积、
　　　　理论重量及截面特性 ·········384

附录 E　Q235 钢各类截面受压直杆的
　　　　稳定系数 φ ·······395

附录 F　中英文名词对照 ···········397

习题参考答案 ·························403

参考文献 ·····························415

重点及
难点

第1章 绪 论*

1.1 材料力学简史

工程实际中广泛地使用各种机械和结构物。组成这些机械和结构物的零件，统称为构件。为确保机械和工程结构的工作性能，一般不允许构件在工作时发生破坏。

我国古代许多伟大的工程饱经沧桑至今仍巍然屹立，其中蕴含有丰富的材料力学知识。据考证，我国在殷商时期(约公元前14世纪)，房屋建筑就采用了柱、梁、檩、椽的屋架结构，人们逐渐知道了立柱和横梁应采用圆形和矩形截面，积累了合理运用木结构的经验。在以后的生产活动中，人们对各种材料，特别是木材的性能作了仔细的研究，木架结构也随之发展得更加科学、更加完善，成为我国建筑体系的主要特征。木结构是指用木架作为骨干，下为立柱，上为梁、枋、檩子构成的骨架，其承载着房屋的全部重量。墙壁仅起隔离作用，可以随意开设门窗，这与现代的钢结构和钢混结构相类似。同时，这种梁架结构为简单的静定梁，横梁一层比一层短，使载荷集中地加在靠近支点的地方，大大减小了梁在两荷重间的很大一段长度中的弯曲应力，使梁中切应力仅仅限制在两端很小的范围内，巧妙地运用了静力学和材料力学的原理。特别是用方形木块和前后左右挑出的臂形横木组成的斗拱，作为立柱和梁的过渡部分，将建筑物上面部分的分散重量集中到底部的柱头上，成功地解决了木架结构的横梁与立柱衔接处的切应力集中问题。斗拱结构逐渐发展成尺寸精密、制度完备的结构。建于唐末(公元857年左右)的山西五台山佛光寺大殿*，所用斗拱已相当完备。建于辽代(公元1056年)的山西应县佛宫寺释迦塔(也称为应县木塔)*，是我国现存最古老最完整的一座木塔，图片
木塔建在方形及八角形的两层砖台基础上，底径30m，塔高67.31m，呈平面八角形，共九层，其中四层为暗层，外观五层六檐，用木材约7400t，全塔重量由32根木柱承受，采用不同规模的斗拱形式多达54种。其结构精密，体量宏伟，反映了我国古代木构建筑的杰出成就。近千年来该塔历经多次地震，其中公元1626年在灵丘一带的地震，震中烈度达9度，该塔依然安然无恙。随着人们对砖石等材料耐压性能好这一特性的认识，出现了越来越多的砖石结构建筑。在公元200年左右，我国就有了石拱桥的历史记载。拱桥在材料使用上最经济，尤其当载荷均匀，每块拱石都受压力时更是如此。因为耐压正是石料等脆性材料的特性。我国现存最古老的石拱桥——小商桥，位于河南漯河市郾城区与临颍县交界的小商河上，为敞开式石拱桥，建于隋文帝开皇四年(公元584年)，是一座在主拱两端各有一对称腹拱的三桥洞石拱桥，全长计21.3m，桥面宽6.45m，其结构与著名的赵州桥相似。赵州桥*修建于公元605年左右，距今已有1400多年，是隋代工匠李春所建，施工技术巧妙绝伦，用石块砌成拱形，材料只受压缩，不受拉伸。该桥长50.82m，两端宽9.6m，中部宽9m，主孔跨度37.02m，其大拱为小于半圆的一段圆弧，拱高仅有7.23m，与跨高之比为1∶5.3(而不是通常的高度和跨度比1∶2)。同时在大拱上还叠加了四个小拱，形成了拱上加拱的敞肩拱桥，既节省材料又可泄洪，减小了水流平推力，正如唐玄宗开元年间宰相张嘉贞所言"制造奇特，人不知其所

以为"。由于采用了上述方法，可以增加流水面积 16.5%，减轻桥身净重 15.3%，增加桥梁安全系数约 11.4%，大大增加了桥的寿命。而欧洲出现类似的桥，比赵州桥则晚了 700 多年。合理利用抗拉材料的例子也有很多。2200 多年前，李冰父子在四川灌县兴造水利工程都江堰，横跨岷江的竹索桥*长达 320m，它以木为桩，以竹为揽，分 8 孔横跨都江堰鱼嘴和内外两江，是运用竹材优良抗拉性能的实例。船舶制造也是很早就有了发展。早在汉朝（公元前 140 年）已造成了能容千人的大船，6 世纪末隋朝就建造了高 100 余尺，能容 800 人的五层大战船。唐朝的船舶特别以船身大、容积广，抵抗波涛能力强而闻名。明朝郑和 7 次下西洋，率领当时世界上最为壮观的"大宝"船队，含长 44 丈[1]，宽 18 丈的船 47 艘，共载兵士 2.7 万多人到达波斯湾、红海等亚非 30 多个国家和地区。当时是公元 1405～1433 年，比欧洲航海家的远航早了半个多世纪。公元 1103 年出版的宋代杰出建筑师李诫所著的《营造法式》，总结了我国 2000 多年间木结构建筑方面的经验，系统地给出了房屋各部分的尺寸经验公式，如"凡梁之大小，各随其广分为三分，以二分为厚"。即把矩形梁截面尺寸高和宽的比例规定为 3：2，这是由圆木加工成矩形梁的最合理比值（理论上应为 $\sqrt{2}$：1），使用这样的比值既提高了木梁的抗弯性能，又保证了木梁具有一定的稳定性。意大利的达·芬奇（1452—1519 年）也提出了梁的强度与长度成反比、与宽度成正比，但没有提到高度对梁的影响，在时间上也比李诫晚400 多年。早在东汉时期，经学家郑玄（公元 127—200 年）通过定量测量得出"假令弓力胜三石，引之中三尺，弛其弦，以绳缓擐之，每加物一石，则张一尺"，清楚地表达了力与变形的关系。1500 多年后英国科学家胡克[2]把它总结成被人们普遍认知的胡克定律。

1662 年，胡克在英国皇家协会负责实验工作。经过长期的实验研究，于 1678 年发表了著名论文《弹簧》。文中叙述到"取一根长 20，30 或 40 英尺[3]的弹簧，上端用钉子钉牢，另一端系一秤盘，用一个双脚规来测量秤盘底到地面间的距离，把该距离记下，然后把重量放入上述秤盘中，测得弹簧的若干次伸长，记下来，将各数据加以比较，就会发现每次弹簧的伸长与所加重量成同一比例"。他还用螺旋弹簧、发条、木头等做过实验，从而得出：所有弹性体在变形后恢复至原来位置所需要的力常与所移动的距离或空间成正比。这篇论文还被认为是第一篇讨论材料弹性性质的文献。胡克定律的发现，沟通了力与变形间的关系，从而可以通过测量外部载荷来确定变形和应力的大小，同时也可以通过测量局部变形来推算作用力的大小。

中国、古希腊、古罗马、古埃及以及其他早期文明国家，都曾建造了许多宏伟而耐久的结构，人们都掌握了关于材料力学方面的知识，但大多数都因缺少记述而流失了。"材料力学"作为一门科学，一般认为以意大利科学家伽利略于 1638 年发表的《关于两种新科学的叙述及其证明》为标志。该书就悬臂梁的应力分布，简支梁受集中载荷的最大弯矩，等强度梁的截面形状和空、实心圆柱的抗弯强度比较进行了阐述。尽管关于悬臂梁的应力分布公式受当时测试手段的限制是错误的，但他的这些工作仍有很大的意义，开创了由实验总结来发展理论的阶段。从此，设计工作有了理论的指导。

17 世纪以后，随着技术革命的发展，新兴的工业、海运、土建、桥梁等大型工程中出现了很多构件破坏和强度计算的问题。此时，单靠经验和简单模拟已不能解决问题。科学家采

---

[1] 明朝 1 丈 ≈ 3.16m，隋朝 1 尺 =29.5cm。

[2] Robert Hooke（1635—1703 年）英国实验主义哲学家，于 1678 年提出以他的名字命名的胡克定律。由于郑玄在《考工记·弓人》的注中已提到这一概念，故可称为郑玄-胡克定律。

[3] 1 英尺 =3.048×10^{-1}m。

用了数学解析与实验研究相结合的方法进行研究，走出了经验积累阶段，取得了科学成果，为工程设计提供了计算方法和理论基础，大大地推动了生产的发展。随着生产的发展，工程规模进一步扩大，在结构形式、设计方法、材料性能等方面，又出现了更新、更复杂的问题，反过来又推动了科学研究的发展，这样交替促进，逐渐发展成系统的材料力学学科。

18 世纪时对材料力学贡献最大的科学家当首推法国科学家库仑(1736—1806 年)。他在材料力学方面的主要成就是通过实验修正了伽利略关于悬臂梁抗力问题的错误，同时提出了最大切应力强度理论。依照这一理论，对于梁的危险状态的到达起主要作用的是切应力。从此，梁的平面弯曲问题得到了相当完善的解决。同时，库仑也是在扭转方面取得较大成绩的第一人。到了 1826 年，由法国著名科学家纳维所著的第一部《材料力学》著作问世。

实践经验的积累，是力学理论发展的重要基础。我国古代在材料力学方面积累了丰富的经验和知识，中国人"在许多重要方面有一些科学技术发明，走在那些创造出著名的'希腊奇迹'的传奇式人物的前面，和拥有古代西方世界全部文化财富的阿拉伯人并驾齐驱，并在公元 3 世纪到 13 世纪保持一个西方所望尘莫及的科学知识水平"。①

19 世纪 30 年代以后，人们大规模兴建铁路，桥梁建设也随之高速发展，这样又出现了各种各样的新问题，如铁轨的冲击载荷、振动载荷、疲劳强度，桥梁的振动，桁架受压杆件的稳定性等问题。起初这些问题未能得到很好的关注，因而造成了重大损失，也引起了人们对它的研究。

19 世纪中叶，由于国际贸易的迅速发展，特别是远洋贸易的发展，造船材料及强度计算成为一个重要问题，1870 年，出现了用铁替代木材，以蒸汽动力替代风帆的轮船；1890 年开始用钢来制造船舶的某些关键部分，从而提高了船速，增加了船的运载能力。还解决了船舶的振动、各种薄板的计算等强度问题。

第一次世界大战期间和战后，航空工业由于其自身优势及国防意义而得到迅速发展，这就大大促进了薄壁及薄壳的强度计算、稳定性、疲劳等理论的发展。

随着工业的蓬勃发展及新材料的不断出现，开展材料性质的实验研究也显得更加迫切。19 世纪末，各国先后建立了材料力学性质研究的实验室，并于 1882 年成立了国际材料试验协会(IATM)。20 世纪以来，实验研究更加广泛，出现了许多重要的实验方法，如以电测和光测为基础的各种实验技术不断创新。新方法和新技术研究解决了许多实际问题，并推动了理论的发展。

大桥坍塌

另外，不断发生的重大事故，也向科学家提出一个个新的命题，促使材料科学及力学领域不断发展*。例如，1912 年 4 月 14 日，英制 4600 t 被称为"不沉之船"的"泰坦尼克号"游轮，在从南安普敦港驶向纽约的处女航中，连同它的 1517 位乘客，仅在 3h 内就被格陵兰冰冷的海水吞没了。其中除了水手的操作因素，另一个重要原因则是造船工程师只考虑到要增加钢的强度，而忽略了要增加其韧度。1943～1947 年仅美国就有千余艘焊接"自由轮"发生脆性断裂。

水塔倒塌

1986 年 4 月 26 日，苏联 1973 年动工修建、1977 年投入运行的切尔诺贝利核电站，在一系列操作失误后，反应堆不断工作产生蒸汽，却将其输向已经关闭的涡轮机，反应堆外壳承受的压力和温度远远超出了设计的要求，一条 30 多米高的火柱掀开了反应堆的外壳，爆炸

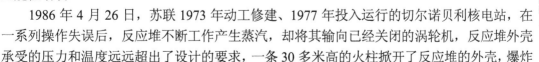

① 李约瑟.《中国科学技术史》. 第一卷. 北京：科学出版社，1975.

释放的能量相当于 500 颗广岛原子弹，放射性污染遍及苏联 694.5 万人居住的 $1.5\times10^5km^2$ 地区。严重的灾难性事故促使新的设计理念和新材料不断诞生。

20 世纪特别是近 50 年来，科学技术有了突飞猛进的发展，工业技术高度发展，特别是航空航天工业崛起，计算机出现与不断更新换代，各种新型材料不断问世并应用于工程实际，实验设备日趋完善，实验技术不断提高，兴于 20 世纪中叶的计算机仿真技术更是无所不能。这些都使得材料力学所涉及的领域更加广阔，知识更加丰富。这表明这门学科仍处在不断发展和更新之中。新材料、新概念、新理论和新技术必将给这门古老的学科注入新的活力。国际空间站的建立使航天飞机穿梭于地面与太空之间；我国载人航天、探月工程、火星探测、空间站工程取得了巨大成功；2008 年 6 月 30 日正式通车的苏通大桥，创造了最大主跨 (1088m)、最深基础 (120m)、最高桥塔 (300.4m)、最长拉索 (577m) 四项世界纪录。2017 年 7 月建成全长近 50km 的港珠澳大桥，仅海中桥隧就长达 35.6km。这些例子无不体现出科技创新和材料力学进展的巨大成果。

1.2　材料力学的任务

构件的种类和用途虽然各不相同，但在机械或结构物工作时，每个构件都将受到从相邻构件或其他物体传来的外力作用。为保证构件能正常工作，一般需要满足以下三个方面的要求。

1. 构件应有足够的强度

构件在一定外力的作用下首先应不发生断裂，如提升重物的钢丝绳不应被重物拉断。其次，有些构件，如机床主轴受外力后出现了过大的永久变形，即卸除外力后不可恢复的变形，即使轴没有断裂，机床也不能正常工作。可见，构件应具有足够的强度，即要求在一定外力作用下的构件不发生破坏。这里所指的破坏，不仅指受外力作用后构件的断裂，还指卸除外力后构件产生过大的永久变形。

2. 构件应有足够的刚度

构件在一定外力的作用下，即使不出现永久变形，也要产生卸除外力后可以恢复的弹性变形。这里的变形是指构件的形状和尺寸的改变。对某些构件的弹性变形有时需要加以限制，如机床的主轴受外力后产生过大的弹性变形，会影响工件的加工精度。可见，在一定外力的作用下，构件的弹性变形应在工程上允许的范围以内，也就是要求构件有足够的刚度。

3. 构件应有足够的稳定性

有一些构件在某种外力作用下，可能出现不能保持它原有平衡状态的现象。如受压的细长直杆，当压力增大到某一数值后会突然变弯。如果静定桁架中的受压杆件发生这种现象，可使桁架变成几何可变的结构而损坏。可见，对于在一定外力作用下的构件，必须要求维持其原有的平衡形式，这就是要求构件有足够的稳定性。

在设计构件时，不仅要满足强度、刚度和稳定性这三方面的要求，还必须尽可能地选用合适的材料和尽可能少用材料，以节省资金或减轻构件的自身重量。也就是说既要考虑最大的安全性，又要考虑最大的经济性。这二者是任何工程设计都必须满足的两个最基本的要求。

这两个要求通常是彼此矛盾的。要增加安全性，就需要使用优良的材料或选择较大的截面尺寸；反之，最大的经济性要求尽量使用价廉的材料或减少截面尺寸以节省材料。**材料力学的任务**就是在满足强度、刚度和稳定性的要求下，以最经济的代价，为构件确定合理的截面形状和尺寸，选择合适的材料，为设计构件提供必要的理论基础和计算方法。

要解决构件的强度、刚度和稳定性问题，必须研究在外力作用下构件的变形和破坏规律。因此，在材料力学中将研究如下问题。

(1) 通过理论分析研究各种构件在不同的受力状态所产生的内力和变形，建立计算构件在外力作用下所产生的变形、内力和内力分布的各种理论计算方法和公式。这些计算公式提供了设计所需的关于外力、构件几何尺寸和所产生的内力、变形之间的关系。

(2) 用实验方法研究材料的力学性质（又称机械性质或力学性能），即研究材料在外力作用下，其变形和所受外力间的关系，研究构件在外力作用下发生的破坏规律。

(3) 根据具体的工作条件和要求，应用前两部分提供的计算方法和数据来确定构件所需的安全而经济的截面尺寸；或确定构件可以承受的最大外力；或对已设计好的构件校核其是否有足够的强度、刚度和稳定性。

在材料力学中，理论、实验和工程实践是紧密联系的。不但材料的力学性质数据需从实验中取得，在材料力学的理论中，所有的分析和计算方法都建立在以实验为依据的一系列假设上。尽管用计算机进行仿真模拟实验已经十分逼真，但材料力学计算结果的准确性和可靠性最终必须由实验和工作实践予以证实。有些问题现在还无理论分析结果，必须借助实验方法来解决。所以，实验分析和理论研究同样是材料力学解决问题的手段。

1.3　变形固体的基本假设

材料力学是研究在外力作用下构件的变形和破坏规律的学科。构件一般由固体材料制成。不能将制成构件的材料看成既不能变形也不产生破坏的刚体，必须如实地把制成构件的材料看成可变形固体。变形固体的性质是多方面的，从不同的角度研究问题，侧重面也不一样。为了抓住材料力学所研究问题的有关主要性质，略去一些关系不大的次要性质，有必要对变形固体作某些假设，将它们抽象为一种理想模型。一般情况下材料力学中对变形固体所作的基本假设有以下三种。

(1) **连续性假设**。认为变形固体在其整个体积内都毫无空隙地充满了物质。实际的变形固体从物质结构来说都具有不同程度的空隙。然而，这些空隙的大小和构件的尺寸相比是很微小的，可以忽略不计，认为变形固体在其整个几何空间内是连续的。

(2) **均匀性假设**。认为在变形固体的体积内，各点处的力学性质完全相同。工程中使用最多的金属材料是由很多晶粒组成的，各个晶粒的力学性质并不完全相同。由于晶粒的大小和构件内点的尺寸相比是很微小的，并且晶粒在构件中的排列是任意的、无规则的，构件的力学性质是所有晶粒力学性质的宏观综合效应。故可认为构件内各点处的力学性质是均匀的。

(3) **各向同性假设**。认为构件在各个方向上的力学性质完全相同。就金属的一个晶粒来说，在不同的方向上，它的力学性质并不一样。由于构件中含有的晶粒数量极多，而且晶粒的排列也是完全无规则的，这样在构件的各个方向上性质接近相同。在今后的讨论中一般都把变形固体假设为各向同性的。

并非所有的材料都是各向同性的，如果材料不具有任何弹性对称性，称为各向异性偏等性材料。这类材料与各向同性材料不同，具有 21 个独立的弹性常数，而不是 2 个独立的弹性常数。如果材料具有三个相互垂直的弹性对称平面，则称为正交各向异性材料。这种情况下，独立的弹性常数减少到 9 个。沿不同方向力学性质不同的材料，称为各向异性材料，如单晶、木材、胶合板及有些人工合成材料。纤维增强复合材料是典型的各向异性材料。它们的力学特性在复合材料力学等专门讲述各向异性材料的教科书中讲述。

1.4　外力、内力及应力的概念

1.4.1　外力

作用于构件上的外力，按其作用方式可分为**体积力（场力）**和**表面力（接触力）**。体积力是连续分布在构件内部各点处的力，如构件的自重和惯性力等，通常用集度来度量其大小，常用的单位为 N/m^3。在大多数工程问题中，自重常可略去。表面力是直接作用于构件表面的力，又可分为分布力和集中力。连续作用于构件表面面积上的力为分布力，如作用于船体上的水压力和作用于楼房墙壁上的风压力等，通常也用集度来度量其大小，常用的单位为 N/m^2。有些分布力是沿杆件的轴线作用的，如楼板对屋梁的作用力、钢板对轧辊的作用力等。若外力分布面积远小于物体的表面尺寸（如火车车轮对钢轨的压力），或沿杆件轴线的分布范围远小于轴线长度（如手掌对单杠的拉力），就可看成集中力，常用的单位为 N（牛顿）或 kN（千牛顿）。

1.4.2　内力

构件受到外力作用而产生变形时，构件内部各质点间的相对位置将发生变化，同时，各质点间的相互作用力也发生了改变。材料力学中所研究的内力是在外力作用下构件各质点间相互作用力的改变量，即"附加内力"，通常简称为内力。这样的内力随外力的增加而增加，达到某一限度时就会引起构件的破坏，因此它与构件的变形和破坏是密切相关的。

为了显示内力，可以假想地用一个 $m\text{-}m$ 截面将构件分成Ⅰ和Ⅱ两部分（图 1-1(a)）。任取其中一部分，如Ⅰ作为研究对象，则将弃去部分Ⅱ对Ⅰ的作用以截面上的内力代替。由于假设构件是均匀连续的变形固体，在 $m\text{-}m$ 截面上各处都有内力的作用，所以内力在横截面上是连续分布的。这些分布内力向截面上的某一点（如截面几何中心（形心）C）简化后得到一个主矢 F 和一个主矩 M（图 1-1(b)）。今后可用简化后的主矢 F 和主矩 M 表示截面上的内力。

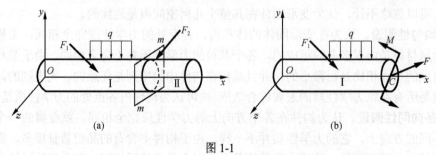

图 1-1

由于原来的构件在外力作用下是平衡的，对所研究的部分Ⅰ来说，外力 F_1 和 q 与 $m\text{-}m$

截面上的内力 F 和 M 应保持平衡，根据平衡条件可确定 m-m 截面上的内力。

同样，根据作用和反作用定律可知，部分 I 对部分 II 的作用，即内力，必定与部分 II 对部分 I 作用的内力大小相等且方向相反。因此，也可由部分 II 的平衡条件来确定此内力。工程中往往不用主矢 F 和主矩 M 来表示截面上内力，而常用主矢沿 3 个坐标轴的分量 $(F_x、F_y、F_z)$ 和主矩沿 3 个坐标轴的分量 $(M_x、M_y、M_z)$，即 6 个内力分量来表示。

假想地用截面把构件分成两部分，以显示和确定内力的方法称为**截面法**。用截面法求内力可归纳为以下三个步骤。

(1) 欲求某一截面上的内力时，可假想地沿该截面将构件分成两部分，任意留下一部分作为研究对象，弃去另一部分。

(2) 用作用于截面上的内力代替弃去部分对留下部分的作用。

(3) 对留下部分根据平衡条件，确定未知内力。

例1-1 试求图 1-2(a) 所示梁 c 截面上的内力。已知均布载荷 $q = 10\text{kN/m}$，$F = 30\text{kN}$，$a = 2\text{m}$。

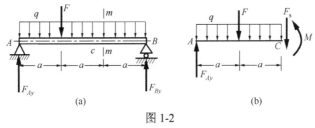

图 1-2

解 (1) 求支座反力 F_{Ay} 和 F_{By}。由静力平衡条件

$$\sum M_B = 0, \quad F_{Ay} = \frac{2Fa + \frac{9}{2}qa^2}{3a} = \frac{2}{3}F + \frac{3}{2}qa = \frac{2}{3} \times 30 + \frac{3}{2} \times 10 \times 2 = 50(\text{kN})$$

$$\sum F_y = 0, \quad F_{By} = F + 3qa - F_{Ay} = 30 + 3 \times 10 \times 2 - 50 = 40(\text{kN})$$

(2) 用假想截面 m-m 沿 c 处将梁截开，取左段作为研究对象。由平衡条件可知，在 c 截面存在切力 F_s 和力偶 M。设切力 F_s 和力偶 M 的方向如图 1-2(b) 所示。于是

$$\sum F_y = 0, \quad F_s = F_{Ay} - F - 2qa = 50 - 3 - 2 \times 10 \times 2 = -20(\text{kN})$$

$$\sum M_C = 0, \quad M = 2F_{Ay}a - Fa - 2qa^2 = 2 \times 50 \times 2 - 30 \times 2 - 2 \times 10 \times 2^2 = 60(\text{kN·m})$$

需要注意的是，在研究内力时，一般不允许用力的可传性原理；不允许将结构上的载荷预先用一个与之相当的力系来代替。只有选定截面后，才可以把分布载荷简化为集中力(偶)对指定截面取矩。取留 AC 段还是 CB 段可自由选择。

1.4.3 应力

在例 1-1 中，c 截面上的内力 F_s 和 M 仅表示该截面上分布内力向截面形心简化的结果，不能说明分布内力在截面某点处的强弱程度。显然，构件的变形和破坏，不仅取决于内力的大小，还取决于内力的分布情况。为此，引入内力集度的概念。设在图 1-3 所示受力构件的 m-m 截面上，围绕 c 点取一微小面积 ΔA(图 1-3(a))，ΔA 上内力的合力为 ΔF。这样，在 ΔA 上内力的平均集度为

$$p_m = \frac{\Delta F}{\Delta A}$$

式中，p_m 称为 ΔA 上的**平均应力**。当 ΔA 趋近于零时，p_m 的极限值

$$p = \lim_{\Delta A \to 0} \frac{\Delta F}{\Delta A} = \frac{dF}{dA} \tag{1-1}$$

就是 c 点的内力集度，又称为 c 点处的**总应力**。

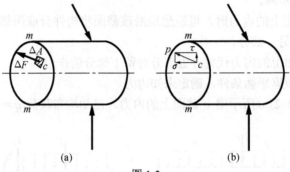

图 1-3

　　p 是有方向的，其方向就是当 $\Delta A \to 0$ 时，内力 ΔF 的矢量的极限方向，一般说它既不与截面垂直，也不与截面相切。通常把总应力 p 分解成垂直于截面的分量 σ 和平行于截面的分量 τ (图 1-3(b))。σ 称为**正应力**，τ 称为**切应力**或**剪应力**。将总应力用正应力和切应力两个分量来表示，其物理意义和材料的两类断裂现象(拉断和剪切错动)相对应。今后在强度计算中一般仅计算正应力和切应力，而不用计算总应力。

　　在国际单位制(SI)中，力的基本单位是牛(顿)，$1N = 1kg \cdot m/s^2$；能量的基本单位是焦(耳)，$1J = 1N \cdot m$；而应力的基本单位是帕(斯卡)，$1Pa = 1N/m^2$，由于 Pa 这个单位太小，使用不便，常用 MPa($1MPa = 10^6 Pa$)或 GPa($1GPa = 10^9 Pa$)。

1.5　位移、变形及应变的概念

1.5.1　位移

　　构件在外力作用下，从原来的某个位置改变到一个新的位置，构件各部分位置的改变产

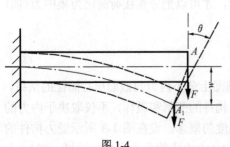

图 1-4

生不同的位移。构件位置的改变可以用线位移和角位移来表示。构件上某个点从原位置到新位置的连线表示该点的**线位移**。构件上一条线段或一个平面在构件位置改变时转过的角度叫**角位移**。如图 1-4 中所示的杆，A 点的线位移是 AA_1，而杆端平面的角位移是 θ。线位移是一个矢量，它在任一方向的投影称为该点在某一方向的位移。图 1-4 中的 w 即是 A 点在垂直方向的位移。

1.5.2　变形和应变

当力作用在物体上时，将引起受力体形状和大小的变化，这种变化被定义为变形。这种变化或者非常明显，或者不易察觉(除非用仪器进行精确的测量才能察觉)，涉及力学的测量技术在有关参考书中均有详述，《材料力学(Ⅱ)》中仅就力学量的测试方法作一些初步介绍。

构件的形状总可以用它各部分的长度和角度来表示，因此构件的变形可以归结为长度的改变和角度的改变，即线变形和角变形两种形式。为了能够准确地以数值来度量不同形状构件在不同的内力作用下内部各处发生的变形，必须确定构件内部各点的变形。

单位长度线段的伸长或缩短定义为**线应变**。如图 1-5(a)所示的连续未变形体内，在 A 点沿 n 轴取原始长度为 Δs 的线段。变形后，点 A、B 分别移至 A'、B'，线段由直线变成为曲线，且长度为 $\Delta s'$(图 1-5(b))。长度产生了数值上等于 Δu 的改变，Δu 就是线段 AB 的线变形。如果线段 AB 上各处变形程度相同，用符号 ε_{m} 来表示平均线应变，则

$$\varepsilon_{m} = \frac{\Delta s' - \Delta s}{\Delta s} = \frac{\Delta u}{\Delta s}$$

而 A 点沿 n 轴方向的线应变量为

$$\varepsilon = \lim_{\substack{B \to A \\ 沿 n}} \frac{\Delta s' - \Delta s}{\Delta s} = \frac{\mathrm{d}u}{\mathrm{d}n} \qquad (1\text{-}2)$$

如果已知该点的线应变 ε，则变形后线段 Δs 的近似长度可由下式确定，即

$$\Delta s' \approx (1 + \varepsilon)\Delta s$$

当 ε 为正时，线段 Δs 伸长；反之，线段 Δs 缩短。

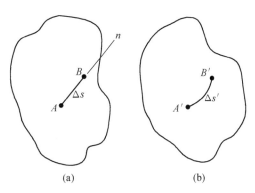

图 1-5

线应变是量纲为 1 的量，习惯上用长度单位的比来表示。如果应用 SI(国际单位制)，其基本单位为 m/m。在实际工程中，应变 ε 是非常小的，应变的测量单位用 μm/m 来表示。因为 $1\mu m = 10^{-6}m$，故工程中所述的 $100\mu\varepsilon$，即每米的绝对伸缩量为 $100\mu m$。实际上，应变有时也用百分数来表示，如 $0.001 m/m = 0.1\%$，如果线应变量为 480×10^{-6}，即表示 $480\mu m/m$，或 0.0480%。同样可以简单地表述为 $480\mu\varepsilon$。

角变形是指平面内两条正交的线段变形后其直角的改变量，这种角度的改变量称为**切应变**或**角应变**，通常用 γ 表示，用弧度来度量。设在物体上一点 A 建立正交坐标系 $n\text{-}t$，并作线段 AB 和 AC，物体变形后，线段的端点发生位移，且线段由直线变成曲线(图 1-6)。这时，两条线段在 A 点的夹角为 θ'，A 点切应变的定义和坐标轴 n、t 有关，即

$$\gamma_{nt} = \frac{\pi}{2} - \lim_{\substack{B' \to A' \\ 沿 n \\ C' \to A' \\ 沿 t}} \theta' \qquad (1\text{-}3)$$

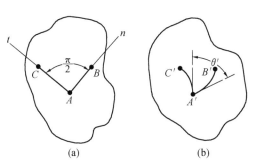

图 1-6

直角 $\angle CAB$ 的改变量 γ_{nt} 就是 A 点在 nt 平面内的切应变。

需要注意的是，线应变 ε 和切应变 γ 虽然与 A 点的位置和指定的方向有关，点和方向不同，ε 和 γ 也将不同，但其并不是矢量，所以不能像线位移那样按矢量来处理。

线应变和切应变反映了构件的尺寸和几何形状的变化，这种应变虽然很微小，但对研究构件的内力在截面上的分布规律却起着决定性作用。要研究内力在截面上的分布规律，需要先研究构件中各点处的应变。

材料力学中所研究的构件在受外力作用时产生的变形，可能很小，也可能相当大。大多数的工程材料，如金属，受力后的变形和原始尺寸相比是很小的。这样，在研究构件的平衡和运动时，往往忽略构件的变形，而按变形前的原始尺寸进行分析计算。如图 1-7 中的桁架 BAC，受 F 力作用后，由于杆 AB 和 AC 的变形，节点 A 移至 A'。由于杆的变形量很小，A 点和 A' 点非常接近，所以 $\angle BA'A \approx 60°$。通常认为当线应变 $\delta/L < 1/100$，$\theta < 5°$ 时是小变形，在小变形前提下，求 AB 和 AC 杆的受力时，仍用变形前的几何形状和尺寸来计算，误差很小。

有些构件在受力后可能发生较大的变形，在大变形的情形下就不能按原始尺寸进行计算，而要按变形以后的尺寸进行计算。在本书中，主要研究小变形条件下的各类问题，这是因为大多数工程设计中，构件的小变形是允许的。因此，在下面讨论中，假定在物体中所产生的变形几乎是无穷小量，即材料中的应变相对 1 来说是非常小的（$\varepsilon \ll 1$）。这种假设通常称为**小应变分析**。

当应用小应变分析时，对于两种应变（线应变和切应变）或者位移以及包含应变或位移的项，当出现幂次大于 1 的情况时，可以将小量忽略。一阶近似被应用于包含应变和位移的简化计算中。例如，Δ 是一个非常小量，根据二项式定理对 $(1+\Delta)^n$ 展开（这里 n 是任何次幂）的一般形式为

$$(1+\Delta)^n = 1 + n\Delta + \frac{n(n-1)}{2!}\Delta^2 + \cdots + \Delta^n$$

因此，作为近似，忽略 Δ 的高阶项可得到

$$(1+\Delta)^n \approx 1 + n\Delta$$

如果 Δ 和 Δ' 是两个小量，其乘积的近似为

$$(1+\Delta)(1+\Delta') = 1 + \Delta + \Delta' + \Delta\Delta' \approx 1 + \Delta + \Delta'$$

对于非常小的角度 $\Delta\theta$，其正弦和余弦作幂级

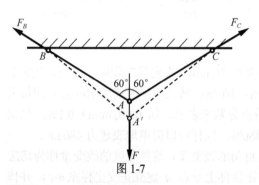

图 1-7

数展开，可有下列近似：

$$\sin\Delta\theta = \Delta\theta - \frac{\Delta\theta^3}{3!} + \frac{\Delta\theta^5}{5!} - \cdots = (-1)^n \frac{\Delta\theta^{(2n+1)}}{(2n+1)!} + \cdots, \qquad n = 0, 1, 2, \cdots$$

$$\sin\Delta\theta \approx \Delta\theta$$

$$\cos\Delta\theta = 1 - \frac{\Delta\theta^2}{2!} + \frac{\Delta\theta^4}{4!} - \cdots = (-1)^n \frac{\Delta\theta^{(2n)}}{(2n)!} + \cdots, \qquad n = 0, 1, 2, \cdots$$

$$\cos\Delta\theta \approx 1$$

同样，对于正切 $\qquad \tan\Delta\theta = \dfrac{\sin\Delta\theta}{\cos\Delta\theta} \approx \dfrac{\Delta\theta}{1} = \Delta\theta$

工程中所用的材料，在外力作用下都将产生变形。对大多数材料，在外力不超过一定的范围时，力和变形呈正比关系，即材料服从胡克定律。工程中正常工作条件下的多数构件，只产生在胡克定律范围内的变形，所以本书主要讨论材料服从胡克定律的变形固体。对某些特殊问题，如胡克定律不再适用，需要根据实验得到的力和变形关系及实际情况，引用其他适当的假设。

1.6　构件的分类　杆件的基本变形

构件的几何形状是各种各样的，大致可以归纳为杆、板或壳和块体。

凡是一个方向的尺寸远大于其他两个相互垂直方向尺寸的构件称为**杆**。凡是两个相互垂直方向的尺寸远大于另一个垂直方向尺寸的构件称为**板**或**壳**。而三个相互垂直方向尺寸相近的构件称为**块**。

垂直于杆件长度方向的截面称为**横截面**，横截面形心的连线称为**杆的轴线**。杆的轴线是直线时称为**直杆**；轴线为曲线时称为**曲杆**。各横截面尺寸不变的杆称为**等截面杆**，否则称为**变截面杆**。工程中常见的杆是等截面杆，所以在材料力学中研究的主要对象是等截面直杆，简称**等直杆**。

杆件受外力作用后产生的变形也是多种多样的。对杆件的变形进行仔细分析，可以把杆件的变形分解为四种基本变形。

(1) 拉伸或压缩变形。这种变形是由沿轴线作用的外力引起的杆件长度的改变，杆的任意两横截面间只有相对轴向线位移(图 1-8(a))。起吊重物的钢索、桁架的杆件等的变形都属于拉伸或压缩变形。

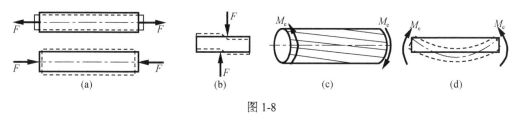

图 1-8

(2) 剪切变形。这种变形是由相距很近、方向相反、大小相等且垂直于杆轴线作用的一对外力引起的，使得横截面沿外力作用方向发生错动，如图 1-8(b)所示。机械中常用的连接件，如铆钉、螺栓等的变形属于剪切变形。

(3) 扭转变形。这种变形是由一对转向相反、矢量沿轴线作用(作用面垂直于杆件轴线)的力偶引起的，使得任意两横截面绕轴线相对转动(图 1-8(c))。传动轴等的变形属于扭转变形。

(4) 弯曲变形。这种变形是由一对方向相反、作用于杆的纵向平面内的力偶引起的，使得杆件的轴线由直线变为曲线(图 1-8(d))。工程中受弯杆件是最常遇到的情形之一。除上述纯弯曲以外，由垂直于杆件轴线的横向力引起的横力弯曲在工程中更为常见。机车车轴、吊车梁等的变形属于弯曲变形。

有些杆件同时存在几种基本变形形式，这种复杂变形形式有拉伸与弯曲的组合、弯曲与扭转的组合等，这种情形称为组合变形。本书将先讨论四种基本变形的强度及刚度计算，然后再讨论组合变形。

思　考　题

1.1　构件的强度、刚度和稳定性各指什么？试就日常生活及工程实际各举两例。

1.2　材料力学的任务是什么？它能解决工程中哪些方面的问题？

1.3　材料力学对变形固体作了哪些基本假设？假设的根据是什么？理论力学中的绝对刚体假设在材料力学中能否使用？

1.4　杆、板、壳、块的区别是什么？材料力学研究的主要对象是什么？

1.5　什么叫截面法？如何用截面法求内力？

1.6　同一点不同方位的线应变 ε 和切应变 γ 是否相同？

1.7　杆件的基本变形有几种？各自的受力特点和变形特点是什么？

1.8　图示各单元体变形后的形状用虚线表示，指出各单元体 A 点的切应变是多少。

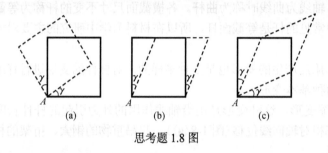

思考题 1.8 图

1.9　指出下列各组量之间的区别和联系、常用单位及量纲：(1)内力和应力；(2)变形、位移和应变；(3)正应力、切应力和总应力。

1.10　如图所示，构件上 A 点处两线段 AB、AC 之间的夹角为 $60°$，构件受力后，两线段夹角为 $59.5°$，试求该处切应变 γ。

1.11　如图所示悬臂梁，初始位置为 ABC，作用力 F 后移到 $AB'C'$，试问：(1)AB、BC 两段是否都产生位移？(2)AB、BC 两段是否都产生变形？

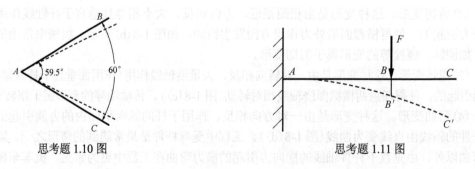

思考题 1.10 图　　　　　　　　　　　　　　　思考题 1.11 图

习　　题

1-1　求图示梁指定截面上的内力。

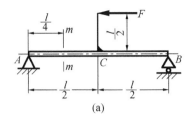
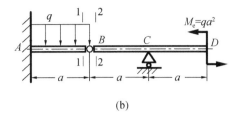

(a)

(b)

题 1-1 图

1-2　求图示刚架指定截面上的内力。

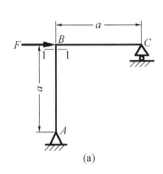
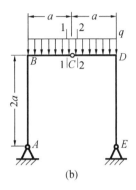

(a)

(b)

题 1-2 图

1-3　图示圆轴在皮带力作用下等速转动，试求紧靠 B 轮左侧截面和右侧截面上圆轴的内力分量。

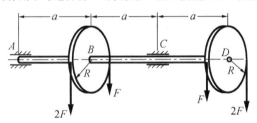

题 1-3 图

1-4　求图示桁架中指定截面上的内力。

1-5　图示为一高压线塔架，受 540kN 的水平力作用，求 BD 杆的内力。

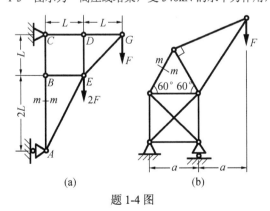
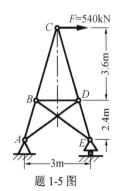

(a)　　　　(b)

题 1-4 图　　　　　　题 1-5 图

1-6　图示四边形平板变形后为平行四边形，四边形底边 *AC* 与水平轴线重合且保持不变。求：(1)沿 *AB* 边的平均线应变；(2)平板 *A* 点的切应变。

1-7　图示刚性梁在 *A* 点铰接，*B* 和 *C* 点由钢索吊挂，作用在 *H* 点的力 *F* 引起 *C* 点的铅垂位移为 10mm，求钢索 *CE* 和 *BD* 的应变。

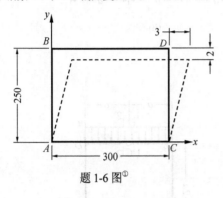

题 1-6 图①

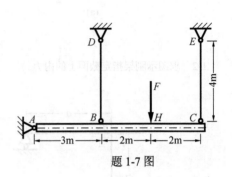

题 1-7 图

1-8　图示三角形平板沿底边固定，顶点 *A* 的水平位移为 5mm。求：(1)顶点 *A* 的切应变 γ_{xy}；(2)沿 *x* 轴的平均线应变 ε_x；(3)沿 *x′* 轴的平均线应变。

1-9　图示矩形薄板未变形前长为 L_1、宽为 L_2，变形后长、宽分别增加了 ΔL_1 和 ΔL_2。求沿对角线 *AB* 的线应变。

1-10　如图所示结构，当力作用在把手上时，引起臂 *AB* 顺时针方向转过 $\theta = 0.002\text{rad}$，求绳 *BC* 中的平均线应变。

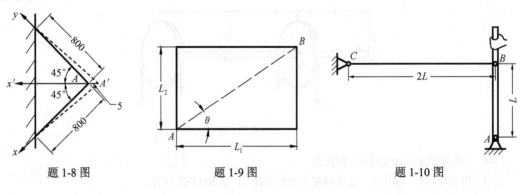

题 1-8 图　　　　　　题 1-9 图　　　　　　题 1-10 图

① 本书缺省的长度单位为 mm。

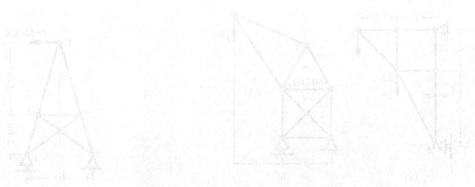

第2章 拉伸与压缩*

2.1 概 述

在生产实践中经常遇到承受拉伸或压缩的杆件。如汽车离合器踏板,在力 F_1 作用下使 AB 杆产生拉伸变形(图 2-1(a));内燃机的连杆,在燃气爆发冲程中产生压缩变形(图 2-1(b))。此外,起重机钢索在起吊重物时,钢索承受拉伸;千斤顶的螺杆在顶起重物时,承受压缩。本章主要讨论等直杆的轴向拉伸与压缩。

以上提到的受拉或受压的杆件,虽外形各有不同,加载方式也不相同,但都可以简化为如图 2-2 所示的计算简图*。图中用实线表示受力前的形状,虚线表示变形后的形状。它们的共同特点是:作用于杆件上的外力合力的作用线与杆件轴线重合,杆件产生沿轴线方向的伸长或缩短。

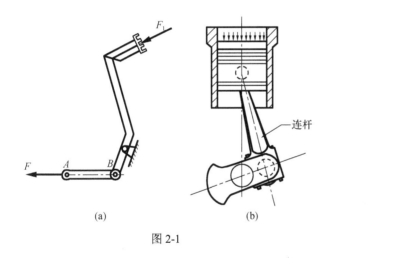

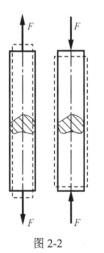

(a)　　　　　　　　　(b)

图 2-1　　　　　　　　　　　　　　　　　图 2-2

本章将讨论这类问题的强度和刚度的计算及材料的力学性质等。

2.2 轴力和轴力图

为了显示拉(压)杆横截面上的内力,假想地沿横截面 m-m 将杆分成 Ⅰ 和 Ⅱ 两部分(图2-3(a))。任取其中一部分,如部分 Ⅰ 作为研究对象(图 2-3(b)),将弃去的部分 Ⅱ 对 Ⅰ 的作用以内力 F_N 来代替。由部分 Ⅰ 的平衡条件 $\sum F_x = 0$,得

$$F_N - F = 0, \quad F_N = F$$

由于外力 F 的作用线与杆件的轴线重合,内力 F_N 的作用线也一定与杆件轴线重合,这

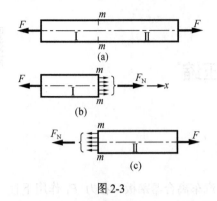

图 2-3

种内力称为**轴力**。材料力学中规定：使杆件受拉而伸长的轴力为正，受压而缩短的轴力为负。同样如果取部分Ⅱ为研究对象，在 *m-m* 截面上将得到相同的内力。

若沿杆件轴线有多个外力作用，则在杆件各部分的横截面上轴力不相等。为了直观、形象地表示轴力沿杆件轴线的变化情况，确定最大（小）轴力的大小和所在截面的位置，常采用图线来表示轴力。这种表示轴力沿杆件轴线变化情况的图线，称为**轴力图**。轴力图绘制可通过下面的例题予以说明。

例 2-1　试绘制图 2-4(a)所示杆件的轴力图。

解　(1)计算杆件各段的轴力。用截面法确定各杆段轴力，而两个控制面之间可任取一个截面。首先计算 *AB* 段的轴力。沿截面 1-1 假想地将杆件断开，取左段杆为研究对象，设该截面上的轴力 F_{N1} 为正(图 2-4(b))。由平衡方程

$$\sum F_x = 0，得$$

$$F_{N1} - 6 = 0，\quad F_{N1} = 6\text{kN}$$

再求 *BC* 段的轴力，研究 2-2 截面左段杆的平衡，并设轴力 F_{N2} 为正(图 2-4(c))。由平衡方程 $\sum F_x = 0$，得

$$F_{N2} + 18 - 6 = 0，\quad F_{N2} = -12\text{ kN}$$

F_{N2} 为负值，表示实际内力方向与假设方向相反，即为压力。

最后求 *CD* 段的轴力，研究 3-3 截面右段杆的平衡，并设轴力 F_{N3} 为正(图 2-4(d))(同样可以取截面左段)。由平衡方程 $\sum F_x = 0$，得

$$F_{N3} + 4 = 0，\quad F_{N3} = -4\text{kN}$$

(2)绘轴力图。选取平行于杆轴线的 *x* 轴为横坐标，表示截面的位置，纵坐标 F_N 表示相应截面上的轴力。便可用图线表示出轴力沿杆轴线的变化情形(图 2-4(e))，即轴力图。在轴力图中，拉力绘在 *x* 轴上侧，压力绘在 *x* 轴下侧。在工程中，有时可将 *x* 和 F_N 轴省去，此时轴力图如图 2-4(f)所示。但要注意轴力图和受力图(图 2-4(f)、(a))需上下相应对齐，以便清晰表明该截面上的轴力大小。除根据轴力大小选择合适的比例外，一般在轴力图上还需标明轴力的正、负，各段轴力的数值和单位，并根据突变关系检验轴力图。

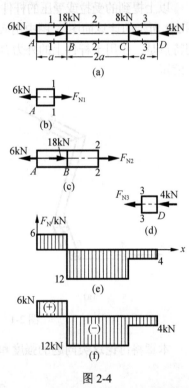

图 2-4

2.3　截面上的应力

仅根据轴力并不能判断受轴向拉伸或压缩的杆件是否有足够的强度。例如，同一种材料

制成粗细不同的两根杆,在相同的拉力下,两杆的轴力相同。但拉力逐渐增大时,细杆必然先被拉断。说明杆件的强度不仅与轴力的大小有关,还与杆的横截面面积有关。所以必须用应力来比较和判断杆件的强度。

2.3.1　横截面上的应力

在拉(压)杆的横截面上,与轴力 F_N 对应的应力是正应力 σ。根据连续性假设,横截面上各处都存在内力,但横截面上随点的位置而变化的正应力规律还不知道。必须从研究杆件的变形入手,以确定应力 σ 的分布规律。

取一等直杆,在其侧面画垂直于杆轴线的线 ab 和 cd 并垂直延续为周线(图 2-5),然后施加轴向拉力 F,使杆产生变形*。这时可观察到周线 ab 和 cd 分别平移到 $a'b'$ 和 $c'd'$,实际上沿某一横截面所画周线的各边线均发生等值平移,故保持平行或垂直。根据这一现象可提出如下假设:变形前原为平面的横截面,变形后仍保持为平面。这就是轴向拉(压)时的**平面假设***。由此可以设想杆是由许多等截面纵向纤维组成的,这些纤维的伸长相等。又因材料是均匀的,各纵向纤维的性质相同,因而其受力也就一样。所以杆件横截面上的应力是均匀分布的*。按静力学求合力的概念可得

划线变形

平面假设

横截面
应力

$$F_N = \int_A \sigma \, dA = \sigma \int_A dA = \sigma A$$

所以 $$\sigma = \frac{F_N}{A} \qquad (2\text{-}1)$$

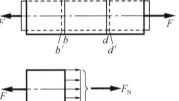

图 2-5

式(2-1)为横截面上正应力 σ 的计算公式。由式(2-1)可见,正应力 σ 和 F_N 同号,即拉应力为正,压应力为负。

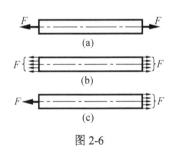

图 2-6

由式(2-1)得到受轴力作用的杆件横截面上各点的正应力相等。在集中力作用区附近,应力分布比较复杂,不能按式(2-1)来计算该区域内横截面上的正应力。研究表明,只要轴力的大小相等,杆端加力方式的不同,一般只对杆端附近区域的应力分布有影响,受影响区域的长度一般不超出杆的横向尺寸。这个论断称为**圣维南原理**[①]。图 2-6(a)～(c)中所示杆件,尽管两端外力分布的方式不同,只要它是静力等效的,则除靠近杆两端的部分外,在离两端略远处(约等于杆的横向尺寸),三种情形的应力分布是相同的。

例 2-2　图 2-7(a)为一正方形桁架,已知各杆的横截面面积均为 $A = 20\text{cm}^2$,载荷 $F = 50\text{kN}$。试求各杆横截面上的应力。

解　(1)求各杆的内力。由结构和所受载荷的对称性可知,四根斜杆的内力均相同,并用 F_{N1} 来表示。用截面法取节点 A 为研究对象(图 2-7(b)),由平衡方程 $\sum F_y = 0$,得

[①] A. J. C. B. de Saint-Venant(1797—1886 年),法国科学院院士。在弹性力学、塑性力学、流体力学等方面做出了贡献。他关于力作用的局部性思想称为圣维南原理。精确计算可知,图 2-6(a)所示受力杆件,其截面高度为 h,在距集中力作用端面 $h/4$、$h/2$、h 截面上,最大应力分别为平均应力的 2.575 倍、1.387 倍、1.027 倍。

$$-2F_{N1}\cos 45° - F = 0, \quad F_{N1} = -\frac{F}{2\cos 45°} = -\frac{50}{2\times\cos 45°} = -35.4(\text{kN})$$

再考虑节点 D 的平衡（图 2-7(c)），设横杆 BD 的轴力为 F_{N2}，由平衡方程 $\sum F_x = 0$，得

$$-2F_{N1}\cos 45° - F_{N2} = 0, \quad F_{N2} = -2F_{N1}\cos 45° = F = 50\text{kN}$$

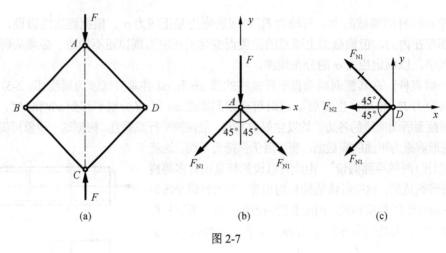

图 2-7

（2）计算各杆的应力。设斜杆和横杆的正应力分别为 σ' 和 σ''，由式(2-1)得

$$\sigma' = \frac{F_{N1}}{A} = \frac{-35.4\times 10^3}{20\times 10^{-4}} = -17.7\times 10^6(\text{Pa}) = -17.7(\text{MPa})$$

$$\sigma'' = \frac{F_{N2}}{A} = \frac{50\times 10^3}{20\times 10^{-4}} = 25\times 10^6(\text{Pa}) = 25(\text{MPa})$$

2.3.2　斜截面上的应力

从 2.4 节和 2.5 节讨论的拉伸和压缩实验中将会看到：铸铁拉断时，其断面与轴线垂直，而压缩破坏时，其断面与轴线约成 45°；而低碳钢拉伸至屈服阶段时，出现与轴线成 45°方向的滑移线。要分析这些现象，说明发生破坏的原因，不仅要知道前面讨论的受拉(压)杆件

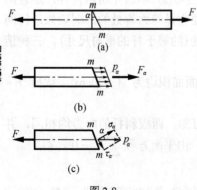

斜截面
应力

横截面上的应力，还需全面了解杆内斜截面上的应力分布。用一个与横截面成 α 角（α 角以从横截面外法线到斜截面外法线逆时针转动为正）的 m-m 截面(图 2-8(a))*假想地把杆分成两部分。研究左边部分杆件的平衡（图 2-8(b)），得到该斜截面上的内力 F_α 为

$$F_\alpha = F$$

仿照横截面上正应力均匀分布的证明方法，斜截面的平面假设依然成立，同样可得出整个斜截面上的应力 p_α 均匀分布的结论。由左段杆的平衡条件(图 2-8(b)) $\sum F_x = 0$，得

图 2-8

$$p_\alpha A_\alpha - F = 0$$

即

$$p_\alpha = \frac{F}{A_\alpha}$$

式中，A_α 为斜截面 *m-m* 的面积。将 A_α 与 A 之间的关系式为 $A_\alpha = \dfrac{A}{\cos\alpha}$ 代入上式得

$$p_\alpha = \frac{F}{A}\cos\alpha = \sigma\cos\alpha$$

把总应力 p_α 分解成垂直于斜截面的正应力 σ_α 和平行于斜截面的切应力 τ_α（图 2-8(c)），得

$$\sigma_\alpha = p_\alpha\cos\alpha = \sigma\cos^2\alpha = \frac{\sigma}{2}(1+\cos 2\alpha) \tag{2-2}$$

$$\tau_\alpha = p_\alpha\sin\alpha = \sigma\sin\alpha\cos\alpha = \frac{\sigma}{2}\sin 2\alpha \tag{2-3}$$

从以上两式可见，σ_α 和 τ_α 随角 α 而改变，即斜截面上的应力随该截面的方位而变化，当 $\alpha = 0°$ 时，斜截面 *m-m* 即为横截面，σ_α 达到最大值：

$$\sigma_{\alpha,\max} = \sigma \tag{2-4}$$

当 $\alpha = 45°$ 时，τ_α 达到最大值，即

$$\tau_{\alpha,\max} = \frac{\sigma}{2} \tag{2-5}$$

由此可见，轴向拉伸(压缩)时，在杆件的横截面上正应力有最大值；与杆轴线成 45° 的斜截面上，切应力有最大值；当 $\alpha = 90°$ 时，即平行于杆轴线的纵截面上，$\sigma_\alpha = \tau_\alpha = 0$，该截面上无任何应力，即纵向纤维间无挤压。

在研究杆内的应力时，应研究杆内各点的应力。在材料力学中，点是指该点处一个体积趋近于零的微小单元体，通常采用一个正六面体作为单元体。一点的应力可用该点的单元体各平面上的应力来表示。在单元体三个互相垂直平面上的应力已知的情况下，单元体的任一斜截面上的应力都可以通过截面法用静力平衡条件求得。若杆件中某一点处各个不同截面上的应力情况已知，就认为该点的应力状态已知。所以这样的单元体的应力状态就代表了一点处的应力状态。

受轴向拉伸(压缩)的杆件，取横截面作为正六面体的一个面，与杆轴线平行的两个相互垂直的平面作为正六面体的另两个相互垂直的面，其上无任何应力作用，这种应力状态称为**单向应力状态**。有关应力状态的详细研究将在第 8 章中进行。

2.4　材料拉伸时的力学性质

在解决构件的强度和刚度问题时，一方面要对构件的应力和应变进行计算，另一方面要通过试验来测定材料的力学性质。材料的力学性质是指在外力作用下材料在变形和破坏过程中所表现出的性能。

材料的力学性质除了取决于材料的成分及结构组织，还与应力状态、温度和加载方式等有关。因此，设计不同工作条件下的构件时，应考虑到材料在不同条件下的力学性质。

所谓室温，除非另有规定，一般指试验在 $10 \sim 35°C$ 进行。对温度要求严格的试验，试验温度应为 $23°C \pm 5°C$。室温下以较慢的加载速度（静载）进行拉伸和压缩试验，是测定材料力学性质最基本的试验。下面讨论室温静载条件下拉伸试验测得的金属材料的力学性质。

2.4.1　试件（试样）

材料的某些性质与试件的尺寸和形状有关。为了使不同材料的试验结果能相互比较，对于钢、铁和有色金属材料的通用拉伸试样，须将试验材料按国家标准 GB/T 228.1—2021[①]《金属材料　拉伸试验　第 1 部分：室温试验方法》中的规定加工成标准试件。试样横截面可以为圆形、矩形、多边形、环形，特殊情况下可以为某些其他形状。原始标距与横截面面积有 $L_0 = k\sqrt{S_0}$ 关系的试样称为比例试样。国际上使用的比例系数 k 的值为 5.65。原始标距应不小于 15mm。当试样横截面面积太小，以致采用比例系数 k 为 5.65 的值不能符合这一最小标距要求时，可以采用较高的值（优先采用 k 为 11.3）或采用非比例试样。

L_0 为室温下施力前的试样标距，S_0 为试样平行长度部分的原始截面面积。对于直径为 d_0 的圆截面试样，比例系数 k 为 5.65 和 11.3 所对应试样的标距 L_0 分别为 $5d_0$ 和 $10d_0$。通常试样进行机加工。平行长度和夹持头部之间应以过渡弧连接，试样头部形状应适合于试验机夹头的夹持。夹持端和平行长度之间的过渡弧的最小半径应为：圆形横截面试样 $\geqslant 0.75d_0$；其他试样 $\geqslant 12mm$。对于矩形横截面试样，推荐其宽厚比不超过 8:1。机加工的圆形横截面试样的平行长度的直径一般不应小于 3mm。

对于机加工试样，圆形横截面试样的平行长度 L_c 应至少等于 $L_0 + d_0/2$；其他形状试样的平行长度 L_c 应至少等于 $L_0 + 1.5\sqrt{S_0}$；对于仲裁试验，平行长度 L_c 应为 $L_0 + 2d_0$ 或 $L_0 + 2\sqrt{S_0}$，除非材料尺寸不足够。

圆形横截面机加工试样和矩形横截面机加工试样试验前后分别如图 2-9（a）、（b）和图 2-9（c）、

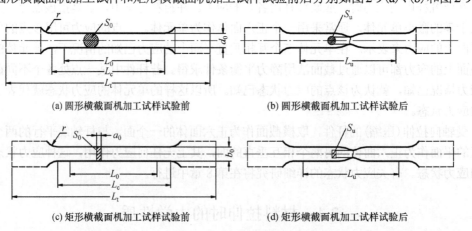

(a) 圆形横截面机加工试样试验前　　　　　　(b) 圆形横截面机加工试样试验后

(c) 矩形横截面机加工试样试验前　　　　　　(d) 矩形横截面机加工试样试验后

图 2-9

---

① GB/T 228—2021《金属材料　拉伸试验》2022 年 7 月 1 日施行，包括**室温、高温、低温、液氨试验方法**，代替 GB/T 228.1—2010、GB/T 6397—1986《金属拉伸试验试样》和 GB/T 228—2002《金属材料-金属拉伸试验方法》。其中，GB/T 228.1—2021 第一部分为室温试验方法。本书中依据 GB/T 3102.3—1993，除本节外横截面面积均用 A 表示。

(d)所示。图 2-9 (a)、(b)中 d_0 为圆试样平行长度的原始直径，L_0 为原始标距，L_c 为平行长度，L_t 为试样总长度，L_u 为断后标距，S_0 为平行长度的原始横截面面积，S_u 为断后最小横截面面积。图 2-9 (c)、(d)中 a_0 为板试样原始厚度，b_0 为板试样平行长度的原始宽度，其他符号含义同图 2-9 (a)、(b)。

GB/T 228.1—2021 对试验原理、试样、原始横截面面积的测定、原始标距的标记、试验设备的准确度、试验要求及报告等均有详细规定。

2.4.2　低碳钢拉伸时的力学性质

通常把钢按含碳的质量百分数分为低碳钢（$w_C \leq 0.25\%$）、中碳钢（$0.25\% < w_C \leq 0.6\%$）和高碳钢（$w_C > 0.6\%$）。低碳钢又称为软钢，而且易于锻造、焊接、切削等各种加工，是工程上广泛使用的材料，它在拉伸试验中表现出来的力学性质最为典型。

将试件装入材料试验机夹头内，然后缓慢加载。从开始加载直到试件被拉断的过程中，可得到拉力 F 和变形 ΔL 的一系列数值。以纵坐标表示拉力 F，横坐标表示伸长量 ΔL。根据测得的一系列数据，作图表示 F 和 ΔL 的关系（图 2-10 (a)），此图称为**拉伸图**或**载荷-位移曲线**。对于同一种材料，若用粗细、长短不同的试件，由拉伸试验得到的拉伸图将存在着量的差别。为了消除试件尺寸的影响，把拉力 F 除以试件横截面的原始面积 S_0，得应力 R，R 为试验期间任一时刻的力除以试样原始横截面面积 S_0 之商。GB/T 228—2021 的本部分中的应力是工程应力，通常称为名义应力。这是因为经历流动阶段以后，试样横截面面积即有明显的缩小，因此，仍用原始横截面面积 S_0 除拉力 F 而得的应力已不能代表试样横截面上的真实应力。

把原始标距的伸长与原始标距 L_0 之比的百分率称为伸长率 e。同时过了流动阶段以后，试样的长度即有较显著的增加，而在计算试样真应变时，应考虑每一瞬时试样的长度，因此用伸长量除以标距的原始长度 L_0 所得应变并不能代表试样的真应变。这样得到的实际上是名义应力-延伸率（R-e）曲线，通常称为应力-应变（σ-ε）曲线（图 2-10 (b)），工程中若没有特别说明，所给应力、应变一般均指名义应力、应变。

研究图 2-10 (b) 所示低碳钢的应力-应变曲线，可将整个拉伸过程大致分为四个阶段。

(1)弹性阶段。在拉伸的初始阶段，即从 O 到 a 为一直线，σ 与 ε 成正比，即

$$\sigma = E\varepsilon \tag{2-6}$$

这就是**胡克(Hooke)定律**，式中，E 为材料的**弹性模量**或**杨氏模量**[①]，表示材料的弹性性质。由应力-应变曲线的 Oa 部分可以看出

$$E = \frac{\sigma}{\varepsilon} = \tan\alpha$$

图 2-10 (b) 中直线 Oa 的斜率即为 E。直线 Oa 的最高点 a 所对应的应力，用 σ_p 表示，称为**比例极限**。可见，当应力低于比例极限时，应力与应变成正比。式(2-6)仅适用于单向应力状态，且应力小于或等于比例极限时的情形。对于复杂应力状态下的广义胡克定律，将在第 8 章中讲述。

[①] Thomas Young（1773—1829 年），在弹性理论方面首先给出了应力应变间的定量数量关系，从而使得弹性力学正式成为一门学科。他在 1807 年出版的《自然哲学讲义》中给出弹性模量的定义，故也将弹性模量称为杨氏模量。

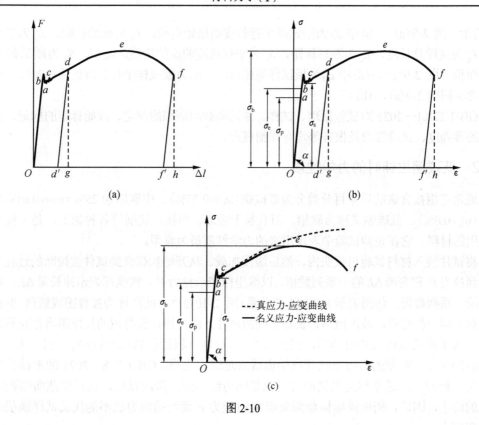

图 2-10

从 a 点到 b 点，图线 ab 稍微偏离直线 Oa，正应力 σ 和线应变 ε 不再保持正比关系，但变形仍然是弹性的，即卸除载荷后变形将完全消失。b 点所对应的应力是材料只产生弹性变形的最高应力，称为**弹性极限**，用 σ_e 表示。对大多数材料，在应力-应变曲线上，a、b 两点非常接近，工程上常忽略这两点的差别。因此通常说应力不超过弹性极限时，材料服从胡克定律。

(2) 屈服阶段。当应力超过 b 点增加到某一数值的，应力会出现突然下降，然后在很小的范围内上下波动（图 2-11 (a)）。这种应力先下降、后基本保持不变，而应变显著增加的现象，称为**屈服**或**流动**。有些材料在屈服阶段并不像低碳钢那样在一定范围内上下波动，而是仅有一次波动（图 2-11 (b)）或出现屈服平台（图 2-11 (c)）。当金属材料呈现屈服现象时，在试验期间塑性变形增加而力不增加的应力点。应区分**上屈服强度**和**下屈服强度**[①]。上屈服强度为试样发生屈服而力首次下降前的最大应力；下屈服强度为在屈服期间，不计初始瞬时效应时的最小应力（图 2-11 中力 F_{sH}、F_{sL} 分别对应的应力）。对于有明显屈服现象的金属材料，应测定其屈服强度 $\sigma_s\left(\sigma_s = \dfrac{F_s}{S_0}\right)$ 或下屈服强度 $\sigma_{sL}\left(\sigma_{sL} = \dfrac{F_{sL}}{S_0}\right)$，并以此作为材料的屈服强度或屈服极限 σ_s。低碳钢 Q235 的屈服强度 $\sigma_s \approx 235\text{MPa}$。

[①] GB/T 228.1—2021 中用 R 表示应力，则 R_{sH}、R_{sL} 分别表示上屈服强度和下屈服强度。为了和国内通用符号一致，本书中依据 GB/T 3102.3—1993，正应力用 σ 表示，线应变用 ε 表示。

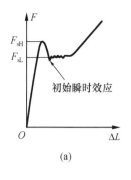 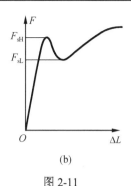 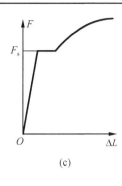

(a)　　　　　　　　　　　　　(b)　　　　　　　　　　　　　(c)

图 2-11

表面磨光的试件在达到屈服阶段时，可以看到试件表面出现与轴线大致成 45° 的倾斜条纹，称为**滑移线**。由于拉伸时，在与轴线成 45° 倾角的斜截面上切应力有最大值，可见屈服现象与最大切应力有关。

材料屈服时，将引起显著的永久变形，即塑性变形。而构件的塑性变形将影响机械的正常工作，所以屈服极限 σ_s 是衡量材料强度的重要指标。

(3) 强化阶段。超过屈服阶段后，材料又恢复抵抗变形的能力，这种现象称为材料的**强化**。在图 2-10(b) 中，强化阶段的最高点 e 所对应的应力，是材料所能承受的最大应力，称为**抗拉强度或强度极限 σ_b**。

(4) 局部变形阶段。试件在加力到 e 点前，虽然产生了较大的变形，但在整个标距范围内，变形都是均匀的。过 e 点后，试件某一局部范围内的变形急剧增加，横截面面积显著缩小，形成"颈"(图 2-12)，这种现象称为**颈缩**。颈缩部分的横截面面积急剧减小，试件继续变形所需的拉力反而下降。相应的按原始横截面面积算出的应力随之下降，到 f 点试件被拉断，形成杯锥状断口[①]。

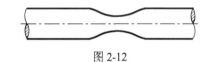

图 2-12

综上所述，应力-应变曲线上的 a、b、c、e 四点所对应的应力值，反映不同阶段材料的变形和强度特性。其中屈服极限表示材料出现了显著的塑性变形，强度极限表示材料将失去承载能力。因此，σ_s 和 σ_b 是衡量材料强度的两个重要指标。

在图 2-10(a) 中，Of' 表示试件被拉断后的最大塑性变形，通常称为**断后伸长率(延伸率)A**，定义为断后标距的残余伸长 ($L_u - L_0$) 与原始标距 (L_0) 之比的百分率。对于比例试样，若原始标距不为 $5.65\sqrt{S_0}$，符号 A 应附以下脚注说明所使用的比例系数，例如，$A_{11.3}$ 表示原始标距为 $11.3\sqrt{S_0}$ 的断后伸长率；对于非比例试样，符号 A 应附以下脚注说明使用的原始标距，以毫米 (mm) 表示。例如，A_{80} 表示原始标距为 80mm 的断后伸长率。

$$A = \frac{L_u - L_0}{L_0} \times 100\% \tag{2-7}$$

---

① 韧性断裂(延性断裂)，对绝大多数金属结构材料，在拉伸断裂前会出现颈缩，有较大的塑性变形，断裂时形成杯锥状断口，而断口的典型形貌为韧窝。一般认为，当光滑圆柱试样受拉伸载荷作用，载荷达到最大值时，试样发生颈缩。在颈缩区形成三向拉应力状态，且在试样的心部轴向应力最大。在三向拉应力的作用下，试样心部的夹杂物或第二相质点破裂，或者夹杂物或第二相质点与基体界面脱离结合而形成微孔。增大外力，微孔在纵向与横向均长大；微孔不断长大并发生连接(聚合)而形成大的中心空腔。最后，沿 45° 方向切断，形成杯一锥状断口。一般习惯上把杯状边缘称为剪切唇。

式中，L_u 为在室温下将断后的两部分试样紧密地对接在一起，保证两部分的轴线位于同一条直线上，测量得到的试样断裂后的标距；L_0 为室温下施力前的试样标距。

对于同一种材料，只有在试样的 $\sqrt{S_0}/L_0$ 值为常数的条件下，断后伸长率才是材料常数。在 d_0 相同，即横截面面积 S_0 相同的条件下，则有 $A_{5.65} > A_{11.3}$。

材料断后伸长率 A 的值越大，标志着材料的塑性变形能力越大。工程上把断后伸长率 A 作为衡量材料塑性的指标，$A > 5\%$ 的材料称为塑性材料，如碳钢、铝合金等；$A < 5\%$ 的材料称为脆性材料，如铸铁、陶瓷等。低碳钢的 A 为 20%～30%，可见低碳钢是一种很好的塑性材料。

工程中也常用**断面收缩率 Z** 作为衡量材料的塑性变形程度的另一个指标，其定义为断裂后试样横截面面积的最大缩减量 $(S_0 - S_u)$ 与原始横截面面积 S_0 之比的百分率，表达式为

$$Z = \frac{S_0 - S_u}{S_0} \times 100\% \tag{2-8}$$

对于试样拉断后颈缩处最小横截面面积 S_u 的确定，圆形试样可在颈缩最小处两个相互垂直的方向上测量其直径，用两者的算术平均值计算；矩形试样可用颈缩处的最大宽度乘以最小厚度求得。

2.4.3 卸载定律及冷作硬化

若将试件拉伸到超过弹性范围后的任意一点处，如图 2-10(b) 中的 d 点，然后逐渐卸除拉力，应力、应变关系将沿图中的 dd' 直线回到 d' 点。斜直线 dd' 近似地平行于直线 Oa。说明材料在卸载过程中应力与应变呈直线关系，这就是**卸载定律**。拉力全部卸除后，图中 $d'g$ 表示消失的弹性应变，Od' 表示遗留下来的塑性应变。所以在超过弹性范围后的任一点 d，其应变包括两部分，即 $\varepsilon = \varepsilon_e + \varepsilon_p$，如图 2-10(b) 中，$Og$ 代表 d 点的总应变 ε，$d'g$ 代表卸载后可恢复的弹性应变 ε_e，Od' 代表卸载后不可恢复的塑性应变 ε_p。由图 2-10(b) 可见，在强化阶段的变形绝大部分是塑性变形。

试件卸载后，在短期内再次加载，应力和应变关系大致上沿卸载时的斜直线 $d'd$ 变化，直到 d 点后又沿曲线 def 变化。可见，在再次加载过程中，直到 d 点以前，材料的应力和应变关系服从胡克定律。比较曲线 $Oabcdef$ 和 $d'def$，可见第二次加载时，其比例极限有所提高，断后伸长率有所降低。这种现象称为**冷作硬化或加工硬化**。冷作硬化现象经退火后可消除。

工程中某些构件对塑性的要求不高时，可利用冷作硬化提高材料的强度，如起重用的钢索和建筑用的钢筋，常用冷拔工艺提高其强度。又如，对某些构件表面进行喷丸处理，使其表面产生塑性变形，形成冷作硬化层以提高构件表面的强度。同时冷作硬化过程也会带来某些不利因素，例如，构件初加工后，冷作硬化使材料变脆变硬，给进一步加工带来困难，且容易产生裂纹，形成隐患。因此，往往就需要在工序之间安排退火，以消除冷作硬化的影响。

2.4.4 其他材料拉伸时的力学性质

工程上常用的塑性材料，除低碳钢外，还有中碳钢、某些高碳钢和合金钢、铝合金、青铜、黄铜等。图 2-13(a) 表示碳钢中含碳量对材料力学性质的影响。图 2-13(b) 给出了几种塑性材料的 σ-ε 曲线，从中可以看出，有些材料，如 16 锰钢，和低碳钢一样，有明显的弹性阶

段、屈服阶段、强化阶段和局部变形阶段。有些材料如硬铝、青铜、高强钢等，没有明显的屈服阶段，但其他三个阶段都比较明显。还有些材料，如锰钢，没有屈服阶段和局部变形阶段，只有弹性阶段和强化阶段。对这类没有屈服阶段的塑性材料，国家标准 GB/T 228.1—2021 中规定**残余延伸强度**指卸除应力后残余延伸率等于规定的原始标距 L_0 或引伸计标距 L_e 百分率时对应的应力。使用的符号应附下脚注说明所规定的残余延伸率。例如，$R_{r0.2}$ 表示规定残余延伸率为 0.2%时的应力，即将对应于试样卸载后有 0.2%的塑性应变时的应力值作为规定残余延伸强度，即通常所用的 $\sigma_{r0.2}$[①]（图 2-14）。

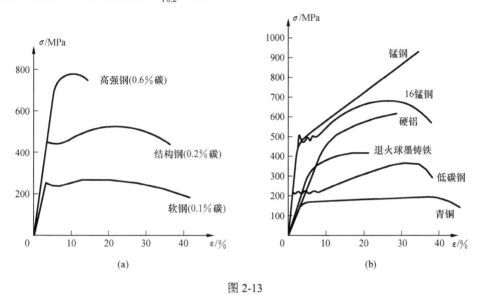

图 2-13

对于另一类材料，像灰口铸铁，它在拉伸时的应力-应变曲线如图 2-15 所示。由图 2-15 可以看出，整个图线没有明显的直线部分，断后伸长率 A 很小，没有屈服和颈缩现象。这类材料称为**脆性材料**。

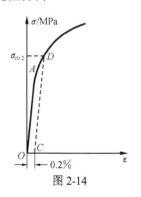

图 2-14

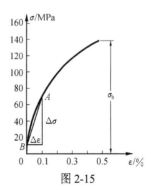

图 2-15

① 国家标准 GB/T 228.1—2021 中有：规定塑性延伸强度 R_p(proof strength)，塑性延伸率(plastic extension)等于规定的引伸计标距 L_e 百分率时对应的应力，使用的符号应附下脚注说明所规定的塑性延伸率，例如，$R_{p0.2}$ 表示规定塑性延伸率为 0.2%时的应力；规定总延伸强度 R_t(proof strength)，总延伸率(total extension)等于规定的引伸计标距 L_e 百分率时的应力，使用的符号应附下脚注说明所规定的总延伸率，例如，$R_{t0.5}$ 表示规定总延伸率为 0.5%时的应力；规定残余延伸强度 R_r(permanent set strength)等。本书中为照顾读者习惯，以 σ 代替 R，即有 $\sigma_{r0.2}$ 和 $\sigma_{p0.2}$ 之别，但一般材料的 $\sigma_{r0.2}$ 和 $\sigma_{p0.2}$ 的数值基本相同，故仅测定其中一个即可。

虽然铸铁拉伸时的应力-应变图为一条微弯曲线，不服从胡克定律，但直到拉断时试件的变形仍非常小，所以在实际应力范围内可近似地认为其服从胡克定律。通常在应力-应变曲线（或轴向力-轴向变形曲线）上，通过所规定的上、下两应力点（如规定非比例伸长应力 $\sigma_{p0.02}$ 的 10% 和 50% 两应力点）或两应变点对应的 A、B 两点画弦线，在所画出的弦线上读取轴向应力增量 $\Delta\sigma$ 和相应的应变增量 $\Delta\varepsilon$，即得弦线模量 $E_{ch}=\dfrac{\Delta\sigma}{\Delta\varepsilon}$。有时用 $E_t=\dfrac{d\sigma}{d\varepsilon}$ 给出瞬时模量，这种由应力相对于应变的变化率定义的模量称为材料的**切线模量**。工程中也常将原点 O 与 $\sigma_b/4$ 处 A 点连成割线，以割线的斜率估算铸铁的弹性模量 E，称为**割线弹性模量**。详细内容可查阅国家标准 GB/T 8653—2007《金属材料杨氏模量、弦线模量和割线模量试验方法》。

衡量脆性材料拉伸强度的唯一指标是拉伸强度极限 σ_b。

2.4.5　真应力-应变

塑性材料在拉伸试验中进入屈服阶段以后，开始产生显著的塑性变形，其数值远比弹性变形大。此外，试件横截面也渐渐变小。进入强化阶段后，试件伸长和横截面收缩就更加明显。特别是在局部变形阶段，试件颈缩部分的拉伸应变比其余各处大，截面面积也与其余各处明显不同。因此，当试件变形超过弹性范围以后，用通常的名义应力表示横截面上的正应力，用名义应变来表示标距内的应变都是不真实的。在一些材料的有限元分析模型中，一般要求输入真应力-应变曲线。以真应力（试件的瞬时拉力除以试件对应瞬时横截面面积）为纵坐标，真应变（瞬时伸长量除以瞬时长度）为横坐标，根据试件的瞬时应力对应的瞬时应变而建立的曲线称为**真应力-应变曲线**。为了得到此真实关系，就需要记录瞬时载荷对应的试样的瞬时最小直径 d 及瞬时标长 L_0 的变化值，从而得到瞬时真应力-应变值。

由于载荷值的变化随时可以读出，但瞬时横截面面积（特别是最小面积）很难直接读出。因此，一般只能得到名义应力-应变（σ-ε），再根据体积不变原理可得

$$A = A_0 L_0 / L = A_0 L_0 /(L_0+\Delta L) \tag{a}$$

通过试验测得的名义值由以下两公式转化为真应力-应变（σ_t-ε_t）

$$\sigma_t = F/A = F(L_0+\Delta L)/A_0 L_0 = \sigma(1+\varepsilon) \tag{b}$$

$$\varepsilon_t = \Delta L / L = \Delta L /(L_0+\Delta L) = \ln(1+\varepsilon) \tag{c}$$

低碳钢拉伸的真应力-应变曲线如图 2-10(c) 所示。

可以看出真应力-应变曲线在弹性阶段与名义应力-应变曲线几乎一致，在超过屈服点之后，真应力显著大于名义应力。因此在进行有限元分析时，当考虑塑性时必须采用真应力-应变曲线。

2.4.6　材料应力-应变曲线的简化

对于不同的材料，在不同的应用领域，通常采用不同的变形体模型。而模型的选择必须符合材料的实际性质，即保证反映结构或构件中真实的应力-应变状态。同时，模型在数学上必须足够简单，以便在解决具体问题时易于获得解答。前述低碳钢在弹性阶段的情形即为最简单的模型——线弹性体模型，应力-应变关系遵循胡克定律；灰口铸铁则是另一种模型——

非线弹性体模型，即应力-应变关系不服从胡克定律。

通常把低碳钢的拉伸曲线用四个阶段进行描述，这种情形作为基本假设在解决具体问题时将十分复杂，因此通常将其进行一些简化以建立不同的模型。

1. 理想弹塑性材料

如果不考虑材料的强化性质，并且忽略屈服极限上限的影响，则可以得到如图 2-16(a)所示理想弹塑性体的模型。线段 OA 是弹性阶段，AB 是塑性阶段。应力可用下列公式求出：

$$\begin{cases} \sigma = E\varepsilon, & \varepsilon \leqslant \varepsilon_e \\ \sigma = \sigma_e = E\varepsilon_e, & \varepsilon > \varepsilon_e \end{cases} \tag{2-9}$$

即 OA 是服从胡克定律的直线，在弹性极限外的应力-应变曲线是平行于 ε 轴的直线，具有这种应力-应变曲线的材料，称为**理想弹塑性材料**。式(2-9)的缺点在于它仅包括两个参数 E 及 ε_e，不能准确地表述应力-应变关系；而且其解析表达式在 $\varepsilon = \varepsilon_e$ 点开始变化，在计算中将增加困难。由于 ε_e 和 ε_s 比较接近，常用 ε_s 代替 ε_e。

2. 弹塑性线性强化材料

如果考虑到材料的强化性质，应力-应变曲线则可用图 2-16(b)来表示，图中只包括两段直线 OA 及 AB，这种近似的解析表达式为

$$\begin{cases} \sigma = E\varepsilon, & \varepsilon \leqslant \varepsilon_e \\ \sigma = \sigma_e + E_1(\varepsilon - \varepsilon_e), & \varepsilon \geqslant \varepsilon_e \end{cases} \tag{2-10}$$

式中，E 及 E_1 是线段 OA 及 AB 的斜率，具有这种应力-应变关系的材料，称为**弹塑性线性强化材料**。这种近似对某些材料是足够准确的。对一些材料来说，线段 AB 的斜率是相当小的，因而可将其作为理想塑性体来考虑，并不会引起很大的误差，可大大简化计算。但是与理想弹塑性材料一样，它的解析表达式在 $\varepsilon = \varepsilon_e$ 点时也有变化，所以很不方便。

3. 幂强化材料

如果要避免解析式中的这些变化，可以使用下面的公式，即

$$\sigma = A\varepsilon^n \tag{2-11}$$

式中，n 为强化系数，是 $0 \sim 1$ 的正数。式(2-11)所代表的曲线称为**幂强化材料曲线**，当 $n = 0$ 时，代表理想塑性体的模型，当 $n = 1$ 时，为理想弹性体模型。由于式(2-11)只有两个参数 A 及 n，因而也不能准确地表示材料的性质，但由于它的解析式很简单，所以常被使用。式(2-11)的几何图形如图 2-16(c)所示。

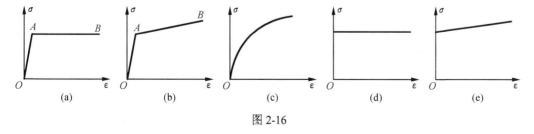

图 2-16

4. 刚塑性材料

如果弹性变形比塑性变形小得多，则可以忽略弹性变形，此时即为刚塑性模型。在这种模型中，假设应力在到达屈服极限前，变形等于零。在图 2-16(d)、(e)中给出了**理想刚塑性模型**及具有线性强化性质的刚塑性模型。

2.5　材料压缩时的力学性质

金属材料在室温下单向压缩，国家标准 GB/T 7314—2017《金属材料 室温压缩试验方法》对金属材料压缩时的试样、试验设备及条件、性能测试、试验结果处理及报告均作出了详细的规定。

金属试样受轴向压缩时，弯曲的影响可以忽略不计，标距内应力均匀分布，且在试验过程中不发生屈曲。试样形状与尺寸的设计应保证：在试验过程中标距内为均匀单向压缩；引伸计所测变形应与试样轴线上标距段的变形相等；端部不应在试验结束之前损坏。

压缩试样一般制成圆柱体、正方形柱体或矩形板。对于侧向无约束的圆柱体、正方形柱体试样，且长度 L 与直径 d 或边长 b 满足 $L = (2.5 \sim 3.5)d(b)$ 的试样，适用于测定非比例压缩强度 R_{pc}，即试样标距段的非比例压缩变形达到规定的原始标距百分比时的压缩应力。表示此压缩强度的符号应以下脚注说明，例如，$R_{pc0.01}$、$R_{pc0.02}$ 分别表示规定非比例压缩应变为 0.01%、0.02%时的压缩应力。规定总压缩强度 R_{tc} 指试样标距的总压缩变形(弹性变形加塑性变形)达到规定的原始标距百分比时的压缩应力。例如，$R_{tc1.5}$ 表示规定总压缩应变为 1.5%时的压缩应力。

当金属材料呈现屈服现象时，试样在试验过程中达到力不再增加而仍继续变形所对应的压缩应力，应区分上压缩屈服强度 R_{eHc}(试样发生屈服而力首次下降前的最高压缩应力)和下压缩屈服强度 R_{eLc}(屈服期间不计初始瞬时效应时的最低压缩应力)及抗压强度 R_{mc}。对于脆性材料，R_{mc} 指试样压至破坏过程中的最大压缩应力；对于在压缩中不因粉碎性破裂而失效的塑性材料，抗压强度 R_{mc} 则取决于规定应变和试样几何形状。$L = (5 \sim 8)d(b)$ 的试样适用于测定 $R_{pc0.01}$ 和压缩弹性模量 E_c(试验过程中，应力-应变呈线性关系时的压缩应力与应变的比值)。$L = (1 \sim 2)d(b)$ 的试样仅适用于测定 R_{mc}。

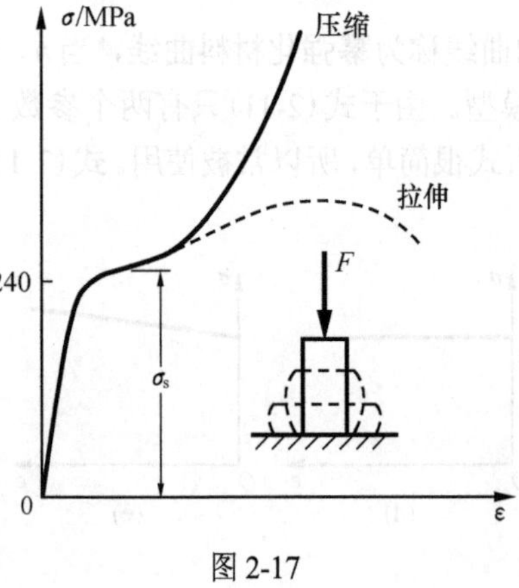

图 2-17 为低碳钢压缩时的应力-应变曲线。试验结果表明：低碳钢在压缩时的弹性阶段和屈服阶段与拉伸时基本无异。压缩时的弹性模量 E_c、上压缩屈服强度 R_{eHc} 和下压缩屈服强度 R_{eLc} 与拉伸时大致相同。屈服阶段以后，试件越压越扁，横截面面积不断增大，试件抗压能力也继续增高，因此得不到材料压缩时的抗压强度 R_{mc}。由于可以从拉伸试验了解到低碳钢压缩时的主要性质，所以一般不进行低碳钢压缩试验。

脆性材料压缩时的力学性质与拉伸时有较大差别。图 2-18 是灰口铸铁拉伸-压缩时的应力-应变曲线。

图 2-17

整个压缩时的图形与拉伸时相似,但压缩时的断后伸长率 A 要比拉伸时大,抗压强度 R_{mc} (σ_{bc})
要比抗拉强度 R_{mt} (σ_{bt}) 大得多。一般脆性材料的抗压能力明显高于抗拉能力。

铸铁试件受压破坏时外形呈鼓形,其断裂面法线与轴线成 $45°\sim55°$ 角,表明试件沿斜
截面因剪切而破坏。

图 2-19 是典型的混凝土受拉伸-压缩时的应力-应变曲线,具有和灰口铸铁类似的力学性质。

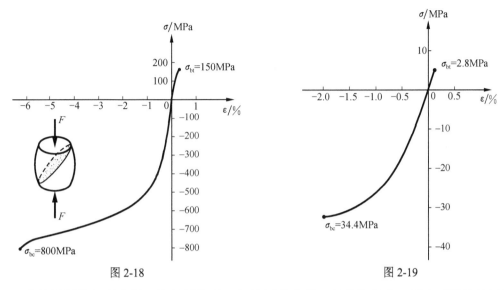

图 2-18　　　　　　　　　　　　　　　　　　　图 2-19

脆性材料抗拉强度低,塑性性能差,但抗压能力强,且价格低廉,适合于用作抗压零件
的材料。铸铁坚硬耐磨,易于浇铸成形状复杂的零部件,广泛地用于铸造机床床身、机座、
缸体及轴承座等受压零部件。因此,其压缩试验比拉伸试验更为重要。

综上所述,衡量材料力学性质的指标主要有比例极限 σ_p、弹性极限 σ_e、屈服极限 σ_s(或
规定残余延伸强度 $\sigma_{r0.2}$)、强度极限 σ_b、弹性模量 E、断后伸长率 A 和断面收缩率 Z 等。对
很多金属材料来说,这些量往往受温度、热处理等条件的影响。进一步的阐述将在《材料力
学(Ⅱ)》的第 6 章"材料力学行为的进一步认识"中介绍,表 2-1 中列出了几种常用金属材
料在室温、静载下的 σ_s、σ_b 和 A 的数值。

表 2-1　几种常用材料的主要力学性质[①]

材料名称	牌号	σ_s /MPa	σ_b /MPa	A /%
普通碳素钢	Q235	216~235	373~461	27~25
	Q255	255~275	490~608	19~21
优质碳素钢	35	314	529	20
	45	353	598	16
	50	372	627	14
普通低合金结构钢	Q345	274~343	471~510	19~21
	Q390	333~412	490~549	17~19
低合金钢	09MnV	294	431	22
	16Mn	343	510	21

续表

材料名称	牌号	σ_s /MPa	σ_b /MPa	A / %
合金钢	20Cr	539	833	10
	40Cr	784	980	9
	30CrMnSi	882	1078	8
铝合金	LY12	274	412	19
碳素铸钢	ZG270~500	270	500	18
球墨铸铁	QT450-10		450	10
灰口铸铁	HT150		120~175	

注：①A 为断后伸长率，表中 A 均为 $L_0 = 5.65\sqrt{S_0} = 5d_0$ 比例试样的断后伸长率。

2.6　拉(压)杆的强度条件

前面讨论了杆件在轴向拉伸(压缩)时应力的计算和材料的力学性质等问题。本节将在此基础上研究杆件的强度计算等问题。

2.6.1　安全系数和许用应力

在考虑构件的强度问题时，应限制构件最大的工作应力 σ_{max} 小于材料破坏时的极限应力 σ_u。对于塑性材料，当应力达到屈服极限时，就会出现明显的塑性变形，使构件不能维持正常的工作状态，因此把屈服极限作为塑性材料的极限应力。对于脆性材料，由于没有屈服阶段，直到断裂也没有明显的塑性变形，只有在最后断裂时才失去承载能力。因此以拉(压)强度极限作为脆性材料的极限应力。

为了保证构件的正常工作和安全，应使构件有必要的强度储备。在工程中允许最大工作应力不超过材料极限应力的若干分之一，即

$$\sigma_{max} \leqslant \frac{\sigma_u}{n}$$

式中，**安全系数** n 是一个大于 1 的数，其值由设计规范规定。强度计算中，把极限应力除以安全系数称为**许用应力**，即

$$[\sigma] = \frac{\sigma_u}{n}$$

塑性材料的许用应力为

$$[\sigma] = \frac{\sigma_s}{n_s} \quad 或 \quad \frac{\sigma_{r0.2}}{n_s}$$

脆性材料的许用应力为

$$[\sigma] = \frac{\sigma_b}{n_b}$$

式中，n_s、n_b 分别为塑性材料和脆性材料的安全系数。一般静载条件下，n_s 为 1.2~2.5，n_b 为 2.0~3.5，甚至为 3~9，这是因为脆性材料均匀性较差，有更大的危险性。安全系数的确定一般应考虑材料的材质、承载方式、模型简化时计算的精确度、工作条件及其重要性等多种因素。

2.6.2　强度条件

为确保拉(压)杆有足够的强度，要求杆内的最大工作应力不超过材料的许用应力，于是得到强度条件：

$$\sigma_{\max} = \frac{F_N}{A} \leqslant [\sigma] \tag{2-12}$$

式中，对于变截面杆，$\sigma_{\max}$ 应是 F_N 和 A 组合所得最大值；而对于等截面杆，$F_{N,\max}$ 截面即 $\sigma_{\max}$ 截面。

根据上述强度条件，可以解决以下三种类型的强度计算问题。

(1)强度校核。已知外力大小(由此可知轴力 F_N)、横截面面积 A 和拉(压)杆材料的许用应力，可用强度条件式(2-12)校核构件是否满足强度要求。

(2)设计截面。已知构件所受的外力和所用材料的许用应力，按强度条件设计构件所需的横截面面积 A。此时，可将式(2-12)改写为

$$A \geqslant \frac{F_N}{[\sigma]}$$

由此可算出构件所需的横截面面积。

(3)确定许可载荷(外力)。已知构件的横截面面积和材料的许用应力，可按强度条件式 (2-12) 确定构件所能承受的最大轴力。此时可将式(2-12)改写为

$$F_N \leqslant A[\sigma]$$

根据构件所受的最大轴力，确定该构件或结构所能承受的最大载荷(外力)。

例 2-3　图 2-20(a)为一承受载荷 $F = 1000\text{kN}$ 的吊环，两边的斜杆均由两个横截面为矩形的钢杆构成。杆的厚度和宽度分别为 $b = 25\text{mm}$ 和 $h = 90\text{mm}$，斜杆轴线关于吊环对称，轴线间的夹角为 $\alpha = 20°$。若 Q235 钢的许用应力$[\sigma] = 120\text{MPa}$，试校核斜杆的强度。

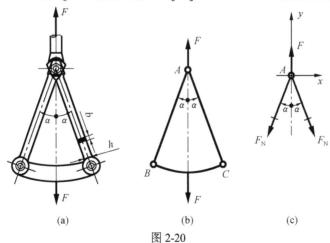

图 2-20

解　作吊环的计算简图，如图 2-20(b)所示。

(1)求斜杆的内力。由截面法截出包括节点 A 的分离体，如图 2-20(c)所示。由于结构在几何和受力方面的对称性，两斜杆内的轴力 F_N 应相等。根据平衡条件 $\sum F_y = 0$，得

$$F - 2F_{\text{N}}\cos\alpha = 0$$

于是　　　　　　　　　$$F_{\text{N}} = \frac{F}{2\cos\alpha} = \frac{1000\times10^3}{2\times\cos20°} = 5.32\times10^5(\text{N})$$

（2）校核斜杆强度。计算斜杆内的工作应力，由于每一斜杆各由两个矩形截面杆组成，故 $A = 2bh$。斜杆内的工作应力为

$$\sigma = \frac{F_{\text{N}}}{A} = \frac{F_{\text{N}}}{2bh} = \frac{5.32\times10^5}{2\times25\times10^{-3}\times90\times10^{-3}} = 118.2\times10^6(\text{Pa}) = 118.2(\text{MPa}) < [\sigma] = 120\text{MPa}$$

所以斜杆有足够的强度。

例 2-4　一悬臂吊车的计算简图如图 2-21（a）所示。已知横杆 AB 由两根型号相同的等边角钢组成，斜杆 AC 为一圆形截面钢杆。已知两杆材料的许用应力均为 $[\sigma] = 120\text{MPa}$，载荷 $F = 20\text{kN}$，夹角 $\alpha = 20°$，忽略各杆自重。试确定等边角钢的型号及斜杆的直径。

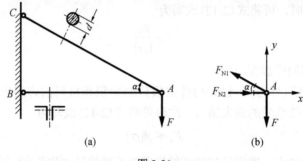

图 2-21

解　（1）计算各杆的轴力。由截面法截出 A 点，如图 2-21（b）所示，根据平衡条件 $\sum F_y = 0$，得

$$F_{\text{N1}}\sin\alpha - F = 0$$

由 $\sum F_x = 0$，得　　　　　　　　　$$F_{\text{N2}} - F_{\text{N1}}\cos\alpha = 0$$

联立求解上两式，得

$$F_{\text{N1}} = \frac{F}{\sin\alpha} = \frac{20\times10^3}{\sin20°} = 5.85\times10^4(\text{N})$$

$$F_{\text{N2}} = F_{\text{N1}}\cos\alpha = 5.85\times10^4\times\cos20° = 5.50\times10^4(\text{N})$$

（2）确定各杆的面积。首先计算斜杆的面积，由式（2-12）可得

$$A_1 = \frac{\pi}{4}d^2 \geqslant \frac{F_{\text{N1}}}{[\sigma]} = \frac{5.85\times10^4}{120\times10^6} = 4.88\times10^{-4}(\text{m}^2) = 488(\text{mm}^2)$$

所以　　　　　　　　　$$d \geqslant \sqrt{\frac{4\times488}{\pi}} = 24.9(\text{mm})$$

取斜杆的直径 $d = 25\text{mm}$。

设横杆每根角钢的横截面面积为 A_2，横杆的面积为

$$2A_2 \geqslant \frac{F_{N2}}{[\sigma]} = \frac{5.50 \times 10^4}{120 \times 10^6} = 4.58 \times 10^{-4} (m^2) = 458 (mm^2)$$

即
$$A_2 \geqslant 229 \, mm^2$$

由附录 D 的型钢表中可选取 3.6 号等边角钢(36mm×36mm×4mm)，其横截面面积为 275.6mm², 比算得的横截面面积略大一些，显然满足强度要求。

例 2-5　图 2-22(a)所示桁架，杆 1、2 均为圆截面杆，直径分别为 $d_1 = 30mm$，$d_2 = 20mm$，两杆的材料相同，许用应力$[\sigma] = 160MPa$。该桁架在节点 A 处受铅垂载荷 F 作用。试求桁架的许可载荷。

解　(1)计算各杆的轴力。用截面法截出包括节点 A 的分离体，如图 2-22(b)所示，根据平衡条件 $\sum F_y = 0$，得

$$F_{N1} \cos 30° + F_{N2} \cos 45° - F = 0$$

由 $\sum F_x = 0$，得

$$F_{N2} \sin 45° - F_{N1} \sin 30° = 0$$

联立求解上两式，得

$$F_{N1} = \frac{F}{\sin 30° + \cos 30°} = \frac{2F}{1 + \sqrt{3}}$$

$$F_{N2} = \frac{\sin 30°}{\sin 45°} F_{N1} = \frac{1}{\sqrt{2}} F_{N1} = \frac{2F}{\sqrt{2} + \sqrt{6}}$$

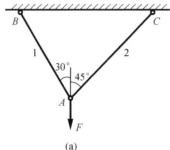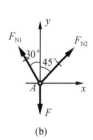

图 2-22

(2)计算各杆允许的最大轴力。首先计算杆 1 所能承受的最大轴力。由式(2-12)得

$$F_{N1} = A_1 [\sigma] = \frac{\pi}{4} d_1^2 [\sigma] = \frac{\pi}{4} \times (30 \times 10^{-3})^2 \times 160 \times 10^6 = 113.1 \times 10^3 (N)$$

杆 2 所能承受的最大轴力为

$$F_{N2} = A_2 [\sigma] = \frac{\pi}{4} d_2^2 [\sigma] = \frac{\pi}{4} \times (20 \times 10^{-3})^2 \times 160 \times 10^6 = 50.3 \times 10^3 (N)$$

(3)确定许可载荷。当杆 1 达到许用应力时，由此而确定的许可载荷$[F]_1$ 为

$$[F]_1 = (1 + \sqrt{3}) \times \frac{F_{N1}}{2} = (1 + \sqrt{3}) \times \frac{1.131 \times 10^5}{2} = 154.5 \times 10^3 (N)$$

当杆 2 达到许用应力时，由此而确定的许可载荷$[F]_2$ 为

$$[F]_2 = (\sqrt{2} + \sqrt{6}) \frac{F_{N2}}{2} = (\sqrt{2} + \sqrt{6}) \times \frac{5.03 \times 10^4}{2} = 97.2 \times 10^3 (N)$$

要使整个结构能安全正常工作，允许的最大许可载荷应取

$$[F] = \min\{[F]_i\}$$

即
$$F \leqslant 97.2 \times 10^3 \, N = 97.2 \, kN$$

2.7　拉（压）杆的变形　胡克定律

受轴向拉伸（压缩）的杆件，除产生沿轴线方向的伸长或缩短外，由实验可知，其横向尺寸还会有缩小或增大。前者称为**纵向变形**，后者称为**横向变形**。

2.7.1　纵向变形

设原长为 l 受轴向拉力 F 作用的等直杆，变形后的长度为 l_1（图 2-23(a)），则杆的纵向伸长为 $\Delta l = l_1 - l$。

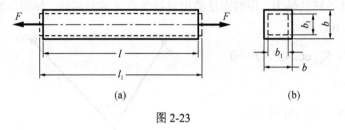

图 2-23

对工程中常用的材料，实验证明：当杆上的应力不超过比例极限时，杆的伸长 Δl 与杆所受的外力 F 和杆的原长 l 成正比，与横截面面积 A 成反比，即

$$\Delta l \propto \frac{Fl}{A}$$

引入比例常数 E，并注意到 $F = F_{\mathrm N}$，则有

$$\Delta l = \frac{F_{\mathrm N} l}{EA} \tag{2-13a}$$

这一比例关系也称为**胡克定律**。对于轴向压缩，这一关系同样成立。按式(2-13a)计算 Δl 时，由于轴力 $F_{\mathrm N}$ 有正有负，故 Δl 也有正有负，规定伸长为正，缩短为负。

比例常数 E 称为**弹性模量**，其单位与应力的单位相同，不同材料的 E 值可通过实验测定。如 Q235 钢的 E 值约 210GPa。

对于长度相同、受力相同的杆，其 EA 越大，杆的变形越小，故 EA 称为**杆的抗拉（压）刚度**。

式(2-13a)还可改写成另一种形式，即

$$\frac{\Delta l}{l} = \frac{1}{E} \frac{F_{\mathrm N}}{A} \tag{2-13b}$$

由于杆内各处变形程度相同，因此，式(2-13b)中 $\dfrac{\Delta l}{l}$ 为杆内任一点处的纵向应变 ε，即

$$\varepsilon = \Delta l / l \tag{2-14}$$

将式(2-1)、式(2-14)代入式(2-13b)，得胡克定律的另一形式：

$$\varepsilon = \sigma / E$$

式(2-6)不仅适用于拉（压）杆，也表达了所有单向应力状态下的正应力和线应变之间的关系，式(2-6)或式(2-13a)通常称为单向应力状态下的胡克定律。

2.7.2　横向变形

设拉杆变形前和变形后的横向尺寸分别用 b 和 b_1 表示(图 2-23(b))，其横向变形为

$$\Delta b = b_1 - b$$

相应的横向线应变为

$$\varepsilon' = \frac{\Delta b}{b}$$

实验结果表明：当材料服从胡克定律时，横向线应变与纵向线应变之比的绝对值为一常数。若以 μ 表示此比值，有

$$\mu = \left| \frac{\varepsilon'}{\varepsilon} \right|$$

μ 称为**横向变形系数**或**泊松比**[①]。

杆件受拉伸时轴向伸长，横向收缩；反之，受压缩时轴向缩短，横向膨胀。所以两个方向应变的符号总是相反的，故有

$$\varepsilon' = -\mu\varepsilon \tag{2-15}$$

弹性模量 E 和泊松比 μ 都是材料的弹性常数。表 2-2 中给出了工程中常用材料的 E 和 μ 的约值。

表 2-2　弹性模量和泊松比的约值

材料名称	弹性模量 E/GPa	泊松比 μ	材料名称	弹性模量 E/GPa	泊松比 μ
碳钢	200～220	0.25～0.33	铅	17	0.42
16 锰钢	200～220	0.25～0.33	花岗石	49	
合金钢	190～220	0.24～0.33	石灰石	42	
灰口、白口铸铁	115～160	0.23～0.27	混凝土	14.6～36	0.16～0.18
可锻铸铁	155		木材(顺纹)	10～12	
铜及其合金	74～130	0.31～0.42	橡胶	0.008	0.47
铝及硬铝合金	71	0.33			

例 2-6　组合杆由铝、铜和钢材组成，受载如图 2-24(a)所示。已知各段材料的弹性模量及横截面面积分别为：AB 段为铝，$E_{a1} = 70\text{GPa}$，$A_{AB} = 58.1\text{mm}^2$；BC 段为铜，$E_{co} = 120\text{GPa}$，$A_{BC} = 77.4\text{mm}^2$；CD 段为钢，$E_{st} = 200\text{GPa}$，$A_{CD} = 38.7\text{mm}^2$。求 A 端相对于 D 端的位移。凸缘尺寸的影响不计。

解　(1)绘出杆的轴力图。组合杆的轴力图如图 2-24(b)所示。

[①] Simeon-Denis Poisson(1781—1840 年)，法国科学家，著有数学、天文学、电学和力学方面的著作，其代表作《力学教程》于 1811 年问世。1828 年首先将纵向和横向变形的关系公式化，泊松比(Poisson ratio)便是以他的名字命名的。

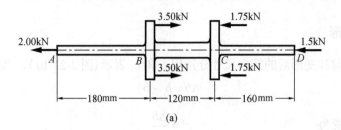

(a)

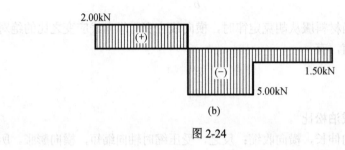

(b)

图 2-24

(2) 计算纵向变形。式(2-13a)所示胡克定律是根据等截面直杆在两端受轴向外力作用得出的。本例中各段杆的轴力、横截面面积、材料均不同，因此需分段计算其变形。

AB 段的变形为

$$\Delta l_{AB} = \frac{F_{\text{N},AB} l_{AB}}{E_{a1} A_{AB}} = \frac{2.0 \times 10^3 \times 180 \times 10^{-3}}{70 \times 10^9 \times 58.1 \times 10^{-6}} = 8.85 \times 10^{-5} \text{(m)}$$

BC 段的变形为

$$\Delta l_{BC} = \frac{F_{\text{N},BC} l_{BC}}{E_{co} A_{BC}} = -\frac{5.0 \times 10^3 \times 120 \times 10^{-3}}{120 \times 10^9 \times 77.4 \times 10^{-6}} = -6.46 \times 10^{-5} \text{(m)}$$

CD 段的变形为

$$\Delta l_{CD} = \frac{F_{\text{N},CD} l_{CD}}{E_{st} A_{CD}} = -\frac{1.5 \times 10^3 \times 160 \times 10^{-3}}{200 \times 10^9 \times 38.7 \times 10^{-6}} = -3.10 \times 10^{-5} \text{(m)}$$

杆 A 端相对于 D 端的位移为各段变形的代数和，即

$$\Delta_{A/D} = \Delta l_{AB} + \Delta l_{BC} + \Delta l_{CD} = (8.85 - 6.46 - 3.10) \times 10^{-5} = -0.71 \times 10^{-5} \text{(m)} = -0.0071 \text{(mm)}$$

例 2-7 一实心圆截面锥形杆左右两端的直径分别为 d_1 和 d_2（图 2-25）。若不计杆件的自重，试求轴向拉力 F 作用下杆件的变形。

解 在截面尺寸沿轴线变化较平缓的情形下，变截面拉(压)杆的变形仍可按式(2-13a)计算。仅是杆的长度应取 dx 微段，并以 $A(x)$ 和 $F_{\text{N}}(x)$ 分别表示横截面面积和横截面上的轴力。

(1) 距左端为 x 的横截面的直径设为 $D(x)$，按比例关系可求出

$$D(x) = d_1 - (d_1 - d_2)\frac{x}{l}$$

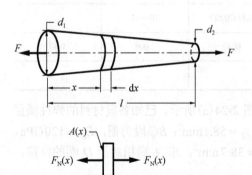

图 2-25

于是

$$A(x) = \frac{\pi}{4} D^2(x) = \frac{\pi}{4} d_1^2 \left(1 - \frac{d_1 - d_2}{d_1} \frac{x}{l}\right)^2$$

(2) dx 微段的变形。由式(2-13a)并将 $A(x)$ 代入，得

$$d(\Delta l) = \frac{F_N(x)dx}{EA(x)} = \frac{Fdx}{E\frac{\pi}{4}d_1^2\left(1 - \frac{d_1 - d_2}{d_1}\frac{x}{l}\right)^2}$$

（3）整个杆件的变形。对 d(Δl) 积分得

$$\Delta l = \int_0^l d(\Delta l) = \int_0^l \frac{Fdx}{E\frac{\pi}{4}d_1^2\left(1 - \frac{d_1 - d_2}{d_1}\frac{x}{l}\right)^2} = \frac{4Fl}{\pi E d_1 d_2}$$

例 2-8　1986 年首次获得水下泰坦尼克号图像的 Jason 系统是一艘重量为 35200N，并装备有遥控电视监测系统的研究型潜艇，1989 年它在水下 646m 处作业，将位于意大利海区水下 Roman 舰的图像传输到与之相连的水面装置内。该潜艇连接在一根空心钢缆绳的下端，钢缆绳的截面积 $452 \times 10^{-6} m^2$，弹性模量 $E = 200GPa$，比重为 $77kN/m^3$，钢缆绳的内部装有光纤传输系统，以便将图像传输到水面的装置内。试确定钢缆绳的伸长。由于整个系统的体积很小，海水浮力可以忽略不计，同时光纤芯缆对拉伸的影响也可忽略不计。

解　整个钢缆绳的伸长由系统重量和钢缆绳自重引起的两部分伸长组成。

（1）系统重量引起钢缆绳的变形。直接应用胡克定律，得

$$\Delta l_1 = \frac{Fl}{EA} = \frac{35.2 \times 10^3 \times 646}{200 \times 10^9 \times 452 \times 10^{-6}} = 0.2515(m)$$

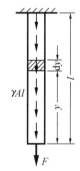

（2）自重引起钢缆绳的变形，在 dy 微段（图 2-26），由胡克定律可知，其下长为 y 段重量引起的 dy 段的变形为

$$d(\Delta l_2) = \frac{Ay\gamma}{EA}dy$$

积分得自重引起的伸长为

$$\Delta l_2 = \int_0^l \frac{A\gamma y}{EA}dy = \frac{\gamma A}{EA}\frac{l^2}{2} = \frac{(A\gamma l)l}{2EA} = \frac{Wl}{2EA}$$

图 2-26

式中，W 表示钢缆的自重。从中可以看出，自重 W 产生的总伸长等于将同样重量施加于钢缆绳（杆）端时伸长量的 1/2。代入相关数据，得

$$\Delta l_2 = \frac{452 \times 10^{-6} \times 646^2 \times 77 \times 10^3}{2 \times 200 \times 10^9 \times 452 \times 10^{-6}} = 0.0803(m)$$

（3）整个钢缆绳的总伸长为

$$\Delta = \Delta l_1 + \Delta l_2 = 0.2515 + 0.0803 = 0.332(m)$$

例 2-9　长 1m，横截面边长 $a = 4cm$ 的方钢杆如图 2-27 所示，承受 250kN 的轴向拉力，已知钢材的弹性模量 $E = 200GPa$，泊松比 $\mu = 0.3$，试求在此载荷作用下横向尺寸的改变量。

解　在单向拉伸条件下，要求横向尺寸的减小量，根据泊松比的定义，必须先求出纵向应变的大

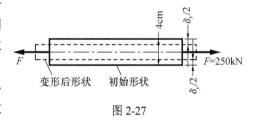

图 2-27

小，故需先求出轴向应力。

(1)求轴向应力。已知轴力 $F_N=F=250$kN，横截面面积 $A=(4\times10^{-2})^2$m^2，故

$$\sigma_x = \frac{250\times10^3}{4^2\times10^{-4}} = 156.3\times10^6(\text{Pa}) = 156.3(\text{MPa})$$

(2)求轴向应变。在单向应力状态下，根据胡克定律有

$$\varepsilon_x = \frac{\sigma_x}{E} = \frac{156.3\times10^6}{200\times10^9} = 0.782\times10^{-3}$$

(3)求横向变形。由于横截面为正方形，故两边长的改变即横向尺寸的减小相同。横向应变量为

$$\varepsilon_y = -\mu\varepsilon_x = -0.3\times0.782\times10^{-3} = -0.235\times10^{-3}$$

故边长的改变量为

$$\delta_y = |\varepsilon_y|\cdot a = 0.235\times10^{-3}\times4\times10^{-2} = 0.0094\times10^{-3}(\text{m}) = 0.0094(\text{mm})$$

故在 250kN 载荷作用下横向尺寸减小 0.0094mm。

例 2-10 图 2-28(a)为一简单托架。BC 杆为圆钢，横截面直径 $d=20$mm，BD 杆为 8 号槽钢，两杆的弹性模量 E 均为 200GPa。设 $F=50$kN，试求托架 B 点的位移。

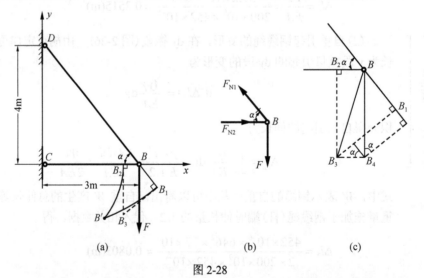

图 2-28

解 (1)求各杆的内力。由理论力学可知，BC 杆和 BD 杆均为二力杆件，其内力方向沿杆的轴线方向。用截面法截取分离体并设各杆内力，如图 2-28(b)所示。由平衡方程 $\sum F_y=0$，得

$$F_{N1} = \frac{5}{4}F = \frac{5}{4}\times50 = 62.5(\text{kN})\ (\text{拉力})$$

由 $\sum F_x=0$，得

$$F_{N2} = \frac{3}{5}F_{N1} = \frac{3}{4}F = \frac{3}{4}\times50 = 37.5(\text{kN})\ (\text{压力})$$

(2)求各杆的变形。BD 杆的面积 A_1 可由附录 D 型钢表中查得，为

$$A_1 = 10.24\text{cm}^2$$

BC 杆的面积为 $\qquad A_2 = \dfrac{\pi}{4}d^2 = \dfrac{\pi}{4} \times 20^2 \times 10^{-6} = 314 \times 10^{-6}(\text{m}^2)$

根据式 (2-13a) 求得 BD 杆和 BC 杆的变形，为

$$BB_1 = \Delta l_1 = \frac{F_{N1}l_1}{EA_1} = \frac{62.5 \times 10^3 \times 5}{200 \times 10^9 \times 10.24 \times 10^{-4}} = 1.526 \times 10^{-3}(\text{m})$$

$$BB_2 = \Delta l_2 = \frac{F_{N2}l_2}{EA_2} = \frac{37.5 \times 10^3 \times 3}{200 \times 10^9 \times 314 \times 10^{-6}} = 1.791 \times 10^{-3}(\text{m})$$

式中，Δl_1 为伸长变形；Δl_2 为缩短变形。

(3) B 点的位移。设想将托架从节点 B 拆开，BD 杆变形后长为 B_1D，BC 杆变形后长为 B_2C。分别以 D 点和 C 点为圆心，以 B_1D 和 B_2C 为半径，作圆弧相交于 B'，B' 点即为托架变形后的位置。由于变形很小，$\overset{\frown}{B_1B'}$ 和 $\overset{\frown}{B_2B'}$ 是两段极小的圆弧，因而可分别用垂直于 BD 和 BC 的直线 (圆弧的切线) 来代替，这两段垂线的交点为 B_3，BB_3 近似为 B 点变形后的位移。

可以将多边形 BB_3B_2 按比例放大，如图 2-28 (c) 所示。从图中可以直接量出位移 BB_3 的大小，或量出它的垂直分量 BB_4 和水平分量 BB_2。

现用解析法求位移 BB_3 的两个分量。由图中可看出，两个位移分量在每个杆上的投影和即为该杆的变形。于是

$$BB_2 = \Delta l_2, \quad BB_4\sin\alpha - B_3B_4\cos\alpha = \Delta l_1$$

而由图中可知 $B_3B_4 = BB_2$，联立求解上两式得

$$BB_2 = \Delta_{Bx} = \Delta l_2 = 1.791 \times 10^{-3}\,\text{m} = 1.791\,\text{mm}$$

$$BB_4 = \Delta_{By} = \frac{\Delta l_1 + \Delta l_2 \cos\alpha}{\sin a} = \frac{1.526 \times 10^{-3} + 1.791 \times 10^{-3} \times 3/5}{4/5} = 3.25 \times 10^{-3}(\text{m}) = 3.25(\text{mm})$$

为了验证上述以切线代替弧线方法[①]的精确度，沿 CB 和 CD 分别建立坐标轴 x 和 y，并用 h 表示 CD 间的距离，则上述以 D、C 为圆心的圆方程分别为

$$\begin{cases} x^2 + (y-h)^2 = (l_1 + \Delta l_1)^2 \\ x^2 + y^2 = (l_2 - \Delta l_2)^2 \end{cases}$$

代入有关数据并解方程组，即得 B' 点的坐标 $x_{B'}$ 和 $y_{B'}$，从而求得 B 点的水平位移 Δ_{Bx} 和垂直位移 Δ_{By}，即

$$\Delta_{Bx} = 1.793\,\text{mm}(\leftarrow)$$

$$\Delta_{By} = 3.25\,\text{mm}(\downarrow)$$

比较两种方法的解，其最大误差为 $\delta = 0.112\%$。可见在小变形条件下，采用切线代替弧线的方法计算节点位移是足够精确的。

应当强调指出，所谓**小变形**，是指与结构尺寸相比很小的变形。对于某些大型结构，位移的数值可能并不很小，但若与结构尺寸相比仍很小，则仍属于小变形。在小变形的条件下，

---

① 图 2-28 (c) 所示的这种位移图解法是计算桁架位移的重要辅助手段，这种方法又称**威里沃特图解法**，是由法国工程师 J. V. Williot 于 1877 年首先提出的。

通常即可按结构的原有几何形状和尺寸计算支座反力和内力，并可采用**切线代替弧线**的方法计算位移。利用小变形概念，可以使许多问题的分析计算大为简化。

例2-11 由 AB、CD 两杆组成的系统在 B 点承受水平力 F（图2-29），AB、CB 杆的横截面面积分别为 A_1、A_2，长度为 l_1、l_2，弹性模量为 E_1、E_2。求节点 B 的铅垂和水平位移。

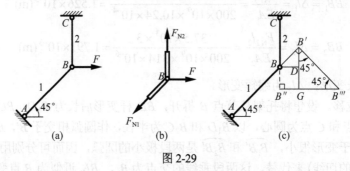

图 2-29

解 (1)求各杆的内力。用截面法截出分离体，如图 2-29(b)所示，两杆的轴力分别为 F_{N1}、F_{N2}，且均假设为正，即为拉伸。根据平衡方程，有

$$\sum F_x = 0, \quad F_{N1}\cos 45° - F = 0 \tag{1}$$

$$\sum F_y = 0, \quad F_{N2} - F_{N1}\sin 45° = 0 \tag{2}$$

解得

$$F_{N1} = \sqrt{2}F, \quad F_{N2} = F$$

轴力均为正，说明假设正确，即每一个杆都是受拉伸的。

(2)求各杆的变形。假想解开两杆在节点 B 处的连接。在拉伸轴力作用下，杆 AB 的伸长为 $BB' = \Delta l_1$，杆 CB 的伸长为 $BB'' = \Delta l_2$，根据胡克定律，得

$$\Delta l_1 = \frac{F_{N1}l_1}{E_1 A_1} = \frac{\sqrt{2}Fl_1}{E_1 A_1} \tag{3}$$

$$\Delta l_2 = \frac{F_{N2}l_2}{E_2 A_2} = \frac{Fl_2}{E_2 A_2} \tag{4}$$

(3)求 B 的铅垂及水平位移。节点 B 的最终位置应与不解除 B 处连接是一致的，因此杆 AB 必须绕 A 点做刚体旋转，杆 CB 绕 C 点做刚体旋转。在 AB 延长线上的 B' 点必须沿以 A 为中心的圆弧运动。但是，对于小形变，认为这段圆弧可以用垂直于 AB' 的垂线 $B'B'''$ 代替（即以切代弧）。同样，在 CB 延长线上的 B'' 点作垂直于 CB'' 的垂线，与另一条垂线相交于 B''' 点，两段虚线的交点 B''' 必然是 B 点最终的近似位置。

根据几何关系可知水平位移和铅垂位移分别为

$$\Delta x = B''G + GB''' = BD + B'G = BB'\cos 45° + B'D + DG$$

$$= BB'\cos 45° + BD + BB'' = \Delta l_1 \cos 45° + \Delta l_1 \sin 45° + \Delta l_2 = \frac{2Fl_1}{E_1 A_1} + \frac{Fl_2}{E_2 A_2} \tag{5}$$

$$\Delta y = BB'' = \Delta l_2 = \frac{Fl_2}{E_2 A_2} \tag{6}$$

例 2-12 如图 2-30(a)所示，桁架由杆 AB、AC、BD、DC 和刚性横梁 BC 组成。各杆具有相同的截面积和弹性模量 E。求节点 D 在集中力 F 和均布载荷 q 作用下的位移。

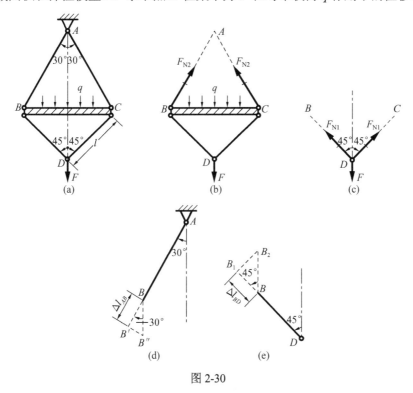

图 2-30

解 由结构和载荷的对称性可知，结构的变形亦然对称，故 D 点只有铅垂位移。而且节点 D 的位移由 F 力引起的 BD、CD 两杆的变形和 F、q 引起的杆 AB、AC 的变形构成。

(1)求各杆的内力。用截面法分别从 A、D 节点处截开，得分离体，分别如图 2-30(b)、(c)所示。两图分别对 y 向求平衡，有

$$2F_{N2}\sin 60° - ql_{BC} - F = 0 \tag{1}$$

$$2F_{N1}\cos 45° - F = 0 \tag{2}$$

已知 $l_{DC} = l$，根据几何关系可知 $l_{BC} = l_{AB} = l_{AC} = \sqrt{2}l$。解式(1)、式(2)，得

$$F_{N1} = \frac{\sqrt{2}}{2}F, \quad F_{N2} = \frac{F + \sqrt{2}ql}{\sqrt{3}}$$

(2) $AB(AC)$ 杆的变形引起 BC 梁的下降。由胡克定律可知两杆的伸长量为

$$BB' = \Delta l_{AB} = \Delta l_{AC} = \frac{F_{N2}l_{AB}}{EA} = \frac{(F + \sqrt{2}ql)\sqrt{2}l}{\sqrt{3}EA} \tag{3}$$

过 B' 点作 AB 的垂线，过 B 点作铅垂线 BB''，两者交于 B'' 点(图 2-30(d))，得 $AB(AC)$ 杆变形引起的 BC 梁的铅垂下降量 BB'' 为

$$BB'' = BB'/\cos 30° = 2(F + \sqrt{2}ql)\sqrt{2}l/(3EA) \tag{4}$$

(3) $DB(DC)$ 杆的变形引起 D 点的下降。由胡克定律可知两杆的伸长量为

$$BB_1 = \Delta l_{BD} = \Delta l_{CD} = \frac{F_{N1} l_{BD}}{EA} = \frac{\sqrt{2} Fl}{2EA} \tag{5}$$

过 B_1 点作 BD 的垂线，过 B 点作铅垂线 BB_2，两者交于 B_2 点（图 2-30（e）），得 DB（DC）杆变形引起的 D 点的铅垂下降量为

$$BB_2 = \frac{BB_1}{\cos 45°} = \frac{Fl}{EA} \tag{6}$$

（4）节点 D 的铅垂位移。式（4）、式（6）之和即为 D 点的铅垂位移，即

$$\Delta_D = BB'' + BB_2 = \frac{(2\sqrt{2}+3)Fl}{3EA} + \frac{4ql^2}{3EA} \tag{7}$$

例 2-13　图 2-31（a）为由长度为 L 的细钢杆（或钢丝）AB 和 BC 组成的结构，A、B 和 C 处均为铰链，AB 和 BC 杆在没有承受载荷时是水平的，各杆的重量忽略不计。在 B 点缓慢地施加力 F。试确定：（1）使 B 点产生铅垂位移 δ 时，力 F 的数值；（2）若每根杆的初始长度 $L = 1.5$m，横截面面积 $A = 6.5$mm^2，弹性模量 $E = 200$GPa，载荷加至 $F = 100$N，试用两种方法（精确方法和近似方法）确定节点 B 的铅垂位移 δ。

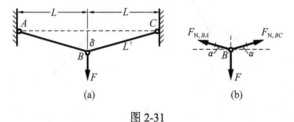

图 2-31

解　（1）力 F 与铅垂位移 δ 的近似关系。这是一个非常有趣的例子，系统内每一个单独的构件都满足胡克定律，然而由于几何原因，节点 B 的铅垂位移和力 F 不成比例。

每一个杆均服从关系 $\Delta = F_N L / (EA)$，式中 F_N 是杆中的轴力，Δ 是轴向伸长。杆的初始长度为 L，施加载荷 F 后长度为 L'。于是

$$\Delta = L' - L = \frac{F_N L}{EA} \tag{1}$$

节点 B 的分离体图如图 2-31（b）所示。根据平衡方程，有

$$\sum F_x = 0, \quad F_{N,BC} = F_{N,BA} = F_N$$
$$\sum F_y = 0, \quad 2F_N \sin\alpha = F \quad 或 \quad F = 2F_N(\delta/L')$$

代入式（1），得

$$F = 2\frac{(L'-L)AE}{L}\frac{\delta}{L'} = \frac{2\delta AE}{L}\left(1 - \frac{L}{L'}\right) \tag{2}$$

由勾股定理，有

$$(L')^2 = L^2 + \delta^2 \tag{3}$$

代入式（2），有

$$F = \frac{2\delta AE}{L}\left(1 - \frac{L}{\sqrt{L^2 + \delta^2}}\right) = \frac{2\delta EA}{L}\left[1 - \left(1 + \frac{\delta^2}{L^2}\right)^{-\frac{1}{2}}\right] \tag{4}$$

由二项式定理，展开 $\left[1+\left(\dfrac{\delta}{L}\right)^2\right]^{-\frac{1}{2}}$ 项并略去高阶项，有

$$\left(1+\frac{\delta^2}{L^2}\right)^{-\frac{1}{2}}\approx 1-\frac{1}{2}\cdot\frac{\delta^2}{L^2} \tag{5}$$

将式(5)代入式(4)，可以得到力和位移的近似关系：

$$F\approx\frac{2AE\delta}{L}\frac{\delta^2}{2L^2}=\frac{AE\delta^3}{L^3} \tag{6}$$

从式(6)中可以看出，尽管胡克定律对每个一杆件都是适用的，但位移 δ 和力 F 却不成比例。当位移变得很大时，假设胡克定律仍然正确，则位移 δ 近似地和力 F 成比例，但此例中叠加原理不再成立。这个系统的特点是：外力的作用显著地受小位移的影响，应力和位移都不是载荷的线性函数。因此，如果应用叠加原理，材料必须服从胡克定律，但是，只此一个要求是不充分的。必须知道载荷的作用是否受结构小形变的影响。如果这种影响是存在的，叠加原理就不再成立。

(2)力 F 与铅垂位移 δ 的精确关系。如式(4)所示，代入相关数据，有

$$100=\frac{2\delta\times200\times10^9\times6.5\times10^{-6}}{1.5}\left(1-\frac{1.5}{\sqrt{1.5^2+\delta^2}}\right)$$

用试凑法求解，得 $\delta=63.822\text{mm}$。

力 F 和铅垂位移的近似关系如式(6)所示，代入相应数据，即

$$100\approx\frac{200\times10^9\times6.5\times10^{-6}\times\delta^3}{1.5^3}$$

解得近似铅垂位移 $\delta=63.794\text{mm}$。两解的误差为 0.0439%。

2.8　拉(压)超静定问题

在前面讨论的问题中，无论支座反力还是杆件的轴力，仅仅根据静力平衡方程就可以确定。这类问题称为**静定问题**。

在工程实际中常常会遇到仅根据静力平衡方程不能求出支座反力或内力的情形，出现这种情形的原因是存在多于独立平衡方程数目的未知力，将这类问题称为**超静定问题**或**静不定问题**。图 2-32(a)所示结构为静定结构，若在该结构上增加杆 AD，如图 2-32(b)所示，通过节点 A 有三个轴力 F_{N1}、F_{N2}、F_{N3}。平面汇交力系只能写出两个独立的静力平衡方程。显然用两个平衡条件不能确定全部杆的轴力，因而是一个超静定问题。

在超静定问题中，未知力多于有效平衡方程的数目称为**超静定的次数**。图 2-32(b)中的结构即为**一次超静定结构**。

由于未知力数多于有效平衡方程数，除要利用全部静力平衡方程外，还需通过对变形的研究来建立足够数目的补充方程式。

求解超静定问题，通常有以广义位移为基本未知量的位移法和以广义力为基本未知量的力法。以下通过具体例子来说明求解超静定问题的力法应用。

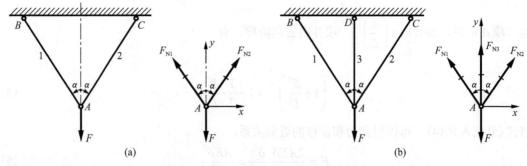

图 2-32

例 2-14　如图 2-33（a）所示结构为一等截面直杆，固定在两刚性约束之间。若杆的横截面面积为 A，材料的弹性模量为 E。试求约束对杆的反力。

解　本例受力结构为平面共线力系，其中 AB 杆仅受左、右两个约束的支座反力 F_A 和 F_B，而有效平衡方程仅有一个。故为一次超静定问题。

（1）静力平衡条件。根据平衡条件 $\sum F_x = 0$，得

$$F_A + F_B - F = 0 \tag{1}$$

（2）变形几何关系。设解除杆右端的约束，形成用支反力 F_B 代替的相当系统，该相当系统为静定系统。在此静定问题中，在外力 F 和 F_B 作用下 AB 杆将变形，一般情形下杆的总变形不为零。但本例中的原结构，两端均为刚性约束，因此总变形为零。于是图 2-33（b）中的变形几何关系应为

$$\Delta l = \Delta l_1 + \Delta l_2 = 0 \tag{2}$$

式中，Δl_1 为左段杆 AC 的变形；Δl_2 为右段杆 CB 的变形。

（3）物理条件。由力和变形的关系，即胡克定律可得

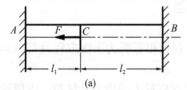

$$\Delta l_1 = -\frac{F_A l_1}{EA} \tag{3}$$

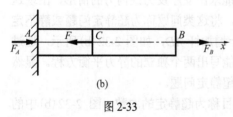

$$\Delta l_2 = \frac{F_B l_2}{EA} \tag{4}$$

式（3）中等号右边的负号是由于左段杆的轴力大小为 F_A，但为压力。按材料力学的规定该内力为负，故在式（3）中等号右边冠以"−"号。

将式（3）、式（4）代入式（2），得

$$-\frac{F_A l_1}{EA} + \frac{F_B l_2}{EA} = 0$$

图 2-33

即

$$-F_A l_1 + F_B l_2 = 0 \tag{5}$$

式（5）为所需的补充方程。将式（1）和式（5）联立求解，可得

$$F_A = \frac{l_2}{l_1 + l_2} F, \qquad F_B = \frac{l_1}{l_1 + l_2} F$$

所得结果均为正,说明计算结果与假设支反力方向相同,F_A 为压力,F_B 为拉力;如果令 $l_2 = 2l_1$,

$l_1 + l_2 = l$, 则 $F_A = \dfrac{2}{3}F$,$F_B = \dfrac{1}{3}F$。

通过上例可以看出,在判断出结构为超静定结构并确定超静定次数后,求解超静定问题的步骤如下。

(1)根据静力学原理列出独立的有效静力平衡方程。

(2)根据变形与约束应相互协调的要求列出与超静定次数相同的变形几何方程(几何量的关系)。

(3)列出描述力和变形间的物理关系,通常情况下为胡克定律。

(4)将物理关系代入变形协调关系,得到与超静定次数相等的补充方程(力学量间的关系)。

(5)联立平衡方程和补充方程,求解出多余约束反力或(和)内力。

因此,静力平衡条件、变形几何关系和物理条件是解决超静定问题的三个基本条件。按照这三方面研究问题的方法是材料力学及其他变形固体所通用的方法之一,具有一般性意义。

例 2-15 图 2-34(a)所示的结构由三根杆组成。已知杆 1、杆 2 和杆 3 的弹性模量分别为 E_1、E_2 和 E_3;横截面面积分别为 A_1、A_2 和 A_3。在力 F 作用下,试求杆 3 的内力。

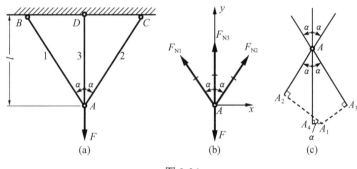

图 2-34

解 (1)静力平衡条件。研究节点 A 的平衡,由图 2-34(b)可知节点 A 为平面共点力系,有两个独立的平衡方程,但有三个未知内力,故属一次超静定问题。根据平衡条件 $\sum F_y = 0$,得

$$F_{N1} \cos\alpha + F_{N2} \cos\alpha + F_{N3} - F = 0$$

由 $\sum F_x = 0$, 得 $\qquad F_{N2} \sin\alpha - F_{N1} \sin\alpha = 0$

即 $\qquad\qquad F_{N1} = F_{N2}, \quad 2F_{N2} \cos\alpha + F_{N3} = F \qquad\qquad (1)$

(2)变形几何关系。将 A 点位移放大,如图 2-34(c)所示。由图中可知 AA_3 为杆 1 的变形,AA_2 为杆 2 的变形,AA_4 为杆 3 的变形。AA_1 为 A 点的总位移,AA_4 为垂直位移分量 δ_y,A_4A_1 为水平位移分量 δ_x。利用位移向各个杆的投影长度即为各杆的变形,可得

$$AA_3 = \Delta l_1 = AA_4 \cos\alpha + A_4A_1 \sin\alpha = \delta_y \cos\alpha + \delta_x \sin\alpha$$

$$AA_2 = \Delta l_2 = AA_4 \cos\alpha - A_4A_1 \sin\alpha = \delta_y \cos\alpha - \delta_x \sin\alpha$$

$$AA_4 = \Delta l_3 = \delta_y$$

消去 δ_x 和 δ_y,可得变形几何关系:

$$\Delta l_1 + \Delta l_2 = 2\Delta l_3 \cos\alpha \tag{2}$$

（3）物理条件。由于所设各杆均为拉力，变形均为伸长，故

$$\Delta l_1 = \frac{F_{N1}l}{E_1 A_1 \cos\alpha}, \quad \Delta l_2 = \frac{F_{N2}l}{E_2 A_2 \cos\alpha}, \quad \Delta l_3 = \frac{F_{N3}l}{E_3 A_3}$$

将上述关系式代入式（2），得

$$\frac{F_{N1}}{E_1 A_1} + \frac{F_{N2}}{E_2 A_2} = \frac{2F_{N3}}{E_3 A_3}\cos^2\alpha \tag{3}$$

即为所需的补充方程。将式（1）和式（3）联立求解，得

$$F_{N1} = F_{N2} = \frac{2F\cos^2\alpha}{4\cos^3\alpha + E_3 A_3\left(\dfrac{1}{E_1 A_1} + \dfrac{1}{E_2 A_2}\right)}$$

$$F_{N3} = \frac{F}{1 + \dfrac{4\cos^3\alpha}{E_3 A_3\left(\dfrac{1}{E_1 A_1} + \dfrac{1}{E_2 A_2}\right)}}$$

（4）讨论。

①设杆 1 和杆 2 的抗拉刚度相等，即 $E_1 A_1 = E_2 A_2$，则

$$F_{N1} = F_{N2} = \frac{F\cos^2\alpha}{2\cos^3\alpha + \dfrac{E_3 A_3}{E_1 A_1}}, \quad F_{N3} = \frac{F}{1 + \dfrac{2E_1 A_1}{E_3 A_3}\cos^3\alpha}$$

②若三根杆的抗拉刚度均相等，则

$$F_{N1} = F_{N2} = \frac{F\cos^2\alpha}{1 + 2\cos^3\alpha}, \quad F_{N3} = \frac{F}{1 + 2\cos^3\alpha}$$

③若 $E_1 A_1 = E_2 A_2$，$E_3 A_3 \gg E_1 A_1$，则

$$F_{N1} = F_{N2} \approx 0, \quad F_{N3} \approx F$$

④若 $E_1 A_1 = E_2 A_2$，$E_3 A_3 \ll E_1 A_1$，则

$$F_{N1} = F_{N2} \approx \frac{F}{2\cos\alpha}, \quad F_{N3} \approx 0$$

比较上面静定结构和超静定结构的例子可见，静定结构的轴力和工作应力与各杆的刚度比无关；而在超静定结构中，轴力和工作应力与各杆的刚度比有关，任一杆件刚度的改变都将引起结构内每根杆件的轴力重新分配，从而引起工作应力的改变。

例 2-16　有一刚性结构，用两根等截面等长度同材料的拉杆和铰链 A 安装于支座上，载荷 $F = 160\text{kN}$（图 2-35（a））。若许用应力 $[\sigma] = 160\text{MPa}$，试求拉杆所需截面的面积。

解　（1）静力平衡条件。结构为平面任意力系，应有三个独立的平衡方程，除两杆的内力外，支座 A 处有两个反力 F_{Ax} 和 F_{Ay}（图 2-35（b）），结构为一次超静定问题。解题可用的静力平衡方程仅为 $\sum M_A = 0$，得

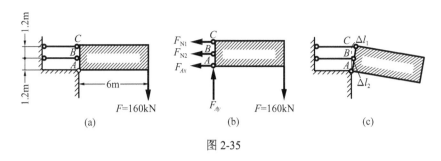

图 2-35

$$F_{N1} \times 2.4 + F_{N2} \times 1.2 - F \times 6 = 0$$

(2) 变形几何关系。刚性结构受力后，将绕 A 点旋转，整个结构的变形如图 2-35(c)所示。由图可知

$$\frac{\Delta l_1}{\Delta l_2} = \frac{2.4}{1.2} = 2$$

即

$$\Delta l_1 = 2\Delta l_2$$

(3) 物理条件。假设两杆均受拉力，其变形均为伸长，于是

$$\Delta l_1 = \frac{F_{N1} l_1}{E_1 A_1}, \quad \Delta l_2 = \frac{F_{N2} l_2}{E_2 A_2}$$

根据变形几何关系和物理条件可得补充方程：

$$\frac{F_{N1} l_1}{E_1 A_1} = 2 \frac{F_{N2} l_2}{E_2 A_2}$$

由题意可知 $E_1 = E_2$，$A_1 = A_2$，$l_1 = l_2$。上式简化为

$$F_{N1} = 2F_{N2}$$

代入平衡方程，得

$$F_{N1} = 2F, \quad F_{N2} = F$$

(4) 确定各杆横截面面积 A。由式 (2-12) 可得

$$A_1 \geqslant \frac{F_{N1}}{[\sigma]} = \frac{2F}{[\sigma]} = \frac{2 \times 160 \times 10^3}{160 \times 10^6} = 2 \times 10^{-3} (\text{m}^2), \quad A_2 \geqslant \frac{F_{N2}}{[\sigma]} = \frac{F}{[\sigma]} = \frac{160 \times 10^3}{160 \times 10^6} = 1 \times 10^{-3} (\text{m}^2)$$

按题意两杆横截面面积应为

$$A = \max\{A_1, A_2\} = A_1 = 2 \times 10^{-3} \text{ m}^2 = 20 \text{cm}^2$$

例 2-17 图 2-36(a)所示结构中，假设梁 ACE 为刚体，各杆的横截面面积 $A_{AB} = A_{EF} = 25 \text{mm}^2$，$A_{CD} = 15 \text{mm}^2$，材料相同，弹性模量 $E_{st} = 200 \text{GPa}$。试求三根杆的轴力。

解 (1) 静力平衡条件。用截面法取出刚性梁作为分离体(图 2-36(b))，该结构的受力属平面平行力系，应有两个独立的平衡方程，但有三个杆未知轴力，所以是一次超静定问题。两个独立的平衡方程为

$$\sum F_y = 0, \quad F_{N1} + F_{N2} + F_{N3} - 15 = 0 \tag{1}$$

$$\sum M_C = 0, \quad F_{N3} \times 0.4 + 15 \times 0.2 - F_{N1} \times 0.4 = 0 \tag{2}$$

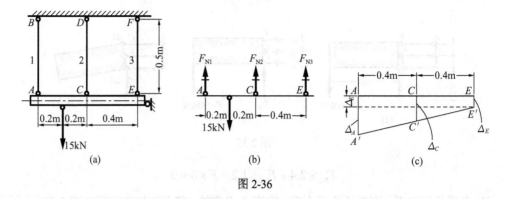

图 2-36

(2)变形几何关系。结构受力后，假设梁 ACE 移到 $A'C'E'$ 位置（图 2-36(c)）。由三角形的相似关系，得变形几何关系为

$$\frac{\Delta_A - \Delta_E}{\Delta_C - \Delta_E} = \frac{0.8}{0.4} \tag{3}$$

即

$$2\Delta_C = \Delta_A + \Delta_E$$

(3)物理关系。根据胡克定律，有

$$\Delta_A = \frac{F_{N1}l_1}{E_{st}A_{AB}}, \quad \Delta_C = \frac{F_{N2}l_2}{E_{st}A_{CD}}, \quad \Delta_E = \frac{F_{N3}l_3}{E_{st}A_{EF}} \tag{4}$$

将物理关系式(4)代入变形几何关系式(3)，并注意各杆长度相等，材料相同，得补充方程为

$$F_{N2} = 0.3F_{N1} + 0.3F_{N3} \tag{5}$$

联立方程式(1)、式(2)、式(5)，解得

$$F_{N1} = 9.52\text{kN}, \quad F_{N2} = 3.46\text{kN}, \quad F_{N3} = 2.02\text{kN}$$

应当注意，求解超静定问题时，在建立补充方程的过程中，必须保证力与变形的一致性，即拉的轴力对应伸长变形，压的轴力对应缩短变形。否则，如果内力设为拉力，而变形设为压缩变形，在将胡克定律代入变形几何关系时，胡克定律中的轴力前应冠以负号，如本例中若各杆内力不变，而将杆3设为压缩变形，读者不妨一试。

例 2-18 图 2-37 所示桁架，已知三根杆的抗拉(压)刚度相同，求各杆的内力，并求 A 点的水平位移和垂直位移。

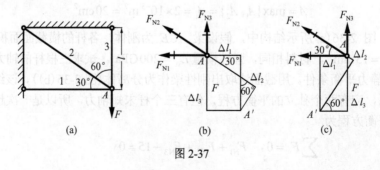

图 2-37

解 对于多杆桁架结构，首先应进行结构是否超静定的判断，其次列出独立的静力平衡方程，

再用以切代弧找出变形协调的几何关系，将物理关系代入，建立补充方程，从而求得各杆的内力。

(1)确定超静定次数。用截面法沿 A 节点附近截开，假想各杆内力均为正，平面共点力系独立的静力平衡方程仅有两个，故桁架属一次超静定结构。

(2)静力平衡方程。由

$$\sum F_x = 0, \quad F_{N2}\cos 30° + F_{N1} = 0 \tag{1}$$

$$\sum F_y = 0, \quad F_{N3} + F_{N2}\sin 30° = F \tag{2}$$

(3)变形几何关系。由于所设内力为正，故各杆变形均为伸长，设变形后 A 点移至 A' 点，从 A' 点分别作杆 1、2、3 延长线的垂线，确定各杆的伸长量 Δl_i，由图 2-37(b)可知

$$\Delta l_2 = \Delta l_1 / \cos 30° + (\Delta l_3 - \Delta l_1 \tan 30°)\sin 30°$$

即

$$2\Delta l_2 = \sqrt{3}\Delta l_1 + \Delta l_3 \tag{3}$$

(4)物理关系。由胡克定律可知各杆的变形为

$$\Delta l_1 = \frac{F_{N1}l_1}{EA}, \quad \Delta l_2 = \frac{F_{N2}l_2}{EA}, \quad \Delta l_3 = \frac{F_{N3}l_3}{EA}$$

且由图 2-37(a)可知　　　　　　　$l_1 = \sqrt{3}l, \quad l_2 = 2l, \quad l_3 = l$

(5)补充方程。将 l_i 代入物理关系，再代入变形几何关系式(3)，得补充方程：

$$3F_{N1} - 4F_{N2} + F_{N3} = 0 \tag{4}$$

(6)联立求解。联立式(1)、式(2)、式(4)三个方程，求得

$$F_{N1} = -\frac{\sqrt{3}F}{3(3+\sqrt{3})}, \quad F_{N2} = \frac{2F}{3(3+\sqrt{3})}, \quad F_{N3} = \frac{8+3\sqrt{3}}{3(3+\sqrt{3})}F$$

由计算结果可知，杆 1 受轴向压缩，所设方向与实际方向相反。

(7)求位移。A 点的水平位移，即为杆 1 的缩短量：

$$\Delta_x = \Delta l_1 = \frac{F_{N1}l_1}{EA} = \frac{-Fl}{(3+\sqrt{3})EA}(\leftarrow), \quad \Delta_y = \Delta l_3 = \frac{(8+3\sqrt{3})Fl}{3(3+\sqrt{3})EA}(\downarrow)$$

另外，关于变形几何关系的求出，也可设点 A 在变形后位于图 2-37(c)中的 A' 位置，为了讨论方便，现在仍设各杆轴力为正，且平衡方程式(1)、式(2)不变，而变形几何关系为

$$\Delta l_3 = \Delta l_2 / \cos 60° + \tan 60°\Delta l_1 = 2\Delta l_2 + \sqrt{3}\Delta l_1 \tag{5}$$

代入物理关系，并注意力与变形的一致性，必须在 F_{N1} 前冠以"–"号，有

$$\Delta l_1 = \frac{-\sqrt{3}F_{N1}l}{EA}, \quad \Delta l_2 = \frac{2F_{N2}l}{EA}, \quad \Delta l_3 = \frac{F_{N3}l}{EA}$$

代入式(5)，得补充方程为　　　　　$3F_{N1} - 4F_{N2} + F_{N3} = 0 \tag{6}$

式(6)同式(4)，其余结果同前。

如果以 A 点为坐标原点建立平面坐标系，前述两种方法分别设变形后 A' 点在第四象限和第三象限，同样可以设变形后 A' 点在第一象限或第二象限，具体由读者自己完成，但要注意

除保持力与变形的一致性外，还要注意任设的一点 A' 不要在某些特定点上，如设在杆 3 的延长线上，由该点作杆 1 的垂线，恰好在 A 点，即已设 $\Delta l_1 = 0$。这样会导致错误结果。

本例采用从变形后节点 A' 分别向各杆的延长线作垂线，得出各杆的变形量；同样，由变形前节点 A 分别向变形后各杆的轴线作垂线，其结果完全相同，读者不妨一试。

2.9　装配应力和温度应力

2.9.1　装配应力

构件在制成后，其尺寸有微小误差是难免的。在静定结构中，这种误差仅会使结构物的几何形状有微小的变化，而不会在杆内引起内力。在超静定结构中，由于有了多余约束，情况就不一样了。如图 2-38 中所示的杆系，若杆 3 比应有长度短了一个小量Δl，则杆系装配好后，各杆将处在如图中虚线所示的位置。此时杆 3 将伸长，杆内产生拉力；杆 1、2 将缩短，杆内产生压力。这种由于加工误差而在装配时产生的应力称为**装配应力**。装配应力是在载荷作用以前已经具有的应力，因而是一种**初应力**。

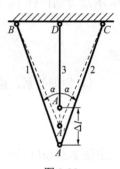

图 2-38

装配应力的计算和求解超静定问题的方法相似。

例 2-19　刚性横梁 AB 悬挂于三根平行杆上（图 2-39（a））。已知 $l = 2\text{m}$，$a = 1.5\text{m}$，$b = 1\text{m}$，$\Delta = 0.2\text{mm}$。杆 1 由黄铜制成，面积和弹性模量分别为 $A_1 = 2\text{cm}^2$，$E_1 = 100\text{GPa}$；杆 2、3 均由碳钢制成，面积和弹性模量分别为 $A_2 = 1\text{cm}^2$，$A_3 = 3\text{cm}^2$，$E_3 = E_2 = 200\text{GPa}$。试求装配后各杆的应力。

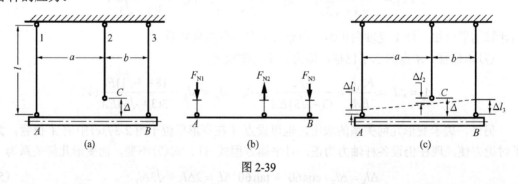

图 2-39

解　(1)静力平衡条件。取刚性杆 AB 作为研究对象，设装配后，杆 1、3 的轴力为压力，杆 2 的轴力为拉力。由平衡方程 $\sum F_y = 0$，得

$$F_{N2} - F_{N1} - F_{N3} = 0$$

由 $\sum M_A = 0$，得

$$F_{N2}a - F_{N3}(a + b) = 0$$

平面平行力系的独立平衡方程只有 2 个，现有 3 个未知内力，故为一次超静定问题。

(2)变形几何关系。设装配后刚性杆 AB 的位置移至图 2-39（c）中的虚线位置。由变形几何关系可得

$$\frac{\Delta - \Delta l_2 - \Delta l_1}{a} = \frac{\Delta l_3 - \Delta l_1}{a+b}$$

当然，装配后刚性杆 AB 的位置可以任意假设，除要注意力与变形的一致性外，还应该注意不能过某些特定点(如 C 点)，即不能假设某杆的变形为已知。

(3)物理条件。由于假设杆 1、3 的轴力为压力，杆 2 的轴力为拉力；杆 1、3 的变形为缩短，杆 2 的变形为伸长，于是

$$\Delta l_1 = \frac{F_{N1}l}{E_1 A_1}, \quad \Delta l_2 = \frac{F_{N2}l}{E_2 A_2}, \quad \Delta l_3 = \frac{F_{N3}l}{E_3 A_3}$$

将物理关系代入变形几何关系，可得

$$\frac{\Delta - \dfrac{F_{N2}l}{E_2 A_2} - \dfrac{F_{N1}l}{E_1 A_1}}{a} = \frac{\dfrac{F_{N3}l}{E_3 A_3} - \dfrac{F_{N1}l}{E_1 A_1}}{a+b}$$

整理得补充方程：

$$\frac{F_{N1}lb}{E_1 A_1} + \frac{F_{N2}l(a+b)}{E_2 A_2} + \frac{F_{N3}la}{E_3 A_3} = \Delta(a+b)$$

与平衡方程联立求解，得

$$F_{N1} = \frac{\Delta(a+b)b}{\dfrac{lb^2}{E_1 A_1} \cdot \dfrac{l(a+b)^2}{E_2 A_2} + \dfrac{la^2}{E_3 A_3}}$$

$$= \frac{0.2 \times 10^{-3} \times 1 \times (1.5+1)}{\dfrac{2 \times 1^2}{100 \times 10^9 \times 2 \times 10^{-4}} + \dfrac{2 \times (1.5+1)^2}{200 \times 10^9 \times 1 \times 10^{-4}} + \dfrac{2 \times 1.5^2}{200 \times 10^9 \times 3 \times 10^{-4}}} = 625(\text{N}) \text{ (压力)}$$

$$F_{N2} = \frac{\Delta(a+b)^2}{\dfrac{lb^2}{E_1 A_1} + \dfrac{l(a+b)^2}{E_2 A_2} + \dfrac{la^2}{E_2 A_3}}$$

$$= \frac{0.2 \times 10^{-3} \times (1+1.5)^2}{\dfrac{2 \times 1^2}{100 \times 10^9 \times 2 \times 10^{-4}} + \dfrac{2 \times (1+1.5)^2}{200 \times 10^9 \times 1 \times 10^{-4}} + \dfrac{2 \times 1.5^2}{200 \times 10^9 \times 3 \times 10^{-4}}} = 1563(\text{N}) \text{ (拉力)}$$

$$F_{N3} = \frac{\Delta(a+b)a}{\dfrac{lb^2}{E_1 A_1} + \dfrac{l(a+b)^2}{E_2 A_2} + \dfrac{la^2}{E_3 A_3}}$$

$$= \frac{0.2 \times 10^{-3} \times 1.5 \times (1+1.5)}{\dfrac{2 \times 1^2}{100 \times 10^9 \times 2 \times 10^{-4}} + \dfrac{2 \times (1+1.5)^2}{200 \times 10^9 \times 10^{-4}} + \dfrac{2 \times 1.5^2}{200 \times 10^9 \times 3 \times 10^{-4}}} = 938(\text{N}) \text{ (压力)}$$

(4)求各杆应力。设杆 1、2 和杆 3 内的应力分别为 σ'、σ'' 和 σ'''，得

$$\sigma' = \frac{F_{N1}}{A_1} = \frac{625}{2 \times 10^{-4}} = 3.13 \times 10^6 (\text{Pa}) = 3.13(\text{MPa}) \text{ (压应力)}$$

$$\sigma'' = \frac{F_{N2}}{A_2} = \frac{1563}{1\times10^{-4}} = 15.63\times10^6(\text{Pa}) = 15.63(\text{MPa})\ (\text{拉应力})$$

$$\sigma''' = \frac{F_{N3}}{A_3} = \frac{938}{3\times10^{-4}} = 3.13\times10^6(\text{Pa}) = 3.13(\text{MPa})\ (\text{压应力})$$

例 2-20　火车车轮由轮心 1 和轮缘 2 两部分组成，如图 2-40(a)所示。为使轮缘能紧箍于轮心上，一般在制造时使轮缘内径 d_2 比轮心的外径 d_1 稍小些，设 $d_1 - d_2 = \Delta d$，装配后，在轮缘和轮心间将产生径向压力，在轮缘内将引起周应向力 σ_θ。设轮缘的厚度为 δ（δ 远小于 d_2），且宽为 l，弹性模量为 E。由于轮心的刚度远比轮缘大，装配时可把轮心看成一刚性实心圆盘。试求此时轮缘与轮心之间所产生的径向压力 p 和轮缘内的周向应力 σ_θ。

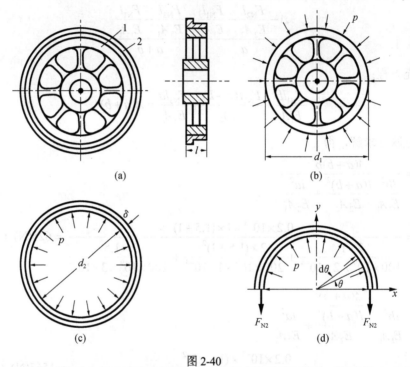

图 2-40

解　(1)静力平衡条件。设轮缘与轮心之间单位面积上的径向压力为 p，如图 2-40(c)所示。用截面法将轮缘沿其直径截开，取上半部(图 2-40(d))，设截面上的轴力为 F_{N2}。在沿与 x 轴相夹为 θ 角，弧长为 $\mathrm{d}s = (d_2/2)\mathrm{d}\theta$ 的长度上，由 p 所引起的合外力为 $pl\mathrm{d}s = \frac{1}{2}pld_2\mathrm{d}\theta$，由垂直方向的平衡方程 $\sum F_y = 0$，得

$$\int_{A1} p\sin\theta l\mathrm{d}s - 2F_{N2} = 0$$

于是

$$F_{N2} = \frac{1}{2}\int_{A1} p\sin\theta l\mathrm{d}s = \frac{1}{2}\int_0^\pi \frac{1}{2}pld_2\sin\theta\mathrm{d}\theta = \frac{1}{2}pld_2$$

(2)变形几何关系。轮缘套在轮心上后，轮缘的周长应与轮心的周长相等，此时轮缘所

产生的绝对伸长为

$$\Delta l_2 = \pi(d_1 - d_2) = \pi \Delta d$$

相应的应变为

$$\varepsilon_\theta = \frac{\Delta l_2}{\pi d_2} = \frac{\Delta d}{d_2}$$

(3)物理条件。由式(2-6)可得周向应力 σ_θ 为

$$\sigma_\theta = E\varepsilon_\theta = E\frac{\Delta d}{d_2} = \frac{F_{N2}}{\delta l}$$

与平衡方程联立求解，可得

$$p = \frac{2E\delta\Delta d}{d_2^2}, \quad \sigma_\theta = \frac{pd_2}{2\delta} \tag{2-16}$$

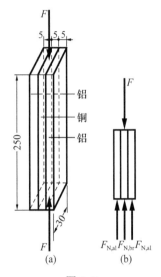

图 2-41

例 2-21　一层铜板被两层铝合金板夹在中间，板间经焊接成整体组合杆，如图 2-41(a)所示。端部均布载荷的合力为 $F = 30\text{kN}$，已知铝、铜的弹性模量分别为 $E_{al} = 70\text{GPa}$，$E_{br} = 105\text{GPa}$。求横截面上(1)铝板中的正应力；(2)铜板中的正应力。

解　(1)静力平衡条件。横截面上各层的内力分别为 $F_{N,al}$ 和 $F_{N,br}$（图 2-41(b)）。由对称性可知，两层铝板中内力相等，且合力沿着杆的轴线，属平面共线力系，有一个独立的静力平衡方程。由平衡条件 $\sum F_y = 0$，得

$$2F_{N,al} + F_{N,br} - F = 0 \tag{1}$$

属一次超静定问题。

(2)变形几何关系。焊接在一起的组合杆在均布载荷作用下，其变形几何关系为

$$\Delta_{al} = \Delta_{br} \tag{2}$$

(3)物理关系。由胡克定律可知

$$\Delta_{al} = \frac{F_{N,al}l_{al}}{E_{al}A_{al}}, \quad \Delta_{br} = \frac{F_{N,br}l_{br}}{E_{br}A_{br}} \tag{3}$$

注意到 $l_{al} = l_{br}$，$A_{al} = A_{br}$，$E_{br} = 1.5E_{al}$，并将式(3)代入式(2)，得补充方程：

$$F_{N,al} = \frac{2}{3}F_{N,br} \tag{4}$$

联立式(1)、式(4)，解得 $\quad F_{N,al} = \frac{2}{7}F$，$F_{N,br} = \frac{3}{7}F$ $\tag{5}$

将式(5)代入式(2-1)，得横截面上的正应力（均为压应力）分别为

$$\sigma_{al} = 57.1\text{MPa}, \quad \sigma_{br} = 85.7\text{MPa}$$

例 2-22　对图 2-42 所示刚度系数 $k = 400\text{kN/m}$，未变形前长 250mm 的弹簧，将其套在一端固定，另一端距固定端 0.1mm，直径 $d = 20\text{mm}$ 的铝质圆柱上，已知铝的弹性模量 $E_{al} = 70\text{GPa}$，当将弹簧压缩至 200mm 时，求铝柱作用在固定端 A 的力的大小。

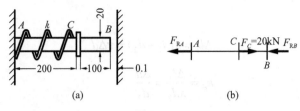

图 2-42

解　当把弹簧压缩 $\lambda = 250 - 200 = 50(\text{mm})$ 时，AC 段将受拉而伸长，如果 AC 段的伸长 $\Delta l_{AC} < \delta = 0.1\text{mm}$，铝柱将不会在 B 端引起支反力，而 A 端仅为弹簧压缩引起的 AC 段的轴力。如果 $\Delta l_{AC} > \delta$，则由于固定端 B 的限制，CB 段将产生压缩轴力 F_{RB}，A 端的支反力为 F_{RA}，故有两个支反力，且为平面共线力系，仅有一个独立平衡方程，故问题属一次超静定问题。

若无 B 端限制，弹簧张力引起 AC 段的伸长 $\Delta l_{AC} = \dfrac{F_C l_{AC}}{E_{al} A_{al}}$，而 $F_C = k\lambda$，由胡克定律可知

$$\Delta l_{AC} = \frac{20 \times 10^3 \times 200 \times 10^{-3}}{70 \times 10^9 \times \dfrac{\pi}{4} \times 20^2 \times 10^{-6}} = 0.182 \times 10^{-3} (\text{m}) = 0.182(\text{mm}) > \delta$$

属一次超静定问题。

(1) 列出静力平衡方程。由 $\sum F_x = 0$，$\quad F_{RA} + F_{RB} = F_C$。

(2) 变形几何关系。AC 段的伸长与 BC 段的缩短之差应为其间隙，即

$$\Delta l_{AC} - \Delta l_{BC} = \delta$$

(3) 物理关系。代入胡克定律，有

$$\Delta l_{AC} = \frac{F_{N,AC} l_{AC}}{E_{al} A_{al}}, \quad \Delta l_{BC} = \frac{F_{N,BC} l_{BC}}{E_{al} A_{al}}$$

其中　　　　　　　　　　　$F_{N,AC} = F_{RA}, \quad F_{N,BC} = F_{RB}$

(4) 将物理关系代入变形协调关系，得补充方程为

$$F_{RA} \times 0.2 - (F_C - F_{RA}) \times 0.1 = 0.1 \times 10^{-3} EA$$

代入数据，即　　　　　　　　$0.3 F_{RA} = 2 + 2.20$

解得　　　　　　　　　　　　$F_{RA} = 14\text{kN}, \quad F_{RB} = 6\text{kN}$

故铝柱作用在固定端 A 的力为 14kN。

当且仅当结构为超静定结构时，才会产生装配应力。本例中一定 $\Delta l_{AC} > \delta$，才会有装配应力。当要校核强度时，可算出 σ_{max} 与许用应力进行比较。当给出许用应力 $[\sigma]$ 时，也可估算弹簧最大压缩量。

2.9.2　温度应力

工程实际中，由于工作条件中温度的改变或季节更替，将引起构件的伸长或缩短。在静定问题中，由于构件可自由变形，由温度均匀变化所引起的构件变形不会在构件中引起应力。对于超静定结构，由于存在多余约束，限制了温度变化引起的构件变形，使构件内产生应力，

这种应力称为**温度应力**或**热应力**。计算温度应力的方法与超静定问题的解法相似，不同之处在于受载构件的变形包含由温度变化引起的变形和由外载引起的变形两部分。

例 2-23 一两端刚性支承杆 AB 如图 2-43(a)所示，长为 l，横截面面积为 A，材料的线膨胀系数为 α，弹性模量为 E。若杆安装时温度为 t_1，使用时温度为 $t_2(t_2 > t_1)$，试求杆内的温度应力。

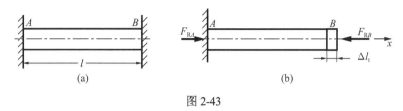

图 2-43

解 (1)静力平衡条件。设 A、B 两端的支座反力 F_{RA} 和 F_{RB}，方向如图 2-43(b)所示。由平衡方程 $\sum F_x = 0$，得

$$F_{RA} - F_{RB} = 0$$

(2)变形几何关系。若解除 B 端约束，当温度升高 Δt 时，杆伸长了 Δl_t。由于有约束的作用，杆 AB 的长度保持不变。于是约束反力所引起的变形 Δl_F 和总变形 Δl 及 Δl_t 的关系为

$$\Delta l = \Delta l_t + \Delta l_F = 0$$

(3)物理条件。由线膨胀定律和胡克定律，得

$$\Delta l_t = \alpha l \Delta t, \quad \Delta l_F = -\frac{F_{RB} l}{EA}$$

代入上式，得补充方程：

$$\alpha l \Delta t - \frac{F_{RB} l}{EA} = 0$$

所以 B 端的支反力为

$$F_{RB} = \alpha EA \Delta t = \alpha EA(t_2 - t_1)$$

(4)杆内的温度应力为

$$\sigma = \frac{F_{RB}}{A} = \alpha E(t_2 - t_1)$$

若图 2-43(a)为钢制蒸汽管道，线膨胀系数和弹性模量分别为 $\alpha = 12.5 \times 10^{-6} / ℃$，$E = 200\text{GPa}$，温度升高 $\Delta t = t_2 - t_1 = 150 \ ℃$ 时，由上式可算得温度应力 $\sigma = \alpha E(t_2 - t_1) = 12.5 \times 10^{-6} \times 200 \times 10^9 \times 150 = 3.75 \times 10^8 \text{(Pa)} = 375 \ \text{(MPa)}$。可见温度应力是不可忽视的。温度应力过高可能会影响构件或结构的正常工作，往往要采取一些措施排除这一不利因素。如在管道中增加如图 2-44 所示的收缩节，在铺设铁路时钢轨之间留有伸缩缝等。这些都是工程中防止或减小温度应力的有效措施。

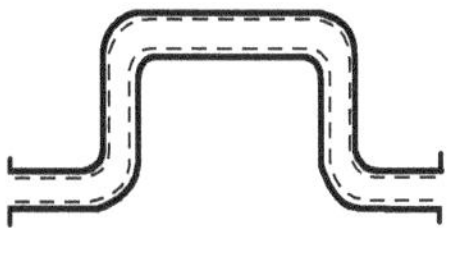

图 2-44

例 2-24 刚性梁固定在三根钢和铝圆杆的顶端，如图 2-45(a)所示。初始杆高 250mm，初始温度 $t_1 = 20℃$，且各杆中无初应力。然后在梁上作用 150kN/m 的均布载荷且温度升高到 $t_2 = 80℃$。求各杆横截面上的应力。已知钢和铝的弹性模量及线膨胀系数分别为 $E_{st} = 200\text{GPa}$，$\alpha_{st} = 12 \times 10^{-6}/℃$；$E_{al} = 70\text{GPa}$，$\alpha_{al} = 23 \times 10^{-6} / ℃$。

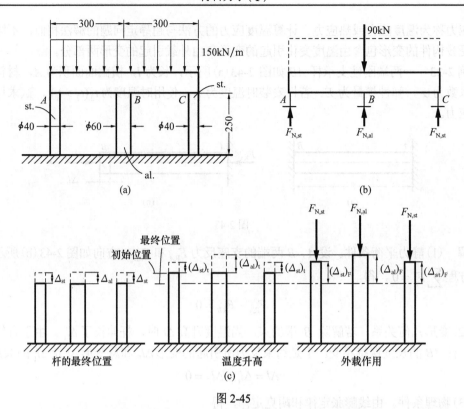

图 2-45

解 (1)静力平衡条件。取梁的分离体如图 2-45(b)所示，刚性梁上均布载荷的合力为 150kN/m×0.6m = 90kN，且作用点在 *B* 点。对于平面平行力系，有两个独立的平衡方程，而三个杆的轴力均为未知力，故属一次超静定问题。根据平衡方程有

$$\sum M_B = 0, \quad F_{N,stA} = F_{N,stC} = F_{N,st}$$

$$\sum F_y = 0, \quad 2F_{N,st} + F_{N,al} - 90 \times 10^3 = 0 \tag{1}$$

(2)变形几何关系。由载荷、几何和材料的对称性可知，各杆端部的位移应该相等，即加载和温度升高后，水平刚性梁仍保持水平，故有

$$\Delta_{st} = \Delta_{al} \tag{2}$$

如果解除各杆端部约束，仅有温度变化时，各杆的伸长量为 $(\Delta_{st})_t$ 和 $(\Delta_{al})_t$，仅有外载作用时各杆的缩短量为 $(\Delta_{st})_F$ 和 $(\Delta_{al})_F$，各杆端部的位移为

$$\Delta_{st} = (\Delta_{st})_F - (\Delta_{st})_t, \quad \Delta_{al} = (\Delta_{al})_F - (\Delta_{al})_t \tag{3}$$

(3)物理关系。由线膨胀定律和胡克定律，得

$$\begin{cases} (\Delta_{st})_t = \alpha_{st} l \Delta t, & (\Delta_{al})_t = \alpha_{al} l \Delta t \\ (\Delta_{st})_F = F_{N,st} l / (E_{st} A_{st}), & (\Delta_{al})_F = F_{N,al} l / (E_{al} A_{al}) \end{cases} \tag{4}$$

将式(4)代入式(3)，再利用式(2)，有

$$F_{N,st} = 1.270 F_{N,al} - 165.9 \times 10^3 \tag{5}$$

联立方程式(1)和式(5)，解得 $F_{N,st} = -14.6\,kN$，$F_{N,al} = 119.1\,kN$。

从中可以看出，$F_{N,st}$ 为负值，即与初始假设轴力符号相反，说明钢杆受到拉伸，而铝杆受到压缩。各杆横截面上的应力为

$$(\sigma_{st})_t = \frac{F_{N,st}}{A_{st}} = \frac{14.6 \times 10^3}{\frac{\pi}{4} \times 40^2 \times 10^{-6}} = 11.62 \times 10^6 (Pa) = 11.62(MPa)$$

$$(\sigma_{al})_c = \frac{F_{N,al}}{A_{al}} = \frac{119.1 \times 10^3}{\frac{\pi}{4} \times 60^2 \times 10^{-6}} = 42.1 \times 10^6 (Pa) = 42.1(MPa)$$

例 2-25　置于电阻加热装置(图 2-46)中的杆 CD 温度从 $T_1 = 30\,℃$ 升高到 $T_2 = 180\,℃$，当温度为 T_1 时，C 面和刚性梁 BF 间的间隙为 $\delta = 0.7mm$，求杆 AB 及 EF 中由于温度升高而引起的应力。其中杆 AB、EF 均为钢材，横截面面积 $A_{st} = 125mm^2$，且 $E_{st} = 200\,GPa$。杆 CD 由铝材制成，横截面面积 $A_{al} = 375mm^2$，且 $E_{al} = 70\,GPa$，线膨胀系数 $\alpha_{al} = 23 \times 10^{-6} / ℃$。如果上述条件不变，仅在温度升高时，$AB$ 和 EF 杆也从 $T_1 = 30\,℃$ 升高到 $T_2 = 50\,℃$，且 $\alpha_{st} = 12 \times 10^{-6} / ℃$，两杆中的应力应为多少？

解　当没有刚性梁 BF 限制时，杆 CD 由于温升而伸长，则有

$$\Delta l_{t,CD} = \alpha_{al}\Delta T l_{CD} = 23 \times 10^{-6} \times (180 - 30) \times 240 = 0.828(mm) > \delta = 0.7mm$$

因此其不可能自由伸长。AB、EF 两杆同时受到轴向拉伸，故共有三个轴力 $F_{N,AB}$、$F_{N,EF}$、$F_{N,CD}$。而平面平行力系，仅可提供两个独立的静力平衡方程，故问题属一次超静定问题。

(1)静力平衡方程。分别对 y 向和 C 点求平衡，即

$$\sum F_y = 0, \quad F_{N,CD} = F_{N,AB} + F_{N,EF}, \quad \sum M_C = 0, \quad F_{N,AB} = F_{N,EF}$$

(2)变形几何关系。设 CD 杆的压缩量为 Δl_{CD}，杆 AB、EF 的伸长量由其对称性可知

$$\Delta l_{AB} = \Delta l_{EF}$$

根据协调条件，有
$$\Delta l_{CD} + \Delta l_{EF} + \delta = \Delta l_{t,CD}$$

这里各变形量均取绝对值。

(3)物理关系

$$\Delta l_{CD} = \frac{F_{N,CD}l_{CD}}{E_{al}A_{al}}, \quad \Delta l_{EF} = \frac{F_{N,EF}l_{EF}}{E_{st}A_{st}}, \quad \Delta l_{t,CD} = \alpha_{al}\Delta T l_{CD}$$

(4)将物理关系代入变形几何关系，得出补充方程，即

$$\frac{F_{N,CD}l_{CD}}{E_{al}A_{al}} + \frac{F_{N,EF}l_{EF}}{E_{st}A_{st}} = \alpha_{al}\Delta T l_{CD} - \delta$$

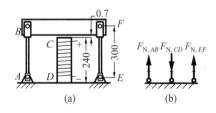

图 2-46(单位: mm)

代入数值得
$$16F_{N,CD} + 21F_{N,EF} = 0.128 \times 125 \times 14 \times 10^3$$

将 $F_{N,CD} = 2F_{N,EF}$ 代入上式，解得 $F_{N,EF} = F_{N,AB} = 4.23\,kN$。

(5)求出 AB、EF 两杆中由于温升而引起的应力。

$$\sigma_{AB} = \sigma_{EF} = \frac{F_{N,AB}}{A_{st}} = \frac{4.23 \times 10^3}{125 \times 10^{-6}} = 33.8 \times 10^6 (\text{Pa}) = 33.8 (\text{MPa})$$

题中第二问，在 AB、EF 两杆温度也升高后，而柱 CD 条件不变，问题有两种可能：其一，两杆由于温升而伸长 $\Delta l_{t,EF}$ 与间隙 δ 之和大于 $\Delta l_{t,CD}$，即柱温升后不受刚性梁变形限制，则杆、柱均不受力；其二，当 $\Delta l_{t,EF} + \delta < \Delta l_{t,CD}$ 时，由于 BF 刚性梁的限制，杆、柱均受力，问题亦属一次超静定问题。代入相关数据，有

$$\alpha_{st}\Delta T_{EF} l_{EF} + \delta = 12 \times 10^{-6} \times (50-30) \times 300 + 0.7 = 0.722(\text{mm}) < \Delta l_{t,CD}$$

证明问题仍属一次超静定问题。平衡方程亦然，不同之处仅为变形协调条件为

$$\Delta l_{CD} + \Delta l_{EF} = \Delta l_{t,CD} - (\Delta l_{t,EF} + \delta)$$

代入相关数据可以解得 $F_{N,EF} = 1.85 \text{ kN}$，则 $\sigma_{EF} = 14.8 \text{ MPa}$。

2.10 拉伸(压缩)时的应变能

弹性体受外力作用后将产生变形，在变形过程中，外力的作用点产生位移，外力做功。在变形过程中，外力所做的功将转变为储存于弹性体内的能量。当外力逐渐减小时，变形逐渐消失，弹性体将释放出储存的能量而做功。例如，机械钟表的发条被拧紧而产生变形，发条内储存应变能；随后发条在放松的过程中释放能量，带动齿轮系使指针转动，此时发条做了功。这种因外力作用在弹性体上，使弹性体发生变形而储存在弹性体内的能量，称为**应变能**。

下面研究作用在轴向拉伸杆件上的外力所做的功和杆内应变能在数量上的关系。设杆件上端固定，如图 2-47(a)所示。作用于杆下端的拉力 F 缓慢地由零增加到 F。在应力小于比例极限时，拉力 F 与伸长量 Δl 的关系是一条斜直线，如图 2-47(b)所示。当拉力为 F_1 时，杆的伸长为 Δl_1。外力增加一个微量 $\text{d}F_1$，杆件相应的伸长增量为 $\text{d}(\Delta l_1)$。于是已经作用于杆件上的力 F_1 因位移 $\text{d}(\Delta l_1)$ 而做功，这时外力做功的增量为

$$\text{d}W = F_1 \text{d}(\Delta l_1)$$

容易看出 $\text{d}W$ 等于图 2-47(b)中所画阴影线部分的微面积。拉力 F 所做的总功为

$$W = \int_0^{\Delta l} F_1 \text{d}\Delta l_1 = \int_0^{\Delta l} \frac{\Delta l_1 EA}{l} \text{d}\Delta l_1 = \frac{1}{2} F \Delta l$$

根据功能原理，拉力 F 所做的功应等于杆件所储存的能量。由于作用于杆上的外力是缓慢地施加上的，可以认为杆没有动能的变化。再略去其他微小的能量损耗不计，这样可认为杆内只储存了应变能，其数量等于拉力 F 所做的功 W，即

$$V_s = W = \frac{1}{2} F \Delta l \tag{2-17}$$

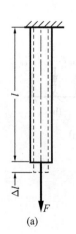
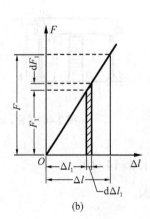

图 2-47

从图 2-47(b)中容易看出，应变能 V_s 的大小即图中三

角形的面积。考虑杆的内力 F_N 等于外力 F，且杆内应力不超过比例极限，于是式 (2-17) 变为

$$V_s = \frac{1}{2} F \Delta l = \frac{F_N^2 l}{2EA} \tag{2-18}$$

或

$$V_s = \frac{EA(\Delta l)^2}{2l} \tag{2-19}$$

由于拉杆各部分的受力和变形是均匀的，杆的每一单位体积内所储存的应变能都应相同。以杆件的应变能 V_s 除以体积 V，得单位体积的应变能 v_s，为

$$v_s = \frac{V_s}{V} = \frac{F \Delta l}{2Al} = \frac{1}{2} \sigma \varepsilon \tag{2-20}$$

v_s 称为**应变能密度**或**比能**。利用式 (2-6)，可将式 (2-20) 写成

$$v_s = \frac{1}{2} \sigma \varepsilon = \frac{\sigma^2}{2E} = \frac{E \varepsilon^2}{2} \tag{2-21}$$

应变能密度的单位是 J/m^3。

利用应变能的概念可以解决与结构物或构件变形有关的问题。这种解决问题的方法称为**能量法**。

例 2-10 中已分别求出 $F_{N1} = 62.5kN$，$F_{N2} = -37.5kN$，且已知 $A_1 = 10.24cm^2$，$A_2 = 314 \times 10^{-6} m^2$；$l_1 = 5m$，$l_2 = 3m$，弹性模量 $E = 200GPa$，根据功能原理，有

$$\frac{1}{2} F \Delta_{By} = \sum_{i=1}^{2} \frac{F_{Ni}^2 l_i}{2EA_i}$$

所以在 F 力作用点沿其作用线方向的位移为

$$\Delta_{By} = \frac{2}{F} \left(\frac{F_{N1}^2 l_1}{2EA_1} + \frac{F_{N2}^2 l_2}{2EA_2} \right) = \frac{1}{50 \times 10^3 \times 200 \times 10^9} \times \left(\frac{62.5^2 \times 10^6 \times 5}{10.24 \times 10^{-4}} + \frac{37.5^2 \times 10^6 \times 3}{3.14 \times 10^{-4}} \right)$$

$$= (1.907 + 1.344) \times 10^{-3} = 3.25 \times 10^{-3} (m) = 3.25 (mm)$$

其结果与位移图解法所得结果一致。

关于能量法的详细叙述将在《材料力学（Ⅱ）》的第 1 章进行。

2.11 应力集中的概念

在 2.3 节中得出了等截面直杆受轴向拉伸或压缩时，横截面上的应力是均匀分布的结论。在工程实际中，由于结构或工艺上的要求，有些零件的横截面尺寸需要有急剧的变化（如零件上有油孔、沟槽、轴肩或螺纹的部位），其横截面上的正应力就不再为均匀分布的。

为了说明问题，在一个开有圆孔的矩形截面杆表面上，受载荷作用前先画出一些网格（图 2-48 (a)），然后加上轴向拉力，观察板条表面可看到，靠近孔边的网格变形最大，离开孔边一定距离后，网格的变形又迅速趋于均匀（图 2-48 (b)）。实验结果和理论分析给出 *m-m* 截面上的应力分布，如图 2-48 (c) 所示，它与板条表面上观察到的变形现象相符合。这种因杆件横截面尺寸突然变化而引起局部应力急剧增大的现象，称为**应力集中**。

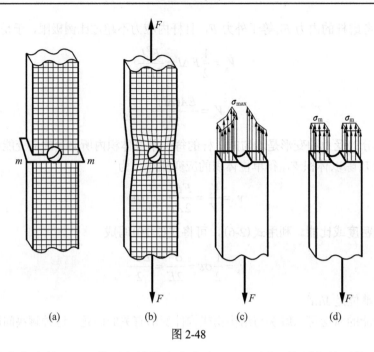

图 2-48

设发生应力集中的 *m-m* 截面上的最大应力为 σ_{max} ，同一截面上的平均应力为 σ_m ，如图 2-48(d) 所示，其比值

$$K_t = \frac{\sigma_{max}}{\sigma_m} \tag{2-22}$$

称为**理论应力集中因数**。它反映了应力集中的程度，是一个大于 1 的数。实验结果表明：截面尺寸改变得越急剧、角越尖锐、孔越小，应力集中的程度越严重。因此，在零件设计中应尽量避免或降低这些不利因素的影响。

各种材料对应力集中的敏感程度并不相同。对塑性材料，当局部的最大应力 σ_{max} 首先达到屈服极限 σ_s 时(图 2-49(a))，该处的应力不再增大，变形可以继续增长。若外力继续增加，增加的力就由截面上尚未屈服的材料来承担(图 2-49(b))，最终使截面上的其他点的应力相继增大到屈服极限(图 2-49(c))。使得截面上的应力逐渐趋于平均，降低了应力不均匀的程

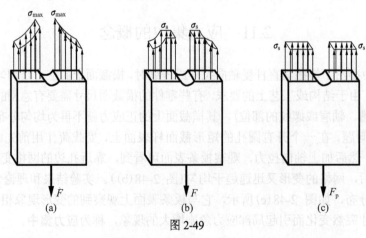

图 2-49

度，也限制了最大应力 σ_{max} 的数值，缓和了应力集中。因此，对于用塑性材料制成的构件，在静载作用下应力集中的影响可以不予考虑。脆性材料由于没有屈服阶段，当载荷增加时，应力集中处的最大应力 σ_{max} 一直领先并不断增长，首先达到强度极限 σ_b，该处将先开裂，出现裂纹。可见，应力集中的存在对脆性材料制成的构件有着更为严重的危害。这样，即使在静载作用下，也应考虑应力集中对构件承载能力的削弱。但是，像灰口铸铁这类材料，其内部的不均匀性和缺陷往往是应力集中的主要因素，构件外形改变所引起的应力集中不会带来明显的影响。

对于图 2-50 所示情况，当板宽无限大时，即 d/b 趋于零时，由弹性力学可知其应力集中系数 $K=3$（图 2-50(a)）；当 b/c 或 d_2/d_1 越大时，其应力集中系数越大（图 2-50(a)～(c)）；当倒角半径 $R=0$，即不倒角时，应力集中系数 $K\to\infty$（图 2-50(b)、(c)）。

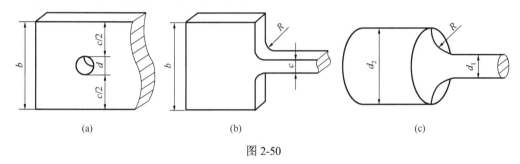

图 2-50

当构件受周期性变化的应力或其他动应力的作用时，无论塑性材料还是脆性材料制成的构件，应力集中对构件的强度都有严重影响，它往往是构件破坏的根源，必须给予高度重视。

思　考　题

2.1　满足哪些条件，直杆才承受轴向拉伸(压缩)？试辨别图示构件是否属于轴向拉伸或压缩。

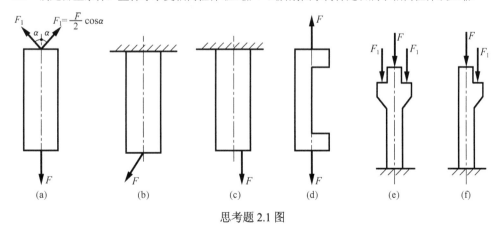

思考题 2.1 图

2.2　什么叫轴力？其正、负如何确定？正、负号的物理意义是什么？

2.3　公式 $\sigma=F_N/A$ 在什么条件下才能使用？什么条件下必须分段计算？

2.4　如何区分塑性材料和脆性材料？它们的许用应力 $[\sigma]$ 是如何确定的？

2.5 图中杆 1 为铸杆，杆 2 为低碳钢。图(a)与图(b)两种设计方案哪种较为合理？为什么？

2.6 等直拉杆如图所示，在力 F 作用下，a、b、c 三截面上哪个轴力最大？

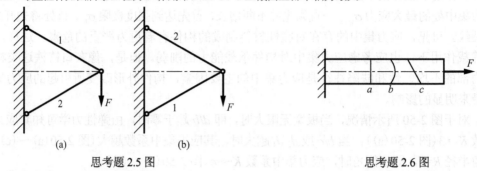

(a)　　　　　　(b)

　　思考题 2.5 图　　　　　　　　　　　　思考题 2.6 图

2.7 如图所示等直杆，当受到轴向拉力 F 作用时，线段 ab 和 ac 间的夹角 α 将发生什么变化？

2.8 如图所示一端固定的等截面平板，自由端作用均匀拉应力 σ，受载前在其表面画斜直线 AB，试问受载后斜直线 A'B' 是否与 AB 保持平行？为什么？

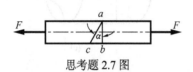　　　　　　

　　思考题 2.7 图　　　　　　　　　　　思考题 2.8 图

2.9 某材料的 σ-ε 曲线如图所示，曲线上哪点的纵坐标是该材料的名义屈服极限 $\sigma_{r0.2}$？

2.10 低碳钢的 σ-ε 曲线如图所示，当应力加至 k 点时逐渐卸载，相应的卸载路径为哪条？此时对应的弹性应变 ε_e 和塑性应变 ε_p 为哪部分？

2.11 图示为两杆铰接而成的三脚架，杆的横截面面积为 A，弹性模量为 E，当节点 C 受到垂直力 F 作用时，试求在小变形条件下两杆的变形。

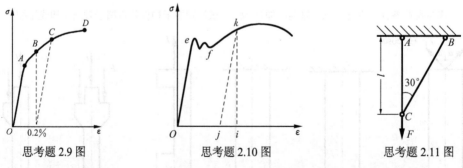

思考题 2.9 图　　　　　思考题 2.10 图　　　　　思考题 2.11 图

2.12 如图所示各结构中，当杆 1 的直径增大时，哪个结构的支反力和内力将发生变化？

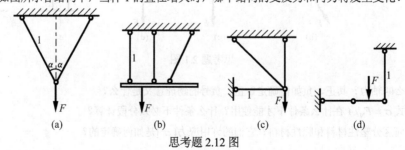

(a)　　　　(b)　　　　(c)　　　　(d)

思考题 2.12 图

2.13　试判断图示结构的超静定次数。

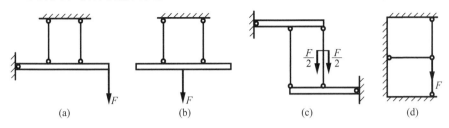

(a)　　　　　　　　(b)　　　　　　　　(c)　　　　　　　　(d)

思考题 2.13 图

习　　题

2-1　试画出图示各杆的轴力图。

2-2　试求图示结构中，杆 1、2、3 的轴力。

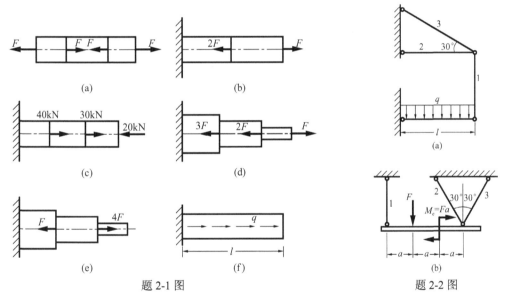

题 2-1 图　　　　　　　　　　　　　　　　题 2-2 图

2-3　如图所示，双杠杆夹紧机构需产生一对 20kN 的夹紧力，试求水平杆 AB 及两斜杆 BC 和 BD 的直径。已知三个杆的材料相同，$[\sigma] = 100$MPa，$\alpha = 30°$。

2-4　如图所示，卧式拉床的油缸内径 $D = 186$mm，活塞杆直径 $d_1 = 65$mm，材料为 20Cr 并经过了热处理，$[\sigma_{cr}] = 130$MPa。缸盖由六个 M20 的螺栓与缸体连接，M20 螺栓的小径 $d = 17.3$mm，材料为 35 号钢，经热处理后 $[\sigma_{st}] = 110$MPa。试按活塞杆和螺栓强度确定最大油压 p。

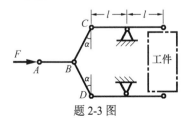
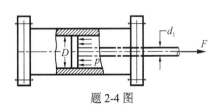

题 2-3 图　　　　　　　　　　　　　　　　题 2-4 图

2-5 如图所示结构中，杆1、2的横截面直径分别为10mm和20mm，试求两杆内的应力。设两段横梁皆为刚体。

2-6 某拉伸试验机的结构示意图如图所示。设试验机的 CD 杆与试件 AB 的材料同为低碳钢，其 $\sigma_p = 200\text{MPa}$，$\sigma_s = 240\text{MPa}$，$\sigma_b = 400\text{MPa}$，试验机最大拉力为100kN。（1）用这一试验机做拉断试验时，试件直径最大可达多少？（2）若设计时取试验机的安全系数 $n = 2$，则杆 CD 的横截面面积为多少？（3）若试件直径 $d = 10\text{mm}$，今欲测弹性模量 E，则所加载荷最大不能超过多少？

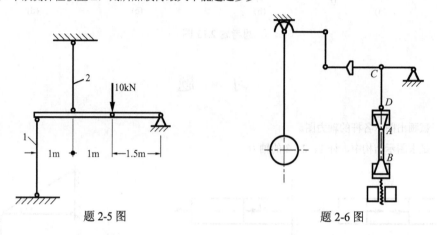

题 2-5 图   题 2-6 图

2-7 如图所示，油缸盖和缸体采用六个螺栓连接。已知油缸内径 $D = 350\text{mm}$，油压 $p = 1\text{MPa}$。若螺栓材料的许用应力 $[\sigma] = 40\text{MPa}$，求螺栓的小径。

2-8 如图所示简易吊车中，BC 为钢杆，AB 为木杆。木杆 AB 的横截面面积 $A_w = 100\text{cm}^2$，许用应力 $[\sigma_w] = 7\text{MPa}$；钢杆 BC 的横截面面积 $A_{st} = 6\text{cm}^2$，许用拉应力 $[\sigma_{st}] = 160\text{MPa}$。试求许可吊重 F。

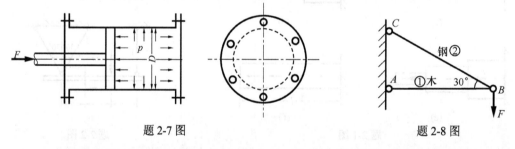

题 2-7 图   题 2-8 图

2-9 如图所示的简单铰接杆系结构，两杆的长度均为 $l=500\text{mm}$，横截面积均为 $A=1000\text{mm}^2$。材料的应力-应变关系如图(b)所示，其中弹性模量 $E_1=100\text{GPa}$，$E_2=20\text{GPa}$。试计算当 $F=120\text{kN}$ 时，节点 B 的位移。

2-10 某材料的应力-应变曲线可近似地用图示的折线表示。图中直线 OA 的斜率即弹性模量 $E = 70\text{GPa}$；直线 AB 的斜率为 $E' = 30\text{GPa}$，比例极限 $\sigma_p = 80\text{MPa}$。（1）试建立强化阶段 AB 的应力-应变关系；（2）当应力增加到 $\sigma =100\text{MPa}$ 时，试计算相应的总应变 ε、弹性应变 ε_e 及塑性应变 ε_p 之值。

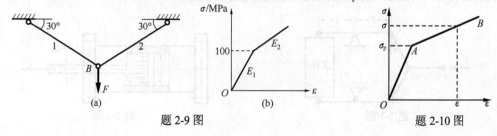

题 2-9 图   题 2-10 图

2-11 如图所示水平刚性杆由直径为 20mm 的钢杆拉住，在端点 B 处作用有载荷 F，钢的许用应力 $[\sigma_{st}] = 160\text{MPa}$，弹性模量 $E_{st} = 210\text{GPa}$，试求：（1）结构的许可载荷；（2）端点 B 的位移；（3）若端点 B 的允许下沉量 $[\varDelta] = 3\text{mm}$，则结构的许可载荷为多少？

2-12 如图所示发电机的部件由圆环和沿环均匀分布的六根拉杆组成。拉杆的悬挂点 A 在圆环中心的正上方 1.25m 处。已知圆环的平均半径为 0.5m，圆环每米长度的重量为 2kN，各拉杆的截面积均为 25mm^2，试确定圆环由自重引起的铅垂位移。

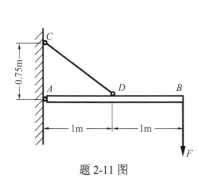

题 2-11 图

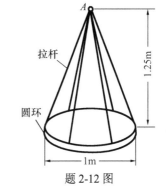

题 2-12 图

2-13 边长为 50mm 的正方形截面钢棒，长度 $L = 1\text{m}$，承受轴向拉伸力 $F = 250\text{kN}$。弹性模量 $E = 200\text{GPa}$，泊松比 $\mu = 0.3$。试确定侧向尺寸的减少。

2-14 如图所示拉伸试件的 A 和 B 处分别安装有两个变形测量仪，其放大倍数各为 $K_A = 1200$，$K_B = 1000$，标距均为 $s = 20\text{mm}$，受拉后测量仪的读数增量 $\varDelta_A = 36\text{mm}$，$\varDelta_B = -10\text{mm}$。试求此材料的泊松比 μ。

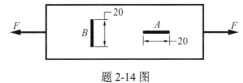

题 2-14 图

2-15 如图所示的简单托架，AB 杆为钢杆，横截面直径 $d = 20\text{mm}$，BC 杆为 8 号槽钢，外力 $F = 60\text{kN}$。若 $[\sigma] = 160\text{MPa}$，$E = 200\text{GPa}$，试校核托架的强度，并求 B 点的位移。

2-16 如图所示结构中五根杆的抗拉刚度均为 EA，若各杆为小变形，试求 AB 两点的相对位移。若 CD 间增加相同 EA 的一根杆，AB 间的相对位移又是多少？

2-17 为了改进万吨水压机的设计，在四根立柱的小型水压机上进行模型实验，测得立柱的轴向总伸长 $\Delta l = 0.4\text{mm}$。立柱直径 $d = 80\text{mm}$，长度 $l = 1350\text{mm}$，材料为 20MnV，$E = 210\text{GPa}$。问每一立柱受到的轴向力有多大？水压机的中心载荷 F 为多少？

2-18 如图所示，发动机汽缸内的气体压强 $p = 3\text{MPa}$，壁厚 $\delta = 3\text{mm}$，内径 $D = 150\text{mm}$，弹性模量 $E = 210\text{GPa}$。试求汽缸的周向应力及周长的改变。

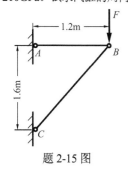

题 2-15 图

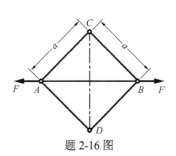

题 2-16 图

题 2-18 图

2-19　如图所示碳钢和青铜两种材料组成的圆杆，直径 $d = 40$mm，杆的总伸长 $\Delta l = 0.126$mm，其弹性模量分别为 $E_{st} = 200$GPa，$E_{br} = 100$GPa。试求载荷 F 及在力 F 作用下杆内的最大正应力。

2-20　变截面钢杆如图所示，AB 段直径 $d_1 = 30$mm，BD 段直径 $d_2 = 60$mm，受载如图所示，弹性模量 $E_{st} = 200$GPa。求杆 A 端的位移及截面 B 相对于截面 C 的位移。

2-21　图示桁架由三根钢杆组成，各杆横截面面积均为 $A = 400$mm^2，弹性模量 $E_{st} = 200$GPa，受载如图所示。求活动铰支座 C 点的水平位移。

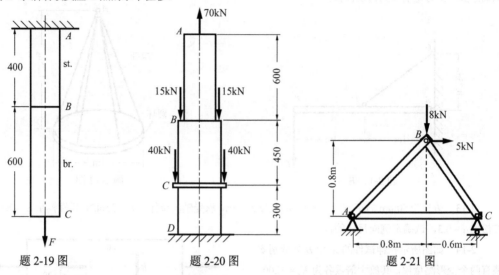

题 2-19 图　　　　　　　题 2-20 图　　　　　　　题 2-21 图

2-22　图示横梁 $ABCD$ 为刚体，横截面面积为 80mm^2 的钢索绕过无摩擦的滑轮。设 $F = 20$kN，钢索的 $E = 177$GPa。试求钢索内的应力和 C 点的垂直位移。

2-23　在如图所示简单杆系中，设 AB 和 AC 分别为直径是 20mm 和 24mm 的圆截面杆，$E = 200$GPa，$F = 5$kN，试求 A 点的垂直位移。

2-24　在图中，若 AB 和 AC 两杆的直径并未给出，但要求力 F 的作用点 A 无水平位移，求两杆直径之比。

2-25　两杆 AB 和 BC 两端均为铰支，且在 B 处承受 $F = 200$kN 的铅垂力作用，如图所示。两杆的材料为结构钢，屈服极限 $\sigma_s = 200$MPa，拉伸和压缩时的安全系数分别是 2 和 3.5，弹性模量 $E = 200$GPa。若忽略杆 BC 侧向屈曲的可能性，试求两杆的最小横截面面积以及 B 点的水平和铅垂位移。

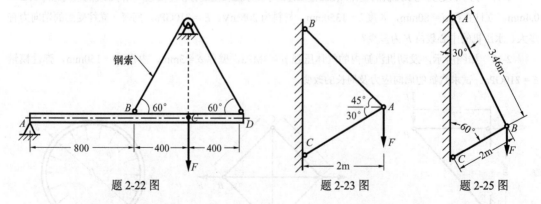

题 2-22 图　　　　　　　题 2-23 图　　　　　　　题 2-25 图

2-26　在图示杆系中，若 AB 和 AC 两杆材料相同，且抗拉和抗压许用应力相等，同为$[\sigma]$，为使杆系使用的材料最省，试求夹角θ的值。

2-27　在图示定点 A 和 B 之间水平地悬挂一直径 d=1mm 的钢丝，在点 C 作用有载荷 F。当钢丝的相对伸长达到 0.5%时即被拉断。设在断裂前钢丝只有弹性变形，E=200GPa。试求：(1)断裂时钢丝内的正应力；(2) C 点下降的位移；(3)此瞬时力 F 的大小。

2-28　如图示刚性梁 CB 左端铰支于 C 点，杆 1、2 的横截面面积均为 A，材料的弹性模量均为 E。试求：(1)两杆的轴力；(2)若材料的许用应力为[σ]，求许可载荷。

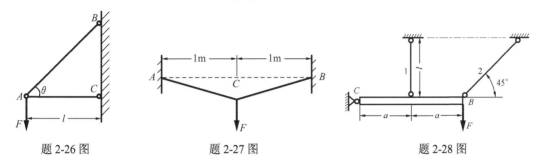

题 2-26 图　　　　　　　　题 2-27 图　　　　　　　　题 2-28 图

2-29　如图示结构，AB 为刚性杆，杆 1、2 和 3 的材料相同，在杆 AB 的中点 C 受铅垂载荷 F 作用。已知：F=20kN，$A_1=2A_2=2A_3=200\text{mm}^2$，l=1m，E=200GPa。试计算 C 点的水平和铅垂位移。

2-30　如图所示，木制短柱的四个角用四个 40mm×40mm×4mm 的等边角钢加固，已知角钢的许用应力 $[\sigma_{st}]=160$MPa，$E_{st}=200$GPa；木材的许用应力 $[\sigma_w]=12$MPa，$E_W=10$GPa，求许可载荷 F。

2-31　受预拉力 10kN 拉紧的缆索如图所示。若在 C 点再作用向下的载荷 F=15kN，并设缆索不能承受压力，试求在 h=l/5 和 h=(4/5)l 两种情形下，AC 和 BC 两段的内力。

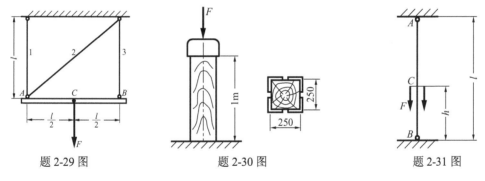

题 2-29 图　　　　　　　　题 2-30 图　　　　　　　　题 2-31 图

2-32　材料、横截面面积、长度均相同的三根杆铰接于 A 点，结构受力如图所示，求各杆的内力。

2-33　如图所示桁架中各杆的材料和横截面面积均相同，试计算各杆的轴力。

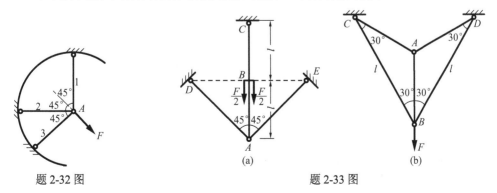

题 2-32 图　　　　　　　　(a)　　题 2-33 图　　(b)

2-34　如图所示桁架，三根杆材料均相同，AB 杆横截面面积为 200mm^2，AC 杆横截面面积为 300mm^2，AD 杆横截面面积为 400mm^2，若 $F=30\text{kN}$，试计算各杆的应力。

2-35　如图所示结构，AB 梁为刚性的，杆 1 和杆 2 材料相同，许用应力 $[\sigma]=160\text{MPa}$，$F=40\text{kN}$，$E=200\text{GPa}$。若要求 AB 梁只做向下平移，不做转动，则此两杆的横截面面积应是多少？

2-36　如图所示，钢质薄壁圆筒加热至 $60℃$，然后密合地套在温度为 $15℃$ 的紫铜衬套上。试求当此结构件冷却至 $15℃$ 时，圆筒作用于衬套上的压力 p 及衬套、圆筒横截面上的应力。已知钢筒壁厚为 1mm，紫铜衬套壁厚为 4mm，套合时钢筒的内径与衬套的外径均为 100mm。钢的线膨胀系数 $\alpha_{st}=12.5\times10^{-6}/℃$，弹性模量 $E_{st}=210\text{GPa}$，紫铜的弹性模量 $E_{co}=105\text{GPa}$。

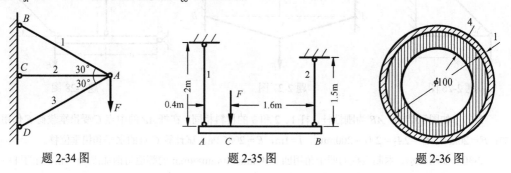

题 2-34 图　　　　　　　　　　题 2-35 图　　　　　　　　　　题 2-36 图

2-37　图示杆 1 为钢杆，杆 2 为铜材杆，其弹性模量、线膨胀系数、横截面面积分别为 $E_{st}=210\text{GPa}$，$\alpha_{st}=12.5\times10^{-6}/℃$，$A_{st}=30\text{cm}^2$，$E_{co}=105\text{GPa}$，$\alpha_{co}=16.5\times10^{-6}/℃$，$A_{co}=30\text{cm}^2$。载荷 $F=50\text{kN}$。若 AB 杆为刚性杆，且始终保持水平，试问温度是升高还是降低？并求温度的改变量 Δt。

2-38　高性能的喷气式飞机在 25000m 的高空以三倍声速飞行，此飞机具有肋条加强的钛合金细长机体，飞机的长度为 30m。高空飞行时的温度较地面上温度高 $500℃$，材料的线膨胀系数为 $10\times10^{-6}/℃$。试计算飞机高空飞行时的长度较在地面上增加了多少？

2-39　图示为一套有铜套管的钢螺栓，螺距为 3mm，长度 l 为 750mm。已知钢螺栓的横截面面积 $A_{st}=6\text{cm}^2$，$E_{st}=210\text{GPa}$；铜套管的横截面面积 $A_{co}=12\text{cm}^2$，$E_{co}=105\text{GPa}$。试求下述三种情形下螺栓和套管截面上的内力：（1）螺母拧紧 $1/4$ 转；（2）螺母拧紧 $1/4$ 转后，再在两端加拉力 $F=80\text{kN}$；（3）设开始时，钢螺栓和铜套管两者刚好接触不受力，然后温度上升 $\Delta t=50℃$，已知钢和铜的线膨胀系数分别为 $\alpha_{st}=12.5\times10^{-6}/℃$，$\alpha_{co}=16.5\times10^{-6}/℃$。

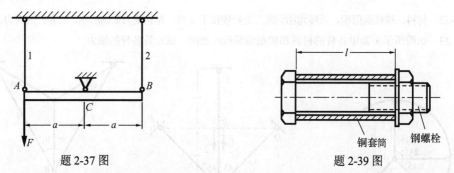

铜套筒　　　钢螺栓

题 2-37 图　　　　　　　　　　　　　题 2-39 图

2-40　图示刚性杆由三根钢杆支承，钢杆的横截面面积为 $A=2\text{cm}^2$，其中有一杆的长度短了 $\Delta=5\times10^{-4}l$。已知 $E_{st}=210\text{GPa}$。试求各杆横截面上的应力。

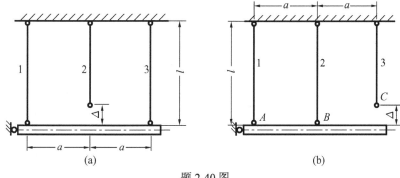

题 2-40 图

2-41　图示为由两个共轴薄壁圆筒组成的复合压力容器，组装前两薄壁圆筒有稍许过盈，因此需进行热装配。已知两个柱壳均由钢材制成，组件平均直径 $D = 100\text{mm}$，初始直径的过盈量 $\delta = 0.25\text{mm}$，内壳厚度 $t_1 = 2.5\text{mm}$，外壳厚度 $t_2 = 2\text{mm}$，材料的弹性模量 $E = 200\text{GPa}$。求由于热装配而在每个壳中引起的环向应力。

2-42　图示铝柱用青铜芯加强置于刚性支承上，加在刚性盖板上的轴向压力 $F = 40\text{kN}$，已知两种材料的弹性模量分别为 $E_{\text{al}} = 70\text{GPa}$，$E_{\text{br}} = 100\text{GPa}$，求横截面上两种材料的正应力。

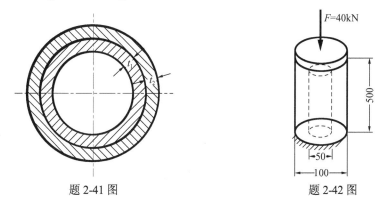

题 2-41 图　　　　　　　　　　　　题 2-42 图

2-43　图示组合杆由直径 $d_1 = 20\text{mm}$ 的 AB 段和直径为 $d_2 = 50\text{mm}$ 的 DA 和 BC 段组成，其中 AB 段材料为钢，且 $E_{\text{st}} = 200\text{GPa}$，DA 和 BC 段材料为青铜，$E_{\text{br}} = 100\text{GPa}$，求各段中的正应力。

2-44　如图所示，刚性杆由面积 A 和长度 L 相等的四根杆对称地连接在一起。杆 AB 和杆 CD 的弹性模量为 E_1，杆 EF 和杆 GH 的弹性模量为 E_2，若力偶矩 M_e 作用于刚性杆上，求各杆的应力。

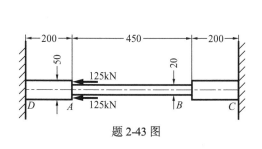

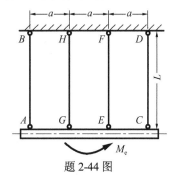

题 2-43 图　　　　　　　　　　　题 2-44 图

2-45　如图所示托架用三根螺栓 B、C 和 D 固定在墙体上，每个螺栓的直径 $d=15$mm，未变形前长度 $L=100$mm，当 $F=3$kN 的力作用在托架上的 H 点时，求各螺栓的内力。假定螺栓不承受剪力，垂直外载 F 完全由柱脚 A 承担，且托架是刚性的，螺栓材料的弹性模量 $E_{st}=200$ GPa。

2-46　平面杆系结构由四根材料相同的圆截面直杆组成。其中杆 AC 与杆 BC 长度相同，直径均为 $d_1=20$ mm，杆 CD 与杆 CE 长度相同，直径均为 $d_2=40$ mm，设计尺寸如图（a）所示，材料的弹性模量为 $E=200$ GPa。装配时发现杆 AC 和杆 BC 均比设计尺寸短了 $\delta=0.3$ mm。（1）求装配完成后各杆的内力；（2）装配完成后，在 C 点施加垂直向下的力 $F=90$ kN，如图（b）所示，求各杆的应力。

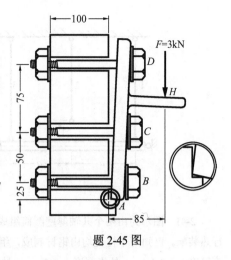

题 2-45 图

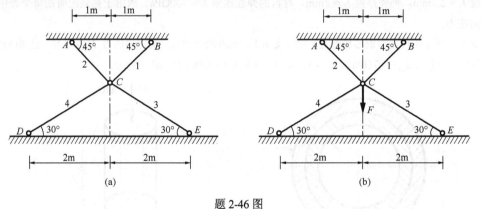

(a)　　　　　　　　　(b)

题 2-46 图

2-47　如图所示，刚性梁 AB 在 A 端铰支并由 CD 和 EF 两根铝杆吊挂，两杆的直径均为 $d_{al}=25$ mm，弹性模量 $E_{al}=70$ GPa，受载前梁 AB 水平，当在 B 端加载 12kN 时，求 B 端的位移。

2-48　如图所示，钢杆的直径为 5mm，左端固定在墙 A 上，右端 B 与墙 B' 有间隙 $\delta=1$ mm，截面 C 上作用有外载荷 $F=20$kN（忽略 C 处套环的影响），已知弹性模量 $E_{st}=200$ GPa，求 A 及 B' 处的支反力。

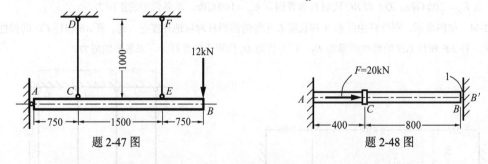

题 2-47 图　　　　　　　　题 2-48 图

2-49　如图所示三根钢杆铰接在一起，各杆的横截面面积均为 $A_{st}=6.45$ cm^2，材料的弹性模量 $E_{st}=200$GPa，线膨胀系数 $\alpha_{st}=14\times10^{-6}$/℃。铰接时温度为 $t_1=20$℃，铰接后温度升高到 $t_2=100$℃，求各杆的内力。

2-50　如图所示结构，三根钢杆与刚性梁用螺栓连接，B、D、F 为铰接，装配时各杆长度为 0.75m，横截面面积为 125mm²。装配后螺母 E 拧紧一圈，已知螺距为 1.5mm，忽略螺母的尺寸且认为螺母为刚体。已知弹性模量 $E_{st}=200\,GPa$，求各杆的内力。

2-51　横截面直径 $d=2cm$ 的均质钢杆如图所示。杆长 $l=1m$，材料的弹性模量 $E_{st}=200\,GPa$，用万倍变形测量仪测得杆在自重作用下的变形仪读数为 1.95mm。试求该杆的自重 W。

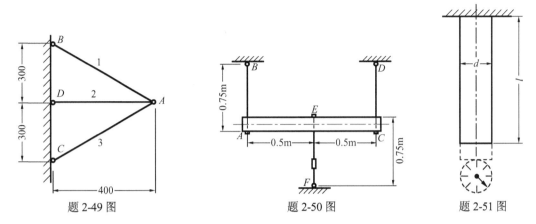

题 2-49 图　　　　题 2-50 图　　　　题 2-51 图

2-52　如图所示不同材料的三种杆被连接在一起，且当温度为 $t_1=12℃$ 时被固定在刚性支承 A、B 之间，钢、黄铜和紫铜的弹性模量和线膨胀系数分别为：钢 $E_{st}=200\,GPa$，$\alpha_{st}=12\times10^{-6}/℃$；黄铜 $E_{br}=100\,GPa$，$\alpha_{br}=21\times10^{-6}/℃$；紫铜 $E_{co}=120\,GPa$，$\alpha_{co}=17\times10^{-6}/℃$。当温度升至 $t_2=18℃$ 时，求刚性支承 A、B 的反力。

2-53　如图所示长 12m 的钢轨置于路基上，每两根钢轨间留有间隙 δ，允许由温度引起的膨胀。如果温度从 $t_1=-30℃$ 升高到 $t_2=20℃$ 时两钢轨恰好接触，求两根钢轨间需要留有的间隙 Δ。如果温度升高到 $t_3=40℃$，在所留间隙下钢轨的压应力是多少？已知钢轨的横截面面积 $A=28cm^2$，弹性模量 $E_{st}=200\,GPa$，线膨胀系数 $\alpha_{st}=12\times10^{-6}/℃$。

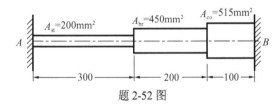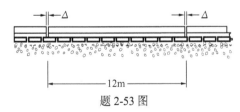

题 2-52 图　　　　题 2-53 图

重点及
难点

第3章 剪 切*

3.1 连接件的强度计算

铆钉连接

在工程实际中，为了将机械和结构物的各部分互相连接起来，通常要用到各种各样的连接，如图 3-1 中所示的 (a) 螺栓连接、(b) 铆钉连接*、(c) 销轴连接、(d) 键块连接、(e) 焊接连接、(f) 榫连接等。这些连接中的螺栓、铆钉、销轴、键块、焊缝、榫头等都称为**连接件**。

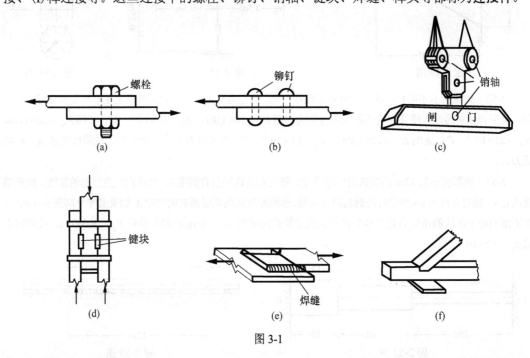

图 3-1

虽然连接件的体积都比较小，但对保证连接或整个结构的牢固和安全却起着重要的作用。在连接件的强度计算中，因为连接件一般都不是细长杆，加之其受力和变形都比较复杂，要从理论上计算它们的工作应力往往非常困难，有时甚至不可能。因此，在工程中一般都采用实用计算的方法，解决连接件的强度计算问题。实践证明，用这种方法既简便有效，而且计算出的构件尺寸基本上是适用的。

3.1.1 剪切的实用计算

键块连接
剪切变形

以图 3-2 (a) 所示轮与轴之间的键连接为例。键的受力情况如图 3-2 (b) 所示*。键在两侧面上分别受到大小相等、方向相反、作用线相距很近的两组分布外力系的作用。键在这样的外力作用下，将沿两侧外力之间，并与外力作用线平行的截面 *m-m* 有发生相对错动的趋势。这种变形形式称为**剪切**。发生剪切变形的截面 *m-m*，称为**剪切面***。

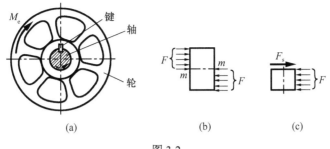

图 3-2

若沿剪切面 m-m 假想地将键分成上、下两部分，取下部分作为研究对象，如图 3-2(c) 所示。在该研究对象的侧表面上，作用有垂直于键侧面的外力 F。因此在 m-m 截面上必有与外力方向相反的内力 F_s 存在，这个平行于截面的内力称为**剪切力**或**剪力**。由水平方向力的平衡条件 $\sum F_x = 0$，得

$$F_s = F$$

在实用计算中，假设应力在剪切面(m-m 截面)上均匀分布，则名义切应力的计算公式为

$$\tau = \frac{F_s}{A} \tag{3-1}$$

式中，A 为剪切面的面积。

通过剪切试验，要求试验时试件的形状和受力条件尽可能地类似于实际物件的受力情形，以此得出使试件破坏的载荷，并按名义切应力计算公式(3-1)，得到剪切破坏时的名义抗剪强度 τ_u，再将 τ_u 除以安全系数，即得该种材料的许用切应力 $[\tau]$。于是，剪切强度条件可表示为

$$\tau = \frac{F_s}{A} \leqslant [\tau] \tag{3-2}$$

材料的许用切应力 $[\tau]$ 可以从有关设计手册中查到，它和材料的许用拉应力 $[\sigma]$ 有如下关系：

塑性材料 $\qquad\qquad [\tau] = (0.5 \sim 0.7)[\sigma]$

脆性材料 $\qquad\qquad [\tau] = (0.8 \sim 1.0)[\sigma]$

3.1.2 挤压的实用计算

螺栓、铆钉和键等连接件除受剪切外，在连接件和被连接件的接触面上还将相互压紧，这种现象称为**挤压**。如图 3-3 中所示的铆钉连接中，由于铆钉孔和铆钉之间存在挤压，就可能使钢板上的铆钉孔或铆钉产生显著的局部塑性变形，即铆钉孔被挤压成扁圆孔，或将铆钉压扁。因此，对连接件进行挤压强度计算也是必要的。

连接件和被连接件相互挤压的接触面称为**挤压面**。在接触面上的压力称为**挤压力**。挤压面各点处单位面积上的挤压力称为**挤压应力**。挤压应力与直杆压缩中的压应力不同。压应力在截面上是均匀分布的，挤压应力只限于接触面附近的区域，在接触面上的分布同样比较复杂。所以和剪切的实用计算一样，在工程上同样采用挤压的实用计算，即假定挤压应力在挤压面上是均匀分布的。名义挤压应力的计算公式为

$$\sigma_{bs} = \frac{F_{bs}}{A_{bs}} \tag{3-3}$$

式中，F_{bs} 为挤压力；A_{bs} 为挤压面面积。

挤压面面积 A_{bs} 的计算，要根据接触面的情形而定。接触面为平面时，就以接触面为挤压面面积；接触面是柱面时（如铆钉或销轴等），实验和理论分析结果表明，板和钉之间的挤压应力在挤压面上的分布如图 3-4(a)、(b) 所示。最大应力发生在圆柱形接触面的中点。但若以圆孔或圆钉的直径平面面积（图 3-4(c) 中画阴影线的面积）作为等效挤压面面积 $A_{bs} = d\delta$，则所得应力与图 3-4(b) 中所示的最大挤压应力接近。故接触面为圆柱面时，挤压面面积 A_{bs} 取为实际接触面在其直径平面上的投影面积。

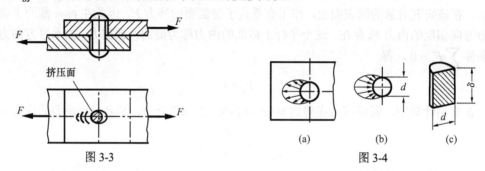

图 3-3　　　　　　　　　　　图 3-4

然后，通过类似剪切试验的挤压试验，并按名义挤压应力计算公式 (3-3) 得到材料的挤压强度 $\sigma_{u,bs}$，从而确定许用挤压应力 $[\sigma_{bs}]$。于是，挤压强度条件可表示为

$$\sigma_{bs} = \frac{F_{bs}}{A_{bs}} \leqslant [\sigma_{bs}] \tag{3-4}$$

式中，$[\sigma_{bs}]$ 也可从有关设计手册中查到，它和许用正应力 $[\sigma]$ 之间的关系为

塑性材料　　　　　　　$[\sigma_{bs}] = (1.5 \sim 2.5)[\sigma]$

脆性材料　　　　　　　$[\sigma_{bs}] = (0.9 \sim 1.5)[\sigma]$

应用强度条件式 (3-2) 和式 (3-4)，可以解决剪切构件的强度校核、截面设计和确定许可载荷三类强度计算问题。在具体的计算过程中，如焊接连接、榫齿连接，在计算方法上会另有一些具体规定，可参阅 GB 50017—2017《钢结构设计规范》、GB 50005—2017《木结构设计标准》等资料。

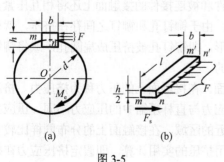

图 3-5

例 3-1　图 3-5 为一传动轴，直径 $d = 50\text{mm}$，键的尺寸为 $b = 16\text{mm}$，$h = 10\text{mm}$，$l = 45\text{mm}$，传递力偶 $M_e = 720\text{N} \cdot \text{m}$，键的许用切应力 $[\tau] = 110\text{MPa}$，许用挤压应力 $[\sigma_{bs}] = 250\text{MPa}$。试校核键的强度。

解　(1) 剪切强度校核。键的 $mnn'm'$ 截面为剪切面，该面上的剪力为 F_s。考虑键 $mnn'm'$ 截面以上部分在水平方向上力的平衡（图 3-5(b)），得

$$F_s - F = 0$$

将图 3-5(a)所示部分作为一个整体来考虑，由平衡条件 $\sum M_0 = 0$，得

$$F\frac{d}{2} - M_e = 0$$

式中，F 为作用在键的右侧表面上半部分分布力的合力，方向向左，作用线距圆心的距离为 $\frac{d}{2} + \frac{h}{4}$，考虑到键的高度尺寸和轴的直径相比为一小量，故忽略不计。联立两式，解得

$$F_s = F = \frac{2M_e}{d} = \frac{2 \times 720}{50 \times 10^{-3}} = 2.88 \times 10^4 (\text{N})$$

由式(3-2)得

$$\tau = \frac{F_s}{A} = \frac{F_s}{bl} = \frac{2.88 \times 10^4}{16 \times 10^{-3} \times 45 \times 10^{-3}} = 4 \times 10^7 (\text{Pa}) = 40(\text{MPa}) < [\tau]$$

键满足剪切强度要求。

(2)挤压强度校核。考虑键在 $mnn'm'$ 以上部分，其右侧面为挤压面。由式(3-4)得

$$\sigma_{bs} = \frac{F_{bs}}{A_{bs}} = \frac{F_s}{l \cdot \frac{h}{2}} = \frac{2F_s}{hl} = \frac{2 \times 2.88 \times 10^4}{10 \times 10^{-3} \times 45 \times 10^{-3}} = 1.28 \times 10^8 (\text{Pa}) = 128(\text{MPa}) < [\sigma_{bs}]$$

键满足挤压强度要求。

例 3-2 一销轴连接件如图 3-6(a)所示。已知外力 $F = 18\text{kN}$，$\delta = 8\text{mm}$，销轴材料的许用切应力 $[\tau] = 60\text{MPa}$，许用挤压应力 $[\sigma_{bs}] = 200\text{MPa}$。试设计销轴的直径 d。

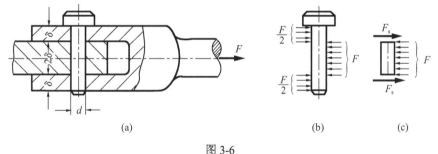

(a)   (b)   (c)

图 3-6

解 先确定作用在销轴上的外力。销轴的受力图如图 3-6(b)所示，从图中可以看出销轴中部承受的挤压力为 F，两端承受的挤压力各为 $F/2$。

(1)按剪切强度设计。销轴具有两个剪切面(图 3-6(c))，一般称为**双剪切**。由截面法可求得两截面上的剪力 F_s 各为

$$F_s = \frac{F}{2} = \frac{18 \times 10^3}{2} = 9 \times 10^3 (\text{N})$$

按剪切强度设计

$$A \geqslant \frac{F_s}{[\tau]} = \frac{9 \times 10^3}{60 \times 10^6} = 1.5 \times 10^{-4} (\text{m}^2)$$

而销轴的横截面为圆形，于是可得销轴的直径：

$$d = \sqrt{\frac{4A}{\pi}} \geqslant \sqrt{\frac{4 \times 1.5 \times 10^{-4}}{\pi}} = 13.82 \times 10^{-3} (\text{m}) = 13.82(\text{mm})$$

(2)按挤压强度校核。销轴的挤压面面积 $A_{bs}=2\delta d$，挤压应力为

$$\sigma_{bs}=\frac{F_{bs}}{A_{bs}}=\frac{F}{2\delta d}=\frac{18\times10^3}{2\times8\times10^{-3}\times13.82\times10^{-3}}=81.4\times10^6(\mathrm{Pa})=81.4(\mathrm{MPa})<[\sigma_{bs}]$$

可见，当 $d=13.8\mathrm{mm}$ 时，也满足挤压强度条件。查机械设计手册，最后选用 $d=15\mathrm{mm}$ 的标准圆柱销。

例 3-3　海上巡航舰的救生艇在端部由绕在缆轮上的钢缆悬挂，缆轮安装在顶部甲板的挂艇架上。钢缆每端的拉伸力 $F=4\mathrm{kN}$，钢缆与缆轮均安装在铅垂平面内，如图 3-7（a）所示。缆轮可绕图示的水平圆轴自由转动。如果圆轴材料的许用切应力 $[\tau]=50\mathrm{MPa}$，试设计圆轴的直径。

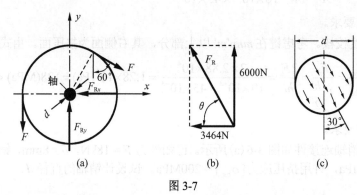

图 3-7

解　（1）轴的受力分析。从图 3-7（a）缆轮的分离体图上可以看出，缆轮既受到钢缆的拉力，又受到圆轴作用于缆轮上的反力 F_{Rx} 和 F_{Ry}。由静力平衡方程

$$\sum F_x=0,\quad F\sin60°-F_{Rx}=0$$

得

$$F_{Rx}=4000\times\sin60°=3464(\mathrm{N})$$

$$\sum F_y=0,\quad F_{Ry}-F-F\cos60°=0$$

得

$$F_{Ry}=F(1+\cos60°)=6000\,\mathrm{N}$$

由此可求得合力 $F_R=\sqrt{3460^2+6000^2}=6930(\mathrm{N})$，其方向与 x 轴的夹角为 θ（图 3-7（b）），且

$$\theta=\arctan\frac{6000}{3464}=60°$$

当然，作用点圆轴上的合力可按力的平行四边形公理合成。

（2）轴的直径设计。缆轮作用在轴上的力与图 3-7（a）中的 F_R 等值反向，轴所承受的剪切力 $F_s=F_R$，切应力分布如图 3-7（c）所示。根据剪切强度条件即式（3-2）得 $A\geq\dfrac{F_s}{[\tau]}$，而 $A=\dfrac{\pi}{4}d^2$，故

$$d\geq\sqrt{\frac{4F_s}{\pi[\tau]}}=\sqrt{\frac{4\times6930}{\pi\times50\times10^6}}=13.28\times10^{-3}(\mathrm{m})=13.28(\mathrm{mm})$$

因此，轴的直径应大于 13.28mm。

例 3-4　有时需要设计某种特殊的结构扣件，该扣件拉伸强度很高，而横向剪切强度较差，四引擎宽体飞机的现代设计中就可以找到这样的例子。每个引擎都是用铝合金螺栓连接在机翼内的主框架上的(图 3-8(a))，这种螺栓足以支持引擎的重量以及飞行中的附加载荷。然而合金冶炼时要保证每个螺栓只能承担在偶然事件强迫着陆中发生的、适度的横向剪切力，以致可使引擎脱离机翼。

如果每个螺栓的剪切强度极限 $\tau_u = 120\text{MPa}$，直径 $d = 20\text{mm}$，用四个螺栓将引擎牢靠地连接在机翼上。试求作用在引擎和地面之间的、可以使引擎脱离机翼的水平力 F_g。

解　引擎和四个螺栓的分离体如图 3-8(b)所示，图中 F_{su} 是每个螺栓的极限剪切力，F_g 是地面加在引擎底部的力。要指出的是，机身的下侧高于引擎底部，根据题意可知

$$F_{su} = \tau_u A = 120 \times 10^6 \times \frac{\pi}{4} \times 20^2 \times 10^{-6}$$

$$= 37.7 \times 10^3 (\text{N}) = 37.7 (\text{kN})$$

略去动力影响，由水平方向的平衡方程 $\sum F_x = 0$，得

$$F_g - 4F_{su} = 0$$

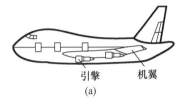
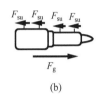

引擎　　　机翼

(a)　　　　　　　　(b)

图 3-8

故可得引擎脱离机翼的水平力：

$$F_g = 4F_{su} = 4 \times 37.7 = 150.8 (\text{kN})$$

例 3-5　如图 3-9 所示，柴油机的活塞销材料为 20Cr，$[\tau] = 70\text{MPa}$，$[\sigma_{bs}] = 100\text{MPa}$。活塞销外径 $d_1 = 48\text{mm}$，内径 $d_2 = 26\text{mm}$，长度 $l = 130\text{mm}$，$a = 50\text{mm}$。活塞直径 $D = 135\text{mm}$，气体爆发压力 $p = 7.5\text{MPa}$。试对活塞销进行剪切和挤压强度校核。

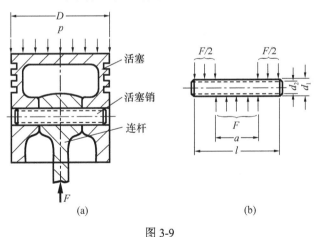

(a)　　　　　　　　(b)

图 3-9

解　(1)活塞所承受的总压力为

$$F = \frac{\pi}{4}D^2 p$$

(2)剪切强度校核。剪切面上的剪切力 $F_s = \dfrac{F}{2} = \dfrac{\pi}{8}D^2 p$，剪切面面积 $A = \dfrac{\pi}{4}(d_1^2 - d_2^2)$，故

$$\tau = \frac{F_s}{A} = \frac{\frac{\pi}{8}D^2 p}{\frac{\pi}{4}(d_1^2 - d_2^2)} = \frac{D^2 p}{2(d_1^2 - d_2^2)} = \frac{0.135^2 \times 7.5 \times 10^6}{2 \times (0.048^2 - 0.026^2)}$$

$$= 42.0 \times 10^6 (\text{Pa}) = 42.0(\text{MPa}) < [\tau] = 70\text{MPa}$$

（3）挤压强度校核。活塞销两端部分长度为 $l - a = 130 - 50 = 80(\text{mm}) > a$，因此挤压强度只需考虑中间部分，挤压面面积为

$$A_{bs} = d_1 a$$

由式（3-3）得

$$\sigma_{bs} = \frac{F}{A_{bs}} = \frac{\pi D^2 p}{4 d_1 a} = \frac{\pi \times 0.135^2 \times 7.5 \times 10^6}{4 \times 0.048 \times 0.05} = 44.7 \times 10^6 (\text{Pa}) = 44.7(\text{MPa}) \leqslant [\sigma_{bs}]$$

活塞销的剪切和挤压强度均满足。

例 3-6　图 3-10 所示对接头，每边用三个铆钉铆接，钢板与铆钉材料均为 A3 钢，已知材料的许用应力[σ]=160MPa，许用切应力[τ] = 110MPa，许用挤压应力[σ_{bs}] = 320MPa，拉力 $F = 100\text{kN}$。铆钉直径 $d = 17\text{mm}$，板宽 $b = 150\text{mm}$，盖板厚度 $\delta_1 = 5\text{mm}$，主板厚度 $\delta_2 = 8\text{mm}$，$a = 40\text{mm}$。试校核此接头的强度。

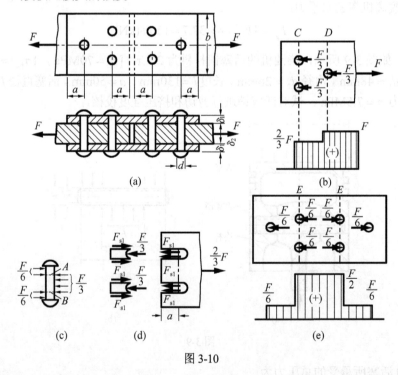

图 3-10

解　为使整个接头强度满足，应保证铆钉、主板和盖板都安全。所以应分别对铆钉、主板和盖板进行强度校核。

（1）铆钉的强度校核。工程中假设连接接头的每个铆钉受力都相同，所以本例中每个铆钉的受力均为 $F/3$，铆钉受力图如图 3-10（c）所示。

①剪切强度计算。铆钉有两个剪切面 A 和 B，由截面法可知每个剪切面上的剪力为

$$F_s = \frac{F}{6} = \frac{100 \times 10^3}{6} = 1.667 \times 10^4 \text{(N)}$$

所以

$$\tau = \frac{F_s}{A} = \frac{4F_s}{\pi d^2} = \frac{4 \times 1.667 \times 10^4}{\pi \times 17^2 \times 10^{-6}} = 7.34 \times 10^7 \text{(Pa)} = 73.4 \text{(MPa)} < [\tau]$$

②挤压强度计算。由图 3-10(c)中可见，由于两个盖板厚度大于主板厚度，即

$$2\delta_1 = 2 \times 5 = 10 \text{(mm)} > \delta_2 = 8 \text{mm}$$

所以主板与铆钉接触部分为危险挤压面，挤压力 $F_{bs} = F/3$。挤压强度条件为

$$\sigma_{bs} = \frac{F_{bs}}{A_{bs}} = \frac{F/3}{d\delta_2} = \frac{100 \times 10^3}{3 \times 17 \times 10^{-3} \times 8 \times 10^{-3}} = 2.45 \times 10^8 \text{(Pa)} = 245 \text{(MPa)} < [\sigma_{bs}]$$

(2)主板的强度校核。

①拉伸强度计算。主板的受力简图如图 3-10(b)所示。在此外力作用下，主板的轴力图也在图中画出。由轴力图可知，D 截面处轴力最大，但 C 截面处横截面面积最小。因此，C 和 D 两截面都须进行强度校核。D 截面处

$$\sigma' = \frac{F_{N1}}{A_1} = \frac{F}{(b-d)\delta_2} = \frac{100 \times 10^3}{(150-17) \times 10^{-3} \times 8 \times 10^{-3}} = 9.40 \times 10^7 \text{(Pa)} = 94.0 \text{(MPa)} < [\sigma]$$

C 截面处

$$\sigma'' = \frac{F_{N2}}{A_2} = \frac{2F/3}{(b-2d)\delta_2} = \frac{2 \times 100 \times 10^3}{3 \times (150 - 2 \times 17) \times 10^{-3} \times 8 \times 10^{-3}}$$

$$= 7.18 \times 10^7 \text{(Pa)} = 71.8 \text{(MPa)} < [\sigma]$$

②挤压强度计算。由于主板和铆钉的材料相同，许用挤压应力也相同。主板和铆钉中间部分接触，因此主板的挤压应力和铆钉中间部分的挤压应力相等。由于铆钉的挤压强度足够，同样主板的挤压强度也足够，可不予计算。

③剪切强度计算。当钢板铆钉孔离板边缘较近时，钢板有可能被剪断(图 3-10(d))。由于每个铆钉孔上受有外力 $F/3$ 的作用，所以剪力 F_{s1} 为

$$F_{s1} = \frac{1}{2}\left(\frac{F}{3}\right) = \frac{F}{6} = \frac{100 \times 10^3}{6} = 1.667 \times 10^4 \text{(N)}$$

剪切面面积 A_3 为

$$A_3 = a\delta_2 = 40 \times 10^{-3} \times 8 \times 10^{-3} = 3.2 \times 10^{-4} \text{(m}^2\text{)}$$

所以

$$\tau' = \frac{F_{s1}}{A_3} = \frac{1.667 \times 10^4}{3.2 \times 10^{-4}} = 5.21 \times 10^7 \text{(Pa)} = 52.1 \text{(MPa)} < [\tau]$$

(3)盖板的强度校核。

① 拉伸强度计算。盖板的受力图和轴力图在图 3-10(e)中表示。由图可见，危险截面在 E 截面处。

$$\sigma''' = \frac{F_N}{A_4} = \frac{F/2}{(b-2d)\delta_1} = \frac{100 \times 10^3/2}{(150 - 2 \times 17) \times 10^{-3} \times 5 \times 10^{-3}} = 8.62 \times 10^7 \text{(Pa)} = 86.2 \text{(MPa)} < [\sigma]$$

② 挤压强度计算。由于盖板和铆钉接触面处，每个铆钉孔上所受挤压力为 $F/6$，是主板

处的一半。由于高度 δ_1 比 δ_2 的一半大，因此挤压应力肯定比主板处小。主板和盖板为同一种材料制成，所以，主板挤压强度满足条件，盖板也肯定满足，不须再进行校核。

③ 剪切强度计算。和上面的情形相似，每个盖板铆钉孔上受 $F/6$ 外力作用，是主板铆钉孔上的一半，剪切面面积大于主板剪切面面积的一半。所以不需进行盖板的剪切强度校核。

从以上各项的校核结果可见，整个接头的强度是足够的。

例 3-6 中图 3-10（a）所示连接属于连接问题中对接的双盖板问题。此类连接问题可分为**搭接**（图 3-11（a)）和**对接**，对接中又分为**单盖板**（图 3-11（b)）和**双盖板**（图 3-10（a)）。

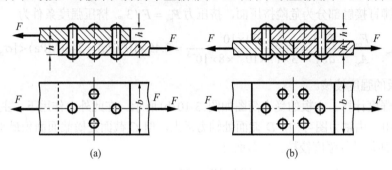

图 3-11

在这类问题中，最大的区别为单剪切和双剪切。同时注意在各铆钉受力均等假设下铆钉个数的统计。

例 3-7 两块钢板用焊接连接，如图 3-12 所示。已知作用在板上的拉力 $F=250\mathrm{kN}$，焊缝高度 $\delta=10\mathrm{mm}$，焊缝的许用切应力 $[\tau]=100\mathrm{MPa}$。试求所需的焊缝长度 l。

解 图 3-12 所示的这类焊缝称为侧焊缝，实验表明，侧焊缝的破坏是沿焊缝最弱的截面 $m\text{-}m$ 被剪断，该截面与两钢板的接触成 45°。由于每条焊缝的两端质量不够好，一般取焊缝的计算长度 l' 为实际长度 l 减去两倍的焊缝高度 δ，即

$$l'=l-2\delta$$

焊缝剪切面的总面积 A 为

$$A=2(l'\delta\cos45°)$$

总剪力 F_{s} 为 　　$F_{\mathrm{s}}=F$

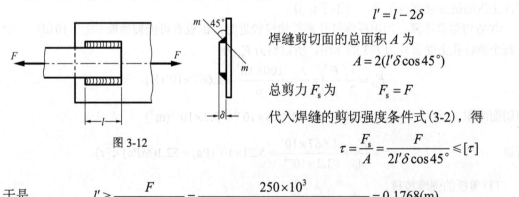

图 3-12

代入焊缝的剪切强度条件式（3-2），得

$$\tau=\frac{F_{\mathrm{s}}}{A}=\frac{F}{2l'\delta\cos45°}\leqslant[\tau]$$

于是　　$$l'\geqslant\frac{F}{2[\tau]\delta\cos45°}=\frac{250\times10^{3}}{2\times100\times10^{6}\times10\times10^{-3}\times\cos45°}=0.1768(\mathrm{m})$$

每条焊缝的实际长度为

$$l=l'+2\delta=0.1768+2\times10\times10^{-3}=0.1968(\mathrm{m})\approx0.2(\mathrm{m})$$

例 3-8 对两块厚度 $\delta=1.6\mathrm{mm}$，宽度 $b=45\mathrm{mm}$ 的钛合金板条，使用激光束沿 45°坡

口焊接(图 3-13(a))。如果激光焊缝处钛合金的许用切应力$[\tau]$=450MPa,焊接 100%有效,试求许可载荷 F。

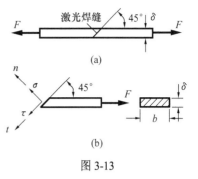

解 取右侧板条分离体,如图 3-13(b)所示,σ、τ 分别表示 45°焊缝截面内的正应力和切应力。取 45°截面的切向平衡方程,有

$$\sum F_t = 0$$

即

$$\frac{\tau A}{\cos 45°} - F\cos 45° = 0$$

图 3-13

式中,A 为板条横截面面积($A=\delta b$),故可算出焊缝截面内的切应力,并代入剪切强度条件式(3-2),得

$$\tau = \frac{F\cos^2 45°}{\delta b} \leqslant [\tau]$$

故求出可传递的许可载荷:

$$F \leqslant \frac{[\tau]\delta \cdot b}{\cos^2 45°} = \frac{450\times10^6\times1.6\times45\times10^{-6}}{0.5} = 64.8\times10^3(\text{N}) = 64.8(\text{kN})$$

例 3-9 在图 3-14 所示的木结构榫齿连接中,作用在斜杆上的力 $F_{N1} = 70\text{kN}$,斜杆与下弦杆间的夹角为 $\alpha = 30°$。已知下弦杆宽度 $b = 200\text{mm}$,高度 $h = 300\text{mm}$;木材的许用拉应力 $[\sigma_W] = 10\text{MPa}$,斜纹许用挤压应力 $[\sigma_{bs}]_{30°} = 5.0\text{MPa}$,顺纹许用切应力$[\tau]$=1.2MPa。试确定榫接处的深度$\delta$、下弦杆末端长度$l$,并校核下弦杆削弱处的抗拉强度。

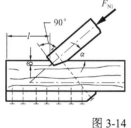
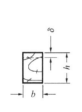

图 3-14

解 (1)由斜杆端部与下弦杆接触处的挤压强度条件

$$\sigma_{bs} = \frac{F_{N1}}{b\delta / \cos 30°} \leqslant [\sigma_{bs}]_{30°}$$

得

$$\delta \geqslant \frac{F_{N1}\cos 30°}{b[\sigma_{bs}]_{30°}} = \frac{70\times10^3\times\sqrt{3}/2}{0.2\times5\times10^6}$$

$$= 60.6\times10^{-3}(\text{m}) = 60.6(\text{mm})$$

(2)根据榫接处下弦杆的剪切强度条件

$$\tau = \frac{F_{N1}\cos 30°}{bl} \leqslant [\tau]$$

得

$$l \geqslant \frac{F_{N1}\cos 30°}{b[\tau]} = \frac{70\times10^3\times\sqrt{3}/2}{0.2\times1.2\times10^6} = 0.253(\text{m}) = 253(\text{mm})$$

(3)在下弦杆削弱处校核净截面的抗拉强度:

$$\sigma = \frac{F_{N1}\cos 30°}{b(h-\delta)} = \frac{70\times10^3\times\sqrt{3}/2}{0.2\times(0.3-0.061)} = 1.268\times10^6(\text{Pa}) = 1.268(\text{MPa}) \leqslant [\sigma]$$

说明下弦杆在榫接处的净截面上满足拉伸强度条件的要求。

3.2　纯剪切　切应力互等定理　剪切胡克定律

前面讨论的螺栓、铆钉和键等连接件的剪切面上，不但有切应力而且有正应力的作用，故在剪切面附近的变形比较复杂。为了研究切应力和切应变的规律，先从纯剪切开始研究。

3.2.1　纯剪切

图 3-15(a)为一等壁厚 δ 的薄壁圆管，在薄壁圆管的两端施加一对反向等值的力偶 M_e（图 3-15(b)），圆管产生扭转。施加力偶前，在圆管表面上画出一组圆周线和纵向线组成的矩形方格。产生扭转变形后，在实验中可以观察到各纵向线都倾斜了同一个微小角度 γ，各圆周线的形状、大小及圆周线之间的距离均保持不变，只是各圆周线均绕管的轴线 x 轴转动了不同的角度。所画矩形方格近似成一平行四边形。

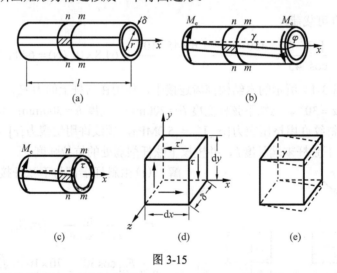

图 3-15

由于相邻两横截面的距离不变，故横截面上没有正应力。圆管的半径不变，故在与轴线平行的纵向截面上也无正应力。在变形过程中，$m\text{-}m$ 截面比相邻的 $n\text{-}n$ 截面多转动了一个 $\mathrm{d}\varphi$ 角。因此，这两个截面之间的所有小矩形方格的左右两个侧面产生了相对错动，矩形变成了平行四边形，这种变形称为**剪切变形**。纵向线倾斜的角度 γ 是矩形方格变形前后直角的改变量，是切应变，表明横截面上有切应力。由于管壁很薄，可以认为切应力沿壁厚是均匀分布的。$m\text{-}m$ 截面上切应力组成的内力是截面平面内的内力偶，该内力偶应与外力偶 M_e 大小相等。于是

$$\int_A \tau r \mathrm{d}A = M_e$$

即

$$M_e = \int_A \tau r \mathrm{d}A = \tau r 2\pi r \delta = \tau 2\pi r^2 \delta$$

所以

$$\tau = \frac{M_e}{2\pi r^2 \delta} \tag{3-5}$$

从图 3-15(b)可见，切应变 γ 为

$$\gamma = r\frac{\varphi}{l} \tag{3-6}$$

用相邻的两个横截面和相邻的两个纵向平面，从薄壁圆管中截出一个单元体，它在三个方向的尺寸分别为 $\mathrm{d}x$、$\mathrm{d}y$ 和 δ（图 3-15(d)）。单元体左、右两个截面上只有切应力，而没有正应力。前后两个面是圆管的自由表面，面上没有任何应力作用。由于左、右截面上的切应力均按式(3-5)进行计算，大小相等、方向相反。这样，该两截面上切应力合成的剪力将组成一个力偶。由于单元体是平衡的，只能与上、下两个截面上剪力组成的力偶予以平衡，且上、下截面上无正应力。从一个变形体中取出的一个微小六面体上，只有四个侧面上作用着切应力，而该单元体的所有截面上均再无其他应力作用，这种应力状态称为**纯剪切应力状态**。薄壁圆管中取出的上述单元体就是纯剪切应力状态。

3.2.2　切应力互等定理

在通过一点的一对相互垂直的截面上，若在一个截面上存在垂直于截面交线的切应力，则在另一垂直的截面上必存在着大小相等并垂直于截面交线的切应力。这可由图 3-15(d)所示的单元体予以证明。设单元体右截面上存在切应力 τ，由该单元体的平衡条件 $\sum F_y = 0$，可知左截面上一定存在切应力且等于 τ。设单元体上截面上存在切应力 τ'，由单元体的平衡条件 $\sum M_z = 0$，得

$$\tau' \mathrm{d}x\delta\mathrm{d}y - \tau\mathrm{d}y\delta\mathrm{d}x = 0$$

于是

$$\tau' = \tau \tag{3-7}$$

再由单元体的平衡条件 $\sum F_x = 0$，可知单元体下截面上的切应力也为 τ。

由此表明，在相互垂直的两个平面上，切应力必然成对存在，且大小相等。切应力的方向都垂直于两个平面的交线，且共同指向或共同背离这一交线。这就是**切应力互等定理**。

在材料力学中规定：截面上的切应力对单元体内任一点的矩为顺时针转向时，该切应力为正；反之为负。按此规定，图 3-15(d)中的 τ 为正值，τ' 为负值，式(3-7)可改写为

$$\tau = -\tau' \tag{3-8}$$

式中，切应力 τ 和 τ' 均为代数值。

切应力互等定理不仅对纯剪切应力状态适用，对一般的情形，即截面上不仅有切应力，而且有正应力的情形也适用。

3.2.3　剪切胡克定律

通过薄壁圆管的扭转试验可以找到材料在纯剪切条件下应力与应变的关系。逐渐增加外力偶 M_e，并记录相应的扭转角 φ，根据式(3-5)和式(3-6)可以分别算出切应力 τ 和切应变 γ。图 3-16 所示曲线为低碳钢材料切应力 τ 与切应变 γ 的关系曲线。τ-γ 曲线与图 2-10 所示的 σ-ε 曲线相

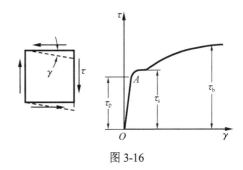

图 3-16

似。*OA* 段为一直线，表明切应力不超过剪切比例极限 τ_p 时，切应力 τ 与切应变 γ 成正比，即

$$\tau = G\gamma \tag{3-9}$$

称式(3-9)为**剪切胡克定律**。式中比例常数 G 称为**切变模量**。因为 γ 是量纲为一的量，所以 G 的单位与应力单位相同，常用单位是 GPa。常用材料的 G 值列于表 3-1 中。

表 3-1　常用材料的切变模量 G

材料	钢	铸铁	铜	铝	木料
G/GPa	80~81	45	40~46	26~27	0.55

在讨论拉伸和压缩时，曾提到材料的两个弹性常数 E 和 μ，本节又引入一个新的弹性常数 G。对各向同性材料可以证明(8.9 节)三个弹性常数间存在如下关系：

$$G = \frac{E}{2(1+\mu)} \tag{3-10}$$

式(3-10)表明这三个常数不是相互独立的，只要已知其中任意两个，第三个即可由式(3-10)确定，即 3 个弹性常数中只有 2 个是独立的。

3.3　剪切应变能

薄壁圆管扭转试验表明：在切应力不超过材料的剪切比例极限时，扭转角 φ 与外力偶 M_e 呈线性关系(图 3-17)。和计算拉伸(压缩)应变能相似(2.10 节)，图 3-17(b)中斜直线下面的面积代表在比例极限内力偶 M_e 所做的功 W，即

$$W = \frac{1}{2} M_\mathrm{e}\varphi$$

一般认为 M_e 所做的功全部转变为储存在薄壁圆管内的剪切应变能 V_s，即

$$V_\mathrm{s} = W = \frac{1}{2} M_\mathrm{e}\varphi$$

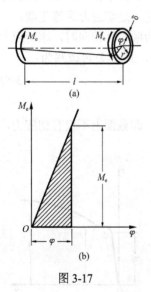

图 3-17

薄壁圆管扭转时，认为圆管横截面上各点处的切应力是相等的，因此单位体积内储存的能量是相等的。若以圆管的体积 V 除剪切应变能 V_s，便得单位体积内的应变能，即应变能密度为

$$v_\mathrm{s} = \frac{V_\mathrm{s}}{V} = \frac{M_\mathrm{e}\varphi/2}{2\pi r\delta l} = \frac{1}{2}\frac{M_\mathrm{e}r\varphi}{2\pi r^2\delta l}$$

利用式(3-5)和式(3-6)，上式可写为

$$v_\mathrm{s} = \frac{1}{2}\tau\gamma \tag{3-11}$$

将式(3-9)代入，式(3-11)还可表述为

$$v_\mathrm{s} = \frac{1}{2}\tau\gamma = \frac{\tau^2}{2G} = \frac{1}{2}G\gamma^2 \tag{3-12}$$

思 考 题

3.1 图示铆钉连接中，设每个铆钉的受力情形相同，试画出铆钉的受力简图。

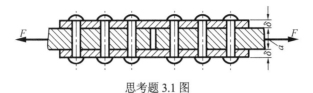

思考题 3.1 图

3.2 图示构件由三部分组成，已知 $[\sigma_{bs}]_{st} > [\sigma_{bs}]_{co} > [\sigma_{bs}]_{al}$，问应对哪一部分进行挤压强度计算？

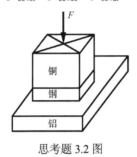

思考题 3.2 图

3.3 指出图示构件的剪切面和挤压面。

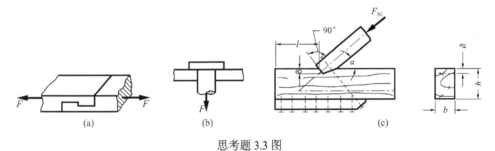

思考题 3.3 图

3.4 某木桥上的斜支柱是撑在橡木垫上的，而橡木垫又通过齿形榫将力传递给桥桩，如图所示。试分析该齿形榫的剪切面面积和挤压面面积。

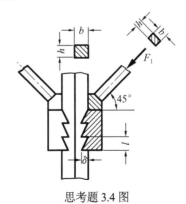

思考题 3.4 图

习　　题

3-1　如图所示，放置于水平面上的钢板厚度$\delta=10\text{mm}$，垂直于钢板的钢柱直径$d=20\text{mm}$，钢板的长度和宽度远大于钢柱的直径。沿钢柱轴线方向向下加力$F=100\text{kN}$，求钢板的名义切应力和钢柱及钢板的名义挤压应力。

3-2　在图示摇臂机构中，销轴直径$d=16\text{mm}$。求销轴的最大名义切应力及最大名义挤压应力。

3-3　如图所示，厚度$\delta=10\text{mm}$的吊挂通过四个螺栓连接在横梁上。已知$F=30\text{kN}$，螺栓的直径$d=21\text{mm}$，且每个螺栓的受力情形均相同，求螺栓的名义切应力及名义挤压应力。

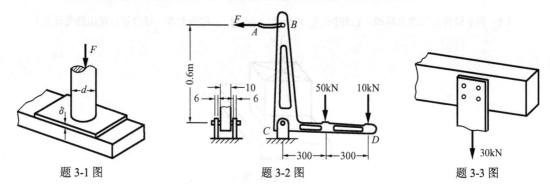

題 3-1 图　　　　　　　　題 3-2 图　　　　　　　　題 3-3 图

3-4　在图示杠杆机构中，销轴的直径$d=10\text{mm}$，销轴的许用切应力和许用挤压应力分别为$[\tau]=100\text{MPa}$，$[\sigma_{bs}]=280\text{MPa}$。试按销轴的强度确定$F$的许可值。

3-5　在图示液压操作系统机构中，C处销轴材料的许用切应力$[\tau]=120\text{MPa}$。求$F=30\text{kN}$时，销轴的直径。

3-6　试校核图示接头的强度。已知铆钉和板件的材料具有相同的许用应力，$[\sigma]=160\text{MPa}$，$[\tau]=110\text{MPa}$，$[\sigma_{bs}]=340\text{MPa}$，轴力$F=230\text{kN}$。

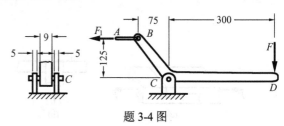

題 3-4 图

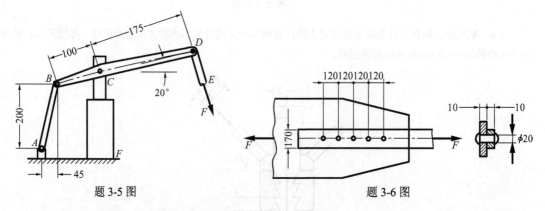

題 3-5 图　　　　　　　　　　題 3-6 图

3-7　如图所示接头，受到轴向载荷F的作用。已知$F=100\text{kN}$，$b=150\text{mm}$，$\delta=10\text{mm}$，$d=17\text{mm}$，$a=80\text{mm}$，$[\sigma]=160\text{MPa}$，$[\tau]=110\text{MPa}$，$[\sigma_{bs}]=320\text{MPa}$，铆钉和板的材料相同，试校核其强度。

3-8 如图所示，两根矩形截面木杆用两块钢板连接在一起，受轴向载荷 $F=45$ kN 作用，已知截面宽度 $b=250$ mm，木材顺纹方向许用拉应力$[\sigma]=6$ MPa，许用挤压应力$[\sigma_{bs}]=5$ MPa，许用切应力$[\tau]=0.8$ MPa，试确定接头的尺寸δ、l 和 h。

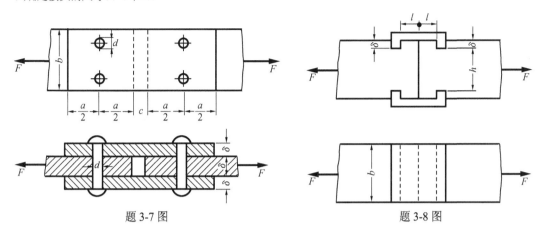

题 3-7 图   题 3-8 图

3-9 为了使压力机在最大压力 $F=160$ kN 下重要构件不发生破坏，在压力机冲头内装有保险器——压塌块，如图所示。保险器材料采用 HT20-40 灰口铸铁，其极限切应力 $\tau_u=360$ MPa。试设计保险器尺寸 δ(HT20-40 指灰口铸铁，抗拉强度 $\sigma_b \geqslant 200$ MPa，抗弯强度 $\sigma_b \geqslant 400$ MPa)。

3-10 如图所示，钢制方头销钉插入一底座的方孔中，钉的下端施加一拉力 $F=12$ kN。若钢的许用应力为$[\sigma]=120$ MPa，许用切应力$[\tau]=75$ MPa，许用挤压应力$[\sigma_{bs}]=200$ MPa；底座的许用挤压应力为$[\sigma_{bs}]=20$ MPa，试设计销钉的尺寸 a、b 和 h。

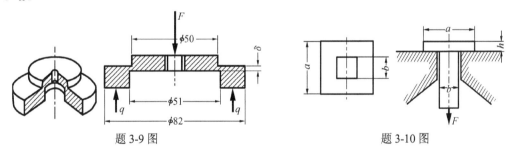

题 3-9 图   题 3-10 图

3-11 如图所示，齿轮与轴通过平键连接。已知平键受外力 $F=12$ kN，所用平键的尺寸为：$b=16$ mm、$h=10$ mm、$l=45$ mm；平键的$[\tau]=80$ MPa，$[\sigma_{bs}]=100$ MPa。试校核平键的强度。

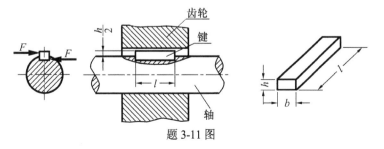

题 3-11 图

3-12　一高压泵的安全销如图所示，要求在活塞下面的高压液体压强达 $p = 3.4\text{MPa}$ 时，安全销被剪断，从而使高压液体流出，以保证泵的安全。已知活塞直径 $D = 52\text{mm}$，安全销的剪切强度极限 $\tau_u = 320\text{MPa}$，试确定安全销的直径 d。

3-13　图示车床的传动光杆装有安全联轴器，当超过一定载荷时，安全销即被剪断。已知安全销的平均直径为 5mm，剪切强度极限 $\tau_u = 370\text{MPa}$，求安全联轴器所能传递的力偶矩 M_e。

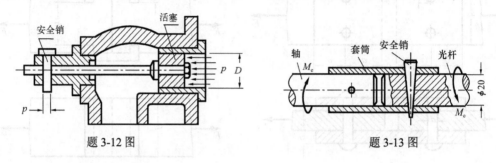

题 3-12 图　　　　　　　　　　题 3-13 图

3-14　试计算图示焊接头的承载能力。已知焊缝的许用切应力 $[\tau] = 100\text{MPa}$，钢板的许用拉应力 $[\sigma] = 160\text{MPa}$，焊缝高度 $\delta = 1\text{cm}$。

3-15　在木桁架的支座部位，斜杆以宽度 $b = 60\text{mm}$ 的榫舌和下弦杆连接在一起，如图所示。已知木材顺纹许用挤压应力 $[\sigma_{bs}] = 5\text{MPa}$，顺纹许用切应力 $[\tau] = 0.8\text{MPa}$，作用在桁架斜杆上的压力 $F = 20\text{kN}$。试按强度条件确定榫舌的高度 δ（即榫接的深度）和下弦杆末端的长度 l。

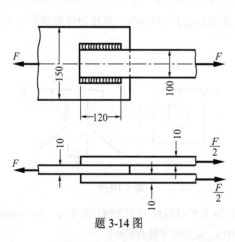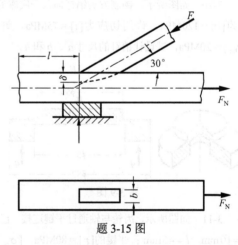

题 3-14 图　　　　　　　　　　题 3-15 图

3-16　花键轴的截面尺寸如图所示，轴与轮毂的配合长度 $l = 60\text{mm}$，靠花键侧面传递的力偶矩 $M_e = 1.8\text{kN·m}$。若花键材料的许用挤压应力为 $[\sigma_{bs}] = 140\text{MPa}$，许用切应力 $[\tau] = 120\text{MPa}$，试校核花键的强度。

3-17　图示直径为 $D = 100\text{cm}$ 的筒式锅炉，工作压力 $p = 1\text{MPa}$，锅炉的纵向接缝用铆钉搭接而成，锅炉壁厚 $\delta = 8\text{mm}$，铆钉直径 $d = 16\text{mm}$。已知锅炉和铆钉材料的许用切应力 $[\tau] = 100\text{MPa}$，试求铆钉的间距 e。

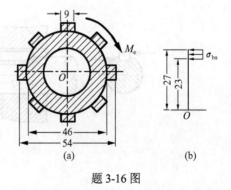

题 3-16 图

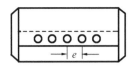

题 3-17 图

3-18 在图示钢结构中，C 点用 $d_1 = 6\,\text{mm}$ 的螺栓固定，B、D 点用 $d_2 = 10\,\text{mm}$ 的螺栓固定，剪切极限应力 $\tau_b = 150\,\text{MPa}$，杆 BD 的拉伸极限应力 $\sigma_b = 400\,\text{MPa}$，安全系数均选取 $n = 3$，求作用于 A 点的允许载荷 F。

3-19 外径 $D = 55\,\text{mm}$、壁厚 $\delta = 5\,\text{mm}$ 的铜管套装在直径 $d = 40\,\text{mm}$ 的钢棒外，用两个直径 $d = 8\,\text{mm}$ 的金属销钉横穿铜管和钢棒，各有一个销钉靠近铜管、钢棒组件的端部，将它们固结在一起，室温时组件内是无应力的。今令组件升温 $40\,℃$，求销钉的平均切应力(铜 $E_{co} = 90\,\text{GPa}$，$\alpha_{co} = 18 \times 10^{-6} / ℃$，钢 $E_{st} = 200\,\text{GPa}$，$\alpha_{st} = 12 \times 10^{-6} / ℃$)。

3-20 在飞机以及汽车加工中，两块薄金属板经常用单搭黏结，如图所示。若金属板厚 $\delta = 2.2\,\text{mm}$，环氧树脂黏结金属时的剪切强度极限 $\tau_u = 25.7\,\text{MPa}$，环氧树脂的切变模量 $G = 2.8\,\text{GPa}$，环氧树脂厚度为 $0.127\,\text{mm}$，黏结在搭接面积 $A = 12.7 \times 25.4\,\text{mm}^2$ 内都是有效的，试求此种黏结所能承担的最大轴向力(略去由于两块板不在同一平面内而产生的少许弯曲的影响)。

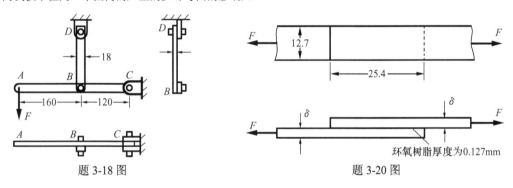

题 3-18 图   题 3-20 图

3-21 两块钢板用四个铆钉连接在一起，如图所示，板厚 $\delta = 20\,\text{mm}$，宽度 $b = 120\,\text{mm}$，铆钉直径 $d = 26\,\text{mm}$，钢板的许用拉应力 $[\sigma] = 160\,\text{MPa}$，铆钉的许用切应力 $[\tau] = 100\,\text{MPa}$，许用挤压应力 $[\sigma_{bs}] = 280\,\text{MPa}$。试求此铆钉接头的最大许可拉力。

3-22 如图所示，凸缘联轴节传递的力偶矩为 $M_e = 200\,\text{N} \cdot \text{m}$，凸缘之间用四只螺栓连接，螺栓内径 $d = 10\,\text{mm}$，对称分布在 $\phi 80\,\text{mm}$ 的圆周上。若螺栓的许用切应力 $[\tau] = 60\,\text{MPa}$，试校核螺栓的剪切强度。

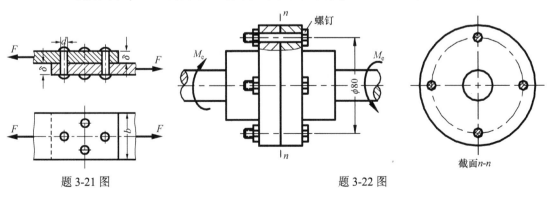

题 3-21 图   题 3-22 图

重点及
难点

第4章 扭 转*

4.1 概 述

在工程中常遇到这样一些直杆，它们在工作时主要受到一对反向力构成的力偶作用，如图4-1(a)所示管道阀门开关中的螺杆；或者在工作中主要起传递力偶的作用，如图4-1(b)所示机器的传动轴。这些构件所受到的外力经简化后的主要组成部分是作用在垂直于杆轴平面内的力偶，在这样的力偶作用下，杆件各横截面将绕轴线做相对旋转，发生图4-2所示的变形。这种变形形式称为**扭转**。当发生扭转的杆是图4-2(a)所示的等直圆杆时，变形比较简单，只是各横截面绕杆轴线发生相对转动；当发生扭转的杆是图4-2(b)所示的非圆截面杆时，各横截面不仅绕杆轴线发生转动，还将产生翘曲变形。

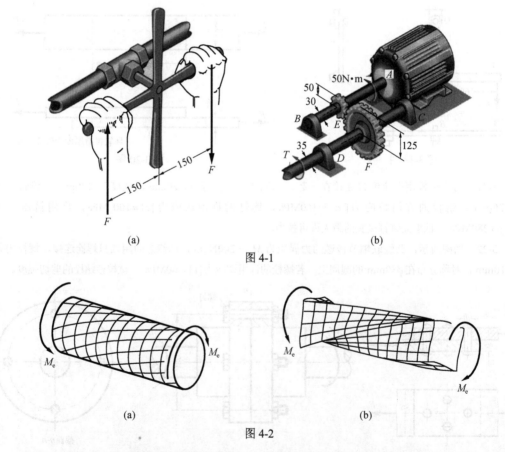

图 4-1

图 4-2

工程中单纯发生扭转的杆件不是很多，但以扭转为主要变形形式的例子却不少。工程中把以扭转为主要变形的构件称为**轴**。把横截面为圆形的轴称为**圆轴**；把截面大小相同且轴线为直线的圆轴称为**等直圆轴**(图 4-14);把截面大小按一定规律变化但轴线为直线的圆轴称为**变截面圆轴**或**阶梯轴**(图 4-16);而轴线为曲线的轴称为**曲轴**。圆轴在机械中最常见,因此本章主要研究圆轴的扭转问题。对于非圆截面杆件,本章只简单介绍矩形截面杆自由扭转理论的主要结果。至于薄壁杆的扭转问题,将在《材料力学(Ⅱ)》中讨论。

4.2 外力偶矩 扭矩和扭矩图

4.2.1 外力偶矩的计算

为了研究圆轴扭转时的内力,首先应知道作用于轴上的外力偶矩。但对于传动轴等传动构件,作用于轴上的外力偶矩往往不是直接给出的,通常给出的是轴上所传送的功率和轴的转速,因此在分析传动构件的内力前,需要先通过轴所传递的功率和转速求得传动轴受到的外力偶矩。

图 4-3 所示圆轴,在外力偶 M_e 的作用下,绕轴心 O 转动,在 $\mathrm{d}t$ 秒内转过了角度 $\mathrm{d}\varphi$。外力偶在 $\mathrm{d}t$ 秒内所做的功为

$$\mathrm{d}W = M_e \mathrm{d}\varphi$$

上式两端除以 $\mathrm{d}t$,则得功率:

$$P_k = \frac{\mathrm{d}W}{\mathrm{d}t} = M_e \frac{\mathrm{d}\varphi}{\mathrm{d}t} = M_e \omega$$

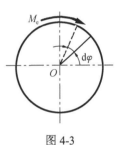

图 4-3

因 $1\mathrm{kW} = 1000\mathrm{W}(1\mathrm{W} = 1\mathrm{N} \cdot \mathrm{m/s})$,角速度 $\omega = 2\pi n$,其中 n 为圆轴每秒的转速(r/s)。上式可化为

$$P_k = \frac{M_e 2\pi n}{1000}$$

于是可得

$$M_e = \frac{1000 P_k}{2\pi n} = 159.2 \frac{P_k}{n} \tag{4-1}$$

当 n 的单位为每分的转速(r/min)时,式(4-1)可写为

$$\{M_e\}_{\mathrm{N \cdot m}} = 9549 \frac{\{P_k\}_{\mathrm{kW}}}{\{n\}_{\mathrm{r/min}}} \tag{4-2}[①]$$

式(4-1)和式(4-2)中,功率 P_k 的单位为 kW。

当功率用马力(hp)作单位时,可以根据 $1\mathrm{hp} = 0.735\mathrm{kW}$ 换算。

4.2.2 扭矩和扭矩图

在求得了所有作用于轴上的外力偶矩后,即可用截面法求任意截面上的内力。图 4-4(a)为一等截面圆轴,若假想地沿截面 *m-m* 将圆轴分成两部分,并取部分 Ⅰ 为研究对象

---

① 式(4-2)中花括号外的下标表示花括号内物理量的单位,这是国家标准 GB/T 3101—1993《有关量、单位和符号的一般原则》中规定的数值方程式的表示方法。其中转速式(4-2)用 rpm(r/min)系统,而式(4-1)用 rps(r/s)系统。

（图 4-4（b）），由于整个轴在外力偶作用下是平衡的，所以部分Ⅰ也处于平衡状态，在截面 m-m 上必然有一内力偶 T。由部分Ⅰ的平衡条件 $\sum M_x = 0$，得

$$T = M_e$$

式中，T 称为 m-m 截面上扭矩，它是Ⅰ、Ⅱ两部分在 m-m 截面上相互作用的分布内力系的合力偶矩。

　　若取部分Ⅱ作为研究对象（图 4-4（c）），仍可根据平衡条件求得 $T = M_e$ 的结果。但其方向与由部分Ⅰ求出的扭矩方向相反。为了使从部分Ⅰ或从部分Ⅱ求出的同一截面上的扭矩不仅数值相等，正负号也相同，对扭矩作如下规定：**按右手螺旋法则**（右手四指指向力偶的转向，拇指的指向为力偶矩矢量的方向（图 4-10））*。把扭矩 T 表示为矢量，当矢量方向与截面的外法线方向一致时，扭矩 T 为正；反之为负。根据这一规定，图 4-4（b）、（c）中的扭矩均为正值。

扭矩符号

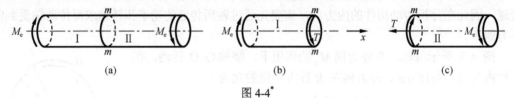

（a）　　　　　　　　　　（b）　　　　　　　　　（c）

图 4-4*

　　若作用于轴上的外力偶多于两个，与拉伸（压缩）问题中画轴力图一样，可以用图线形象地来表示各横截面上的扭矩沿轴线变化的情形。图中以横轴表示横截面的位置，纵轴表示相应截面上的扭矩，这种图线称为**扭矩图**。

　　例 4-1　一传动轴如图 4-5（a）所示，主动轮 A 输入的功率 $P_A = 60\text{kW}$，从动轮 B、C、D 输出的功率分别为 $P_B = 10\text{kW}$，$P_C = 20\text{kW}$，$P_D = 30\text{kW}$，轴的转速 $n = 300\text{r/min}$。试作轴的扭矩图。

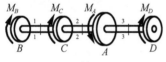

（a）

（b）

（c）

（d）

（e）

图 4-5

　　解　（1）外力偶矩的计算。按式（4-2）计算得各轮传递的外力偶矩为

$$M_A = 9549 \frac{P_A}{n} = 9549 \times \frac{60}{300} = 1910(\text{N·m})$$

$$M_B = 9549 \frac{P_B}{n} = 9549 \times \frac{10}{300} = 318(\text{N·m})$$

$$M_C = 9549 \frac{P_C}{n} = 9549 \times \frac{20}{300} = 637(\text{N·m})$$

$$M_D = 9549 \frac{P_D}{n} = 9549 \times \frac{30}{300} = 955(\text{N·m})$$

　　（2）扭矩的计算。从受力情形可以看出，圆轴共有 4 个控制面，BC、CA 和 AD 段内，各截面上的扭矩是不相等的，必须用截面法分别计算各段的扭矩。

　　在 BC 段内，用截面 1-1 将圆轴分成两段，保留左段，并以 T_1 表示截面 1-1 上的扭矩（图 4-5（b））。根据平衡条件

$\sum M_x = 0$，得

$$T_1 = M_B = 318\,\text{N·m}$$

在 CA 段内，用截面 2-2 将轴分成左右两段，仍取左段作为研究对象(图 4-5(c))，并以 T_2 表示截面 2-2 上的扭矩。根据平衡条件 $\sum M_x = 0$，得

$$T_2 = M_B + M_C = 318 + 637 = 955(\text{N·m})$$

在 AD 段内，用截面 3-3 将轴分成左右两段，取右段作为研究对象(图 4-5(d)，取左段亦然)，并以 T_3 表示截面 3-3 上的扭矩。根据平衡条件 $\sum M_x = 0$，得

$$T_3 = -M_D = -955\,\text{N·m}$$

负号表示扭矩 T_3 的实际方向与假设方向相反，且为负值。

根据计算所得数据和扭矩正负号的规定，可把各截面上扭矩沿轴线变化的情形，用图 4-5(e)表示，这就是扭矩图。和轴力图的情形相似，工程中一般省去图中的 x 轴和 T 轴。因此，画扭矩图时一定要注意与受力图上下位置对应，且在图中要标出扭矩的正负号及各段扭矩的数值和单位，并注意用突变关系检验扭矩图。

(3)讨论。对同一根轴来说，若把主动轮 A 布置于轴的一端，如放在右端，则轴的扭矩图如图 4-6(b)所示。比较这两种情形下的扭矩图可见，前一种布置，轴上的最大扭矩 $955\,\text{N·m}$；而后一种布置，轴上的最大扭矩增至 $1910\,\text{N·m}$。由此可知，传动轴上主动轮和从动轮布置的位置不同，轴内的最大扭矩也不同。两者相比，图 4-5 所示的布局比较合理。在工程设计中，应尽可能合理布置主动轮和从动轮的位置，使得扭矩的最大值尽可能最小。

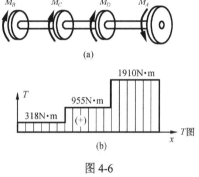

图 4-6

4.3 圆轴扭转时截面上的应力计算

圆轴扭转时，仅知横截面上的扭矩值，还不能解决圆轴的强度计算问题。必须进一步研究截面上的应力分布规律，并求出截面上的最大应力。本节研究圆轴扭转时截面上的应力及其分布规律。

4.3.1 横截面上的应力

和拉伸(压缩)时的情形相似，求横截面上的应力属于超静定问题，需要从静力学条件、变形几何关系和物理条件三个方面进行综合分析。

1. 变形几何关系

为了确定圆轴的应力分布规律，先通过试验观察圆轴表面的变形现象。

和薄壁圆管的扭转相似，受力前在圆轴表面上画上与轴线平行的纵向线和圆周线，如图 4-7(a)所示。然后，在轴的两端施加外力偶矩 M_e。在两端外力偶的作用下，可以观察到：

各圆周线绕轴线相对地旋转了一个角度，但大小、形状和相邻两周线之间的距离保持不变。在小变形的情形下，各纵向线仍近似地是一条直线，只是倾斜了一个微小的角度。变形前圆轴表面的矩形方格，变形后成为平行四边形，如图 4-7(b) 所示[*]。

扭转变形

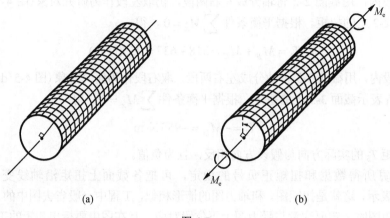

图 4-7

平面假设

　　根据上述观察到的现象，经过由表及里推理，得出圆轴扭转的刚性平面假设[*]。即圆轴扭转变形前的横截面，在变形后仍保持为同样大小的圆形平面且半径仍为直线；相邻两截面间的距离保持不变。以此假设为基础导出的应力和变形计算公式符合试验结果，经工程实践检验是正确的。

几何关系

　　为了具体研究圆轴的变形情况，从变形后的圆轴中取出长为 dx 的一段，如图 4-8(a) 所示。再从 dx 微段中取出半径为 ρ 的楔形体并将其放大，如图 4-8(b) 所示[*]。从图中的几何关系可得

$$BD = \rho\,d\varphi = \gamma_\rho\,dx$$

则

$$\gamma_\rho = \rho\frac{d\varphi}{dx} \tag{4-3a}$$

式中，γ_ρ 为离轴线为 ρ 处的切应变；$d\varphi$ 为 dx 微段内的相对转角；$d\varphi / dx$ 为扭转角沿轴线 x 的变化率。

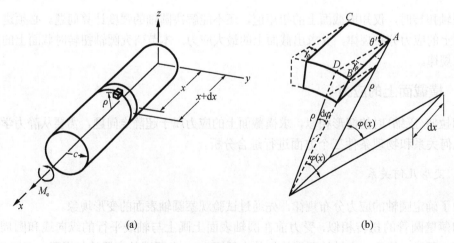

图 4-8

对某一给定横截面来说，由于 x 为常数，$\mathrm{d}\varphi/\mathrm{d}x$ 不随 ρ 的变化而改变，也是一常量。故式 (4-3a) 中 γ_ρ 与 ρ 成正比，因而距轴线等距离的所有点处的切应变都相等。离轴线越远，切应变越大，最大切应变 $\gamma_{\max}$ 位于 ρ 等于半径 R 处，如图 4-9 所示。γ_ρ 与 $\gamma_{\max}$ 的关系为

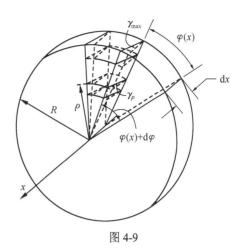

$$\gamma_\rho = \frac{\rho}{R}\gamma_{\max}$$

切应变发生在垂直于半径的平面内。

图 4-9

2. 物理条件

根据剪切胡克定律式 (3-9)，在比例极限或规定非比例扭转应力 τ_ρ 下，横截面上距圆心为 ρ 的任意点处的切应力 τ_ρ 与该点处的切应变 γ_ρ 成正比。于是得

$$\tau_\rho = G\gamma_\rho \tag{4-3b}$$

将式 (4-3a) 代入式 (4-3b)，得

$$\tau_\rho = G\gamma_\rho = G\rho\frac{\mathrm{d}\varphi}{\mathrm{d}x} \tag{4-3c}$$

式 (4-3c) 表明，横截面上任意点处的切应力 τ_ρ 与该点到圆心的距离 ρ 成正比，即距圆心等距离的所有点处的切应力大小都相等，最大切应力 $\tau_{\max}$ 位于截面周边上各点，如图 4-10 所示。又因为 τ_ρ 发生在垂直于半径的平面内，所以 τ_ρ 也与半径垂直。

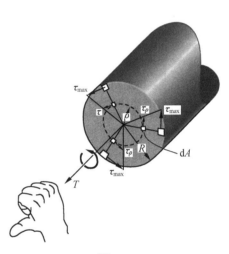

图 4-10

3. 静力学条件

式 (4-3c) 给出了切应力的分布规律，但还不能用它计算横截面上任一点处的切应力值，因为 $\mathrm{d}\varphi/\mathrm{d}x$ 为未知量。设在距圆心为 ρ 处取一微面积 $\mathrm{d}A$，如图 4-10 所示，其上内力 $\tau_\rho\mathrm{d}A$ 对圆心之矩为 $\mathrm{d}T = \rho\tau_\rho\mathrm{d}A$。截面上合力矩即为该截面上的内力矩 T，即

$$T = \int_A \rho\tau_\rho\mathrm{d}A \tag{4-3d}$$

将式 (4-3c) 代入式 (4-3d)，并注意到在某一给定横截面上积分时，$\dfrac{\mathrm{d}\varphi}{\mathrm{d}x}$ 是常量，于是

$$T = \int_A \rho\tau_\rho\mathrm{d}A = \int_A G\rho^2\frac{\mathrm{d}\varphi}{\mathrm{d}x}\mathrm{d}A = G\frac{\mathrm{d}\varphi}{\mathrm{d}x}\int_A \rho^2\mathrm{d}A \tag{4-3e}$$

令

$$I_\mathrm{p} = \int_A \rho^2\mathrm{d}A \tag{4-4a}$$

I_p 称为截面对 O 点的截面二次极矩。则 T 可表示为

$$T = GI_p \frac{\mathrm{d}\varphi}{\mathrm{d}x} \tag{4-4b}$$

从式(4-3c)和式(4-4b)中消去 $\frac{\mathrm{d}\varphi}{\mathrm{d}x}$，可得

$$\tau_\rho = \frac{T\rho}{I_p} \tag{4-5}$$

该式为圆轴扭转时，横截面上任一点处切应力计算公式。

式(4-5)表明，当 ρ 等于圆轴半径 R 时，横截面上的切应力达到最大值，即

$$\tau_{max} = \frac{TR}{I_p}$$

令

$$W_p = \frac{I_p}{\rho_{max}} = \frac{I_p}{R}$$

则

$$\tau_{max} = \frac{TR}{I_p} = \frac{T}{W_p} \tag{4-6}$$

式中，W_p 为**扭转截面系数**或**抗扭截面模量**。

注意式(4-5)和式(4-6)是以刚性平面假设为基础导出的。试验结果表明，只有对横截面面积不变的圆轴，刚性平面假设才是正确的。因此，这些公式只适用于等直圆轴。当圆形横截面沿轴线的变化比较缓慢时(小锥度圆锥形杆)，也可以近似地用以上公式计算。由于推导过程中应用了剪切胡克定律，以上公式仅适用于切应力不超过材料的剪切比例极限 τ_p 的实心或空心圆截面杆。

4.3.2 截面二次极矩 I_p 和扭转截面系数 W_p

(1)实心圆截面轴。实心圆截面如图 4-11(a)所示。计算 I_p 时，用极坐标比较方便。现取离圆心 O 为 ρ 处的微面积 $\mathrm{d}A = \rho\mathrm{d}\alpha\mathrm{d}\rho$，代入式(4-4a)可得

$$I_p = \int_A \rho^2 \mathrm{d}A = \int_0^R \rho^3 \mathrm{d}\rho \int_0^{2\pi} \mathrm{d}\alpha = \frac{\pi R^4}{2} = \frac{\pi}{32}D^4 \tag{4-7}$$

式中，D 为圆截面的直径。由此求出扭转截面系数：

$$W_p = \frac{I_p}{R} = \frac{\pi}{2}R^3 = \frac{\pi}{16}D^3 \tag{4-8}$$

(2)空心圆截面轴。空心圆截面如图 4-11(b)所示，其微面积 $\mathrm{d}A = \rho\mathrm{d}\alpha\mathrm{d}\rho$，代入式(4-4a)可得

$$I_p = \int_A \rho^2 \mathrm{d}A = \int_r^R \rho^3 \mathrm{d}\rho \int_0^{2\pi} \mathrm{d}\alpha = 2\pi\left(\frac{R^4}{4} - \frac{r^4}{4}\right) = \frac{\pi}{2}R^4(1-\alpha^4) = \frac{\pi}{32}D^4(1-\alpha^4) \tag{4-9}$$

式中，$\alpha = \dfrac{r}{R}$ 或 $\dfrac{d}{D}$。由此求得空心圆截面的扭转截面系数为

$$W_p = \frac{I_p}{R} = \frac{\pi}{2} R^3 (1 - \alpha^4) = \frac{\pi}{16} D^3 (1 - \alpha^4) \tag{4-10a}$$

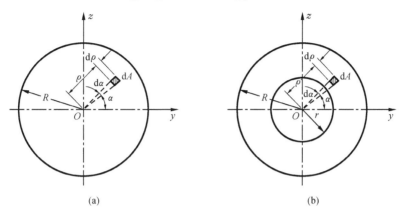

图 4-11

4.3.3 斜截面上的应力

通过圆轴扭转试验发现，低碳钢试件受扭时沿横截面断裂(图 4-12(a))[*]，铸铁试件受扭时沿着与轴线约成 45° 的螺旋面断裂(图 4-12(b))[*]。为了分析其破坏原因，仅知道横截面上的应力是不够的，还要研究斜截面上的应力。

低碳钢
扭转

铸铁扭转

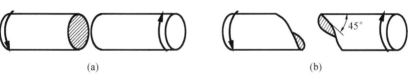

(a)   (b)

图 4-12

从圆轴表层某点取出一单元体(图 4-13(a))，该单元体的左、右两侧面(ab 面和 cd 面)是圆轴上相邻 dx 的两个横截面，上、下截面(ad 面和 bc 面)是圆轴上相邻 ρdφ 的两个纵向截面，前后两个面则是半径相差 dρ 的两个圆柱面。

根据切应力互等定理，该单元体的上、下、左、右四个侧面上作用着大小相等的切应力 τ，前、后面上没有应力作用。此单元体处于纯剪切应力状态。在单元体上任意截取一斜面 ef (图 4-13(b))，它的外法线 n 与 x 轴的夹角为 α。为求 ef 面上的应力，假想用截面 ef 将单元体截开，保留下半部分，bef 面上有未知的应力 σ_α 和 τ_α 作用。选新坐标轴 n 和 t，它们分别与 ef 面垂直和平行，并设 ef 截面的面积为 dA，则 be 面的面积为 d$A\cos\alpha$，bf 面的面积为 d$A\sin\alpha$。根据力的平衡条件 $\sum F_n = 0$，得

$$\sigma_\alpha dA + \tau(dA\cos\alpha)\sin\alpha + \tau(dA\sin\alpha)\cos\alpha = 0$$

化简后得
$$\sigma_\alpha = -2\tau\sin\alpha\cos\alpha = -\tau\sin 2\alpha \tag{4-10b}$$

同理，由平衡条件 $\sum F_t = 0$，得

$$\tau_\alpha = \tau(\cos^2\alpha - \sin^2\alpha) = \tau\cos 2\alpha \tag{4-10c}$$

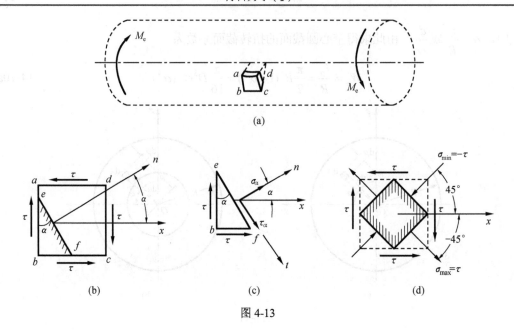

图 4-13

　　由式(4-10b)和式(4-10c)可以看出，通过圆轴表面某点的斜截面上应力 σ_α 和 τ_α 随所取截面的方位角 α 而变化。由式(4-10b)可见，当 $\alpha=0°$ 或 $90°$ 时， $\sigma_\alpha=0$ ；当 $\alpha=-45°$ 时， σ_α 达到最大值；当 $\alpha=45°$ 时， σ_α 有最小值。即 $\sigma_{max}=\sigma_{-45°}=\tau$ ， $\sigma_{min}=\sigma_{45°}=-\tau$ 。从式(4-10c)可见，当 $\alpha=0°$ 时， τ_α 达最大值； $\alpha=90°$ 时， τ_α 有最小值； $\alpha=\pm45°$ 时， $\tau_\alpha=0$ ，即切应力为零的截面上，正应力有极值。在 $\pm45°$ 斜截面上作用的应力情形如图 4-13(d) 所示。

　　根据以上讨论，可说明材料在扭转试验中出现的现象。低碳钢试件扭转时的屈服现象是材料沿横截面产生滑移的结果，最后沿横截面断开，表明低碳钢材料的抗剪强度低于抗拉强度。铸铁试件沿着与轴线约成 $45°$ 的螺旋面断裂，是由于最大拉应力作用的结果。

　　例 4-2　传动轴的受力情况如图 4-14(a)所示，轴的直径 $d=40mm$ 。求该轴 m-m 截面上 A、B 点处(图 4-14(b))的应力。

　　解　(1)计算 m-m 截面上的扭矩。利用截面法(图 4-14(c))，沿 m-m 截面截开，设该截面上的内力为 T，列 $\sum M_x=0$ ，即
$$5-3+T=0$$
得
$$T=-2kN\cdot m$$

　　(2)计算 A、B 点处的应力。圆轴截面的二次极矩和扭转截面系数分别为
$$I_p=\frac{\pi d^4}{32}=\frac{\pi\times0.04^4}{32}=25.1\times10^{-8}(m^4)$$
$$W_p=\frac{I_p}{R}=\frac{25.1\times10^{-8}}{0.02}=1255\times10^{-8}(m^3)$$
所以，在 $\rho_A=R=20mm$ ， $\rho_B=4mm$ 处有
$$\tau_A=\tau_{max}=\frac{|T|}{W_p}=\frac{2\times10^3}{1255\times10^{-8}}=159.4\times10^6(Pa)=159.4(MPa)$$
$$\tau_B=\frac{|T|\rho}{I_p}=\frac{2\times10^3\times0.004}{25.1\times10^{-8}}=31.9\times10^6(Pa)=31.9(MPa)$$

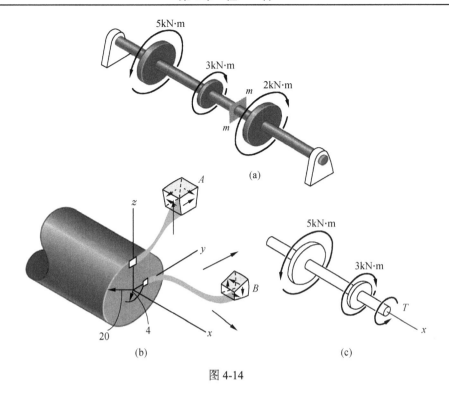

图 4-14

A、B 点的应力方向如图 4-14(b)所示。

例 4-3 如图 4-15 所示，设圆轴横截面上的扭矩为 T，试求 1/4 截面上内力系的合力的大小、方向及作用点。

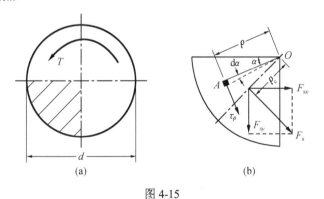

图 4-15

解 (1)求内力分量。在半径为 ρ、夹角为 α 的一点 A，绕 A 点取微面元 $dA = \rho\,d\alpha\,d\rho$，其切应力 $\tau_\rho = \dfrac{T}{I_p}\rho$，沿 x、y 轴的分量分别为 $\tau_{\rho x} = \tau_\rho \sin\alpha$，$\tau_{\rho y} = \tau_\rho \cos\alpha$，在 1/4 截面上积分，水平方向合力为

$$F_{sx} = \int_A \tau_\rho \sin\alpha\,dA = \int_A \frac{T\rho}{I_p}\sin\alpha\rho\,d\alpha\,d\rho = \frac{T}{I_p}\int_0^{\frac{d}{2}}\rho^2\,d\rho\int_0^{\frac{\pi}{2}}\sin\alpha\,d\alpha = -\frac{T}{I_p}\times\frac{1}{3}\left(\frac{d}{2}\right)^3\cos\alpha\bigg|_0^{\frac{\pi}{2}} = \frac{1}{24}\frac{Td^3}{I_p}$$

垂直方向合力为

$$F_{sy} = \int_A \tau_\rho \cos\alpha \mathrm{d}A = \int_A \frac{T\rho}{I_p}\cos\alpha\rho\mathrm{d}\alpha\mathrm{d}\rho = \frac{T}{I_p}\int_0^{\frac{d}{2}}\rho^2\mathrm{d}\rho\int_0^{\frac{\pi}{2}}\cos\alpha\mathrm{d}\alpha = \frac{T}{I_p}\times\frac{1}{3}\left(\frac{d}{2}\right)^3\sin\alpha\bigg|_0^{\frac{\pi}{2}} = \frac{1}{24}\frac{Td^3}{I_p}$$

（2）合力的大小。1/4 截面上合力 F_s 的大小为

$$F_s = \sqrt{F_{sx}^2 + F_{sy}^2} = \frac{\sqrt{2}}{24}\cdot\frac{Td^3}{I_p} = \frac{4\sqrt{2}T}{3\pi d}$$

（3）合力的作用点。对 O 点取矩，则有

$$F_s\rho_c = \frac{1}{4}T$$

解得

$$\rho_c = \frac{T}{4F_s} = \frac{3\pi d}{16\sqrt{2}}$$

（4）合力的方向。设合力 F_s 与 x 轴的夹角为 β，则

$$\tan\beta = \frac{F_{sy}}{F_{sx}} = 1$$

故 $\beta = 45°$，即作用点在与水平轴的夹角为 45° 的半径上，距 O 点的距离为 ρ_c，F_s 的方向与 ρ_c 点所在半径垂直。

4.4　圆轴扭转时的变形计算

前已提及了圆轴扭转时的变形可用相对转角 φ 来度量，由式（4-4b）可得

$$\mathrm{d}\varphi = \frac{T}{GI_p}\mathrm{d}x \tag{4-10d}$$

将式（4-10d）沿轴线 x 积分，即可求得距离为 l 的两个横截面之间的相对转角 φ 为

$$\varphi = \int_l \mathrm{d}\varphi = \int_0^l \frac{T(x)}{GI_p(x)}\mathrm{d}x \tag{4-11}$$

若在轴两横截面之间 T 值不变，且轴为等直圆轴，则式（4-11）中 $\frac{T}{GI_p}$ 为常量。此时式（4-11）可表示为

$$\varphi = \frac{Tl}{GI_p} \tag{4-12}$$

式中，GI_p 称为**圆轴的抗扭刚度**。

有时，轴在各段内的扭矩 T 并不相同，如例 4-1 的情况，或者各段内的截面二次极矩 I_p 不同，如阶梯轴。这时应该分段计算各段的相对转角，然后求其代数和，得两端截面的相对转角为

$$\varphi = \sum_{i=1}^n \frac{T_i l_i}{GI_{pi}} \tag{4-13}$$

例 4-4 阶梯轴下端固定，受力情形及结构尺寸如图 4-16(a) 所示。已知材料的切变模量 $G = 80\text{GPa}$，求端面 A 的相对转角。

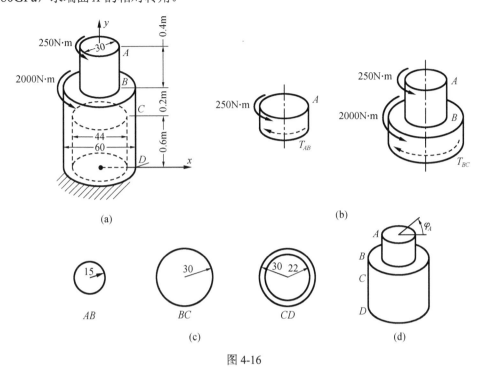

图 4-16

解 (1) 截面上的扭矩。用截面法分别求 AB、BC 和 CD 段的内力，如图 4-16(b) 所示，在 AB 段

$$\sum M_y = 0, \quad 250 - T_{AB} = 0, \quad T_{AB} = 250\,\text{N·m}$$

在 BC 段 $\quad \sum M_y = 0, \quad 250 + 2000 - T_{BC} = 0, \quad T_{BC} = 2250\,\text{N·m}$

同理 $\quad T_{CD} = 2250\,\text{N·m}$

(2) 截面二次极矩。不同截面 (图 4-16(c)) 上的截面二次极矩为

$$I_{pAB} = \frac{\pi \times 30^4 \times 10^{-12}}{32} = 7.95 \times 10^{-8} (\text{m}^4)$$

$$I_{pBC} = \frac{\pi \times 60^4 \times 10^{-12}}{32} = 127.2 \times 10^{-8} (\text{m}^4)$$

$$I_{pCD} = \frac{\pi (60^4 - 44^4) \times 10^{-12}}{32} = 90.4 \times 10^{-8} (\text{m}^4)$$

(3) 相对转角。由式 (4-13) 可求得 A 面相对于 D 面的相对转角为 (图 4-16(d))

$$\varphi_A = \sum_{i=1}^{n} \frac{T_i l_i}{G I_{pi}} = \frac{1}{G} \left[\frac{T_{AB} l_{AB}}{I_{pAB}} + \frac{T_{BC} l_{BC}}{I_{pBC}} + \frac{T_{CD} l_{CD}}{I_{pCD}} \right]$$

$$= \frac{1}{80 \times 10^9} \times \left(\frac{250 \times 0.4}{7.95 \times 10^{-8}} + \frac{2250 \times 0.2}{127.2 \times 10^{-8}} + \frac{2250 \times 0.6}{90.4 \times 10^{-8}} \right) = 0.0388(\text{rad}) = 2.22°$$

例 **4-5**　图 4-17(a)所示齿轮传动机构，F 端为固定端，A、B、G 为轴承，不承受力矩。轴 ABC 的直径 $d_1 = 25\text{mm}$，轴 DGF 的直径 $d_2 = 30\text{mm}$，两轴材料相同，切变模量 $G = 80\text{GPa}$。求 A 端面的转角 φ_A。

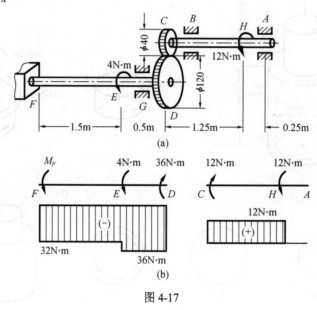

图 4-17

解　(1)作扭矩图。设齿轮 C 和 D 间的切向啮合力为 F_1，由轴 ABC 的力矩平衡得

$$F_1 \times 20 \times 10^{-3} = 12\text{N·m}$$

解得

$$F_1 = 600\text{N}$$

轴 DGF 在齿轮 D 处受到的扭矩为

$$M_D = F_1 \times 60 \times 10^{-3} = 36\text{N·m}$$

作两轴的扭矩图，如图 4-17(b)所示。

(2)变形计算。由式(4-13)知

$$\varphi_{DF} = \varphi_{DE} + \varphi_{EF} = \frac{T_{DE}l_{DE}}{GI_{p2}} + \frac{T_{EF}l_{EF}}{GI_{p2}} = \frac{32}{G\pi d_2^4}(T_{DE}l_{DE} + T_{EF}l_{EF})$$

$$= \frac{32}{80 \times 10^9 \times \pi \times 30^4 \times 10^{-12}} \times (36 \times 0.5 + 32 \times 1.5) = 1.04 \times 10^{-2}\,(\text{rad})$$

方向为顺时针方向。注意到 C 和 D 两齿轮啮合在一起，转动中所转过的线距离相等，则

$$\varphi_C = \frac{120}{40}\varphi_{DF} = 3 \times 1.04 \times 10^{-2} = 3.12 \times 10^{-2}\,(\text{rad})$$

方向为逆时针方向。ABC 轴 AH 段扭矩为零，故

$$\varphi_{AC} = \varphi_{AH} + \varphi_{HC} = \frac{T_{HC}l_{HC}}{GI_{p1}} = \frac{32T_{HC}l_{HC}}{G\pi d_1^4} = \frac{32 \times 12 \times 1.25}{80 \times 10^9 \times \pi \times 25^4 \times 10^{-12}} = 0.489 \times 10^{-2}\,(\text{rad})$$

方向为逆时针方向。所以，A 端面的转角为

$$\varphi_A = \varphi_C + \varphi_{AC} = 3.61 \times 10^{-2}\,\mathrm{rad} = 2.07°$$

应当注意，本例是一个齿轮啮合传动问题，由于两齿轮直径不同，故须通过啮合点的啮合力相等、线位移相等，建立扭矩、变形的传递关系。

4.5　圆轴扭转时的强度条件　刚度条件　圆轴的设计计算

4.5.1　强度条件

在建立圆轴扭转的强度条件时，应使圆轴内的最大工作切应力不超过材料的许用切应力，由式(4-6)可得

$$\tau_{max} = \frac{T}{W_p} \leqslant [\tau] \tag{4-14}$$

利用该强度条件，可以解决受扭圆轴的强度校核、截面设计和确定许可载荷三类问题。

在静载荷的情形下，扭转许用切应力$[\tau]$与许用拉应力$[\sigma]$之间有如下关系：

对于钢材　　　　　　　　$[\tau] = (0.5 \sim 0.7)[\sigma]$

对于铸铁　　　　　　　　$[\tau] = (0.8 \sim 1)[\sigma]$

4.5.2　刚度条件

有些轴为了能正常工作，除要求满足强度条件外，还需对它的扭转变形加以限制，即要满足刚度条件。例如，机床主轴的刚度不足，会降低机床的加工精度或引起扭转振动，影响机床的正常工作。转角φ的大小和轴的长度l有关，为消除长度的影响，通常用单位长度转角$\mathrm{d}\varphi / \mathrm{d}x$来表示扭转变形的程度。

在工程中常限制单位长度转角$\varphi' = \dfrac{\mathrm{d}\varphi}{\mathrm{d}x}$的最大值$\varphi'_{max}$不得超过单位长度许可转角$[\varphi']$。因此，扭转的刚度条件表述为

$$\varphi'_{max} \leqslant [\varphi']$$

工程中，单位长度许可转角$[\varphi']$的单位习惯上用$°/\mathrm{m}$(度每米)。由式(4-10d)可得圆轴扭转时的刚度条件为

$$\varphi'_{max} = \frac{T}{GI_p} \times \frac{180}{\pi} \leqslant [\varphi'] \tag{4-15}$$

对于不同的机械和轴的工作条件，可从有关手册中查到单位长度许可转角$[\varphi']$的值。

精密机械传动轴　　　　　　$[\varphi'] = (0.25 \sim 0.50)°/\mathrm{m}$

一般传动轴　　　　　　　　$[\varphi'] = (0.5 \sim 1)°/\mathrm{m}$

精度要求不高的轴　　　　　$[\varphi'] = (1 \sim 2.5)°/\mathrm{m}$

4.5.3　设计计算

在工程计算中，为了设计轴的直径，根据强度条件，按式(4-14)有$W_p \geqslant \dfrac{T}{[\tau]}$。对实心圆

轴，由 $\dfrac{\pi D_1^3}{16} \geq \dfrac{T}{[\tau]}$，得

$$D_1 \geq \sqrt[3]{\dfrac{16T}{\pi[\tau]}} \tag{4-16a}$$

对空心圆轴，由 $\dfrac{\pi D_1^3}{16}(1-\alpha^4) \geq \dfrac{T}{[\tau]}$，得

$$D_1 \geq \sqrt[3]{\dfrac{16T}{\pi[\tau](1-\alpha^4)}} \tag{4-16b}$$

根据刚度条件，按式 (4-15) 得

$$I_p \geq \dfrac{180T}{\pi G[\varphi']}$$

对实心圆轴，由 $\dfrac{\pi D_2^4}{32} \geq \dfrac{180T}{\pi G[\varphi']}$，得

$$D_2 \geq \sqrt[4]{\dfrac{32 \times 180T}{\pi^2 G[\varphi']}} \tag{4-17a}$$

对空心圆轴，由 $\dfrac{\pi D_2^4}{32}(1-\alpha^4) \geq \dfrac{180T}{\pi G[\varphi']}$，得

$$D_2 \geq \sqrt[4]{\dfrac{32 \times 180T}{\pi^2 G[\varphi'](1-\alpha^4)}} \tag{4-17b}$$

要使轴既满足强度条件，又满足刚度条件，应分别计算出 D_1 和 D_2 并加以比较，取较大者为轴的直径。或者按强度条件进行设计，再用刚度条件进行校核。

同样，在确定某一圆轴的许可载荷时，要分别依据强度条件和刚度条件计算出许可扭矩 T_1、T_2 加以比较，取较小者为许可载荷。或者依据两条件之一进行许可载荷估计，再用另一条件进行校核。

当校核过程中强度条件或刚度条件不满足时，须再重新进行设计或者载荷估计。

例 4-6 某空心轴外径 $D=100\text{mm}$，内外径之比 $\alpha=d/D=0.5$，轴的转速 $n=300\text{r/min}$，轴所传递的功率 $P_k=150\text{kW}$，材料的切变模量 $G=80\text{GPa}$，许用切应力 $[\tau]=40\text{MPa}$，单位长度许可转角 $[\varphi']=0.5°/\text{m}$，试校核轴的强度和刚度。

解 依题意对空心轴进行强度和刚度校核，首先应求出该轴所承受的扭矩。

(1) 确定轴所受扭矩。由轴的传递功率、转速可知

$$T = M_e = 9549 \times \dfrac{P_k}{n} = 9549 \times \dfrac{150}{300} = 4774.5(\text{N} \cdot \text{m})$$

(2) 强度校核。由强度条件式 (4-14) 可知

$$\tau = \dfrac{T}{W_p} = \dfrac{4774.5 \times 16}{\pi \times 0.1^3 \times (1-0.5^4)} = 25.9 \times 10^6(\text{Pa}) = 25.9(\text{MPa}) < [\tau]$$

(3) 刚度条件。由刚度条件式 (4-15) 可知

$$\varphi' = \frac{T}{GI_p} \times \frac{180°}{\pi} = \frac{4774.5 \times 32 \times 180}{80 \times 10^9 \times \pi^2 \times 0.1^4 \times (1 - 0.5^4)} = 0.37(°/\text{m}) < [\varphi']$$

故该轴强度、刚度条件均满足。

例 4-7　图 4-18 所示两空心圆轴通过联轴器用四个螺栓连接，螺栓对称地安排在直径 $D_1 = 140\text{mm}$ 的圆周上。已知轴的外径 $D = 80\text{mm}$，内径 $d = 60\text{mm}$，螺栓的直径 $d_1 = 12\text{mm}$，轴的许用切应力 $[\tau] = 40\text{MPa}$，螺栓的许用切应力 $[\tau_1] = 80\text{MPa}$，试确定该轴允许传递的最大外力偶。

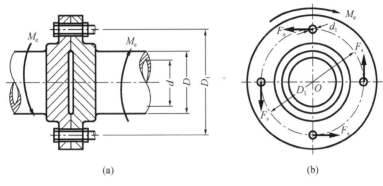

图 4-18

解　(1) 计算扭转截面系数 W_p。对空心轴来说，内外径之比 α 为

$$\alpha = \frac{d}{D} = \frac{60}{80} = 0.75$$

故

$$W_p = \frac{\pi}{16}D^3(1 - \alpha^4) = \frac{\pi}{16} \times 80^3 \times 10^{-9} \times (1 - 0.75^4) = 6.87 \times 10^{-5}(\text{m}^3)$$

(2) 计算轴的许可载荷。由轴的强度条件式 (4-14)

$$\tau_{max} = \frac{T}{W_p} \leqslant [\tau]$$

得

$$T \leqslant W_p[\tau] = 6.87 \times 10^{-5} \times 40 \times 10^6 = 2748\ (\text{N·m})$$

该轴的许可扭矩即为作用于轴上的外力偶。所以

$$M_{e1} = T = 2748\ \text{N·m}$$

(3) 联轴器的许可载荷。在联轴器中，可以认为每个螺栓的受力相同。假想沿凸缘的接触面将螺栓截开，并设每个螺栓承受的剪力均为 F_s（图 4-18(b)），由平衡方程 $\sum M_0 = 0$，得

$$4F_s\frac{D_1}{2} - M_{e2} = 0$$

由剪切强度条件式 (3-2)，有

$$\tau = \frac{F_s}{A} = \frac{F_s}{\frac{\pi}{4}d_1^2} \leqslant [\tau_1]$$

联立以上两式求解，得

$$M_{e2} \leqslant \frac{[\tau_1]\pi d_1^2 D_1}{2} = \frac{80 \times 10^6 \times \pi \times 12^2 \times 10^{-6} \times 140 \times 10^{-3}}{2} = 2533 \text{ (N·m)}$$

要使轴的扭转强度和螺栓的剪切强度同时满足，最大许可外力偶应小于等于 2533N·m。即该轴允许传递的最大外力偶为

$$M_e = 2533 \text{ N·m}$$

例 4-8 已知空心圆轴的外径 $D = 76\text{mm}$，壁厚 $\delta = 2.47\text{mm}$，承受扭矩 $M_e = 2\text{kN·m}$ 作用，材料的许用切应力 $[\tau] = 100\text{MPa}$，切变模量 $G = 80\text{GPa}$，单位长度许可转角 $[\varphi'] = 2°/\text{m}$。试校核该轴的强度和刚度。若改用实心圆轴，且使强度和刚度保持不变，试设计轴的直径。

解 （1）校核空心圆轴的强度和刚度。由题意可知，圆轴承受扭矩 $T = M_e = 2\text{kN·m}$。

① 计算截面二次极矩 I_p 和扭转截面系数 W_p。依题意可知

$$\alpha = \frac{d}{D} = \frac{D - 2\delta}{D} = \frac{76 - 2 \times 2.47}{76} = 0.935$$

故截面二次极矩 I_p 和扭转截面系数 W_p 分别为

$$I_p = \frac{\pi D^4}{32}(1 - \alpha^4) = \frac{\pi \times 76^4}{32}(1 - 0.935^4) = 772 \times 10^3 (\text{mm}^4) = 772 \times 10^{-9} (\text{m}^4)$$

$$W_p = \frac{I_p}{D/2} = \frac{772 \times 10^3}{76/2} = 20.3 \times 10^3 (\text{mm}^3) = 20.3 \times 10^{-6} (\text{m}^3)$$

② 强度校核。由式（4-14）可知

$$\tau_{max} = \frac{T}{W_p} = \frac{2 \times 10^3}{20.3 \times 10^{-6}} = 98.5 \times 10^6 (\text{Pa}) = 98.5 (\text{MPa}) < [\tau]$$

圆轴满足强度要求。

③ 刚度校核。由式（4-15）可知

$$\varphi' = \frac{T}{GI_p} \times \frac{180}{\pi} = \frac{2 \times 10^3}{80 \times 10^9 \times 772 \times 10^{-9}} \times \frac{180}{\pi} = 1.86(°/\text{m}) < [\varphi']$$

圆轴满足刚度要求。

（2）设计实心圆轴的直径 D_1。

① 保持强度不变。强度不变即保持实心轴的最大切应力 $\tau_{max,1}$ 等于空心轴的最大切应力 $\tau_{max} = 98.5 \text{MPa}$，即

$$\tau_{max,1} = \frac{T}{W_{p1}} = \tau_{max}$$

式中，$W_{p1} = \frac{\pi}{16}D_{11}^3$，代入强度条件得

$$D_{11} = \sqrt[3]{\frac{16T}{\pi \tau_{max}}} = \sqrt[3]{\frac{16 \times 2 \times 10^3}{\pi \times 98.5 \times 10^6}} = 46.9 \times 10^{-3} (\text{m}) = 46.9 (\text{mm})$$

② 保持刚度不变。刚度不变即保持两轴的单位长度转角相等。设实心圆轴单位长度的

转角为 φ_1'，即

$$\varphi_1' = \frac{T}{GI_{p1}} \times \frac{180}{\pi} = \varphi'$$

式中，$I_{p1} = \frac{\pi}{32} D_{12}^4$，代入即得

$$D_{12} = \sqrt[4]{\frac{32 \times T \times 180}{G \times \pi^2 \times \varphi'}} = \sqrt[4]{\frac{32 \times 2 \times 10^3 \times 180}{80 \times 10^9 \times \pi^2 \times 1.86}} = 52.9 \times 10^{-3} (\text{m}) = 52.9(\text{mm})$$

即在保持强度不变和刚度不变的条件下，实心轴的直径 $D_1 = \max\{D_{1i}\} = 52.9\,\text{mm}$。

（3）讨论。在保持强度和刚度不变的条件下，比较空心轴和实心轴的重量。

由工程实际确定了轴长 l 一定，若选用同一材料，其重度 γ 一定，空心和实心圆轴横截面面积分别为 A 和 A_1，则两种轴的重量分别为

$$W = Al\gamma, \quad W_1 = A_1 l\gamma$$

则两轴的重量比为

$$\alpha = \frac{W}{W_1} = \frac{A}{A_1}$$

式中

$$A = \frac{\pi}{4}(D^2 - d^2) = \frac{\pi}{4}(76^2 - 71^2) = 577(\text{mm}^2)$$

①保持强度不变时，实心轴的横截面面积 A_{11} 为

$$A_{11} = \frac{\pi}{4}D_{11}^2 = \frac{\pi}{4} \times 46.9^2 = 1728(\text{mm}^2)$$

故

$$\alpha_1 = \frac{W}{W_{11}} = \frac{A}{A_{11}} = \frac{577}{1728} = 0.334$$

即空心轴的重量仅为实心轴重量的 33.4%。

②保持刚度不变时，实心轴的横截面面积 A_{12} 为

$$A_{12} = \frac{\pi}{4}D_{12}^2 = \frac{\pi}{4} \times 52.9^2 = 2198(\text{mm}^2)$$

故

$$\alpha_2 = \frac{W}{W_{12}} = \frac{A}{A_{12}} = \frac{577}{2198} = 0.263$$

即空心轴的重量仅为实心轴的 26.3%，明显减轻了重量。

4.6　材料扭转时的力学性质

对扭转轴进行强度计算和刚度计算时，要求横截面上的应力不能超过材料的比例极限 τ_p。在确定材料的许用应力时，必须知道材料的极限应力 τ_u。在确定应力和变形的关系中，还要用到材料的切变模量 G。τ_p、τ_u 和 G 等均属材料在扭转时的力学性质。

GB/T 10128—2007《金属材料　室温扭转试验方法》规定了金属材料室温扭转试验方法的符号、原理、试样、试验设备、性能测定、测得性能数值的修约和试验报告，适用于在室温下测定金属材料的扭转力学性能。

4.6.1　试件（试样）

试件按其形状可分为圆柱形试件和管形试件。

圆柱形试件的形状和尺寸如图 4-19 所示。试件头部形状和尺寸应适合试验机夹头夹持*。推荐采用直径为 10mm，标距 L_0（试样上用以测量扭角的两标记间距离的长度）分别为 50mm 和

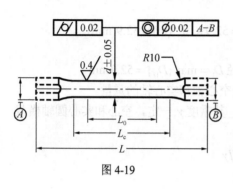

图 4-19

100mm，平行长度 L_c（用扭转计测量试样扭角所使用的试样平行部分的长度）分别为 70mm 和 120mm 的试件。如果采用其他直径的试件，其平行长度应为标距加上两倍直径。

管形试件的平行长度应为标距加上两倍外直径。其外径和管壁厚度的尺寸公差及内外表面粗糙度应符合有关标准或协议要求。试件应平直。试件两端应配合塞头，塞头不应伸进其平行长度内。塞头的形状和尺寸可参照 GB/T 10128—2007 中的要求。

4.6.2　试验设备

扭转试验机是对试样施加扭矩的专用设备。试验机应符合 JJG 269—2006 的要求；试验时，试验机两夹头中之一应能沿轴向自由移动，对试样无附加轴向力，两夹头保持同轴；试验机应能对试样连续施加扭矩，无冲击和振动；应具有良好的读数稳定性，在 30s 内保持扭矩恒定。

允许使用不同类型的扭转计测量扭角，但均应满足如下要求：扭转计标距相对误差应不大于 ±0.5%，并能牢固地装卡在试样上，试验过程中不发生滑移；扭角示值分辨力 ≤ 0.001°；扭角示值相对误差为 ±1.0%（在 ≤ 0.5° 范围时，示值误差 ≤ 0.005°）；扭角示值重复性 ≤ 1.0% 等。

现在国内普遍使用的是 NJ 系列扭转试验机，它采用伺服直流电动机加载、杠杆电子自动平衡测力和可控硅无级调速控制加载速度，具有正反向加载、精度较高、速度宽广等优点。NJ-50B 型扭转试验机的最大扭矩 500N·m，有四个量程。加载速度为 0～36°/min 和 0～360°/min 两挡。加载系统主要由伺服直流电动机、减速齿轮箱和活动夹头组成。

4.6.3　试验条件

（1）试验一般在室温 10～35℃ 内进行。对温度要求严格的试验，试验温度应为 23℃±5℃。

（2）扭转速度。屈服前应在 3～30°/min 内，屈服后不大于 720°/min。速度的改变应无冲击。

4.6.4　性能测定

（1）规定非比例扭转强度的测定。规定非比例扭转强度 τ_p 指扭转试验中，试样标距部分外表面上的非比例切应变达到规定数值时的切应力。表示此应力的符号应附以下脚注说明，例如，$\tau_{p0.015}$、$\tau_{p0.3}$ 分别表示规定的非比例切应变达到 0.015% 和 0.3% 时的切应力。

测定方法包括图解法和逐级加载法。其中，逐级加载法为：首先对试样施加预扭矩后，装卡扭转计并调整零点。在相当于规定非比例扭转强度 $\tau_{p0.015}$ 的 70%～80% 以前，施加大等

级扭矩,以后施加小等级扭矩,小等级扭矩应相当于不大于 10MPa 的切应力增量。然后读取各级扭矩和相应的扭角。读取每对数据对的时间以不超过 10s 为宜。

从各级扭矩下的扭角读数中减去计算得到的弹性部分扭角,即得非比例部分扭角。施加扭矩直至得到非比例扭角等于或稍大于所规定的数值。用内插法求出精确的扭矩,按式(4-18)计算规定非比例扭转强度:

$$\tau_{\mathrm{p}} = \frac{T_{\mathrm{p}}}{W_{\mathrm{p}}} \tag{4-18}$$

式中,T_{p} 为规定非比例扭矩(试验记录或报告中应附以所测应力的下脚注,如 $T_{\mathrm{p0.015}}$、$T_{\mathrm{p0.3}}$ 等)。

(2)上屈服强度 τ_{eH}(扭转试验中,试样发生屈服而扭矩首次下降前的最高切应力)和下屈服强度 τ_{eL} 的测定(扭转试验中,在屈服期间不计初始瞬时效应时的最低切应力)。采用图解法或指针法进行测定,仲裁试验采用图解法。试验时,用自动记录方法记录扭转曲线(扭矩-扭角曲线或扭矩-夹头转角曲线),或直接观测试验机扭矩度盘指针的指示。

首次下降前的最大扭矩为上屈服扭矩,屈服阶段中不计初始瞬时效应的最小扭矩为下屈服扭矩,如图 4-20 所示。分别按式(4-20)、式(4-21)计算上屈服强度和下屈服强度。

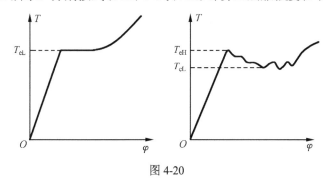

图 4-20

对于圆柱形试样,由式(4-8)可知抗扭截面系数:

$$W_{\mathrm{p}} = \frac{I_{\mathrm{p}}}{R} = \frac{\pi}{2}R^3 = \frac{\pi}{16}D^3$$

对于管形试样,国标定义管形试样平行长度部分的管壁厚度为 a,其扭转截面系数为

$$W_{\mathrm{p}} = \frac{\pi d^2 a}{2}\left(1 - \frac{3a}{d} + \frac{4a^2}{d^2} - \frac{2a^3}{d^3}\right) \tag{4-19}$$

GB/T 10128—2007 中的 W 表示扭转截面系数,为了和弯曲中抗弯截面模量区分,扭转截面系数均加入下角标 p,则有

$$\tau_{\mathrm{eH}} = \frac{T_{\mathrm{eH}}}{W_{\mathrm{p}}} \tag{4-20}$$

$$\tau_{\mathrm{eL}} = \frac{T_{\mathrm{eL}}}{W_{\mathrm{p}}} \tag{4-21}$$

式中,T_{eH} 为上屈服扭矩;T_{eL} 为下屈服扭矩。

(3)抗扭强度 τ_{m}(相应最大扭矩的切应力)的测定。试验时,对试件连续施加扭矩,直到扭断。从记录的 T-φ 曲线或试验机扭矩度盘上读出试件扭断前所承受的最大扭矩（图 4-21）。按式（4-22）计算抗扭强度：

$$\tau_m = \frac{T_m}{W_p} \qquad (4-22)$$

式中，T_m 为试样在屈服阶段之后所能抵抗的最大扭矩。对于无明显屈服的（连续屈服）金属材料，为试验期间的最大扭矩。

（4）最大非比例切应变 γ_{max}（试样扭断时其外表面上的最大非比例切应变）的测定。试验时，对试件连续施加扭矩，记录扭矩-转角曲线，直至扭断。过断裂点 K 作与曲线的弹性阶段相平行的 KJ 交转角轴于 J 点，OJ 即为最大非比例转角，如图 4-21 所示。按式（4-23）计算最大非比例切应变：

$$\gamma_{max}(\%) = \arctan\left(\frac{\varphi_{max} d_0}{2L_e}\right) \times 100\% \qquad (4-23)$$

式中，φ_{max} 为最大非比例转角；d_0 为试件的直径；L_e 为扭转计标距。

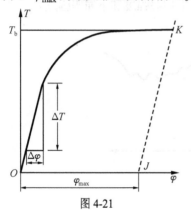

图 4-21

（5）切变模量 G 的测定。测定方法包括图解法和逐级加载法。逐级加载法测定材料的切变模量 G 时，对试件施加预扭矩，预扭矩一般不超过相应预期规定非比例扭转强度 $\tau_{p0.015}$ 的 10%。装上扭转计并调整其零点。在弹性直线段范围内，用不少于 5 级等扭矩对试件加载。记录每级扭矩和相应的转角（图 4-21），读取每对数据对的时间以不超过 10s 为宜。计算出平均每级转角增量。按式（4-24）计算出切变模量：

$$G_i = \frac{\Delta T_i L_e}{\Delta \varphi_i I_p} \qquad (4-24)$$

式中，ΔT_i 为扭矩增量；$\Delta \varphi_i$ 为转角增量；I_p 为截面二次极矩；L_e 为扭转计标距。

4.6.5 低碳钢和铸铁扭转力学性质的测定

（1）τ_{eL} 和 τ_m 的测定。通过低碳钢和铸铁的扭转破坏试验，可得其扭矩-扭角曲线。低碳钢的 T-φ 曲线有两种类型，如图 4-22 所示。扭转过程中，试件和形状尺寸不变，变形始终均匀变化，因此，低碳钢的扭转曲线只表现出弹性、屈服和强化三个阶段，而没有颈缩阶段。测得 T_{eL} 和 T_m 后，按式（4-21）和式（4-22）可得到低碳钢的下屈服强度 τ_{eL} 和抗扭强度 τ_m。铸铁的 T-φ 曲线如图 4-23 所示，测出 T_m 后，按式（4-22）计算 τ_m。

（2）低碳钢的切变模量 G 的测定。采用百分表转角仪或反光镜等不同的方法来实现。用等量逐级加载法测出与每级载荷相对应的转角 $\Delta \varphi_i$，按式（4-24）算出 G_i，再求算术平均值

$$G = \frac{1}{n} \sum_{i=1}^{n} G_i$$

作为材料的切变模量 G。

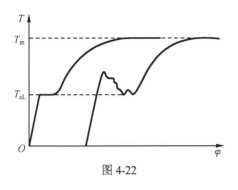

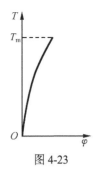

图 4-22   图 4-23

4.6.6 塑性极限扭矩

对于理想弹塑性材料制成的受扭圆轴，当圆轴发生屈服时，可参照《材料力学（Ⅱ）》第 5 章。图 4-24（a）、（b）分别计算出轴的弹性极限扭矩 $T_e = \dfrac{1}{2}\pi R^3 \tau_s$ 和塑性极限扭矩 $T_p = \dfrac{2}{3}\pi R^3 \tau_s$，其塑性极限扭矩比弹性极限扭矩增加了 1/3。

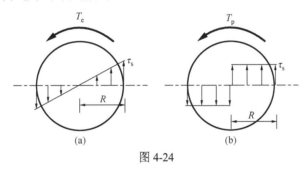

图 4-24

4.7 圆柱形密圈螺旋弹簧的应力和变形

圆柱形螺旋弹簧是工程上常用的零件。它可以用于缓冲减振，如车辆中的弹簧；可用于控制机械运动，如内燃机中的气门弹簧；可用于测量力的大小，如弹簧秤中的弹簧；还可用于储存能量。螺旋弹簧簧丝的轴线是一条空间螺旋线（图 4-25（a）），精确地分析其应力和变形是比较复杂的。但当螺旋角 α 很小时，如 $\alpha < 5°$，可忽略 α 的影响，近似地认为簧丝的横截面和弹簧轴线在同一平面内。这种弹簧称为**密圈螺旋弹簧**。此外，在簧丝横截面的直径 d 远小于弹簧圈的平均直径 D 时，可以忽略簧丝曲率的影响，近似地用直杆公式进行计算。本节在上述简化的基础上，讨论密圈螺旋弹簧的应力和变形。

4.7.1 簧丝横截面上的应力

为研究在拉（压）力 F 作用下，簧丝横截面上的内力，用一通过弹簧轴线 OO_1 的截面，将某一圈的簧丝截开，并取上半部分作为研究对象（图 4-25（b））。在密圈情形下，可以认为簧丝横截面与弹簧轴线在同一平面内。为保持取出部分的平衡，横截面上显然有一向下的内力 F_s 和一个内力偶 T。根据平衡条件可得

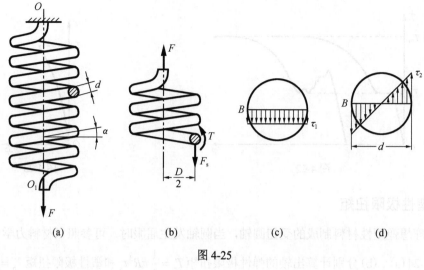

图 4-25

$$F_s = F, \quad T = \frac{1}{2}FD$$

式中，F_s 为簧丝横截面上的剪力；T 为横截面上的扭矩。

与剪力 F_s 对应的切应力 τ_1，可按 3.1 节实用计算的方法，认为在横截面上是均匀分布的，如图 4-24(c)所示。其大小为

$$\tau_1 = \frac{F_s}{A} = \frac{4F}{\pi d^2}$$

与扭矩 T 对应的切应力 τ_2，可用等直圆轴扭转时的切应力公式(4-6)来计算，如图 4-25(d)所示。其最大切应力为

$$\tau_{2,\max} = \frac{T}{W_p} = \frac{FD/2}{\frac{\pi}{16}d^3} = \frac{8FD}{\pi d^3}$$

将此两种应力叠加，得到该截面上的总应力。显然在截面内侧 B 点处，由于 τ_1 和 τ_2 为同一方向，且 τ_2 有最大值，所以总应力为最大，其值为

$$\tau_{\max} = \tau_1 + \tau_{2,\max} = \frac{4F}{\pi d^2} + \frac{8FD}{\pi d^3} = \frac{8FD}{\pi d^3}\left(1 + \frac{d}{2D}\right)$$

在 $D \geqslant 10d$ 时，代表剪切影响的 $\dfrac{d}{2D}$ 一项与 1 相比可以略去，相当于只考虑簧丝的扭转，此时簧丝横截面上的最大切应力公式可简化为

$$\tau_{\max} = \frac{8FD}{\pi d^3}$$

相应的弹簧强度条件为

$$\tau_{\max} = \frac{8FD}{\pi d^3} = \frac{16FR}{\pi d^3} \leqslant [\tau] \tag{4-25}$$

式中，R 为弹簧半径。

在 $D < 10d$ 时，簧丝曲率比较大，此时，用直杆的扭转公式计算应力会引起较大的误差。

此外，剪力引起的切应力也不能忽略。最大切应力可按下式计算：

$$\tau_{\max} = k\frac{8FD}{\pi d^3} = k\frac{16FR}{\pi d^3}$$

式中，k 为修正系数，且 $k = \dfrac{4C_1-1}{4C_1-4} + \dfrac{0.615}{C_1}$，$C_1$ 为弹簧指数，且 $C_1 = \dfrac{D}{d}$。

相应的弹簧强度条件为

$$\tau_{\max} = k\frac{8FD}{\pi d^3} = k\frac{16FR}{\pi d^3} \leqslant [\tau] \tag{4-26}$$

制造弹簧一般都用弹簧钢，它们的屈服极限 σ_s 都比较高，相应的许用切应力值也比较高。以 60CrMnMo 为例，GB/T 1222—2016《弹簧钢》中规定，其抗拉强度 $R_m(\sigma_b) \geqslant 1450\text{MPa}$，下屈服强度 $R_{sL}(\sigma_{sL}) \geqslant 1300\text{MPa}$，断面收缩率 $Z=30\%$。

4.7.2　弹簧的变形

弹簧在拉(压)力 F 作用下，沿轴线方向的总伸长(缩短)量 λ，就是弹簧的变形。试验表明，在比例极限内，拉力 F 与变形 λ 成正比，即 F 与 λ 的关系是一条斜直线(图 4-26(a))。当拉力从零开始缓慢平稳地增加到最终值 F 时，拉力 F 所做的功等于斜直线下的阴影面积，即

$$W = \frac{1}{2}F\lambda \tag{4-27a}$$

另外，在拉力作用下储存于弹簧内的应变能密度可由式(3-11)计算。在簧丝横截面上，距圆心为 ρ 处的任意点处(图 4-26(b))，扭矩引起的切应力为

$$\tau_\rho = \frac{T\rho}{I_p} = \frac{F\rho D/2}{\pi d^4/32} = \frac{16FD\rho}{\pi d^4} \tag{4-27b}$$

于是单位体积的应变能，即应变能密度是

$$v_s = \frac{\tau_\rho^2}{2G} = \frac{128F^2D^2\rho^2}{G\pi^2 d^8} \tag{4-27c}$$

弹簧的总应变能为

$$V_s = \int_V v_s \mathrm{d}V \tag{4-27d}$$

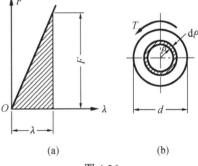

图 4-26

式中，V 为弹簧的体积。

若以 $\mathrm{d}A$ 表示簧丝横截面的微面积，$\mathrm{d}s$ 表示沿簧丝轴线的微长度，则 $\mathrm{d}V = \mathrm{d}A\mathrm{d}s = 2\pi\rho\mathrm{d}\rho\mathrm{d}s$。积分式(4-27d)时，$\rho$ 由 0 到 $d/2$，s 由 0 到 l。若弹簧由 n 圈组成，即 $l = n\pi D$。将式(4-27c)代入式(4-27d)，并积分得

$$V_s = \int_V v_s \mathrm{d}V = \int_0^{\frac{d}{2}} \frac{128F^2D^2\rho^2}{G\pi^2 d^8} 2\pi\rho\mathrm{d}\rho \int_0^{n\pi D} \mathrm{d}s = \frac{4F^2D^3 n}{Gd^4} \tag{4-27e}$$

拉力 F 所做的功等于储存在弹簧内的应变能，即 $V_s = W$。有

$$\frac{1}{2}F\lambda = \frac{4F^2D^3 n}{Gd^4}$$

由此得到弹簧轴线方向的变形为

$$\lambda = \frac{8FD^3n}{Gd^4} = \frac{64FR^3n}{Gd^4} \tag{4-27f}$$

令

$$C = \frac{Gd^4}{8D^3n} = \frac{Gd^4}{64R^3n} \tag{4-28}$$

则式(4-27f)可写为

$$\lambda = \frac{F}{C} \tag{4-29}$$

式中，C 为弹簧刚度，代表弹簧低抗变形的能力。相同载荷作用下，C 越大则 λ 越小。

从式(4-27f)可见，λ 与 d^4 成反比，与 D^3 成正比。由式(4-26)可见，τ_{max} 与 d^3 成反比，与 D 成正比。因此，在满足强度的条件下，欲使弹簧有较好的减振和缓冲作用，即要求它有较大的变形，应使弹簧直径 D 尽可能地增加，而簧丝直径 d 要小一些。此外，增加圈数 n 也可使弹簧变形增加。

例 4-9　一圆柱形密圈螺旋弹簧的平均半径 $R = 45\text{mm}$，簧丝直径 $d = 10\text{mm}$，有效圈数 $n = 10$，弹簧材料的许用切应力 $[\tau] = 350\text{MPa}$，切变模量 $G = 80\text{GPa}$。若弹簧承受轴向压力 $F = 400\text{N}$。试校核其强度，并计算弹簧的轴向变形。

解　(1)校核强度。由于 $\dfrac{d}{D} = \dfrac{10}{2 \times 45} = \dfrac{1}{9} > \dfrac{1}{10}$，应选用式(4-26)计算。其中

$$C_1 = \frac{D}{d} = \frac{2 \times 45}{10} = 9$$

$$k = \frac{4C_1 - 1}{4C_1 - 4} + \frac{0.615}{C_1} = \frac{4 \times 9 - 1}{4 \times 9 - 4} + \frac{0.615}{9} = 1.162$$

$$\tau_{max} = k\frac{16FR}{\pi d^3} = 1.162 \times \frac{16 \times 400 \times 45 \times 10^{-3}}{\pi \times 10^3 \times 10^{-9}} = 1.065 \times 10^8 (\text{Pa}) = 106.5(\text{MPa}) < [\tau]$$

弹簧满足强度要求。

(2)计算轴向变形。由式(4-27f)得

$$\lambda = \frac{64FR^3n}{Gd^4} = \frac{64 \times 400 \times 45^3 \times 10^{-9} \times 10}{80 \times 10^9 \times 10^4 \times 10^{-12}} = 2.92 \times 10^{-2}(\text{m}) = 29.2(\text{mm})$$

4.8　矩形截面杆自由扭转理论的主要结果

4.8.1　非圆截面杆和圆截面杆扭转时的区别

在工程中还可能遇到非圆截面杆的扭转，例如，农业机械中有时采用方轴作为传动轴。又如，曲轴的曲柄承受扭转，它们的横截面是矩形的。

实验证明，圆轴受扭后横截面仍保持为平面。而非圆截面杆受扭后，横截面由原来的平面变为**曲面**，如图 4-27 所示，这一现象称为**翘曲**[*]。所以，平面假设对非圆截面杆件的扭转已不再适用。圆轴扭转时的应力、变形公式对非圆截面杆均不适用。

扭转翘曲

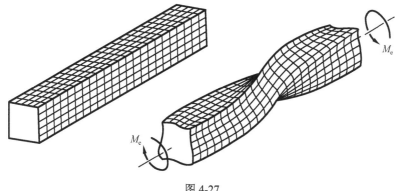

图 4-27

非圆截面杆的扭转可分为自由扭转(或称纯扭转)*和约束扭转*。等直杆在两端受力偶作用，截面翘曲的程度相同，纵向纤维的长度没有变化，所以横截面上没有正应力，只有切应力。由于约束条件或受力条件的限制而造成杆件各横截面翘曲的程度不同，势必引起相邻两截面间纵向纤维长度的改变，于是横截面上除切应力外还有正应力。这种情形称为约束扭转。一般实心截面杆由于约束扭转产生的正应力很小，可以略去不计。但像工字钢、槽钢等薄壁杆件，约束扭转所引起的正应力则往往是相当大的，不能忽略。

自由扭转

约束扭转

4.8.2 矩形截面杆的扭转

非圆截面杆件的扭转一般在弹性力学中加以讨论。这里简单介绍弹性力学中关于矩形截面等直杆自由扭转的一些主要结果。

由切应力互等定理可以得出，横截面上切应力的分布有如下特点(图 4-28)。

(1)截面周边各点处的切应力方向一定与周边平行(或相切)。

(2)截面凸角(如 B 点)处的切应力一定为零。

设截面周边上某点 A 处的切应力为 τ_A，若其方向与周边不平行，一定有与周边垂直的应力分量 τ_n。按切应力互等定理，与横截面垂直的自由表面上必有大小相等的切应力作用。但自由表面上没有任何应力作用，即 $\tau_n' = 0$，所以横截面上应力 $\tau_n = 0$，因此截面周边上的切应力一定与周边平行。同理可以证明凸角处的切应力一定为零。

图 4-29 所示矩形截面，设 $h > b$。扭转时横截面上的最大切应力发生在长边中点，其最大切应力按式(4-30)计算:

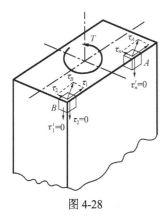

图 4-28

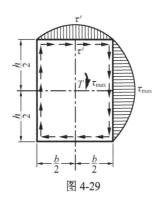

图 4-29

$$\tau_{\max} = \frac{T}{\alpha b^2 h} \tag{4-30}$$

式中，α 为一个与比值 h/b 有关的系数，其数值列于表 4-1 中。短边中点的切应力为

$$\tau' = \gamma \tau_{\max} \tag{4-31}$$

式中，$\tau_{\max}$ 是长边中点的最大切应力；系数 γ 与比值 h/b 有关，表 4-1 中列出其值。矩形横截面周边切应力分布如图 4-29 所示。

杆件两端相对转角 φ 的计算公式为

$$\varphi = \frac{Tl}{G\beta b^3 h} \tag{4-32}$$

β 也与比值 h/b 有关，其值同样列于表 4-1 中。

表 4-1　矩形截面杆扭转时的系数 α、β 和 γ

$\frac{h}{b}$	α	β	γ	$\frac{h}{b}$	α	β	γ
1.00	0.208	0.141	1.000	4.0	0.282	0.281	0.745
1.20	0.219	0.166	0.930	5.0	0.291	0.291	0.744
1.50	0.231	0.196	0.858	6.0	0.299	0.299	0.743
1.75	0.239	0.214	0.820	8.0	0.307	0.307	0.743
2.00	0.246	0.229	0.796	10.0	0.313	0.313	0.743
2.50	0.258	0.249	0.767	∞	0.333	0.333	0.743
3.00	0.267	0.263	0.753				

从表 4-1 中可见，当 $h/b>10$ 时，截面成为狭长矩形，这时 $\alpha = \beta \approx 1/3$。若以 δ 表示狭长矩形短边的长度，则式(4-30)和式(4-32)可分别写为

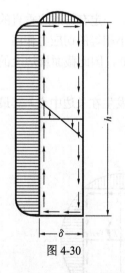

图 4-30

$$\tau_{\max} = \frac{T}{\frac{1}{3}h\delta^2} \tag{4-33}$$

$$\varphi = \frac{Tl}{G\frac{1}{3}h\delta^3} \tag{4-34}$$

在狭长矩形截面上，扭转切应力的变化规律如图 4-30 所示。虽然最大切应力在长边的中点，但沿长边各点的切应力实际上变化不大，接近相等，在靠近短边处切应力才迅速减小为零。

例 4-10　一钢制矩形截面等直杆，长 $l = 3\text{m}$，横截面尺寸为 $h = 150\text{mm}$，$b = 75\text{mm}$，杆的两端作用一对 $M_e = 5\text{kN·m}$ 的扭转力偶。已知钢的许用切应力 $[\tau] = 40\text{MPa}$，切变模量 $G = 80\text{GPa}$，单位长度许可转角 $[\varphi'] = 0.5°/\text{m}$。试校核此杆的强度和刚度。

解　该杆内的扭矩为

$$T = M_e = 5\text{kN·m}$$

由横截面尺寸求得
$$\frac{h}{b}=\frac{150}{75}=2$$

查表 4-1，得 $\alpha=0.246$，$\beta=0.229$。

于是由式(4-30)求得杆内最大切应力为
$$\tau_{\max}=\frac{T}{\alpha b^2 h}=\frac{5\times10^3}{0.246\times75^2\times10^{-6}\times150\times10^{-3}}=2.41\times10^7(\text{Pa})=24.1(\text{MPa})<[\tau]$$

由式(4-32)求得单位长度转角为
$$\varphi'=\frac{\varphi}{l}=\frac{T}{G\beta b^3 h}=\frac{5\times10^3}{80\times10^9\times0.229\times75^3\times10^{-9}\times150\times10^{-3}}$$
$$=4.31\times10^{-3}(\text{rad}/\text{m})=0.247(°/\text{m})<[\varphi']$$

该杆满足强度和刚度要求。

4.9 扭转超静定问题

前面讨论的问题中，无论是支座反力偶矩还是任意截面的扭矩，仅根据平衡方程就可以求出。这类仅由平衡条件就可确定全部未知力偶矩的轴称为**静定轴**。

图 4-31(a)为一根实心阶梯圆轴 AB，其两端固定，C 面作用外力偶矩 M_e。设该轴两端的支反力偶矩分别为 M_A 和 M_B。但轴的有效平衡方程仅为一个，显然，仅由平衡方程不能确定上述支反力偶矩。因此，把这种仅根据平衡条件不能确定全部未知力偶矩的轴，称为**超静定轴**或**静不定轴**。与拉伸(压缩)超静定问题相似，要分析扭转超静定问题，除利用静力平衡方程外，同样还需对变形进行研究来建立足够的补充方程式。

以图 4-31(a)所示问题为例，说明如何确定两端的支反力偶矩及 M_e 作用截面处的扭转角 φ_c。

本题中 AB 轴有两个未知支反力偶矩 M_A 和 M_B，但仅有一个静力平衡方程，故为一次超静定问题。求解如下。

(1)静力平衡条件。根据平衡条件 $\sum M_x=0$，得
$$M_A+M_B-M_e=0 \qquad (1)$$

(2)变形几何关系。设轴右端的约束为多余约束，解除多余约束 B，用支反力偶矩 M_B 代替。这时 B 端的总转角 φ_B 为 M_A 和 M_B 所产生的转角之和，由于 B 端为固定端，其转角 φ_B 必须等于零。其变形协调方程为
$$\varphi_B=\varphi_{AC}+\varphi_{CB}=0 \qquad (2)$$

(3)物理关系。用截面法分别求出 AC 与 CB 段的扭矩为

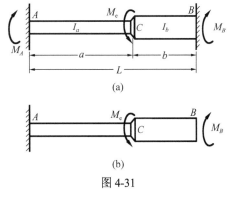

图 4-31

$$T_{AC}=M_e-M_B, \quad T_{CB}=-M_B$$

代入圆轴扭转时的变形计算式(4-12)，得

$$\varphi_{AC}=\frac{T_{AC}a}{GI_{AC}}=\frac{M_e a}{GI_{AC}}-\frac{M_B a}{GI_{AC}}, \quad \varphi_{CB}=\frac{-M_B b}{GI_{CB}} \tag{3}$$

将式（3）代入式（2），得补充方程为

$$\frac{M_e a}{GI_{AC}}-\frac{M_B a}{GI_{AC}}-\frac{M_B b}{GI_{CB}}=0 \tag{4}$$

由补充方程式（4），解出多余支反力偶矩：

$$M_B=\frac{aM_e I_{CB}}{aI_{CB}+bI_{AC}}$$

代入平衡方程式（1），解出　　　　　$M_A=M_B\dfrac{bI_{AC}}{aI_{CB}}$

M_e 所作用截面处的扭转角 φ_C，可根据杆的左边或右边部分求出：

$$\varphi_C=\frac{M_A a}{GI_{AC}}=\frac{M_B b}{GI_{CB}}=\frac{M_e ab}{G(bI_{AC}+aI_{CB})}$$

例 4-11　图 4-32 所示一空心圆管 A 套在实心圆杆 B 的一端，两杆的同一截面处各有一直径相同的贯穿孔，两孔中心的夹角为 β，首先在杆 A 上施加外力偶矩，使其扭转到两孔的位置对准，并将销钉装入孔中，试求在外力偶解除后两杆所受的扭矩。

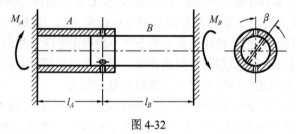

图 4-32

解　设圆管截面上的扭矩为 T_A，圆杆的扭矩为 T_B。装上销钉后无外力，属于一次超静定问题。

（1）静力平衡关系。由轴向力矩平衡得

$$T_A=T_B \tag{1}$$

（2）变形几何关系。安装销钉前两孔中心的夹角为 β，两段的扭转变形分别为 φ_A 和 φ_B，所以变形协调关系为

$$\varphi_A+\varphi_B=\beta \tag{2}$$

（3）物理关系。根据式（4-12）可知

$$\varphi_A=\frac{T_A l_A}{GI_{pA}}, \quad \varphi_B=\frac{T_B l_B}{GI_{pB}}$$

将上述关系代入式（2），即得补充方程为

$$\frac{T_A l_A}{GI_{pA}}+\frac{T_B l_B}{GI_{pB}}=\beta \tag{3}$$

（4）联立求解平衡方程式（1）与补充方程式（3），于是得

$$T_A = T_B = \frac{\beta G}{\frac{l_A}{I_{pA}} + \frac{l_B}{I_{pB}}} = \frac{\beta G I_{pA} I_{pB}}{l_A I_{pB} + l_B I_{pA}}$$

例 4-12 图 4-33 所示结构中 AB 轴的抗扭刚度为 GI_p，杆 CD、FG 的抗拉刚度为 EA。尺寸 a 及外力偶 M_e 已知，圆轴 AB 与刚性梁 DF 固结且垂直相交，二杆与横梁铰接且垂直相交。试求二杆的轴力及圆轴所受的扭矩。

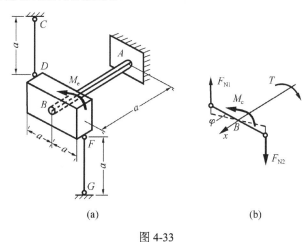

图 4-33

解 (1)静力平衡方程。设两杆的轴力分别为 F_{N1} 和 F_{N2}，圆轴的内力矩为 T。

由 $\sum F_y = 0$ 知

$$F_{N1} = F_{N2} = F_N$$

对圆轴而言，有外力偶 M_e，未知力 F_N 形成的力矩为

$$T_1 = 2F_N a$$

由圆轴的平衡方程，有 $\sum M_x = 0$，即

$$T + T_1 = M_e$$

所以属一次超静定问题。

(2)变形几何关系。对 AB 轴，A 端固定，B 端扭转角为 φ_{BA}，即为刚性梁 DF 的扭转角。设 CD、FG 杆的伸长为 Δl，则有 $\varphi_{BA} a = \Delta l$

(3)物理关系。分别代入圆轴扭转时的变形公式及胡克定律，有

$$\varphi_{BA} = \frac{Ta}{GI_p}, \quad \Delta l = \frac{F_N a}{EA}$$

(4)将物理关系代入几何关系，得补充方程为

$$\frac{Ta^2}{GI_p} = \frac{F_N a}{EA}$$

解得

$$F_N = \frac{EAa}{GI_p}T$$

(5)联立求解得

$$F_N = \frac{EAa}{2a^2EA + GI_p}M_e, \quad T = \frac{GI_p}{2a^2EA + GI_p}M_e$$

首先是结构是否超静定的判断，本例是一个悬臂梁通过刚性梁与两杆相接，由其对称性知，两杆内力相等，故为一次超静定结构。其次是确定杆的伸长与轴转角间的变形协调关系，这是解决问题的关键。

思 考 题

4.1 如图所示圆截面轴，横截面上的扭矩为 T，试画出截面上与 T 对应的切应力分布图。

(a)　　　　　　(b)　　　　　　(c)

思考题 4.1 图

4.2 如图所示圆轴，受扭转力矩 M_e 作用，横截面上的切应力分布情况如图(a)所示。图(b)是从该轴中分离出来的一部分，图(b)所示纵向截面上的应力分布图是否正确？

4.3 图(a)、(b)分别是低碳钢和铸铁试件受扭破坏后的断口情形，试指出哪个是低碳钢试样，哪个是铸铁试样。并说明为什么形成这样的断口。

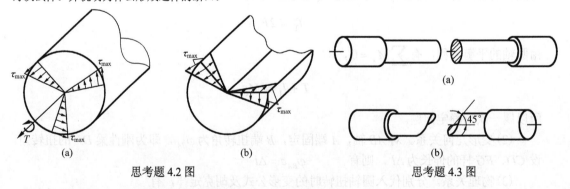

思考题 4.2 图　　　　　　　　　　思考题 4.3 图

4.4 如图所示，试用切应力互等定理证明：空心圆轴扭转时横截面周边上任一点 A 的切应力方向必沿周线方向。

4.5 图(a)、(b)所示二轴的扭矩和长度相同，图(b)轴的直径为 d，图(a)轴左段的直径为 $2d$，右段直径为 $0.5d$。当 $l_1 = l_2$，$M_2 = M_3 = M_1/2$ 时，哪个轴两端的相对转角大，哪个轴的单位长度转角大？

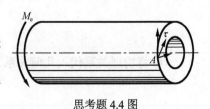

思考题 4.4 图

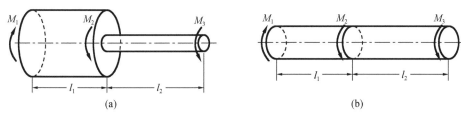

思考题 4.5 图

4.6 图(a)表示一圆轴在外力偶矩 M_e 的作用下发生扭转。若用横截面 ABE、CDF 和水平纵向截面 $ABCD$ 截出杆的一部分图(b)。由切应力互等定理可知，在水平纵向截面上有如图(b)中所示的切应力 τ'，相应的切向内力 $\tau'\,\mathrm{d}A$ 将组成一个合力偶。试定性分析此合力偶与这部分杆上的哪种力偶相平衡？

4.7 矩形截面杆扭转时截面上的切应力分布如图所示。试论截面上角点 C 处的切应力必等于零。

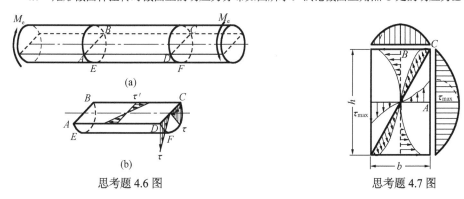

思考题 4.6 图   思考题 4.7 图

习 题

4-1 作图示各轴的扭矩图。

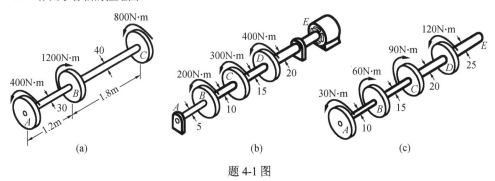

题 4-1 图

4-2 如图所示传动轴，转速 $n = 500\mathrm{r/min}$，轮 1 为主动轮，轮 2 和轮 3 为从动轮，输出功率分别为 $P_2 = 10\mathrm{kW}$，$P_3 = 20\mathrm{kW}$。试：(1)绘出轴的扭矩图。(2)若将轮 1 和轮 3 位置对调，分析对轴的受力有何影响。

4-3 齿轮传动机构如图所示，已知 AB 轴的转速为 $n = 100\mathrm{r/min}$，传递的功率 $P_k = 7.5\mathrm{kW}$。试求 AB 轴及 CD 轴内的最大切应力。

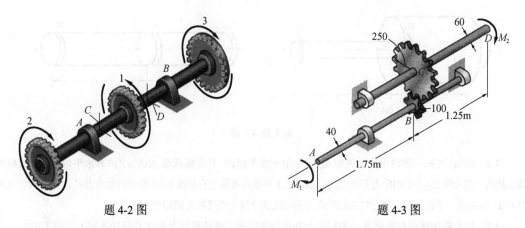

题 4-2 图　　　　　　　　　　题 4-3 图

4-4　操纵杆受力如图所示，轴 *AB* 的外径为 10mm，内径为 8mm。求 *AB* 轴横截面上的最大切应力和最小切应力。若将该轴改为实心轴，并要求横截面的最大切应力保持不变，则实心轴的直径应为多少？

4-5　求图示圆轴横截面内 *A*、*B* 点处的应力。

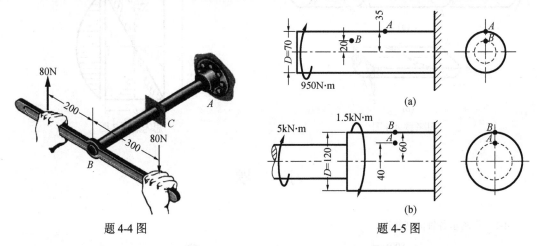

题 4-4 图　　　　　　　　　　题 4-5 图

4-6　如图所示圆锥形轴，*A* 端面半径为 r_A ，*B* 端面半径为 r_B ，轴长度为 *L*，两端作用扭矩为 M_e。求任一横截面 *x* 上的最大切应力。

4-7　如图所示传动轴，直径 $d = 25$mm，以功率为 3kW 的电机为动力，带动齿轮 *A* 和 *B* 做功。齿轮 *A* 传递的功率为 1kW，齿轮 2 传递的功率为 2kW。轴的转速为 500r/min，$G = 80$GPa。求轴内的最大切应力及最大单位长度转角 $\varphi'_{\max}$ 。

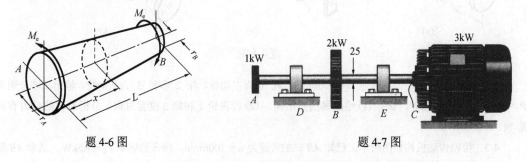

题 4-6 图　　　　　　　　　　题 4-7 图

4-8　如图所示齿轮传动轴，*E* 端可视为固定。轴的直径 $d = 14$mm，材料的切变模量 $G = 80$GPa。求齿轮 A 上 P 点在轴的传动过程中所转动的弧线长度。

4-9 如图所示一钻机功率 $P=7.5\text{kW}$，钻杆外径 $D=60\text{mm}$，内径 $d=50\text{mm}$，转速 $n=180\text{r/min}$，材料的扭转许用切应力 $[\tau]=40\text{MPa}$，切变模量 $G=80\text{GPa}$。若钻杆钻入土层深度 $l=40\text{m}$，并假定土壤对钻杆的阻力是均匀分布的力偶。试绘钻杆扭矩图并校核钻杆强度，计算 A、B 截面的相对转角 φ_{AB}。

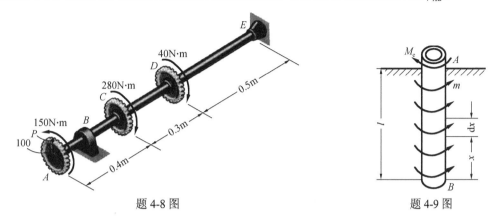

题 4-8 图　　　　　　　　题 4-9 图

4-10 如图所示半径为 R 的等截面圆轴，A 端固定，长度为 L，承受均匀分布的扭矩 m 作用。已知材料的切变模量为 G，求 B 端的转角 φ_B。

4-11 如图所示小锥度圆锥形轴 AB，A 端面半径为 r，B 端半径为 2r 且为固定端，材料的切变模量为 G。求 A 端面的转角 φ_A。

4-12 如图所示阶梯形圆轴受扭转作用，已知外力偶矩 $T_1=2.4\text{kN·m}$，$T_2=1.2\text{kN·m}$，材料的许用切应力 $[\tau]=100\text{MPa}$，切变模量 $G=80\text{GPa}$，单位长度许可转角 $[\varphi']=1.5°/\text{m}$。试校核圆轴的强度和刚度。

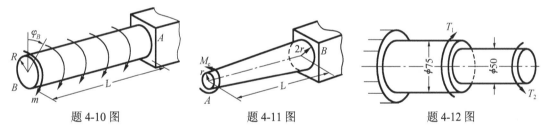

题 4-10 图　　　　　题 4-11 图　　　　　题 4-12 图

4-13 如图所示传动轴长 $l=510\text{mm}$，直径 $D=50\text{mm}$，现将轴的一段钻空为内径 $d_1=38\text{mm}$ 的内孔，另一段钻空为内径 $d_2=25\text{mm}$ 的内孔。材料的许用切应力 $[\tau]=80\text{MPa}$。求：(1)轴所能承受的最大扭矩；(2) 若要求两段轴长度内的扭转角相等，l_1 和 l_2 应满足什么关系？

4-14 阶梯形轴如图所示，A、B 两端面均固定，左右两段长度均为 L，左段半径为 R，右段半径为 2R，距 A 端为 x 的截面处作用扭矩 M_e。已知材料的切变模量为 G，求 A、B 端的反力矩。欲使 A、B 端的反力矩相等，x 应为何值？

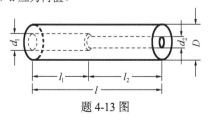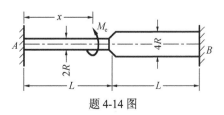

题 4-13 图　　　　　　　题 4-14 图

4-15 如图所示齿轮传动机构，A、B 端视为固定，两轴的直径均为 25mm，材料的切变模量 $G = 80\text{GPa}$。求该传动机构中轴的最大单位长度转角。

4-16 如图所示，AB 和 CD 两杆尺寸相同，AB 为钢杆，CD 为铝杆，其切变模量 $G_{st}:G_{al} = 3:1$。若视 BE、DE 两杆为刚性杆，求力 F 在 AB 和 CD 两杆的分配比例。

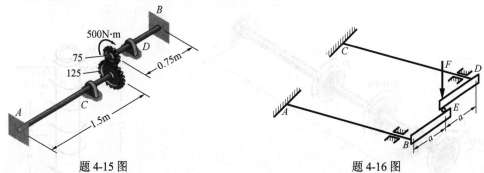

题 4-15 图　　　　　　　　　　　题 4-16 图

4-17 图示轴总长为 l，由两段平均半径均为 R_0 的薄壁圆筒焊接而成，在轴的自由端 A 作用有集中力偶 M_e，沿轴全长作用有集度 $m = M_e/l$ 的均布力偶，设 M_e、l、R_0 和 $[\tau]$ 均为已知，为了使轴的重量最轻，试确定各段圆管的长度和壁厚。

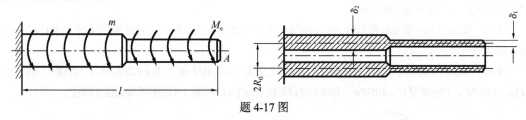

题 4-17 图

4-18 如图所示由厚度 $\delta = 8\text{mm}$ 的钢板卷制成的圆筒，平均直径为 $D = 200\text{mm}$，接缝处用铆钉铆接。若铆钉直径 $d = 20\text{mm}$，许用切应力 $[\tau] = 60\text{MPa}$，许用挤压应力 $[\sigma_{bs}] = 160\text{MPa}$，筒的两端受扭转力偶矩 $M_e = 30\text{kN} \cdot \text{m}$ 作用，试求铆钉的间距 s。

4-19 图示一外径 $D = 50\text{mm}$、内径 $d = 30\text{mm}$ 的空心钢轴，在扭转力偶矩 $M_e = 1.6\text{kN} \cdot \text{m}$ 的作用下，测得相距为 20cm 的 A、B 两截面间的相对转角 $\varphi = 0.4°$，已知钢的弹性模量 $E = 210\text{GPa}$，试求材料的泊松比 μ。

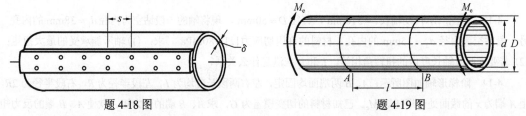

题 4-18 图　　　　　　　　　　　题 4-19 图

4-20 用实验方法求钢的切变模量 G 时，其装置示意图如图所示。AB 是长 $l = 100\text{mm}$、直径 $d = 10\text{mm}$ 的圆截面钢试件，其 A 端固定，B 端有长 $s = 80\text{mm}$ 的杆 BC 与截面连成整体。当在 B 点加扭转力偶矩 $M_e = 15\text{N} \cdot \text{m}$ 时，测得 BC 杆的顶点 C 的位移 $\Delta = 1.5\text{mm}$。试求：(1) 切变模量 G；(2) 杆内的最大切应力 τ_{max}；(3) 杆表面的切应变 γ。

4-21 已知材料的切变模量 $G = 84\text{GPa}$，确定图示圆轴的最大切应力，并求轴两端面的相对转角（以度表示）。

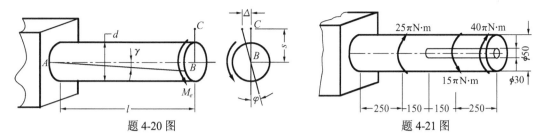

题 4-20 图   题 4-21 图

4-22 空心钢轴的外径 $D=100\text{mm}$，内径 $d=50\text{mm}$，已知 $G=80\text{GPa}$，若要求轴在长度 2m 内的最大转角不超过 $1.5°$，试求它所承受的最大扭矩，并求此时轴内的最大切应力。

4-23 某钢轴需要在 $n=250\text{r/min}$ 的转速下传递 60kW 的功率。已知许用切应力 $[\tau]=40\text{MPa}$，$[\varphi']=0.8°/\text{m}$，材料的切变模量 $G=80\text{GPa}$。试设计轴的直径。若将此轴改为 $\alpha=0.8$ 的空心圆轴，则其外径 D 和内径 d 分别为多少？并与实心轴相比，空心轴的重量为其百分之几？

4-24 如图所示阶梯形圆轴的直径分别为 $d_1=40\text{mm}$，$d_2=70\text{mm}$，轴上装有三个皮带轮。已知由轮 3 输入的功率为 $P_3=30\text{kW}$，轮 1 输出的功率为 $P_1=13\text{kW}$，轴做匀速转动，转速 $n=200\text{r/min}$，材料的许用切应力 $[\tau]=60\text{MPa}$，$G=80\text{GPa}$，许用扭转角 $[\varphi']=2°/\text{m}$。试校核轴的强度和刚度。

4-25 如图所示，传动轴的转速为 $n=500\text{r/min}$，主动轮 1 输入功率 $P_1=400\text{kW}$，从动轮 2、3 分别输出功率 $P_2=160\text{kW}$，$P_3=240\text{kW}$。已知 $[\tau]=70\text{MPa}$，$[\varphi']=1°/\text{m}$，$G=80\text{GPa}$。(1)试确定 AB 段的直径 d_1 和 BC 段的直径 d_2；(2)若 AB 和 BC 两段选用同一直径，试确定直径 d；(3)主动轮和从动轮应如何安排才比较合理？

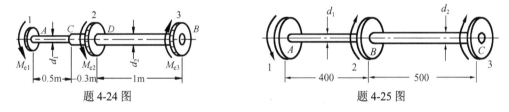

题 4-24 图   题 4-25 图

4-26 某密圈螺旋弹簧的平均直径 $D=125\text{mm}$，弹簧丝直径 $d=18\text{mm}$，受轴向载荷 $F=500\text{N}$ 作用，若切变模量 $G=80\text{GPa}$，试求弹簧丝内的最大切应力，并计算使弹簧产生 $\lambda=8\text{mm}$ 轴向变形的弹簧圈数。

4-27 如图所示外径 $D=80\text{mm}$、内径 $d=0.5D$ 的圆筒在 $M_e=15\text{kN}\cdot\text{m}$ 的力偶作用下产生扭转。已知材料的弹性模量 $E=200\text{GPa}$，泊松比 $\mu=0.3$。求：(1)圆筒表面一点 A 沿 x、y 方向的线应变 ε_x 和 ε_y；(2)受扭后圆筒壁厚的改变量。

4-28 如图所示，直径 $d=10\text{mm}$ 的圆截面钢杆弯成图示的平面圆弧，$R=100\text{mm}$，在 O 点处受到垂直于圆弧平面的力 $F=100\text{N}$ 的作用。已知 $G=80\text{GPa}$，若 OA 为刚体，试求 O 点的铅垂位移。

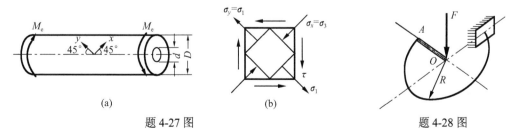

(a)   (b)
题 4-27 图   题 4-28 图

4-29　图示圆截面直杆 AC 的直径 $d_1 = 100\text{mm}$，A 端固定，在 B 截面处受外力偶矩 $M_e = 7\text{kN·m}$ 作用，C 截面的上、下两点处与直径均为 $d_2 = 20\text{mm}$ 的两根圆杆 EF、GH 铰接。已知 $G = 80\text{GPa}$，各杆材料相同，弹性常数关系 $G = 0.4E$。求 AC 杆中的最大切应力和最大单位长度转角。

4-30　圆柱形密圈螺旋弹簧的平均直径 $D = 300\text{mm}$，弹簧丝横截面直径 $d = 30\text{mm}$，有效圈数 $n = 10$，受力前弹簧的自由长度为 400mm，材料 $[\tau] = 140\text{MPa}$，$G = 82\text{GPa}$。试确定弹簧所能承受的压力（注意弹簧可能的压缩量）。

4-31　在图示结构中，除 1、2 两根弹簧外，其余构件都可假设为刚体。若两根弹簧完全相同，簧圈半径 $R = 100\text{mm}$，$[\tau] = 300\text{MPa}$，试确定每一弹簧所受的力，并求出弹簧丝横截面直径。

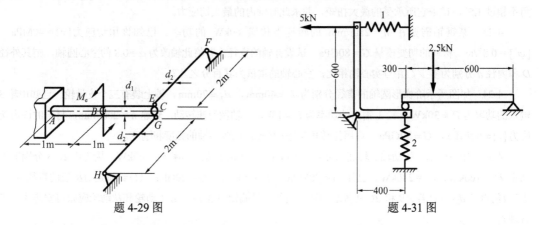

题 4-29 图　　　　　　　　　　　　　题 4-31 图

4-32　某矩形截面杆的横截面如图所示，若扭矩 $T = 2\text{kN·m}$，试求横截面上 A、B 点处的扭转切应力。

4-33　设有如图所示截面为圆形、正方形和矩形的三根杆。截面尺寸如图所示，若承受相同的扭矩 $M_e = 2.5\text{kN·m}$，试求三根杆内的最大切应力，并比较其结果。

4-34　有一矩形截面钢杆，其横截面尺寸为 $100\text{mm}×50\text{mm}$，在杆的两端作用一对扭矩，若材料 $[\tau] = 100\text{MPa}$，$G = 80\text{GPa}$，杆的单位长度许可转角 $[\varphi'] = 2°/\text{m}$，试求作用于杆件两端力偶矩的许可值。

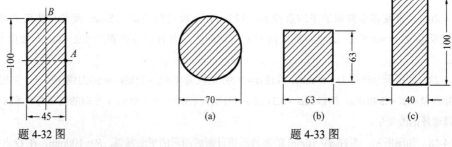

题 4-32 图　　　　　　　　　　　　　题 4-33 图

4-35　如图所示，两根弹簧套装在一起，簧丝直径均为 $d = 12.5\text{mm}$，弹簧材料、圈数及自由长度均相同，两弹簧共同承受轴向压力 $F = 1.5\text{kN}$，试求每个弹簧内的最大应力。

4-36　如图所示芯轴与套管两端用刚性平板连接在一起，设作用在刚性平板上的扭矩为 M_e，芯轴与套管的抗扭刚度分别为 $G_1 I_{p1}$ 与 $G_2 I_{p2}$，试计算芯轴与套管的扭矩。

4-37　如图所示组合圆形实心轴在 A、C 两端固定，B 截面处作用外力偶矩 $M_e = 900\text{N·m}$，已知 $l_1 = 1.2\text{m}$，$l_2 = 1.8\text{m}$，直径 $d_1 = 25\text{mm}$，$d_2 = 37.5\text{mm}$，且切变模量 $G_1 = 80\text{GPa}$，$G_2 = 40\text{GPa}$，求两种材料轴中的最大切应力。

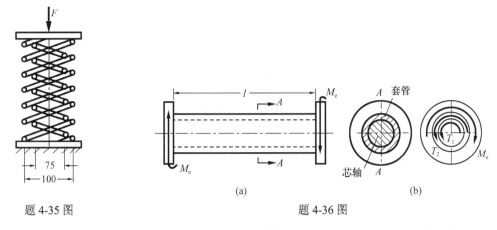

题 4-35 图　　　　　　　　　　　　　(a)　　　　　　　　　　　　　　(b)

题 4-36 图

4-38　两级齿轮减速箱如图所示。输入功率为 5kW，输入轴转速为 1350r/min。每一级的速比均为 4∶1，实心轴材料的许用切应力为 40MPa。(1)不考虑轴的弯曲强度，初步设计输入轴和输出轴的直径；(2)如果输入轴连接的是 960r/min 的电机，则电机的允许功率有多大？

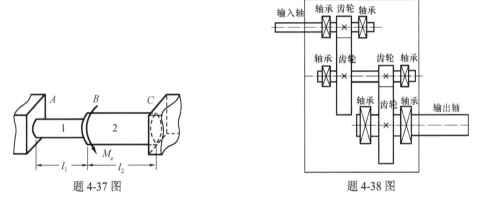

题 4-37 图　　　　　　　　　　　　　　　　题 4-38 图

4-39　理想弹塑性材料的空心圆轴，其内径为 $2a$，外径为 $2b$。若材料的屈服应力为 τ_s，求弹性极限扭矩 T_e 和塑性极限扭矩 T_p。

重点及
难点

第5章 弯曲内力*

5.1 弯曲的概念

在工程实际中,承受弯曲的杆件很多。例如,吊车大梁(图5-1(a))*、火车轮轴(图5-2(a))*、齿轮的齿及车削工件(图5-3(a))*、齿轮传动轴(图5-4(a))等,这类杆件的受力与变形特点是:作用在杆件上的外力与杆件的轴线垂直,直杆的轴线由受力前的直线变为曲线,这种变形称为**弯曲变形**。以弯曲变形为主要变形的杆件通常称为**梁**。

吊车大梁

火车轮轴

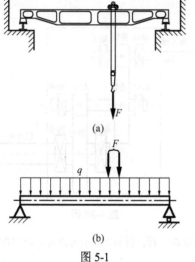

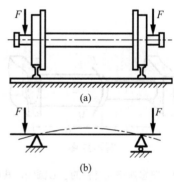

(a)

(b)

图 5-1

(a)

(b)

图 5-2

车削工件

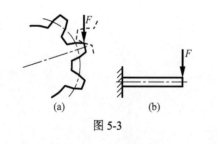

(a)

(b)

图 5-3

工程中常见梁的横截面最少具有一根对称轴,如工字形、矩形、T 字形等(图5-5(a)～(d)),对于这类梁,整个梁有一个包含轴线在内的纵向对称面,当所有的外力均作用在该对称平面时,梁变形后,其轴线变成该对称平面内的曲线(图5-5(e)),这种弯曲称为**平面弯曲**。本章主要研究平面弯曲时横截面上的内力。

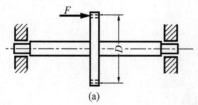

(a)

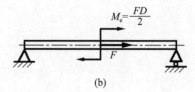

$M_e = \dfrac{FD}{2}$

(b)

图 5-4

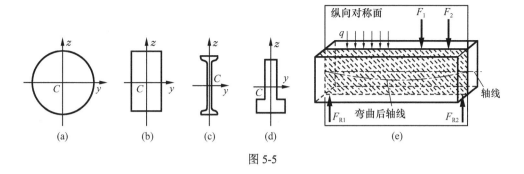

图 5-5

5.2　梁的载荷与支座的简化

工程中梁的截面几何形状、所受外载荷和支座约束等是各种各样的，必须通过合理的简化才能得到计算简图。对于平面弯曲的梁，因其轴线将弯曲成一条平面曲线，故可用其轴线来表示实际的梁，图 5-1(b)、图 5-2(b)、图 5-3(b) 和图 5-4(b) 分别是吊车大梁、火车轮轴、齿轮的齿、齿轮传动轴的计算简图。下面分别讨论外载荷和支座的简化。

5.2.1　外载荷的简化

作用在梁上的外载荷通常可以简化为三种类型。

(1) **分布载荷**。图 5-1 表示桥式起重机大梁，其自重沿长度均匀分布。可简化为分布载荷，分布载荷的大小可用单位长度上的载荷，即载荷集度 q 来表示，其常用单位是 N/m 或 kN/m。分布力偶的单位则为 N·m/m 或 kN·m/m。

分布载荷按其在分布长度内是否变化，可分为均布载荷和非均布载荷。

(2) **集中载荷**。当载荷沿梁的分布长度远小于梁的长度时，可以将载荷简化为作用于一点的集中载荷，即集中力。如图 5-1 中，起重机对横梁的压力可简化为集中载荷，常用单位是 N 或 kN。

(3) **集中力偶**。图 5-4 表示齿轮传动轴，作用在齿轮上的轴向传动力 F 引起轴的弯曲变形。在计算轴的变形时将力 F 向梁的轴线简化，梁除受轴向外力 F 外，还有一个矢量方向与梁轴线垂直的外力偶 $M=FD/2$ 作用，该力偶即为集中力偶，其常用单位为 N·m 或 kN·m。

5.2.2　常见支座的简化

图 5-4 所示的齿轮传动轴两端为短滑动轴承，在传动力作用下将引起轴的弯曲变形，这将使两端横截面发生很小的角度偏转。由于支承处的间隙等原因，短滑动轴承并不能约束该处的微小偏转，这样就把短滑动轴承简化成铰支座。又因轴肩与轴承端面的接触限制了轴线方向的位移，故可将两轴承其中之一简化成固定铰支座，另一个简化为活动铰支座。图 5-2 所示火车轮轴通过车轮置于钢轨之上，钢轨不限制车轮平面的微小偏转，但车轮凸缘与钢轨的接触可约束轮轴轴线方向的位移，所以可将两条铁轨分别简化成一个固定铰支座，一个活动铰支座。

图 5-3 所示齿轮的齿在啮合力的作用下发生弯曲，若仅考虑齿的变形，齿根相对齿轮没

有任何方向的位移，可简化为固定端。又如轴向尺寸较大的长轴承，其约束能力远大于短轴承，有时就可视为固定端。

梁的支座结构虽各不相同，按它所具备的约束能力，可将其简化为以下三种形式。

（1）**活动铰支座**。梁在支座处沿垂直于支承面的方向不能移动，只能在平行于支承面的方向移动和转动，相应的仅有一个垂直于支承面的支座反力 F_{Ay}，如图 5-6(a)所示。

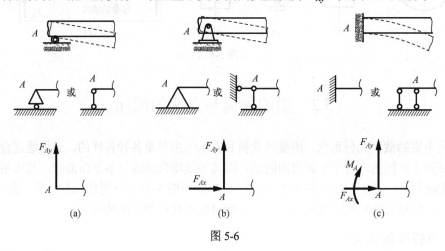

图 5-6

（2）**固定铰支座**。梁在支座处只能转动，而不能沿任何方向移动，相应的支座反力为沿轴线方向的反力 F_{Ax} 和垂直于支承面的反力 F_{Ay}，如图 5-6(b)所示。

（3）**固定端**。这种支座限制了梁在该处任何方向的移动与转动，共有 6 个支座反力。在平面问题中仅有 3 个分量：沿轴线方向的反力 F_{Ax}、垂直于轴线的反力 F_{Ay} 和反力偶 M_A，如图 5-6(c)所示。

5.2.3　静定梁的基本形式

通过外载荷和支座的简化，得出了梁的计算简图。计算简图确定后，若梁支座反力的方向和大小均可由静力平衡条件完全确定，则称为静定梁。常见的静定梁主要有以下三种形式。

（1）**简支梁**。一端为固定铰支座，另一端为活动铰支座的梁，称为简支梁，图 5-1(b)和图 5-4(b)所示均为简支梁。

（2）**外伸梁**。当简支梁的一端或两端伸出支座以外时，称为外伸梁，如图 5-2(b)所示。

（3）**悬臂梁**。一端为固定端，另一端自由的梁称为悬臂梁，如图 5-3(b)所示。

若梁的支座反力或内力不能完全由静力平衡条件确定，称为超静定梁。超静定梁将在第 7 章和《材料力学（Ⅱ）》中作进一步讨论。

5.3　平面弯曲的内力方程及内力图

为了计算梁的应力和变形，必须先确定梁横截面上的内力。根据静力平衡方程，求出静定梁在载荷作用下的支座反力，这样，作用在梁上的外力都是已知的，从而可以确定梁上任一横截面上的内力。横截面上内力的确定通常采用截面法。

以图 5-7(a)所示简支梁 AB 为例，F_1、F_2、F_3 为作用于梁上的载荷。F_{Ay}、F_{By} 为两端的

支座反力，为了分析距 A 端 x 处横截面上的内力，沿截面 m-m 假想地把梁分成两部分，并取左段为研究对象(图 5-7(b))。由于原来的梁处于平衡状态，所以梁的左段仍应处于平衡状态。作用于左段上的力，除外力 F_{Ay}、F_1 外，在截面 m-m 上还有右段对其作用的三个内力分量：沿梁的轴线方向的内力分量 F_N；垂直轴线方向的内力分量 F_s；在 xOy 平面内的内力偶 M。

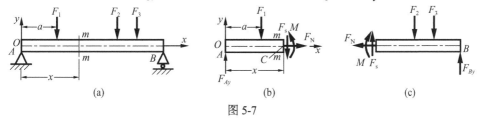

图 5-7

根据左段梁的平衡条件有

$$\sum F_x = 0, \quad F_N(x) = 0$$

$$\sum F_y = 0, \quad F_s(x) = F_{Ay} - F_1$$

$$\sum M_C = 0, \quad M(x) = F_{Ay}x - F_1(x-a)$$

式中，F_s 为剪力，即平行于横截面 m-m 的分布内力的合力；M 为弯矩，即垂直于横截面 m-m 的分布内力的合力偶矩。

由 $F_s = F_{Ay} - F_1$ 可知，剪力 F_s 在数值上等于截面 m-m 以左所有外力在与梁轴线垂直方向上投影的代数和；由 $M = F_{Ay}x - F_1(x-a)$ 可知，弯矩 M 在数值上等于截面 m-m 以左所有外力和外力偶对截面形心 C 的力矩代数和。所以，剪力 F_s 可用截面 m-m 左侧的外力的代数和来计算，弯矩 M 可用截面 m-m 左侧所有外力和外力偶对截面形心的力矩的代数和来计算。

若取右段作为研究对象，如图 5-7(c)所示，用同样的方法可以求得截面 m-m 上的剪力和弯矩，并且剪力 F_s 在数值上等于截面 m-m 以右所有外力的代数和；弯矩 M 在数值上等于截面 m-m 以右所有外力和外力偶对截面形心的力矩的代数和。剪力 F_s 和弯矩 M 是左段和右段之间在截面 m-m 上相互作用的内力，所以，右段作用于左段的剪力和弯矩，必然在数值上等于左段作用于右段的剪力和弯矩，但方向相反。

为使以上两种算法得到的同一截面上的剪力和弯矩，不但在数值上相同，而且正负号一致，须按梁的变形来规定内力的正负号。当梁截面上的剪力对梁内任一点的矩为顺时针转向时，该剪力为正；反之为负，简述为"顺正逆负"，如图 5-8(a)所示。在截面处取一微段，使该微段梁弯曲呈凹形时的弯矩为正；反之为负，简述为"凹正凸负"，如图 5-8(b)所示。

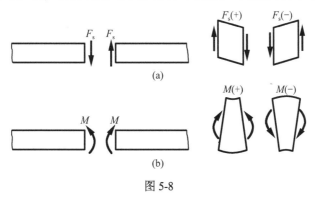

图 5-8

依照剪力和弯矩的正负号规定，指定截面上的剪力或弯矩，无论用该截面的左侧还是右侧的外力来计算，所得结果的数值和符号都是一致的。按上述符号规定可知，对某一指定截面来说，其左侧向上的外力，或右侧向下的外力都将产生正的剪力，反之产生负的剪力，即左上右下为正。无论在指定截面左侧或右侧，向上的外力产生正的弯矩，向下的外力产生负的弯矩。而在指定截面左侧的顺时针转向的外力偶产生正弯矩，在指定截面右侧的逆时针转向的外力偶产生正弯矩，即左顺右逆为正。

对于受弯曲的梁，一般情况下，梁横截面上的剪力和弯矩随横截面位置的不同而变化，通常以横坐标 x 表示横截面在梁轴线上的位置，则各横截面上的剪力和弯矩可表示为 x 的函数，即

$$F_s = F_s(x), \quad M = M(x)$$

此函数表达式就是梁在弯曲时的内力方程，即剪力方程 $F_s(x)$ 和弯矩方程 $M(x)$。

与绘制轴力图 $F_N(x)$ 和扭矩图 $T(x)$ 一样，可以用图线表示梁的各横截面上剪力和弯矩沿轴线变化的情况。绘图时以平行于梁轴线的横坐标表示横截面的位置，以纵坐标表示相应横截面上的剪力值或弯矩值，这种图形分别称为**剪力图 $F_s(x)$** 或**弯矩图 $M(x)$**。

例 5-1　图 5-9(a)所示悬臂梁，受集中力 F 和集中力偶 M_e 作用，且 $M_e = Fl$，试计算各指定横截面上的剪力和弯矩。其中截面 1-1 无限接近于 A 截面，截面 2-2 无限接近于 B 截面，截面 3-3 无限接近于 C 截面。

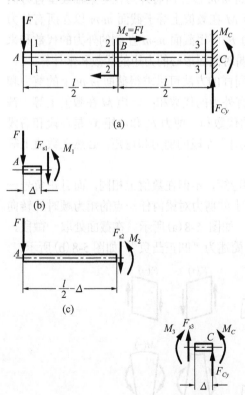

图 5-9

解　(1)由静力平衡方程可以求得固定端的支座反力，由

$$\sum F_y = 0, \quad F_{Cy} = F$$
$$\sum M = 0, \quad M_C = M_e - Fl = 0$$

(2)截面法确定各截面内力。

① 横截面 1-1 上的内力：沿横截面 1-1 截开，取左段作为研究对象，如图 5-9(b)所示，设截面上的剪力和弯矩均为正值，根据平衡条件得

$$\sum F_y = 0, \quad F_{s1} = -F$$
$$\sum M_{1-1} = 0, \quad M_1 = -F\Delta$$

由于截面 1-1 无限接近于 A 截面，即 $\Delta \to 0$，所以

$$M_1 = -F\Delta = 0$$

② 横截面 2-2 上的内力：沿横截面 2-2 截开，取左段作为研究对象，如图 5-9(c)所示，设截面上的剪力和弯矩均为正值，根据平衡条件得

$$\sum F_y = 0, \quad F_{s2} = -F$$
$$\sum M_{2-2} = 0, \quad M_2 = -\frac{Fl}{2}$$

③横截面 3-3 上的内力：横截面 3-3 截开，取右段作为研究对象，如图 5-9(d)所示，设截面上的剪力和弯矩均为正值，根据平衡条件得

$$\sum F_y = 0, \quad F_{s3} = -F$$
$$\sum M_{3-3} = 0, \quad M_3 = 0$$

剪力和弯矩的负号说明：按照剪力和弯矩的正负规定，该剪力和弯矩为负值，即设正的剪力和弯矩方向与实际的方向相反。当然，为正则说明所设剪力和弯矩方向与实际的方向相同。

例 5-2 图 5-10(a)为一悬臂梁，在其上作用有均布载荷 q。试列出梁的剪力方程和弯矩方程，并作剪力图和弯矩图。

解 将坐标原点取在梁的左端，取距左端面为 x 的任意截面，从该处截开，取左段研究(不用求支座反力)。该截面上的剪力方程和弯矩方程分别为

$$F_s(x) = qx, \quad 0 \leqslant x < l$$
$$M(x) = qx^2/2, \quad 0 \leqslant x < l$$

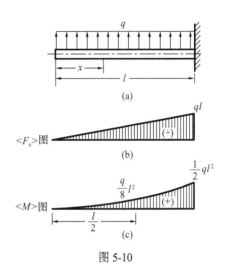

图 5-10

由剪力方程可见，剪力为 x 的一次函数，所以剪力图为一条斜直线。只要确定直线上两点的值，如 $x=0$ 处 $F_s=0$，$x=l$ 处 $F_s=ql$，即可画出剪力图。弯矩为 x 的二次函数，所以弯矩图为抛物线，需要多确定几个点才能准确画出弯矩图。如 $x=0$ 处 $M=0$，$x=l/2$ 处 $M=ql^2/8$，$x=l$ 处 $M=ql^2/2$ 等。绘出剪力图和弯矩图，如图 5-10(b)、(c)所示。由图可见，固定端的剪力和弯矩值均为最大，其值为 $F_{s,max}=ql$，$M_{max}=ql^2/2$。当然，求出支座反力，可用突变关系对内力图进行校核。

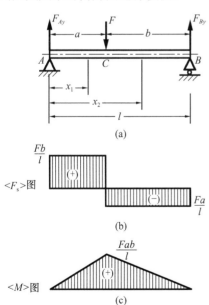

图 5-11

例 5-3 图 5-11(a)所示简支梁，在 C 截面处受集中力 F 的作用。试列出梁的剪力方程和弯矩方程，并作剪力图和弯矩图。

解 由梁平衡条件 $\sum M_B = 0$ 和 $\sum M_A = 0$ 分别求得两端支座反力为

$$F_{Ay} = \frac{Fb}{l}, \quad F_{By} = \frac{Fa}{l}$$

以梁的左端为坐标原点选取坐标系，如图 5-11(a)所示。在集中力左右两侧梁的剪力和弯矩方程均不同，应分别列出两段的内力方程。在 AC 段内取距原点为 x_1 的任意截面，截面以左只有外力 F_{Ay}，根据剪力和弯矩的计算方法和正负号规则，求得该截面上的剪力和弯矩为

$$F_s(x_1) = \frac{Fb}{l}, \quad 0 < x_1 < a$$
$$M(x_1) = \frac{Fb}{l}x_1, \quad 0 \leqslant x_1 \leqslant a$$

这就是在 AC 段内的剪力方程和弯矩方程。若在 CB 段内取距原点为 x_2 的任意截面，则截面以左有 F_{Ay}、F 两个外力，截面上的剪力和弯矩为

$$F_s(x_2) = \frac{Fb}{l} - F = -\frac{Fa}{l}, \quad a < x_2 < l$$

$$M(x_2) = \frac{Fb}{l}x_2 - F(x_2 - a) = \frac{Fa}{l}(l - x_2), \quad a \leqslant x_2 \leqslant l$$

这就是在 BC 段内的剪力方程和弯矩方程。由两段的内力方程可以看出，AC 段内的剪力为正的常量，该段的剪力图是在 x 轴上方且平行于 x 轴的直线，BC 段内的剪力为负的常量，该段的剪力图是在 x 轴下方且平行于 x 轴的直线。全梁的剪力图如图 5-11(b) 所示，可以看出，当 $a < b$ 时，最大剪力为 $|F_s|_{\max} = \dfrac{Fb}{l}$。在 AC 段内，弯矩是 x 的一次函数，该段的弯矩图是一条斜直线，只要确定直线上的两点就可确定这条直线，同样 BC 段内的弯矩也是 x 的一次函数，该段的弯矩图也是一条斜直线，全梁的弯矩图如图 5-11(c) 所示。可以看出，最大弯矩发生于截面 C 上，且 $M_{\max} = \dfrac{Fab}{l}$。

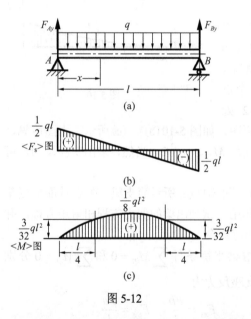

(a)

(b)

(c)

图 5-12

例 5-4　受均布载荷作用的简支梁如图 5-12(a) 所示，试列出剪力、弯矩方程，并作剪力图和弯矩图。

解　由于载荷和支座对称，则两个支座反力相等，即

$$F_{Ay} = F_{By} = \frac{1}{2}ql$$

将坐标原点取在梁的左端，在距原点为 x 处任意截面截开，取左段研究，且截面上的内力均设正，由静力平衡方程可得 x 截面上的剪力方程和弯矩方程为

$$F_s(x) = F_{Ay} - qx = \frac{1}{2}ql - qx, \qquad\qquad 0 < x < l$$

$$M(x) = F_{Ay}x - \frac{1}{2}qx^2 = \frac{1}{2}qlx - \frac{1}{2}qx^2, \quad 0 \leqslant x \leqslant l$$

由剪力方程可知，剪力图为一斜直线，只要确定直线上的两点就可确定这条直线，绘制剪力图，如图 5-12(b) 所示。由弯矩方程可知，弯矩图是一条二次曲线，确定曲线上五个点的值：

$$x = 0, \quad M(0) = 0; \quad x = \frac{l}{4}, \quad M\left(\frac{l}{4}\right) = \frac{3}{32}ql^2$$

$$x = \frac{l}{2}, \quad M\left(\frac{l}{2}\right) = \frac{1}{8}ql^2; \quad x = \frac{3l}{4}, \quad M\left(\frac{3l}{4}\right) = \frac{3}{32}ql^2$$

$$x = l, \quad M(l) = 0$$

最后绘出弯矩图，如图 5-12(c) 所示。由图可见，在支座内侧的横截面上剪力有最大值，

即 $\left|F_s\right|_{\max} = \dfrac{ql}{2}$ 。在跨度中点的横截面上弯矩有最大值，$M_{\max} = \dfrac{ql^2}{8}$ 。

例 5-5 图 5-13(a)为一简支梁，在 C 截面处作用一集中力偶 M_e。试作该梁的剪力图和弯矩图。

解 先由梁的静力平衡条件 $\sum M_B = 0$ 和 $\sum M_A = 0$ 分别求得支座反力：

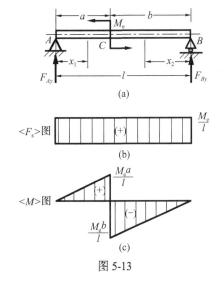

图 5-13

$$F_{Ay} = \frac{M_e}{l}, \quad F_{By} = -\frac{M_e}{l}$$

在集中力偶 M_e 的左段，即 AC 段上，将坐标原点取在梁的左端，在距左端为 x_1 处取一截面截开。按左段梁的平衡条件，截面上的剪力方程和弯矩方程为

$$F_s(x_1) = F_{Ay} = \frac{M_e}{l}, \quad 0 < x_1 \leqslant a$$

$$M(x_1) = F_{Ay} x_1 = \frac{M_e}{l} x_1, \quad 0 \leqslant x_1 < a$$

在集中力偶 M_e 的右段，即 CB 段上，将坐标原点取在梁的右端，在距右端为 x_2 处取一截面截开。按右段梁的平衡条件，截面上的剪力方程和弯矩方程为

$$F_s(x_2) = -F_{By} = \frac{M_e}{l}, \quad 0 < x_2 \leqslant b$$

$$M(x_2) = F_{By} x_2 = -\frac{M_e}{l} x_2, \quad 0 \leqslant x_2 < b$$

根据以上剪力方程和弯矩方程，可分别画出剪力图(图 5-13(b))和弯矩图(图 5-13(c))。

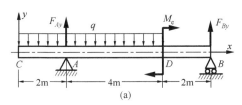

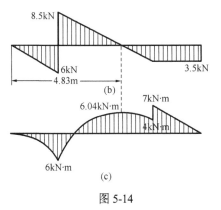

图 5-14

由图可见，全梁的剪力图为一水平直线，即集中力偶对其作用面的剪力图形状无影响；弯矩图在集中力偶作用面左端和右端为两条平行的斜直线。由图可知，最大剪力值 $F_{s,\max} = \dfrac{M_e}{l}$ ，在 $b > a$ 时，弯矩最大值

$$|M|_{\max} = \frac{M_e}{l} b 。$$

一般情况下约定 x 轴向右为正向，这样后面将要给出的微分关系才能成立，如上例中的 AC 段；如果约定 x 轴向左为正向，则应在一次微分后冠一负号，这样该微分关系方能成立，如上例中的 BC 段。坐标的灵活选取，有时给绘制内力图带来很大方便，但其微分关系相应改变，必须给予关注。

例 5-6 在图 5-14(a)中，外伸梁上作用均布载荷的集度 $q = 3\text{kN/m}$ ，集中力偶矩 $M_e = 3\text{kN·m}$ 。列出剪力方程和弯矩方程，并绘制梁的剪力图和弯矩图。

解　由梁的静力平衡方程求出支座反力分别为

$$F_{Ay} = 14.5\text{kN}, \quad F_{By} = 3.5\text{kN}$$

外伸梁有 C、A、D、B 共四个控制面，两两控制面间要用一组方程来描述内力，故在梁的 CA、AD、DB 三段内剪力方程和弯矩方程应分开考虑。对于每一段都可按照前面各例的方法，在两个控制面间任意选取截面，内力设正，列出平衡方程，最终列出剪力方程和弯矩方程。

在 CA 段内

$$F_s(x) = -qx = -3x, \quad 0 \leqslant x < 2\text{m}$$

$$M(x) = -\frac{1}{2}qx^2 = -\frac{3}{2}x^2, \quad 0 \leqslant x \leqslant 2\text{m}$$

在 AD 段内

$$F_s(x) = F_{Ay} - qx = 14.5 - 3x, \quad 2\text{m} < x \leqslant 6\text{m}$$

$$M(x) = F_{Ay}(x-2) - \frac{1}{2}qx^2 = 14.5(x-2) - \frac{3}{2}x^2, \quad 2\text{m} \leqslant x < 6\text{m}$$

$M(x)$ 是 x 的二次函数，根据极值条件 $\dfrac{\mathrm{d}M(x)}{\mathrm{d}x} = 0$，得 $14.5-3x=0$，解出 $x = 4.83\text{m}$，即在 $x = 4.83\text{m}$ 截面上，弯矩取极值，该弯矩极值为

$$M = 14.5 \times (4.83 - 2) - \frac{3}{2} \times 4.83^2 = 6.04(\text{kN} \cdot \text{m})$$

当截面取在 DB 段内时，用截面右侧的外力计算剪力和弯矩比较方便，剪力、弯矩方程为

$$F_s(x) = -F_{By} = -3.5\text{kN}, \quad 6\text{m} \leqslant x < 8\text{m}$$

$$M(x) = F_{By}(8-x) = 3.5(8-x), \quad 6\text{m} < x \leqslant 8\text{m}$$

依照剪力方程和弯矩方程，分段作出剪力图和弯矩图，如图 5-14（b）、（c）所示。从图中可以看出，最大剪力为 $F_{s,\max} = 8.5\text{kN}$，最大弯矩为 $M_{\max} = 7\text{kN} \cdot \text{m}$。

以上的几个例题中，凡是集中力（包括支座反力和集中载荷）作用的截面两侧，剪力有一突然变化，变化的数值就等于该集中力大小。剪力似乎没有确定的数值。事实上集中力不可能"集中"作用于一点，而是作用在很短的 Δx 长的微段梁上的分布力的简化。若将此分布力看作均匀分布的，如图 5-15（a）所示，则在此段上实际的剪力将按斜直线规律连续变化，如图 5-15（b）所示。同样，在集中力偶作用截面的两侧，弯矩有一突然变化，变化的数值就等于集中力偶。集中力偶实际上也是一种简化结果。按实际情形画出的弯矩图，在集中力偶作用处附近很短的一段梁上也是连续的。

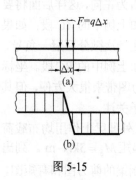

图 5-15

在上面这些例子中，剪力方程和弯矩方程的定义区间是根据函数的连续性确定的。若某截面上左、右两侧内力的数值相等，则该截面上的内力也一定是该值，即该点的左极限和右极限存在且相等，则函数在该点连续，用闭区间（例 5-5 中 A 截面弯矩）；若某截面上左、右两侧内力的数值不相等，则该截面上的内力没有确定值，即该

点的左极限和右极限存在但不相等,属第一类间断点,则函数在该点不连续,用开区间(例5-5中 A 截面剪力)。即凡有集中力作用端,其剪力方程为开区间,凡有集中力偶作用端,其弯矩方程为开区间。

5.4 载荷集度、剪力和弯矩间的微分关系

从 5.3 节中的例题可以看到,在剪力为零的梁段上,弯矩为常值;在剪力为常值的梁段上,弯矩为斜直线;而在剪力为斜直线的梁段上,弯矩为二次曲线。在集中力作用截面的两侧,剪力图发生突变;而在集中力偶作用截面的两侧,弯矩图发生突变。现在进一步研究这些关系及剪力图和弯矩图突变特征。

5.4.1 分布载荷作用段

轴线为直线的梁如图 5-16(a) 所示。

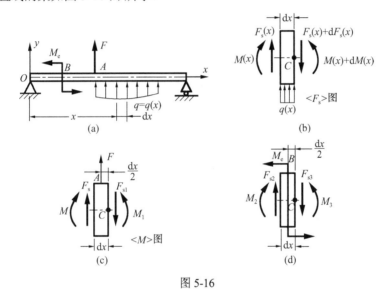

图 5-16

以轴线为 x 轴,向右为正,y 轴向上为正。梁上分布载荷集度 $q(x)$ 是 x 的连续函数,且规定 $q(x)$ 向上为正。从梁中取出 dx 微段,如图 5-16(b) 所示,微段的左截面上的剪力和弯矩分别为 $F_s(x)$ 和 $M(x)$,在微段的右截面上,由于坐标 x 有一增量 dx,剪力和弯矩有相应的增量 $dF_s(x)$ 和 $dM(x)$,所以微段的右截面上的剪力和弯矩分别为 $F_s(x)+dF_s(x)$ 和 $M(x)+dM(x)$。微段上的内力均取正值,且设微段内无集中力和集中力偶。由微段的静力平衡方程 $\sum F_y = 0$ 和 $\sum M_C = 0$,可得

$$F_s(x)-[F_s(x)+dF_s(x)]+q(x)dx = 0$$

$$[M(x)+dM(x)]-M(x)-F_s(x)dx-\frac{1}{2}q(x)(dx)^2 = 0$$

整理第一式可得
$$\frac{dF_s(x)}{dx} = q(x) \tag{5-1}$$

略去第二式中的高阶微量 $\dfrac{1}{2}q(x)(\mathrm{d}x)^2$，整理可得

$$\frac{\mathrm{d}M(x)}{\mathrm{d}x} = F_s(x) \tag{5-2}$$

再将式（5-2）对 x 求导数，并利用式（5-1），又可得出

$$\frac{\mathrm{d}^2 M(x)}{\mathrm{d}x^2} = \frac{\mathrm{d}F_s(x)}{\mathrm{d}x} = q(x) \tag{5-3}$$

以上三式表示了直梁的载荷集度 $q(x)$、剪力 $F_s(x)$ 和弯矩 $M(x)$ 间的微分关系。

由以上的微分关系，可以得出下面一些结论，这些结论对正确画出或校核剪力图和弯矩图都是很有帮助的。

（1）在无分布载荷作用的梁段内，即 $q(x)=0$，由式（5-3）可知，在这一段内 $F_s(x)=F_s$（常数），剪力图必然是平行于 x 轴的直线。$M(x)$ 是 x 的一次函数，弯矩图为斜率等于 F_s 的直线。

（2）在均布载荷作用的梁段内，即 $q(x)=q$（常数），则 $\dfrac{\mathrm{d}^2 M(x)}{\mathrm{d}x^2} = \dfrac{\mathrm{d}F_s(x)}{\mathrm{d}x} = q$。该段内 $F_s(x)$ 是 x 的一次函数；$M(x)$ 是 x 的二次函数。所以，剪力图是斜率等于 q 的直线。弯矩图为二次曲线。

在某一梁段内，均布载荷 q 向上时，$\dfrac{\mathrm{d}^2 M(x)}{\mathrm{d}x^2} = \dfrac{\mathrm{d}F_s(x)}{\mathrm{d}x} = q > 0$。该段内剪力图斜向右上方，弯矩图为凹的二次曲线；反之，当均布载荷 q 向下时，$\dfrac{\mathrm{d}^2 M(x)}{\mathrm{d}x^2} = \dfrac{\mathrm{d}F_s(x)}{\mathrm{d}x} = q < 0$。剪力图斜向右下方，弯矩图为凸的二次曲线。

（3）在分布载荷 $q(x)$ 是 x 的线性函数作用的梁段内，由式（5-1）可知，该段内 $F_s(x)$ 是 x 的二次函数；由式（5-3）可知，该段内 $M(x)$ 是 x 的三次函数。

（4）如果在某一截面上 $F_s=0$，即 $\dfrac{\mathrm{d}M(x)}{\mathrm{d}x}=0$，该截面上的弯矩有极值。

5.4.2　集中力 F 作用处

在梁上集中力作用面 A 处（图 5-16（a））左边和右边各取一截面，从梁中取出长为 $\mathrm{d}x$ 的微段并将其放大为图 5-16（c），在梁段左截面上有剪力 F_s、弯矩 M；右截面上分别有剪力 F_{s1}、弯矩 M_1。设以上内力均为正，且在 $\mathrm{d}x$ 这一段内没有集中力偶。由该微段平衡条件 $\sum F_y = 0$ 和 $\sum M_C = 0$，得

$$F_s + F - F_{s1} = 0, \quad M_1 - M - F_s \mathrm{d}x - F\frac{\mathrm{d}x}{2} = 0$$

略去微量 $F_s \mathrm{d}x$ 和 $F\mathrm{d}x/2$，得　　　　$F_{s1} - F_s = F, \quad M_1 = M$

以上两式表示，在集中力作用处剪力发生突变，右截面剪力与左截面剪力之差在数值上等于外力 F。当 F 向上时，剪力 F_s 从左向右突然向上增加；反之，当 F 向下时，剪力 F_s 从左向右突然向下减少。该截面弯矩数值无变化，只是斜率发生突变，出现一个转折点。

5.4.3　集中力偶 M_e 作用处

在梁上集中力偶作用面 B 处(图 5-16(a))左边和右边各取一截面,从梁中取出长为 dx 的微段并将其放大为图 5-16(d),在梁段左截面上有剪力 F_{s2} 弯矩 M_2;右截面上分别有剪力 F_{s3}、弯矩 M_3。设以上内力均为正,且在 dx 这一段内没有集中力。由该微段平衡条件 $\sum F_y = 0$ 和 $\sum M_C = 0$,得

$$F_{s2} - F_{s3} = 0, \quad M_3 - M_2 + M_e = 0$$

即

$$F_{s2} = F_{s3}, \quad M_3 - M_2 = -M_e$$

以上两式表明,在集中力偶 M_e 作用下截面剪力值没有变化,弯矩值发生突变,右截面弯矩与左截面弯矩之差在数值上等于外力偶 M_e。当 M_e 逆时针方向转时,弯矩 M 从左向右突然向下减少,反之,当 M_e 顺时针方向转时,弯矩 M 从左向右突然向上增加。

为了更进一步直观地了解载荷集度 $q(x)$、剪力 $F_s(x)$ 和弯矩 $M(x)$ 间的关系,根据以上讨论及有关结论,将几种常见载荷的剪力图和弯矩图特征列于表 5-1 中。

表 5-1　常见载荷的剪力图和弯矩图特征

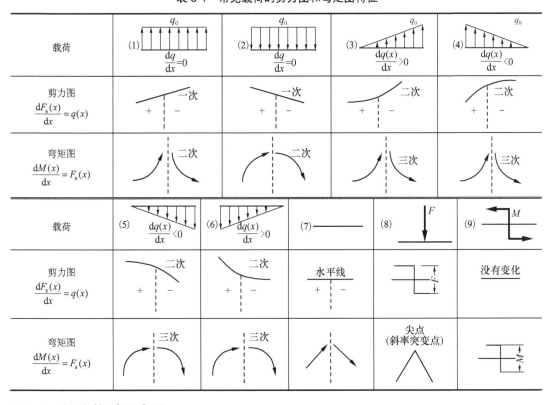

5.4.4　积分关系及应用

利用微分关系式(5-1)和式(5-2),当内力方程在某段内连续时,经过积分得

$$F_s(x_2) = F_s(x_1) + \int_{x_1}^{x_2} q(x)\,dx \tag{5-4}$$

$$M(x_2) = M(x_1) + \int_{x_1}^{x_2} F_s(x)\,\mathrm{d}x \qquad (5\text{-}5)$$

式 (5-4)、式 (5-5) 称为载荷集度 $q(x)$、剪力 $F_s(x)$ 和弯矩 $M(x)$ 间的积分关系，利用积分关系，当已知 $x = x_1$ 截面的剪力 $F_s(x_1)$ 和弯矩 $M(x_1)$ 时，分别对载荷集度 $q(x)$ 和剪力 $F_s(x)$ 进行积分，即可求出 $x = x_2$ 截面的剪力 $F_s(x_2)$ 和弯矩 $M(x_2)$。这种积分在数值上分别等于两截面间分布载荷图和剪力图的面积。这种关系对内力图的绘制与校核同样是十分有用的。

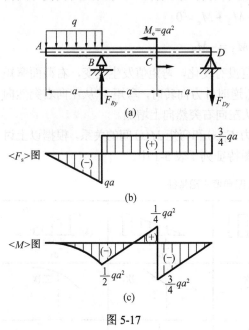

图 5-17

例 5-7　试作图 5-17(a) 所示梁的剪力图和弯矩图。

解　由静力平衡方程，求出两端支座反力分别为

$$F_{By} = \frac{7qa}{4}, \quad F_{Dy} = \frac{3qa}{4}$$

按照前述方法作剪力图和弯矩图时，应分段列出剪力和弯矩方程式，然后按方程作图。现在利用本节所得结论，可以不列方程式直接利用微分关系和突变关系作图。

在 AB 段有向下的均布载荷 q，剪力图应为斜向右下方的直线，用截面法可求出 A 截面的剪力为零，B 截面左侧的剪力为 $-qa$，即可画出该段剪力图的斜直线。BD 段上没有集中载荷作用，C 截面处有一集中力偶，但该力偶不影响剪力图形状，所以 BD 段上的剪力图为一水平线。

用截面法可计算出 D 截面左侧的剪力为 $F_s = F_{Dy} = 3qa/4$。于是可画出 BD 段的剪力图。在 B 截面右侧剪力为 $3qa/4$，左侧为 $-qa$，从 B 截面左侧至右侧，剪力图有一向上突变，突变值为 $3qa/4 - (-qa) = 7qa/4$，恰与 B 点处支座反力大小相等，按突变情形，可知支座反力向上。梁的剪力图如图 5-17(b) 所示。

在 AB 段由于有向下的均布载荷 q，弯矩图是一条向上凸的二次曲线，此外，A 点的剪力为零，该处弯矩有极值。用截面法可求出 A 点的弯矩为零，B 截面左侧的弯矩为 $-qa \times a/2 = -qa^2/2$，即可画出 AB 段的弯矩图。在 BC 段，由于没有分布载荷作用，弯矩图是一条斜直线，又由于该段的剪力是正值，所以该斜直线的斜率为正，用截面法可计算出 B 截面右侧的弯矩为 $-qa^2/2$，C 截面左侧的弯矩为 $F_{By} \times a - qa(a + a/2) = 7qa^2/4 - 3qa^2/2 = qa^2/4$，可确定该斜直线。在 CD 段，同样 $q = 0$，剪力是正值，所以弯矩图是斜率为正的斜直线，用截面法可计算出 D 点的弯矩为零，C 截面右侧的弯矩为 $-F_{Dy} \times a = -3qa^2/4$，即可确定该斜直线。从 B 截面处看，弯矩数值在 B 截面左右是相等的。因此，B 截面处没有集中力偶，但由于集中力（支座反力）存在，该截面弯矩图斜率不连续。而在 C 截面左、右的弯矩不同，从 C 截面左侧至右侧，弯矩向下突变，突变值为 $qa^2/4 - (-3qa^2/4) = qa^2$。所以 C 截面作用有一逆时针方向旋转的集中力偶，大小为 qa^2。由于 BD 段剪力大小相同，根据微分关系，BC、CD 段的弯矩图应为平行线。梁的弯矩图如图 5-17(c) 所示。

例 5-8 外伸梁所受载荷如图 5-18(a)所示，试作梁的剪力图和弯矩图。

解 由静力平衡方程，求得两端支座反力为

$$F_{Ay} = 7\,\text{kN}, \quad F_{By} = 5\,\text{kN}$$

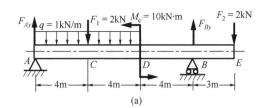

在支座 A 右侧梁截面上，剪力为 7kN。截面 A 到截面 C 之间作用均布载荷，剪力图为斜直线。计算出 C 截面左侧截面上的剪力为 $7-1\times4=3(\text{kN})$，即可确定这条斜直线。截面 C 处有一向下集中力 F_1，剪力图向下突变，突变的数值等于 F_1，故 F_1 右侧截面上的剪力为 $3-2=1(\text{kN})$。从 C 到 D 剪力图又为斜直线，截面 D 上的剪力为 $1-1\times4=-3(\text{kN})$。截面 D 及 B 之间无载荷，剪力图为水平线。截面 B 与 E 之间剪力图也为水平线，算出支座 B 右侧截面上的剪力为 2kN，即可画出这一水平线。该梁剪力图如图 5-18(b)所示。

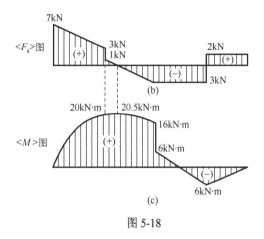

图 5-18

截面 A 上的弯矩为零。从截面 A 到截面 C 之间的载荷为均布载荷，弯矩图为抛物线。算出截面 C 上的弯矩为 $M_C = 7\times4-\dfrac{1}{2}\times1\times4\times4 = 20(\text{kN·m})$。从 C 到 D 弯矩图为另一抛物线，C 截面左右弯矩图斜率不连续。在剪力为零的截面上，弯矩为极值。该截面至左端的距离为 5m，故可求出该截面上的弯矩值为

$$M_{\max} = 7\times5-2\times1-\frac{1}{2}\times1\times5\times5 = 20.5(\text{kN·m})$$

在 D 左侧截面上的弯矩为 $M_D^{\text{L}} = 7\times8-2\times4-\dfrac{1}{2}\times1\times8\times8 = 16(\text{kN·m})$。即可连成 C 到 D 之间的抛物线。截面 D 处有一逆时针方向的集中力偶，弯矩图向下突变，突变的数值等于 M_e，所以在 D 右侧截面上的弯矩为 $M_D^{\text{R}} = 16-10 = 6(\text{kN·m})$，从 D 到 B 梁上无载荷，弯矩图为斜直线。算出截面 B 上的弯矩为 $M_B = -2\times3 = -6(\text{kN·m})$。$B$ 到 E 之间弯矩图也是斜直线，由于 $M_E = 0$，斜直线很容易画出。该梁弯矩图如图 5-18(c)所示。

下面利用积分关系画图。先作剪力图：从截面 A 左侧至右侧，有一向上支座反力 F_{Ay}，剪力图向上有一突变，突变值为 $F_{Ay} = 7\text{kN}$。在 AC 段有均布载荷 $q = -1\text{kN/m}$，剪力图为一负斜率的直线，C 截面左侧的剪力为

$$F_s(C^{\text{L}}) = F_s(A^{\text{R}}) + \int_0^4 q(x)\text{d}x = 7+(-1)\times4 = 3(\text{kN})$$

从截面 C 左侧至右侧，有一向下集中力 F_1，剪力图向下突变，突变值为 $F_1 = 2\text{kN}$。C 截面右侧的剪力为 1kN。在 CD 段同样有均布载荷 $q = -1\text{kN/m}$，剪力图为斜率与 AC 段相同的直线，D 截面的剪力为

$$F_s(D) = F_s(C^{\text{R}}) + \int_0^4 q(x)\text{d}x = 1+(-1)\times4 = -3(\text{kN})$$

从截面 D 左侧至右侧，有一集中力偶，对剪力图无影响。在 BD 段，$q=0$，剪力为常量 $-3\mathrm{kN}$，剪力图是一水平直线。从截面 B 左侧至右侧，有一向上集中力 F_{By}，剪力图向上突变，突变值为 $F_{By}=5\mathrm{kN}$，B 截面右侧的剪力为 $2\mathrm{kN}$。在 BE 段，$q=0$，剪力为常量 $2\mathrm{kN}$，剪力图是一水平直线。从截面 E 左侧至右侧，有一向下集中力 F_2，剪力图向下突变，突变值为 $F_2=2\mathrm{kN}$，E 截面右侧的剪力为零。按照以上步骤画出剪力图，如图 5-18（b）所示。

弯矩图按同样的方法可以画出，从截面 A 左侧至右侧，弯矩值不变，即为零。在 AC 段，由于有向下均布载荷，弯矩图为一上凸曲线，C 截面的弯矩为

$$M(C)=M(A)+\int_0^4 F_s(x)\mathrm{d}x=0+(3+7)\times\frac{4}{2}=20(\mathrm{kN\cdot m})$$

在 CD 段同样有向下均布载荷，弯矩图依然为一上凸曲线，其中 $F_s=0$ 处，弯矩有极值，弯矩的极值为

$$M_{\max}=M(C)+\int_0^1 F_s(x)\mathrm{d}x=20+\frac{1}{2}\times1\times1=20.5(\mathrm{kN\cdot m})$$

D 截面左侧的弯矩为

$$M(D^{\mathrm{L}})=M_{\max}+\int_0^3 F_s(x)\mathrm{d}x=20.5+\frac{1}{2}\times(-3\times3)=16(\mathrm{kN\cdot m})$$

从截面 D 左侧至右侧，有一逆时向集中力偶 $M=10\mathrm{kN\cdot m}$，弯矩图向下突变，突变数值为集中力偶值，因此 D 截面右侧的弯矩值为 $6\mathrm{kN\cdot m}$。在 DB 段，剪力为常数，且为负值，弯矩图为一负斜率的直线。B 截面的弯矩值为

$$M(B)=M(D^{\mathrm{R}})+\int_0^4 F_s(x)\mathrm{d}x=6+(-3\times4)=-6(\mathrm{kN\cdot m})$$

在 BE 段，剪力为常数，且为正值，弯矩图为一正斜率的直线。E 截面左侧的弯矩值为

$$M(E^{\mathrm{L}})=M(B)+\int_0^3 F_s(x)\mathrm{d}x=-6+2\times3=0$$

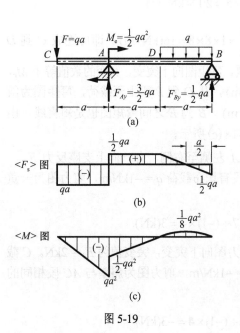

图 5-19

按照以上步骤画出弯矩图，如图 5-18（c）所示。

应当注意，当梁的铰支端或外伸端无集中力偶作用时，该端面的弯矩值一定为零；剪力图 $F_s=0$ 的点一定是弯矩的极值点，根据弯矩图的凹凸特性，计算出弯矩的极值；控制面弯矩的数值，利用对应的剪力图面积计算。端面左侧的剪力图面积的代数和，等于该端面弯矩的数值，而端面右侧的剪力图面积的代数和则等于该端面弯矩的等值负值。当然，该区间内不应有集中力偶作用，否则应同时考虑集中力偶的代数值。同时应充分利用突变关系对弯矩图进行校核。

例 5-9　尺寸及承受载荷如图 5-19（a）所示的一端外伸梁，集中力 F、均布载荷 q 和 a 均为已知，试作梁的剪力图和弯矩图，并在剪力图和弯矩图上注明正的和负的最大值。

解 （1）求出支座反力。根据平衡方程 $\sum M_B = 0$，得 $F_{Ay} = \dfrac{3}{2}qa$；$\sum M_A = 0$，得 $F_{By} = \dfrac{1}{2}qa$。

（2）求控制面左、右两侧的内力值。根据控制面的定义，控制面两侧通常是内力不连续面，故采用在控制面两侧相距微小距离处用截面法截出分离体。截面上内力均设正，求出其内力值，列于表 5-2 中，并在与结构对应的轴线上绘出各点。

表 5-2　控制面的内力值

控制面	F_s 值	M 值	控制面	F_s 值	M 值
C^R	$-qa$	0	D^L	$\dfrac{1}{2}qa$	0
A^L	$-qa$	$-qa^2$	D^R	$\dfrac{1}{2}qa$	0
A^R	$\dfrac{1}{2}qa$	$-\dfrac{1}{2}qa^2$	B^L	$-\dfrac{1}{2}qa$	0

注：上标 L 表示左侧截面，R 表示右侧截面。

（3）依照微分关系绘图。由微分关系式(5-1)～式(5-3)可知，在 CA 段和 AD 段上分布载荷 $q=0$，即该两段上剪力图的斜率为零，剪力图为水平线；同理，弯矩图的斜率为常数，弯矩图应为斜直线。用直线连接这两段各控制面处的数值，即得该两段的剪力图和弯矩图。在 DB 段，由于有均匀向下的分布载荷作用，剪力的斜率为常数，且为负值，所以剪力图为斜直线。将控制面的数值用直线连接可得该段剪力图；该段弯矩图可看成一个两端铰支的 DB 梁上作用向下的分布载荷 q 以及 D、B 两点各作用有集中力偶 M_D、M_B 的两个简支梁的弯矩图的叠加。本例中 D 和 B 两控制面处的弯矩为零，即 M_D 和 M_B 为零，弯矩图为作用分布载荷简支梁 DB 段的弯矩图。作内力图，如图 5-19(b)、(c)所示。

用控制面内力作内力图，首先要判断控制面，包括集中力(力偶)作用面，分布载荷起始、终止面，约束面用支反力代替，本例中有 C、A、D、B 面。用截面法分别求出控制面左、右两侧(R、L)的内力值，为清晰表述，可列成表 5-2 的形式，标明 F_s、M 图坐标中各控制面两侧数值，用微分关系判断中间曲线形式，再用平衡方程确定极值。

例 5-10　试作如图 5-20(a)所示梁的剪力图和弯矩图。

解　由静力平衡方程，求得两端支座反力为

$$F_{Ay} = F_{By} = q_0\dfrac{l}{4}$$

讨论剪力图。根据表 5-1 中集中载荷作用点的突变关系，可画出两铰支端 A、B 处的剪力值，利用对称条件可知在梁的中间 C 截面剪力为零，在 AC 段，作用有随 x 而递增的负值线性载荷，即 $\dfrac{dq(x)}{dx} < 0$，而 $\dfrac{dF_s(x)}{dx} = q(x)$，故 $\dfrac{d^2F_s(x)}{dx^2} < 0$，

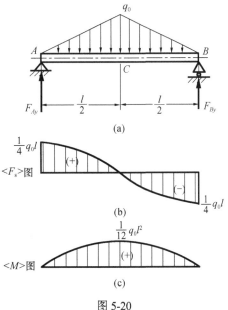

图 5-20

从而判断剪力有极大值，决定了 AC 段剪力图为凸向的二次曲线；在 CB 段，作用有随 x 而递减的负值线性载荷，即 $\dfrac{\mathrm{d}q(x)}{\mathrm{d}x}>0$，故 $\dfrac{\mathrm{d}^2F_s(x)}{\mathrm{d}x^2}>0$，从而判断剪力有极小值，决定了 CB 段剪力图为凹向的二次曲线（表 5-1 中 5、6 栏）。依此规律连接 A、B、C 三点的剪力数值，即得剪力图，图 5-20(b) 所示。

对于弯矩图，根据 $\dfrac{\mathrm{d}M(x)}{\mathrm{d}x}=F_s(x)$，剪力为零的点即为弯矩的极值点，根据平衡条件，求出中间截面 C 的弯矩 $M_C=\dfrac{1}{12}q_0 l^2$，而 $F_s(x)$ 为二次曲线，可知 $M(x)$ 为三次曲线。根据 $\dfrac{\mathrm{d}^2M(x)}{\mathrm{d}x^2}=q(x)$，而 $q(x)$ 均为负，故梁的弯矩图为凸向的三次曲线（表 5-1 中 5、6 栏），从而画出弯矩图，图 5-20(c) 所示。

仔细观察图 5-20 可以看出，当结构对称、载荷对称时，其剪力 F_s 图反对称，而弯矩 M 图对称；同样当结构对称，载荷反对称时，其剪力 F_s 图对称，而弯矩 M 图反对称。了解这些规律，对快速准确地绘制内力图或检查内力图的正确性都有帮助。

5.5　用叠加法作弯矩图

由于梁的变形在载荷作用下是很小的，其跨度的改变可以忽略不计。当梁上有几个载荷共同作用时，由每一个载荷所引起的梁的反力、剪力和弯矩将不受其他载荷的影响，即独立作用原理成立。这时，各个载荷与它所引起的内力呈线性齐次函数，计算弯矩时就可以应用叠加法。

叠加原理在材料力学中应用很广，应用叠加原理的一般条件为：当效果和各影响因素之间呈线性齐次关系时，诸多因素引起的总效果等于各个因素单独引起的效果的总和。

根据叠加原理，剪力图也可用叠加法画出，由于直接画剪力图比较简单，用叠加法并不方便，通常只应用叠加原理画弯矩图。

现以图 5-21(a) 所示简支梁为例说明叠加法画弯矩图的原理。

由静力平衡条件 $\sum M_B=0$ 和 $\sum M_A=0$，可得支座反力分别为

$$F_{Ay}=\frac{1}{2}ql+\frac{M_{e1}}{l}-\frac{M_{e2}}{l}, \quad F_{By}=\frac{1}{2}ql-\frac{M_{e1}}{l}+\frac{M_{e2}}{l}$$

AB 段的弯矩方程为

$$M(x)=F_{Ay}x-M_{e1}-\frac{1}{2}qx^2=\left(\frac{1}{2}ql+\frac{M_{e1}}{l}-\frac{M_{e2}}{l}\right)x-M_{e1}-\frac{1}{2}qx^2$$

$$=\left(\frac{1}{2}qlx-\frac{1}{2}qx^2\right)+\left(\frac{M_{e1}}{l}x-M_{e1}\right)-\frac{M_{e2}}{l}x$$

在上式中，第一个括号内的值代表均布载荷 q 单独作用时该截面上的弯矩；第二个括号内的值代表集中力偶 M_{e1} 单独作用时该截面上的弯矩；第三项代表集中力偶 M_{e2} 单独作用时该截面上的弯矩。由此可得，梁在若干个载荷共同作用下的弯矩值，等于各个载荷单独作用下弯矩的代数和。从弯矩方程中可以看出，内力是载荷 q、M 的线性齐次函数。图 5-21(b)、(c)

分别代表单独作用 q 和作用 M_{e1}、M_{e2} 时的弯矩图，将对应截面的内力值进行代数叠加，即得简支梁的弯矩图，如图 5-21 (d) 或 (e) 所示。

例 5-11　悬臂梁如图 5-22 (a) 所示。已知集中力 $F = 3ql/8$，用叠加法作梁的弯矩图。

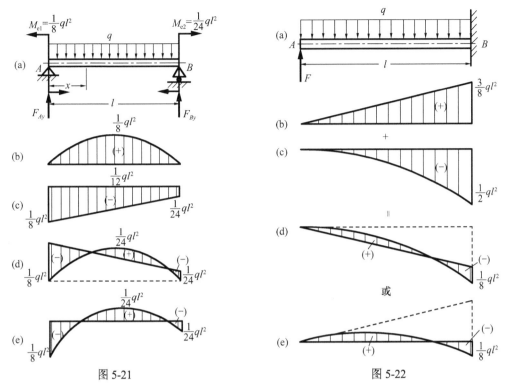

图 5-21　　　　　　　　　　　　　　图 5-22

解　(1) 分别作出梁上仅作用集中载荷、仅作用均布载荷时的弯矩图，如图 5-22 (b)、(c) 所示。

(2) 将两弯矩图叠加。由于两图中的弯矩正、负不同，将两图的弯矩在横坐标轴的同一侧 (一般选绝对值大的一侧) 叠加。重叠的部分表示其值相互抵消，留下的部分的纵坐标代表各载荷共同作用时，梁各对应截面上的弯矩，如图 5-22 (d) 所示。

(3) 为便于比较各纵坐标值的大小，也可以图 5-22 (d) 中的斜线为基线，将弯矩图叠加为图 5-22 (e) 所示的形状。在这一叠加过程中，虽然图 5-22 (e) 所示弯矩图的几何形状有所变化，但对应于横坐标各点处的纵坐标即内力值并无变化，所以不影响叠加的结果。

在进行强度计算时，很少利用叠加原理。因为用叠加原理画 F_s、M 图有时会使 F_s、M 的最大值湮没，反而造成错误。但在进行刚度计算和用能量法求变形的计算中用图形互乘时，利用弯矩图叠加，会使所求的问题简化。

5.6　平面刚架与曲杆的内力

5.6.1　平面刚架

工程中某些机器的机身或机架的轴线是由几段直线组成的折杆，如液压机机身、钻床床架、轧钢机机架等。若这种机架的两个组成部分在其连接处受力前后夹角不变，即两部分在连接处受力前后不能相对转动，这种连接称为**刚节点**。有刚节点的框架称为**刚架**。当组成刚架的折杆的轴线在同一平面时为**平面刚架**。当平面刚架仅受到面内的外力时，其各截面及刚节点处的内力通常除剪力和轴力外，还有弯矩。凡未知反力和内力由静力平衡条件可以确定的刚架称为**静定刚架**。

对于平面刚架横截面上的轴力和剪力，其正负号的规定与直杆相同。而弯矩没有正负号的规定，在画弯矩图时，把弯矩图画在弯曲变形凹入的一侧，即画在杆件受压的一侧。

例 5-12　试作如图 5-23(a) 所示平面刚架的内力图。

解　(1)确定支座反力。由刚架的平衡条件可得支座反力为

$$F_{Ax}=-qa,\quad F_{Ay}=\frac{1}{2}qa,\quad F_{Cy}=\frac{1}{2}qa$$

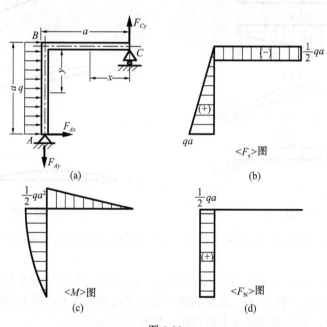

图 5-23

(2)写出内力方程。在 BC 段内将坐标原点取在 C 点，任意截面(图 5-23(a))的内力为

$$F_N(x)=0,\quad 0<x<a$$

$$F_s(x)=-F_{Cy}=-\frac{1}{2}qa,\quad 0<x<a$$

$$M(x)=F_{Cy}x=\frac{1}{2}qax,\quad 0\leqslant x\leqslant a$$

在 AB 段内将坐标原点取在 B 点，任意截面的内力为

$$F_N(y)=F_{Cy}=\frac{1}{2}qa,\quad 0<y<a$$

$$F_s(y)=qy,\quad 0<y<a$$

$$M(y)=F_{Cy}a-\frac{1}{2}qy^2=\frac{1}{2}qa^2-\frac{1}{2}qy^2,\quad 0\leqslant y\leqslant a$$

（3）绘制轴力、剪力和弯矩图。按照内力方程分别绘制 F_s、M、F_N 图，如图 5-23（b）～（d）所示。

由该例的弯矩图可以看出，在刚节点处，若没有集中力偶作用，则刚节点两侧的弯矩值应相等且在同一侧，简述为**等值同侧**。

对于平面刚架，每段直杆部分的分布载荷、剪力和弯矩都符合式(5-1)～式(5-3)所述的微分关系及式(5-4)、式(5-5)所述的积分关系。同样可以像例 5-8 那样用微积分关系作图 5-23（a）所示平面刚架的剪力图和弯矩图。

例 5-13　绘制图 5-24（a）所示刚架的内力图。

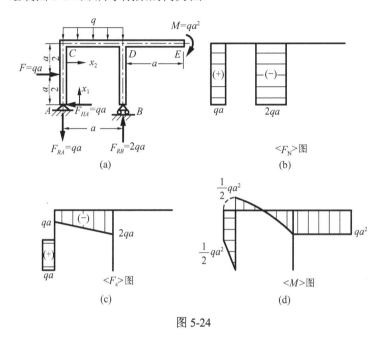

图 5-24

解　（1）求支座反力。由平衡方程 $\sum M_A = 0$，得 $F_{RB} = 2qa(\uparrow)$；$\sum F_y = 0$，得 $F_{RA} = qa(\downarrow)$；$\sum F_x = 0$，得 $F_{HA} = qa(\leftarrow)$。

（2）作轴力图。仍为拉正压负的原则，正在框架外，负在框架内，作轴力图，如图 5-24（b）所示。

（3）作剪力图。门式刚架从左侧进入，依次面对 AC，再面对 CD、DB、DE，将各段看作一段水平梁，按梁的方法作出 F_s、M 图即可。例如，在 AC 段，在 A 向上 dx_1 处取一截面，可知剪力使其顺时针方向转动，故 F_s 为正值。C 面向右 dx_2 处，F_{RA} 向下使微段逆时针方向转动，故 F_s 为负。注意突变，作 F_s 图，如图 5-24（c）所示。

（4）作弯矩图。画刚架弯矩图的原则为：画在受压一侧，一般不分正负，或以在刚架外侧为正，以在内侧为负。从 A 端开始，按剪力图中的约定，向左为上，集中力 F_{HA} 向上，产生正弯矩，M 为 F_{HA} 的线性函数。当 $x_1 = \dfrac{a}{2}$ 时，$M = \dfrac{1}{2}qa^2$；当 $x_1 > \dfrac{a}{2}$ 时，$F_s = 0$，$M(x)$ 为水平线。在 CD 段时，C 面受 $M = \dfrac{1}{2}qa^2$ 集中力偶和向下为 $F_{RA} = qa$ 的集中力，D 面受 $M = -qa^2$

的集中力偶和向上的集中力 $F_{RB} = 2qa$ 作用，故 CD 间 M 图为二次曲线，且必有零值点。设当 $x_2 = x_0$ 时，则有 $M(x_0) = \dfrac{1}{2}qa^2 - qax_0 - \dfrac{1}{2}qx_0^2 = 0$，解得 $x_0 = 0.41a$。DE 端相当于外伸梁端作用集中力偶，整段受 $M = qa^2$ 作用。作弯矩图，如图 5-24(d) 所示。

5.6.2　平面曲杆

工程结构中有一些构件，其轴线是一条平面曲线，称为**平面曲杆**，如活塞环、链环、拱等。当外力作用在平面曲杆面内时，平面曲杆横截面上的内力通常有剪力、轴力和弯矩。下面举例说明平面曲杆内力的计算方法和内力图的绘制。

对于平面曲杆横截面上的轴力和剪力，其正负号的规定与直杆相同。弯矩正、负号的规定为：使曲杆轴线曲率增加的弯矩为正，反之为负。画内力图时，以杆的轴线为基准线，可将正轴力和正剪力画在曲杆凹的一侧，将弯矩图画在曲杆受压的一侧，并以曲率半径方向的值度量其大小。

例 5-14　试作如图 5-25(a) 所示平面曲杆的内力图。

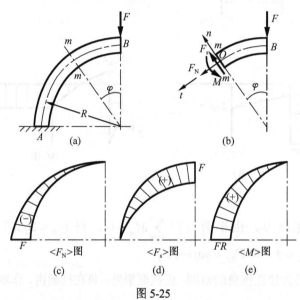

图 5-25

解　计算内力时，一般应先求出曲杆的支座反力。在本例中，由于曲杆的 B 端是自由端，可以不求支座反力，直接确定截面上的内力。在极角为 φ 的任意横截面 m-m 处，用截面法将曲杆截开，并取右段梁为研究对象（图 5-25(b)）。由静力平衡条件，可得截面上的内力为

$$F_N(\varphi) = -F\sin\varphi, \quad 0 \leqslant \varphi < \dfrac{\pi}{2}$$

$$F_s(\varphi) = F\cos\varphi, \quad 0 < \varphi \leqslant \dfrac{\pi}{2}$$

$$M(\varphi) = FR\sin\varphi, \quad 0 \leqslant \varphi < \dfrac{\pi}{2}$$

按照内力方程，分别作轴力、剪力和弯矩图，如图 5-25(c)～(e)所示。

需要注意的是，在刚架中，每段直杆部分的分布载荷、剪力和弯矩都符合式(5-1)～式(5-3)所表示的微分关系。而在曲杆中，这三者的微分关系不存在，所以不能应用式(5-1)～式(5-3)作内力图。

思 考 题

5.1 求某截面上的剪力和弯矩时，保留截面左侧和保留截面右侧的计算结果是否相同？为什么？

5.2 剪力和弯矩的正负号的物理意义是什么？与理论力学中的力和力偶正负号规则有何不同？

5.3 为什么要绘制剪力图和弯矩图？列内力方程时的分段原则是什么？

5.4 当梁的某一段作用有分布载荷时，什么情况下可用集中载荷代替分布载荷？为什么？

5.5 梁上作用有集中力 F 和集中力偶 M，其剪力图和弯矩图在该处变化有何特征？如何计算内力发生突变截面处的内力值？

5.6 叙述载荷集度、剪力和弯矩间的微分关系。如何利用它们之间的关系判断内力图的正误？当分布载荷为线性分布时，对应段的剪力图和弯矩图应为几次曲线？

5.7 仅给定梁的剪力图能否确定梁的受力？能否确定梁的支承性质与支承位置？答案是否具有唯一性？由给定的剪力图能否确定弯矩图，答案是否唯一？

5.8 在刚架和曲杆中，内力符号的规定有何异同？

习 题

5-1 试求图示各梁中指定截面上的剪力和弯矩。其中截面 1-1、2-2 无限接近 C 截面，截面 3-3、4-4 无限接近 B 截面。

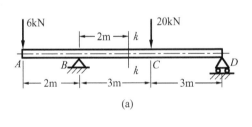

(a)

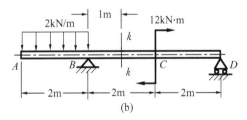

(b)

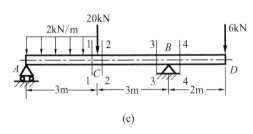

(c)

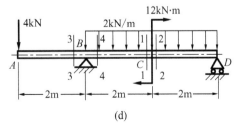

(d)

题 5-1 图

5-2　利用方程作图示各梁的剪力图和弯矩图。

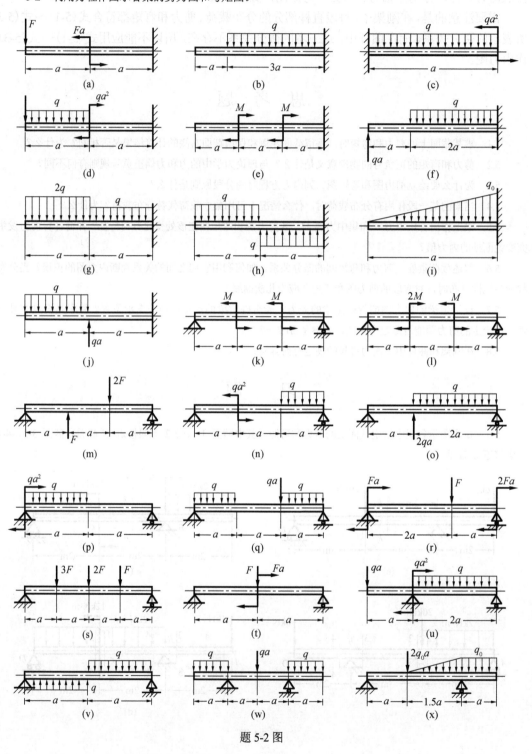

题 5-2 图

5-3 试用载荷集度、剪力和弯矩之间的微分关系，绘出图示各梁的剪力图和弯矩图。

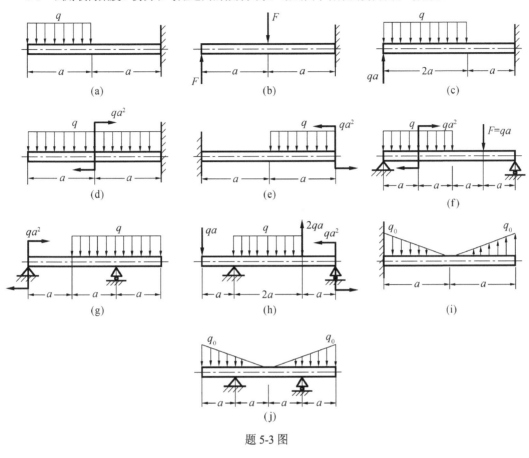

题 5-3 图

5-4 试画出图示各梁的剪力图和弯矩图。

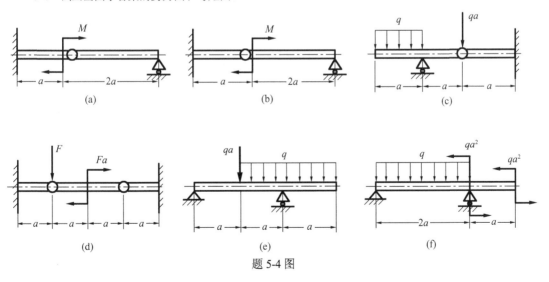

题 5-4 图

5-5　试画出图示各刚架的内力图。

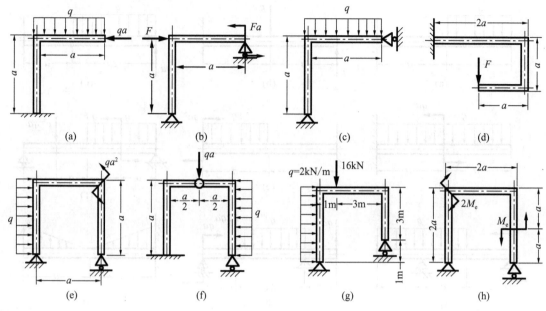

题 5-5 图

5-6　已知梁的剪力图和弯矩图如图所示，试绘制梁的载荷图。

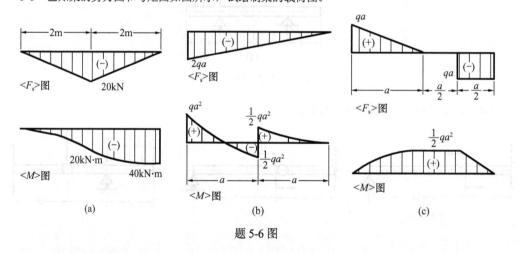

题 5-6 图

5-7　已知梁的弯矩图如图所示，试绘制梁的载荷图和剪力图。

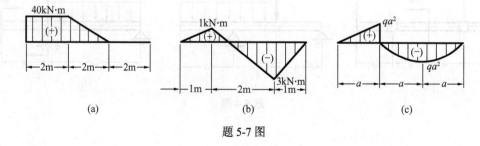

题 5-7 图

5-8 已知梁的剪力图如图所示，试绘制梁的载荷图和弯矩图(假定梁上无集中力偶作用)。

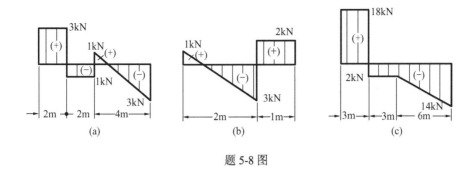

题 5-8 图

5-9 已知梁的剪力图或弯矩图如图所示。画出或补全梁的载荷，并作弯矩图或剪力图。

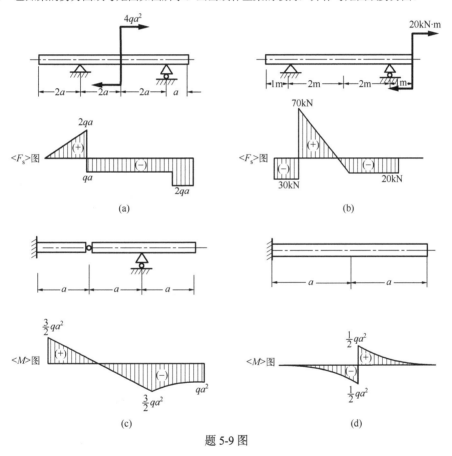

题 5-9 图

5-10 有一长度为 2L 的梁，在图示的位置处承受载荷 F 和 2F 作用，该梁置于基础上，基础所产生的连续分布反力作用于梁上，假设分布反力自 A 至 B 按直线变化，试求 A 端和 B 端处分布支反力的强度 q_A 和 q_B，并确定梁中最大弯矩的大小和位置。

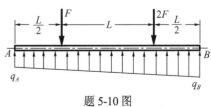

题 5-10 图

5-11 如图所示，某简支梁有 n 个相同间距的集中力作用其上，其总载荷为 F，所以每个载荷为 F/n。梁的长度为 L，载荷的间距为 $L/(n+1)$。(1)试导出梁中最大弯矩的一般公式。(2)根据其公式，对连续几个 n 值($n=1$, 2, 3, 4, …)确定最大弯矩。(3)将这些结果与由于均布载荷 $q(qL=F)$ 作用所产生的最大弯矩作比较。

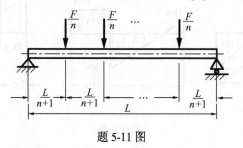

题 5-11 图

5-12 列出图示各曲杆的内力方程，并画出内力图。

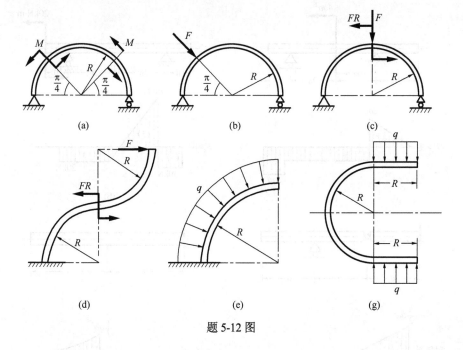

题 5-12 图

重点及
难点

第6章 弯 曲 应 力[1]*

6.1 纯弯曲时梁的正应力

第 5 章详细讨论了梁横截面上的内力——剪力和弯矩。为了解决梁的强度问题，必须进一步研究横截面上各点的应力及应力分布规律。在 5.3 节中曾指出弯矩是该截面上法向分布内力的合力偶；剪力是该截面上切向分布内力的合力。所以，弯矩 M 仅与横截面上的正应力 σ 有关，剪力 F_s 仅与横截面上的切应力 τ 有关。一般将梁弯曲时横截面上的正应力称为弯曲正应力；将梁弯曲时横截面上的切应力称为弯曲切应力。本章主要研究梁的弯曲正应力和弯曲切应力的分布规律，并讨论梁的强度问题。

火车轮轴受力如图 6-1(a) 所示，其受力简图、剪力图和弯矩图如图 6-1(b) ~ (d) 所示。从图中可以看出，轮轴的 AB 段内，横截面上的剪力为零，弯矩为常数，于是该段各横截面上只有正应力而无切应力，这种情况称为**纯弯曲**。而轮轴左右两段内，梁横截面上既有弯矩又有剪力，这种情况称为横力弯曲或剪切弯曲。

在纯弯曲情形下，梁横截面上只有正应力，和研究拉(压)杆件的正应力和圆轴扭转时的切应力相似，研究纯弯曲时的正应力，同样需要从静力平衡关系、变形几何关系和物理关系三方面予以考虑。

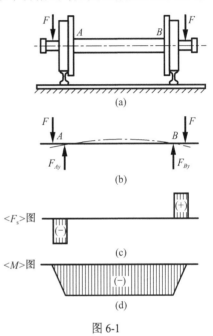

图 6-1

6.1.1 变形几何关系

为观察变形规律，在变形前的杆件侧面上画出纵向线 ab 和 cd，垂直于纵向线的横向线 $m\text{-}m$ 和 $n\text{-}n$(图 6-2(a))。然后作用弯矩 M 使杆件发生纯弯曲变形。

在梁受力变形后，可以看到两条纵向线弯曲成弧线 $a'b'$ 和 $c'd'$，而两条横向线 $m\text{-}m$ 和 $n\text{-}n$ 仍保持为直线，只是相对转过了一个角度，但仍垂直于变形后的纵向线(弧线)(图 6-2(b))，且弧线 $c'd'$ 比变形前长度减小，而弧线 $a'b'$ 比变形前长度增加*。根据观察到的变形现象，经过推理和判断，作出如下假设：梁的横截面在变形后仍保持为平面，并垂直于变形后梁的轴线，只是绕截面内的某一轴线旋转了一个角度，称这种假设为弯曲变形的**平面假设***。

弯曲变形

平面假设

---

[1]关于梁的弯曲最早的系统研究是伽利略(Galilei Galileo，1564—1642 年)在 1638 年出版的《关于两门新科学的对话》中对悬臂梁的强度进行论证，但其应力分布和中性轴的位置都是错误的。经过近 200 年的努力，法国科学家纳维(Claude-Louis-Marie-Henri Navier，1785—1836 年)在他 1826 年出版的《力学在机械与结构方面的应用》中对梁的中性层才最后准确定位。

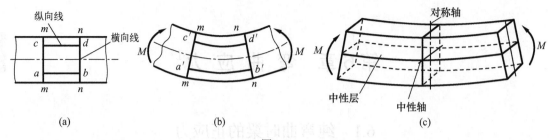

图 6-2

中性层
中性轴

　　设想梁是由无数层纵向纤维组成的，弯曲变形后，靠近凹入的一侧纵向纤维缩短；靠近凸出的一侧纵向纤维伸长。由于变形的连续性，由凹入侧纤维的缩短连续地改变为凸出侧的伸长，中间必定有一层纤维的长度不变，这一层称为**中性层**。中性层与横截面的交线，称为该横截面的**中性轴**。梁弯曲时，横截面就是绕中性轴转动的。对于平面弯曲问题，梁上的载荷作用于纵向对称面内，梁轴线将变为这一平面内的曲线。梁的变形也对称于这一纵向对称面，中性轴与这一纵向对称面垂直，如图 6-2（c）所示*。

　　根据平面假设，相距为 $\mathrm{d}x$ 的两横截面之间的一段梁变形后如图 6-3（a）所示。令横截面的对称轴为 y 轴，中性轴为 z 轴，至于中性轴在横截面上的具体位置，待后确定。

　　现在研究距中性层 y 处的纵向纤维 ab 的变形。梁变形后，微段两端面相对地转过了一个角度 $\mathrm{d}\theta$，设梁变形后中性层 O_1O_2 的曲率半径为 ρ，因中性层在梁弯曲后的长度不变，所以，

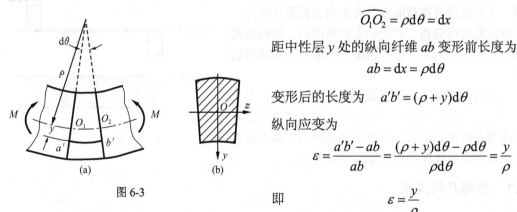

图 6-3

$$\widehat{O_1O_2} = \rho\mathrm{d}\theta = \mathrm{d}x$$

距中性层 y 处的纵向纤维 ab 变形前长度为

$$ab = \mathrm{d}x = \rho\mathrm{d}\theta$$

变形后的长度为　　$a'b' = (\rho + y)\mathrm{d}\theta$

纵向应变为

$$\varepsilon = \frac{a'b' - ab}{ab} = \frac{(\rho + y)\mathrm{d}\theta - \rho\mathrm{d}\theta}{\rho\mathrm{d}\theta} = \frac{y}{\rho}$$

即　　　　　　　　$$\varepsilon = \frac{y}{\rho} \tag{a}$$

　　当 x 坐标确定时，即给定的横截面处，其曲率半径 ρ 为常数，故纯弯曲时线应变仅与纤维至中性层的距离 y 成正比。

6.1.2　物理关系

　　实验结果同时表明（图 6-3（b）），纵向纤维伸长区域梁的宽度缩小，纵向纤维缩短区域梁的宽度增大，与杆在轴向拉伸或压缩时横向变形的规律一样，故假设各纵向纤维只受到单向拉伸或压缩，各纵向纤维间不存在相互间挤压，即单向受力假设。当应力不超过材料的比例极限时，作用其上的正应力与线应变的关系应服从胡克定律，即

$$\sigma = E\varepsilon$$

将式（a）代入，得

$$\sigma = E\varepsilon = E\frac{y}{\rho} \tag{b}$$

式(b)表明,横截面上任意点处的正应力与该点到中性层的距离成正比,沿截面的高度按直线规律变化,中性轴上的正应力为零。

6.1.3 静力平衡关系

虽然由几何、物理关系得到了正应力分布规律,但曲率半径 ρ 和中性轴的位置还未确定,坐标 y 无从量起,故还不能确定正应力的值,仍需考虑正应力和内力间的静力关系,才能确定横截面上各点的正应力值。

横截面上的微内力 $\sigma \mathrm{d}A$ 组成一个与横截面垂直的空间平行力系,如图 6-4(a)所示*。

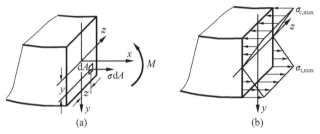

图 6-4

这样的平行力系在横截面上合成的力只能是平行于 x 轴的合力 F_N、对 y 轴的力偶矩 M_y 和对 z 轴的力偶矩 M_z 三个内力分量,即

$$F_\mathrm{N} = \int_A \sigma \mathrm{d}A, \quad M_y = \int_A z\sigma \mathrm{d}A, \quad M_z = \int_A y\sigma \mathrm{d}A$$

在纯弯曲的情形下,横截面上的内力仅有弯矩 M,该弯矩 M 是横截面上垂直分布的内力系对 z 轴的力偶矩。因此

$$F_\mathrm{N} = \int_A \sigma \mathrm{d}A = 0 \tag{c}$$

$$M_y = \int_A z\sigma \mathrm{d}A = 0 \tag{d}$$

$$M_z = \int_A y\sigma \mathrm{d}A = M \tag{e}$$

将式(b)代入式(c),得 $\displaystyle\int_A \sigma \mathrm{d}A = \int_A \frac{Ey}{\rho}\mathrm{d}A = \frac{E}{\rho}\int_A y\mathrm{d}A = 0$

由于 E/ρ 不可能为零,故必须 $\displaystyle\int_A y\mathrm{d}A = S_z = 0$。由平面图形的几何性质可知,只有在 z 轴通过横截面形心时,静矩才可能为零,即中性轴必须通过横截面的形心。根据这个条件,可以确定中性轴的位置。所有横截面的中性轴组成了梁的中性层,所以梁的轴线也在中性层内。

将式(b)代入式(d),得

$$\int_A z\sigma \mathrm{d}A = \int_A z\frac{Ey}{\rho}\mathrm{d}A = \frac{E}{\rho}\int_A yz\mathrm{d}A = 0$$

$\int_A yz\mathrm{d}A = I_{yz}$ 是横截面对 y 和 z 轴的惯性积。由于 y 轴是横截面的对称轴，必然有 $I_{yz}=0$，上式自然满足。

再将式 (b) 代入式 (e)，得　　　　　$$\int_A y\sigma \mathrm{d}A = \int_A y\frac{Ey}{\rho}\mathrm{d}A = \frac{E}{\rho}\int_A y^2\mathrm{d}A = M$$

式中，$\int_A y^2\mathrm{d}A = I_z$，于是上式可写成

$$\frac{1}{\rho(x)} = \frac{M(x)}{EI_z} \tag{6-1}$$

式 (6-1) 是研究弯曲变形的一个基本公式。若截面确定，则截面上的弯矩确定，该截面处的曲率随之确定。

将式 (6-1) 代入式 (a)，得梁纯弯曲时横截面上弯曲正应力的表达式为

$$\sigma = \frac{My}{I_z} \tag{6-2}$$

对图 6-3 所取坐标系来说，在正的弯矩 M 作用下，y 为正时，σ 为拉应力；反之，y 为负时，σ 为压应力 (图 6-4)。

在使用式 (6-2) 计算应力时，一般无须借助坐标 y 的正负来确定应力的正负。可根据梁的变形直接判断 σ 是拉应力还是压应力。以中性轴为界，梁凸出的一侧受拉，凹入的一侧受压。也可根据弯曲内力中弯矩"凹正凸负"的符号规定来判断：当弯矩为正时，中性轴以下部分受拉，以上部分受压；当弯矩为负时，中性轴以下部分受压，以上部分受拉。

式 (6-1)、式 (6-2) 虽然是用矩形截面梁为例导出的，但在推导过程中，并未用到矩形截面的特殊性质，所以，只要梁有一纵向对称面，且载荷作用在纵向对称平面内，即满足对称弯曲的条件，公式即可适用。

由式 (6-2) 可知，梁横截面上的最大正应力发生在离中性轴最远处。设 y_{max} 为离中性轴最远点处的坐标，则最大正应力为

$$\sigma_{max} = \frac{My_{max}}{I_z} = \frac{M}{W_z} \tag{6-3}$$

式中，$W_z = \dfrac{I_z}{y_{max}}$ 为弯曲截面系数或抗弯截面模量，它仅与截面的几何形状有关。

当截面是高为 h、宽为 b 的矩形截面时，其 W_z 为

$$W_z = \frac{I_z}{y_{max}} = \frac{bh^3/12}{h/2} = \frac{1}{6}bh^2$$

当截面是直径为 d 的圆形截面时，其 W_z 为

$$W_z = \frac{I_z}{y_{max}} = \frac{\pi d^4/64}{d/2} = \frac{\pi d^3}{32} = W_y$$

对于各种型钢的抗弯截面模量，可在附录 D 的型钢表中查到。

如果梁的横截面对中性轴不对称，如图 6-5 所示 T 形截面，其最大拉应力和最大压应力并

不相等，这时应分别把 y_1 和 y_2 的值代入式 (6-2)，计算最大拉应力和最大压应力。

在推导式(6-1)和式(6-2)时，引用了胡克定律，故只有当正应力不超过材料的比例极限时，式(6-1)和式(6-2)才能成立。

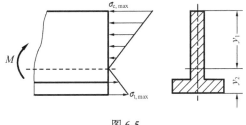

图 6-5

例 6-1 梁的横截面如图 6-6(a)所示。已知在 xy 平面内有正弯矩 $M = 1\text{kN} \cdot \text{m}$，截面的外径 $D = 50\text{mm}$，内径 $d = 25\text{mm}$。试求该圆环形截面在正弯矩 M 作用下，a、b、c、d 四点处的正应力(线段 cd 平行于 y 轴)，并画出沿 y 轴和沿线段 cd 的正应力分布图。

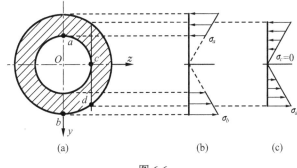

图 6-6

解 (1)求截面的二次矩。

$$I_z = \frac{\pi}{64}(D^4 - d^4) = \frac{\pi}{64} \times (50^4 - 25^4) \times 10^{-12} = 2.88 \times 10^{-7}(\text{m}^4)$$

(2)a 点应力。a 点的坐标为

$$y_1 = -\frac{d}{2} = -\frac{25}{2} \times 10^{-3} = -12.5 \times 10^{-3}(\text{m})$$

代入式(6-2)，得　　$\sigma_a = \dfrac{My_1}{I_z} = \dfrac{1 \times 10^3 \times (-12.5) \times 10^{-3}}{2.88 \times 10^{-7}} = -4.34 \times 10^7(\text{Pa}) = -43.4\,(\text{MPa})$

(3)b 点应力。b 点的坐标为

$$y_2 = \frac{D}{2} = \frac{50}{2} \times 10^{-3} = 25 \times 10^{-3}(\text{m})$$

代入式(6-2)得　　$\sigma_b = \dfrac{My_2}{I_z} = \dfrac{1 \times 10^3 \times 25 \times 10^{-3}}{2.88 \times 10^{-7}} = 8.68 \times 10^7(\text{Pa}) = 86.8\,(\text{MPa})$

(4)c 点应力。c 点的坐标为 $y_3=0$，故

$$\sigma_c = \frac{My_3}{I_z} = 0$$

(5)d 点应力。d 点的坐标为

$$y_4 = \frac{1}{2}\sqrt{D^2 - d^2} = \frac{1}{2} \times \sqrt{(50^2 - 25^2)} \times 10^{-3} = 21.7 \times 10^{-3}(\text{m})$$

代入式(6-2)得　　　$\sigma_d = \dfrac{My_4}{I_z} = \dfrac{1 \times 10^3 \times 21.7 \times 10^{-3}}{2.88 \times 10^{-7}} = 7.53 \times 10^7 (\text{Pa}) = 75.3 (\text{MPa})$

沿 y 轴和沿线段 cd 上的正应力分布如图 6-6(b)、(c)所示。

6.2　正应力公式的推广　强度条件

6.1 节讨论了梁的横截面有一对称轴，外力作用于截面对称轴和轴线组成的纵向对称面内，梁段上弯矩为常量的纯弯曲情形，得到了横截面上的正应力公式。在工程实际中，有些梁并没有纵向对称面，横截面上不仅有弯矩，还有剪力，即梁受横力弯曲(剪切弯曲)的情形，下面分别讨论这些情形下的正应力公式。

6.2.1　非对称梁的纯弯曲

设梁的横截面如图 6-7(a)所示，截面无对称轴，y 轴和 z 轴是横截面的形心主惯性轴，x 轴是梁的轴线。实验表明，在纯弯曲条件下的平面假设仍然成立。根据平面假设，弯曲变形时，横截面仍保持为平面，只是绕中性轴转了一个角度。按照相同的方法，可以证明，横截面上距中性轴 n-n 为 η 处(图 6-7(b))的正应力为

$$\sigma = E\frac{\eta}{\rho} \tag{a}$$

式中，ρ 为变形后中性层的曲率半径。同样横截面上的内力只有在 xy 平面内的力偶矩，即弯矩 M，所以

$$F = \int_A \sigma \mathrm{d}A = 0 \tag{b}$$

$$M_y = \int_A z\sigma \mathrm{d}A = 0 \tag{c}$$

$$M_z = \int_A y\sigma \mathrm{d}A = M \tag{d}$$

将式(a)代入式(b)，得　　　$\displaystyle\int_A \sigma \mathrm{d}A = \int_A \frac{E\eta}{\rho}\mathrm{d}A = \frac{E}{\rho}\int_A \eta \mathrm{d}A = 0$

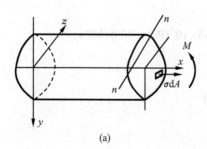 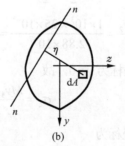 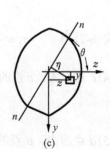

(a)　　　　　　　　　　　(b)　　　　　　　　　　(c)

图 6-7

同样，E/ρ 不能为零，故 $\int_A \eta dA = 0$。表明中性轴通过横截面的形心，如图 6-7(c)所示，设中性轴与 z 轴的夹角为 θ，由图 6-7(c)可见，截面上任意点到中性轴的距离 η 为

$$\eta = y\cos\theta + z\sin\theta$$

将 η 代入式(a)，得

$$\sigma = \frac{E}{\rho}(y\cos\theta + z\sin\theta) \tag{e}$$

将式(e)代入式(c)，得

$$\int_A z\sigma dA = \frac{E}{\rho}\left(\cos\theta\int_A yzdA + \sin\theta\int_A z^2dA\right) = \frac{E}{\rho}(I_{yz}\cos\theta + I_y\sin\theta) = 0$$

由于 y 轴和 z 轴是形心主惯性轴，所以 $I_{yz} = 0$，上式简化为

$$\frac{E}{\rho}I_y\sin\theta = 0$$

因 $\frac{E}{\rho}I_y$ 不可能为零，所以仅有 $\sin\theta = 0$，即 $\theta = 0$。

可见中性轴与 z 轴重合，于是式(a)演化为

$$\sigma = \frac{E}{\rho}y \tag{f}$$

将式(f)代入式(d)，经过推导最后可得式(6-2)。

对于非对称梁，只要外力偶矩作用于形心主惯性轴和该轴线组成的形心主惯性平面内，或外力偶矩的作用平面平行于形心主惯性平面(如槽钢外侧弯曲中心所在平面)，则中性轴与这个平面垂直，弯曲变形发生在形心主惯性平面内。横截面上的正应力仍可按式(6-2)计算。

6.2.2 横力弯曲时的正应力

横力弯曲

梁的横截面上既有剪力又有弯矩，这种弯曲称为横力弯曲或剪切弯曲，则横截面上不仅有正应力，还有切应力。由于切应力的存在，梁的横截面将产生翘曲[*]。另外，与中性层平行的纵向截面上，还有横向力引起的压应力。近一步较精确的分析证明，对跨度 l 与横截面高度 h 之比大于 5 的梁，纯弯曲时正应力公式(6-2)可以足够精确地计算横力弯曲时横截面上的正应力，并不会引起很大的误差，能够满足工程问题所需要的精度。

横力弯曲时，弯矩不是常量，随截面位置而变化。计算最大正应力时，一般以弯矩的最大值计算。但公式(6-2)表明，正应力不仅与弯矩有关，还与截面的形状和尺寸有关，所以最大正应力不一定发生在弯矩最大的截面上。

6.2.3 弯曲正应力强度条件

求得最大弯曲正应力后，建立弯曲正应力强度条件：

$$\sigma_{max} = \frac{M}{W} \leq [\sigma] \tag{6-4}$$

对抗拉和抗压强度相等的材料(塑性材料)，只要使梁内绝对值最大的正应力不超过许用应力即可。对于等截面梁，绝对值最大的正应力产生在弯矩绝对值最大的横截面上，所以该横截面是危险截面。对抗拉和抗压强度不相等的材料(脆性材料)，则要求最大拉应力不超过材料的弯曲许用拉应力$[\sigma_t]$；同时最大压应力不超过弯曲许用压应力$[\sigma_c]$。

材料的弯曲许用应力可近似地用单向拉伸(压缩)的许用应力来代替。实际上两者颇不相同，在有些规范中，弯曲许用应力略高于拉(压)许用应力，这是因为弯曲时在梁的横截面上应力并非均匀分布，强度条件仅以距中性轴最远点(危险点)的应力为依据，所以许用应力可以比轴向拉伸(压缩)的略高一些。各种材料的许用弯曲应力可在有关规范中查到。

例 6-2　试校核图 6-8(a)所示的机车轮轴的强度，并求轮轴中点的位移δ。已知轴的直径分别为$d_1 = 160\text{mm}$，$d_2 = 130\text{mm}$，长度$l = 1.58\text{m}$，集中力$F = 62.5\text{kN}$，$a = 0.267\text{m}$，$b = 0.160\text{m}$。许用应力$[\sigma] = 60\text{MPa}$，弹性模量$E = 200\text{GPa}$。

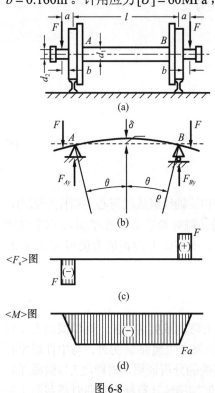

图 6-8

解　(1)求约束反力。由静力平衡条件得支座反力为

$$F_{Ay} = F_{By} = F = 62.5\text{ kN}$$

(2)画出F_s、M图，如图 6-8(c)、(d)所示。

(3)校核强度。从弯矩图上可知，绝对值最大弯矩为

$$|M|_{max} = Fa = 62.5\times10^3\times0.267$$
$$= 1.669\times10^4(\text{N·m})$$

最大弯矩截面上的最大应力为

$$\sigma_{max} = \frac{M}{W} = \frac{|M|_{max}}{\frac{\pi}{32}d_1^3} = \frac{32\times1.669\times10^4}{\pi\times0.16^3} = 41.5\times10^6(\text{Pa})$$
$$= 41.5(\text{MPa}) < [\sigma] = 60\text{MPa}$$

在轮轴外伸端与轮毂相配处，弯矩绝对值虽不是最大的，但其直径较小，也需要校核。该截面上

$$|M_1| = Fb = 62.5\times10^3\times0.160 = 1.0\times10^4\text{ (N·m)}$$

最大弯曲正应力为

$$\sigma_{max} = \frac{M}{W} = \frac{|M_1|}{\frac{\pi}{32}d_2^3} = \frac{32\times1.0\times10^4}{\pi\times0.13^3} = 46.4\times10^6(\text{Pa}) = 46.4(\text{MPa}) < [\sigma] = 60\text{MPa}$$

所以轮轴的强度条件满足。

(4)计算轮轴中点位移δ。AB 段梁为纯弯曲，按式(6-1)可算出圆弧 AB 的曲率半径为

$$\rho = \frac{EI_z}{M} = \frac{E\pi d_1^4}{64M} = \frac{200\times10^9\times\pi\times0.16^4}{64\times1.669\times10^4} = 385.5\text{ (m)}$$

轴中点位移为

$$\delta = \rho(1-\cos\theta)$$

由于转角 θ 很小，根据小变形理论有

$$\cos\theta \approx 1 - \frac{\theta^2}{2} = 1 - \frac{l^2}{8\rho^2}$$

于是轮轴中点的位移为

$$\delta = \rho(1-\cos\theta) = \rho\left[1-\left(1-\frac{l^2}{8\rho^2}\right)\right] = \frac{l^2}{8\rho} = \frac{1.58^2}{8\times3.855\times10^2} = 8.09\times10^{-4}(\text{m}) = 0.809(\text{mm})$$

例 6-3 已知一外伸梁截面形状和受载情况如图 6-9(a) 所示，其中均布载荷集度 $q = 60\text{kN/m}$，长度 $a = 1\text{m}$。试作梁的内力图，并求梁内最大弯曲正应力。

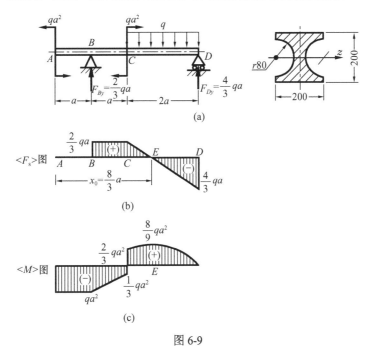

图 6-9

解 (1) 受力分析。由静力平衡条件求得支座反力分别为

$$F_{Dy} = 80\,\text{kN}, \quad F_{By} = 40\,\text{kN}$$

作剪力、弯矩图，如图 6-9(b)、(c) 所示，由图中可以看出 $|M|_{\max} = qa^2 = 60\text{kN}\cdot\text{m}$。

(2) 截面图形几何性质。由横截面的对称性可确定中性轴的位置在图形的中面(即 z 轴)，求图形对中性轴的惯性矩：

$$I_z = \frac{200\times200^3}{12} - \frac{\pi\times160^4}{64} = 10.12\times10^7(\text{mm}^4) = 10.12\times10^{-5}(\text{m}^4)$$

(3) 计算弯曲正应力。相关参数代入正应力计算公式(6-3)，得

$$\sigma_{\max} = \frac{M_{\max}y_{\max}}{I_z} = \frac{60\times10^3\times0.1}{10.12\times10^{-5}} = 59.3\times10^6(\text{Pa}) = 59.3(\text{MPa})$$

最大正应力在 AB 段各截面上下边缘处。

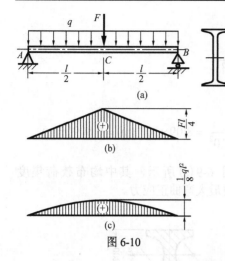

图 6-10

例 6-4 某车间安装图 6-10(a)所示的简易吊车，起吊重量 $F_1 = 50\text{kN}$，电葫芦自重 $F_2 = 6.7\text{kN}$，梁跨度 $l = 9.5\text{m}$，许用应力 $[\sigma] = 140\text{MPa}$，试选择工字钢型号。

解 （1）仅有外载荷作用条件下。由于梁横截面不确定，故无法考虑梁的自重，梁承受的集中力为

$$F = F_1 + F_2 = 50 + 6.7 = 56.7(\text{kN})$$

集中力 F 在梁中面时的弯矩值最大，对应弯矩图如图 6-10(b)所示，其中

$$M_{1,\max} = \frac{1}{4}Fl = \frac{1}{4} \times 56.7 \times 10^3 \times 9.5 = 1.347 \times 10^5 (\text{N} \cdot \text{m})$$

由弯曲正应力强度条件式(6-4)得

$$W_z \geqslant \frac{M_{\max}}{[\sigma]} = \frac{1.347 \times 10^5}{140 \times 10^6} = 9.62 \times 10^{-4} (\text{m}^3) = 962(\text{cm}^3)$$

从型钢表中查得 No.36c 工字钢恰好 $W_z = 962\text{cm}^3$。

（2）考虑自重。考虑自重后，梁的最大弯矩值将增大，故须选更大号的工字钢型号，试选 No.40a。由型钢表可知，该型号钢的 $W_z = 1090\text{cm}^3$，$q = 663\text{N/m}$。对应弯矩图如图 6-10(c)所示，于是

$$M_{\max} = M_{1,\max} + M_{2,\max} = 1.347 \times 10^5 + \frac{1}{8} \times 663 \times 9.5^2 = 1.422 \times 10^5 (\text{N} \cdot \text{m})$$

代入弯曲正应力强度条件式(6-4)，得

$$\sigma_{\max} = \frac{M_{\max}}{W_z} = \frac{1.422 \times 10^5}{1090 \times 10^{-6}} = 1.305 \times 10^8 (\text{Pa}) = 130.5(\text{MPa}) < [\sigma] = 140\text{MPa}$$

满足强度条件且最接近许用应力，故选 No.40a 工字钢。

例 6-5 图 6-11(a)为一 T 形截面铸铁梁。铸铁的抗拉许用应力 $[\sigma_t] = 30\text{MPa}$，抗压许用应力 $[\sigma_c] = 60\text{MPa}$，T 形横截面尺寸如图 6-11(b)所示。试校核该梁的强度。

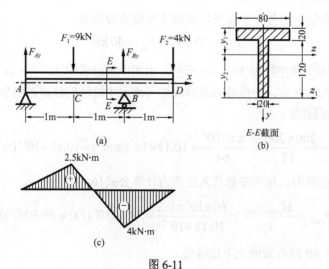

图 6-11

解 (1)确定截面形心轴 z 的位置。由于 y 为对称轴，形心必在 y 轴。选参考轴 z_1，于是形心位置为

$$y_2 = \frac{S_{z1}}{A} = \frac{80 \times 20 \times \left(120 + \frac{20}{2}\right) + 120 \times 20 \times \left(\frac{120}{2}\right)}{80 \times 20 + 120 \times 20} = 88 \text{ (mm)}$$

形心轴 z 距离上边缘的距离 y_1 为

$$y_1 = 120 + 20 - 88 = 52 \text{(mm)}$$

(2)求截面二次矩 I_z。T 形截面对形心轴的惯性矩为

$$I_z = \frac{1}{12} \times 80 \times 20^3 + 80 \times 20 \times \left(120 + \frac{20}{2} - 88\right)^2 + \frac{1}{12} \times 20 \times 120^3 + 120 \times 20 \times \left(88 - \frac{120}{2}\right)^2$$

$$= 7.64 \times 10^6 \text{(mm}^4\text{)} = 7.64 \times 10^{-6} \text{(m}^4\text{)}$$

(3)求支座反力。由静力平衡条件可以求得支座反力分别为

$$F_{Ay} = 2.5 \text{ kN}, \quad F_{By} = 10.5 \text{ kN}$$

(4)作梁的弯矩图，如图 6-11(c)所示。

(5)校核强度。由弯矩图可知，最大正弯矩在截面 C 上 $M_C = 2.5 \text{kN·m}$。最大负弯矩在截面 B 上且 $M_B = -4\text{kN·m}$，该截面上最大拉应力在截面的上边缘各点处，即

$$\sigma_{t,\max} = \frac{M_B y_1}{I_z} = \frac{4 \times 10^3 \times 52 \times 10^{-3}}{7.64 \times 10^{-6}} = 27.2 \times 10^6 \text{ (Pa)} = 27.2 \text{ (MPa)} < [\sigma_t]$$

最大压应力在截面的下边缘各点处，即

$$\sigma_{c,\max} = \frac{M_B y_2}{I_z} = \frac{4 \times 10^3 \times 88 \times 10^{-3}}{7.64 \times 10^{-6}} = 4.61 \times 10^7 \text{(Pa)} = 46.1 \text{(MPa)} < [\sigma_c]$$

在 C 截面上，虽然弯矩 M_C 的绝对值小于 M_B 的绝对值，但 M_C 是正弯矩，最大拉应力发生在截面的下边缘各点处，而这些点到中性轴的距离较大，有可能产生比截面 B 还要大的拉应力，所以必须校核强度，即

$$\sigma_{t,\max} = \frac{M_C y_2}{I_z} = \frac{2.5 \times 10^3 \times 88 \times 10^{-3}}{7.64 \times 10^{-6}} = 2.88 \times 10^7 \text{(Pa)} = 28.8 \text{(MPa)} < [\sigma_t]$$

由于 C 截面的最大压应力产生在上边缘，该点离中性轴 z 的距离比 B 截面最大压应力所在点离中性轴 z 的距离小，且 C 截面弯矩值比 B 截面弯矩的绝对值小。由于 B 点压应力满足强度条件，C 点压应力一定满足强度条件，故不再计算。

从计算结果可知，全梁满足强度条件，但最大拉应力所在的截面不在弯矩绝对值最大截面。

例 6-6 用抗拉与抗压弹性模量不等的材料，制成图 6-12(a)所示的等截面梁，设其拉伸弹性模量为 E_t，压缩弹性模量为 E_c。试求纯弯曲时，横截面上的正应力公式(平面假设仍然适用)。若 $E_t > E_c$，试问中性轴向哪一侧移动？

解 前面仅讨论了拉压弹性模量相等时弯曲应力的计算公式，当 $E_t \neq E_c$ 时，若平面假设仍然成立，仍需从变形几何关系、物理关系和静力平衡关系求解超静定问题。而中性轴的确定，根据平衡条件，纯弯曲时拉应力区和压应力区的合力应相等，平面假设成立，$E_t > E_c$ 时，拉、压应力两区域线性分布但斜率不等，与 $E_t = E_c$ 比较，E_t 大的区域将缩小。

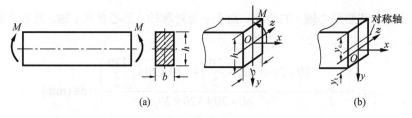

图 6-12

（1）正应力公式推导。设 y_t、y_c 分别为受拉、受压部分的高度（图 6-12(b)），A_t、A_c 分别为受拉、受压部分截面面积，依题意知平面假设仍然成立，故变形几何条件为 $\varepsilon = \dfrac{y}{\rho}$，根据胡克定律并代入变形几何关系，得

$$\sigma_t = E_t \varepsilon = E_t \frac{y}{\rho}, \quad 0 \leqslant y \leqslant y_t$$

$$\sigma_c = E_c \varepsilon = E_c \frac{y}{\rho}, \quad -y_c \leqslant y \leqslant 0$$

根据横截面上内力平衡，分别对拉、压区域进行积分，其合力必为 $M_z = M$，即

$$\int_{A_t} \sigma_t y \mathrm{d}A + \int_{A_c} \sigma_c y \mathrm{d}A = \int_{A_t} E_t \frac{y^2}{\rho} \mathrm{d}A + \int_{A_c} E_c \frac{y^2}{\rho} \mathrm{d}A = M$$

根据惯性矩的定义，令 $I_t = \displaystyle\int_{A_t} y^2 \mathrm{d}A$，$I_c = \displaystyle\int_{A_c} y^2 \mathrm{d}A$，整理得

$$\frac{1}{\rho}(E_t I_t + E_c I_c) = M$$

该梁的曲率为 $\dfrac{1}{\rho} = \dfrac{M}{E_t I_t + E_c I_c}$。代入胡克定律，梁受拉、受压部分的正应力分别为

$$\sigma_t = \frac{E_t M y}{E_t I_t + E_c I_c}, \quad \sigma_c = \frac{E_c M y}{E_t I_t + E_c I_c}$$

（2）中性轴位置的确定。对纯弯曲梁，其横截面上内力的合力仅有 $M_z = M$，其 x 向合力必为零，故

$$\int_{A_t} \sigma_t \mathrm{d}A + \int_{A_c} \sigma_c \mathrm{d}A = \int_{A_t} E_t \frac{y}{\rho} \mathrm{d}A + \int_{A_c} E_c \frac{y}{\rho} \mathrm{d}A = 0$$

将有关常数提到积分号外，即

$$\frac{b E_t}{\rho} \int_0^{y_t} y \mathrm{d}y + \frac{b E_c}{\rho} \int_{-y_c}^0 y \mathrm{d}y = 0$$

积分得 $\dfrac{b E_t}{2\rho} y_t^2 - \dfrac{b E_c}{2\rho} y_c^2 = 0$，即 $E_t y_t^2 - E_c y_c^2 = 0$。在 $E_t > E_c$ 的情况下，要使上式成立，则 $y_t < y_c$，即中性轴的位置向受拉一侧移动。

6.2.4　塑性极限弯矩

以理想弹塑性材料、宽为 b 高为 h 的矩形截面的三点弯矩梁为例，当中面上下表层

$\sigma_{\max} = \sigma_s$ 时，弹性极限弯矩为

$$M_e = 2\int_0^{\frac{h}{2}} \frac{2y}{h}\sigma_s \cdot y \cdot b\,dy \qquad = \frac{1}{6}bh^2\sigma_s$$

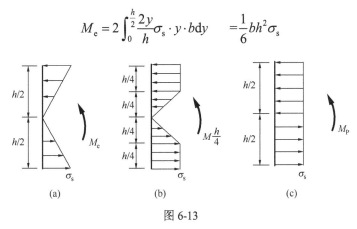

图 6-13

随着载荷增加，梁中面逐渐由表及里进入屈服，当屈服区高度为 $h/4$ 时，对应的弯矩为

$$M_{\frac{h}{4}} = 2\left[\int_0^{\frac{h}{4}}\frac{4y}{h}\sigma_s \cdot y \cdot b\,dy + \int_{\frac{h}{4}}^{\frac{h}{2}}\sigma_s \cdot y \cdot b\,dy\right] = \frac{11}{48}bh^2\sigma_s$$

载荷继续增加，屈服区逐渐增大，当弹性区 $y \to 0$ 时，中面上形成塑性铰，对应的塑性极限弯矩为

$$M_p = 2\int_0^{\frac{h}{2}}\sigma_s \cdot y \cdot b\,dy = \frac{1}{4}bh^2\sigma_s$$

比较塑性极限弯矩和弹性极限弯矩，$\delta = \dfrac{M_p - M_e}{M_e} \times 100\% = 50\%$　即材料进入完全塑性其承载能力提高了 50%。读者也可以证明，对于圆形截面、环形截面、正方形截面沿对角线受弯时，其承载能力分别提高了 69.8%、69.8% 和 100%。塑性问题在《材料力学（II）》中进一步阐述。

6.3　矩形截面梁的弯曲切应力

横力弯曲时，横截面上既有弯矩又有剪力，因而截面上既有正应力又有切应力。在弯曲问题中，一般来说正应力是强度计算的主要因素。但在某些情形下，如跨度较短，截面窄而高的矩形截面梁，腹板较薄的工字形截面梁等，其切应力可能达到相当大的数值，仍须计算弯曲切应力。本节先以矩形截面梁为例进行讨论，说明研究弯曲切应力的基本方法。

图 6-14(a) 所示的矩形截面梁，在纵向对称面内受载荷作用，产生横力弯曲。横截面上有剪力 F_s，相应地产生切应力 τ。从图 6-14(c) 可见，根据切应力互等定理，截面周边的切应力必与周边相切。因此，横截面左、右边界处的切应力方向与剪力 F_s 一致。又因对称关系，在对称轴 y 上的切应力方向也与剪力 F_s 一致。对于高度 h 大于宽度 b 的狭长矩形截面来说，可以假设横截面上各点处的切应力方向都平行于剪力 F_s。切应力沿宽度 b 认为是均匀分布的。以以上假设为基础得到的解，与精确解相比是足够精确的。

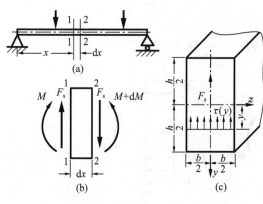

图 6-14

以截面 1-1 和 2-2 从图 6-14(a)所示梁中截取长为 dx 的一段，如图 6-14(b)所示。设截面 1-1 上的剪力为 $F_s(x)$，弯矩为 $M(x)$；截面 2-2 上的剪力和弯矩分别为 $F_s(x)$ 和 $M(x) + dM(x)$。因此，在离中性轴同一距离 y 处，截面 1-1 和 2-2 上的弯曲正应力是不相同的，如图 6-15(a)所示。现以平行于中性层且距中性层为 y 处再截取平面 mmnn，在截出部分的左侧面 mm11 上，作用着弯矩 $M(x)$ 引起的正应力；右侧面 nn22 上，作用着弯矩 $M(x) + dM(x)$ 所引起的正应力。同时，两侧面均存在与剪力 $F_s(x)$ 对应的切应力，在顶面 mmnn 上作用着切应力 τ'（图 6-15(b)）。根据切应力互等定理和以上假设，切应力 τ' 与横截面上 y 处的切应力 τ 在数值上相等，且沿宽度 b 均匀分布。上述沿 x 轴向的三种应力（两侧面的正应力和上截面的切应力 τ'）的方向都平行于 x 轴。其左侧面微内力 σdA 组成的内力系合力为

$$F_{N1} = \int_{A_1} \sigma dA$$

式中，A_1 为侧面 mm11 的面积。将式(6-2)代入上式，得

$$F_{N1} = \int_{A_1} \sigma dA = \int_{A_1} \frac{My_1}{I_z} dA = \frac{M}{I_z} \int_{A_1} y_1 dA = \frac{M}{I_z} S_z^*$$

式中，$S_z^* = \int_A y_1 dA$ 是横截面的部分面积 A_1 对中性轴的静矩，即距中性轴为 y 的横线 mm 以下的横截面面积对中性轴的静矩。

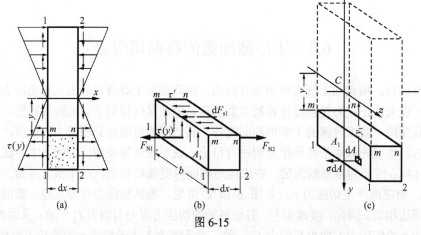

图 6-15

同理可求得右侧面上的内力系合力为

$$F_{N2} = \frac{M + dM}{I_z} S_z^*$$

在顶面 $mmnn$ 上，由于所取 dx 长度很小，可以认为 τ' 在整个顶面上均匀分布，所以顶面上的合力为

$$dF_{s1} = \tau'bdx$$

上述三个内力应满足静力平衡条件 $\sum F_x = 0$，即

$$F_{N2} - F_{N1} - dF_{s1} = 0$$

将 F_{N1}、F_{N2} 和 dF_{s1} 的表达式代入平衡方程，得

$$\frac{M + dM}{I_z}S_z^* - \frac{M}{I_z}S_z^* - \tau'bdx = 0$$

化简后得

$$\tau' = \frac{dM}{dx}\frac{S_z^*}{I_z b}$$

由 5.4 节可知，$\dfrac{dM}{dx} = F_s$，$\tau' = \tau$，于是上式写为

$$\tau(y) = \frac{F_s S_z^*}{I_z b} \tag{6-5a}$$

式中，F_s 为横截面上的剪力；b 为截面宽度；I_z 为整个横截面对中性轴的截面二次矩；S_z^* 为截面上距中性轴为 y 的横线以下部分面积对中性轴的静矩。

在式(6-5a)中，切应力 τ 的方向由横截面上的剪力 F_s 确定，因此，式(6-5a)中的静矩 S_z^* 取绝对值。

对于图 6-16(a)所示的矩形截面，取 $dA = bdy$，有

$$S_z^* = \int_{A_1} y\,dA = \int_y^{\frac{h}{2}} by\,dy = \frac{b}{2}\left(\frac{h^2}{4} - y^2\right)$$

这样，式(6-5a)可写成

$$\tau(y) = \frac{F_s}{2I_z}\left(\frac{h^2}{4} - y^2\right) \tag{6-5b}$$

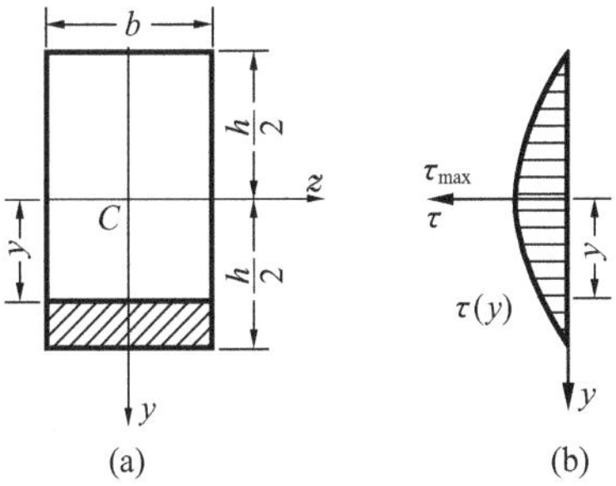

可见沿截面高度切应力 τ 按抛物线规律变化。当 $y = \pm h/2$ 时，$\tau = 0$，这表明在截面上下边缘各点处，切应力等于零。随着离中性轴的距离 y 的减小，τ 逐渐增大。当 $y = 0$ 时，τ 达到最大值，即最大切应力发生在横截面的中性轴处，其值为

$$\tau_{max} = \frac{F_s h^2}{8I_z} = \frac{3}{2}\frac{F_s}{bh} = \frac{3F_s}{2A} \tag{6-6}$$

图 6-16

可见矩形截面梁的最大切应力为该截面上平均切应力的 1.5 倍。

需要指出在推导式(6-5a)时一个重要的假设：截面上的切应力沿着宽度 b 是均匀分布的，即计算出的切应力是沿横截面宽度的平均切应力。下面用弹性理论进行更精确的数学分析来讨论这种假设的误差。对矩形截面梁，计算出的中性轴的切应力 τ' 分布如图 6-17 所示。横截面边缘所产生的最大切应力 τ'_{max} 的数值取决于截面的宽高比 b/h。如果截面的宽高比

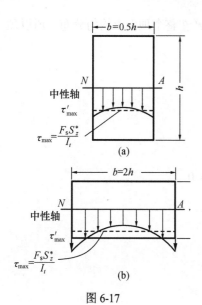

$$\tau_{max}=\frac{F_s S_z^*}{I_t}$$

图 6-17

b/h = 0.5，则最大切应力 τ'_{max} 比按式(6-5a)计算的切应力 τ_{max} 仅大 3%(图 6-17(a))。

但对于扁平的矩形截面,如 b/h=2,则最大切应力 τ'_{max} 比按式(6-5a)计算的切应力 τ_{max} 大 40%(图 6-17(b))。所以,对于扁平的矩形截面,b 比 h 越大,用式(6-5a)计算切应力时误差就越大。在宽翼缘梁的翼缘切应力计算中,如此大的误差是不允许的。

根据剪切胡克定律,切应变与切应力成正比,即 $\gamma=\frac{\tau}{G}$。于是由式(6-5b)得

$$\gamma=\frac{F_s}{2GI_z}\left(\frac{h^2}{4}-y^2\right)$$

沿截面高度切应变也是按抛物线规律变化的。对在梁的顶面和底面的单元体,其 $\gamma=0$,无切应变(图 6-18(b))。随着与中性层距离的减小,切应变逐渐增加,在中性层上切应变达到最大值 γ_{max}。这就意味着原来是平面的横截面,不能保持为平面,而将引起翘曲,截面歪斜成图 6-18(b)所示的形式。若梁在每一横截面上的剪力 F_s 相等,则各横截面有相同程度的翘曲。相邻截面间纵向纤维的长度 ab 在其变形至位置 a'b' 时并不因为翘曲而改变其长度(图 6-18(c))。

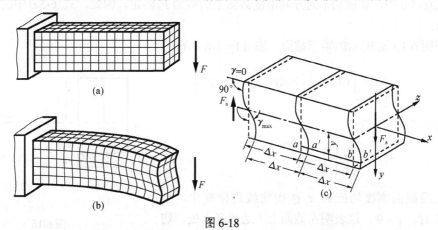

图 6-18

因此弯曲应变力既不影响因弯矩所引起的纤维的伸长或缩短,也不影响弯曲正应力的分布,根据平面假设所建立的弯曲正应力式(6-2)仍然成立。至于分布载荷作用下的梁,因相邻横截面的剪力不同,因而翘曲变形也不同,而且纵向纤维还同时受到横向分布载荷的挤压和拉伸。但较精确的弹性力学分析结果表明:对于跨度 l 与横截面高度 h 之比大于 5 的梁,用式(6-2)计算弯曲正应力仍然是相当精确的。

6.4　常见截面梁的最大弯曲切应力

对于其他截面,如工字形、槽形、圆形等截面的切应力分布,本节仅作简略介绍。

6.4.1 工字形、槽形截面

首先讨论工字形截面梁腹板上的切应力。腹板截面是一个狭长矩形，关于矩形截面上切应力分布的假设仍然适用，所以腹板上的切应力可用式(6-5a)计算。沿腹板高度切应力也是按抛物线规律分布的，但从理论分析可知，由于腹板面积较小，因此其静矩随 y 的变化不大，故腹板上的最大切应力和最小切应力相差不大。可以近似认为工字形截面梁腹板上的切应力接近均匀分布(图 6-19(b))。

计算表明，腹板上的总剪力等于 $0.95F_s \sim 0.97F_s$，F_s 为工字形横截面上的总剪力。所以常将剪力除以腹板面积来近似地计算工字形梁横截面上的切应力。槽形截面腹板上的切应力与工字形截面情形相似，如图 6-20 所示。

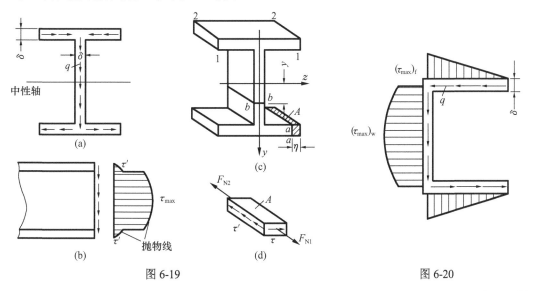

图 6-19

图 6-20

工字形截面上、下翼缘处的切应力，可以用与求矩形截面相同的方法来确定。若欲求横截面上 a-a 处的切应力(图 6-19(c))，则从 a-a 处截开，保留 a-a 以右部分(A 部分)。该部分前、后两面上正应力合力 F_{N1} 与 F_{N2} 之差，被切应力 τ' 的合力所平衡(图 6-19(d))。求出 τ' 后，按切应力互等定理可知，横截面上产生与 τ' 相等的切应力 τ。这样推导得到的切应力公式仍可用式(6-5a)表示，只是该式中的宽度 b 须换成翼缘厚度 δ，S_z^* 是图 6-19(c)中阴影部分的横截面面积对中性轴 z 的静矩。由分析可知，当横截面上的内力为沿 y 轴正向的剪力 F_s 时，工字形截面上切应力方向如图 6-19(a)所示。横截面上的切应力从上翼缘的外侧"流"向内侧，然后向下通过腹板，最后"流"向下翼缘并由内侧"流"向外侧。根据剪力 F_s 的方向可确定腹板切应力的方向，容易定出翼缘上各处切应力的方向。对薄壁杆件，常将截面上某点的切应力 τ 和该处翼缘、腹板等的宽度 δ 的乘积定义为剪流 q，且 $q = \tau\delta$，图 6-19(a)所示的切应力方向即剪流的方向。

其他槽形、T 字形截面翼缘上的切应力也可以用类似方法求得(不同截面形状的剪流方向在《材料力学(Ⅱ)》第 4 章中将作进一步讨论)。

6.4.2 圆形截面

在圆形截面上，在任一平行于中性轴的弦线 ab 两端处，切应力的方向必切于圆周，并

相交于 y 轴上的 d 点；而在弦中点 c 处，由于对称关系，切应力的方向沿 y 轴且通过 d 点。因此，在弦线上各点的切应力方向是逐渐变化的，可以假设 ab 弦线上各点处的切应力都指向 d 点，其方向虽然不同，但在 y 向的投影却是相等的，如图 6-21(a) 所示。

在横截面中性轴上，切应力的方向都平行于剪力 F_s，且其值最大。设为均匀分布，其值可用式(6-5a)计算。式中 $b=2R$，S_z^* 为中性轴一侧半圆截面面积对中性轴的静矩，其值为

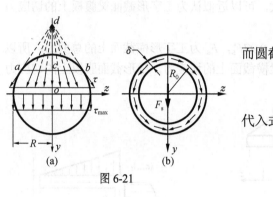

图 6-21

$$S_z^* = \frac{1}{2}\pi R^2 \frac{4R}{3\pi} = \frac{2}{3}R^3$$

而圆截面对 z 轴的惯性矩为

$$I_z = \frac{\pi}{4}R^4$$

代入式(6-5a)得

$$\tau_{max} = \frac{F_s S_z^*}{I_z b} = \frac{F_s \times \frac{2R^3}{3}}{2R \times \frac{\pi R^4}{4}} = \frac{4F_s}{3\pi R^2} = \frac{4}{3}\frac{F_s}{A}$$

可见圆形截面梁横截面上的最大切应力为平均切应力的 $\frac{4}{3}$ 倍。

对于薄壁圆环形截面梁，因截面周边处的切应力必切于截面的周边，由于薄壁圆环形截面的壁厚 δ 远小于圆环的平均半径 R，因而认为，薄壁圆环形横截面上的切应力沿厚度方向均匀分布，切应力的方向与圆周相切，如图 6-21(b) 所示。采用同圆截面同样的方法分析可知，在中性轴上的切应力最大，其值仍可用式(6-5a)计算。其中 $b=2\delta$，S_z^* 为中性轴一侧截面面积对中性轴的静矩，即

$$S_z^* = \frac{2}{3}\left(R_0 + \frac{\delta}{2}\right)^3 - \frac{2}{3}\left(R_0 - \frac{\delta}{2}\right)^3 \approx 2R_0^2 \delta$$

而惯性矩为

$$I_z = \frac{\pi}{4}\left(R_0 + \frac{\delta}{2}\right)^4 - \frac{\pi}{4}\left(R_0 - \frac{\delta}{2}\right)^4 \approx \pi R_0^3 \delta$$

代入式(6-5a)，得

$$\tau_{max} \approx \frac{2F_s}{2\pi R_0 \delta} = 2\frac{F_s}{A}$$

可见薄壁圆环形截面梁的最大切应力为平均切应力的两倍。

对圆形截面梁所采取的假设，可适用于对称于 y 轴的其他形状截面的梁，如椭圆或梯形截面梁。

6.5   弯曲切应力的强度校核

对弯曲切应力同样须进行强度校核。如前所述，在中性轴上各点的切应力最大，而弯曲正应力为零，所以中性轴上各点都是纯剪切应力状态。其强度条件为

$$\tau_{max} = \frac{F_s S_z^*}{I_z b} \leqslant [\tau] \tag{6-7}$$

对细长梁来说，强度控制因素主要是弯曲正应力。根据正应力强度条件确定的梁截面尺寸，一般来说都能满足切应力强度条件，不需要再进行切应力校核，而在下面的一些情形下，要注意梁的切应力校核。

(1) 梁的跨度较短，或者在支座附近作用有较大的载荷。在此情形下，梁的弯矩较小，而剪力可能很大。

(2) 铆接或焊接的工字形截面钢梁，腹板截面的宽度一般较小而高度却较大，宽度与高度之比往往小于型钢的相应比值，这时对腹板的切应力应进行校核。

(3) 有些梁是由几部分焊接、胶合或铆接而成的，对焊缝、胶合面或铆钉等要进行切应力校核。

通常对梁进行强度校核、截面设计或求许可载荷，先按弯曲正应力公式进行计算，然后对切应力进行强度校核。

例 6-7 如图 6-22 所示的矩形截面梁，已知 F、l、b、h，试求梁内最大正应力及最大切应力，并比较两者的大小。

解 最大弯矩在固定端截面处，其值为 $M_{max} = Fl$；梁上各截面的剪力均为 $F_s = F$，梁内最大正应力产生在固定端处横截面的上下边缘处。由式(6-4)可知

$$\sigma_{max} = \frac{M}{W_z} = \frac{Fl}{\frac{1}{6}bh^2} = \frac{6Fl}{bh^2}$$

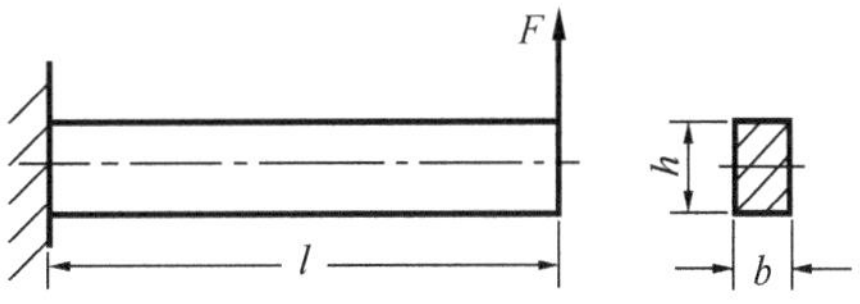

梁内最大切应力产生在各横截面的中性轴处。由式(6-6)可知

图 6-22

$$\tau_{max} = \frac{3}{2}\frac{F_s}{A} = \frac{3F}{2bh}$$

两者之比为

$$\frac{\tau_{max}}{\sigma_{max}} = \frac{\dfrac{3F}{2bh}}{\dfrac{6Fl}{bh^2}} = \frac{h}{4l}$$

当 $l > 5h$ 时，$\tau_{max} < 0.05\sigma_{max}$，最大切应力值不足最大正应力的 5%，相对较小，一般可以忽略。

若将梁的横截面改成圆形，其直径为 d，则 $W = \frac{\pi}{32}d^3$，$A = \frac{\pi}{4}d^2$，于是

$$\frac{\tau_{max}}{\sigma_{max}} = \frac{\dfrac{4}{3}\dfrac{4F}{\pi d^2}}{\dfrac{32Fl}{\pi d^3}} = \frac{d}{6l}$$

当 $l > 5d$ 时，$\tau_{max} < 0.0333\sigma_{max}$。

更多的计算表明，在一般的细长非薄壁截面梁中，最大正应力与最大切应力比值的数量级大致与梁的长高比相同。

例6-8　图 6-23 所示矩形截面梁由三根木条胶合而成。若胶合面上的许用切应力$[\tau_g] = 0.34$MPa，木材的弯曲许用正应力$[\sigma_W] = 10$MPa，许用切应力$[\tau_W] = 1$MPa，试求许可载荷$[F]$。

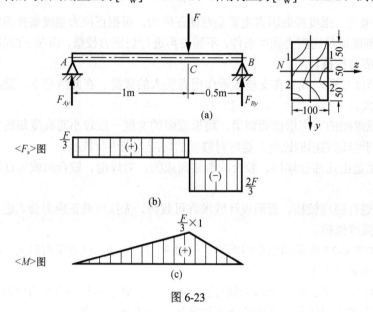

图 6-23

解　(1)求支反力，作内力图。根据平衡条件求出支反力：

$$F_{Ay} = \frac{F}{3}, \quad F_{By} = \frac{2F}{3}$$

作内力图，如图 6-23(b)、(c)所示，从图中可以看出，最大剪力为$F_{s,max} = \frac{2}{3}F$，最大弯矩为$M_{max} = \frac{F}{3} \times 1$。

(2) 由木材的许用应力确定许可载荷$[F_1]$。根据弯曲正应力强度条件式(6-4)，$\sigma_{max} = \frac{M_{max}}{W_z} \leqslant [\sigma_W]$，并代入弯曲截面系数$W_z = \frac{bh^2}{6}$，得

$$F_1 \leqslant \frac{[\sigma_W] \times W_z}{\frac{1}{3}} = \frac{10^7 \times 100 \times 150^2 \times 10^{-9}}{2} = 11250(\text{N}) = 11.250(\text{kN})$$

(3) 由木材的许用切应力确定许可载荷$[F_2]$。由矩形截面中性轴上的切应力计算式(6-6)，$\tau_{max} = \frac{3}{2}\frac{F_{s,max}}{A} \leqslant [\tau_W]$，其中$F_{s,max} = \frac{2}{3}F$，得

$$F_2 \leqslant [\tau_W]bh = 1 \times 10^6 \times 100 \times 150 \times 10^{-6} = 15000(\text{N}) = 15.0(\text{kN})$$

(4) 由胶合面的剪切强度确定许可载荷$[F_3]$。根据矩形截面上切应力的分布式(6-5a)，$\tau = \frac{F_s S_z^*}{I_z b} \leqslant [\tau_g]$，其中$F_s = \frac{2}{3}F$，得

$$F_3 \leqslant \frac{3[\tau_\mathrm{g}]bI_z}{2S_z^*}$$

式中

$$I_z = \frac{bh^3}{12} = \frac{1}{12} \times 100 \times 150^3 \times 10^{-12} = 28.125 \times 10^{-6}\ (\mathrm{m}^4)$$

胶合面 1-1 或 2-2 对中性轴 z 的静矩为

$$S_z^* = A_i y_C^* = 50 \times 100 \times 50 \times 10^{-9} = 250 \times 10^{-6}\ (\mathrm{m}^2)$$

由于对称性，面 1-1 和面 2-2 的胶接强度相同，故由胶接强度确定的许可载荷$[F_3]$为

$$F_3 \leqslant \frac{3 \times 0.34 \times 10^6 \times 0.1 \times 28.125 \times 10^{-6}}{2 \times 250 \times 10^{-6}} = 5740(\mathrm{N}) = 5.738(\mathrm{kN})$$

所以胶合梁的许可载荷为

$$[F] = \min[F_i] = 5.738\mathrm{kN}$$

例 6-9　如图 6-24(a)所示，起重机下的梁由两根工字钢组成，起重机自重 $P = 50\mathrm{kN}$，起重量 $F = 10\mathrm{kN}$，许用应力$[\sigma] = 160\mathrm{MPa}$，$[\tau] = 100\mathrm{MPa}$。若暂不考虑梁的自重，试按正应力强度条件选定工字钢型号，然后再按切应力强度条件进行校核。

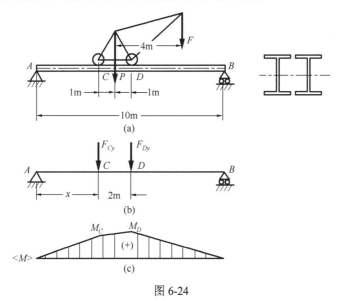

图 6-24

解　(1)内力分析。取起重机为分离体，依平衡方程求得 C、D 两轮处的反力，则梁的受力简图如图 6-24(b)所示，且

$$F_{Cy} = 10\mathrm{kN}, \quad F_{Dy} = 50\mathrm{kN}$$

当 F_{Cy} 与左支座 A 的距离为 x 时，梁的支反力为

$$F_{Ay} = 50 - 6x, \quad F_{By} = 10 + 6x$$

起重机在大梁上移动时，最大弯矩只可能发生在 C 或 D 截面处，则有

$$M_C = F_{Ay}x = (50 - 6x)x, \quad M_D = (50 - 6x)(x + 2) - 10 \times 2$$

（2）确定最大弯矩。分别对 M_C、M_D 求导，求弯矩的极值。由 $\dfrac{\mathrm{d}M_C}{\mathrm{d}x} = 50 - 12x = 0$，解得

$x = \dfrac{25}{6}\mathrm{m}$。将 $x = \dfrac{25}{6}\mathrm{m}$ 代入求 M_{C1}、M_{D1}，得

$$M_{C1} = \left(50 - 6 \times \frac{25}{6}\right) \times \frac{25}{6} = 104.2(\mathrm{kN \cdot m})$$

$$M_{D1} = F_{Ay}(x+2) - 10 \times 2 = \left(50 - 6 \times \frac{25}{6}\right) \times \left(\frac{25}{6} + 2\right) - 20 = 134.2(\mathrm{kN \cdot m})$$

由 $\dfrac{\mathrm{d}M_D}{\mathrm{d}x} = 38 - 12x = 0$，解得 $x = \dfrac{19}{6}\mathrm{m}$，将 $x = \dfrac{19}{6}\mathrm{m}$ 代入求 M_{C2}、M_{D2}，得

$$M_{C2} = F_{Ay}x = \left(50 - 6 \times \frac{19}{6}\right) \times \frac{19}{6} = 98.2(\mathrm{kN \cdot m})$$

$$M_{D2} = \left(50 - 6 \times \frac{19}{6}\right) \times \left(\frac{19}{6} + 2\right) - 10 \times 2 = 140.2(\mathrm{kN \cdot m})$$

比较 C、D 截面最大弯矩，得

$$M_{\max} = M_{D2} = 140.2\mathrm{kN \cdot m}$$

（3）按正应力强度条件选定工字钢型号。根据最大正应力强度条件

$$\sigma_{\max} = \frac{M_{\max}}{2W} \leqslant [\sigma]$$

得

$$W \geqslant \frac{M_{\max}}{2[\sigma]} = \frac{140.2 \times 10^3}{2 \times 160 \times 10^6} = 438 \times 10^{-6}(\mathrm{m}^3) = 438(\mathrm{cm}^3)$$

查表得 No.27a 工字钢可满足以上条件（W=485 cm³）。

（4）切应力强度条件校核。当起重机接近右支座时，梁的剪力最大，且 $F_{s,\max} = 58$ kN。

查型钢表得 No.27a 工字钢可知，I_z=6550 cm⁴，A=54.52 cm²，h=270 mm，b=122 mm，翼缘厚度 t=13.7 mm，腹板厚度 d=8.5 mm，可以算出 S^*=276723 mm³，得 I_z/S^*=23.7 cm，代入最大切应力公式：

$$\tau_{\max} = \frac{F_{s,\max}S_z^*}{2bI_z} = \frac{58 \times 10^3}{2 \times 23.7 \times 8.5 \times 10^{-5}} = 14.4 \times 10^6 \ \mathrm{Pa} = 14.4 \ \mathrm{MPa} < [\tau]$$

切应力强度条件满足，选 No.27a 工字钢。

6.6 变截面梁和等强度梁的计算

工程实际中遇到的梁，其弯矩沿杆的长度往往是变化的。根据正应力强度条件式（6-4）所设计的等截面梁，只有危险截面上最大正应力 $\sigma_{\max}$ 达到材料的许用应力 $[\sigma]$，其余截面上的最大正应力都比材料的许用应力小，使材料未得到充分利用。为了节省材料，减轻重量，可改变截面尺寸，使每个横截面上的最大正应力都等于材料的许用应力，这样的变截面梁称为**等强度梁**。显然，这种梁的材料消耗小、重量轻，也最合理。实际上由于加工制造等因素，

一般只能近似地达到等强度的要求。工程实际中可以采用不同方式改变梁的截面,如图 6-25(a) 所示的鱼腹式梁;上、下加盖板的板梁(图 6-25(b)),中段以盖板增加截面面积;摇臂钻床的摇臂(图 6-25(d)),按直线规律来改变梁截面的高度;机械中的传动轴(图 6-25(c)),采用阶梯轴的形式。这些都是根据各截面上弯矩的不同,而采用的变截面梁。

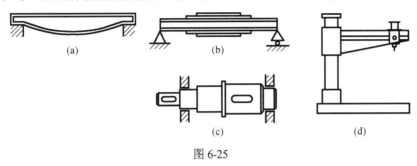

图 6-25

设梁上任一截面的弯矩为 $M(x)$,截面的弯曲截面系数为 $W(x)$。根据等强度梁的要求,应有

$$\sigma_{\max} = \frac{M(x)}{W(x)} = [\sigma]$$

或者写成

$$W(x) = \frac{M(x)}{[\sigma]} \tag{6-8a}$$

这就是等强度梁的 $W(x)$ 沿梁轴线的变化规律。

图 6-26(a)所示在集中力 F 作用下的简支梁为等强度梁,截面为矩形,且设截面高度 h = 常数,而宽度 b 为 x 的函数,即 $b = b(x)$ $(0 \leqslant x \leqslant l/2)$。

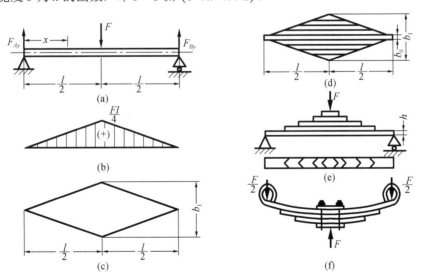

图 6-26

在左半段距左端为 x 处的弯矩为

$$M(x) = \frac{F}{2}x$$

作弯矩图，如图 6-26(b) 所示。

由式 (6-8a) 得

$$W(x) = \frac{M(x)}{[\sigma]} = \frac{Fx}{2[\sigma]}$$

因截面为矩形，设 x 处的截面宽度为 $b(x)$，则

$$W(x) = \frac{1}{6}b(x)h^2 = \frac{Fx}{2[\sigma]}$$

解得截面宽度为

$$b(x) = \frac{3Fx}{[\sigma]h^2}$$

这是左半段梁宽度变化的规律。右半段梁与左半段梁对称，全梁宽度变化规律如图 6-26(c) 所示。当 $x = l/2$ 时，截面宽度 b_1 最大：

$$b_1 = \frac{3Fl}{2[\sigma]h^2}$$

由弯曲正应力考虑梁的宽度变化，在两端的截面宽度趋于零，这将不能承受剪力，因此必须按切应力强度条件确定截面的最小宽度 b_0，因为 $F_{s,max} = \frac{F}{2}$，代入式 (6-6)，得

$$\tau_{max} = \frac{3}{2}\frac{F_s}{A} = \frac{3F}{4b_0 h} \leqslant [\tau]$$

所以端截面的最小宽度为

$$b_0 \geqslant \frac{3F}{4[\tau]h}$$

截面宽度实际变化规律如图 6-26(d) 所示。

为了避免使用上的不便，常把梁沿图 6-26(d) 中的细线裁成窄条，然后叠在一起，如图 6-26(e) 所示。车辆上使用的叠板弹簧（图 6-26(f)）就是按这种方法制成的。

若矩形截面梁的宽度 b 为常数，而高度 h 是 x 的函数，即 $h = h(x)$，用完全类同的方法，可以求得

$$h(x) = \sqrt{\frac{3}{b}\frac{Fx}{[\sigma]}}$$

其中

$$h_{min} = \frac{3F}{4b[\tau]}, \quad h_{max} = h_0 = \sqrt{\frac{3Fl}{2b[\sigma]}}$$

按照上式确定梁的形状，如图 6-27(a) 所示。

若把梁建成如图 6-27(b) 所示的形式，就成为在厂房建设中广泛使用的"鱼腹式梁"。

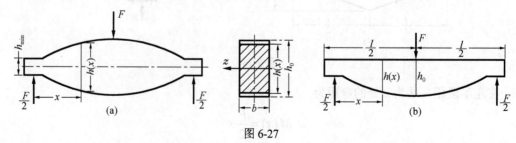

图 6-27

用式(6-8a)也可求得圆截面等强度梁的横截面直径沿轴线的变化规律。但考虑到加工的方便及结构上的要求，常用阶梯状的变截面梁(阶梯轴)来代替理论上的等强度梁。

例 6-10 悬臂梁如图 6-28(a)所示，矩形截面的宽度为 b，而高度从 A 端 h_0 线性变化到 B 端的 $3h_0$，若自由端处加载荷 F，求梁内最大正应力。

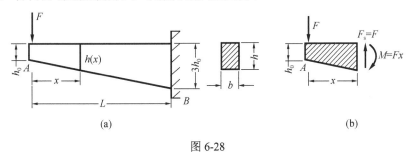

图 6-28

解 在任意横截面上，最大正应力必出现在梁的上、下表面处。但是，根据式(6-4)，$\sigma_{\max} = \dfrac{M}{W_z}$，且本例中 W_z 是随 x 而增加的，虽然最大弯矩出现在 B 端，但可根据弯曲正应力公式将任意截面的最大弯曲正应力表示为截面位置 x 的函数。在 x 处，梁的截面高度为

$$h(x) = \frac{2h_0}{L}x + h_0 = \frac{h_0}{L}(2x + L)$$

弯曲截面系数 $W_z = \dfrac{bh^2(x)}{6} = \dfrac{bh_0^2(2x+L)^2}{6L^2}$，将 $M(x) = Fx$ 代入式(6-8a)，得

$$\sigma(x) = \frac{M(x)}{W_z(x)} = \frac{6FL^2 x}{bh_0^2(2x+L)^2} \tag{6-8b}$$

为了确定最大正应力所在的截面，将 $\sigma(x)$ 对 x 求导并令其等于零，即

$$\frac{\mathrm{d}\sigma(x)}{\mathrm{d}x} = \frac{6FL^2}{bh_0^2}\frac{(2x+L)^2 - x \times 2 \times (2x+L) \times 2}{(2x+L)^4} = 0$$

整理得

$$L^2 - 4x^2 = 0$$

解得

$$x = \frac{1}{2}L$$

将 $x = \dfrac{L}{2}$ 代入式(6-8b)并化简，得梁内最大正应力为

$$|\sigma|_{\max} = \frac{3}{4}\frac{FL}{bh_0^2}$$

而在插入端 B 处，最大正应力为

$$\sigma_{B,\max} = \frac{M}{W_z} = \frac{FL}{\dfrac{b(3h_0)^2}{6}} = \frac{2FL}{3bh_0^2}$$

计算插入端正应力与全梁最大正应力的误差，即

$$\delta = \frac{\left|\sigma\right|_{\max} - \sigma_{B,\max}}{\left|\sigma\right|_{\max}} \times 100\% = 11.1\%$$

可以看出 $\sigma_{B,\max}$ 比 $\left|\sigma\right|_{\max}$ 小 11.1%。这种差别随着梁的梯度减小而减小，当梁变成等截面梁且高度为 h_0 时，$\left|\sigma\right|_{\max}$ 和 $\sigma_{\max}$ 两应力相等且等于 $\frac{6FL}{bh_0^2}$。若梁的许用正应力和许用切应力分别为 $[\tau]$ 和 $[\sigma]$，则在 $h_0 = \frac{3F}{2b[\tau]}$，$h^2(x) = \frac{6Fx}{b[\sigma]}$，插入端高度为 $h^2(L) = \frac{6FL}{b[\sigma]}$ 时为等强度条件，此时高度已不再为线性变化。

6.7　提高梁强度的主要措施

前面曾指出，弯曲正应力是控制弯曲强度的主要因素。所以弯曲正应力的强度条件通常是设计梁的主要依据。从强度条件可以看出，要提高梁的承载能力应从两方面加以考虑：一方面是合理安排梁的受力情形，以降低最大弯矩值；另一方面是选用合理的截面形状，提高弯曲截面系数，充分利用材料的性能。

6.7.1　合理安排梁的受力

由第 5 章弯曲内力可知，梁内弯矩和载荷的作用位置及梁的支撑方式有关。在可能的情形下，适当地调整载荷或支座的位置，可以减小梁的最大弯矩。以图 6-29(a)所示均布载荷作用下的简支梁为例，其最大弯矩为 $M_{\max} = ql^2 / 8$，若将两端支承各向里移动 0.2l（图6-29(b)），则最大弯矩减小为 $M_{\max} = ql^2 / 40$，只有前者的 1/5。即若按图 6-29(b)的情形支承，同样截面的梁，载荷可增加 4 倍。

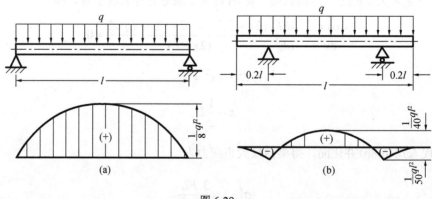

图 6-29

合理布置载荷同样可以降低弯矩 $M_{\max}$ 的值。在结构允许的条件下应尽可能把集中力转变为分散的较小集中力，或者转变为均布载荷。如图 6-30(a)所示的简支梁，集中力 F 作用于梁中面时，最大弯矩为 $Fl / 4$。若把集中力 F 分成图 6-30(b)所示的两个集中力，则最大弯矩降低为 $\frac{1}{8}Fl$。

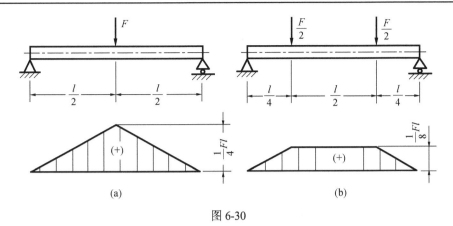

图 6-30

例 6-11　如图 6-31 所示，在 No.18 工字梁上作用着可移动的载荷 F 。设材料的许用应力 $[\sigma]=160\text{MPa}$ ，为提高梁的承载能力，试确定 a 和 b 的合理数值及相应的许可载荷。

解　可移动载荷在外伸梁上移动时，可能出现弯矩极值的位置有 3 个，分别讨论如下。

（1）当 F 移动至最左端时，弯矩最大值为

$M_{\max 1}=Fa$ 。

（2）当 F 移动至最右端时，弯矩最大值为

$M_{\max 2}=Fb$ 。

欲使 a、b 最为合理，应使 $M_{\max 1}=M_{\max 2}$，即 $Fa=Fb$ ，故应 $a=b$ 。

（3）当 F 移至两支座间中点时，弯矩最大值为

$$M_{\max 3}=\frac{F(l-a-b)}{4}=\frac{F(l-2a)}{4}$$

为提高梁的承载能力，应使正负弯矩值相等，故

$$M_{\max 1}=M_{\max 3}$$

即

$$\frac{F(l-2a)}{4}=Fa$$

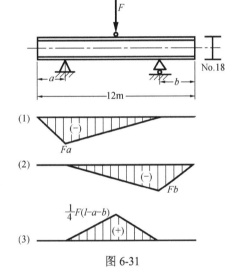

图 6-31

解得 $a=b=2\text{m}$ 。此时 $M_{\max}=Fa$ ，则最大正应力为 $\sigma_{\max}=\dfrac{M_{\max}}{W}\leqslant[\sigma]$ 。查表得 No.18 的弯曲截面系数 $W=185\times10^{-6}\text{m}^3$ ，则相应的许可载荷为

$$F\leqslant\frac{[\sigma]W}{a}=\frac{160\times10^{6}\times185\times10^{-6}}{2}=14.8\times10^{3}(\text{N})=14.8(\text{kN})$$

6.7.2　选用合理的截面形状

若把弯曲正应力的强度条件式(6-4)改写为

$$M_{\max}\leqslant[\sigma]W_z$$

　　可以看出，梁能承受的 M_{max} 与弯曲截面系数 W_z 成正比，W_z 越大越有利。另外，使用材料的多少和自重的大小，与横截面面积 A 的大小成正比，面积越小越经济，越轻巧。所以合理的截面形状应是横截面面积 A 较小，而弯曲截面系数 W_z 较大。对高为 h、宽为 b 的矩形截面梁，其高度 h 大于宽 b，抵抗垂直平面内的弯曲变形时，如图 6-32(a) 所示截面竖放置，$W_{z1}=bh^2/6$；如图 6-32(b) 所示截面横放置，则 $W_{z2}=b^2h/6$，两者之比是 $\dfrac{W_{z1}}{W_{z2}}=\dfrac{h}{b}>1$。所以，竖放比横放更合理，因此在房屋和桥梁等结构中的矩形截面梁一般都是竖放置的。

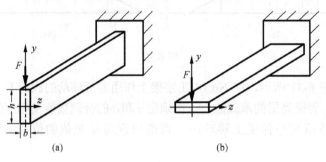

图 6-32

　　截面的形状不同，其弯曲截面系数也不同。可以用比值 W_z/A 来衡量截面形状的合理性和经济性。比值 W_z/A 较大，则截面的形状就较为合理，也较为经济。表 6-1 中列出了几种常见截面的 W_z/A 比值。由表中可看出，圆截面是最差的一种，工字形截面最合理。从正应力的分布规律来看，这一点是可以理解的。为了充分利用材料，应尽可能把材料放置到离中性轴较远处。为了将材料移到离中性轴较远处，可把中性轴附近的材料移至上下边缘处(图 6-33)，这就形成了工字形截面，槽形或箱形截面也是依照同样的思路设计的。

表 6-1　几何截面的 W_z 和 A 的比值

截面形状	矩形	圆形	环形 内径$d=0.8h$	槽钢	工字钢
$\dfrac{W_z}{A}$	$0.167h$	$0.125h$	$0.205h$	$(0.27\sim0.31)h$	$(0.27\sim0.31)h$

　　合理设计截面形状时，还应考虑材料特性。对抗拉和抗压强度相等的材料(如低碳钢)，宜采用中性轴对称的截面，如圆形、矩形、工字形、箱形等。这样可使截面上、下边缘处的最大拉应力和最大压应力数值相等，同时接近许用应力。

　　对抗拉和抗压强度不相等的材料(如铸铁$[\sigma_c]>[\sigma]$)，宜采用中性轴偏向受拉一侧的截面，如图 6-34 中所示的一些截面，对这类截面，在正弯矩作用下，应尽量使 y_1 和 y_2 之比接近于下列关系：

$$\frac{\sigma_{t,max}}{\sigma_{c,max}} = \frac{\dfrac{My_1}{I_z}}{\dfrac{My_2}{I_z}} = \frac{y_1}{y_2} = \frac{[\sigma_t]}{[\sigma_c]}$$

式中，$[\sigma_t]$ 和 $[\sigma_c]$ 分别表示材料的拉伸许用应力和压缩许用应力。

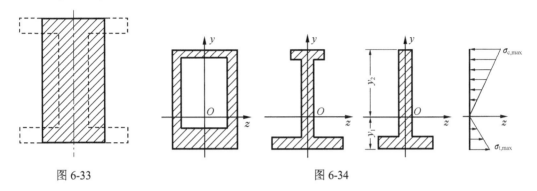

图 6-33   图 6-34

还应指出，在确定梁的截面形状和尺寸时，除考虑正应力强度条件外，还应考虑切应力强度条件。因此，设计工字形、箱形、T 形和槽形等薄壁截面时，要使腹板具有一定的厚度，以保证梁满足剪切强度条件。

以上仅从静载抗弯强度的角度来讨论问题，但事物往往是复杂的，不能仅考虑某几种因素，杆件除了要满足使用要求(如飞机的机翼首先要考虑气动性能的要求)，还要考虑结构和工艺上的要求，以及经济性等。例如，把一根细长圆杆加工成空心圆杆，势必因加工复杂而提高成本；又如轴类零件，虽然也承受弯曲，但同时还承受扭转，采用圆轴就比较合理。

6.7.3 组合梁

提高梁强度的另一种方法是采取组合梁的形式。工程上常常采用由几种不同材料组合成的梁。当几种材料连接非常紧密时，该组合梁的变形与整体梁变形一样。常见的组合梁包括两种或以上材料黏合的组合梁，两种或以上材料掺和(钢筋混凝土)的组合梁等，详细讨论将在《材料力学(Ⅱ)》中第 4 章进行，这里仅用例 6-12 说明等效面积法的一般思路。

例 6-12 用钢板加固的悬臂木梁如图 6-35 所示，梁的跨度 $l = 300\text{mm}$，自由端受集中力 $F = 500\text{N}$ 作用。若木材和钢板之间不能互相滑动，$E_w = 10\text{GPa}$，$E_{st} = 210\text{GPa}$，试求木材及钢板中的最大正应力。

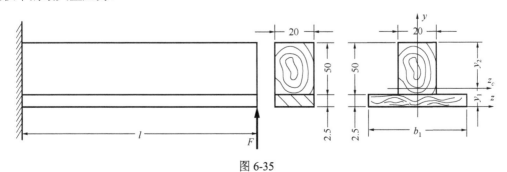

图 6-35

解　(1)将钢板扩大成木材的等效宽度：

$$\alpha = \frac{E_{st}}{E_w} = \frac{210}{10} = 21$$

$$b_1 = 21 \times 20 = 420(mm)$$

(2)计算形心、惯性矩：

$$y_1 = \frac{2.5 \times 420 \times 1.25 + 20 \times 50 \times 27.5}{420 \times 2.5 + 20 \times 50} = 14.0(mm)$$

$$y_2 = 38.5mm$$

$$I_z = \frac{420 \times 2.5^3}{12} + 420 \times 2.5 \times 12.75^2 + \frac{20 \times 50^3}{12} + 20 \times 50 \times 13.5^2$$

$$= 56.2 \times 10^4 (mm^4) = 56.2(cm^4)$$

(3)求最大应力：

$$\sigma_w = \frac{M_{max} y_2}{I_z} = \frac{500 \times 0.3 \times 38.5 \times 10^{-3}}{56.2 \times 10^{-8}} = 10.3 \times 10^6 (Pa) = 10.3(MPa)$$

$$\sigma_{st} = \frac{\alpha M_{max} y_1}{I_z} = \frac{21 \times 500 \times 0.3 \times 14 \times 10^{-3}}{56.2 \times 10^{-8}} = 78.5 \times 10^6 (Pa) = 78.5(MPa)$$

故木材及钢板中的最大正应力分别为 10.3MPa、78.5MPa。

对于工程上采用几种不同材料组合成的梁，当几种材料连接得很紧密时，组合梁的变形与单一材料的整体梁变形相同，平面假设仍然成立。这时，可以采用 6.1 节中同样的方法求解梁的正应力，也可以采用上面的等效面积法进行简便计算。本例中，也可采用将梁木材部分的宽度缩小 α 倍后的等效面积进行计算。

思　考　题

6.1　横力弯曲和纯弯曲的区别是什么？

6.2　在拉伸与压缩、扭转和弯曲的应力分析时，都引入了平面假设的概念，三者间的平面假设有何异同？

6.3　中性轴是如何定义的？为什么中性轴一定通过截面形心？梁横截面的 y、z 轴为什么必须是形心主惯轴？上述结论在什么条件下不成立？

6.4　弯曲正应力公式 $\sigma = \dfrac{M_z y}{I_z}$ 是在什么条件下推出的？指出它的适用范围。

6.5　分别指出上、下对称截面(如矩形、圆形、工字形)以及上、下不对称截面(如 T 形)梁弯曲时危险点的位置，并写出正应力强度条件。

6.6　一 T 形截面铸铁梁承受正弯矩作用，如何放置其强度最高？

6.7　在推导矩形截面梁的弯曲切应力公式 $\tau = \dfrac{F_s S_z^*}{I_z b}$ 时，作了哪些假设？其依据是什么？对分析问题起什么作用？

6.8 横力弯曲时平面假设为何不成立？既然平面假设不成立，为什么仍用 $\sigma = \dfrac{M_z y}{I_z}$ 计算弯曲正应力？

6.9 是否可用 $\tau = \dfrac{F_s S_z^*}{I_z b}$ 计算圆形截面梁上的切应力？为什么？其最大切应力应如何计算？与工字形、矩形和环形截面梁的最大切应力区别是什么？

6.10 提高梁弯曲强度的措施有哪些？什么是等强度梁？等强度梁支承处的最小尺寸如何确定？

6.11 图示矩形截面梁的截面尺寸为 $h=2b$，承受垂直方向的载荷。如果将竖放截面(图(a))改为横放截面(图 (b))，其他条件不变，则梁的强度发生怎样的变化？

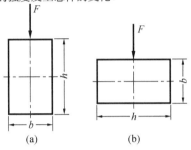

思考题 6.11 图

习 题

6-1 如图所示，长 30m、直径为 6mm 的直圆钢被盘绕成内径为 1.25m 的圆筒，材料的弹性模量为 $E_{st} = 200\text{GPa}$。假定应力未超过比例极限，求盘绕后圆钢内的最大应力及所对应的弯矩。

6-2 如图所示，求梁 m-m 截面上 A、B、C、D 四点的正应力和梁内的最大正应力。

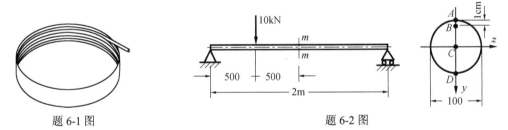

题 6-1 图　　　　　　　　　　　　题 6-2 图

6-3 如图所示一外伸梁由 No.14b 槽钢制成，试求梁的最大拉应力和最大压应力，并指出其所作用的截面和位置。

6-4 图示简支梁由 No.18 工字钢制成，在外载荷作用下，测得横截面 A 处底面的纵向正应变 $\varepsilon = 3.0 \times 10^{-4}$。已知材料的弹性模量 $E = 200\text{GPa}$，$a = 1\text{m}$。试计算梁内最大弯曲正应力 $\sigma_{\max}$。

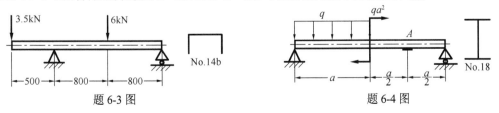

题 6-3 图　　　　　　　　　　　　题 6-4 图

6-5　已知一外伸梁截面形状和受力情况如图所示。已知 $q = 60\text{kN/m}, a = 1\text{m}$, $L = 200\text{mm}$ ，材料许用应力 $[\sigma] = 100\text{MPa}$ 。试校核梁的强度。

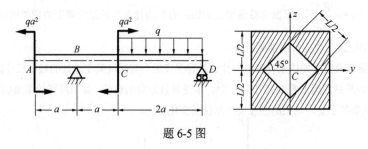

题 6-5 图

6-6　如图所示，炸弹悬挂在炸弹架上，若 $F = 40\text{kN}$ ，试在正应力不超过 200MPa 的条件下，为横梁 AB 选择槽钢型号（横梁由两个槽钢组成）。

6-7　图示结构中，AB 梁和 CD 梁的矩形截面宽度均为 b。若已知 AB 梁高为 h_1，CD 梁高为 h_2，欲使 AB 梁和 CD 梁的最大弯曲正应力相等，则二梁的跨度 l_1 和 l_2 之间应满足什么样的关系？若材料的许用应力为 $[\sigma]$，此时许用载荷 F 为多大？

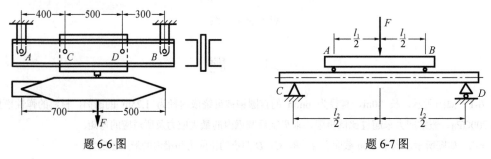

题 6-6 图　　　　　　　　　　　题 6-7 图

6-8　一单梁吊车如图所示，跨度 $l = 10.5\text{m}$，由 No.45a 工字钢制成，其 $I_z = 3.22 \times 10^4 \text{cm}^4$, $W_z = 1430\text{cm}^3$, $I_z/S_z^* = 38.6\text{cm}$，腹板宽度 $b = 1.15\text{cm}$。材料 $[\sigma] = 140\text{MPa}$，$[\tau] = 75\text{MPa}$。试计算是否能起重 $F = 70\text{kN}$？若不能，则在上下翼缘各加焊一块 $100\text{mm} \times 10\text{mm}$ 的钢板，试校核其强度并确定钢板的最小长度。已知电葫芦重 $W = 15\text{kN}$，梁的自重不计。

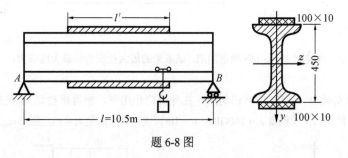

题 6-8 图

6-9　矩形木梁如图所示，材料的许用应力 $[\sigma] = 10\text{MPa}$，试确定截面尺寸 b。若在截面 A 处钻一直径为 d 的圆孔，在保证该梁强度的条件下，圆孔的最大直径 d 为多大？

6-10　铸铁梁的载荷及横截面尺寸如图所示，材料的许用拉应力 $[\sigma_{\text{t}}] = 40\text{MPa}$，许用压应力 $[\sigma_{\text{c}}] = 160\text{MPa}$，试按正应力强度条件校核梁的强度。若载荷不变，但将 T 形截面倒置，即翼缘在下成⊥形，是否合理？为什么？

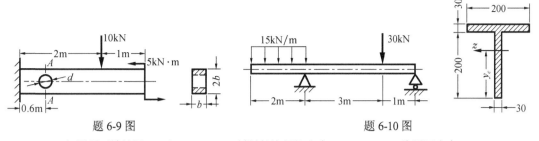

題 6-9 图　　　　　　　　　題 6-10 图

6-11　如图所示铸铁梁，已知 $a = 0.6\mathrm{m}$，材料的许用拉应力$[\sigma_t] = 35\mathrm{MPa}$，许用压应力$[\sigma_c] = 140\mathrm{MPa}$，求 q 的最大允许值。

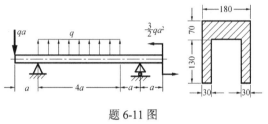

題 6-11 图

6-12　图示梁由三块等厚木板胶合而成，载荷 F 可在 ABC 梁上移动。已知木板的许用弯曲正应力为 $[\sigma_W] = 15\mathrm{MPa}$，许用切应力$[\tau_W] = 1.5\mathrm{MPa}$，胶合面上的许用切应力$[\tau_g] = 0.34\mathrm{MPa}$，其中 $a = 1\mathrm{m}$，$b = 8\mathrm{cm}$，$h = 4\mathrm{cm}$，求梁的许可荷载$[F]$。

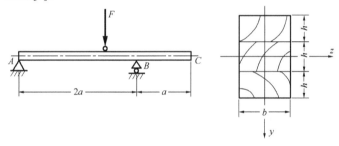

題 6-12 图

6-13　一外伸梁，在 2m 段受均布载荷 $q = 6\mathrm{kN/m}$，在 1m 段受三角形分布载荷，两段交界处载荷集度连续。梁的横截面为"日"字形，尺寸如图所示，求梁横截面上的最大正应力和最大切应力，并指出它们发生的位置。

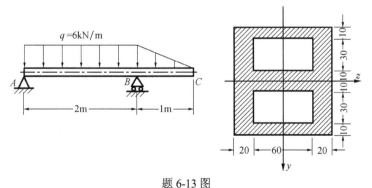

題 6-13 图

6-14 图示托架由铸铁制成，集中力 $F = 150$kN。若许用拉应力$[\sigma_t] = 35$MPa，许用压应力$[\sigma_c] = 140$MPa，许用切应力$[\tau] = 30$MPa。试校核截面 A-A 的强度。

6-15 已知 T 形截面梁由相同材料的三部分胶合而成，梁的剪力图、弯矩图和截面尺寸如图所示。试求：(1)截面对形心轴的惯性矩；(2)作出梁的载荷图；(3)最大拉应力和最大压应力；(4)梁截面及胶合面上的最大切应力。

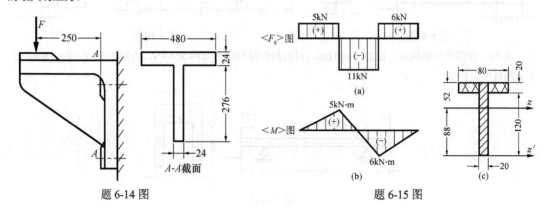

题 6-14 图 　　　　　题 6-15 图

6-16 图示梁由两根 No.36a 工字钢铆接而成。铆钉的间距为 $s = 150$mm，直径 $d = 20$mm，$[\tau] = 90$MPa，梁横截面上的剪力 $F_s = 40$kN。试校核铆钉的剪切强度。

6-17 用钢板加固的悬臂木梁如图所示，木梁和钢板之间不能互相滑动。梁的跨度 $l = 1.0$m，自由端受集中力 $F = 30$kN 作用。若木材的弹性模量 $E_w = 10$GPa，钢材的弹性模量 $E_{st} = 200$GPa，试画出危险截面弯曲正应力的分布图并计算木材及钢板中的最大弯曲正应力。

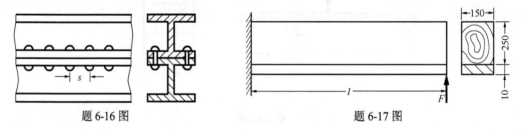

题 6-16 图 　　　　　题 6-17 图

6-18 一简支梁跨度 $l = 4$m，在梁中点处承受集中载荷 F，横截面为矩形，高 $h = 100$mm，宽 $b = 50$mm。设材料为理想弹塑性的，$\sigma_s = 240$MPa，试求该梁的极限载荷 F 值。

6-19 图示某钢筋放置在地面上，以力 F 将钢筋提起。若钢筋单位长度的重量为 q，当 $b = 3a$ 时，试求所需的力 F。

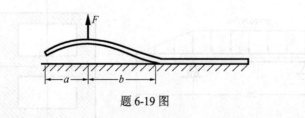

题 6-19 图

6-20 如图所示，悬臂梁自由端处作用集中力 F，梁的厚度为 δ，但宽度 b 是随 x 而变化的函数。已知材料的许用应力为$[\sigma]$，求宽度 $b(x)$。

6-21 如图所示，悬臂梁自由端作用集中力 F，其截面宽度为 b_0，求设计为等强度梁时的高度 $d(x)$。

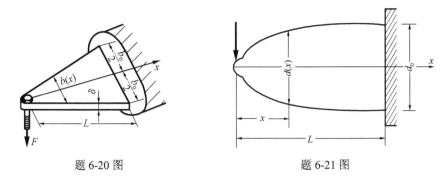

题 6-20 图   题 6-21 图

6-22 　如图所示，悬臂梁自由端作用集中力 $F = 70\text{N}$，求梁中绝对值最大的弯曲正应力以及作用面的位置 x。

6-23 　如图所示，简支梁中点作用集中力 F，梁截面宽度为 b_0，求任意截面上的最大正应力及梁中绝对值最大的弯曲正应力。

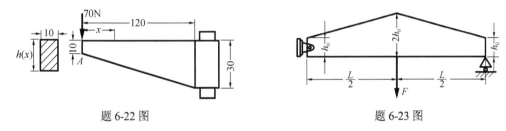

题 6-22 图   题 6-23 图

6-24 　如图所示，变截面梁直径 d 随 x 而变化，当梁上分别作用集中力和均布载荷时，求使梁成为等强度梁时的 $d(x)$。

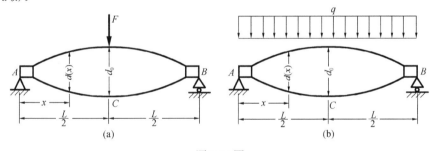

题 6-24 图

6-25 　矩形截面梁如图所示，其拉伸时的弹性模量 E_t 为压缩时弹性模量 E_c 的 1/2，当截面作用正弯矩 $M = 1.5\text{kN·m}$ 时，求最大拉应力 $\sigma_{t,\max}$ 和最大压应力 $\sigma_{c,\max}$。

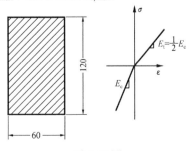

题 6-25 图

6-26　1103 年，北宋建筑师李诚在《营造法式·大木作制度》中指出，"凡梁之大小，各随其广分为三份，以二份为厚"，即截面高宽比为 3：2。如图所示，外伸梁长 $L=10\text{m}$，欲用直径 $D=40\text{cm}$ 的圆木加工成矩形截面梁，且梁上作用有可移动荷载 F，木材的许用应力 $[\sigma_{\text{W}}]=10\text{MPa}$。试问：(1)当 h、b、x 为何值时，梁的承载能力最大？(2)求相应的许可载荷 $[F]$。

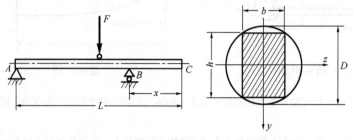

题 6-26 图

6-27　如图所示，受分布载荷 $q=3.5\text{kN/m}$ 作用的矩形截面梁 AD，$b=40\text{mm}$，$h=60\text{mm}$。梁左端 A 处铰支，B 处由直径 $d=10\text{mm}$ 的圆杆 BC 悬吊，测得圆杆 BC 的轴向应变 $\varepsilon=501\times10^{-6}$，材料弹性模量 $E=200\text{GPa}$。试求梁 AD 的最大正应力。

6-28　木质叠梁如图所示，AB 段上下黏结在一起，BC 段上下没有黏结。已知许用正应力 $[\sigma_{\text{W}}]=10\text{MPa}$，许用切应力 $[\tau_{\text{W}}]=1\text{MPa}$，黏合面的许用切应力 $[\tau_{\text{g}}]=0.35\text{MPa}$，$b=0.1\text{m}$。求梁的许用载荷 q。

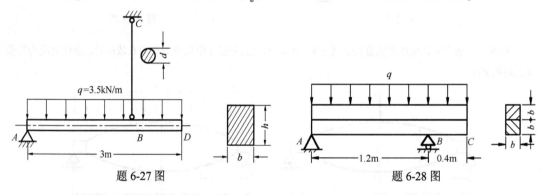

题 6-27 图　　　　　　　　　　題 6-28 图

第7章 弯曲变形*

重点及
难点

7.1 概　述

工程实际中，不仅要求受弯曲构件有足够的强度，在某些情形还要求有足够的刚度*。如轧钢机在轧制钢板时，若轧辊的弯曲变形过大，轧出的钢板就会厚薄不匀，影响产品质量(图 7-1(a))；又如装有齿轮的轴，若弯曲变形偏大，就要造成齿轮啮合不良，轴与轴承配合不好，以致造成传动不平稳，并将加速齿轮齿和轴承的磨损(图 7-1(b))。因此，精密机床等对主轴、床身、工作台都有一定的刚度要求，以保证加工精度。高速下工作的离心机等的主要构件都要求有足够的刚度，以免工作时产生超出许可的振动。

弯曲变形常常不利于构件正常工作，因此要减少它或限制它。但在有些情形下，可利用弯曲变形满足工作的要求。如图 7-1(c) 所示的弹簧刀杆切断刀，由于它的弹性变形较大，有较好的自动让刀作用，能有效地缓和冲击，与直刀杆相比，可提高切削速度；又如车辆上使用的叠板弹簧(图 7-1(d))，要求有较大的变形，才能起缓冲减震作用。

弯曲变形计算，除直接用于解决弯曲刚度问题外，还经常用于求解超静定系统和振动计算中。

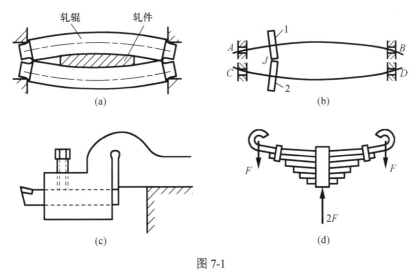

图 7-1

7.2　挠曲线的近似微分方程

在平面弯曲情况下，以变形前的轴线为 x 轴，垂直轴线的轴为 y 轴，取 x 轴向右为正，y 轴向上为正，如图 7-2 所示。变形后，轴线将成为 xy 平面内的一条曲线，称为**挠曲线**。挠曲线上任意点的纵坐标用 y 来表示。它代表该点横截面形心沿 y 方向的位移，称为**挠度**。这样挠曲线方程可以写成

$$y = y(x)$$

在工程问题中，梁的挠度一般远小于跨度，挠曲线是一条很平坦的曲线，所以任一横截面形心在 x 方向的位移均可略去不计。

变形过程中，横截面绕中性轴相对原来位置所转过的角度 θ，称为该横截面的**转角**。挠度和转角是度量弯曲变形的两个基本量。在图 7-2 所示的坐标系中，规定向上的挠度为正，反之为负；截面逆时针旋转的转角为正，反之为负。

根据平面假设，梁的横截面在变形前垂直于 x 轴，变形后仍垂直于挠曲线。所以截面转角 θ 就是挠曲线的法线与 y 轴的夹角，它应与挠曲线在该点处的切线与 x 轴的夹角相等。又因挠曲线是一条非常平坦的曲线，θ 是一个非常小的角度，故有

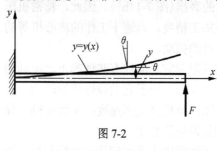

图 7-2

$$\theta \approx \tan\theta = \frac{dy}{dx}$$

称其为挠度与转角之间的微分关系。

在纯弯曲的情形下，曾得到弯曲变形时曲率与弯矩间的关系式(6-1)。由于一般梁的横截面高度远小于跨度，剪力对变形的影响很小，可以忽略不计，因此横力弯曲时，梁的任意截面的曲率仍可写为

$$\frac{1}{\rho(x)} = \frac{M(x)}{EI_z} \tag{a}$$

这是计算弯曲变形基本方程的另一种形式。不过，这时曲率半径 ρ 和弯矩 M 都是 x 的函数。

在高等数学中曾经讨论过平面曲线 $y=y(x)$ 上任一点的曲率为

$$\frac{1}{\rho(x)} = \pm\frac{\dfrac{d^2 y}{dx^2}}{\sqrt{\left[1+\left(\dfrac{dy}{dx}\right)^2\right]^3}} \tag{b}$$

将式(b)所述关系用于梁的变形分析，比较式(a)、式(b)，得

$$\pm\frac{\dfrac{d^2 y}{dx^2}}{\sqrt{\left[1+\left(\dfrac{dy}{dx}\right)^2\right]^3}} = \frac{M(x)}{EI_z} \tag{c}$$

式(c)称为**梁的挠曲线微分方程**。显然这是一个二阶非线性微分方程。

由于挠曲线通常是一条极其平坦的曲线，$\dfrac{dy}{dx}=\theta$ 的数值很小，在等式(b)右边的分母中 $\left(\dfrac{dy}{dx}\right)^2$ 与 1 相比可略去不计，于是得到曲率的近似表达式：

$$\frac{1}{\rho} \approx \pm \frac{\mathrm{d}^2 y}{\mathrm{d}x^2} \tag{d}$$

挠曲线微分方程近似为

$$\pm \frac{\mathrm{d}^2 y}{\mathrm{d}x^2} = \frac{M(x)}{EI_z} \tag{e}$$

按照 5.3 节关于弯矩正负号的规定，当挠曲线呈凹形时，M 为正(图 7-3(a))。另外，在选定的坐标系中，凹形的曲线，其二阶导数 $\dfrac{\mathrm{d}^2 y}{\mathrm{d}x^2}$ 也为正。同理，挠曲线呈凸形时，M 为负，$\dfrac{\mathrm{d}^2 y}{\mathrm{d}x^2}$ 也为负(图 7-3(b))。故式(e)写为

$$\frac{\mathrm{d}^2 y}{\mathrm{d}x^2} = \frac{M(x)}{EI_z} \tag{7-1}$$

式(7-1)称为梁的**挠曲线近似微分方程**，也称为**小挠度微分方程**[①]。

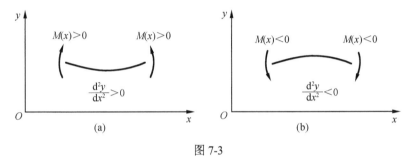

图 7-3

7.3　用积分法求梁的变形

将弯矩方程 $M(x)$ 代入式(7-1)，积分一次，得转角方程为

$$EI \frac{\mathrm{d}y(x)}{\mathrm{d}x} = EI\theta(x) = \int M(x)\mathrm{d}x + C \tag{7-2}$$

再积分一次，得挠度方程为

$$EIy(x) = \int \left[\int M(x)\mathrm{d}x \right]\mathrm{d}x + Cx + D \tag{7-3}$$

这种连续积分求梁的变形方程的方法称为(二次)积分法。式中，C、D 均为积分常数，可由梁的某些点(面)上的已知转角和挠度来确定。这些条件一般称为**位移边界条件**。另外，挠曲线应是一条连续光滑的曲线，在挠曲线的任一点上，应有唯一确定的转角和挠度(中间铰处除外)，这就是**光滑连续条件**。注意：在中间铰支座处，既存在约束条件，又存在光滑连续条件；在中间铰处，仅存在连续条件，不存在光滑条件。

这种积分遍及全梁，必须正确分段列出挠曲线微分方程。分段的原则是：弯矩方程 $M(x)$

[①]小挠度下的弹性曲线方程又称为 Euler-Bernoulli 弯曲方程。由瑞士数学家 J. Bernoulli 于 1694 年首先给出，L. Euler(1707—1783 年)则大大地扩展了它的应用。

分段处；抗弯刚度突变处；有中间铰的梁在中间铰处等。若积分分为 n 段进行，则会出现 $2n$ 个积分常数。

常见的位移边界条件和光滑连续条件列入表 7-1。

表 7-1　常见位移边界条件

横截面位置	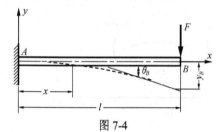				
位移边界条件 光滑连续条件	$y_A = 0$	$\theta_A = 0,\quad y_A = 0$	$y_A = \Delta$ Δ 为弹簧变形	$\theta_{A,L} = \theta_{A,R}$ $y_{A,L} = y_{A,R}$	$y_{A,L} = y_{A,R}$

下面举例说明挠曲线近似微分方程的建立、积分常数的确定及转角和挠度的计算。

例 7-1　图 7-4 所示悬臂梁自由端承受集中力 F 作用。若已知梁的抗弯刚度 EI 为常量，试求梁的最大转角和最大挠度。

解　（1）写出梁的弯矩方程。对图 7-4 所示坐标系，梁的弯矩方程为

$$M(x) = -F(l-x) = F(x-l)$$

（2）列挠曲线近似微分方程并积分。由式（7-1）得

$$EI\frac{\mathrm{d}^2 y}{\mathrm{d}x^2} = M(x) = F(x-l)$$

积分一次，得

$$EI\frac{\mathrm{d}y}{\mathrm{d}x} = EI\theta(x) = \frac{1}{2}F(x-l)^2 + C \tag{a}$$

再积分一次，得

$$EIy(x) = \frac{1}{6}F(x-l)^3 + Cx + D \tag{b}$$

（3）由位移边界条件确定积分常数。固定端 A 处的位移边界条件为

$$x = 0 \text{ 时},\quad \theta_A = 0,\quad y_A = 0$$

分别代入式（a）、式（b）得

$$C = -\frac{1}{2}Fl^2,\quad D = \frac{1}{6}Fl^3$$

（4）确定转角方程和挠度方程。将两个积分常数分别代入式（a）、式（b），得

$$EI\theta(x) = \frac{1}{2}F(x-l)^2 - \frac{1}{2}Fl^2 \tag{c}$$

$$EIy(x) = \frac{1}{6}F(x-l)^3 - \frac{1}{2}Fl^2 x + \frac{1}{6}Fl^3 \tag{d}$$

（5）求最大转角和最大挠度。由式（c）、式（d）可确定任一横截面的转角和挠度。由图 7-4 可见，自由端 B 截面处的转角和挠度的绝对值最大。以 $x = l$ 代入式（c）和式（d），得

$$\theta_B = -\frac{Fl^2}{2EI},\quad |\theta|_{\max} = \frac{Fl^2}{2EI};\quad y_B = -\frac{Fl^3}{3EI},\quad |y|_{\max} = \frac{Fl^3}{3EI}$$

图 7-4

在所选坐标系中，转角为负值，说明横截面绕中性轴顺时针方向转动。挠度为负值，即 B 点位移向下。

由于在整个梁段内，弯矩是负值，且 A 截面处的转角和挠度为零，所以不难画出梁挠曲线的大致形状，如图 7-4 中虚线所示。

例 7-2 图 7-5 所示简支梁受均布载荷 q 的作用。若梁的抗弯刚度 EI 已知，试求梁的转角方程和挠度方程，并求最大转角和最大挠度。

解 (1)求支座反力并写出弯矩方程。由平衡条件可求得两端支座反力分别为

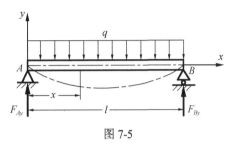

$$F_{Ay} = \frac{1}{2}ql, \quad F_{By} = \frac{1}{2}ql$$

任意截面的弯矩方程为

$$M(x) = \frac{1}{2}qlx - \frac{1}{2}qx^2$$

图 7-5

(2)列挠曲线近似微分方程并积分。由式(7-1)得

$$EI\frac{d^2y}{dx^2} = \frac{1}{2}qlx - \frac{1}{2}qx^2$$

积分两次得

$$EI\theta(x) = \frac{1}{4}qlx^2 - \frac{1}{6}qx^3 + C \tag{a}$$

$$EIy(x) = \frac{1}{12}qlx^3 - \frac{1}{24}qx^4 + Cx + D \tag{b}$$

(3)由位移边界条件确定积分常数。铰支座 A、B 处的位移边界条件为 $x=0$ 时，$y_A=0$；$x=l$ 时，$y_B=0$。代入式(a)、式(b)可得

$$C = -\frac{1}{24}ql^3, \quad D = 0$$

(4)确定转角方程和挠度方程。将两个积分常数代入式(a)、式(b)，可得

$$EI\theta(x) = \frac{1}{4}qlx^2 - \frac{1}{6}qx^3 - \frac{1}{24}ql^3 \tag{c}$$

$$EIy(x) = \frac{1}{12}qlx^3 - \frac{1}{24}qx^4 - \frac{1}{24}ql^3x \tag{d}$$

(5)求最大转角和最大挠度。转角最大值可能发生在边界或极值处。由 $\dfrac{d\theta}{dx}=0$，得

$$\frac{d\theta}{dx} = \frac{1}{EI}\left(\frac{1}{2}qlx_1 - \frac{1}{2}qx_1^2\right) = 0$$

当 $x=0$ 时，$\theta_A = -\dfrac{ql^3}{24EI}$；当 $x=l$ 时，$\theta_B = \dfrac{ql^3}{24EI}$。

同样，最大挠度也可能发生在边界或极值处，由图 7-5 可知，边界 A 和 B 处挠度为零，于是最大挠度发生在 $\dfrac{\mathrm{d}y}{\mathrm{d}x}=\theta=\dfrac{1}{EI}\left(\dfrac{1}{4}qlx^2-\dfrac{1}{6}qx^3-\dfrac{1}{24}ql^3\right)=0$ 处，解得 $x_2=\dfrac{l}{2}$。

当 $x=\dfrac{l}{2}$ 时　　　　　　　　　　　　　$y=-\dfrac{5ql^4}{384EI}$

所以梁的最大挠度　　　　　　　　　　　$|y|_{\max}=\dfrac{5ql^4}{384EI}$

从结构和受力的对称性可知最大挠度发生在梁跨度的中点处，最大转角发生在两端支座处。

例 7-3　图 7-6 所示简支梁受集中力 F 作用。若梁的抗弯刚度 EI 已知为常数，试求此梁的转角方程和挠度方程，并确定最大转角和最大挠度。

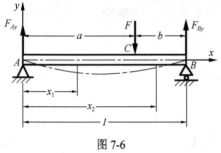

图 7-6

解　（1）求支座反力和弯矩方程。由平衡条件求得支座反力分别为

$$F_{Ay}=\frac{Fb}{l}, \quad F_{By}=\frac{Fa}{l}$$

AC 段的弯矩方程为

$$M(x_1)=F_{Ay}x_1=\frac{Fb}{l}x_1, \quad 0\le x_1\le a$$

CB 段的弯矩方程为

$$M(x_2)=F_{Ay}x_2-F(x_2-a)=\frac{Fb}{l}x_2-F(x_2-a), \quad a\le x_2\le l$$

（2）列出挠曲线近似微分方程并积分。由于 AC 段和 CB 段的弯矩方程不同，所以梁的挠曲线近似微分方程也须分别列出。两段梁的挠曲线近似微分方程及其积分结果如表 7-2 所示。

表 7-2　图 7-6 梁挠曲线近似微分方程及积分结果

AC 段 $(0\le x_1\le a)$		CB 段 $(a\le x_2\le l)$	
$EI\dfrac{\mathrm{d}^2y_1}{\mathrm{d}x_1^2}=\dfrac{Fb}{l}x_1$		$EI\dfrac{\mathrm{d}^2y_2}{\mathrm{d}x_2^2}=\dfrac{Fb}{l}x_2-F(x_2-a)$	
$EIy_1'=\dfrac{1}{2}\dfrac{Fb}{l}x_1^2+C_1$	(a)	$EIy_2'=\dfrac{1}{2}\dfrac{Fb}{l}x_2^2-\dfrac{1}{2}F(x_2-a)^2+C_2$	(c)
$EIy_1=\dfrac{1}{6}\dfrac{Fb}{l}x_1^3+C_1x_1+D_1$	(b)	$EIy_2=\dfrac{1}{6}\dfrac{Fb}{l}x_2^3-\dfrac{1}{6}F(x_2-a)^3+C_2x_2+D_2$	(d)

（3）确定积分常数。积分结果包含 4 个积分常数，除位移边界条件外，还需 C 截面的光滑连续条件。即

当 $x_1=x_2=a$ 时，　　　　　　　　　　$y_1'=y_2'$　　　　　　　　　　(e)

当 $x_1=x_2=a$ 时，　　　　　　　　　　$y_1=y_2$　　　　　　　　　　(f)

分别将式(e)、式(f)代入式(a)～式(d)，得

$$\frac{1}{2}\frac{Fb}{l}a^2 + C_1 = \frac{1}{2}\frac{Fb}{l}a^2 + C_2$$

$$\frac{1}{6}\frac{Fb}{l}a^3 + C_1a + D_1 = \frac{1}{6}\frac{Fb}{l}a^3 + C_2a + D_2$$

由以上两式可求得 $C_1 = C_2$，$D_1 = D_2$。

由边界条件可知，当 $x_1 = 0$ 时，$y_1(0) = 0$；当 $x_2 = l$ 时，$y_2(l) = 0$。代入解得

$$C_1 = C_2 = -\frac{1}{6}Fbl + \frac{1}{6}\frac{F}{l}b^3 = -\frac{1}{6}\frac{Fb}{l}(l^2 - b^2), \quad D_1 = D_2 = 0$$

(4)确定转角方程和挠度方程。将所求得的积分常数代入式(a)～式(d)，得两段转角方程和挠度方程，如表 7-3 所示。

表 7-3　图 7-6 梁的转角和挠度方程

AC 段 $(0 \leqslant x_1 \leqslant a)$	CB 段 $(a \leqslant x_2 \leqslant l)$
$EI\theta_1 = \frac{Fb}{2l}x_1^2 - \frac{Fb}{6l}(l^2 - b^2)$ (g)	$EI\theta_2 = \frac{Fb}{2l}x_2^2 - \frac{F}{2}(x_2 - a)^2 - \frac{Fb}{6l}(l^2 - b^2)$ (i)
$EIy_1 = \frac{Fb}{6l}x_1^3 - \frac{1}{6}\frac{Fb}{l}(l^2 - b^2)x_1$ (h)	$EIy_2 = \frac{Fb}{6l}x_2^3 - \frac{F}{6}(x_2 - a)^3 - \frac{Fb}{6l}(l^2 - b^2)x_2$ (j)

(5)求最大转角和最大挠度。首先求最大转角。由图 7-6 可见，梁 A 端或 B 端截面的转角可能最大，分别求出两端面转角：

$$\theta_A = \theta_1(0) = -\frac{Fb}{6EIl}(l^2 - b^2) = -\frac{Fab}{6EIl}(l + b) \tag{k}$$

$$\theta_B = \theta_2(l) = \frac{Fbl^2}{2EIl} - \frac{Fb^2}{2EI} - \frac{Fb}{6EIl}(l^2 - b^2) = \frac{Fab}{6EIl}(l + a) \tag{l}$$

比较两式的绝对值可知，当 $a > b$ 时，θ_B 为最大转角。

由图 7-6 可知，最大挠度产生在 y 的极值处。为了确定最大挠度产生在哪一段，先求 C 截面处转角：

$$\theta_C = \theta_1(a) = \frac{Fba^2}{2EIl} - \frac{Fb}{6EIl}(l^2 - b^2) = \frac{Fab}{3EIl}(a - b) \tag{m}$$

当 $a > b$ 时，从式(k)～式(m)可见，$\theta_A < 0$，$\theta_B > 0$，$\theta_C > 0$。从横截面 A 到 C，转角由负变正，改变了符号。因挠曲线是光滑连续曲线，$\theta = 0$ 的截面必在 AC 段内，即最大挠度产生在 AC 段内。由

$$\frac{dy_1}{dx_1} = \frac{Fb}{2EIl}x_1^2 - \frac{Fb}{6EIl}(l^2 - b^2) = 0 \tag{n}$$

解得

$$x_1 = x_0 = \sqrt{\frac{l^2 - b^2}{3}} \tag{o}$$

x_0 是最大挠度所在截面的横坐标。将 x_0 代入挠度方程，得最大挠度为

$$y_1(x_0) = \frac{1}{EI}\left[\frac{1}{6}\frac{Fb}{l}x_0^3 - \frac{1}{6}\frac{Fb}{l}(l^2 - b^2)x_0\right] = -\frac{Fb\sqrt{(l^2-b^2)^3}}{9\sqrt{3}EIl}$$

（6）讨论。由式（o）可见，当载荷 F 无限接近右支座时，有

$$x_0 \approx \frac{l}{\sqrt{3}} = 0.577l$$

说明即使在这种极端情形下，梁最大挠度的位置仍与梁的中点非常接近。一般可用中点的挠度近似地代替梁的最大挠度。

$$y_1\left(\frac{l}{2}\right) = \frac{Fbl^2}{48EI} - \frac{Fbl^2}{12EI} = -\frac{Fbl^2}{16EI} = -0.0625\frac{Fbl^2}{EI}$$

$$y_1(x_0) = -\frac{Fbl^2}{9\sqrt{3}EI} = -0.0642\frac{Fbl^2}{EI}$$

比较可知，两者的误差仅为 $\dfrac{0.0642 - 0.0625}{0.0642} = 2.65\%$。因此在工程中常用中点挠度代替最大挠度，不会带来很大的误差。

若载荷 F 作用在梁的中点，即 $a = b = \dfrac{l}{2}$，则

$$|\theta|_{\max} = \theta_B = |\theta_A| = \frac{Fl^2}{16EI}, \quad |y|_{\max} = y\left(\frac{l}{2}\right) = \frac{Fl^3}{48EI}$$

例 7-4　图 7-7（a）所示悬臂梁同时承受均布载荷 q 及集中载荷 F 作用，且 $F = 2qa$，试绘制挠曲线的大致形状。

解　（1）确定挠曲线形状的基本依据为

$$\frac{1}{\rho} = \frac{M(x)}{EI} = y''(x)$$

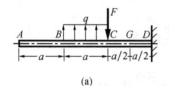

即挠曲线的曲率与弯矩成正比，二者具有相同的正负符号。因此，对于弯矩大于零的梁段，挠曲线为凹曲线，弯矩小于零的梁段，挠曲线为凸曲线，而且，弯矩越大，曲率越大；而对于弯矩为零的梁段，挠曲线则为直线。

绘制挠曲线时还应注意：在梁的被约束处，应满足位移边界条件；在分段处，则应满足位移连续条件。

（2）画挠曲线的大致形状图。

① 作梁的弯矩图，如图 7-7（b）所示。图中可以看出：AB 段的弯矩为零，故 AB 段的挠曲线为直线；BG 段的弯矩为正，故 BG 段为凹曲线；GD 段的弯矩为负，故 GD 段为凸曲线；横截面 G 的弯矩为零，并位于 CD 段的中点。因此在截面 G 处，挠曲线存在拐点。

② 截面 D 为固定端，故该截面的转角和挠度均为零。另外，在截面 B 与 C 处，挠曲线还应满足光滑连续条件。

③ 综合考虑弯矩和边界两方面条件，挠曲线的大致形状如图 7-7（c）中虚线所示，D 点

图 7-7

为极值点。至于截面 A 的挠度是正或负，则需由计算确定。

(3)绘制梁的挠曲线大致形状时，由弯矩的正、负与零点或零值区，确定挠曲线的凹、凸与拐点或直线区；由位移边界条件确定挠曲线的空间位置。

例 7-5 图 7-8 所示具有中间铰的梁承受均布载荷作用，梁的 B 端放置在刚度为 K 的弹簧上。若梁的抗弯刚度 EI 已知，试求此梁的挠曲线方程，并求 D 点的挠度。

解 (1)求支座反力并写弯矩方程。对带中间铰的梁，在求支座反力时一般从中间铰处拆开，分作两个梁考虑。

由 CB 段平衡条件 $\qquad \sum M_C = 0$

得 $$F_{By} = \frac{1}{2}qa$$

再由整个 AB 梁的平衡条件

$$\sum F_y = 0, \quad \sum M_A = 0$$

得 $$F_{Ay} = \frac{3}{2}qa, \quad M_A = qa^2$$

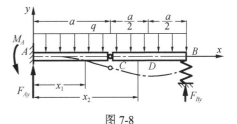

图 7-8

AC 段弯矩方程为 $\quad M(x_1) = -M_A + F_{Ay}x_1 - \frac{1}{2}qx_1^2 = -qa^2 + \frac{3}{2}qax_1 - \frac{1}{2}qx_1^2, \quad 0 < x_1 \leqslant a$

CB 段弯矩方程为 $\quad M(x_2) = -M_A + F_{Ay}x_2 - \frac{1}{2}qx_2^2 = -qa^2 + \frac{3}{2}qax_2 - \frac{1}{2}qx_2^2, \quad a \leqslant x_2 \leqslant 2a$

(2)列挠曲线近似微分方程并积分。由于 C 为中间铰，挠曲线在 C 点不光滑，整个 AB 梁的转角方程和挠曲线方程不能用一个方程表示，所以需分段建立挠曲线近似微分方程，并分段积分，如表 7-4 所示。

表 7-4 图 7-8 梁的挠曲线近似微分方程及积分结果

AC 段 $(0 < x_1 \leqslant a)$	CB 段 $(a \leqslant x_2 \leqslant 2a)$
$EI\dfrac{d^2y_1}{dx_1^2} = -qa^2 + \dfrac{3}{2}qax_1 - \dfrac{1}{2}qx_1^2$	$EI\dfrac{d^2y_2}{dx_2^2} = -qa^2 + \dfrac{3}{2}qax_2 - \dfrac{1}{2}qx_2^2$
$EI\dfrac{dy_1}{dx_1} = -qa^2x_1 + \dfrac{3}{4}qax_1^2 - \dfrac{1}{6}qx_1^3 + C_1$	$EI\dfrac{dy_2}{dx_2} = -qa^2x_2 + \dfrac{3}{4}qax_2^2 - \dfrac{1}{6}qx_2^3 + C_2$
$EIy_1 = -\dfrac{1}{2}qa^2x_1^2 + \dfrac{1}{4}qax_1^3 - \dfrac{1}{24}qx_1^4 + C_1x_1 + D_1$	$EIy_2 = -\dfrac{1}{2}qa^2x_2^2 + \dfrac{1}{4}qax_2^3 - \dfrac{1}{24}qx_2^4 + C_2x_2 + D_2$

(3)确定积分常数。四个积分常数需按位移边界条件、C 点的挠度连续条件确定：

当 $x_1 = 0$ 时， $\qquad \dfrac{dy_1}{dx_1}(0) = 0$ ， $y_1(0) = 0$

当 $x_1 = x_2 = a$ 时， $\qquad y_1(a) = y_2(a)$

当 $x_2 = 2a$ 时， $\qquad y_2(2a) = -\dfrac{F_{By}}{K} = -\dfrac{qa}{2K}$

分别将上述边界条件代入转角和挠曲线方程得 $C_1 = 0, D_1 = 0$ 和

$$-\frac{1}{2}qa^4 + \frac{1}{4}qa^4 - \frac{1}{24}qa^4 + C_1 a + D_1 = -\frac{1}{2}qa^4 + \frac{1}{4}qa^4 - \frac{1}{24}qa^4 + C_2 a + D_2$$

$$-2qa^4 + 2qa^4 - \frac{2}{3}qa^4 + 2C_2 a + D_2 = -\frac{qa}{2K}$$

联立求解，得

$$C_2 = -\frac{q}{2K} + \frac{2}{3}qa^3, \quad D_2 = \frac{qa}{2K} - \frac{2}{3}qa^4$$

(4)确定转角方程和挠度方程。将所求得的积分常数代入微分方程的积分式，如表 7-5 所示。

表 7-5　图 7-8 梁的转角及挠度方程

AC 段	CB 段
$EI\theta_1(x_1) = -qa^2 x_1 + \frac{3}{4}qax_1^2 - \frac{1}{6}qx_1^3$	$EI\theta_2(x_2) = -qa^2 x_2 + \frac{3}{4}qax_2^2 - \frac{1}{6}qx_2^3 - \frac{q}{2K} + \frac{2}{3}qa^3$
$EIy_1(x_1) = -\frac{1}{2}qa^2 x_1^2 + \frac{1}{4}qax_1^3 - \frac{1}{24}qx_1^4$	$EIy_2(x_2) = -\frac{1}{2}qa^2 x_2^2 + \frac{1}{4}qax_2^3 - \frac{1}{24}qx_2^4 - \frac{q}{2K}x_2 + \frac{2}{3}qa^3 x_2 + \frac{qa}{2K} - \frac{2}{3}qa^4$

(5) D 点的挠度。将 $x_2 = 3a/2$ 代入 CB 段挠度方程，得

$$y_D = \frac{1}{EI}\left(-\frac{9}{8}qa^4 + \frac{27}{32}qa^4 - \frac{27}{128}qa^4 - \frac{3}{4}\frac{qa}{K} + qa^4 + \frac{qa}{2K} - \frac{2}{3}qa^4\right) = \frac{1}{EI}\left(-\frac{61}{384}qa^4 - \frac{qa}{4K}\right)$$

由上面这些例子可见，梁上载荷越复杂，弯矩方程分段越多，积分常数也越多，确定积分常数的运算就变得很烦琐。用积分法求弯曲变形的优点是可以求得转角和挠度的一般方程式，利用一般方程式可求任意截面处的转角和挠度。但在工程中往往只要确定某些特定截面处的转角和挠度，不需要求出转角和挠度的一般方程式，应用积分法就显得过于烦琐。为此，将梁在某些简单载荷作用下的变形列入附录 C 的表格内，利用这些表格，根据叠加原理，可以较方便地解决一些弯曲变形问题。

7.4　用叠加法求梁的变形

在小变形和梁内应力不超过材料比例极限的前提下，得到了挠曲线的近似微分方程式。由式(7-2)、式(7-3)和 7.3 节各例可见，转角和挠度与载荷呈线性齐次关系。可以证明，在上述条件下，独立作用原理成立。因此，当梁上同时作用若干个载荷时，可以用叠加原理求梁的变形。

设梁上同时承受 n 个载荷作用，任意横截面上的弯矩为 $M(x)$，转角为 $\theta(x)$，挠度为 $y(x)$，当梁的抗弯刚度 EI 为常数时，式(7-1)可写为

$$EIy''(x) = M(x) \tag{a}$$

设梁上仅有第 i 个载荷单独作用时，对应的弯矩和挠度方程分别为 $M_i(x)$ 和 $y_i(x)$，则有

$$EIy_i''(x) = M_i(x) \tag{b}$$

由 5.5 节可知，在小变形和线弹性条件下，内力满足独立作用原理条件，且计算弯矩时仍可用梁在变形前的尺寸。这样，当若干个载荷共同作用时，总弯矩 $M(x)$ 等于各个载荷单独作用时弯矩 $M_i(x)$ 的代数和，即

$$\sum_{i=1}^{n} M_i(x) = M(x) \tag{c}$$

对式(b)两边求和，并利用式(c)，得

$$EI \sum_{i=1}^{n} y_i''(x) = \sum_{i=1}^{n} M_i(x) = M(x)$$

于是

$$EI \sum_{i=1}^{n} y_i''(x) = EI \left(\sum_{i=1}^{n} y_i(x) \right)'' = M(x) \tag{d}$$

比较式(a)和式(d)，可见

$$y''(x) = \left(\sum_{i=1}^{n} y_i(x) \right)'' \tag{e}$$

由于梁的边界条件不变，所以由式(e)得

$$\theta(x) = \sum_{i=1}^{n} \theta_i(x) \tag{7-4}$$

$$y(x) = \sum_{i=1}^{n} y_i(x) \tag{7-5}$$

梁在若干个载荷共同作用下的转角或挠度，等于各个载荷单独作用时的转角或挠度的代数和。这就是计算弯曲变形的**叠加原理**。

在梁上的载荷比较复杂，且梁在单个载荷作用下的挠度和转角为已知或易求得的情形下，用叠加法求梁的变形是比较方便的。

例 7-6　图 7-9(a)所示简支梁同时承受均布载荷 q 和集中力 F 的作用。已知梁的抗弯刚度 EI 为常数，试用叠加原理计算跨度中点处的挠度。

解　(1)分解。梁的变形是由均布载荷 q 和集中力 F 共同引起的。在均布载荷 q 单独作用下(图 7-9(b))，梁跨度中点的挠度由附录 C 第 8 栏查得

$$y_{Cq} = \frac{5ql^4}{384EI} (\downarrow)$$

在集中力 F 单独作用下(图 7-9(c))，梁跨度中点的挠度由附录 C 第 9 栏查得

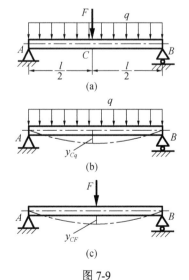

图 7-9

$$y_{CF} = \frac{Fl^3}{48EI}(\downarrow)$$

（2）叠加。叠加两种载荷单独作用时的变形，求得在均布载荷 q 和集中力 F 共同作用下梁跨度中点的挠度为

$$y_C = y_{Cq} + y_{CF} = \frac{5ql^4}{384EI} + \frac{Fl^3}{48EI}(\downarrow)$$

上述这种将复杂载荷分解，直接查表叠加求得位移的叠加方法，称为**直接叠加法**；而将梁上载荷等效变换后叠加或分段刚化后叠加的方法，称为**间接叠加法**。

例 7-7 图 7-10（a）为抗弯刚度为常数的外伸梁，外伸段 BC 受均布载荷 q 作用，试求自由端 C 的挠度和转角。

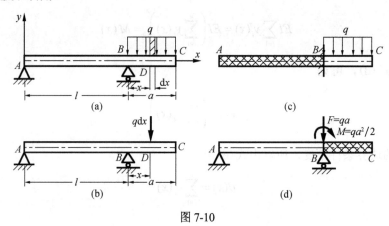

图 7-10

解 （1）考虑 dx 长度上的微外力 $q dx$，可将该微外力看作一集中力，该力作用在 B 支座右端 x 处（图 7-10（b））。从附录 C 第 15 栏可查得集中力作用处 D 点的转角和挠度，其值为

$$\theta_D = \frac{q dx}{6EI}x(2l + 3x)\ (\curvearrowright), \quad y_D = \frac{q dx}{3EI}x^2(l + x)\ (\downarrow)$$

由于 DC 段没有任何外力作用，所以

$$\theta_{Ci} = \theta_D = \frac{q}{6EI}x(2l + 3x)dx$$

$$y_{Ci} = y_D + \theta_D(a - x) = \frac{q}{3EI}x^2(l + x)dx + \frac{qx}{6EI}(2l + 3x)(a - x)dx = \frac{qx}{6EI}(2la + 3ax - x^2)dx$$

在整个外伸梁 BC 段上作用分布力，可看成有无数微外力作用（图 7-10（b））情形的叠加，于是

$$\theta_C = \sum_{i=1}^{n}\theta_{Ci} = \int_0^a \frac{qx}{6EI}(2l + 3x)dx = \frac{qa^2}{6EI}(l + a)\ (\curvearrowright)$$

$$y_C = \sum_{i=1}^{n}y_{Ci} = \int_0^a \frac{qx}{6EI}(2la + 3ax - x^2)dx = \frac{qa^3}{24EI}(4l + 3a)\ (\downarrow)$$

（2）用分段刚化法（分段考虑变形）求该梁 C 截面的转角和挠度。先将 AB 段刚化，此时相

当于 B 端固定，C 端自由，且作用均布载荷的悬臂梁(图 7-10(c))，从附录 C 第 4 栏可查得均布载荷作用时 C 点的转角和挠度，其值为

$$\theta_{C1} = \frac{qa^3}{6EI} \; (\curvearrowright), \quad y_{C1} = \frac{qa^4}{8EI} \; (\downarrow)$$

再将 BC 段刚化(图 7-10(d))，由于均布载荷在刚体上作用，可将其平移至 B 点，且不改变对刚体的效应(图 7-10(d))，B 点向下的集中力 $F=qa$ 不会引起梁的变形，而梁在 B 点集中力偶 $M = \frac{1}{2}qa^2$ 作用下产生的 B 截面的转角可从附录 C 第 7 栏查得

$$\theta_{B2} = \frac{Ml}{3EI} = \frac{qa^2 l}{6EI} \; (\curvearrowright)$$

由于 BC 段已刚化处理，C 截面的转角与 B 截面的转角相等，即

$$\theta_{C2} = \theta_{B2} = \frac{qa^2 l}{6EI} \; (\curvearrowright)$$

而 C 截面的挠度为

$$y_{C2} = \theta_{B2}a = \frac{qa^3 l}{6EI} \; (\downarrow)$$

将分段考虑的变形进行叠加，即得该梁 C 截面的转角和挠度为

$$\theta_C = \theta_{C1} + \theta_{C2} = \frac{qa^3}{6EI} + \frac{qa^2 l}{6EI} = \frac{qa^2}{6EI}(a+l) \; (\curvearrowright)$$

$$y_C = y_{C1} + y_{C2} = \frac{qa^4}{8EI} + \frac{qa^3 l}{6EI} = \frac{qa^3}{24EI}(3a+4l) \; (\downarrow)$$

例 7-8　图 7-11(a)所示变截面梁，试求跨度中点 C 的挠度。

解　(1)由于梁为变截面，故在各段内截面二次矩不同。若用积分法，应按截面二次矩的变化分段进行积分，计算自然比较麻烦。选用叠加法求解。

由变形的对称性看出，跨度中点截面 C 的转角为零，挠曲线在 C 点的切线是水平的。可以把变截面梁的 CB 部分看成悬臂梁(图 7-11(b))，自由端 B 的挠度 $|y_B|$ 也就等于原来 AB 梁的跨度中点挠度 $|y_C|$，而 $|y_B|$ 又可用叠加法求出。

(2)分段刚化求变形分量。把 BC 段等效为在截面 C 固定的悬臂梁。首先，将 CD 段刚化(图 7-11(c))，利用附录 C 第 2 栏的公式，求得 B 端的挠度为

$$y_{B1} = \frac{\dfrac{F}{2}\left(\dfrac{l}{4}\right)^3}{3EI_2} = \frac{Fl^3}{384EI_2} \; (\uparrow)$$

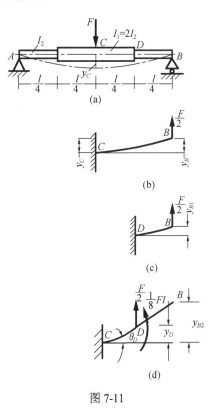

图 7-11

其次，将 DB 段刚化，则 CD 段等效为 D 截面作用有集中力 $F/2$ 和集中力偶 $Fl/8$ 的悬

臂梁(图7-11(d)),可利用附录C第1栏和第2栏的公式求出D截面的转角和挠度为

$$\theta_D = \frac{\dfrac{Fl}{8}\left(\dfrac{l}{4}\right)}{EI_1} + \frac{\dfrac{F}{2}\left(\dfrac{l}{4}\right)^2}{2EI_1} = \frac{3Fl^2}{64EI_1} = \frac{3Fl^2}{128EI_2} \quad (\circlearrowright)$$

$$y_D = \frac{\dfrac{Fl}{8}\left(\dfrac{l}{4}\right)^2}{2EI_1} + \frac{\dfrac{F}{2}\left(\dfrac{l}{4}\right)^3}{3EI_1} = \frac{5Fl^3}{768EI_1} = \frac{5Fl^3}{1536EI_2} \quad (\uparrow)$$

(3)叠加求变形。B端由θ_D和y_D引起的挠度是

$$y_{B2} = y_D + \theta_D\frac{l}{4} = \frac{5Fl^3}{1536EI_2} + \frac{3Fl^2}{128EI_2}\frac{l}{4} = \frac{7Fl^3}{768EI_2}$$

叠加y_{B1}和y_{B2},求得

$$|y_C| = |y_B| = |y_{B1} + y_{B2}| = \frac{Fl^3}{384EI_2} + \frac{7Fl^3}{768EI_2} = \frac{3Fl^3}{256EI_2}$$

刚化即认为该段刚度无穷大,"略"去该段变形,载荷等效平移至未刚化截面。计算未刚化段变形,不可忽略未刚化段变形对刚化段"牵连"而引起的刚体位移(转角及转角引起的挠度);分段刚化要遍及整个结构,即每一段都要分别刚化。

例7-9　A端铰支,B点由BD杆吊挂的梁受力如图7-12所示,试用叠加法求C点的挠度。已知AC梁的抗弯刚度为EI,BD杆的抗拉刚度为EA。

解　(1)分析。由于AC梁受力后,BD杆也将受力伸长,因此C点的挠度可以看成B点铰支时梁AB段的变形引起的C点挠度,以及将AC梁看成刚体由于BD杆伸长使B点下移所引起的C点挠度之和。

(2)求各变形分量。由全梁的平衡条件得BD杆所受拉力$F_N = M_e / l$,BD杆的伸长量为

$$\Delta l = \frac{F_N h}{EA} = \frac{M_e h}{EAl}$$

由于BD杆的伸长所引起的C点挠度为

$$y_{C1} = -\Delta l\frac{l+a}{l} = -\frac{M_e h(l+a)}{EAl^2} \quad (\downarrow)$$

将B点看成铰支时,A点集中力偶引起的B截面的转角可从附录C第7栏查得

$$\theta_{B2} = \frac{M_e l}{6EI} \quad (\circlearrowright)$$

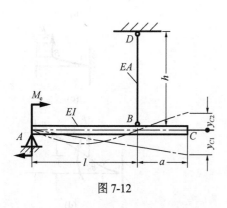

图7-12

由θ_{B2}引起的C点挠度为

$$y_{C2} = \theta_{B2}a = \frac{M_e la}{6EI} \quad (\uparrow)$$

(3)叠加求变形。将分别考虑的变形进行叠加,既得该梁C截面的挠度为

$$y_C = y_{C1} + y_{C2} = -\frac{M_e h(l+a)}{EAl^2} + \frac{M_e la}{6EI} = \frac{M_e}{E}\left[\frac{la}{6I} - \frac{h(l+a)}{Al^2}\right]$$

注意掌握叠加法中"分"与"叠"的技巧。"分"要将受载和变形等效，分后变形已知或易查表。"叠"要将矢量标量化，求其代数和。叠加要全面，特别是刚体位移部分不可漏掉，叠加要注意正负号，以免笼统相加，造成结果错误。

例 7-10 如图 7-13(a)所示，重量为 W 的等截面细长直梁 AC 放置在水平刚性平面上。在梁端 A 施加一垂直向上的集中力 $F = W/3$ 后，部分梁段离开台面。设梁的长度为 l，抗弯刚度 EI 为常量，试求 A 端的挠度、梁内的最大弯矩。

解 (1)问题分析。设梁段 BC 与平面紧贴，各截面的挠度、转角和曲率均为零，即当 $x \geq a$ 时，有

$$y(x) \equiv 0, \qquad y'(x) \equiv 0, \qquad y''(x) \equiv 0$$

式中，a 代表分离段 AB 的长度。当不考虑剪力对梁变形的影响时，由 7.2 节式(a)曲线近似微分法程可知在曲率为零的截面上弯矩为零。所以，梁 BC 段各截面的弯矩均为零，由此可确定截面 B 的位置，从而确定 A 截面的挠度与梁内的最大弯矩等。

(2)分离段长度 a 的确定。梁段 AB 可简化为图 7-13(b)所示的悬臂梁，且截面 B 的弯矩 $M_B = 0$，即

$$M_B = \frac{W}{3}a - \frac{1}{2}\frac{W}{l}a^2 = 0$$

由此解得 $a = 2l/3$。

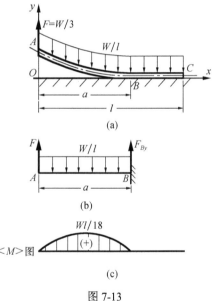

(3)截面 A 的挠度。利用叠加法，求长度为 a 的悬臂梁在集中力 F 和均布载荷 q 作用下自由端 A 的挠度为

$$y_A = \frac{W}{3}\frac{a^3}{3EI} - \frac{W}{l}\frac{a^4}{8EI} = \frac{2Wl^3}{243EI}(\uparrow)$$

(4)梁内最大弯矩。梁 AB 段的弯矩方程为

$$M_1(x) = \frac{W}{3}x - \frac{W}{2l}x^2$$

令 $M_1'(x) = 0$，得 $x = \dfrac{l}{3}$ 时梁内弯矩最大，代入上式得其最大弯矩值为 $M_{\max} = \dfrac{Wl}{18}$。

图 7-13

梁段 BC 的弯矩均为零，即

$$M_2(x) = 0$$

于是得梁的弯矩图如图 7-13(c)所示。

除上述方法可以求梁的变形外，能量法、共轭梁(虚梁)法、奇异函数(初参数)法等都可以求梁的变形，这些方法将在《材料力学(Ⅱ)》中讲述。

7.5　梁的刚度条件及提高梁刚度的措施

7.5.1　刚度条件

在工程实际中，为了使梁有足够的刚度，应根据不同的需要，限制梁的最大转角和最大挠度。若许可挠度用[y]表示，许可转角用[θ]表示，则刚度条件为

$$|y|_{max} \leqslant [y] \tag{7-6}$$

$$|\theta|_{max} \leqslant [\theta] \tag{7-7}$$

[θ]及[y]的数值由具体工作条件决定，例如，一般用途的轴[y] = (0.0003 ~ 0.0005)l；起重机大梁[y] = (0.001 ~ 0.002)l；滑动轴承处[θ] = 0.001 rad。

7.5.2　提高梁刚度的措施

从挠曲线的近似微分方程可以看出，弯曲变形与弯矩大小、跨度长短、支承条件、梁的抗弯刚度等有关，因此，提高梁的刚度应从这些因素加以考虑。

(1)选择合理的截面形状。前面已提及，控制梁强度的因素是弯曲截面系数 W_z，而控制梁刚度的因素是截面二次矩 I_z。选取合理截面形状就是用较小的截面面积得到较大的截面二次矩，即 I_z / A 越大，截面越合理。如工字形、槽形、T 形截面都比同面积的矩形截面有更大的截面二次矩。一般来说，提高截面二次矩 I_z 的数值，往往也同时提高了梁的强度。弯曲变形与梁的全部长度内各部分的刚度都有关，往往应考虑提高梁全长范围内的刚度。

(2)改善结构形式，减小弯矩数值。弯矩是引起弯曲变形的主要因素。所以，减小弯矩数值也就提高了弯曲刚度。具体可从以下几方面加以考虑：

减小梁的长度是减小弯曲变形较为有效的方法，因为挠度一般与梁长度的三次方或四次方成正比。例如，在均布载荷作用下的简支梁，梁的跨度缩短 10%，其最大挠度将减少 34.4%；对三点弯曲梁而言，梁的跨度缩短 10%，其最大挠度将减少 27.1%。因此在可能的条件下，应尽可能减小梁的长度。

改变施加载荷的方式也可减小梁的变形。例如，将集中力改变为分布力；将力的作用位置尽可能靠近支座，都能减小梁的变形。

第 6 章曾提到，将梁的支座向中间移动，即把简支梁变成外伸梁可以提高梁的强度。同样，将支座向内移动，也能改变梁的刚度。将简支梁的支座靠近至适当位置，可使梁的变形明显减小。如国际标准米尺（巴黎米原尺），为了减少由自重引起的变形，将两个支点放在距端点 2l / 9 处，并采用截面二次矩较大的 X 形截面，刻线面选在中性层附近（图 7-14）。

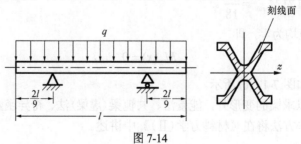

图 7-14

在有些情形下，可使梁有一个反向的初始挠度，这样在加载后可减小梁的挠度。

(3)采用超静定结构。例如，在车床上加工细长轴时，加顶针支撑工件，相当于增加梁的支座，可以减小工件自身的变形。有时除加顶针外，还用中心架或跟刀架减小工件变形，提高加工精度。增加约束后，使静定梁变为超静定梁，可使刚度增大。

最后要指出，弯曲变形还与材料的弹性模量 E 有关，E 值越大变形越小。但各种钢材的弹性模量 E 值大致相同，为提高弯曲刚度而采用高强度钢，不会得到预期的效果。

例 7-11 试为图 7-15(a)所示简支梁选择工字钢的型号。已知集中力 $F = 35$kN，梁的跨度 $l = 4$m，$a = 3$m，$b = 1$m，材料的许用应力 $[\sigma] = 160$MPa，$[y] = l/700$，弹性模量 $E = 200$GPa。

解 (1)绘制弯矩图。由平衡条件求得两端支反力为

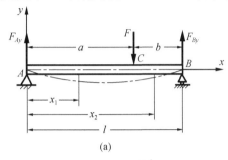

$$F_{Ay} = \frac{Fb}{l}, \quad F_{By} = \frac{Fa}{l}$$

绘出弯矩图，如图 7-15(b)所示。

(2)按强度要求设计。从图 7-15(b)中可见，梁的最大弯矩为

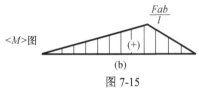

图 7-15

$$M_{max} = \frac{Fab}{l} = \frac{35 \times 10^3 \times 3 \times 1}{4} = 2.63 \times 10^4 (\text{N} \cdot \text{m})$$

根据梁的弯曲正应力强度条件式(6-4)可知

$$W_z \geqslant \frac{M_{max}}{[\sigma]} = \frac{2.63 \times 10^4}{160 \times 10^6} = 1.644 \times 10^{-4}(\text{m}^3) = 164.4(\text{cm}^3)$$

由附录 D-3 查得，No.18 工字钢的 $W_z = 185$cm^3，从强度方面考虑，应选 No.18 工字钢。

(3)按刚度要求设计。查附录 C 第 10 栏得梁的最大挠度，代入梁的刚度条件，有

$$y_{max} = -\frac{Fb\sqrt{(l^2 - b^2)^3}}{9\sqrt{3}EI_z l} \leqslant [y]$$

所以

$$I_z \geqslant \frac{700Fb\sqrt{(l^2 - b^2)^3}}{9\sqrt{3}El^2} = \frac{700 \times 35 \times 10^3 \times \sqrt{(4^2 - 1^2)^3}}{9\sqrt{3} \times 200 \times 10^9 \times 4^2}$$
$$= 2.85 \times 10^{-5}(\text{m}^4) = 2850(\text{cm}^4)$$

由附录 D-3 查得，No.22a 工字钢的 $I_z = 3400$cm^4，从刚度考虑应选 No.22a 工字钢。由于 No.22a 的 W_z 大于 No.18 工字钢的 W_z，最终选 No.22a 工字钢，可以同时满足梁的强度和刚度条件。

7.6 用变形比较法解简单超静定梁

前面所讨论的梁均为静定梁。与拉(压)超静定问题相似，在工程实际中，为了提高梁的

强度和刚度，或由于构造上的需要，往往给静定梁再增加约束。这样梁的支反力的数目超过了平衡方程的数目，未知力仅用独立的静力平衡方程是不能确定的，这类梁称为**超静定梁**或**静不定梁**。

图 7-16 为一多跨桥简化的力学模型，这类桥均属多支座的超静定梁。中间支座的增加使桥梁的弯曲变形显著减小，并使梁内的弯矩也相应减小。所以采用超静定结构，往往可以提高结构的刚度和强度。图 7-16 中，多跨桥桥墩的增加，即增加中间支座，对于维持构件的平

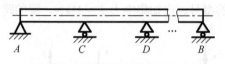

图 7-16

衡来说是多余的。因此，在超静定问题中，把多于维持平衡所必需的约束称为多余约束，超静定次数等于多余约束的数目。

与解拉（压）超静定问题相似，为了确定超静定梁的全部支反力，首先应列出独立的静力平衡方程；其次利用变形协调条件和力与位移间的物理关系建立补充方程。建立补充方程的个数等于超静定的次数，联立独立的平衡方程及补充方程，确定超静定梁的全部支反力。下面通过例题来说明利用变形比较法解超静定梁的方法和步骤。

例 7-12　试求图 7-17(a)所示梁的支反力。已知梁的抗弯刚度 EI 为常量。

解　(1)确定超静定次数，选择静定基。该梁固定端和活动铰处共有 4 个支反力，但独立平衡方程数仅有 3 个，所以是一次超静定问题。去掉载荷及多余支座 B，使超静定系统成为静定基本系统，这个静定基本系统称为静定基(图 7-17(b))。

(2)建立相当系统。将载荷 F 和替代多余支座 B 的多余支反力 F_{By} 作用在静定基上，把这种作用有原超静定梁的载荷和多余支反力的基本系统，称为原超静定梁的相当系统(图 7-17(c))。

(3)进行变形比较，列出变形协调条件。静定基在载荷 F 与多余支反力 F_{By} 的作用下发生变形，为了使变形与原超静定梁相同，多余支反力处的位移必须符合原超静定梁在该处的约束条件，即满足变形协调条件。若载荷 F 使 B 点所产生的挠度为 $y_{B,F}$，多余支反力 F_{By} 在 B 点产生的挠度为 $y_{B,F_{By}}$ 相当系统 B 截面的变形协调条件为

$$y_B = y_{B,F} + y_{B,F_{By}} = 0 \tag{a}$$

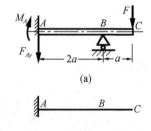

(a)

(4)列出力与变形间的物理关系，建立补充方程。由附录 C 第 2 栏和第 3 栏分别查出

$$y_{B,F} = -\frac{F(2a)^2}{6EI}(9a-2a) = -\frac{14Fa^3}{3EI} \tag{b}$$

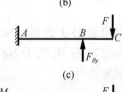

(b)

$$y_{B,F_{By}} = \frac{8F_{By}a^3}{3EI} \tag{c}$$

将式(b)、式(c)代入式(a)，得补充方程为

$$-\frac{14Fa^3}{3EI} + \frac{8F_{By}a^3}{3EI} = 0 \tag{d}$$

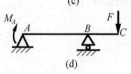

(c)

解得支座 B 的反力为 $F_{By} = \frac{7}{4}F$。所得结果为正，表明所设支反力 F_{By} 的方向与实际一致。

(d)

图 7-17

(5)利用静力平衡条件求其他约束反力。多余支反力确定后，由平衡条件求得固定端处的反力偶矩和支反力分别为

$$M_A = \frac{Fa}{2}, \quad F_{Ay} = \frac{3F}{4}$$

应该指出，只要不是维持梁平衡所必需的约束均可视为多余约束。对图 7-17(a)所示超静定梁来说，也可将固定端处限制截面 A 转动的约束作为多余约束，如果将该约束解除，并以多余反力偶矩 M_A 代替其作用，则相当系统如图 7-17(d)所示，相应外伸梁的变形协调条件为

$$\theta_A = \theta_{A,F} + \theta_{A,M_A} = 0$$

利用附录 C 查出 $(\theta_A)_F$ 和 $(\theta_A)_{M_A}$，代入上式即可求得 M_A，由此求得的支反力与上述解答完全相同，读者可自行完成。同时应注意静定基的选择有多样性，但必须是几何不可变的结构，且以简单为原则。

将这种相当系统与原超静定系统变形进行比较，使其满足变形协调条件，从而解出多余支反力的方法称为**变形比较法**。该方法不仅适用于超静定梁，同样适用于超静定桁架、超静定刚架等。

例 7-13 求图 7-18(a)所示杆系中 BD 杆的内力。已知 AB、CD 两梁的抗弯刚度均为 EI，BD 杆的抗拉刚度为 EA。

解 (1)建立相当系统。图 7-18(a)所示杆系，两梁为悬臂梁，BD 杆为二力杆，故杆系为一次超静定结构。取掉多余约束 BD 杆，选取两梁为静定基，将均布载荷 q 和多余约束力 $F_{N,BD}$ 加于静定基上，得相当系统，如图 7-18(b)所示。

(2)进行变形比较，列变形协调条件。在 D 点，由均布载荷 q 和 $F_{N,BD}$ 产生的挠度为 y_D，B 点在 $F_{N,BD}$ 作用下产生的挠度为 y_B，而二力杆 BD 在轴力 $F_{N,BD}$ 作用下的伸长量为 Δl_{BD}，其变形协调条件为

$$y_D = y_{D,q} + y_{D,F_{N,BD}} = y_B + \Delta l_{BD} \tag{a}$$

(3)物理条件。由附录 C 第 2 栏、第 4 栏和胡克定律可知各载荷作用下梁和杆的变形分别为

$$\begin{cases} y_{D,q} = -\dfrac{ql^4}{8EI}(\downarrow), \quad y_{D,F_{N,BD}} = \dfrac{F_{N,BD}l^3}{3EI}(\uparrow) \\[3mm] y_B = -\dfrac{F_{N,BD}l^3}{3EI}(\downarrow), \quad \Delta l_{BD} = \dfrac{F_{N,BD}\dfrac{l}{2}}{EA} \end{cases} \tag{b}$$

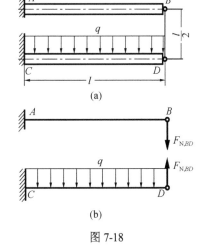

(4)建立补充方程。将物理关系式(b)代入变形协调条件式(a)，得补充方程为

$$-\frac{ql^4}{8EI} + \frac{F_{N,BD}l^3}{3EI} = -\frac{F_{N,BD}l^3}{3EI} - \frac{F_{N,BD}l}{2EA} \tag{c}$$

(5)求多余约束力 $F_{N,BD}$。解补充方程式(c)，得多余约束力 $F_{N,BD}$ 为

图 7-18

$$F_{N,BD} = \dfrac{\dfrac{ql^4}{8EI}}{\dfrac{2l^3}{3EI} + \dfrac{l}{2EA}} = \dfrac{3ql^3 A}{4(4Al^2 + 3I)}$$

多余约束力确定后，作用在相当系统上的所有载荷均为已知，由此即可按照分析静定梁的方法，继续计算内力、应力和位移等。

例 7-14　图 7-19(a)所示梁 AB 与 CD，B、C 端与刚性圆柱体相连，圆柱体上作用有集中力偶矩 M_e。设二梁各截面的抗弯刚度均为 EI，长度均为 l，圆柱体的直径为 d，且 $d = l/2$，试画梁的剪力、弯矩图。

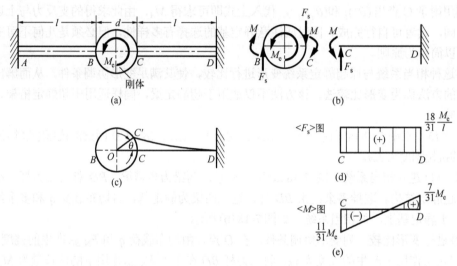

图 7-19

解　(1)确定超静定次数。结构两端固定，属三次超静定。在小变形条件下，略去轴力，结构简化为二次超静定。

(2)变形分析。在外力偶矩 M_e 的作用下，刚体转动引起两段梁的变形，由于对称性，取 1/2 考虑变形，如图 7-19(c)所示，其变形协调条件为 $\theta_C \cdot \dfrac{d}{2} = y_C = \overline{CC'}$，设想在 CD 梁 C 端作用有集中力 F_s，使得端面转角为 $\dfrac{F_s l^2}{2EI}$（负，顺时针方向）；而在刚体相连面，刚体转过了 θ_C 角，梁端面也转过了 θ_C 角（正，逆时针方向），故在 C 端面定有集中内力偶 M 存在，取刚体分离体，如图 7-19(b)所示。

由静力平衡条件，对刚性圆盘中心取矩：

$$\sum M_0 = 0, \quad F_s d + 2M = M_e \tag{a}$$

由变形协调条件，即 C 面转角相等、挠度相等得

$$\theta_C = \theta_{CF_s} + \theta_{CM} \tag{b}$$

$$y_C = y_{CF_s} + y_{CM} = \dfrac{d}{2}\theta_C \tag{c}$$

将悬臂梁自由端受集中力和集中力偶时端面的挠度和转角代入，得

$$\theta_C = \frac{Ml}{EI} - \frac{F_s l^2}{2EI} \tag{d}$$

$$y_C = \frac{F_s l^3}{3EI} - \frac{Ml^2}{2EI} = \frac{d}{2}\theta_C \tag{e}$$

联立式(a)、式(d)、式(e)，解得

$$M = \frac{11}{31}M_e, \quad F_s = \frac{18}{31}\frac{M_e}{l}$$

(3) 作梁 CD 的剪力图和弯矩图，如图 7-19(d)、(e)所示，其中

$$F_{s,max} = \frac{18M_e}{31l}, \quad M_{max} = \frac{11}{31}M_e$$

例 7-15 图 7-20(a)所示结构中 AB 梁的抗弯刚度均为 EI，1、2 两杆的抗拉刚度为 EA，求 1、2 两杆的拉力。

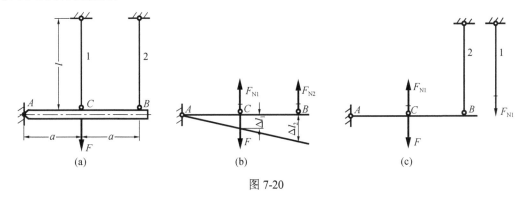

图 7-20

解 (1)超静定分析。在平面任意力系中，未知力包括 A 点两个方向的支反力，1、2 两杆的轴力，而静力平衡方程仅为 3 个，故属一次超静定结构。

(2)列静力平衡方程。取分离体，如图 7-20(b)所示，对 A 点取矩 $\sum M_A = 0$，得

$$F_{N1}a + 2F_{N2}a = Fa \tag{a}$$

(3)求解超静定。建立相当系统，如图 7-20(c)所示，简支梁中点位移由梁的弯曲与 B 处杆的伸长两部分组成，由式(a)得杆 2 的拉力 $F_{N2} = \dfrac{F - F_{N1}}{2}$，简支梁中点位移可查附录 C 第 9 栏得

$$y_{C1} = \frac{(F - F_{N1})(2a)^3}{48EI} = \frac{(F - F_{N1})a^3}{6EI} (\downarrow) \tag{b}$$

B 处杆的伸长引起的梁中点向下的位移为

$$y_{C2} = \frac{1}{2}\Delta l_2 = \frac{F_{N2}l}{2EA} = \frac{(F - F_{N1})l}{4EA} (\downarrow) \tag{c}$$

其变形协调条件为

$$y_C = y_{C1} + y_{C2} = \Delta l_1 \tag{d}$$

将式(b)、式(c)代入式(d)，并代入拉压胡克定律，整理得

$$F_{N1}\left(\frac{l}{EA}+\frac{l}{4EA}+\frac{a^3}{6EI}\right)=\frac{Fa^3}{6EI}+\frac{Fl}{4EA} \tag{e}$$

解得两杆的轴力分别为

$$F_{N1}=\frac{2a^3A+3lI}{15lI+2a^3A}F,\quad F_{N2}=\frac{6lI}{15lI+2a^3A}F$$

更为复杂的超静定问题将在《材料力学（Ⅱ）》第 2 章详细介绍。

思 考 题

7.1　为什么说梁挠曲线微分方程为近似微分方程？用积分法求梁的变形时，如何确定积分常数？其物理意义是什么？

7.2　挠度和转角的符号是如何规定的？如何求梁的最大挠度？最大挠度处的截面转角一定为零吗？最大弯矩处的挠度也一定是最大值吗？

7.3　建立梁的挠曲线近似微分方程时的分段原则是什么？与建立内力方程时的分段原则有无差别？

7.4　为什么可以用叠加法求梁的变形？

7.5　如何区别静定梁和超静定梁？用变形比较法解简单超静定梁的关键是什么？

7.6　用积分法计算图示梁的挠度，其位移边界条件和光滑连续条件是什么（梁右端弹性支承弹簧常数为 K）？

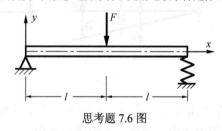

思考题 7.6 图

7.7　梁变形前的轴线为 x 轴，若分别取图(a)和(b)两个坐标系，其挠曲线近似微分方程为（　　）。

(A) $EI_zy_a''(x)=M(x)$，$EI_zy_b''(x)=-M(x)$；　　　(B) $EI_zy_a''(x)=M(x)$，$EI_zy_b''(x)=M(x)$

(C) $EI_zy_a''(x)=-M(x)$，$EI_zy_b''(x)=-M(x)$；　　(D) $EI_zy_a''(x)=-M(x)$，$EI_zy_b''(x)=M(x)$

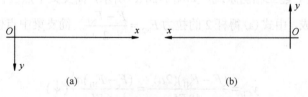

(a)　　　　　　　　　　　(b)

思考题 7.7 图

习 题

7-1　试画出图示各梁挠曲线的大致形状。

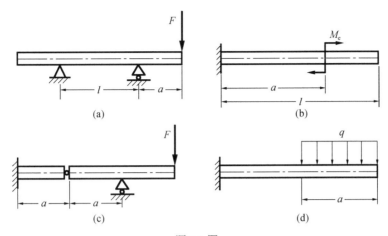

题 7-1 图

7-2　写出图示各梁的位移边界条件。

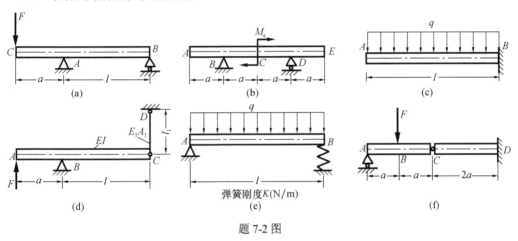

弹簧刚度K(N/m)

题 7-2 图

7-3　已知各梁的抗弯刚度 EI 为常量，试用积分法求图示各梁的转角方程和挠曲线方程。

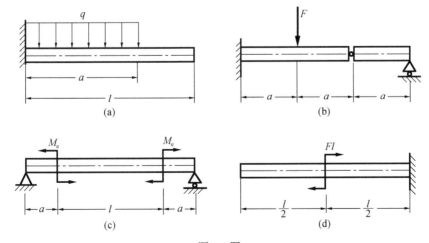

题 7-3 图

7-4　已知各梁的抗弯刚度 EI 为常量，用叠加法求图示各梁 C 截面的挠度和转角。

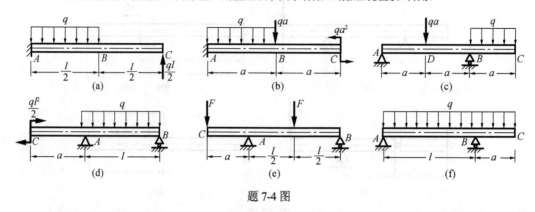

题 7-4 图

7-5　图示弯曲形状的钢梁 AB，当所加载荷 F 为一定值时恰与刚性平面 MN 贴合，并在贴合处产生均匀分布的压力，试确定 F 的大小、梁 AB 的初始弯曲形状及贴合后的最大弯曲正应力。已知梁长 $l=500\text{mm}$，梁端初始高度 $\Delta=2\text{mm}$，梁截面为正方形，边长 $a=25\text{mm}$，$E=200\text{GPa}$。

7-6　图示梁的抗弯刚度 EI 为常数，总长为 l。试问：（1）当支座安置在两端时（即 $a=0$），梁的最大挠度 y_1 为多少？（2）当支座安置在 $a=l/4$ 处，梁的最大挠度 y_2 又为多少？并计算 y_1 和 y_2 的比值。

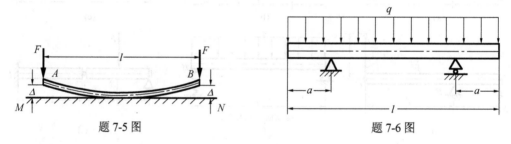

题 7-5 图　　　　　　　　　　题 7-6 图

7-7　图示圆截面轴两端用轴承支持，受载荷 $F=10\text{kN}$ 作用。若轴承处的允许转角 $[\theta]=0.05\text{rad}$，材料的弹性模量 $E=200\text{GPa}$，试根据刚度条件确定轴径 d。

7-8　悬臂梁的横截面尺寸为 $75\text{mm}\times150\text{mm}$ 的矩形，在截面 B 处固定一个指针，如图所示。设材料的弹性模量 $E=200\text{GPa}$，在集中力 3kN 作用下，试求指针端点的位移。

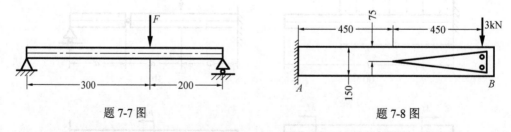

题 7-7 图　　　　　　　　　　题 7-8 图

7-9　如图所示，两根宽 20mm、厚 5mm 的木条中点处被一直径为 50mm 的光滑刚性圆柱分开，已知木材的弹性模量 $E_w=11\text{GPa}$，求使木条两端恰好接触时，作用在两端的力 F。

7-10　已知梁的抗弯刚度 EI 为常量，求图示工字梁的挠曲线方程，确定 A 端面的转角和 C 截面的挠度。

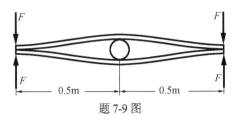

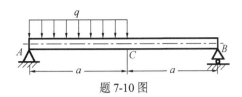

题 7-9 图   题 7-10 图

7-11 T 形截面梁受力如图所示，梁的抗弯刚度 EI 为常数，求梁的转角方程和挠曲线方程。

7-12 截面为矩形的木梁受力如图所示，求梁的挠曲线方程。若木材的弹性模量 $E_w = 12\text{GPa}$，试求 B 端面的挠度和转角。

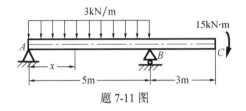

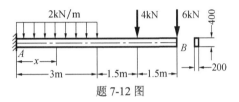

题 7-11 图   题 7-12 图

7-13 折杆 ABC 如图所示，AB 及 BC 段的抗弯刚度 EI 均相同。求 AB 段在均布载荷 q 的作用下，A 点的挠度(不计杆的重量及杆的轴向变形)。

7-14 梁受力如图所示，若抗弯刚度 EI 为常量，求梁在 B 端处的转角和 C 截面的挠度。

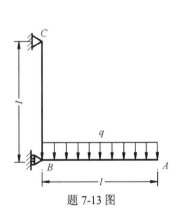

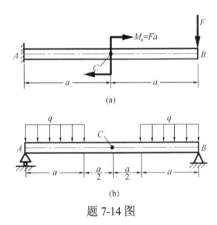

题 7-13 图   题 7-14 图

7-15 梁受到载荷 F_1 作用，如图所示。已知梁的抗弯刚度 EI 为常量，为使自由端 C 的挠度为零，在 C 处施加外力 F，求力 F 的大小。

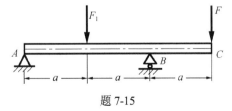

题 7-15

7-16　使用在飞机上的工字形横梁受载如图所示，横梁由铝材制成，且截面二次矩为 $I=13320\text{cm}^4$。求支座 A、B 处的反力，并绘制梁的弯矩图。

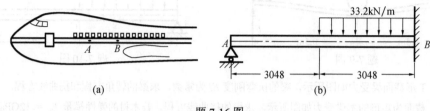

(a)　　　　　　　　　　　　(b)

题 7-16 图

7-17　如图所示，两梁的抗弯刚度均为 EI，求支座 C 的反力。

7-18　如图所示，梁 AB 的抗弯刚度为 EI，杆的抗拉(压)刚度为 EA，试求在力 F 作用下，杆 AC 的轴力(不计梁的轴向力)。

7-19　如图所示，钢杆 AC 和铝杆 BD 组成杆系，CD 为刚性短连杆，杆 AC、BD 的厚度均为 25mm，宽度如图所示，求当水平载荷加至连杆 CD 后 A、B 端产生的弯矩。已知材料的弹性模量分别为 $E_{st}=200\text{GPa}$，$E_{al}=70\text{GPa}$。

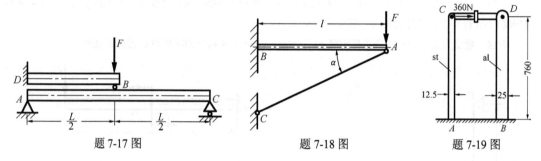

题 7-17 图　　　　　　　题 7-18 图　　　　　　　题 7-19 图

7-20　如图所示，未加载前中间铰支处存在误差 Δ_0，梁为工字钢截面，已知 $I_z=216\times10^6\text{mm}^4$，材料的弹性模量 $E=200\text{GPa}$。求要使 A、B、C 三处各承受外载 1/3 时的误差 Δ_0。

7-21　如图所示，梁 DE 无接触力时搭在梁 AB 上，两梁具有相同的抗弯刚度 EI，当 C 点作用集中力 F 时，求支座 A、D 处的反力。

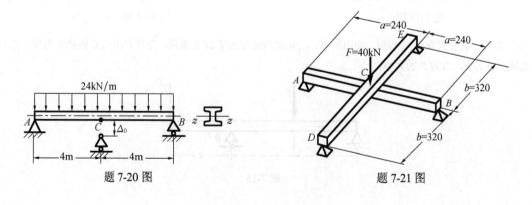

题 7-20 图　　　　　　　　　　题 7-21 图

7-22 如图所示，一等截面细长梁放置在水平刚性平台上。设梁单位长度的重量为 q，抗弯刚度 EI 为常量。若在梁中点横截面 C 处施加一垂直向上的集中力 F，致使部分梁段离开台面，试求截面 C 的挠度、梁内的最大剪力和弯矩。

7-23 单位重度为 q，长度为 l，抗弯刚度为 EI 的均匀长杆放在刚性水平面上，长为 a 的一段杆 CD 伸出水平面，如图所示，试求该杆从水平面隆起部分的长度 b。

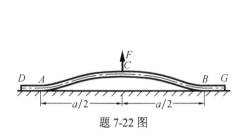

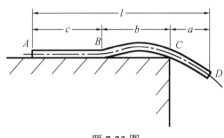

<table>
<tr><td align="center">题 7-22 图</td><td align="center">题 7-23 图</td></tr>
</table>

7-24 图示结构中，梁为 No.16 工字钢，$I_z = 1130 \times 10^{-8} \mathrm{m}^4$，$W_z = 141 \times 10^{-6} \mathrm{m}^3$；拉杆的截面为圆形，$d = 10 \mathrm{mm}$。两者均为 A3 钢，$E = 200 \mathrm{GPa}$。试求 AB 梁及 BC 拉杆内的最大正应力。

7-25 如图所示，水平直拐 ABC 为圆截面杆，B 处作用向下的力 F，在 C 点与杆 DC 铰接，直拐 AB 和 BC 段的抗扭刚度和抗弯刚度均为 GI_p 和 EI，且 $GI_p = \dfrac{4}{5}EI$。DC 杆抗拉刚度为 EA，且 $EA = \dfrac{2EI}{5a^2}$。试求 C 点的铅垂位移。

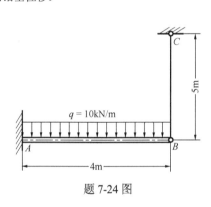

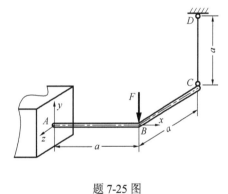

<table>
<tr><td align="center">题 7-24 图</td><td align="center">题 7-25 图</td></tr>
</table>

第8章 应力状态及应变状态分析*

8.1 概　述

通过前面几章的学习，已经了解到杆件在拉压、扭转和弯曲等基本变形时，横截面上的应力分布情况。若在杆件中取出某些特殊方位的微元体，能够确定出微元体各个面上的应力情况。

如图 8-1(a)所示的轴向受拉杆，在其内部取出一微元体，若微元体的左右侧面是拉杆的横截面，其余四个面皆与杆件轴线平行，则微元体各个面上的应力如图 8-1(b)所示。在图 8-2(a)所示的受扭圆轴的 K 点取出微元体，微元体的左右侧面是圆轴沿轴线相邻 $\mathrm{d}x$ 的横截面，前后侧面是与圆轴的切平面平行且相邻 $\mathrm{d}r$ 的弧面，上下侧面是与圆轴的轴线平行且边长为 $r\mathrm{d}\varphi$ 的纵截面，则微元体各个面上的应力如图 8-2(b)所示。

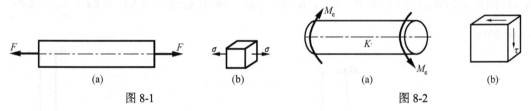

图 8-1　　　　　　　　　　　　　　　　图 8-2

梁弯曲时，一般情况下，横截面上既有剪力，又有弯矩(图 8-3)。若在梁的点 1 处取出微元体，由于该处横截面上的切应力为零，仅有正应力，故微元体的应力状态如图 8-3(a)所示。点 3 处于梁的中性层上，则该点横截面上无正应力，只有切应力，微元体的应力状态如图 8-3(b)所示。点 2 处的横截面上既有正应力，又有切应力，其应力状态如图 8-3(c)所示。可见，应力状态实际上就是构件内某一点各个面上的应力分布情况。取自不同的构件、不同的点，其应力状态一般是不相同的。

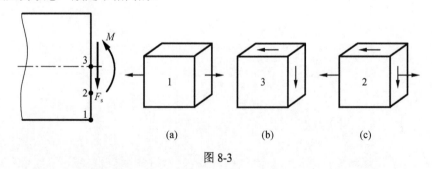

图 8-3

通过本章学习还将了解到，即使取自同一构件的同一个点，如果截取的方位不同，那么微元体各个侧面上的应力也是不同的。

首先，为了深入研究构件的强度，必须了解构件各点的应力状态。确定最大正应力、最大切应力所在截面及其方位，据此进行构件的强度计算。其次，对一些构件的破坏现象，也需通过应力状态分析，才能解释其破坏的原因。如铸铁压缩和扭转试件的破坏都发生在斜截面上，这些破坏现象都与斜截面上的应力有密切关系[*]。另外，在测定构件应力的实验应力分析中，以及在其他力学学科的研究中，都要广泛用到应力状态理论以及由此得出的一些结论。

铸铁扭转

构件中一点处的应力状态，是用围绕该点截取出的正六面微元体——单元体各个面上的应力来表示的(图 8-1～图 8-3)。从构件中截取单元体是应力状态分析的基础工作。单元体的尺寸可以无限小。因此，单元体每个侧面上的应力可以看成是均匀分布的；对位两个面上的应力大小相等，方向相反。在所取的单元体上，根据各侧面上的已知应力，应用截面法，可求出该单元体任意方位截面上的应力，从而确定最大正应力、最大切应力等。因此，通常将过一点不同方位面上应力的集合，称为一点的应力状态。

对从受力构件内某一点取出的单元体，一般而言，该单元体的各个面上既有正应力，又有切应力。但是可以证明：在该点各个不同方位截取的单元体(正六面微元体)中，必然可以找到一个特殊的单元体，该单元体的各个面上只有正应力而无切应力。单元体中没有切应力的面称为**主平面**；主平面上的正应力称为**主应力**。一般情形，通过受力构件的任一点均可找到三个相互垂直的主平面，对应的单元体称为**主单元体**。因此，每一点都有三个主应力。这三个主应力分别用 σ_1、σ_2、σ_3 表示，并按代数值的大小顺序排列，即 $\sigma_1 \geq \sigma_2 \geq \sigma_3$。

如果三个主应力中，只有一个主应力不为零而其余两个主应力均为零，如图 8-1(a)中的单元体，该点的应力状态称为**单向应力状态**。若三个主应力中有两个主应力不为零，如圆轴扭转中的点(图 4-13(d))，该点的应力状态称为**二向应力状态或平面应力状态**。若三个主应力均不为零，如图 8-4(a)中所示的钢轨，在车轮压力作用下，钢轨受压部分的材料有向四周膨胀的趋势，周围的材料阻止其向外膨胀，

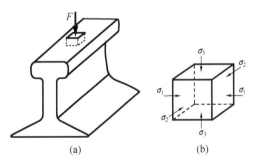

图 8-4

所以该处受到周围材料的压力，该点的应力状态如图 8-4(b)所示，称为**三向应力状态**。二向应力状态和三向应力状态统称为**复杂应力状态**。

单向应力状态已在 2.3 节中讨论过，本章主要研究二向应力状态的应力分析，并简略介绍三向应力状态。

8.2　用解析法分析二向应力状态

从受力构件中一点处取单元体，如图 8-5(a)所示。已知垂直于 x 轴的截面上有正应力 σ_x 和切应力 τ_{xy}；垂直于 y 轴的截面上有正应力 σ_y 和切应力 τ_{yx}；垂直于 z 轴的截面(前、后两个面)上没有应力。这是二向应力状态的一般情形。应力符号第一个角标表示截面法线方向，第二个角标表示切应力指向。正应力两个角标相同，简化只写出一个。

二向应力状态的单元体一般可取图 8-5(a)的正视图用图 8-5(b)表示。以 α 表示垂直于 xy 平面的任意斜截面 ef 的外法线 n 与 x 轴的夹角。用截面法从 ef 面处将单元体截开，保留左下部分 aef。在棱柱体 aef 的 ae 和 af 面上有已知应力 σ_x、σ_y、τ_{xy} 和 τ_{yx}；在 ef 面上有未知的

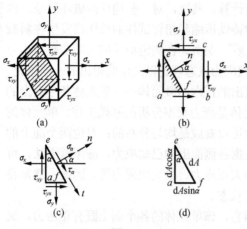

图 8-5

正应力 σ_α 和切应力 τ_α（图 8-5(c)）。

设斜截面 ef 的面积为 $\mathrm{d}A$，则 af 面和 ae 面的面积分别是 $\mathrm{d}A\sin\alpha$ 和 $\mathrm{d}A\cos\alpha$。根据棱柱体各面上应力，可求出各面上所受的力，这些力应使棱柱体保持平衡。根据沿外法线 n 方向和沿切线 t 方向力的平衡条件，$\sum F_n = 0$，$\sum F_t = 0$，得

$$\sigma_\alpha \mathrm{d}A + \tau_{xy}(\mathrm{d}A\cos\alpha)\sin\alpha - \sigma_x(\mathrm{d}A\cos\alpha)\cos\alpha$$
$$+ \tau_{yx}(\mathrm{d}A\sin\alpha)\cos\alpha - \sigma_y(\mathrm{d}A\sin\alpha)\sin\alpha = 0$$

$$\tau_\alpha \mathrm{d}A - \tau_{xy}(\mathrm{d}A\cos\alpha)\cos\alpha - \sigma_x(\mathrm{d}A\cos\alpha)\sin\alpha$$
$$+ \tau_{yx}(\mathrm{d}A\sin\alpha)\sin\alpha + \sigma_y(\mathrm{d}A\sin\alpha)\cos\alpha = 0$$

利用切应力互等定理知 $\tau_{xy} = \tau_{yx}$，并利用三角函数公式，上两式可简化为

$$\begin{aligned}
\sigma_\alpha &= \sigma_x\cos^2\alpha + \sigma_y\sin^2\alpha - 2\tau_{xy}\sin\alpha\cos\alpha \\
&= \frac{1}{2}(\sigma_x + \sigma_y) + \frac{1}{2}(\sigma_x - \sigma_y)\cos 2\alpha - \tau_{xy}\sin 2\alpha
\end{aligned} \tag{8-1}$$

$$\begin{aligned}
\tau_\alpha &= \sigma_x\sin\alpha\cos\alpha - \sigma_y\sin\alpha\cos\alpha + \tau_{xy}(\cos^2\alpha - \sin^2\alpha) \\
&= \frac{1}{2}(\sigma_x - \sigma_y)\sin 2\alpha + \tau_{xy}\cos 2\alpha
\end{aligned} \tag{8-2a}$$

通过式(8-1)和式(8-2a)可以求出 α 为任意值的斜截面 ef 上的正应力和切应力。计算时，正应力以拉为正、压为负；切应力以对单元体内任意点取矩为顺时针方向时为正，反之为负；斜截面方位 α 角，规定以由 x 轴正向逆时针转到斜截面 ef 的外法线 n 时为正，反之为负。

式(8-1)和式(8-2a)表明，斜截面上的正应力和切应力随 α 角的改变而改变。若在 $\alpha = \alpha_0$ 的斜截面上，切应力等于零，根据主平面的定义，该面为主平面。因此，主平面的方位可令式(8-2a)中的切应力等于零而求得，即

$$\tau_{\alpha_0} = \frac{1}{2}(\sigma_x - \sigma_y)\sin 2\alpha_0 + \tau_{xy}\cos 2\alpha_0 = 0 \tag{8-2b}$$

从而有

$$\tan 2\alpha_0 = -\frac{2\tau_{xy}}{\sigma_x - \sigma_y} \tag{8-3a}$$

由式(8-3a)可求出相差 $\frac{\pi}{2}$ 的两个角度 α_{01} 和 α_{02} $\left(\alpha_{02} = \alpha_{01} \pm \dfrac{\pi}{2}\right)$，它们确定了相互垂直的两对主平面。分别把 α_{01} 和 α_{02} 代入式(8-1)中，即可求出与之对应主平面上的主应力。

另外，σ_α 随 α 角变化的过程中，必存在极值。将式(8-1)对 α 取导数，得

$$\frac{\mathrm{d}\sigma_\alpha}{\mathrm{d}\alpha} = -(\sigma_x - \sigma_y)\sin 2\alpha - 2\tau_{xy}\cos 2\alpha \tag{8-3b}$$

比较式(8-2b)和式(8-3b)可以发现，σ_α 取得极值的截面就是主平面，其极值正应力（主应力）所在的截面方位角也由式(8-3a)确定。

由三角关系式可知

$$\cos 2\alpha = \pm \frac{1}{\sqrt{1 + \tan^2 2\alpha}}, \quad \sin 2\alpha = \pm \frac{\tan 2\alpha}{\sqrt{1 + \tan^2 2\alpha}}$$

将式(8-3a)代入上述三角关系式后，再代入式(8-1)中，得到最大和最小正应力为

$$\left.\begin{array}{c}\sigma_{max}\\\sigma_{min}\end{array}\right\} = \frac{1}{2}(\sigma_x + \sigma_y) \pm \sqrt{\left(\frac{\sigma_x - \sigma_y}{2}\right)^2 + \tau_{xy}^2} \tag{8-4a}$$

用完全相似的方法，可以确定最大切应力和最小切应力以及它们所在的平面方位。将式(8-2a)对 α 求导数，得

$$\frac{\mathrm{d}\tau_\alpha}{\mathrm{d}\alpha} = (\sigma_x - \sigma_y)\cos 2\alpha - 2\tau_{xy}\sin 2\alpha \tag{8-4b}$$

若 $\alpha = \alpha_1$ 时，使得导数 $\frac{\mathrm{d}\tau_\alpha}{\mathrm{d}\alpha} = 0$，则在 α_1 所确定的斜截面上，切应力为最大或最小值。以 α_1 代入式(8-4b)，并令其等于零，解得

$$\tan 2\alpha_1 = \frac{\sigma_x - \sigma_y}{2\tau_{xy}} \tag{8-5}$$

由式(8-5)可以解出相差 $\frac{\pi}{2}$ 的两个角度 α_{11} 和 $\alpha_{12}\left(\alpha_{12} = \alpha_{11} \pm \frac{\pi}{2}\right)$，从而可确定两对相互垂直的平面。在该平面上分别作用有最大切应力和最小切应力。同样将式(8-5)代入上述三角关系式后，再代入式(8-2a)，可求得切应力的最大和最小值分别是

$$\left.\begin{array}{c}\tau_{max}\\\tau_{min}\end{array}\right\} = \pm \sqrt{\left(\frac{\sigma_x - \sigma_y}{2}\right)^2 + \tau_{xy}^2} \tag{8-6a}$$

比较式(8-3a)和式(8-5)，可见　　　　$\tan 2\alpha_0 = -\dfrac{1}{\tan 2\alpha_1}$

所以有 $2\alpha_1 = 2\alpha_0 \pm \dfrac{\pi}{2}$，即 $\alpha_1 = \alpha_0 \pm \dfrac{\pi}{4}$。即最大和最小切应力所在平面与主平面的夹角为 45°。

例 8-1　一点的应力状态如图 8-6(a)所示。试求：(1)指定斜截面上的应力；(2)主应力大小和主平面方位，并画出主单元体。

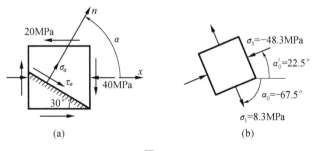

图 8-6

解 (1)求指定斜截面上的应力。由图 8-6(a)可知斜截面方位及各应力分量为

$$\alpha = 60°, \quad \sigma_x = -40\text{MPa}, \quad \sigma_y = 0, \quad \tau_{xy} = 20\text{MPa}$$

代入式(8-1)和式(8-2a)，得

$$\sigma_\alpha = -\frac{40}{2} - \frac{40}{2}\cos 120° - 20\sin 120° = -27.3(\text{MPa})$$

$$\tau_\alpha = -\frac{40}{2}\sin 120° + 20\cos 120° = -27.3(\text{MPa})$$

所以，σ_α 和 τ_α 方向与图 8-6(a)所示方向相反。

(2)求主应力大小、确定主平面方位，并画出主单元体。将各应力分量代入式(8-4a)得主应力为

$$\left.\begin{array}{c}\sigma_{\max}\\\sigma_{\min}\end{array}\right\} = \frac{\sigma_x+\sigma_y}{2} \pm \sqrt{\left(\frac{\sigma_x-\sigma_y}{2}\right)^2 + \tau^2_{xy}} = -\frac{40}{2} \pm \sqrt{\left(-\frac{40}{2}\right)^2 + 20^2} = \left\{\begin{array}{c}8.3\\-48.3\end{array}\right.(\text{MPa})$$

按主应力排序规定，得

$$\sigma_1 = \sigma_{\max} = 8.3\text{MPa}, \quad \sigma_2 = 0, \quad \sigma_3 = \sigma_{\min} = -48.3\text{MPa}$$

由式(8-3a)得主平面方位为

$$\tan 2\alpha_0 = -\frac{2\tau_{xy}}{\sigma_x-\sigma_y} = -\frac{2\times20}{(-40)} = 1$$

得

$$2\alpha_0 = 45° \quad \text{或} \quad -135°$$

即

$$\alpha_0 = 22.5° \quad \text{或} \quad -67.5°$$

将 $\alpha_0 = 22.5°$ 代入式(8-1)，则有

$$\sigma_{\alpha_0} = -\frac{40}{2} - \frac{40}{2}\cos(2\times22.5°) - 20\sin(2\times22.5°) = -48.3(\text{MPa})$$

因此，法线与 x 轴夹角为 22.5°的主平面上对应的是 σ_3，与 x 轴夹角为 –67.5°的主平面上对应的是 σ_1。画主单元体，如图 8-6(b)所示。

除前述把 α_{01} 和 α_{02} 代入式(8-1)中确定与之对应的最大主应力方位，在应用式(8-4a)求出最大(小)应力后，可以把式(8-3a)中的分子($-2\tau_{xy}$)看作 $\sin 2\alpha_0$，分母($\sigma_x-\sigma_y$)看作 $\cos 2\alpha_0$，由 $\sin 2\alpha_0$、$\cos 2\alpha_0$ 的正负号来判断 $\sigma_{\max}$ 对应的方位角 $2\alpha_0$ 所在象限。如($-2\tau_{xy}$)为正，

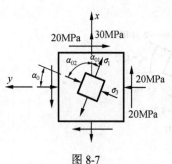

图 8-7

($\sigma_x-\sigma_y$)为负，可确定与 $\sigma_{\max}$ 对应的方位角 $2\alpha_0$ 在第二象限。上例中 $-2\tau_{xy}=-40\text{MPa}$ 为负，($\sigma_x-\sigma_y$)$=-40\text{MPa}$ 为负，与 $\sigma_{\max}$ 对应的方位角 $2\alpha_0$ 应在第三象限，即 $2\alpha_{01}=-135°$ 或 225°。故 $\alpha_0=-67.5°$ 或 112.5°。

例 8-2 已知平面应力状态如图 8-7 所示，试求：(1)主应力及主平面，并画出主单元体；(2)该平面内的最大切应力及其作用面。

解 (1)选择坐标轴，确定最大主应力。将 σ_x、σ_y 中代

数值大者选作 x 轴，此面上的应力为 σ_x、τ_{xy}，与之垂直的面上应力为 σ_y、τ_{yx}。因此图 8-7 中垂直方向为 x 轴，其中 $\sigma_x = 30\,\text{MPa}$，$\tau_{xy} = 20\,\text{MPa}$，$\sigma_y = -20\,\text{MPa}$，$\tau_{yx} = -20\,\text{MPa}$。代入式 (8-4a) 得主应力为

$$\left.\begin{array}{l}\sigma_{\max}\\\sigma_{\min}\end{array}\right\} = \frac{\sigma_x + \sigma_y}{2} \pm \sqrt{\left(\frac{\sigma_x - \sigma_y}{2}\right)^2 + \tau_{xy}^2} = \frac{30 + (-20)}{2} \pm \sqrt{\left[\frac{30 - (-20)}{2}\right]^2 + 20^2} = \begin{cases} 37 \\ -27 \end{cases}(\text{MPa})$$

按主应力排序规定可知

$$\sigma_1 = \sigma_{\max} = 37\,\text{MPa}, \quad \sigma_2 = 0, \quad \sigma_3 = \sigma_{\min} = -27\,\text{MPa}$$

(2) 确定主平面方位。在上述选定的坐标系下，由式 (8-3a) 所确定的两个主平面方位角中绝对值小者所对应的截面必定为最大正应力所在平面。将各应力分量代入式 (8-3a)，得

$$\tan 2\alpha_0 = -\frac{2\tau_{xy}}{\sigma_x - \sigma_y} = -\frac{2 \times 20}{30 - (-20)} = -0.8$$

所以
$$\alpha_{01} = -19°20', \quad \alpha_{02} = 70°40'$$

因此，从 x 轴 (铅垂方向) 顺时针方向 (绝对值小的方位角为负值) 旋转 $19°20'$ 所确定的截面为最大主应力所在平面。作主单元体，如图 8-7 所示。

(3) 确定最大切应力。由式 (8-6a) 求得平面内最大切应力为

$$\tau_{\max} = \sqrt{\left(\frac{\sigma_x - \sigma_y}{2}\right)^2 + \tau_{xy}^2} = 32\,\text{MPa}$$

因为 $2\alpha_1 = 2\alpha_0 \pm \dfrac{\pi}{2}$，故 $\alpha_1 = \alpha_0 \pm \dfrac{\pi}{4}$，得最大切应力作用平面方位为 $\alpha_1 = 25°40'$ 或 $\alpha_1 = -64°20'$。因此，从 $\sigma_{\max}$ 所在面外法线方向逆时向旋转 $45°$，或从 x 轴逆时向旋转 $25°40'$ 所确定的平面即为最大切应力所在平面。当然，从 x 轴顺时向旋转 $64°20'$ 所确定的平面则为最小切应力所在平面。这种通过比较正应力的代数值而选定坐标系的方法，通常称为选大法。

例 8-3 试求图 8-8 所示单元体中 $\beta = \alpha + \dfrac{\pi}{2}$ 面上的正应力和切应力。

解 将 $\beta = \alpha + 90°$ 代入式 (8-1) 式 (8-2a)，得

$$\begin{aligned}\sigma_\beta &= \frac{1}{2}(\sigma_x + \sigma_y) + \frac{1}{2}(\sigma_x - \sigma_y) \cdot \cos 2(\alpha + 90°) \\ &\quad - \tau_{xy}\sin 2(\alpha + 90°) \\ &= \frac{1}{2}(\sigma_x + \sigma_y) - \frac{1}{2}(\sigma_x - \sigma_y)\cos 2\alpha + \tau_{xy}\sin 2\alpha\end{aligned} \tag{8-6b}$$

$$\begin{aligned}\tau_\beta &= \frac{1}{2}(\sigma_x - \sigma_y)\sin 2(\alpha + 90°) + \tau_{xy}\cos 2(\alpha + 90°) \\ &= -\frac{1}{2}(\sigma_x - \sigma_y)\sin 2\alpha - \tau_{xy}\cos 2\alpha\end{aligned} \tag{8-6c}$$

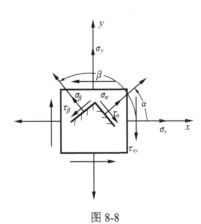

图 8-8

将式 (8-6b) 和式 (8-1) 相加，得

$$\sigma_\alpha + \sigma_\beta = \sigma_x + \sigma_y$$

即通过一点的任意两个相互垂直截面上的正应力之和为一常数。这一结论可以推广到空间应力状态，通常将这一常数称为**应力不变量**。

比较式(8-6c)和式(8-2a)可知

$$\tau_\beta = -\tau_\alpha$$

这就是我们熟知的切应力互等定理。

8.3　用图解法分析二向应力状态

式(8-1)和式(8-2a)可以看作以 α 为参变量的参数方程，消去 α 可直接建立斜截面上的正应力 σ_α 和切应力 τ_α 之间的函数关系式。为消去 α，可将式(8-1)和式(8-2a)写成如下形式：

$$\begin{cases} \sigma_\alpha - \dfrac{1}{2}(\sigma_x + \sigma_y) = \dfrac{1}{2}(\sigma_x - \sigma_y)\cos 2\alpha - \tau_{xy}\sin 2\alpha \\ \tau_\alpha = \dfrac{1}{2}(\sigma_x - \sigma_y)\sin 2\alpha + \tau_{xy}\cos 2\alpha \end{cases} \tag{8-6d}$$

将式(8-6d)等式两边各自平方后相加，得

$$\left(\sigma_\alpha - \frac{\sigma_x + \sigma_y}{2}\right)^2 + \tau_\alpha^2 = \left(\frac{\sigma_x - \sigma_y}{2}\right)^2 + \tau_{xy}^2 \tag{8-7a}$$

由于单元体上的应力 σ_x、σ_y、τ_{xy} 都是已知值，所以 $\dfrac{1}{2}(\sigma_x + \sigma_y)$ 和式(8-7a)等号右边的各项都是定值。

由解析几何可知，圆的一般方程为

$$(x - x_0)^2 + (y - y_0)^2 = R^2 \tag{8-7b}$$

比较式(8-7a)和式(8-7b)可知，σ_α 与 τ_α 的关系式(8-7a)也是一个圆的方程。若取横坐标为 σ，纵坐标为 τ，则从式(8-7a)可知，圆心坐标位置为 $\left(\dfrac{\sigma_x + \sigma_y}{2}, 0\right)$，圆的半径是 $R = \sqrt{\left(\dfrac{\sigma_x - \sigma_y}{2}\right)^2 + \tau_{xy}^2}$。这样，圆周上任一点的横坐标代表单元体上相应斜截面上的正应力 σ_α，纵坐标代表单元体上同一斜截面上的切应力 τ_α，如图 8-9 所示。这种描述一点应力状态的圆称为**应力圆**，也称**莫尔圆**[①]。

应力圆的作法有两种。第一种作法是：根据已知单元体上的应力值，计算出应力圆圆心坐标 $C\left(\dfrac{\sigma_x + \sigma_y}{2}, 0\right)$ 和半径 $R = \sqrt{\left(\dfrac{\sigma_x - \sigma_y}{2}\right)^2 + \tau_{xy}^2}$，然后作圆。第二种做法是：根据单元体两

[①] 莫尔圆这种应力分析的方法由德国科学家 O. Mohr 于 1882 年首先提出。它表达了物体内一点处所有斜截面上的正应力 σ 和切应力 τ 的变化规律。

个互相垂直的面上的应力 σ_x、τ_{xy} 和 σ_y、τ_{yx}，假定 $\sigma_x > \sigma_y$（图 8-9（a）），在 σ-τ 坐标平面上确定两个点 $D(\sigma_x, \tau_{xy})$ 和 $E(\sigma_y, \tau_{yx})$（图 8-9（b）），连接 DE，与横坐标交于 C 点。以 C 为圆心、以 CD 或 CE 为半径作圆。读者自己可以证明，这样作出的圆，其圆心坐标和半径与第一种作法是完全一致的。由于这种作法便于应力分析，故在用图解法分析二向应力状态时，一般采用第二种方法作应力圆。

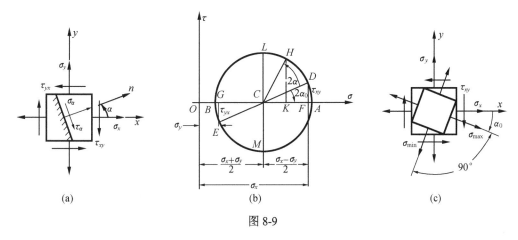

图 8-9

单元体内任意斜截面上的应力皆可用应力圆求出。在图 8-9（a）中，设任一斜截面的外法线 n 与 x 轴的夹角为 α，且 α 角是从 x 轴逆时针转向外法线 n，相应的在应力圆上，从 D 点也按逆时针沿圆周转到 H 点，并使 DH 弧所对的圆心角为 2α，则 H 点的横坐标 OK 代表该斜截面上的正应力 σ_α，纵坐标 HK 代表切应力 τ_α。图中

$$OK = OC + CK = OC + CH\cos(2\alpha + 2\alpha_0) = OC + CD\cos(2\alpha + 2\alpha_0)$$

$$= OC + CD\cos 2\alpha \cos 2\alpha_0 - CD\sin 2\alpha \sin 2\alpha_0 = OC + CF\cos 2\alpha - DF\sin 2\alpha \quad (8\text{-}7c)$$

$$= \frac{1}{2}(\sigma_x + \sigma_y) + \frac{1}{2}(\sigma_x - \sigma_y)\cos 2\alpha - \tau_{xy}\sin 2\alpha$$

$$HK = CH\sin(2\alpha + 2\alpha_0) = CD\sin(2\alpha + 2\alpha_0) = CD\sin 2\alpha \cos 2\alpha_0 + CD\cos 2\alpha \sin 2\alpha_0$$
$$\hspace{8cm} (8\text{-}7d)$$
$$= CF\sin 2\alpha + DF\cos 2\alpha = \frac{1}{2}(\sigma_x - \sigma_y)\sin 2\alpha + \tau_{xy}\cos 2\alpha$$

将式（8-7c）和式（8-7d）分别与式（8-1）和式（8-2a）比较，可得

$$OK = \sigma_\alpha, \quad HK = \tau_\alpha$$

这就证明了 H 点的坐标代表法线倾角为 α 的斜截面上的应力，其中横坐标代表正应力 σ_α，纵坐标代表切应力 τ_α。

从图 8-9 还可得出以下结果。

（1）主应力。应力圆上 A 和 B 两点的纵坐标都为零，所以它们的横坐标之一为正应力最大值，另一个为最小值。因此这两点的横坐标值代表主平面上的主应力，故

$$\sigma_{\max} = OC + CA = OC + CD = OC + R = \frac{1}{2}(\sigma_x + \sigma_y) + \sqrt{\left(\frac{\sigma_x - \sigma_y}{2}\right)^2 + \tau_{xy}^2}$$

$$\sigma_{\min} = OC - CB = OC - CD = OC - R = \frac{1}{2}(\sigma_x + \sigma_y) - \sqrt{\left(\frac{\sigma_x - \sigma_y}{2}\right)^2 + \tau_{xy}^2}$$

从图中到的结果和式(8-4a)完全相同。

(2) 主平面方位。应力圆上的 A 点对应一个主平面，A 点是从 D 点转$-2\alpha_0$（负号表示顺时针方向转过的角度）圆心角的位置，相应的在单元体上，x 轴依顺时针方向转 α_0 为 $\sigma_{\max}$ 所在主平面的法线。B 点对应另一个主平面。在应力圆上，由 A 到 B 所夹圆心角为 π，在单元体上，$\sigma_{\max}$ 与 $\sigma_{\min}$ 所在主平面的法线相夹$\pi/2$。由图 8-9(b)可得

$$\tan(-2\alpha_0) = \frac{DF}{CF} = \frac{\tau_{xy}}{\frac{1}{2}(\sigma_x - \sigma_y)}$$

于是

$$\tan 2\alpha_0 = -\frac{2\tau_{xy}}{\sigma_x - \sigma_y}$$

此式即式(8-3a)。

(3) 最大切应力和最小切应力。应力圆的最高点和最低点的纵坐标代表最大切应力和最小切应力，其数值等于应力圆半径，所以可写成

$$\begin{cases} \tau_{\max} \\ \tau_{\min} \end{cases} = \pm R = \pm \sqrt{\left(\frac{\sigma_x - \sigma_y}{2}\right)^2 + \tau_{xy}^2}$$

此式即式(8-6a)。

(4) 最大切应力和最小切应力所在平面的方位。应力圆上，由 A 点到 L 点所夹圆心角为逆时针方向$\pi/2$，在单元体内，由 $\sigma_{\max}$ 所在主平面的法线到 $\tau_{\max}$ 所在平面的法线应为逆时针方向$\pi/4$。

应用图解法时必须强调指出：

(1) 应力圆上任一点的纵坐标值和横坐标值，分别代表单元体相应截面上的切应力和正应力；

(2) 过圆周上任意两点间圆弧所对应的圆心角，等于单元体上对应的两截面外法线间夹角的两倍；

(3) 单元体上从 D 截面外法线逆时针方向转至 H 截面外法线时，应力圆上从 D 点依然逆时针方向旋转到 H 点。

以上三点可以概括为：**点面对应，二倍夹角，转向一致**。

应力圆可以形象地显示出一点处各个不同截面上应力的变化规律，为研究一点处的应力状态提供了既方便又有效的图解方法，所以在研究构件一点处的应力状态等方面获得了广泛应用。

例 8-4　试用图解法求图 8-10(a)所示单元体 $\alpha = 30°$ 截面上的应力，并求出主应力大小和主平面的方位，在单元体上画出主应力单元体（图中单位为 MPa）。

解　(1) 作应力圆。作 $\sigma O \tau$ 坐标系，按选定的比例尺，量取 $OA = \sigma_x = 40\text{MPa}$，$AD = \tau_{xy} = -50\text{MPa}$ 得点 D；再量取 $OB = \sigma_y = -60\text{MPa}$，$BD' = \tau_{yx} = 50\text{MPa}$ 得点 D'。连接 DD'，与横坐标轴交于点 C，以 C 为圆心、以 CD 为半径画出应力圆，如图 8-10(b)所示。

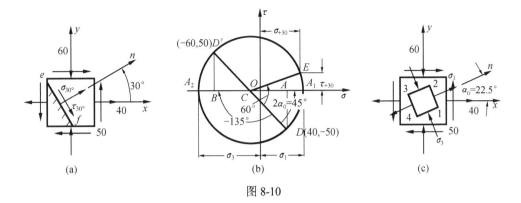

图 8-10

(2)确定斜截面上的应力。为求 $\alpha = 30°$ 的斜截面上的应力,从 D 点沿逆时针方向旋转 $60°$ 角至 E 点。按选定的比例尺量出 E 点的横坐标和纵坐标,得到

$$\sigma_{30°} = 58.3\text{MPa}, \quad \tau_{30°} = 18.3\text{MPa}$$

应力的方向画在图 8-10(a)所示的单元体上。

(3)确定主应力及其方位。应力圆和横坐标的交点为 A_1 和 A_2,其横坐标即为主应力。由图上可以量得

$$\sigma_{\max} = \sigma_1 = OA_1 = 60.7 \text{ MPa}$$

$$\sigma_{\min} = \sigma_3 = OA_2 = -80.7 \text{ MPa}$$

由于单元体的前后平面上无应力作用,按主应力的排序规定,主应力 $\sigma_2 = 0$。

(4)画出主应力单元体。在应力圆上量得 CA_1 和 CD 的夹角为 $45°$,由 D 点至 A_1 点为逆时针转向,所以在单元体上也按逆时针转 $45°/2 = 22.5°$,得主应力 σ_1 的方向,由此可定出 σ_1 所在主平面位置,与该平面垂直的另一平面为 σ_3 所在主平面。主应力单元体 1234 如图 8-10(c)所示。

例 8-5 试分析图 8-11(a)所示圆轴受扭时表面任一点的应力状态,并讨论铸铁和低碳钢试件扭转时的破坏现象。

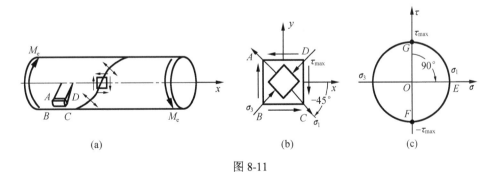

图 8-11

解 (1)截取单元体,确定应力状态。圆轴扭转时,在横截面的边缘处切应力最大,其值为 $\tau_{\max} = \dfrac{M_e}{W_p}$。在圆轴的最外层,按图 8-11(a)所示的方式取出单元体 $ABCD$,单元体各面上的应力如图 8-11(b)所示。这就是 3.2 节中讨论的纯剪切应力状态。

（2）作应力圆并确定主应力。法线为 x 的面上，$\sigma_x = 0$，$\tau_{xy} = \tau_{max}$，在图 8-11（c）中由 G 点来代表。法线为 y 的面上，$\sigma_y = 0$，$\tau_{yx} = -\tau_{max}$，在图 8-11（c）中由 F 点来代表。连接 G、F 点，与横轴交在坐标原点 O，应力圆如图 8-11（c）所示。从图中可以看出

$$\sigma_{max} = \sigma_1 = \tau_{max}, \quad \sigma_{min} = \sigma_3 = -\tau_{max}$$

由于单元体前后平面上无应力作用，按主应力的排序规定，主应力 $\sigma_2 = 0$。所以，纯剪切应力状态是二向应力状态的一种特殊情形。它的两个主应力的绝对值相等，都等于切应力 τ_{max}，但一为拉应力，另一为压应力。

（3）破坏现象分析。从图 8-11（b）、（c）可知，以 x 为法线的面上具有最大切应力，应力圆上以 G 为代表。从 G 顺时针方向转 90°，到达 E 点，该点具有最大拉应力。对应在单元体上，从 x 轴顺时针方向转 45° 为法线的面上，具有最大拉应力 σ_1。圆轴扭转试验时，由于铸铁的抗拉强度较弱，所以试件沿着与轴线成 45° 角的螺旋面被拉断，其方位如图 8-11（a）所示；低碳钢的抗拉强度高于抗剪强度，所以低碳钢试件沿横截面被剪切破坏。

例 8-6 已知分别与水平面成 ±30° 的两相交斜面上的应力如图 8-12（a）所示。试用应力圆求该点的主应力，并画出主应力单元体。

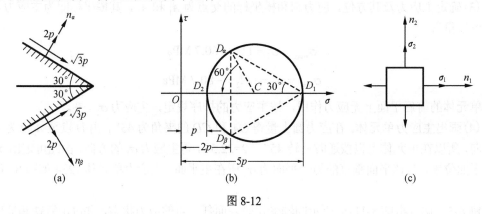

图 8-12

解 （1）作应力圆。

① 作 σ-τ 轴，选取比例尺，由两斜面应力分别定出 D_α $(2p, \sqrt{3}p)$；D_β $(2p, -\sqrt{3}p)$。

② D_α、D_β 是应力圆圆周上的两点，连接两点所得弦线的中垂线必过圆心，本例中中垂线恰为 σ 轴。由图 8-12（a）可以确定，该弦线所对应的圆心角应为 120°，过 D_α 作 $\angle D_\alpha CO = \dfrac{1}{2} \angle D_\alpha CD_\beta = 60°$，$C$ 点即为圆心。

③ 以 C 为圆心、以 CD_α 为半径作应力圆，如图 8-12（b）所示。

（2）确定主应力及主应力单元体。由应力圆（图 8-12（b））的几何关系，可得

$$\sigma_1 = OC + CD_1 = \left(2p + \frac{\sqrt{3}p}{\tan 60°}\right) + \frac{\sqrt{3}p}{\sin 60°} = 5p, \quad \sigma_2 = OC - CD_1 = p$$

由 CD_α 至 CD_2 逆时针方向转 60°，故由 α 截面 (n_α) 逆时针方向转 30°，即得 σ_2 主平面 (n_2)，其主应力单元体如图 8-12（c）所示。

通过对一点处平面应力状态的讨论，可以看出：①平面内最大正应力和最小正应力均没

有伴随的切应力，即它们所在的平面为主平面，二者均为主应力。②平面内最大切应力数值上等于应力圆的半径，即两个主应力差的 1/2；作用于每一个最大切应力平面上的正应力等于两个主应力和的 1/2。③如果两个主应力相等，则应力圆退化为点圆，则该单元体任意截面均为主平面，且主应力相等。④如果 $\sigma_x + \sigma_y = 0$，则应力圆的圆心与 σ-τ 坐标轴的圆点重合，该点处为纯剪切应力状态。⑤任何两个互相垂直的平面上的正应力之和是不变量，即 $\sigma_{\max} + \sigma_{\min} = \sigma_x + \sigma_y =$ 常数，此结论可推广至三向应力状态。

8.4　主应力迹线

在图 8-13(a)所示梁上任取一横截面 m-m，在该截面上选取 1、2、3、4、5 共五个点。根据该截面的剪力和弯矩，利用式(6-2)和式(6-5a)可以确定各点的正应力和切应力值。这样就确定了这五个单元体的应力状态，如图 8-13(b)所示。分别画出它们的应力圆(图 8-13(c))。

单元体 1 和 5 都处于单向应力状态，点 1 处的 σ_3 方向和点 5 处的 σ_1 方向都和杆的轴线平行。利用应力圆还可定出点 2、3、4 处的 σ_1 和 σ_3 方向，如图 8-13(b)所示。沿 m-m 截面高度自下而上，主应力 σ_1 的方向由水平位置按顺时针逐渐变到铅垂位置，主应力 σ_3 的方向则由铅垂位置按顺时针变到水平位置。

梁的任一点处均可定出两个方向，一个沿 σ_1 方向，另一个沿 σ_3 方向。于是沿这些方向，在梁的 xy 平面内可画出两组正交的曲线。在一组曲线上每点处的切线方向是该点处 σ_1 的方向；另一组曲线上每一点处的切线方向是该点处 σ_3 的方向。这两组正交曲线就称为**梁的主应力迹线**(图 8-14(a))。

可以按以下步骤来画主应力迹线。按一定的比例尺画出梁在 xy 平面内的平面图，其中一段如图 8-14(b)所示，画出代表一些横

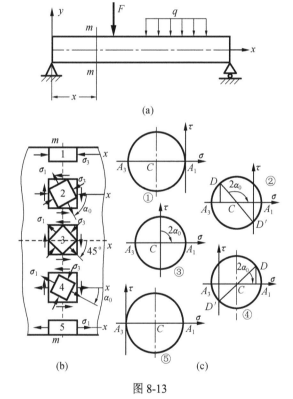

图 8-13

截面位置的直线 1-1、2-2 等。从横截面 1-1 上任一点 a 开始，根据前面的方法求出该点的主应力 σ_1 的方向，将这一方向线延长至与 2-2 截面线相交于 b 点。再求出 b 点处的主应力 σ_1 的方向。依此继续下去，就可以画出一条折线。作一条曲线与折线相切，这一曲线就是主应力 σ_1 的迹线。所取的相邻横截面越靠近，画出的迹线就越真实。按同样的方法，可画得主应力 σ_3 的迹线。

图 8-14(a)中画出的是受均布载荷作用下简支梁的两组主应力迹线。实线表示主应力 σ_1 的迹线，虚线表示主应力 σ_3 的迹线。所有的迹线在中性轴处与梁轴线(代表梁的中性层位置)间的夹角都是 45°，在梁的横截面上 $\tau_{xy} = 0$ 的各点，即梁的上下表面处，迹线的切线与梁的轴线平行或正交。

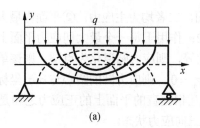 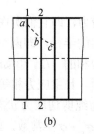

$$(a) \qquad\qquad\qquad (b)$$

图 8-14

主应力迹线在工程设计中是很有用的,例如,钢筋混凝土梁内的主要受拉钢筋应大致按照主应力 σ_1 的迹线来配置排列,这样就可使钢筋担负各点处的最大拉应力 σ_1。在某些测定应力的实验方法中也要用到主应力迹线的概念。

8.5　三向应力状态

如果单元体的三个主应力均不为零,称为三向应力状态。三向应力状态的一般情形如图 8-15 所示,其应力分析在"弹性力学"课程中进行。本节讨论在三个主应力已知的情况下,如图 8-16(a)所示单元体内任一斜截面上的应力以及最大切应力等问题。

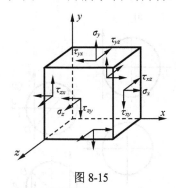

图 8-15

首先考察图 8-16(b)所示的与 σ_3 平行的斜截面 *abcd* 上的应力。从阴影线处截开,取出图 8-16(c)所示的棱柱体,由于 σ_3 作用的前后两个面上的力相互平衡,故斜截面上的应力与 σ_3 无关,只与 σ_1 和 σ_2 有关,可以用平面应力分析的方法在以 *AD* 为直径的应力圆的圆周上找到(图 8-16(d))。同理,与 σ_1 平行的斜截面上的应力,可以在图 8-16(d)中以 *DB* 为直径的应力圆的圆周上找到,与 σ_2 平行的斜截面上的应力可以在以 *AB* 为直径的圆周上找到。图 8-16(d)中三个应力圆称为三向应力圆。图 8-16(a)所示的任意斜截面上,其应力应当与 σ_1、σ_2、σ_3 均有关,在三向应力圆中的位置处在图 8-16(d)三个应力圆共同围成的阴影线范围内。简要证明如下。

过任意斜截面 *ABC* 从单元体中取出四面体(图 8-16(e))。设 *ABC* 的法线 n 的三个方向余弦为 l、m、n,它们应满足关系式:

$$l^2 + m^2 + n^2 = 1 \tag{8-7e}$$

若 *ABC* 的面积为 $\mathrm{d}A$,斜截面 *ABC* 上的应力 p 分解为分别平行于 x、y、z 轴的三个分量 p_x、p_y、p_z。由平衡条件可以求得与斜截面垂直的正应力 σ_n 和相切的切应力 τ_n 分别为

$$\sigma_n = \sigma_1 l^2 + \sigma_2 m^2 + \sigma_3 n^2 \tag{8-8}$$

$$\tau_n^2 = p^2 - \sigma_n^2 = \sigma_1^2 l^2 + \sigma_2^2 m^2 + \sigma_3^2 n^2 - \sigma_n^2 \tag{8-9a}$$

将式(8-7e)、式(8-8)、式(8-9a)看成含有 l^2、m^2、n^2 的联立方程组,从中解出 l^2、m^2、n^2,然后将其略作变换,改写成下面的形式:

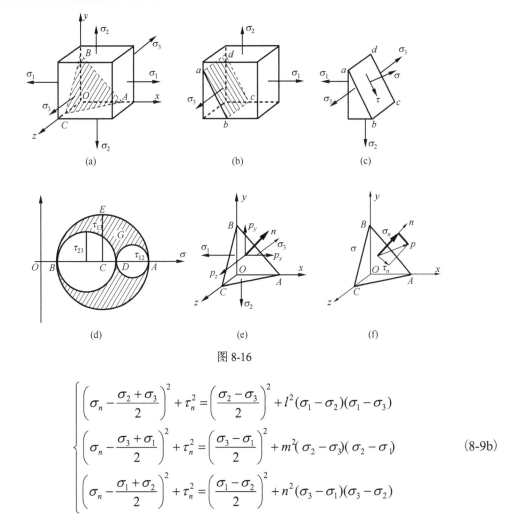

图 8-16

$$
\begin{cases}
\left(\sigma_n - \dfrac{\sigma_2+\sigma_3}{2}\right)^2 + \tau_n^2 = \left(\dfrac{\sigma_2-\sigma_3}{2}\right)^2 + l^2(\sigma_1-\sigma_2)(\sigma_1-\sigma_3) \\[3mm]
\left(\sigma_n - \dfrac{\sigma_3+\sigma_1}{2}\right)^2 + \tau_n^2 = \left(\dfrac{\sigma_3-\sigma_1}{2}\right)^2 + m^2(\sigma_2-\sigma_3)(\sigma_2-\sigma_1) \\[3mm]
\left(\sigma_n - \dfrac{\sigma_1+\sigma_2}{2}\right)^2 + \tau_n^2 = \left(\dfrac{\sigma_1-\sigma_2}{2}\right)^2 + n^2(\sigma_3-\sigma_1)(\sigma_3-\sigma_2)
\end{cases}
\tag{8-9b}
$$

在以 σ_n 为横坐标、以 τ_n 为纵坐标的坐标系中，以上三式是三个应力圆的方程式。表明斜截面 ABC 上的应力既在第 1 式表示的圆周上，又在第 2 式和第 3 式所表示的圆周上。所以，式(8-9b)三式所表示的三个圆周交于一点。交点的坐标就是斜截面 ABC 上的应力。可见，在 σ_1、σ_2、σ_3 和 l、m、n 已知后，可以做出上述三个圆周中的任意两个，其交点的坐标即为所求斜截面上的应力。

因为 $\sigma_1 \geqslant \sigma_2 \geqslant \sigma_3$，且 $l^2 \geqslant 0$，所以在式(8-9b)的第 1 式中有

$$l^2(\sigma_1-\sigma_2)(\sigma_1-\sigma_3) \geqslant 0$$

所以，式(8-9b)的第 1 式所确定的圆的半径大于和它同心的圆

$$\left(\sigma_n - \frac{\sigma_2+\sigma_3}{2}\right)^2 + \tau_n^2 = \left(\frac{\sigma_2-\sigma_3}{2}\right)^2$$

的半径。这样，在图 8-16(d)中，由式(8-9b)的第 1 式所确定的圆周在 σ_2、σ_3 确定的圆周之外。同样可以说明，式(8-9b)的第 2 式所确定的圆周在 σ_1、σ_3 确定的圆周之内。第 3 式所确定的圆周在 σ_1、σ_2 确定的圆周之外。因而上述三个圆周的交点 G，即斜截面 ABC 上的应力

在图 8-16(d) 中画阴影线的部分之内。由此可见，在 $\sigma O \tau$ 坐标系内，代表单元体任意斜截面
上应力的点，必定在三个应力圆周上或在它们所围成的阴影范围内。从而给出在单元体任意
斜截面上，其应力一定在 σ_1、σ_2、σ_3 所围成的应力圆中阴影范围内的数学解释。

对于图 8-16(a) 所示单元体，法线分别为 x、y、z 面上的应力，在三向应力圆中分别以 A、
D、B 点来代表；与 σ_1、σ_2、σ_3 相平行的各个斜截面上的应力，分别处在以 DB、AB、AD
为直径的圆周上；而任意倾斜的斜截面上的应力，处在阴影范围内。所以，以上任何点的横
坐标都小于 A 点的横坐标，都大于 B 点的横坐标，而纵坐标都小于 E 点的纵坐标。于是，单
元体内的正应力的极值分别为

$$\sigma_{\max} = \sigma_1, \quad \sigma_{\min} = \sigma_3 \tag{8-10}$$

过一点所有方位面上的最大切应力为

$$\tau_{\max} = \frac{\sigma_1 - \sigma_3}{2} \tag{8-11}$$

最大切应力(也称**主切应力**)所在的平面与主应力 σ_2 平行，且与 σ_1、σ_3 所在主平面各成
$45°$ 夹角。该公式不仅适用于三向应力状态，也适用于二向和单向应力状态。

在图 8-16(d) 中，三个应力圆的半径大小分别等于三个主切应力，它们分别为

$$\tau_{\max} = \tau_{13} = \frac{\sigma_1 - \sigma_3}{2}, \quad \tau_{12} = \frac{\sigma_1 - \sigma_2}{2}, \quad \tau_{23} = \frac{\sigma_2 - \sigma_3}{2} \tag{8-12}$$

习惯上将 $\tau_{12} = \dfrac{\sigma_1 - \sigma_2}{2}$ 和 $\tau_{23} = \dfrac{\sigma_2 - \sigma_3}{2}$ 称为**中间主切应力**，主切应力等于两个中间主切应
力之和，即 $\tau_{\max} = \tau_{13} = \tau_{12} + \tau_{23}$。

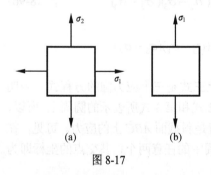

图 8-17

对比式 (8-6a) 的切应力计算公式可以看出，由
式 (8-6a) 求得的切应力，仅为与主应力为零的主平面相
垂直的截面中切应力的最大者，不一定是单元体任意
截面中切应力的最大值。因此它不一定是一点的最大
切应力。

图 8-17(a)、(b) 所示的二向和单向应力状态，可看
成是三向应力状态的特殊情况。在计算单元体内的最大
切应力时，式 (8-11) 仍然适用，即 $\tau_{\max} = \dfrac{\sigma_1 - \sigma_3}{2} = \dfrac{\sigma_1}{2}$。

例 8-7　试作图 8-18(a) 所示单元体的三向应力圆，图中应力单位均为 MPa。求出最大切
应力 $\tau_{\max}$ 及其作用面上的正应力，并将它们表示在单元体上。

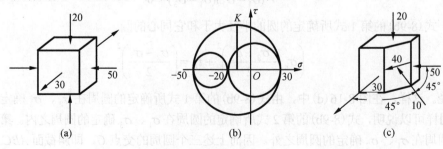

图 8-18

解　由图 8-18(a)可知，$\sigma_1 =30$MPa，$\sigma_2 = -20$MPa，$\sigma_3 = -50$MPa。由三个主应力值，在 $\sigma O\tau$ 坐标系中按选定的比例画出三向应力圆，如图 8-18(b)所示。最大切应力为最大应力圆的顶点 K 的纵坐标值，其面上正应力由 K 点横坐标表示。从图中可以量得

$$\sigma = -10\text{ MPa}, \quad \tau_{\max} = 40\text{ MPa}$$

最大切应力所在截面与 σ_2 所在截面垂直，且与 σ_1 和 σ_3 所在的主平面互成 45°，如图 8-18(c)所示。

例8-8　试求图 8-19(a)所示应力状态的主应力及最大切应力(图中应力单位为 MPa)。

解　图示单元体的六个面上均有应力分量，但左、右端面上无切应力，即为主平面。如果单元体有一个平面为主平面，读者面对主平面方向，可以得出一个平面应力状态。本例中面对主平面方向得平面应力状态，如图 8-19(b)所示。

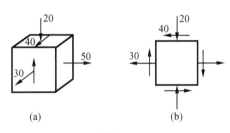

(a)　　(b)

图 8-19

在平面应力状态中，令 $\sigma_x =30$MPa，$\sigma_y =-20$MPa，$\tau_{xy} =40$MPa，代入平面应力状态主应力表达式中，得

$$\left.\begin{array}{r}\sigma_{\max}\\\sigma_{\min}\end{array}\right\}=\frac{30+(-20)}{2}\pm\sqrt{\left[\frac{30-(-20)}{2}\right]^2+40^2}=\left\{\begin{array}{l}52.17\\-42.17\end{array}\right.(\text{MPa})$$

按主应力的排序规定，即

$$\sigma_1 = 52.17\text{MPa}, \quad \sigma_2 = 50\text{MPa}, \quad \sigma_3 = -42.17\text{MPa}$$

最大切应力为

$$\tau_{\max} = \frac{\sigma_1 - \sigma_3}{2} = \frac{52.17-(-42.17)}{2} = 47.17(\text{MPa})$$

例8-9　薄壁圆筒容器如图 8-20(a)所示，直径 D 与壁厚 δ 满足关系 $D>20\delta$，该容器承受内压 p，试分析容器壁上某点 A 的应力状态，并求其最大切应力。

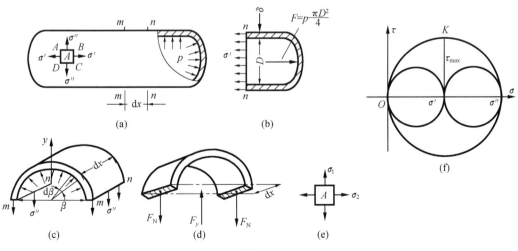

图 8-20

解　工程中将直径 D 与壁厚 δ 之比大于 20 的容器称为**薄壁容器**。其纵截面上的弯矩可忽略不计。

用截面 $n\text{-}n$ 假想将容器截开，取右半段进行研究（图 8-20(b)）。沿容器轴线作用于容器底部的总压力为

$$F = p\frac{\pi D^2}{4}$$

在 F 作用下，$n\text{-}n$ 截面上受轴向拉伸作用，由式(2-1)得

$$\sigma' = \frac{F}{\pi D\delta} = \frac{pD}{4\delta} \tag{8-13}$$

用相距为 $\mathrm{d}x$ 的两个横截面 $m\text{-}m$ 和 $n\text{-}n$ 截出一段，并用过轴线的纵截面将该段容器截开，取出如图 8-20(c)所示的一部分。内压 p 沿 x 方向自然平衡，沿 y 方向的合力为

$$F_y = \int_A p\frac{D}{2}\mathrm{d}\beta\mathrm{d}x\sin\beta = \int_0^\pi p\frac{D}{2}\mathrm{d}x\sin\beta\mathrm{d}\beta = pD\mathrm{d}x$$

由容器结构的对称性和受力的对称性，又是薄壁容器，该段容器纵截面上只有轴力 F_N。由 y 方向的静力平衡条件（图 8-20(d)），应有

$$2F_N = F_y$$

即

$$2F_N = pD\mathrm{d}x$$

所以

$$F_N = \frac{1}{2}pD\mathrm{d}x$$

而纵截面上的应力为

$$\sigma'' = \frac{F_N}{A} = \frac{pD\mathrm{d}x}{2\delta\mathrm{d}x} = \frac{pD}{2\delta} \tag{8-14}$$

由式(8-13)和式(8-14)可见，薄壁圆筒容器受内压时，容器纵截面上的应力 σ'' 是横截面上应力 σ' 的 2 倍。这就是容器破裂时，裂纹总是沿纵向的原因。

因为容器纵截面和横截面上都没有切应力，所以这两个平面均为主平面，σ' 和 σ'' 都是主应力。因此

$$\sigma_1 = \sigma'' = \frac{pD}{2\delta}, \quad \sigma_2 = \sigma' = \frac{pD}{4\delta}, \quad \sigma_3 = -p$$

由式(8-13)和式(8-14)可以看出，作用于内壁上的内压 p 远小于 σ'' 和 σ'，可以忽略不计，因此，对薄壁容器近似地认为是二向应力状态（图 8-19(e)），即取

$$\sigma_1 = \frac{pD}{2\delta}, \quad \sigma_2 = \frac{pD}{4\delta}, \quad \sigma_3 = 0$$

作三向应力圆，如图 8-20(f)所示，其最大切应力为

$$\tau_{max} = \frac{1}{2}(\sigma_1 - \sigma_3) = \frac{1}{2}\sigma_1 = \frac{pD}{4\delta}$$

8.6　平面应变状态分析

若应变发生于同一平面内（如 xOy 平面），则称为**平面应变状态**。构件表面上的点，一般都可按平面应变状态处理。

设构件上某一点 O 沿 x、y 方向的线应变分别为 ε_x、ε_y，切应变为 γ_{xy}（法线为 x 和 y 的两个面间夹角的改变量）。线应变与切应变的正负号与平面应力状态分析中的正应力和切应力的正负号相同。根据规定，图 8-21 中的 ε_x、ε_y、γ_{xy} 均为正值。

现将坐标系旋转 α 角（图 8-21），且规定逆时针方向旋转的 α 角为正，得到新坐标系 $x'Oy'$。一般来说，当坐标发生旋转后，各应变分量也随之发生变化。记沿 x' 方向的线应变为 ε_α，法线为 x' 和 y' 的两个截面间夹角的改变量为 γ_α，通过几何关系分析，有

$$\varepsilon_\alpha = \frac{\varepsilon_x + \varepsilon_y}{2} + \frac{\varepsilon_x - \varepsilon_y}{2}\cos 2\alpha - \frac{\gamma_{xy}}{2}\sin 2\alpha \qquad (8\text{-}15)$$

$$\frac{\gamma_\alpha}{2} = \frac{\varepsilon_x - \varepsilon_y}{2}\sin 2\alpha + \frac{\gamma_{xy}}{2}\cos 2\alpha \qquad (8\text{-}16)$$

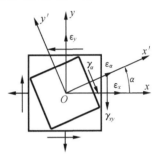

图 8-21

可以看出，式(8-15)和式(8-16)与平面应力分析的式(8-1)和式(8-2a)非常相似，只要把式(8-1)和式(8-2a)中的 σ 换成 ε，τ 换成 $\frac{\gamma}{2}$，即可得到式(8-15)和式(8-16)。

同样，通过一点也一定存在两个互相垂直的方向，在这两个方向上，线应变为极值而切应变等于零。这样的极值线应变称为**主应变**。将式(8-3a)中的应力符号换成相应的应变符号，就得到确定主应变方向的公式：

$$\tan 2\alpha_0 = -\frac{\gamma_{xy}}{\varepsilon_x - \varepsilon_y} \qquad (8\text{-}17)$$

将式(8-4a)作相应的变换，可以得到计算主应变大小的公式：

$$\left.\begin{array}{c}\varepsilon_{\max}\\\varepsilon_{\min}\end{array}\right\} = \frac{\varepsilon_x + \varepsilon_y}{2} \pm \sqrt{\left(\frac{\varepsilon_x - \varepsilon_y}{2}\right)^2 + \left(\frac{\gamma_{xy}}{2}\right)^2} \qquad (8\text{-}18)$$

除以上用解析法分析二向应变状态外，同样也可用图解法进行分析。

若将式(8-15)和式(8-16)中的 2α 消去，得到

$$\left(\varepsilon_\alpha - \frac{\varepsilon_x + \varepsilon_y}{2}\right)^2 + \left(\frac{\gamma_\alpha}{2} - 0\right)^2 = \left(\frac{\varepsilon_x - \varepsilon_y}{2}\right)^2 + \left(\frac{\gamma_{xy}}{2}\right)^2 \qquad (8\text{-}19)$$

可以看出，式(8-19)是在以 ε 为横坐标、以 $\frac{\gamma}{2}$ 为纵坐标的平面内圆的方程。圆心位于 $\left(\dfrac{\varepsilon_x + \varepsilon_y}{2}, 0\right)$，半径 R_ε 为 $\left[\left(\dfrac{\varepsilon_x - \varepsilon_y}{2}\right)^2 + \left(\dfrac{\gamma_{xy}}{2}\right)^2\right]^{\frac{1}{2}}$。该方程所描述的圆代表一点处的应变状态，称为**应变圆或莫尔应变圆**。

应变圆的作法与应力圆相似（图 8-22），在 ε、$\gamma/2$ 组成的坐标平面内，根据 ε_x 和 $\gamma_{xy}/2$ 确定 D 点，再根据 ε_y 和 $-\gamma_{xy}/2$ 确定 F 点，连接 DF 交 ε 轴于 C 点，以 C 为圆心、以 CD 为半径作出的圆即为应变圆。圆周上，从 D 点逆时针方向转过 2α 圆心角到 E 点，E 点的横坐标代表 x' 方向的线应变 ε_α，纵坐标代表法线为 x' 和 y' 的两个截面间夹角的改变量的 $1/2$，即切应变 $\gamma_\alpha/2$。A 点和 B 点的横坐标分别代表两个主应变值。

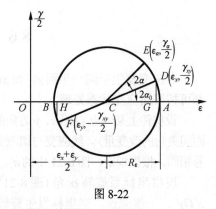

图 8-22

例 8-10 图 8-23（a）所示面元，已知 $\varepsilon_x = 500 \times 10^{-6}$，$\varepsilon_y = -300 \times 10^{-6}$，$\gamma_{xy} = -200 \times 10^{-6}$。求该面元沿 x'、y' 方向的线应变 $\varepsilon_{x'}$、$\varepsilon_{y'}$ 和切应变 $\gamma_{x'y'}$，并求出主应变。

解 （1）求线应变和切应变。由图 8-23（a）知 $\alpha = -30°$，根据式（8-15）和式（8-16）可得

$$\varepsilon_{x'} = \frac{\varepsilon_x + \varepsilon_y}{2} + \frac{\varepsilon_x - \varepsilon_y}{2}\cos 2\alpha - \frac{\gamma_{xy}}{2}\sin 2\alpha$$

$$= \left[\frac{500 + (-300)}{2}\right] \times 10^{-6} + \left[\frac{500 - (-300)}{2}\right] \times 10^{-6}\cos(-60°)$$

$$- \frac{-200 \times 10^{-6}}{2}\sin(-60°) = 213 \times 10^{-6}$$

$$\varepsilon_{y'} = \left[\frac{500 + (-300)}{2}\right] \times 10^{-6} + \left[\frac{500 - (-300)}{2}\right] \times 10^{-6}\cos 120°$$

$$- \frac{-200 \times 10^{-6}}{2}\sin 120° = -13.4 \times 10^{-6}$$

$$\frac{\gamma_{x'y'}}{2} = \frac{\varepsilon_x - \varepsilon_y}{2}\sin 2\alpha + \frac{\gamma_{xy}}{2}\cos 2\alpha$$

$$= \left[\frac{500 - (-300)}{2}\right] \times 10^{-6}\sin(-60°) + \frac{-200 \times 10^{-6}}{2}\cos(-60°)$$

$$= -396.4 \times 10^{-6}$$

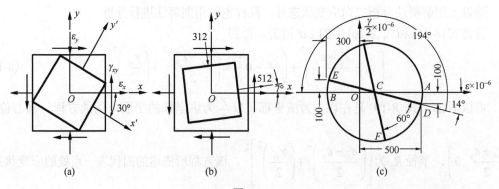

图 8-23

故 $$\gamma_{x'y'} = -792.8 \times 10^{-6}$$

（2）求主应变。先确定主平面方位。由式（8-17）得

$$\tan 2\alpha_0 = -\frac{\gamma_{xy}}{\varepsilon_x - \varepsilon_y} = -\frac{-200 \times 10^{-6}}{[500 - (-300)] \times 10^{-6}} = 0.25$$

因此 $2\alpha_0 = 14°$ 或 $2\alpha_0 = 194°$；则 $\alpha_0 = 7°$ 或 $\alpha_0 = 97°$。

把以上角度代入式（8-15）中得到

$$\varepsilon_{7°} = \frac{(500-300)\times10^{-6}}{2} + \frac{(500+300)\times10^{-6}}{2}\cos(2\times7°) - \frac{-200\times10^{-6}}{2}\sin(2\times7°) = 512\times10^{-6}$$

$$\varepsilon_{97°} = \frac{(500-300)\times10^{-6}}{2} + \frac{(500+300)\times10^{-6}}{2}\cos(2\times97°) - \frac{-200\times10^{-6}}{2}\sin(2\times97°) = -312\times10^{-6}$$

（3）图解法。根据 $\varepsilon_x = 500 \times 10^{-6}$，$\dfrac{\gamma_{xy}}{2} = -100 \times 10^{-6}$，在 $\varepsilon\text{-}\dfrac{\gamma}{2}$ 坐标系中确定 D 点，再根据 $\varepsilon_y = -300 \times 10^{-6}$，$-\dfrac{\gamma_{xy}}{2} = 100 \times 10^{-6}$ 确定 E 点，应变圆如图 8-23（c）所示。从 D 点开始，顺时针方向量取圆心角 $60°$ 到达 F 点，F 点的横、纵坐标即为 $\varepsilon_{x'}$ 和 $\dfrac{\gamma_{x'y'}}{2}$。直径的另一端坐标为 $\varepsilon_{y'}$ 和 $-\dfrac{\gamma_{x'y'}}{2}$。应变圆上 A 点的横坐标对应最大主应变，B 点的横坐标对应最小主应变。

8.7　广义胡克定律

杆件在轴向拉伸或压缩时，曾用胡克定律计算轴向线应变：

$$\varepsilon = \frac{\sigma}{E}$$

同时得到横向线应变： $$\varepsilon' = -\mu\varepsilon = -\mu\frac{\sigma}{E}$$

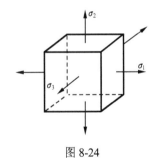

图 8-24

对图 8-24 所示单元体，三对相互垂直的主平面上分别作用有主应力 σ_1、σ_2 和 σ_3，沿三个主应力 σ_1、σ_2 和 σ_3 方向的线应变，即**主应变**分别用 ε_1、ε_2 和 ε_3 来表示。对各向同性材料，在小变形条件下，独立作用原理成立，可以用变形的叠加原理，即主应变 ε_1 可以看作各个主应力单独作用时，在 σ_1 方向产生的应变进行叠加的结果。在 σ_1 方向上的线应变为

$$\varepsilon_1' = \frac{\sigma_1}{E}$$

由 σ_2 或 σ_3 单独作用，在 σ_1 方向上的线应变分别为

$$\varepsilon_1'' = -\mu\frac{\sigma_2}{E}, \quad \varepsilon_1''' = -\mu\frac{\sigma_3}{E}$$

σ_1 方向上的总应变为　　　　$\varepsilon_1 = \varepsilon_1' + \varepsilon_1'' + \varepsilon_1''' = \dfrac{1}{E}[\sigma_1 - \mu(\sigma_2 + \sigma_3)]$

同理，在 σ_2 和 σ_3 方向上的线应变为

$$\varepsilon_2 = \frac{1}{E}[\sigma_2 - \mu(\sigma_3 + \sigma_1)], \quad \varepsilon_3 = \frac{1}{E}[\sigma_3 - \mu(\sigma_1 + \sigma_2)]$$

容易看出，在最大主应力方向，线应变最大。

在纯剪切情况下，曾经得到 $\gamma = \dfrac{\tau}{G}$（式(3-9)）。在一般情况下，单元体的应力状态如图 8-15 所示，在三对相互垂直的平面上，有九个应力分量来表示该点处的应力状态。考虑到切应力互等定理，τ_{xy} 和 τ_{yx}、τ_{yz} 和 τ_{zy}、τ_{zx} 和 τ_{xz} 分别在数值上相等。这样，九个应力分量中只有六个是独立的。

对于各向同性材料，当变形很小且应力不超过比例极限时，线应变只与正应力有关，与切应力无关；切应变只与切应力有关，与正应力无关。因此，

$$\begin{cases} \varepsilon_x = \dfrac{1}{E}[\sigma_x - \mu(\sigma_y + \sigma_z)] \\[2mm] \varepsilon_y = \dfrac{1}{E}[\sigma_y - \mu(\sigma_z + \sigma_x)] \\[2mm] \varepsilon_z = \dfrac{1}{E}[\sigma_z - \mu(\sigma_x + \sigma_y)] \end{cases} \tag{8-20}$$

$$\gamma_{xy} = \frac{\tau_{xy}}{G}, \quad \gamma_{yz} = \frac{\tau_{yz}}{G}, \quad \gamma_{zx} = \frac{\tau_{zx}}{G} \tag{8-21}$$

式(8-20)和式(8-21)称为**广义胡克定律**。式(8-20)是正应力表示正应变的广义胡克定律表达式，将 x、y、z 换为 1、2、3，即为主应力表示主应变的广义胡克定律表达式。

在平面应力状态情况下（图 8-25），广义胡克定律的表达式为

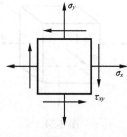

图 8-25

$$\begin{cases} \varepsilon_x = \dfrac{1}{E}[\sigma_x - \mu\sigma_y] \\[2mm] \varepsilon_y = \dfrac{1}{E}[\sigma_y - \mu\sigma_x] \\[2mm] \gamma_{xy} = \dfrac{\tau_{xy}}{G} \end{cases} \tag{8-22}$$

也可用应变分量来表示应力分量。在式(8-22)中，把 ε_x、ε_y、γ_{xy} 作为已知量，联立求解可得

$$\begin{cases} \sigma_x = \dfrac{E}{1 - \mu^2}(\varepsilon_x + \mu\varepsilon_y) \\[2mm] \sigma_y = \dfrac{E}{1 - \mu^2}(\varepsilon_y + \mu\varepsilon_x) \\[2mm] \tau_{xy} = G\gamma_{xy} \end{cases} \tag{8-23}$$

同理可以写出三向应力状态下用正应变表示正应力的表达式。

例 8-11　直径为 50mm 的钢质圆柱,放入刚体上直径为 50.01mm 的盲孔中(图 8-26(a)),圆柱承受轴向压力 $F = 300\text{kN}$ 的作用。材料的弹性模量为 $E = 200\text{GPa}$,泊松比 $\mu = 0.3$,试求圆柱的主应力。

解　在圆柱体横截面上的压应力为

$$\sigma' = \frac{F_N}{A} = \frac{-F}{\frac{\pi}{4}d^2} = -\frac{4F}{\pi d^2} = -\frac{4\times300\times10^3}{\pi\times50^2\times10^{-6}}$$

$$= -1.528\times10^8(\text{Pa}) = -152.8(\text{MPa})$$

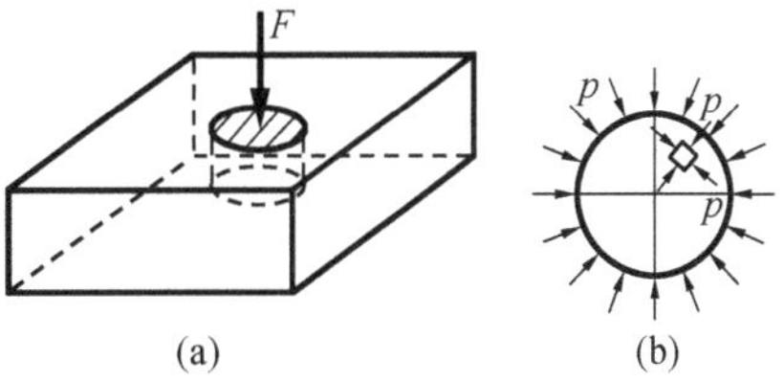

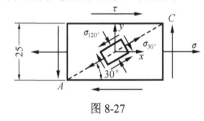

图 8-26

在轴向压缩下,圆柱将产生横向膨胀。在它胀到塞满盲孔后,盲孔与圆柱之间将产生径向均匀压强 p(图 8-26(b)),在此情形下,圆柱中任一点的径向和周向应力都为 $-p$。所以圆柱体的径向应变为

$$\varepsilon'' = \frac{1}{E}[-p-\mu(\sigma'-p)] = \frac{(50.01-50)\times10^{-3}}{50\times10^{-3}} = 2\times10^{-4}$$

于是

$$p = -\frac{E\varepsilon''+\mu\sigma'}{1-\mu} = -\frac{200\times10^9\times2\times10^{-4}-0.3\times1.528\times10^8}{1-0.3} = 8.34\times10^6(\text{Pa}) = 8.34(\text{MPa})$$

所以,圆柱体内各点的三个主应力为

$$\sigma_1 = \sigma_2 = -p = -8.34\text{MPa},\quad \sigma_3 = \sigma' = -152.8\text{MPa}$$

例 8-12　从钢构件内取出一微元体,如图 8-27 所示。已知 $\sigma = 30\text{MPa}$,$\tau = 15\text{MPa}$。材料的弹性模量和泊松比分别为 $E = 200\text{GPa}$,$\mu = 0.30$,试求对角线 AC 的长度改变 Δl。

图 8-27

解　题目要求 AC 的长度改变,须知 AC 方向的应变 $\varepsilon_{30°}$。根据广义胡克定律,须先求出 AC 方向的应力 $\sigma_{30°}$ 和垂直 AC 方向的应力 $\sigma_{120°}$。

(1)求给定方位的应力。按常规取 x-y 坐标系,则

$$\sigma_x = \sigma = 30\text{MPa},\quad \sigma_y = 0,\quad \tau_{xy} = -\tau = -15\text{MPa}$$

代入式(8-1),得

$$\sigma_{30°} = \frac{\sigma_x+\sigma_y}{2} + \frac{\sigma_x-\sigma_y}{2}\cos2\alpha - \tau_{xy}\sin2\alpha = \left[\frac{30}{2}+\frac{30}{2}\cos60° - (-15)\sin60°\right] \approx 35.49(\text{MPa})$$

$$\sigma_{120°} = \frac{\sigma_x+\sigma_y}{2} + \frac{\sigma_x-\sigma_y}{2}\cos2\alpha - \tau_{xy}\sin2\alpha = \left[\frac{30}{2}+\frac{30}{2}\cos240° - (-15)\sin240°\right] \approx -5.49(\text{MPa})$$

(2)求给定方位的应变。单元体为平面应力状态,故广义胡克定律中 $\sigma_z = 0$,代入式(8-22),得

$$\varepsilon_{30°} = \frac{1}{E}(\sigma_{30°}-\mu\sigma_{120°}) = \frac{1}{200\times10^9}\times[35.49-0.3\times(-5.49)]\times10^6 \approx 0.1857\times10^{-3}$$

(3)求对角线 AC 的长度改变 Δl。先求出对角线 AC 的长度,故得

$$\Delta l_{AC} = AC\times\varepsilon_{30°} = \frac{25}{\sin30°}\times0.1857\times10^{-3} = 9.285\times10^{-3}(\text{mm})$$

当然，也可先求出 x、y 方向的应变，再根据平面应变分析式(8-15)，求出给定方位的线应变，最终求出对角线 AC 的长度改变。

8.8　三向应力状态下的应变参数

8.8.1　体积应变

8.7 节已经给出了三向应力状态下应力与应变的关系，现在计算三向应力状态下单元体的体积改变。设正六面体的三个棱边长分别为 dx、dy 和 dz，如图 8-28 所示。变形前正六面体的体积为

$$V_0 = dxdydz$$

在主应力 σ_1、σ_2 和 σ_3 的作用下，各棱边将对应产生主应变 ε_1、ε_2 和 ε_3，变形后各棱边的长度分别为 $dx(1+\varepsilon_1)$、$dy(1+\varepsilon_2)$ 和 $dz(1+\varepsilon_3)$。变形后六面体的体积为

$$V_1 = dx(1+\varepsilon_1)\,dy\,(1+\varepsilon_2)\,dz\,(1+\varepsilon_3) = dxdydz(1+\varepsilon_1+\varepsilon_2+\varepsilon_3+\varepsilon_1\varepsilon_2+\varepsilon_2\varepsilon_3+\varepsilon_3\varepsilon_1+\varepsilon_1\varepsilon_2\varepsilon_3)$$

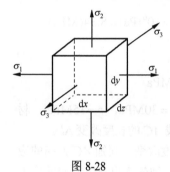

图 8-28

从上式中略去高阶微量 $\varepsilon_1\varepsilon_2$、$\varepsilon_2\varepsilon_3$、$\varepsilon_3\varepsilon_1$ 和 $\varepsilon_1\varepsilon_2\varepsilon_3$ 各项后，得

$$V_1 = dxdydz(1+\varepsilon_1+\varepsilon_2+\varepsilon_3)$$

单位体积的体积改变为

$$\theta = \frac{V_1-V_0}{V_0} = \frac{dxdydz(1+\varepsilon_1+\varepsilon_2+\varepsilon_3)-dxdydz}{dxdydz} = \varepsilon_1+\varepsilon_2+\varepsilon_3$$

式中，θ 为体积应变。

利用广义胡克定律，把上式中的主应变用主应力来表示，经简化后得

$$\theta = \varepsilon_1+\varepsilon_2+\varepsilon_3 = \frac{1-2\mu}{E}(\sigma_1+\sigma_2+\sigma_3) \tag{8-24}$$

引入符号：

$$K = \frac{E}{3(1-2\mu)}$$

式(8-24)可写为

$$\theta = \frac{1-2\mu}{E}(\sigma_1+\sigma_2+\sigma_3) = \frac{1}{K}\frac{1}{3}(\sigma_1+\sigma_2+\sigma_3) = \frac{\sigma_m}{K} \tag{8-25}$$

式中，$\sigma_m = \frac{1}{3}(\sigma_1+\sigma_2+\sigma_3)$ 是三个主应力的平均值，称为平均应力，K 称为体积模量。式(8-25)说明，体积应变 θ 只与三个主应力的和有关，而与各主应力之间的比例无关。

有一个与图 8-28 所示同材料的单元体，承受三向等值应力 σ_m 作用，且 $\sigma_m = \frac{1}{3}(\sigma_1+\sigma_2+\sigma_3)$，如图 8-29 所示。这样的单元体的形状是不变的，仅发生体积变化。代入式(8-24)，得其体积应变为

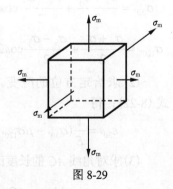

图 8-29

$$\theta = \frac{1-2\mu}{E}(\sigma_{\mathrm{m}} + \sigma_{\mathrm{m}} + \sigma_{\mathrm{m}}) = \frac{1-2\mu}{E} \cdot 3\sigma_{\mathrm{m}} = \frac{\sigma_{\mathrm{m}}}{K}$$

可见图 8-28 和图 8-29 所示的两个单元体的体积应变是相等的。

8.8.2 应变能密度

在轴向拉伸(压缩)时已讲过功能原理,即应变能在数值上等于外力所做的功。若应力 σ 与应变 ε 呈线性关系,则计算应变能密度的公式为

$$v_{\mathrm{s}} = \frac{1}{2}\sigma\varepsilon$$

在三向应力状态下,功能原理仍然成立,弹性体的应变能在数值上应等于外力所做的功。如图 8-30 所示的单元体,它的三个主应力是 σ_1、σ_2 和 σ_3,沿这三个主应力方向的主应变分别为 ε_1、ε_2 和 ε_3。设单元体三个棱边长度分别是 $\mathrm{d}x$、$\mathrm{d}y$ 和 $\mathrm{d}z$,若单元体的三个主应力由零开始按某一个比例增加到最终值,根据广义胡克定律,那么三个主应变也将按比例增长。单元体左、右侧面上的力 $\sigma_1\mathrm{d}y\mathrm{d}z$ 在 $\mathrm{d}x$ 边的伸长 $\varepsilon_1\mathrm{d}x$ 上完成的功是 $\frac{1}{2}\sigma_1\mathrm{d}y\mathrm{d}z\varepsilon_1\mathrm{d}x$。同样,单元体在上、下截面和前、后截面上的力完成的功分别是 $\frac{1}{2}\sigma_2\mathrm{d}x\mathrm{d}z\varepsilon_2\mathrm{d}y$ 和 $\frac{1}{2}\sigma_3\mathrm{d}x\mathrm{d}y\varepsilon_3\mathrm{d}z$。因此,三向

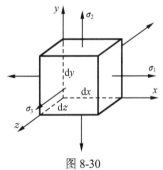

图 8-30

应力状态下单元体所储存的弹性应变能是

$$\frac{1}{2}\sigma_1\varepsilon_1\mathrm{d}x\mathrm{d}y\mathrm{d}z + \frac{1}{2}\sigma_2\varepsilon_2\mathrm{d}x\mathrm{d}y\mathrm{d}z + \frac{1}{2}\sigma_3\varepsilon_3\mathrm{d}x\mathrm{d}y\mathrm{d}z$$

用体积 $\mathrm{d}x\mathrm{d}y\mathrm{d}z$ 去除上式,得单元体的应变能密度或比能是

$$v_{\mathrm{s}} = \frac{1}{2}\sigma_1\varepsilon_1 + \frac{1}{2}\sigma_2\varepsilon_2 + \frac{1}{2}\sigma_3\varepsilon_3 \tag{8-26}$$

利用广义胡克定律,用主应力 σ_1、σ_2、σ_3 代替式(8-26)中的主应变 ε_1、ε_2 和 ε_3,化简后得

$$v_{\mathrm{s}} = \frac{1}{2E}[\sigma_1^2 + \sigma_2^2 + \sigma_3^2 - 2\mu(\sigma_1\sigma_2 + \sigma_2\sigma_3 + \sigma_3\sigma_1)] \tag{8-27}$$

以上结果也适用于按任意次序加载的情况。事实上,弹性体的应变能只取决于外力的最终数值,而与加载次序无关。因为,如果按不同的次序加载可以得到不同的应变能,那么,当按一个储存应变能较多的次序加载,而按另一个储存应变能较少的次序卸除载荷,完成加载、卸载的一个循环时,弹性体内将增加能量。这显然与能量守恒定律相矛盾。因此,应变能的大小与加载次序无关,仅与所加载的最终值有关。

8.8.3 体积改变比能和形状改变比能

如果单元体上的三个主应力 σ_1、σ_2 和 σ_3 不相等,根据广义胡克定律,单元体三个主应变 ε_1、ε_2 和 ε_3 也不相等,变形前,若单元体为立方体,变形后则成为长方体。在此过程中,单元体发生了体积改变和形状改变。

把图 8-31(a)所示的应力状态分解为图 8-31(b)、(c)所示的两个应力状态。使得

$$\sigma_{\mathrm{m}} = \frac{1}{3}(\sigma_1 + \sigma_2 + \sigma_3)$$

$$\sigma_1' = \sigma_1 - \sigma_{\mathrm{m}}, \quad \sigma_2' = \sigma_2 - \sigma_{\mathrm{m}}, \quad \sigma_3' = \sigma_3 - \sigma_{\mathrm{m}}$$

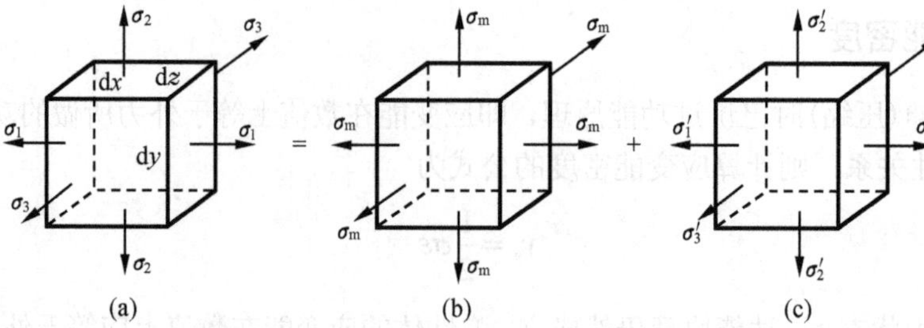

图 8-31

对于图 8-31(b) 所示的单元体，由于仅作用平均应力，只发生体积改变而不发生形状改变。因体积改变而产生的比能称为**体积改变比能**或**体积改变能密度**，记为 v_{sv}。根据式 (8-26)，代入广义胡克定律得

$$v_{\mathrm{sv}} = \frac{3}{2}\sigma_{\mathrm{m}}\varepsilon_{\mathrm{m}} = \frac{3}{2}\sigma_{\mathrm{m}}\frac{1}{E}[\sigma_{\mathrm{m}} - \mu(\sigma_{\mathrm{m}} + \sigma_{\mathrm{m}})] = \frac{3(1-2\mu)}{2E}\sigma_{\mathrm{m}}^2 = \frac{1-2\mu}{6E}(\sigma_1 + \sigma_2 + \sigma_3)^2 \quad (8\text{-}28)$$

对于图 8-32(c) 的单元体，由式 (8-24) 可得

$$\theta = \frac{1-2\mu}{E}(\sigma_1' + \sigma_2' + \sigma_3') = \frac{1-2\mu}{E}(\sigma_1 - \sigma_{\mathrm{m}} + \sigma_2 - \sigma_{\mathrm{m}} + \sigma_3 - \sigma_{\mathrm{m}}) = 0$$

表明其没有体积改变，仅发生形状改变。因形状改变而产生的比能称为**形状改变比能**或**畸变能密度**，记为 v_{sf}，单元体的形状改变比能 v_{sf} 为

$$v_{\mathrm{sf}} = v_{\mathrm{s}} - v_{\mathrm{sv}} = \frac{1}{2E}[\sigma_1^2 + \sigma_2^2 + \sigma_3^3 - 2\mu(\sigma_1\sigma_2 + \sigma_2\sigma_3 + \sigma_3\sigma_1)] - \frac{1-2\mu}{6E}(\sigma_1 + \sigma_2 + \sigma_3)^2$$
$$= \frac{1+\mu}{6E}[(\sigma_1 - \sigma_2)^2 + (\sigma_2 - \sigma_3)^2 + (\sigma_3 - \sigma_1)^2] \quad (8\text{-}29)$$

8.9　弹性常数 E、G、μ 的关系

在建立应力应变关系时，对于各向同性材料，用到了三个弹性常数 E、G、μ。在 3.2 节已经讲到三个弹性常数间存在如下关系：

$$G = \frac{E}{2(1+\mu)} \quad (8\text{-}30)$$

下面用纯剪切应力状态下的应变比能来证明这一关系。

图 8-32 为一纯剪切应力状态的单元体。根据例 8-5 的分析可知，单元体中主应力 σ_1 在单元体 $\alpha_0 = -45°$ 的主平面上，$\sigma_2 = 0$，σ_3 在单元体 $\alpha_0 = 45°$ 的主平面上。主应力的大小为

$$\sigma_1 = \tau_{xy}, \quad \sigma_3 = -\tau_{xy}$$

代入式(8-27)计算该单元体的比能：

$$v_s = \frac{1}{2E}(\tau_{xy}^2 + \tau_{xy}^2 + 2\mu\tau_{xy}^2) = \frac{1+\mu}{E}\tau_{xy}^2 \qquad (a)$$

对于图 8-32 所示的纯剪切应力状态的单元体，其比能还可由式 (3-11) 计算得到：

$$v_s = \frac{1}{2}\tau\gamma = \frac{\tau^2}{2G} = \frac{\tau_{xy}^2}{2G} \qquad (b)$$

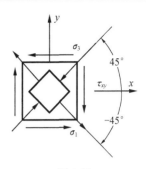

图 8-32

同一个单元体用两种不同的计算方法所得到的应变比能应该完全相等。所以

$$\frac{1+\mu}{E}\tau_{xy}^2 = \frac{\tau_{xy}^2}{2G}$$

整理即得三个弹性常数间的关系，即式(8-30)。

例 8-13 在二向应力状态下，设已知最大切应变 $\gamma_{max} = 5 \times 10^{-4}$，并已知两个相互垂直方向的正应力之和为 27.5MPa，材料的弹性模量 $E = 200$GPa，泊松比 $\mu = 0.25$，试计算主应力的大小。

解 弹性理论证明，对于给定点，其 $\sigma_x + \sigma_y + \sigma_z = \sigma_1 + \sigma_2 + \sigma_3 = \sigma_{x'} + \sigma_{y'} + \sigma_{z'}$，并定义为应力不变量。

由剪切胡克定律可知

$$\tau_{max} = G\gamma_{max} = \frac{E}{2(1+\mu)}\gamma_{max} = \frac{200 \times 10^9 \times 5 \times 10^{-4}}{2 \times (1+0.25)} = 40 \times 10^6 (\text{N/m}^2) = 40(\text{MPa})$$

对于平面应力状态，有

$$\tau_{max} = \frac{\sigma_{max} - \sigma_{min}}{2}$$

故有

$$\sigma_{max} - \sigma_{min} = 2\tau_{max} = 80\text{MPa}$$

引入应力不变量：

$$\sigma_{max} + \sigma_{min} = 27.5\text{MPa}$$

解得

$$\sigma_{max} = 53.75\text{MPa} = \sigma_1, \quad \sigma_2 = 0, \quad \sigma_{min} = -26.25\text{MPa} = \sigma_3$$

8.10 各向异性材料的广义胡克定律

式(8-31)是用应变表示应力的各向异性弹性材料广义胡克定律表达式。其中 $C_{mn}(m, n=1, 2, \cdots, 6)$ 为弹性常数。弹性常数 C_{mn} 共有 36 个。

$$\begin{cases} \sigma_x = C_{11}\varepsilon_x + C_{12}\varepsilon_y + C_{13}\varepsilon_z + C_{14}\gamma_{xy} + C_{15}\gamma_{yz} + C_{16}\gamma_{xz} \\ \sigma_y = C_{21}\varepsilon_x + C_{22}\varepsilon_y + C_{23}\varepsilon_z + C_{24}\gamma_{xy} + C_{25}\gamma_{yz} + C_{26}\gamma_{xz} \\ \sigma_z = C_{31}\varepsilon_x + C_{32}\varepsilon_y + C_{33}\varepsilon_z + C_{34}\gamma_{xy} + C_{35}\gamma_{yz} + C_{36}\gamma_{xz} \\ \tau_{xy} = C_{41}\varepsilon_x + C_{42}\varepsilon_y + C_{43}\varepsilon_z + C_{44}\gamma_{xy} + C_{45}\gamma_{yz} + C_{46}\gamma_{xz} \\ \tau_{yz} = C_{51}\varepsilon_x + C_{52}\varepsilon_y + C_{53}\varepsilon_z + C_{54}\gamma_{xy} + C_{55}\gamma_{yz} + C_{56}\gamma_{xz} \\ \tau_{xz} = C_{61}\varepsilon_x + C_{62}\varepsilon_y + C_{63}\varepsilon_z + C_{64}\gamma_{xy} + C_{65}\gamma_{yz} + C_{66}\gamma_{xz} \end{cases} \qquad (8\text{-}31)$$

式(8-32)是用应变表示应力的正交各向异性材料的广义胡克定律表达式。弹性常数 C_{mn} 共有 9 个。

$$\begin{cases} \sigma_x = C_{11}\varepsilon_x + C_{12}\varepsilon_y + C_{13}\varepsilon_z \\ \sigma_y = C_{22}\varepsilon_y + C_{23}\varepsilon_z \\ \sigma_z = C_{33}\varepsilon_z \end{cases}, \quad \begin{cases} \tau_{xy} = C_{44}\gamma_{xy} \\ \tau_{yz} = C_{55}\gamma_{yz} \\ \tau_{xz} = C_{66}\gamma_{xz} \end{cases} \quad (8\text{-}32)$$

式(8-33)是用应变表示应力的各向同性材料的广义胡克定律表达式。弹性常数 C_{mn} 共有 2 个。

$$\begin{cases} \sigma_x = C_{11}\varepsilon_x + C_{12}\varepsilon_y + C_{12}\varepsilon_z \\ \sigma_y = C_{12}\varepsilon_x + C_{11}\varepsilon_y + C_{12}\varepsilon_z, \\ \sigma_z = C_{12}\varepsilon_x + C_{12}\varepsilon_y + C_{11}\varepsilon_z \end{cases} \quad \begin{cases} \tau_{xy} = (C_{11} - C_{12})\gamma_{xy}/2 \\ \tau_{yz} = (C_{11} - C_{12})\gamma_{yz}/2 \\ \tau_{xz} = (C_{11} - C_{12})\gamma_{xz}/2 \end{cases} \quad (8\text{-}33)$$

式(8-33)中的弹性常数 C_{11} 和 C_{12} 与工程弹性常数 E、G 的关系如下：

$$\begin{cases} C_{11} = \dfrac{G(4G-E)}{3G-E} \\ C_{12} = \dfrac{G(E-2G)}{3G-E} \end{cases} \quad (8\text{-}34)$$

将式(8-30)和式(8-34)代入式(8-33)，并变换成用应力表示应变的广义胡克定律表达式，即可得到式(8-20)。

思 考 题

8.1　什么是一点的应力状态？为什么要研究一点的应力状态？

8.2　用于分析一点应力状态的单元体有哪些基本特点？

8.3　如图所示的单元体应力状态，哪些属二向应力状态？

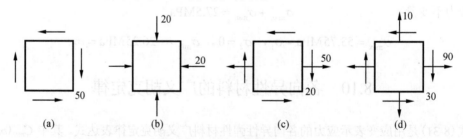

思考题 8.3 图(应力单位：MPa)

8.4　试用单元体表示图所示各构件危险点的应力状态。

8.5　ε_α 和 γ_α 的含义是什么？

8.6　二向应力状态中，互相垂直的两个截面上的正应力有何关系？

8.7　应力圆圆心的位置有什么特点？

8.8　二向及三向应力状态中最大切应力的数值与主应力的关系如何？各发生在哪些平面上(用单元体表示)？

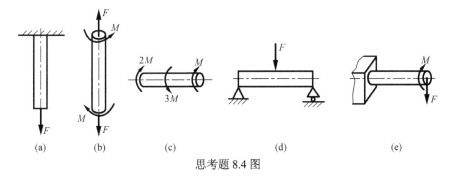

思考题 8.4 图

8.9　三向等拉和三向等压单元体的最大切应力各为何值？

8.10　在什么情况下，广义胡克定律适用于有正应力和切应力同时作用的单元体？

8.11　公式 $G = \dfrac{E}{2(1+\mu)}$ 在什么条件下成立？

8.12　构件中某一点的主应力所在方位与主应变所在方位有何关系？

习　题

8-1　已知应力状态如图所示(应力单位：MPa)，试用解析法求：(1)指定斜截面上的应力；(2)主方向和主应力；(3)用主单元体表示主方向和主应力。

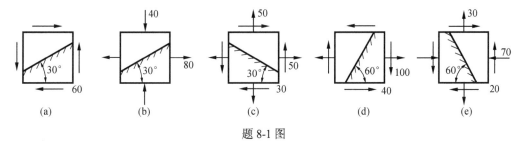

题 8-1 图

8-2　用图解法完成题 8-1。

8-3　机翼表面上一点的应力状态如图所示。试求：(1)该点的主应力大小及方向；(2)在面内的最大切应力及其方向。

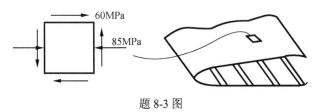

题 8-3 图

8-4　箱形截面梁的尺寸如图所示，26kN 的力作用在梁的纵向对称面内，试计算 A、B 两点的主应力，并用单元体表示。

8-5　图示简支梁为 No.32a 工字梁，集中力 $F = 100$kN，梁长 $l = 5$m。A 点所在截面在集中力 F 的右侧，且无限接近力 F 作用的截面。试求：(1)A 点在指定斜截面上的应力；(2)A 点的主应力及方向并用单元体表示。

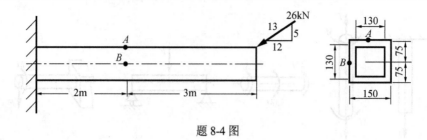

题 8-4 图

8-6   图示圆筒形压力容器由钢板沿 45° 倾斜的接缝焊接而成。圆筒的半径为 1.25m，壁厚为 15mm。试计算当内压为 4MPa 时焊缝的拉开应力和切应力。

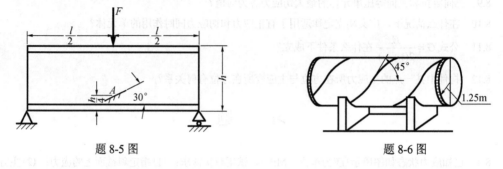

题 8-5 图   题 8-6 图

8-7   如图所示，圆轴受扭转-拉伸联合作用。已知 $F = 60\text{kN}$，$M_e = 300\text{N·m}$，圆轴的直径是 40mm。(1)用单元体表示圆轴外表面 A 点的应力状态；(2)求 A 点主应力的大小及方向并用单元体表示。

8-8   平面应力状态下 K 点处两相互倾斜平面上的应力如图所示，求 K 点处主应力大小和主平面的方位，并画出主应力单元体。

8-9 A 点处两相互倾斜的截面 AB 和 AC 上的应力如图所示，求 A 点处主应力的大小和主平面的位置，并画出主单元体。

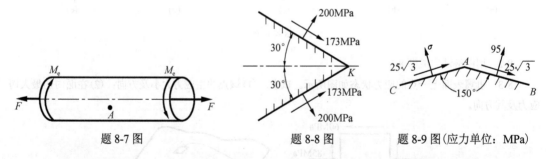

题 8-7 图   题 8-8 图   题 8-9 图(应力单位：MPa)

8-10   图示单元体处于平面应变状态，已知 $\varepsilon_x = -350 \times 10^{-6}$，$\varepsilon_y = 200 \times 10^{-6}$，$\gamma_{xy} = -80 \times 10^{-6}$。分别用解析法和图解法求该面元的主应变及主方向。

8-11   拉伸试件如图所示，已知横截面上的正应力 σ、材料的 E 和 μ。试求与轴线成 45° 方向和 135° 方向上的应变 $\varepsilon_{45°}$、$\varepsilon_{135°}$。

8-12   受载构件上某一点的应变分量为 $\varepsilon_x = 850 \times 10^{-6}$，$\varepsilon_y = 480 \times 10^{-6}$，$\gamma_{xy} = -650 \times 10^{-6}$，若材料的弹性模量 $E = 200\text{GPa}$，泊松比 $\mu = 0.3$，求该点主应变的大小及方向。

8-13   求图示平面应力状态的三个主应变 ε_1、ε_2、ε_3。设材料的弹性模 E 和泊松比 μ 均为已知。

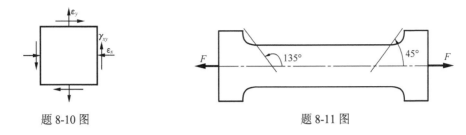

题 8-10 图　　　　　　　　　　　　　　题 8-11 图

8-14　平面应力状态如图所示,求 x、y、z 方向的线应变 ε_x、ε_y、ε_z。弹性模量 E 和泊松比 μ 均为已知。

8-15　试求图示各单元体的最大切应力,并画出其作用面方位。

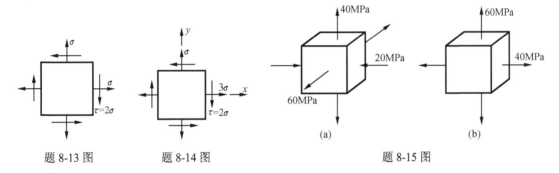

题 8-13 图　　　　　题 8-14 图　　　　　　　　　题 8-15 图

　　8-16　用图示应变花测得构件表面某点沿 1、2、3 方向的应变分别是 $\varepsilon_1 = 110\mu\varepsilon$, $\varepsilon_2 = 212.5\mu\varepsilon$, $\varepsilon_3 = 240\mu\varepsilon$,试求该点主应变的大小及方位。

　　8-17　如图所示,由三轴 45° 应变花测得受载构件表面某点沿三个方向的应变为 $\varepsilon_{0°}$、$\varepsilon_{45°}$、$\varepsilon_{90°}$,试证该点主应力方向和主应力大小为

$$\tan 2\alpha_0 = \frac{(\varepsilon_{45°} - \varepsilon_{90°}) - (\varepsilon_{0°} - \varepsilon_{45°})}{(\varepsilon_{45°} - \varepsilon_{90°}) + (\varepsilon_{0°} - \varepsilon_{45°})}$$

$$\left.\begin{array}{c}\sigma_1 \\ \sigma_2\end{array}\right\} = \frac{E}{1-\mu^2}\left[\frac{(1+\mu)}{2}(\varepsilon_{0°} + \varepsilon_{90°}) \pm \frac{(1-\mu)}{\sqrt{2}}\sqrt{(\varepsilon_{0°} - \varepsilon_{45°})^2 + (\varepsilon_{45°} - \varepsilon_{90°})^2}\right]$$

　　8-18　如图所示,一均质等厚矩形板承受均布正应力 σ 的作用,材料的弹性模量 E 和泊松比 μ 均为已知。试求板的面积 A 的改变量 ΔA。

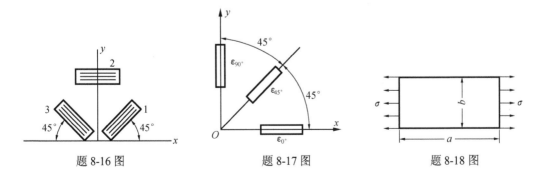

题 8-16 图　　　　　　　　题 8-17 图　　　　　　　　题 8-18 图

8-19　如图所示，作弯曲实验时，在 No.18 工字钢梁腹板的 A 点贴上 3 片分别与轴线成 $0°$、$45°$ 和 $90°$ 的电阻片，问当 F 增加 15kN 时，每一电阻片的读数（即 ε）应改变多少？已知材料的弹性模量 $E = 210\text{GPa}$，泊松比 $\mu = 0.28$。

8-20　如图所示，薄壁容器承受内压力，现用标距 $s = 20\text{mm}$、放大倍数 $K = 1000$ 的杠杆变形仪测量轴向及切向变形，变形仪读数为 $n_A = 2\text{mm}$，$n_B = 7\text{mm}$。已知弹性模量 $E = 200\text{GPa}$，泊松比 $\mu = 0.25$，试求圆筒的轴向及切向应力，并求内压 p。

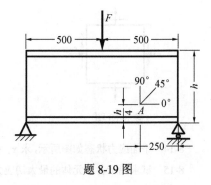

题 8-19 图

8-21　如图所示，用电阻应变仪测得空心钢轴表面某点处与母线成 $45°$ 方向上的线应变 $\varepsilon = 2.0 \times 10^{-4}$，已知该轴转速为 120r/min，材料的切变模量 $G = 80\text{GPa}$，试求轴所传递的功率。

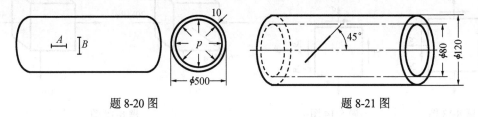

题 8-20 图　　　　　　　　　　　　　　　题 8-21 图

8-22　有一边长为 10mm 的立方体铝块，在其上方受 $F = 5\text{kN}$ 的压力（均匀分布于面上）。已知材料的泊松比 $\mu = 0.33$，试在下列情形下求铝块内任一点的主应力：（1）x、z 方向无约束，如图（a）所示；（2）置于刚性块槽内，两侧面与槽壁间无间隙，如图（b）所示；（3）置于刚性块的盲孔方槽内，四侧面与槽壁间无间隙，如图（c）所示。

8-23　单元体如图所示，应将应变片贴在与 x 轴成何角度的方向上才能得到最大读数？在此方向上的线应变为多大？已知弹性模量 $E = 210\text{GPa}$，泊松比 $\mu = 0.25$。

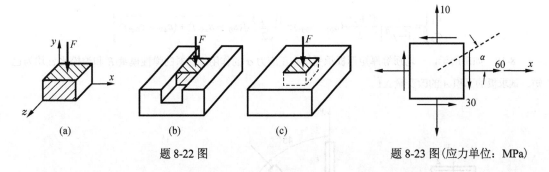

题 8-22 图　　　　　　　　　　　题 8-23 图（应力单位：MPa）

8-24　图示直径为 50mm 的实心铜圆柱，紧密放置在壁厚为 1.0mm 的薄壁钢套筒内，钢的弹性模量 $E_{\text{st}} = 200\text{GPa}$，铜的弹性模量 $E_{\text{co}} = 100\text{GPa}$，泊松比 $\mu_{\text{co}} = 0.35$。当铜柱承受 $F = 200\text{kN}$ 的压力作用时，试求钢套筒内的周向应力。

8-25　如图所示，在薄板表面上画一半径 $R = 100\text{mm}$ 的圆。板上作用应力 $\sigma_x = 140\text{MPa}$，$\sigma_y = -40\text{MPa}$，材料的弹性模量 $E = 210\text{GPa}$，泊松比 $\mu = 0.3$。试计算该圆变形后的面积。

8-26　胶合板构件单元体如图所示，各层板之间用胶黏结，接缝方向如图所示。若已知胶层切应力不得超过 1MPa，试分析构件是否满足这一要求。

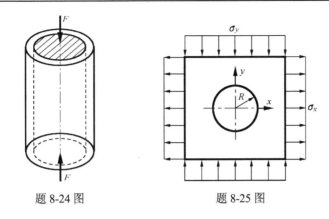

题 8-24 图　　　　　　　　　题 8-25 图

8-27　对于图示的应力状态，若要求其中最大切应力 $\tau_{max} < 160$ MPa，试求 τ_{xy} 的值。

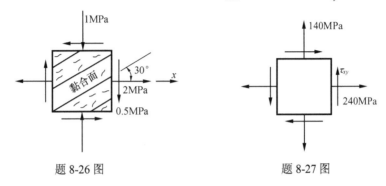

题 8-26 图　　　　　　　　　题 8-27 图

8-28　已知构件承受某些力和力矩的作用，设每个力或力矩单独在构件中同一点处产生的应力情况分别如图中的单元体 A、B、C 所示，试求在组合载荷作用下该点的主应力及主平面方位(与 x 轴之间的夹角)。

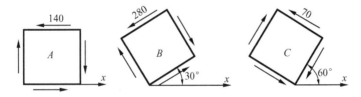

题 8-28 图(应力单位：MPa)

8-29　边长为 a、单位厚度的正方形薄板如图所示，两侧面受面力均布集度为 q 的拉力作用，已知板材料的 E 和 μ。试求对角线 AB 的伸长。

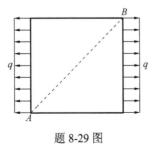

题 8-29 图

重点及难点

第9章 强度理论*

9.1 概　　述

构件的强度问题是材料力学研究的最基本问题之一。当构件承受的载荷达到一定程度时，构件就会在其危险点处首先发生失效，进而影响构件的正常工作。为了保证构件正常工作，除找出构件的危险点位置外，还要找出材料破坏的原因，建立强度条件。

构件在轴向拉(压)时，其内部各点处于单向应力状态；当梁横力弯曲时，截面的上、下边缘各点也是单向应力状态，其单元体如图9-1(a)所示。对于塑性材料，当工作应力 σ 达到材料的屈服极限 σ_s 时，构件产生明显的塑性变形；对于脆性材料，当工作应力 σ 达到材料的强度极限 σ_b 时，构件产生突然断裂。无论出现以上哪一种情况，都认为材料已经失效。考虑到安全系数后，建立的强度条件为

$$\sigma \leqslant [\sigma] \tag{9-1a}$$

受扭圆轴内部各点，以及弯曲梁中性轴上各点均是纯剪切应力状态，其单元体如图9-1(b)所示，建立的强度条件为

$$\tau \leqslant [\tau] \tag{9-1b}$$

式(9-1a)和式(9-1b)中的许用正应力 $[\sigma]$、许用切应力 $[\tau]$ 都是通过实验获得的。因此，以上强度条件是以实验为依据建立的。

工程实际中，受载构件危险点的应力状态多种多样。图9-1(c)所示单元体是横力弯曲及弯曲与扭转、拉伸与扭转等组合变形时经常遇到的复杂应力状态。在复杂应力状态下，单元体截面上一般既有正应力又有切应力。实践证明，仍然用式(9-1a)和式(9-1b)作为强度条件往往是不合适的，必须建立能够解决各种复杂应力状态(包括简单应力状态)下强度计算问题的强度理论。

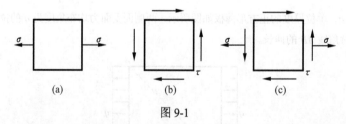

图 9-1

但是，要建立能够解决各种复杂应力状态的强度理论，必须确定该种应力状态所对应的许用应力，而许用应力的确定则依赖于试验。

对于图9-1(c)所示单元体的复杂应力状态，如果仍以实验为依据建立强度条件，通常是把材料加工成图9-2所示的薄壁圆筒，调整内压 p、轴向力 F 和扭转力偶 M，使筒壁上一点

的应力状态与图 9-1(c)所示单元体的应力状态相同，测出材料失效时的 σ 与 τ 值。这种实验比单向拉(压)和纯剪切实验复杂得多，要实现与某一应力状态完全相同则困难更大。而且，复杂应力状态中 σ 与 τ 的应力组合可有无穷多种，要测出每种组合情况下相应的极限应力实际上是不可能的。另外，复杂应力状态的应力分布又是无穷尽的，因此，如何建立复杂应力状态下的强度条件，成为一个需要深入研究的课题。

长期以来，中外科学家根据对材料失效现象的分析和研究，提出了种种假设或学说，反复实践，总结归纳，认为强度不足引起材料失效主要是屈服和断裂两种类型，进而建立了相应的强度条件。人们通常把这些关于材料失效规律的假设或学说称为**强度理论**。强度理论的实质是，材料无论处于单向应力状态还是复杂应力状态，所产生的某种类型的破坏是由同一因素引起的。显然，强度理论正确与否必须经受试验和实践的检验。

在 17 世纪，由于当时主要使用砖、石和铸铁等脆性材料，观察到的失效现象都属于脆性断裂，从而提出了关于断裂的强度理论。这类理论主要包括最大拉应力理论和最大伸长线应变理论。在 19 世纪末，随着工程中大量使用低碳钢等塑性材料，对材料发生塑性变形的物理本质有了较多的认识，于是又相继出现了以屈服或显著塑性变形为失效标志的强度理论，主要包括最大切应力理论和形状改变比能理论(也称为八面体切应力理论)。以上这些强度理论称为**经典强度理论**。上述四个经典强度理论曾对生产起过较大的作用，而且在目前工程设计中仍被广泛采用。

由于强度理论在理论上的重要性和工程应用上的广泛性，20 世纪以来，对该领域的研究仍十分活跃，先后提出了数以百计的各种形式的强度理论。具有代表性的是莫尔强度理论和双切应力强度理论。将 20 世纪出现的强度理论称为**近代强度理论**。

本章按强度理论的发展顺序，介绍 4 个经典强度理论和 2 个近代强度理论的建立以及它们的应用。

9.2　经典强度理论

在长期的生产实践中，人们通过对各种材料的破坏形式进行归纳，经过大量的试验和实际构件失效统计，认为材料的破坏形式可以归结为脆性断裂和塑性屈服两大类，相应地把强度理论也分为两类。

第一类强度理论属于说明**材料脆性断裂的强度理论**。

9.2.1　最大拉应力理论(第一强度理论)[①]

这一理论是根据早期使用的脆性材料(如天然石料、砖和铸铁等)易于拉断而提出的。这一理论认为材料的断裂决定于最大拉应力，无论单向应力状态还是复杂应力状态，引起断裂破坏的因素是相同的。在单向拉伸时，断裂破坏的极限应力是抗拉强度 σ_b。按照这一理论，在复杂应力状态下，只要最大拉应力 σ_1 达到单向拉伸的极限应力 σ_b，就会引起断裂破坏。

---

① 基于最大拉应力作为失效基本准则的理论，17 世纪意大利力学家伽利略基于对石料等脆性材料的拉伸和弯曲破坏现象的观察，已经意识到最大拉应力是导致这些材料破坏的主要因素。到 19 世纪初英国教育家 W. J. M. Rankine(1820—1872 年)正式提出这一理论。

材料的破坏条件为

$$\sigma_1 = \sigma_b$$

铸铁拉伸

铸铁扭转

σ_b 除以安全系数 n 后，得到按第一强度理论建立的强度条件：

$$\sigma_1 \leqslant [\sigma] \tag{9-2}$$

铸铁等脆性材料在轴向拉伸时的断裂破坏产生于拉应力最大的横截面上*。脆性材料的扭转破坏，也是沿拉应力最大的斜截面发生断裂*。这些都与第一强度理论相符。但是，这个理论没有考虑另外两个较小主应力 σ_2 和 σ_3 的影响，对没有拉应力的应力状态也无法应用。

9.2.2　最大伸长线应变理论（第二强度理论）[①]

这一理论认为最大伸长线应变 ε_1 是引起材料断裂破坏的主要因素。在轴向拉伸下，假定直到产生断裂，材料线应变的极限值 $\varepsilon_u = \dfrac{\sigma_b}{E}$。按照这个理论，在复杂应力状态下，最大伸长线应变 ε_1 达到 ε_u 时，材料就将发生断裂破坏。由此得出发生断裂破坏的条件是

$$\varepsilon_1 = \varepsilon_u = \frac{\sigma_b}{E}$$

代入广义胡克定律式(8-20)：$\qquad \varepsilon_1 = \dfrac{1}{E}[\sigma_1 - \mu(\sigma_2 + \sigma_3)]$

得 $\qquad\qquad\qquad\qquad\qquad \sigma_1 - \mu(\sigma_2 + \sigma_3) \leqslant \sigma_b$

σ_b 除以安全系数 n 后，得到按第二强度理论建立的强度条件：

$$\sigma_1 - \mu(\sigma_2 + \sigma_3) \leqslant [\sigma] \tag{9-3}$$

石料或混凝土等脆性材料受轴向压缩时，在试验机和试件的接触面上添加润滑剂，以减小摩擦力。试样将沿纵向截面断开，这一截面恰好与最大伸长线应变 ε_1 方向垂直。铸铁在拉、压二向应力且压应力较大的受力情形下，试验结果也与这一理论的结果相近。

与第一强度理论一样，第二强度理论也存在某些缺陷。例如，对单向受压试件，在压力的垂直方向再加压力，使其成为二向压缩。按这一理论，其强度应与单向受压不同，但混凝土、花岗石和砂石的试验资料表明，两种情况下，这些材料的强度并无明显的差别。另外，按照这一理论，铸铁在二向拉伸时应比单向拉伸安全，而试验结果并不能证实这一点。

第二类强度理论属于说明**材料塑性屈服的强度理论**。

9.2.3　最大切应力理论（第三强度理论）[②]

低碳钢
拉伸屈服

这一理论认为最大切应力是引起材料屈服的主要因素。即认为无论是什么应力状态，只要最大切应力 τ_{max} 达到与材料有关的极限切应力 τ_u，材料就发生屈服。材料的极限切应力通过单向拉伸获得，单向拉伸屈服时，横截面上的正应力为 σ_s，与轴线成 $45°$ 斜截面上的切应力为 $\sigma_s / 2$*，此

---

① 基于最大伸长线应变作为失效基本准则的理论是由法国弹性力学家 B. de Saint Venant（1797—1886 年）建议的。

② 关于最大切应力理论，最初由法国科学家 C. A. Coulomb（1736—1806 年）于 1773 年最初发表了土体的最大切应力准则，1868 年 H. E. Tresca（1814—1885 年）向法国科学院送交了他关于金属在巨大压力下流动的研究结果，提出了金属的最大切应力屈服准则。因此，现在一般称该理论为 Tresca 屈服准则。

值即为极限切应力，故 $\tau_{u} = \dfrac{\sigma_{s}}{2}$。

按照这一理论，在复杂应力状态下，当最大切应力 τ_{max} 达到材料的极限切应力 τ_{u} 时，材料就发生屈服。这样，材料发生屈服的条件是

$$\tau_{max} = \tau_{u} = \frac{\sigma_{s}}{2}$$

代入式 (8-11)，得　　　　　　　　　　　$\sigma_{1} - \sigma_{3} = \sigma_{s}$

σ_{s} 除以安全系数 n_{s} 后，得到按第三强度理论建立的强度条件：

$$\sigma_{1} - \sigma_{3} \leqslant [\sigma] \tag{9-4}$$

塑性材料钢和铜的薄壁圆管试验表明，塑性变形出现时，最大切应力接近常量[*]。这一理论较为满意地解释了塑性材料出现塑性变形的现象，且形式简单，概念明确，所以在机械工程中得到了广泛应用。但这一理论忽略了中间主应力 σ_{2} 的影响，实际上 σ_{2} 对材料的屈服是有影响的，略去这种影响造成的误差最大可达 15%。按这一理论所得的结果与试验结果相比偏于安全。

低碳钢
扭转

9.2.4　形状改变比能理论（第四强度理论）[①]

当单元体处于三向等值压缩时，即 $\sigma_{1} = \sigma_{2} = \sigma_{3} = -p$，发现即使压应力很大，材料并不过渡到破坏状态。这时单元体只有体积改变比能而无形状改变比能。这一现象反映出体积变形能的大小并不影响材料的破坏。因此，这一理论认为，形状改变比能是引起屈服的主要因素。即认为无论什么应力状态，只要形状改变比能 v_{sf} 达到与材料有关的极限值 $v_{sf,u}$，材料就发生屈服，故也称为**最大歪形能理论**。材料的极限值 $v_{sf,u}$ 通过单向拉伸实验获得。单向拉伸屈服时，横截面上的正应力为 σ_{s}，由式 (8-29) 求出材料形状改变比能的极限值是

$$v_{sf,u} = \frac{1+\mu}{6E}(2\sigma_{s}^{2})$$

任意应力状态下，其形状改变比能值由式 (8-29) 确定：

$$v_{sf} = \frac{1+\mu}{6E}[(\sigma_{1} - \sigma_{2})^{2} + (\sigma_{2} - \sigma_{3})^{2} + (\sigma_{3} - \sigma_{1})^{2}]$$

因此，材料发生屈服的条件是

$$(\sigma_{1} - \sigma_{2})^{2} + (\sigma_{2} - \sigma_{3})^{2} + (\sigma_{3} - \sigma_{1})^{2} = 2\sigma_{s}^{2}$$

将 σ_{s} 除以安全系数 n_{s} 后，得到按第四强度理论建立的强度条件：

$$\sqrt{\frac{1}{2}[(\sigma_{1} - \sigma_{2})^{2} + (\sigma_{2} - \sigma_{3})^{2} + (\sigma_{3} - \sigma_{1})^{2}]} \leqslant [\sigma] \tag{9-5a}$$

[①] 用总能量作为屈服准则的第一个尝试是意大利科学家 E. Beltrami 于 1885 年做的。现在形式的理论则由波兰科学家 M. T. Huber 于 1904 年提出，德国科学家 R. Von Mises 于 1913 年，H. Hencky 于 1925 年作了进一步的发展和解释。这一准则称为 Huber-Hencky-Mises 屈服准则，或简称为 Mises 屈服准则。该准则曾经常被称为八面体切应力理论。2004 年，在历史名城克拉科夫召开了国际塑性和强度会议，以纪念 Huber-Mises 准则 100 周年。

塑性材料钢、铜、铝等的薄壁圆管试验资料表明，这一理论比第三强度理论更符合试验结果，因此在工程中得到了广泛的应用。

从式(9-5a)中可以看出，第四强度理论和三个主切应力相关，根据式(8-12)，强度条件式(9-5a)可以写为

$$\sqrt{2(\tau_{12}^2 + \tau_{23}^2 + \tau_{31}^2)} \leqslant [\sigma] \tag{9-5b}$$

所以，依据能量原理建立的第四强度理论同第三强度理论一样，可以归纳为根据切应力对塑性材料进行强度校核的理论范畴。

注意，在一些特殊应力状态下，材料性质存在"韧-脆"转换现象，例如，受拉螺栓螺纹根部及低碳钢冲击试样刻槽顶端因受三向拉伸而出现脆性断裂、淬火钢球压在铸铁板上的接触点附近因塑性屈服而出现凹坑等现象表明：无论塑性还是脆性材料，在三向拉应力相近情况下，都以断裂形式失效，宜采用第一强度理论；在三向压应力相近情况下，都以塑性变形失效，宜采用第三或第四强度理论。

9.3　经典强度理论的试验研究

前述强度理论都是在一定假设的基础上建立的，因此，正确与否必须通过试验加以检验。

试验通常在两端封闭的薄壁圆管上进行，对其施加内压 p、轴向载荷 F 和扭转力偶 M (图 9-2)，只要调整以上三种载荷的大小比例，就可以在管壁中实现任意一种平面应力状态。

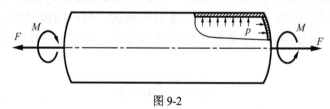

图 9-2

9.3.1　关于断裂条件的试验研究

对图 9-3 所示的二向应力状态，设 σ_x 和 σ_y 是主应力。一般情况下，它们的大小次序是未知的。按最大拉应力理论建立的断裂条件为

$$\sigma_x \leqslant \sigma_u, \quad \sigma_x \geqslant \sigma_y$$

或

$$\sigma_y \leqslant \sigma_u, \quad \sigma_y \geqslant \sigma_x$$

而按最大伸长线应变理论建立的断裂条件为

$$\sigma_x - \mu\sigma_y \leqslant \sigma_u, \quad \sigma_x \geqslant \sigma_y$$

或

$$\sigma_y - \mu\sigma_x \leqslant \sigma_u, \quad \sigma_y \geqslant \sigma_x$$

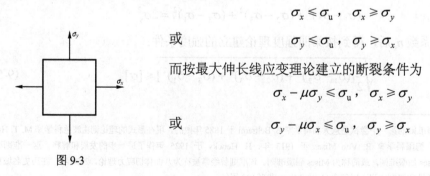

图 9-3

按以上两种理论在 σ_x、σ_y 坐标平面内作出的极限曲线如图 9-4 所示。在 σ_x、σ_y 保持各种比值的情况下，根据铸铁的试验结果，断裂时相应的极限应力 σ_{xu}、σ_{yu} 如图 9-4 中圆点所示。[①]

从图中可以看出，在二向拉伸以及压应力超过拉应力不多的二向拉-压应力状态下，最大拉应力理论与试验结果相当接近。而在压应力超过拉应力较多时，最大伸长线应变理论能较好地符合试验结果。

9.3.2 关于屈服条件的试验研究

对图 9-3 所示的二向应力状态，在主应力 σ_x、σ_y 大小次序未知的情况下，按最大切应力理论建立的屈服条件为

$$|\sigma_x| = \sigma_s, \ \sigma_x\sigma_y > 0, \ |\sigma_x| \geqslant |\sigma_y|$$

或

$$|\sigma_y| = \sigma_s, \ \sigma_x\sigma_y > 0, \ |\sigma_y| \geqslant |\sigma_x|$$

或

$$|\sigma_x - \sigma_y| = \sigma_s, \ \sigma_x\sigma_y < 0$$

按形状改变比能理论建立的屈服条件为

$$\sqrt{\frac{1}{2}[(\sigma_x - \sigma_y)^2 + \sigma_y^2 + \sigma_x^2]} = \sigma_s$$

即

$$\sigma_x^2 - \sigma_x\sigma_y + \sigma_y^2 = \sigma_s^2$$

图 9-4

以 σ_x 为横坐标轴、σ_y 为纵坐标轴，在该坐标平面内，按最大切应力理论所得的极限曲线为图 9-5 中的六边形，而按形状改变比能理论所得的极限曲线为椭圆。

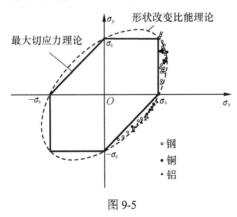

图 9-5

在 σ_x、σ_y 保持各种比值的条件下，根据钢、铜和铝的试验结果，屈服时相应的极限应

---

① 试验数据取自 Степин П. А.. СОПРОТИВЛЕНИЕ МАТЕРИАЛОВ. Москова，Высмая Школа，1983.

力 σ_{xu}、σ_{yu} 如图 9-5 所示[1]。表明形状改变比能理论与试验结果相当吻合，比第三强度理论更为符合试验结果。

<h1 style="text-align:center">9.4　近代强度理论</h1>

经典强度理论有的只考虑最大主切应力（如第三强度理论），有的则平均对待三个主切应力（如第四强度理论）。而第一与第二强度理论，在工程实际中使用的范围更窄。也就是说，强度理论问题仍然有待发展。本节介绍两个近代（20 世纪以来）强度理论，供实际中选用，也可作为强度理论研究的参考。

9.4.1　莫尔强度理论[2]

一些脆性材料在压缩时往往在接近于最大切应力作用面的地方发生断裂（如铸铁压缩的情形），但是脆性材料的抗压强度常常比抗拉强度高很多，直接应用最大切应力理论有困难。

莫尔强度理论考虑了材料拉伸和压缩强度不等的情形，将最大切应力理论加以推广，并利用应力圆来进行研究。此理论不仅可说明脆性材料的断裂，也能说明塑性材料的屈服，即对于材料的破坏给予了统一的解释。

莫尔强度理论认为，切应力仍然是材料是否失效的主要因素。如图 9-6(a) 所示的单元体，若 $\sigma_1 > \sigma_2 > \sigma_3$，据此作出的三向应力圆如图 9-6(b) 所示。单元体最薄弱的面（即滑移或断裂可能发生的面）一定与三个圆中最大圆的圆周上的某一个点对应。

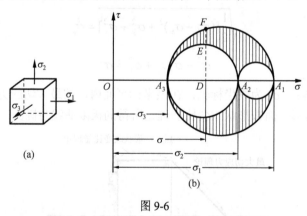

图 9-6

对图 9-6(a) 所示的单元体，先指定三个主应力的某一种比值，按这种比值同时增长三个主应力，直至材料失效。根据失效时的主应力值 σ_1 和 σ_3 画出最大应力圆，如图 9-7 中的圆 DE，该圆称为极限应力圆。此后再在三个主应力的另一种比值下完成上述试验，这样又得到另一个极限应力圆。作出这种材料的一系列极限应力圆，然后作出它们的包络线。显然对于某一种材料，包络线是唯一的，包络线的形状与材料的强度有关，对于不同的材料，它们的包络线也不一样。

---

① 此曲线引自 Murphy G. Advanced Mechanics of Materials. New York: McGraw-Hill Book Company，1964.

② 法国科学家库伦（C. A. Coulomb, 1736—1806 年）于 1773 年提出该理论的雏形，德国科学家 Otto Mohr 于 1882 年和 1900 年对最大切应力理论做了修正，采用极限应力圆和包络线的概念提出了莫尔强度理论。

对于一个已知的应力状态 σ_1、σ_2、σ_3 来说，若由 σ_1 和 σ_3 确定的应力圆在包络线之内，则这一应力状态不会引起失效。若应力圆和包络线相切(图 9-8)，则这一应力状态将引起材料的失效。切点 T 确定失效应力及其所在的平面。失效平面和中间主应力 σ_2 平行，其外法线与 σ_1 成 α 角(应有两个这样的面)。若是脆性材料，将沿此面断裂；若是塑性材料，则沿此面滑移(屈服)。

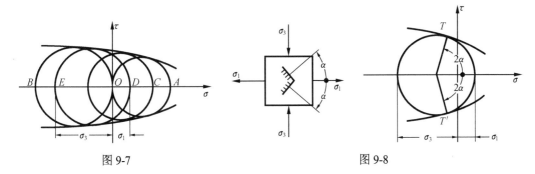

图 9-7   图 9-8

由于主应力接近相等的三向拉伸和三向压缩破坏试验不易进行，即包络线向右端和左端延伸的极限形状不易确定，但中段还是比较肯定的。在莫尔强度理论的实际应用中，为了简化，只画出单向拉伸和单向压缩时的极限应力圆，并以两圆的公切线来代替包络线，再除以安全系数后，便得到图 9-9 中所示的情形。图中 $[\sigma_t]$ 和 $[\sigma_c]$ 分别为材料的抗拉和抗压许用应力。从图 9-9 中可看出：

$$\frac{O_3P}{O_2Q} = \frac{O_1O_3}{O_1O_2} \tag{9-5c}$$

又因

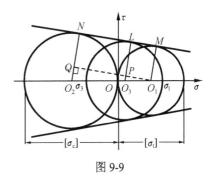

$$O_3P = O_3L - O_1M = \frac{1}{2}(\sigma_1 - \sigma_3) - \frac{1}{2}[\sigma_t]$$

$$O_2Q = O_2N - O_1M = \frac{1}{2}[\sigma_c] - \frac{1}{2}[\sigma_t]$$

$$O_1O_3 = OO_1 - OO_3 = \frac{1}{2}[\sigma_t] - \frac{1}{2}(\sigma_1 + \sigma_3)$$

$$O_1O_2 = OO_2 + OO_1 = \frac{1}{2}[\sigma_c] + \frac{1}{2}[\sigma_t]$$

图 9-9

将以上各式代入式(9-5c)，经整理得

$$\sigma_1 - \frac{[\sigma_t]}{[\sigma_c]}\sigma_3 = [\sigma_t]$$

由实际应力状态的 σ_1 和 σ_3 所确定的应力圆，应在公切线 MN 之内，所以莫尔强度理论的强度条件是

$$\sigma_1 - \frac{[\sigma_t]}{[\sigma_c]}\sigma_3 \leqslant [\sigma_t] \tag{9-6a}$$

对抗拉和抗压强度相等的材料，$[\sigma_t]=[\sigma_c]$，式(9-6a)则简化为第三强度理论的强度条件式(9-4)。

莫尔强度理论也可以用解析法推导得出。莫尔强度理论的数学建模方程为

$$\tau_{13} + \beta\sigma_{13} = C \tag{9-6b}$$

式中，切应力 τ_{13} 和正应力 σ_{13} 分别为

$$\tau_{13} = \frac{1}{2}(\sigma_1 - \sigma_3), \quad \sigma_{13} = \frac{1}{2}(\sigma_1 + \sigma_3) \tag{9-6c}$$

β 和 C 为两个材料参数，可由材料的拉伸试验和压缩试验得出。

拉伸时

$$\sigma_1 = \sigma_t, \quad \sigma_2 = \sigma_3 = 0$$

代入式(9-6c)，得

$$\tau_{13} = \frac{1}{2}\sigma_t, \quad \sigma_{13} = \frac{1}{2}\sigma_t \tag{9-6d}$$

压缩时

$$\sigma_1 = \sigma_2 = 0, \quad \sigma_3 = -\sigma_c$$

代入式(9-6c)得

$$\tau_{13} = \frac{1}{2}\sigma_c, \quad \sigma_{13} = -\frac{1}{2}\sigma_c \tag{9-6e}$$

把式(9-6d)和式(9-6e)代入式(9-6b)得到

$$\beta = \frac{1-\alpha}{1+\alpha}, \quad C = \frac{1}{1+\alpha}\sigma_t \tag{9-6f}$$

式中，α 为材料的拉压强度比，$\alpha = \sigma_t / \sigma_c$。

把式(9-6c)和式(9-6f)代入式(9-6b)，即可得出莫尔强度理论的表达式：

$$\sigma_1 - \alpha\sigma_3 = \sigma_t$$

莫尔强度理论的优点是考虑了材料抗拉和抗压强度不相等的情形。它可以用于铸铁等脆性材料，也可用于弹簧钢等塑性较低的材料。它的不足之处是没有考虑中间主应力 σ_2 的影响。

9.4.2　双切应力强度理论[①]

从三向应力状态的应力圆(图8-16)可以求得三个主切应力分别为

$$\tau_{12} = \frac{\sigma_1 - \sigma_2}{2}, \quad \tau_{23} = \frac{\sigma_2 - \sigma_3}{2}, \quad \tau_{13} = \frac{\sigma_1 - \sigma_3}{2} \tag{9-7a}$$

这一理论认为，影响材料塑性屈服的因素不仅有最大切应力 $\tau_{max} = \tau_{13}$，而且中间主切应力 τ_{12}（或 τ_{23}）也将影响材料的屈服。从以上三式可见，最大切应力的数值恒等于其他两个主切应力之和，即三个主切应力中只有两个是独立的。正是由于这一点，双切应力强度理论认为，决定材料屈服的主要因素是单元体中两个较大的主切应力。也就是说，无论什么应力状态，只要两个较大的主切应力之和 $\tau_{13} + \tau_{12}$（图 9-10(a)）或 $\tau_{13} + \tau_{23}$（图 9-10(b)）达到材料的极限值，材料就发生屈服。按照这一理论的观点，材料的屈服条件为

$$\tau_{13} + \tau_{12} = C, \quad \tau_{12} \geqslant \tau_{23} \tag{9-7b}$$

或

$$\tau_{13} + \tau_{23} = C, \quad \tau_{12} \leqslant \tau_{23} \tag{9-7c}$$

---

① 双切应力强度理论由中国学者，西安交通大学俞茂宏教授于1961年首先提出。

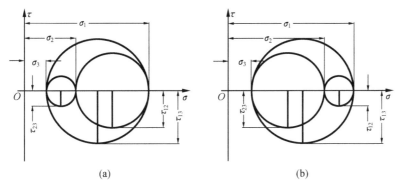

图 9-10

把式 (9-7a) 代入式 (9-7b) 和式 (9-7c)，屈服条件可改写为

$$\sigma_1 - \frac{1}{2}(\sigma_2 + \sigma_3) = C, \quad \tau_{12} \geqslant \tau_{23} \tag{9-7d}$$

或

$$\frac{1}{2}(\sigma_1 + \sigma_2) - \sigma_3 = C, \quad \tau_{12} \leqslant \tau_{23} \tag{9-7e}$$

上列屈服条件中的常数 C，可通过材料在单轴拉伸试验中的屈服极限 σ_s 来确定。在单轴拉伸情况下，材料发生屈服时 $\sigma_1 = \sigma_s$，$\sigma_2 = \sigma_3 = 0$，因此，由式 (9-7d) 可得 $C = \sigma_s$。把此结果代入式 (9-7d) 和式 (9-7e)，并将 σ_s 除以安全系数 n_s，得到材料的许用拉应力 $[\sigma]$。于是，按双切应力强度理论建立的强度条件为

$$\sigma_1 - \frac{1}{2}(\sigma_2 + \sigma_3) \leqslant [\sigma], \quad \sigma_2 \leqslant \frac{1}{2}(\sigma_1 + \sigma_3) \tag{9-8a}$$

或

$$\frac{1}{2}(\sigma_1 + \sigma_2) - \sigma_3 \leqslant [\sigma], \quad \sigma_2 \geqslant \frac{1}{2}(\sigma_1 + \sigma_3) \tag{9-8b}$$

双切应力强度理论与大多数金属材料的实验结果符合得较好，对于铝合金在复杂应力状态下的实验结果，较第四强度理论更为接近。

此外，该理论也适用于岩石、土壤、混凝土等材料，并与实验结果有良好的一致性。这时可用俞茂宏教授于 1985 年提出的广义双切强度理论，它的强度条件为

$$\sigma_1 - \frac{\alpha}{2}(\sigma_2 + \sigma_3) \leqslant [\sigma_t], \quad \sigma_2 \leqslant \frac{\sigma_1 + \alpha\sigma_3}{1 + \alpha} \tag{9-9a}$$

$$\frac{1}{2}(\sigma_1 + \sigma_2) - \alpha\sigma_3 \leqslant [\sigma_t], \quad \sigma_2 \geqslant \frac{\sigma_1 + \alpha\sigma_3}{1 + \alpha} \tag{9-9b}$$

式中，α 为材料的拉压强度比，$\alpha = [\sigma_t] / [\sigma_c]$ 或 $\alpha = \sigma_t / \sigma_c$。

由式 (9-9a) 和式 (9-9b) 可知，广义双切强度理论中，包含了两个材料强度参数，所以它可以适用于拉压强度不同的材料。从式 (9-8a)、式 (9-8b) 和式 (9-9a)、式 (9-9b) 的对比中还可以看到，双切应力强度理论是广义双切强度理论在 $\alpha = 1$ 时的一个特例。

9.5 统一强度理论[①]

对于以上介绍的几种强度理论，它们的物理解释和数学表达式各不相同，它们之间也没有相互的联系。由于三个主切应力 τ_{12}、τ_{13}、τ_{23} 中只有两个是独立的，因此统一强度理论取两个较大的主切应力及其面上的正应力来建立强度条件，其数学建模方程为

$$\tau_{13} + b\tau_{12} + \beta(\sigma_{13} + b\sigma_{12}) = C, \quad \tau_{12} + \beta\sigma_{12} \geqslant \tau_{23} + \beta\sigma_{23}$$

$$\tau_{13} + b\tau_{23} + \beta(\sigma_{13} + b\sigma_{23}) = C, \quad \tau_{12} + \beta\sigma_{12} \leqslant \tau_{23} + \beta\sigma_{23} \tag{9-10a}$$

式中，β 为反映正应力对材料破坏的影响系数；C 为材料的强度参数；b 为反映中间主切应力 τ_{12} 或 τ_{23} 以及相应的正应力 σ_{12} 或 σ_{23} 作用的系数。主切应力和正应力分别等于

$$\tau_{13} = \frac{1}{2}(\sigma_1 - \sigma_3), \quad \tau_{12} = \frac{1}{2}(\sigma_1 - \sigma_2), \quad \tau_{23} = \frac{1}{2}(\sigma_2 - \sigma_3)$$

$$\sigma_{13} = \frac{1}{2}(\sigma_1 + \sigma_3), \quad \sigma_{12} = \frac{1}{2}(\sigma_1 + \sigma_2), \quad \sigma_{23} = \frac{1}{2}(\sigma_2 + \sigma_3) \tag{9-10b}$$

将式(9-10b)代入式(9-10a)，可得到

$$\frac{1}{2}(\sigma_1 - \sigma_3) + \frac{b}{2}(\sigma_1 - \sigma_2) + \beta\left[\frac{\sigma_1 + \sigma_3}{2} + \frac{b(\sigma_1 + \sigma_2)}{2}\right] = C \tag{9-10c}$$

$$\frac{1}{2}(\sigma_1 - \sigma_3) + \frac{b}{2}(\sigma_2 - \sigma_3) + \beta\left[\frac{\sigma_1 + \sigma_3}{2} + \frac{b(\sigma_2 + \sigma_3)}{2}\right] = C \tag{9-10d}$$

上两式中的 β 和 C 是材料参数，可由材料的单向拉伸试验和单向压缩试验得出。

单向拉伸时，$\sigma_1 = \sigma_t$，$\sigma_2 = \sigma_3 = 0$，代入式(9-10c)中得到

$$\frac{1}{2}\sigma_t + \frac{b}{2}\sigma_t + \beta\left[\frac{\sigma_t}{2} + \frac{b\sigma_t}{2}\right] = C \tag{9-10e}$$

单向压缩时，$\sigma_1 = \sigma_2 = 0$，$\sigma_3 = -\sigma_c$，代入式(9-10d)中得到

$$\frac{1}{2}\sigma_c + \frac{b}{2}\sigma_c - \beta\left[\frac{\sigma_c}{2} + \frac{b\sigma_c}{2}\right] = C \tag{9-10f}$$

联立式(9-10e)和式(9-10f)，求解可得出

$$\beta = \frac{1-\alpha}{1+\alpha}, \quad C = \frac{1+b}{1+\alpha}\sigma_t \tag{9-10g}$$

式中，α 为材料的拉压强度比，$\alpha = \sigma_t / \sigma_c$。

将式(9-10g)代入式(9-10c)和式(9-10d)，经化简，即可得到统一强度理论的表达式：

$$\sigma_1 - \frac{\alpha}{1+b}(b\sigma_2 + \sigma_3) = \sigma_t, \quad \sigma_2 \leqslant \frac{\sigma_1 + \alpha\sigma_3}{1+\alpha} \tag{9-11a}$$

---

① 统一强度理论是由俞茂宏教授于 1991 年提出的，现在已作为中国本土原创基础理论，得到国内外同行的广泛应用，并由世界著名的德国 Springer 出版社出版了统一强度理论专著. Yu M H. Unified Strength Theory and Its Applications. Berlin: Springer, 2004.

$$\frac{1}{1+b}(\sigma_1 + b\sigma_2) - \alpha\sigma_3 = \sigma_t, \quad \sigma_2 \geqslant \frac{\sigma_1 + \alpha\sigma_3}{1+\alpha} \tag{9-11b}$$

统一强度理论既考虑了切应力因素，又考虑了主应力因素，因而适用范围更广。另外，该理论中包含拉、压两个材料参数，因而无论对于拉压强度相同的材料，还是拉压强度不同的材料均适用。

统一强度理论是各种强度理论的高度概括，它将前述所有强度理论融合于一体。而前述一些典型强度理论，都是统一强度理论的一些特例。

令统一强度理论中的 $\alpha = 0$，式(9-11a)就简化为 $\sigma_1 = \sigma_t$，即第一强度理论。

若 $\alpha = 2\mu$，$b = 1$，则统一强度理论式(9-11a)就简化为 $\sigma_1 - \mu(\sigma_2 + \sigma_3) = \sigma_t$，即第二强度理论。

若 $\alpha = 1$，$b = 0$，则得到 $\sigma_1 - \sigma_3 = \sigma_s$，即第三强度理论。

若 $\alpha = 1$，$b = 1/2$，得到的结果与第四强度理论逼近，二者在一般情况下几乎相等，相差不超过 4%。

若 $\alpha \neq 1$，$b = 0$，可得到 $\sigma_1 - \alpha\sigma_3 = \sigma_t$，即莫尔强度理论。

若 $\alpha = 1$，$b = 1$，统一强度理论式(9-11a)和式(9-11b)即双切应力强度理论式(9-8a)和式(9-8b)。

若 $\alpha \neq 1$，$b = 1$，可得出广义双切强度理论式(9-9a)和式(9-9b)。

若 $\alpha \neq 1$，$0 < b < 1$，还可得出一系列新的准则。

9.6　强度理论的应用

对于以上介绍的几种强度理论，其强度条件的表达式，即式(9-2)～式(9-9)，有着相似的形式。各式的左边是按不同强度理论得出的主应力综合值，右边均为许用应力。因此可以把它们写成统一的形式：

$$\sigma_r \leqslant [\sigma] \tag{9-12}$$

式中，σ_r 称为**相当应力**。各强度理论的相当应力分别为

$$\begin{cases} \sigma_{r,1} = \sigma_1 \\ \sigma_{r,2} = \sigma_1 - \mu(\sigma_2 + \sigma_3) \\ \sigma_{r,3} = \sigma_1 - \sigma_3 \\ \sigma_{r,4} = \sqrt{\frac{1}{2}[(\sigma_1 - \sigma_2)^2 + (\sigma_2 - \sigma_3)^2 + (\sigma_3 - \sigma_1)^2]} \\ \sigma_{r,M} = \sigma_1 - \dfrac{[\sigma_t]}{[\sigma_c]}\sigma_3 \\ \sigma_{r,y} = \begin{cases} \sigma_1 - \dfrac{1}{2}(\sigma_2 + \sigma_3), & \sigma_2 \leqslant \dfrac{1}{2}(\sigma_1 + \sigma_3) \\ \dfrac{1}{2}(\sigma_1 + \sigma_2) - \sigma_3, & \sigma_2 \geqslant \dfrac{1}{2}(\sigma_1 + \sigma_3) \end{cases} \end{cases} \tag{9-13}$$

工程实际中，由于强度理论的应用与材料的性质、受力情况、变形速度等因素有关而呈现一定的复杂性，故在常温静载下参照表 9-1 选用。

表 9-1　选用强度理论的参考范围

应力状态		塑性材料（低碳钢、非淬硬中碳钢，退火球墨铸铁、铜、铝等）	极脆材料（淬硬工具钢、陶瓷等）	拉伸与压缩强度极限不等的脆性材料或塑性材料（铸铁、淬硬高强度钢、混凝土等）	
				精确计算	简化计算
单向	简单拉伸	第三、四强度理论或双切应力强度理论	第一强度理论	莫尔强度理论	第一强度理论
二向	二向拉伸应力（如薄壁压力容器）				
	一向拉伸、一向压缩，其中拉应力较大（如拉扭或弯扭等组合作用）				广义双切强度理论
	拉伸、压缩应力相等（如圆轴扭转）				
	一向拉伸、一向压缩，其中压应力较大（如压扭组合作用）				近似采用第二强度理论
	二向压缩应力（如压配合的被包容件的受力情况）	第三、四或双切应力强度理论			
三向	三向拉伸应力（如拉伸具有能产生应力集中的尖锐沟槽的杆件）	第一强度理论			
	三向压缩压力（点或线接触的接触应力，如齿轮齿面间的接触应力）	第三、四或双切应力强度理论			

注：主要摘自《机械工程手册》基础理论卷（北京：机械工业出版社（第二版），1997），并加入双切应力强度理论。

例 9-1　试按强度理论建立纯剪切应力状态的强度条件，并寻求塑性材料许用切应力$[\tau]$和许用拉应力$[\sigma]$之间的关系。

解　由 8.3 节分析可知，纯剪切是二向应力状态，且

$$\sigma_1 = \tau, \quad \sigma_2 = 0, \quad \sigma_3 = -\tau$$

(1)按照第三强度理论的强度条件

$$\sigma_{r,3} = \sigma_1 - \sigma_3 = \tau - (-\tau) = 2\tau \leqslant [\sigma]$$

所以，强度条件是

$$\tau \leqslant \frac{1}{2}[\sigma]$$

另外，剪切的强度条件是

$$\tau \leqslant [\tau]$$

比较上两式可得材料许用切应力和许用拉应力之间的关系：

$$[\tau] = \frac{1}{2}[\sigma] = 0.5[\sigma]$$

(2)按照第四强度理论的强度条件

$$\sigma_{r,4} = \sqrt{\frac{1}{2}[(\sigma_1 - \sigma_2)^2 + (\sigma_2 - \sigma_3)^2 + (\sigma_3 - \sigma_1)^2]} = \sqrt{\frac{1}{2}[\tau^2 + \tau^2 + 4\tau^2]} = \sqrt{3}\tau \leqslant [\sigma]$$

所以，强度条件是
$$\tau \le \frac{1}{\sqrt{3}}[\sigma]$$

同样，剪切的强度条件是
$$\tau \le [\tau]$$

比较上两式可得材料许用切应力和许用拉应力之间的关系：
$$[\tau] = \frac{[\sigma]}{\sqrt{3}} \approx 0.6[\sigma]$$

(3) 按照双切应力强度理论的强度条件
$$\sigma_{r,y} = \sigma_1 - \frac{1}{2}(\sigma_2 + \sigma_3) = \tau - \frac{1}{2}(0 - \tau) = \frac{3}{2}\tau \le [\sigma]$$

所以，强度条件是
$$\tau \le \frac{2}{3}[\sigma]$$

同样，剪切的强度条件是
$$\tau \le [\tau]$$

比较上两式可得材料许用切应力和许用拉应力间的关系：
$$[\tau] = \frac{2}{3}[\sigma] \approx 0.7[\sigma]$$

综上所述可见，对于塑性材料，$[\tau] = (0.5 \sim 0.7)[\sigma]$。

例 9-2 图 9-11(a) 所示铸铁试件的压缩极限应力约为拉伸极限应力的 3 倍，即 $\sigma_{bc} = 3\sigma_{bt}$，试根据莫尔强度理论，估算受压试件断裂面的方位。

解 利用拉伸极限应力和压缩极限应力各作一应力圆，并作两个应力圆的外公切线，即极限曲线 MN，如图 9-11(b) 所示。图中 N 点的应力及圆心角 2α 与试件上断裂面 kk 上的应力及方位角 α 相对应。由图 9-11(b) 可见

$$\cos 2\alpha = \frac{O_2 Q}{O_1 O_2} = \frac{O_2 N - O_1 M}{O_1 O_2}$$
$$= \frac{\frac{1}{2}\sigma_{bc} - \frac{1}{2}\sigma_{bt}}{\frac{1}{2}\sigma_{bc} + \frac{1}{2}\sigma_{bt}} = \frac{1}{2} = 0.5$$

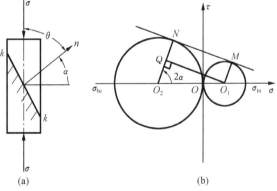

即
$$2\alpha = 60°, \quad \alpha = 30°$$
故断裂面法线 n 与试件轴线之间的夹角为
$$\theta = \frac{\pi}{2} - \alpha = 60°$$

图 9-11

这与铸铁试件压缩破坏时断裂面与试件轴线间的夹角为 $55° \sim 60°$ 相吻合。

例 9-3 已知锅炉的内径 $D = 1.0m$，锅炉内部的蒸汽压强 $p = 3.6MPa$，材料的许用应力 $[\sigma] = 160MPa$，试设计锅炉的壁厚 δ。

解 假设把锅炉当成薄壁容器看待。在内压作用下，由例 8-9 可知，筒壁上一点的三个主应力为

$$\sigma_1 = \frac{pD}{2\delta}, \quad \sigma_2 = \frac{pD}{4\delta}, \quad \sigma_3 = 0$$

是二向拉伸应力状态。从表 9-1 可见，宜采用第三、第四或双切应力强度理论进行设计。

（1）按第三强度理论：

$$\sigma_{r,3} = \sigma_1 - \sigma_3 \leqslant [\sigma]$$

将主应力值代入，得

$$\frac{pD}{2\delta} \leqslant [\sigma]$$

即

$$\delta \geqslant \frac{pD}{2[\sigma]} = \frac{3.6 \times 10^6 \times 1}{2 \times 160 \times 10^6} = 11.25 \times 10^{-3}(\text{m}) = 11.25(\text{mm})$$

（2）按第四强度理论：

$$\sigma_{r,4} = \sqrt{\frac{1}{2}[(\sigma_1 - \sigma_2)^2 + (\sigma_2 - \sigma_3)^2 + (\sigma_3 - \sigma_1)^2]}$$

$$= \sqrt{\frac{1}{2}\left[\left(\frac{pD}{2\delta} - \frac{pD}{4\delta}\right)^2 + \left(\frac{pD}{4\delta}\right)^2 + \left(-\frac{pD}{2\delta}\right)^2\right]} = \frac{\sqrt{3}pD}{4\delta} \leqslant [\sigma]$$

$$\delta \geqslant \frac{\sqrt{3}pD}{4[\sigma]} = \frac{\sqrt{3} \times 3.6 \times 10^6 \times 1}{4 \times 160 \times 10^6} = 9.74 \times 10^{-3}(\text{m}) = 9.74(\text{mm})$$

（3）按双切应力强度理论：

$$\sigma_{r,y} = \sigma_1 - \frac{1}{2}(\sigma_2 + \sigma_3) = \frac{pD}{2\delta} - \frac{1}{2}\left(\frac{pD}{4\delta}\right) = \frac{3pD}{8\delta} \leqslant [\sigma]$$

$$\delta \geqslant \frac{3pD}{8[\sigma]} = \frac{3 \times 3.6 \times 10^6 \times 1}{8 \times 160 \times 10^6} = 8.44 \times 10^{-3}(\text{m}) = 8.44(\text{mm})$$

无论按哪一种强度理论设计，均满足 $\dfrac{D}{\delta} > 20$，因此按薄壁容器受内压作用下计算应力是合理的。从以上三种结果可以看出，用双切应力强度理论设计最省材料。

例 9-4　由钢板焊接而成的自制工字梁的受载和截面尺寸如图 9-12(a) 所示，已知 $[\sigma] = 160\text{MPa}$，试全面校核该梁的强度。

解　（1）作梁的剪力图和弯矩图，如图 9-12(b)、(c) 所示，从图中可见，C 偏左截面同时具有最大剪力和最大弯矩值，且 $F_{s,max} = 136\text{kN}$，$M_{max} = 136\text{kN} \cdot \text{m}$，该截面需要全面校核。

（2）校核离中性轴 z 最远的上、下边缘各点。截面对中性轴的惯性矩为

$$I_z = \frac{10 \times 10^{-3} \times (300 \times 10^{-3})^3}{12} + 2 \times \left[\frac{120 \times 10^{-3} \times (20 \times 10^{-3})^3}{12} + 120 \times 20 \times 160^2 \times 10^{-12}\right]$$

$$= 146 \times 10^{-6}(\text{m}^4)$$

截面上的最大正应力为

$$\sigma_{max} = \frac{My}{I_z} = \frac{136 \times 10^3 \times 170 \times 10^{-3}}{146 \times 10^{-6}} = 158.4 \times 10^6(\text{Pa}) = 158.4(\text{MPa})$$

这些点均为单向应力状态（图 9-12(d)），无论按哪一种强度理论，其相当应力均为

$$\sigma_r = \sigma_{max} = 158.4\text{MPa} < [\sigma]$$

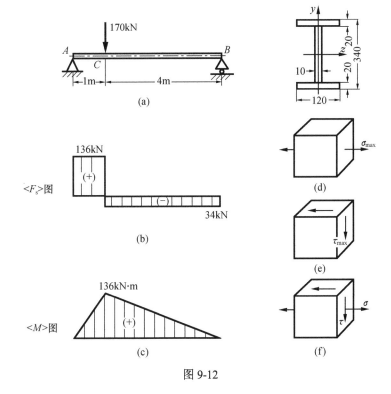

图 9-12

(3) 校核中性轴上的点。因为中性轴上具有最大弯曲切应力。为了由式(6-5a)计算最大弯曲切应力，先求出中性轴某一侧截面对中性轴的静矩：

$$S_{z,\max}^* = (120 \times 20 \times 160 + 150 \times 10 \times 75) \times 10^{-9} = 497 \times 10^{-6} (\text{m}^3)$$

代入式(6-5a)，得

$$\tau_{\max} = \frac{F_{s,\max} S_{z,\max}^*}{I_z b} = \frac{136 \times 10^3 \times 497 \times 10^{-6}}{146 \times 10^{-6} \times 10 \times 10^{-3}} = 46.3 \times 10^6 (\text{Pa}) = 46.3 (\text{MPa})$$

这些点为纯剪切应力状态(图 9-12(e))，该点的主应力为

$$\sigma_1 = 46.3 \, \text{MPa}, \quad \sigma_2 = 0, \quad \sigma_3 = -46.3 \, \text{MPa}$$

分别代入第三和第四强度理论，得相当应力为

$$\sigma_{r,3} = \sigma_1 - \sigma_3 = 46.3 - (-46.3) = 92.6 \text{MPa} < [\sigma]$$

$$\sigma_{r,4} = \sqrt{\frac{1}{2}[(\sigma_1 - \sigma_2)^2 + (\sigma_2 - \sigma_3)^2 + (\sigma_3 - \sigma_1)^2]} = \sqrt{\frac{6}{2} \times 46.3^2} = 80.2 (\text{MPa}) < [\sigma]$$

强度条件满足。

(4) 在翼缘与腹板的连接处，由于同时具有较大的正应力和切应力，故也需校核。该处的弯曲正应力为

$$\sigma = \frac{M_{\max} y}{I_z} = \frac{136 \times 10^3 \times 150 \times 10^{-3}}{146 \times 10^{-6}} = 140 \times 10^6 (\text{Pa}) = 140 (\text{MPa})$$

弯曲切应力为

$$\tau = \frac{F_{s,max}S_z^*}{I_z b} = \frac{136 \times 10^3 \times (120 \times 20 \times 160) \times 10^{-9}}{146 \times 10^{-6} \times 10 \times 10^{-3}} = 35.8 \times 10^6 (Pa) = 35.8(MPa)$$

按式(8-4a)求出主应力为

$$\sigma_1 = \frac{\sigma}{2} + \sqrt{\left(\frac{\sigma}{2}\right)^2 + \tau^2}, \quad \sigma_2 = 0, \quad \sigma_3 = \frac{\sigma}{2} - \sqrt{\left(\frac{\sigma}{2}\right)^2 + \tau^2}$$

分别代入第三和第四强度理论，得相当应力为

$$\sigma_{r,3} = \sigma_1 - \sigma_3 = \sqrt{\sigma^2 + 4\tau^2} = \sqrt{140^2 + 4 \times 35.8^2} = 157.2(MPa) < [\sigma]$$

$$\sigma_{r,4} = \sqrt{\frac{1}{2}[(\sigma_1 - \sigma_2)^2 + (\sigma_2 - \sigma_3)^2 + (\sigma_3 - \sigma_1)^2]} = \sqrt{\sigma^2 + 3\tau^2}$$

$$= \sqrt{140^2 + 3 \times 35.8^2} = 153.1(MPa) < [\sigma]$$

强度条件满足。

　　从本例可看出，危险截面上、下边缘处比翼缘与腹板连接处的弯曲正应力大许多。一般情况下，危险点位于离中性轴最远处。但两处的相当应力非常接近，尤其是当梁的跨度缩短，且集中力靠近支座时，连接处的相当应力甚至会超过上、下边缘处的相当应力，成为截面上的危险点。另外，当连接处的正应力 $\sigma \le [\sigma]$，切应力 $\tau \le [\tau]$ 时，相当应力 σ_r 也可能会超出材料的许用应力，不能满足强度条件，这正说明了研究强度理论的必要性。

　　例 9-5　薄壁圆球如图 9-13 所示，其半径为 R_0，受内压 p 的作用，材料的许用应力为$[\sigma]$。试用第三强度理论设计薄壁厚度δ。

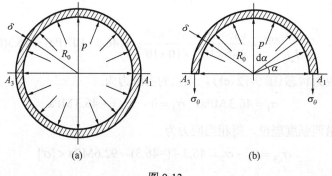

图 9-13

　　解　取上半球讨论其静力平衡，由　　　　$\sum F_y = 0$

即

$$\int_0^\pi (R_0 d\alpha \cdot 2\pi R_0 \cos\alpha)p \sin\alpha = \sigma_\theta \cdot 2\pi R_0 \delta$$

得

$$\sigma_\theta = \frac{2\pi R_0^2 p \int_0^{\frac{\pi}{2}} \sin\alpha \cdot \cos\alpha d\alpha}{2\pi R_0 \delta} = \frac{R_0 p}{2\delta} \int_0^{\frac{\pi}{2}} \sin 2\alpha d\alpha$$

而 $$\int_0^{\frac{\pi}{2}} \sin 2\alpha \, \mathrm{d}\alpha = 1$$

则 $$\sigma_\theta = \frac{R_0 p}{2\delta} > 0, \sigma_1 = \sigma_2 = \sigma_\theta$$

内壁处 $$\sigma_3 = \sigma_r = -p$$

代入第三强度理论: $$\sigma_1 - \sigma_3 = \frac{R_0 p}{2\delta} + p \leqslant [\sigma]$$

故圆球的最小壁厚应为 $$\delta \geqslant \frac{R_0 p}{2([\sigma] - p)}$$

对于薄壁圆球受内压 p 作用,其内壁处于三向应力状态:

$$\sigma_1 = \sigma_2 = \frac{pR_0}{2\delta}, \sigma_3 = -p$$

其外壁为二向应力状态: $$\sigma_1 = \sigma_2 = \frac{pR_0}{2\delta}, \sigma_3 = 0$$

而对于静水压力 p 作用下的球体,其内任一点都处于三向等压状态,即 $\sigma_1 = \sigma_2 = \sigma_3 = -p$。

思 考 题

9.1 什么是强度理论?为什么要提出强度理论?

9.2 试用强度理论解释低碳钢与铸铁两种材料的扭转破坏现象。

9.3 举例说明同一种材料在不同应力状态下会发生不同形式的破坏。

9.4 双切应力强度理论的主要观点是什么?

9.5 为什么各种强度理论的许用应力 $[\sigma]$ 都可以通过单向拉伸实验来确定?

9.6 哪一种强度理论与铸铁试件单向压缩破坏现象比较符合?

9.7 将沸水倒入厚壁玻璃杯里,若杯子因此而破裂,破裂从何处开始?简单分析之。

9.8 用混凝土立方试块作单向压缩试验时,若上、下压板涂有润滑剂,试块将如何破坏?用强度理论分析之。

9.9 试求图(a)、(b)两种应力状态下的相当应力 $\sigma_{r,3}$ 和 $\sigma_{r,4}$。

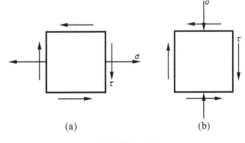

思考题 9.9 图

习 题

9-1 试按第一、二、三、四强度理论计算下列平面应力状态单元体的相当应力(材料的泊松比 $\mu = 0.25$):(1) $\sigma_x = 80\text{MPa}$,$\sigma_y = 20\text{MPa}$,$\tau_{xy} = 20\text{MPa}$;(2) $\sigma_x = 50\text{MPa}$,$\sigma_y = 50\text{MPa}$,$\tau_{xy} = -30\text{MPa}$;

（3）$\sigma_x = 100\text{MPa}$，$\sigma_y = 0$，$\tau_{xy} = 40\text{MPa}$；（4）$\sigma_x = -70\text{MPa}$，$\sigma_y = 30\text{MPa}$，$\tau_{xy} = -20\text{MPa}$。

9-2　图示平面应力状态，若材料的拉伸屈服极限是 300MPa，试用最大切应力理论求安全系数。

9-3　钢制圆柱形薄壁容器，直径为 800mm，壁厚为 4mm，$[\sigma]$=120MPa，试用强度理论确定能够承受的内压。

9-4　两端封闭的铸铁薄壁圆筒，其内径 d = 100mm，壁厚 δ =5mm，承受内压 p=2MPa，且在两端受轴向压力 F=50kN 的作用。材料的许用应力 $[\sigma_t]$=40MPa，泊松比 μ =0.3，试校核其强度。

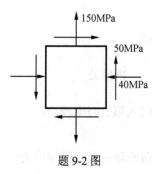

题 9-2 图

9-5　内径 d=60mm、壁厚 δ =1.5mm 的两端封闭的薄壁圆筒，用来做内压和扭转的联合试验。要求内压引起的最大正应力值等于扭矩所引起的横截面切应力值的二倍。当内压 p=10MPa 时筒壁出现屈服现象，求此时筒壁横截面上的切应力及筒壁中的最大切应力。若材料的 $[\sigma]$=200MPa，求所能承受的最大内压和最大扭矩值。

9-6　图示圆筒形水箱的壁厚为 4.8mm，材料的拉伸强度极限是 414MPa，安全系数取为 4.0，试计算水箱中水面的最大高度 h。

9-7　双向作动筒如图所示，有时 A 腔充压，有时 B 腔充压，试按双切应力强度理论校核筒壁的强度。已知筒体的内径 D=100mm，壁厚 δ =5mm，许用应力$[\sigma]$=100MPa，压强 p = 10MPa，活塞杆的直径 d = 30mm。

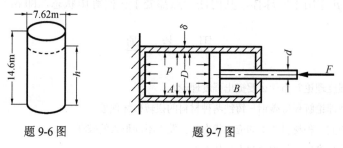

题 9-6 图　　　　　　　　　题 9-7 图

9-8　外伸梁如图所示，设$[\sigma]$ = 160MPa，试选定工字钢型号，并作主应力校核。

9-9　简支梁如图所示，已知 F = 200kN，q = 10kN/m，a = 0.2m，l = 1.6m，$[\sigma]$ = 160MPa，试选定工字钢型号，并作主应力校核。

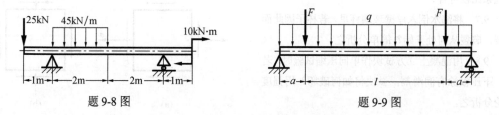

题 9-8 图　　　　　　　　　　题 9-9 图

9-10　试用莫尔强度理论对题 9-4 进行强度校核。已知许用压应力$[\sigma_c]$ = 160MPa。

9-11　铸铁薄壁管如图所示，管的内径 d = 120mm，壁厚 δ = 5mm，承受内压 p = 2MPa，且在两端受轴向压力 F = 40kN，扭矩 T = 2kN·m 的作用。材料的许用拉应力$[\sigma_t]$ = 40 MPa，许用压应力$[\sigma_c]$ = 160 MPa，材料的泊松比 μ = 0.3。试分别用第二强度理论及莫尔强度理论校核其强度。

9-12　图示为扳手危险点处的应力状态，试按第四强度理论为扳手选择合适的材料(确定材料应具备的最小屈服应力)。

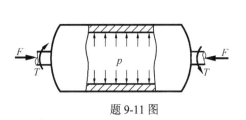
题 9-11 图

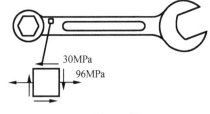
题 9-12 图

9-13　图示直径为 36mm 的钢圆柱承受 $F = 200$kN 的轴向压力和扭矩 T 的作用，材料的屈服极限是 250MPa，试用最大切应力理论和双切应力强度理论求屈服时的扭矩值。

9-14　如图所示，一水轮机主轴受拉扭联合作用，在主轴沿轴线方向及与轴向夹角 45° 方向各贴一应变片。现测得轴等速转动时，轴向应变平均值 $\varepsilon_{90°} = 26 \times 10^{-6}$，45° 方向应变平均值 $\varepsilon_{45°} = 140 \times 10^{-6}$。已知轴的直径 $D = 300$mm，材料的 $E = 210$GPa，$\mu = 0.28$。试求拉力 F 和扭矩 T。若许用应力 $[\sigma] = 120$MPa，试用第三强度理论校核轴的强度。

9-15　如图所示，直径 $d = 20$mm 的圆柱承受轴向压力 F 和扭矩 T 的联合作用。已知 $T = 10\pi$N·m，沿轴线方向的应变片测得的应变为 $\varepsilon = -5 \times 10^{-4}$，若材料的弹性模量 $E = 200$GPa，许用应力 $[\sigma] = 160$MPa，试用第三强度理论校核圆柱的强度。

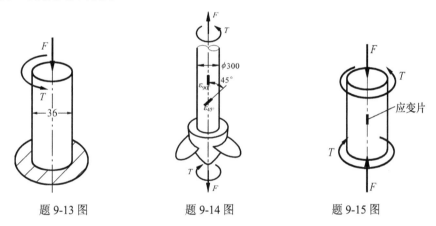

题 9-13 图　　　　　　　题 9-14 图　　　　　　　题 9-15 图

9-16　如图所示，从承受内压的管道系统中对称地截出一段，已知剪力 $F_s = \dfrac{1}{20}ql$，弯矩 $M_0 = \dfrac{1}{50}ql^2$，内压 $p = 4$MPa，自重 $q = 60$kN/m，管道的平均直径 $D = 1$m，壁厚 $\delta = 30$mm。材料为钢，许用应力 $[\sigma] = 100$MPa，试用第三强度理论对管道进行强度校核。

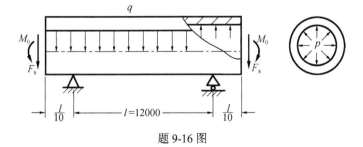
题 9-16 图

9-17　图示为一长度 $l=3\text{m}$，内径 $d=1\text{m}$，壁厚 $\delta=10\text{mm}$，两端封闭的圆柱形薄壁压力容器。容器材料的弹性模量 $E=200\text{GPa}$，泊松比 $\mu=0.3$。当承受内压 $p=1.5\text{MPa}$ 时，试求：(1)容器内径、长度及容积的改变；(2)容器壁内的最大切应力及其作用面。

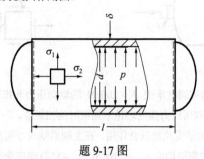

题 9-17 图

第 10 章　组合变形时的强度计算*

重点及
难点

10.1　概　　述

前面各章分别讨论了构件在拉伸(压缩)、剪切、扭转、弯曲等基本变形时的强度和刚度
计算。在工程实际中，有许多构件在外力作用下产生两种或两种以上基本变形组合的情形。
如图 10-1(a)所示的夹具，在螺杆夹紧力的作用下，与螺杆平行部分的直杆将同时产生拉伸
与弯曲的组合变形。图 10-1(b)所示的卷扬机轴，将产生扭转与弯曲的组合变形。而图 10-1(c)
所示的连接杆，将产生扭转与拉伸的组合变形。这类同时存在着两种或两种以上基本变形组
合的情形称为**组合变形***。

厂房立柱

电机主轴

简易吊车

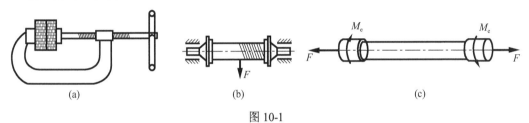

图 10-1

在小变形且材料服从胡克定律的条件下，力的独立作用原理成立，即任一载荷作用所产
生的应力和变形，不受其他载荷的影响。因此，解决组合变形的基本方法，是将组合变形分
解为几种基本变形，分别考虑在每一种基本变形下产生的应力和变形，然后再进行叠加，得
到构件在组合变形时的应力和变形。

本章主要研究在工程实际中较常遇到的几种组合变形问题：斜弯曲(两种平面弯曲的组
合)；拉伸(压缩)与弯曲的组合；弯曲与扭转的组合。对于其他更为复杂的组合问题，可用同
样的分析方法进行研究。

10.2　斜　弯　曲

在弯曲内力一章(第 5 章)中曾经提到，对于横截面具有竖向对称轴的梁，若所有外力都
作用在包含该竖向对称轴与梁轴线所组成的纵向对称面内(图 10-2(a))，梁的弯曲平面将与
外力的作用平面相重合，发生平面弯曲。对于非对称截面梁，如图 10-2(c)所示的槽形截面
梁，当外力通过弯曲中心(横向力的作用线平行于形心主惯性轴，且通过某一特定点，使得杆
件只有弯曲而没有扭转，这一特定点称为**弯曲中心**。有关弯曲中心的内容，将在《材料力学
(Ⅱ)》中讲述)且与形心主惯性轴平行时，梁也发生平面弯曲。在实际工程结构中，存在横向
力虽然通过截面的弯曲中心，但与形心主惯性轴间存在一定夹角的情形(图 10-2(b)、(d))，
这时，梁将发生斜弯曲。现举例说明斜弯曲时应力和变形的计算。

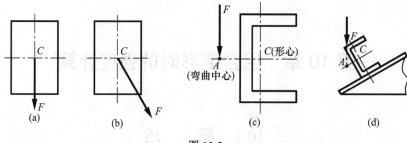

图 10-2

图 10-3（a）为一长为 l 的矩形截面悬臂梁[*]，在梁的自由端平面内受到载荷 F 的作用，该力通过截面形心并与形心主轴 y 成夹角 φ。

斜弯曲

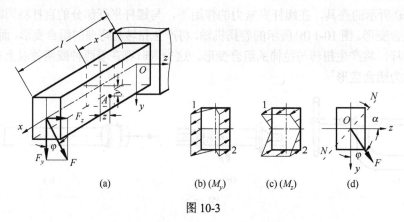

(a)　　　(b) (M_y)　　　(c) (M_z)　　　(d)

图 10-3

将 F 沿主轴 y、z 方向分解为两个分力：

$$F_y = F\cos\varphi, \quad F_z = F\sin\varphi$$

F_y 和 F_z 将分别使梁在 xOy 和 xOz 两个主平面内发生平面弯曲。在梁的任意截面 x 处，这两个力产生的弯矩为

$$M_y = F_z(l-x)\sin\varphi = F(l-x)\sin\varphi = M\sin\varphi$$

$$M_z = F_y(l-x)\cos\varphi = F(l-x)\cos\varphi = M\cos\varphi$$

式中，$M = F(l-x)$。由此可见，斜弯曲是两个垂直方向平面弯曲的组合。

对于其中每一个平面弯曲，都可用式(6-2)计算应力。在 x 截面上的 A 点，与弯矩 M_y、M_z 对应的正应力分别为

$$\sigma' = -\frac{M_y z}{I_y} = -\frac{M\sin\varphi}{I_y}z, \quad \sigma'' = -\frac{M_z y}{I_z} = -\frac{M\cos\varphi}{I_z}y$$

式中的负号，是因为 A 点处于受压区，其正应力为压应力。根据叠加原理，A 点由力 F 引起的正应力为

$$\sigma = \sigma' + \sigma'' = -M\left(\frac{\sin\varphi}{I_y}z + \frac{\cos\varphi}{I_z}y\right) \tag{10-1}$$

进行强度计算时，须首先确定危险截面、危险点的位置。对图 10-3(a)所示的悬臂梁，在固定端处 M_y 和 M_z 同时达到最大值：

$$M_{y,\max} = Fl\sin\varphi, \quad M_{z,\max} = Fl\cos\varphi$$

显然是危险截面。至于危险点，应是 M_y 和 M_z 引起的正应力之和达到最大值的点。图 10-3(b)、(c)分别画出了危险截面上两个垂直方向弯矩 M_y 和 M_z 引起的正应力分布图。由图可看出，角点 1 处的拉应力最大，角点 2 处的压应力最大，这两个点便是全梁的危险点。由于危险点是单向应力状态，故梁的强度条件为

$$\sigma_{\max} = \frac{Fl\sin\varphi \times z_{\max}}{I_y} + \frac{Fl\cos\varphi \times y_{\max}}{I_z} \leqslant [\sigma] \tag{10-2}$$

斜弯曲情况下，横截面的对称轴一般不是中性轴。根据中性轴上正应力为零的性质，将 $\sigma = 0$ 代入式(10-1)，便得到中性轴方程：

$$\frac{\sin\varphi}{I_y}z_0 + \frac{\cos\varphi}{I_z}y_0 = 0 \tag{10-3}$$

式中，y_0 和 z_0 表示在中性轴上的 y 和 z 值。显然，这是一条通过截面形心的直线，图 10-3(d)中的直线 N-N 就是在力 F 作用下中性轴的位置。截面上离中性轴最远的点，是弯曲正应力最大的点。对于图 10-3 所示的矩形截面，显然其角点 1 和 2 是危险点。对于图 10-4 所示的没有外凸尖角的截面，在截面周边作平行于中性轴的切线，切点 1 和 2 是距中性轴最远的点，也就是危险点。

梁在斜弯曲情况下的变形，仍可根据叠加原理求得。图 10-3(a)所示悬臂梁在自由端的挠度就等于力 F 的分量 F_y、F_z 在各自弯曲平面内的挠度的矢量和。因为

$$w_y = \frac{F_y l^3}{3EI_z} = \frac{Fl^3}{3EI_z}\cos\varphi, \quad w_z = \frac{F_z l^3}{3EI_y} = \frac{Fl^3}{3EI_y}\sin\varphi$$

故梁的自由端总挠度为

$$w = \sqrt{w_y^2 + w_z^2} \tag{10-4}$$

总挠度 w 的方向线与 y 轴之间的夹角 β 为(图 10-5)

$$\tan\beta = \frac{w_z}{w_y} = \frac{I_z}{I_y}\frac{\sin\varphi}{\cos\varphi} = \frac{I_z}{I_y}\tan\varphi = \tan\alpha \tag{10-5}$$

由式(10-5)可见，若截面的 $I_y \neq I_z$，则 $\beta \neq \varphi$。表明梁在变形时，截面形心并不沿着作用力方向移动，故称为斜弯曲。当横截面是正三角形、正四边形、正 n 边形乃至它们的极限圆形时，$I_y = I_z$。这些截面梁，无论作用力 F 与 y 轴的夹角 φ 如何，梁都不会产生斜弯曲。

例 10-1 图 10-6 所示跨长 $l = 4m$ 的简支梁，由 No.32a 工字钢制成。在梁跨度中点处受集中力 $F = 30kN$ 的作用，力 F 的作用线与截面铅垂对称轴间的夹角 $\varphi = 15°$，且通过截面的形心。已知

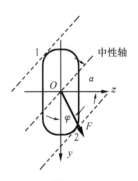

图 10-4

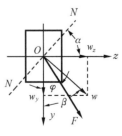

图 10-5

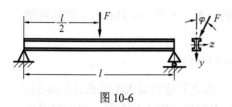

图 10-6

材料的许用应力$[\sigma]=160\mathrm{MPa}$，试按正应力条件校核梁的强度。

解 （1）分解。把集中力 F 分解为 y、z 方向的两个分量，其数值为

$$F_y = F\cos\varphi, \quad F_z = F\sin\varphi$$

这两个分量在危险截面（集中力作用的截面）上产生的弯矩数值分别为

$$M_y = \frac{F_z}{2}\frac{l}{2} = \frac{Fl}{4}\sin\varphi = \frac{30\times10^3\times4}{4}\times\sin15° = 7760(\mathrm{N\cdot m})$$

$$M_z = \frac{F_y}{2}\frac{l}{2} = \frac{Fl}{4}\cos\varphi = \frac{30\times10^3\times4}{4}\times\cos15° = 29000(\mathrm{N\cdot m})$$

（2）合成。合成就是在力的独立作用原理成立的前提下，应力的叠加。从梁的实际变形情况可以看出，工字形截面的左下角具有最大拉应力，右上角具有最大压应力，其值均为

$$\sigma_{\max} = \frac{M_y}{W_y} + \frac{M_z}{W_z}$$

对于 No.32a 工字钢，由附录 D 查得

$$W_y = 70.8\mathrm{cm}^3, \quad W_z = 692\mathrm{cm}^3$$

代入得　　　$$\sigma_{\max} = \frac{7760}{70.8\times10^{-6}} + \frac{29000}{692\times10^{-6}} = 1.515\times10^8(\mathrm{Pa}) = 151.5(\mathrm{MPa}) < [\sigma]$$

（3）讨论。本例中，若力 F 的作用线与 y 轴重合，即 $\varphi=0°$，则梁中的最大正应力为

$$\sigma_{\max} = \frac{M_{\max}}{W_z} = \frac{\dfrac{Fl}{4}}{W_z} = \frac{30\times10^3\times4}{4\times692\times10^{-6}} = 4.34\times10^7(\mathrm{Pa}) = 43.4(\mathrm{MPa})$$

对比可知，对于用工字钢制成的梁，当外力偏离 y 轴一个很小的角度时，就会使最大正应力增加很多。产生这种结果的原因是工字钢截面的 W_z 远大于 W_y。对于这一类截面的梁，由于横截面对两个形心主惯性轴的抗弯截面模量相差较大，所以应该注意使外力尽可能作用在梁的形心主惯性平面 xy 内，避免因斜弯曲而产生过大的正应力。

例 10-2 悬臂梁承受如图 10-7（a）所示的铅垂力 F_1 及水平力 F_2 的作用，试求矩形截面和圆形截面时梁内的最大正应力。

解 （1）受力分析。悬臂梁在力 F_1 作用下，在 xy 平面内产生平面弯曲，在力 F_2 作用下，在 xz 平面内产生平面弯曲，故该梁为两个平面弯曲的组合。

（2）危险截面的确定。分别作出 xy 及 xz 平面内的弯矩图，如图 10-7（b）所示。两平面内的最大弯矩都发生在 A 截面上，其值分别为

$$M_{y,\max} = 1\mathrm{kN\cdot m}, \quad M_{z,\max} = 2\mathrm{kN\cdot m}$$

由于该梁为等截面梁，故 A 截面为危险截面。

（3）最大正应力计算。对于矩形截面，其应力分布如图 10-7（c）所示，d 点存在最大拉应力，而对位上存在最大压应力，其值为

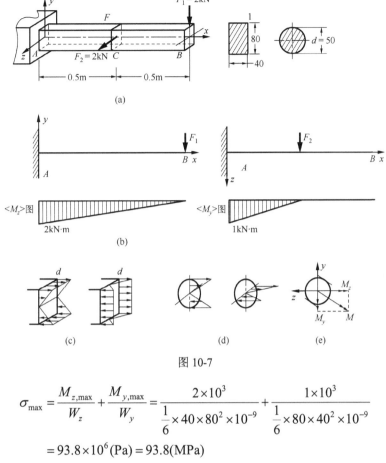

图 10-7

$$\sigma_{max} = \frac{M_{z,max}}{W_z} + \frac{M_{y,max}}{W_y} = \frac{2 \times 10^3}{\frac{1}{6} \times 40 \times 80^2 \times 10^{-9}} + \frac{1 \times 10^3}{\frac{1}{6} \times 80 \times 40^2 \times 10^{-9}}$$

$$= 93.8 \times 10^6 (\text{Pa}) = 93.8 (\text{MPa})$$

对于圆形截面,由于通过形心的任意轴都为对称轴,即任意方向的弯矩都产生平面弯曲,故应先求出其总弯矩值,然后根据平面弯曲的正应力公式计算最大正应力:

$$M_{max} = \sqrt{M_{y,max}^2 + M_{z,max}^2} = \sqrt{1^2 + 2^2} = 2.24 (\text{kN} \cdot \text{m})$$

$$\sigma_{max} = \frac{M_{max}}{W} = \frac{2.24 \times 10^3}{\frac{\pi}{32} \times 50^3 \times 10^{-9}} = 182.5 \times 10^6 (\text{Pa}) = 182.5 (\text{MPa})$$

由此可知,圆形截面有其特殊性,在两平面弯曲合成后仍为平面弯曲,距中性轴最远点始终为 $d/2$。当圆形截面在两个垂直平面弯曲时,最大正应力不在同一点,故不可按矩形截面对两个弯曲正应力进行简单叠加计算最大正应力。此时,应将弯矩 M_y 和 M_z 合成为 M,中性轴即沿矢量 M 方位。作其平行线,与圆周的两个相切点即为最大拉(压)应力作用点。

10.3 拉伸(压缩)与弯曲的组合

10.3.1 拉伸(压缩)与弯曲的组合

对图 10-8(a)所示的悬臂式起重机,在载荷 F 的作用下,横梁 AB 的受力情况如图 10-8(b)

所示。横向力 F、F_{Ay}、F_{By} 使横梁产生弯曲变形，轴向力 F_{Ax} 和 F_{Bx} 使横梁产生轴向压缩变形，因而横梁 AB 处于压缩与弯曲的组合变形状态。拉伸（压缩）与弯曲的组合变形是工程中经常遇到的情形，现举例说明解决这类问题的方法。

例 10-3　悬臂式起重机如图 10-8(a)所示，横梁 AB 为 No.25a 工字钢。已知梁长 $l = 4\text{m}$，$\alpha = 30°$，电葫芦自重及起重重量的总和为 $F = 24\text{kN}$，材料的许用应力 $[\sigma] = 100\text{MPa}$，试校核横梁 AB 的强度。

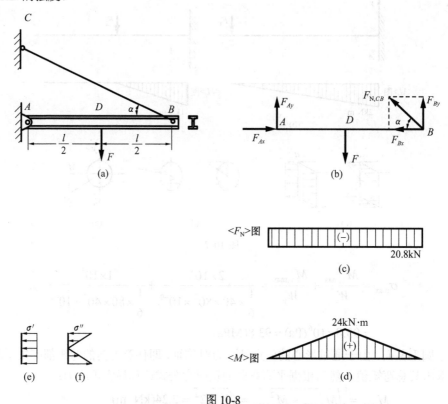

图 10-8

解　(1)外力分析。电葫芦移动到横梁 AB 的中点 D，梁内弯矩最大，是横梁强度最不利的位置。设此时斜杆 BC 的轴力为 $F_{N,CB}$，在 x、y 两个方向的分力为 F_{Bx} 和 F_{By}，由平衡条件 $\sum M_A = 0$ 得

$$F_{By}l - F\frac{l}{2} = 0, \quad F_{By} = \frac{F}{2} = \frac{24}{2} = 12(\text{kN}), \quad F_{Bx} = \frac{F_{By}}{\tan\alpha} = \frac{12}{\tan 30°} = 20.8(\text{kN})$$

由平衡条件 $\sum F_x = 0$ 和 $\sum F_y = 0$，可得

$$F_{Ax} = F_{Bx} = 20.8\text{kN}, \quad F_{Ay} = F - F_{By} = 24 - 12 = 12(\text{kN})$$

(2)内力分析。根据梁的受力情形，画出梁的轴力图和弯矩图，如图 10-8(c)、(d)所示。由图可知，危险截面在横梁 AB 的中点 D 处，相应的轴力和弯矩为

$$F_N = 20.8\text{kN}, \quad M_{\max} = 24\text{kN} \cdot \text{m}$$

(3)强度计算。危险截面上与轴力对应的应力 σ' 在整个横截面上均匀分布(图 10-8(e))，

为压应力，其值为

$$\sigma' = \frac{F_N}{A}$$

与弯矩对应的应力 σ'' 按线性分布(图 10-8(f))，中性轴上侧受压，下侧受拉，其值为

$$\sigma'' = \frac{My}{I_z}$$

综合考虑以上两个因素，危险点在截面的上边缘，其压应力的绝对值为

$$\sigma_{c,max} = \frac{|F_N|}{A} + \frac{|M|_{max}}{W_z}$$

从附录 D 查得 No.25a 工字钢的面积 $A = 48.51\text{cm}^2$，$W_z = 402\text{cm}^3$，代入上式得

$$\sigma_{c,max} = \frac{|F_N|}{A} + \frac{|M|_{max}}{W_z} = \frac{20.8 \times 10^3}{48.51 \times 10^{-4}} + \frac{24 \times 10^3}{402 \times 10^{-6}} = (4.29 + 59.7) \times 10^6 (\text{Pa}) = 64.0(\text{MPa}) < [\sigma]$$

横梁强度满足强度条件。

可以看出，在 $\sigma_{c,max}$ 中，轴向压缩和弯曲所产生的应力分别为 4.29MPa 和 59.7MPa，轴向压缩产生的应力仅占 6.7%。因此，一般情况下，在拉(压)弯组合变形中，弯曲产生的正应力起主要作用。

例 10-4　人字形刚架及受载如图 10-9(a)所示，材料的许用应力[σ] = 60MPa，不考虑刚接头部分的强度，试校核刚架的强度。

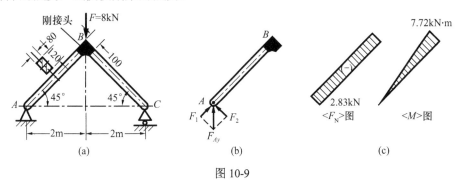

图 10-9

解　(1)刚架外力分析。由刚架的平衡条件，可求得 A、C 支座反力为

$$F_{Ay} = F_{Cy} = \frac{F}{2} = 4\text{kN}$$

(2)刚架内力分析。由对称性，仅考虑刚架 AB 部分(图 10-9(b))。把 F_{Ay} 分解为沿杆轴线方向的力 F_1 和与轴线垂直的力 F_2，得

$$F_1 = F_2 = \frac{F_{Ay}}{\sqrt{2}} = 2.83\text{kN}$$

在 F_1 作用下，杆 AB 产生轴向压缩，在 F_2 作用下，AB 产生弯曲，杆 AB 的内力图如图 10-9(c)所示。显然，危险截面在杆与刚接头的交接处。其轴力和弯矩是

$$F_N = 2.83\text{kN}, \quad M = 2.83 \times 10^3 \times (2 \times \sqrt{2} - 0.1) = 7.72 \times 10^3 (\text{N} \cdot \text{m})$$

（3）刚架强度校核。在危险截面处，其内侧有最大拉应力：

$$\sigma_{t,max} = \frac{M}{W} - \frac{F_N}{A} = \frac{7.72 \times 10^3 \times 6}{80 \times 120^2 \times 10^{-9}} - \frac{2.83 \times 10^3}{80 \times 120 \times 10^{-6}} = 39.9 \times 10^6 (Pa) = 39.9(MPa)$$

外侧有最大压应力：

$$\sigma_{c,max} = \left| -\frac{M}{W} - \frac{F_N}{A} \right| = \frac{7.72 \times 10^3 \times 6}{80 \times 120^2 \times 10^{-9}} + \frac{2.83 \times 10^3}{80 \times 120 \times 10^{-6}} = 40.5 \times 10^6 (Pa) = 40.5(MPa)$$

均没有超出材料的许用应力，因而强度条件满足。另外，当材料的拉压许用应力相等时，显然最大拉应力就不必计算了。

10.3.2　偏心拉伸（压缩）

当构件受到方向与轴线平行，但不通过横截面形心的拉力（压力）作用时，此构件即承受**偏心拉伸（压缩）**。偏心拉伸（压缩）也是拉伸（压缩）与弯曲的组合变形。

例 10-5　图 10-10（a）所示矩形截面立柱，在角点上受到与立柱轴线平行的压力 $F = 40kN$ 作用。试分析横截面 $ABCD$ 上的正应力分布。

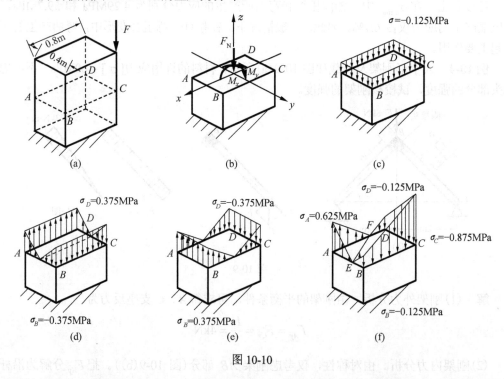

图 10-10

解　（1）外力的等效平移。从静力平衡的需要出发，若把力 F 等效平移至截面的形心，则应附加上关于主轴 x 和 y 的两个力偶矩。沿 $ABCD$ 截面截开，$ABCD$ 截面上的内力有轴力 F_N 和两个弯矩 M_x 和 M_y（图 10-10（b）），其中

$$F_N = 40kN, \quad M_x = 40 \times 0.2 = 8(kN \cdot m), \quad M_y = 40 \times 0.4 = 16(kN \cdot m)$$

（2）应力分析。由轴向压力产生的正应力在截面上是均匀分布的（图 10-10（c）），其值为

$$\sigma = \frac{F_N}{A} = \frac{40 \times 10^3}{0.8 \times 0.4} = 1.25 \times 10^5 (\text{Pa}) = 0.125 (\text{MPa})$$

弯矩 M_x 在截面上产生弯曲正应力(图 10-10(d)),在 AD 边上有最大拉应力,BC 边上有最大压应力,其值为

$$\sigma_{\max} = \frac{M_x y_{\max}}{I_x} = \frac{8 \times 10^3 \times 0.2}{\frac{1}{12} \times 0.8 \times 0.4^3} = 3.75 \times 10^5 (\text{Pa}) = 0.375 (\text{MPa})$$

弯矩 M_y 在截面上也产生弯曲正应力(图 10-10(e)),在 AB 边上有最大拉应力,CD 边上有最大压应力,其数值为

$$\sigma_{\max} = \frac{M_y x_{\max}}{I_y} = \frac{16 \times 10^3 \times 0.4}{\frac{1}{12} \times 0.4 \times 0.8^3} = 3.75 \times 10^5 (\text{Pa}) = 0.375 (\text{MPa})$$

(3)叠加求最大应力。将三个应力分量叠加,截面上的应力分布如图 10-10(f)所示。四个角点上的应力分别为

$$\sigma_A = -0.125 + 0.375 + 0.375 = 0.625 (\text{MPa}), \quad \sigma_B = -0.125 - 0.375 + 0.375 = -0.125 (\text{MPa})$$

$$\sigma_C = -0.125 - 0.375 - 0.375 = -0.875 (\text{MPa}), \quad \sigma_D = -0.125 + 0.375 - 0.375 = -0.125 (\text{MPa})$$

从图 10-10(f)可以看出,中性轴 EF 把截面上的应力分为两个区,即压应力区和拉应力区。这是由压力 F 过度偏离截面形心造成的。对于抗压能力比抗拉能力要好得多的建筑材料来说,如砖、石、混凝土等材料制成的构件,其横截面上最好不要出现拉应力。这就要求压力 F 必须作用在截面形心附近的一个范围内,当压力作用在这个范围内时,构件横截面内只产生压应力而无拉应力,这个范围称为**截面核心**。

例 10-6 试求边长为 b 和 h 的矩形截面立柱(图 10-11)的截面核心。

解 设偏心压力 F 作用在形心主轴 Oy 上的点 1,偏心距为 e_y,立柱的内力有轴力 $F_N = F$,弯矩 $M_z = Fe_y$。弯矩 M_z 使 z 轴左侧区域受拉,边线 AD 上的拉应力最大。叠加上轴力 F_N 后,边线 AD 上的应力为

$$\sigma = \frac{M}{W_z} - \frac{F}{A} = \frac{6Fe_y}{bh^2} - \frac{F}{bh}$$

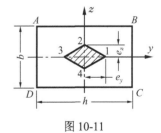

图 10-11

若边线 AD 上的应力为零,即 AD 成为截面的中性轴,则整个截面都无拉应力。令上式中 $\sigma = 0$,即

$$\frac{6Fe_y}{bh^2} - \frac{F}{bh} = 0$$

得到

$$e_y = h/6$$

同理,若边线 BC 成为截面的中性轴,则压力 F 作用在 Oy 轴上的点 3,因此

$$e_y = -h/6 \tag{10-6}$$

当 CD 边和 AB 边为截面的中性轴时,同样可求得

$$e_z = \pm b/6 \tag{10-7}$$

压力作用在 Oz 轴上的点 2 和点 4 处。用直线连接 1、2、3、4，所形成的菱形(图 10-11 中画阴影线的部分)即为矩形截面的截面核心。

例 10-7 某压力机铸铁框架如图 10-12(a)所示，立柱截面尺寸如图 10-12(b)所示。已知材料的许用拉应力和许用压应力分别为 $[\sigma_t] = 30\text{MPa}$，$[\sigma_c] = 120\text{MPa}$。试按立柱强度计算许可压力 F。

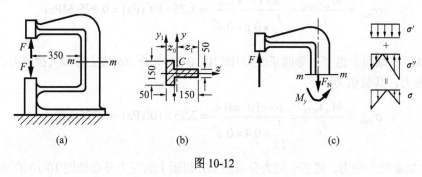

图 10-12

解 (1)确定形心位置。从 T 形横截面看出，截面上下对称，取对称轴为 z 轴，形心在 z 轴上，选取 y_1 轴为参考轴，于是

$$z_0 = \frac{\sum S_{y1}}{\sum A} = \frac{150 \times 50 \times \dfrac{50}{2} + 150 \times 50 \times \left(50 + \dfrac{150}{2}\right)}{150 \times 50 + 150 \times 50} = 75(\text{mm})$$

(2)内力分析。根据 *m-m* 截面以上部分的平衡条件，可求得该截面上内力为

$$F_N = F(\text{N})$$

$$M_y = F(350 + z_0) \times 10^{-3} = F(350 + 75) \times 10^{-3} = 425F \times 10^{-3}(\text{N·m})$$

可见，框架的立柱是拉伸与弯曲的组合变形。

(3)应力计算。首先计算 *m-m* 截面面积 A 和惯性矩 I_y，其值为

$$A = (150 \times 50 + 150 \times 50) \times 10^{-6} = 0.015(\text{m}^2)$$

$$I_y = \left[\frac{1}{12} \times 150 \times 50^3 + 150 \times 50 \times \left(75 - \frac{50}{2}\right)^2 + \frac{1}{12} \times 50 \times 150^3 + 150 \times 50 \times \left(50 + \frac{150}{2} - 75\right)^2\right] \times 10^{-12}$$

$$= 5.31 \times 10^{-5}(\text{m}^4)$$

在横截面左边缘有最大拉应力，其值为

$$\sigma_{t,max} = \frac{F}{A} + \frac{M_y|z_0|}{I_y} = \frac{F}{0.015} + \frac{425F \times 10^{-3} \times 75 \times 10^{-3}}{5.31 \times 10^{-5}} = 667F(\text{Pa})$$

在横截面右边缘有最大压应力，其值为

$$\sigma_{c,max} = \frac{M_y|z_1|}{I_y} - \frac{F}{A} = \frac{425F \times 10^{-3} \times 125 \times 10^{-3}}{5.31 \times 10^{-5}} - \frac{F}{0.015} = 934F(\text{Pa})$$

(4)确定许可压力 F。由拉应力强度条件：

$$\sigma_{t,max} = 667F \leqslant [\sigma_t] = 30 \times 10^6 \, \text{Pa}$$

求得

$$F \leqslant 45.0 \times 10^3 \, \text{N} = 45.0 \, \text{kN}$$

再由压应力强度条件：

$$\sigma_{c,max} = 934F \leqslant [\sigma_c] = 120 \times 10^6 \, \text{Pa}$$

求得

$$F \leqslant 128.5 \times 10^3 \, \text{N} = 128.5 \, \text{kN}$$

所以，压力机的许可压力应为 $F \leqslant 45.0 \, \text{kN}$。

10.4　弯曲与扭转的组合

弯曲与扭转的组合变形是机械工程中最常见的。现以图 10-13(a)所示的直拐结构 ABC 为例，说明弯曲与扭转组合变形时的强度计算方法。

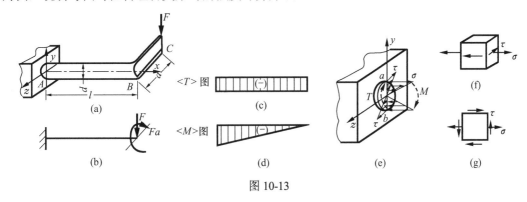

图 10-13

(1)受力分析。分析外力作用时，在不改变所研究构件段的内力和变形的前提下，可以用等效力系来代替原力系的作用。因此，在研究 AB 杆时，可以将作用在直拐 C 点上的力 F 向 B 点平移，得一力 F 和一力偶矩 Fa (图 10-13(b))。

力 F 使杆 AB 产生平面弯曲，力偶矩 Fa 使杆 AB 产生扭转。于是 AB 杆为弯曲与扭转变形的组合。图 10-13(c)、(d)分别表示杆 AB 的扭矩图和弯矩图。由内力图可以判断，固定端截面是危险截面。

(2)应力分析。危险截面上，弯矩产生的弯曲正应力呈线性分布，离中性轴 z 最远的 a、b 两点分别具有最大拉应力和最大压应力(图 10-13(e))。扭矩产生扭转切应力，沿径向线性分布，截面圆周上的各点具有最大切应力。

a、b 两点同时具有最大弯曲正应力和最大扭转切应力，因而是危险点。其最大弯曲正应力和最大扭转切应力分别为

$$\sigma = \frac{M}{W}, \quad \tau = \frac{T}{W_p}$$

以 a 点为例进行研究。取出单元体，其应力状态如图 10-13(f)所示。由于是二向应力状态，将单元体画成图 10-13(g)所示的平面应力状态。

(3)强度分析。前述无论斜弯曲还是拉伸(或压缩)与弯曲的组合变形，构件危险点都是

单向应力状态。而在扭转与弯曲组合变形情况下，危险点是二向应力状态，必须应用强度理论进行强度计算。

危险点 a 的三个主应力分别为

$$\sigma_1 = \frac{\sigma}{2} + \sqrt{\left(\frac{\sigma}{2}\right)^2 + \tau^2}, \quad \sigma_2 = 0, \quad \sigma_3 = \frac{\sigma}{2} - \sqrt{\left(\frac{\sigma}{2}\right)^2 + \tau^2}$$

将主应力值代入式(9-13)，得图 10-13(g)所示平面应力状态下第三强度理论的相当应力表达式：

$$\sigma_{r,3} = \sigma_1 - \sigma_3 = \sqrt{\sigma^2 + 4\tau^2}$$

相应的强度条件是

$$\sigma_{r,3} = \sqrt{\sigma^2 + 4\tau^2} \leqslant [\sigma] \tag{10-8}$$

同样，可得到图 10-13(g)所示平面应力状态下第四强度理论的强度条件是

$$\sigma_{r,4} = \sqrt{\sigma^2 + 3\tau^2} \leqslant [\sigma] \tag{10-9}$$

取 b 点进行研究，所得结果完全相同。

若图 10-13(g)所示平面应力状态取自圆截面杆，将式(10-8)中的正应力 σ 用弯矩 M 表示，切应力 τ 用扭矩 T 表示，则有

$$\sqrt{\left(\frac{M}{W}\right)^2 + 4\left(\frac{T}{W_p}\right)^2} \leqslant [\sigma]$$

对于圆截面杆，$W_p = 2W$，将此关系式代入上式，得到用弯矩 M 和扭矩 T 表示的第三强度理论表达式：

$$\sigma_{r,3} = \frac{1}{W}\sqrt{M^2 + T^2} \leqslant [\sigma] \tag{10-10}$$

同理，由式(10-9)，可得到用弯矩 M 和扭矩 T 表示的第四强度理论表达式：

$$\sigma_{r,4} = \frac{1}{W}\sqrt{M^2 + 0.75T^2} \leqslant [\sigma] \tag{10-11}$$

式(10-10)和式(10-11)中，W 是圆截面的抗弯截面模量。

例 10-8　皮带传动装置如图 10-14(a)所示。主动轮 D 的半径 $R_1 = 300\text{mm}$，重量 $W_1 = 250\text{N}$，主动轮 D 上的皮带方向与 z 轴平行。从动轮 C 的半径 $R_2 = 200\text{mm}$，重量 $W_2 = 150\text{N}$，皮带方向与 z 轴成 $45°$。功率 $P_k = 13.5\text{kW}$ 的电动机带动主动轮，使传动轴产生 $n = 240\text{r/min}$ 的转动。轴的直径 $d = 80\text{mm}$，材料的许用应力$[\sigma] = 80\text{MPa}$，试按第四强度理论校核传动轴的强度。

解　(1)外力分析。作用在主动轮上的外力偶矩为

$$M_e = 9549\frac{P_k}{n} = 9549 \times \frac{13.5}{240} = 537(\text{N}\cdot\text{m})$$

此外，力偶由皮带拉力引起，在主动轮 D 上，有

$$M_e = (2F_1 - F_1)R_1 = F_1R_1, \quad F_1 = \frac{M_e}{R_1} = \frac{537}{300 \times 10^{-3}} = 1.79(\text{kN})$$

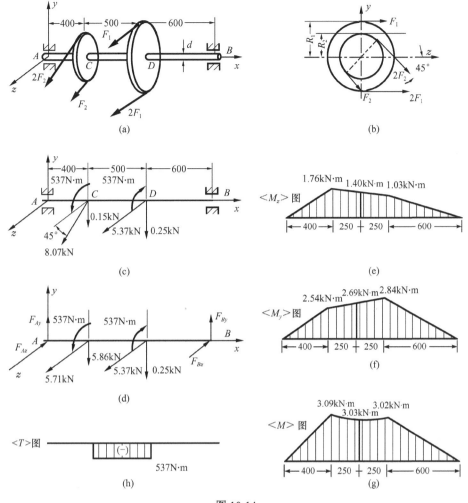

图 10-14

因此 D 轮上两皮带拉力之和是

$$3F_1 = 3 \times 1.79 = 5.37(\mathrm{kN})$$

在被动轮 C 上，有

$$M_\mathrm{e} = (2F_2 - F_2)R_2 = F_2 R_2, \quad F_2 = \frac{M_\mathrm{e}}{R_2} = \frac{537}{200 \times 10^{-3}} = 2.69(\mathrm{kN})$$

因此 C 轮上两皮带拉力之和是

$$3F_2 = 3 \times 2.69 = 8.07(\mathrm{kN})$$

将皮带拉力向轮心简化得图 10-14(c)。将 C 点与 z 轴成 45° 方向的力 8.07kN 沿 y 轴、z 轴分解，两轴向的分力大小相等，其值为 $8.07 \times \cos 45° = 5.71(\mathrm{kN})$。把 z 方向的分力与轮 C 重量 0.15kN 合并，得到图 10-14(d)所示的受力简图。根据此图并利用平衡条件，可分别求得 xy 平面和 xz 平面内的支座反力分别为

$$F_{Ay} = 4.40\mathrm{kN}, \quad F_{Az} = 6.34\mathrm{kN}, \quad F_{By} = 1.71\mathrm{kN}, \quad F_{Bz} = 4.74\mathrm{kN}$$

（2）内力分析。根据受力简图，作出轴的扭矩图（图 10-14（h））。再分别作出 xy 平面内和 xz 平面内的弯矩图 M_z 图和 M_y 图（图 10-14（e）、（f））。对于圆轴，包含轴线在内的任意纵向面都是纵向对称面，因此，把两个互相垂直平面内的弯矩 M_y 和 M_z 合成，得

$$M = \sqrt{M_y^2 + M_z^2} \tag{10-12}$$

合成弯矩 M 的作用面仍然是圆轴的纵向对称面，仍然是平面弯曲问题。这样，问题就成为由合成弯矩 M 和扭矩 T 形成的圆轴的弯曲和扭转的组合问题。根据图 10-14（e）、（f）和式（10-12）给出的合成弯矩图如图 10-14（g）所示[①]。合成弯矩的最大值是 3.09kN·m。综合图 10-14（h）、（g）可以看出，轴的危险截面在 C 截面右侧，扭矩和合成弯矩的大小分别为

$$T = 0.537\text{kN} \cdot \text{m}, \quad M = 3.09\text{kN} \cdot \text{m}$$

（3）强度校核。由第四强度理论的相当应力计算式（10-11）得

$$\sigma_{\text{r},4} = \frac{1}{W}\sqrt{M^2 + 0.75T^2} = \frac{32}{\pi \times (80 \times 10^{-3})^3} \times \sqrt{3090^2 + 0.75 \times 537^2}$$

$$= 62.2 \times 10^6 (\text{Pa}) = 62.2 (\text{MPa}) < [\sigma]$$

传动轴的强度满足要求。

例 10-9　图 10-15（a）所示截面为正方形（4mm×4mm）的弹簧垫圈受一对力 F 作用，两个力 F 可视为作用在同一直线上，且 $F = 120\text{N}$，材料的许用应力 $[\sigma] = 600\text{MPa}$，试按第三强度理论校核其强度。

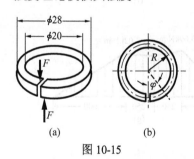

图 10-15

解　（1）内力方程。若忽略剪力影响，圆心角为 φ 的任意截面上的弯矩 M、扭矩 T 分别为

$$M = FR\sin\varphi, \quad T = FR(1 - \cos\varphi)$$

（2）危险截面。任意截面的上、下边缘处有最大弯曲正应力

$$\sigma = \frac{M}{W} = \frac{FR\sin\varphi}{W}$$

上、下边线的中点处有最大扭转切应力

$$\tau = \frac{T}{W_\text{n}} = \frac{FR(1 - \cos\varphi)}{W_\text{n}}$$

式中，$W_\text{n} = \alpha b^3$，α 为系数，b 为正方形截面的边长。上、下边线中点的正应力和切应力最大。按第三强度理论，有

$$\sigma_{\text{r},3}^2 = \sigma^2 + 4\tau^2 = \left(\frac{FR\sin\varphi}{W}\right)^2 + 4\left[\frac{FR(1 - \cos\varphi)}{W_\text{n}}\right]^2$$

将上式对 φ 求导，并令其等于零，得到

$$\sin\varphi\left[\frac{\cos\varphi}{W^2} + \frac{4(1 - \cos\varphi)}{W_\text{n}^2}\right] = 0$$

---

① 可以证明，图 10-14（g）中，两个高点之间的图形是一条凹状曲线，其最大值必为凹曲线的两端点之一。参见：荀文选，等. 材料力学解题方法与技巧. 北京：科学出版社，2007。

则
$$\sin\varphi = 0 \quad \text{或} \quad \cos\varphi = \frac{1}{1-\left(\dfrac{W_n}{2W}\right)^2}$$

而
$$\frac{1}{1-\left(\dfrac{W_n}{2W}\right)^2} > 1$$

可见，满足极值的条件是 $\varphi = 0$（舍去）或 $\varphi = \pi$。所以，$\varphi = \pi$ 的截面是危险截面，该面上有

$$\sigma = 0, \quad \tau_{max} = \frac{2FR}{\alpha b^3}, \quad \sigma_{r,3} = \sqrt{\sigma^2 + 4\tau_{max}^2} = 2\tau_{max} = \frac{4FR}{\alpha b^3}$$

查表 4-1 得 $\alpha = 0.208$，将已知数据代入上式，得

$$\sigma_{r,3} = \frac{4 \times 120 \times 12 \times 10^{-3}}{0.208 \times (4 \times 10^{-3})^3} = 433 \times 10^6 (\text{Pa}) = 433 (\text{MPa}) < [\sigma]$$

故垫圈的强度满足要求。

例 10-10　一水平放置的等截面圆杆 AB 的轴线为 1/4 圆弧，圆弧的平均半径 $R = 60\text{cm}$，杆的 B 端固定，A 端承受铅垂荷载 $F = 1.5\text{kN}$，如图 10-16(a) 所示。杆材料的许用应力 $[\sigma] = 80\text{MPa}$，试按第三强度理论设计圆杆的直径。

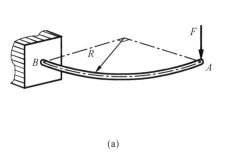
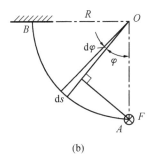

(a)　　　　　　　　　　　　　　(b)

图 10-16

解　取任一横截面（图 10-16(b)），其内力分量为
$$M = FR\sin\varphi , \quad T = FR(1-\cos\varphi)$$

显然，危险截面为固定端截面 B，其内力分量为
$$M_{max} = T_{max} = FR$$

危险点位于危险截面 B 的上、下边缘处。对于圆截面，在弯曲、扭转组合变形下，由第三强度理论的表达式(10-10)可得圆杆直径为

$$d \geqslant \sqrt[3]{\frac{32\sqrt{M_{max}^2 + T_{max}^2}}{\pi[\sigma]}} = 54.5 (\text{mm})$$

例 10-11　图 10-17(a) 所示钢制圆轴受弯矩 M 和扭矩 T 作用，圆轴直径 $d = 1.83\text{cm}$，实验测得轴表面最低处 A 点沿轴线方向的线应变 $\varepsilon_x = 5 \times 10^{-4}$，水平直径表面的 B 点沿圆轴轴线成 45° 方向的线应变 $\varepsilon_{x'} = 4.5 \times 10^{-4}$，$\varepsilon_{y'} = -4.5 \times 10^{-4}$，已知钢的弹性模量 $E = 200\text{GPa}$，泊松比

$\mu = 0.25$，许用应力$[\sigma] = 180\text{MPa}$。(1)求弯矩M和扭矩T的值；(2)按第三强度理论校核轴的强度。

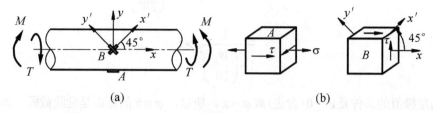

图 10-17

解　由题可知在弯扭组合下A、B两点沿给定方向的应变，因此需要判断A、B两点的应力状态，从而确定应力，再由应力确定外力。

(1)计算弯矩M和扭矩T。A点在轴的最下方，单元体上有扭矩T对应的切应力和弯矩M对应的正应力，画A点单元体，如图 10-17(b)所示。由弹性理论可知，线应变仅与正应力有关，故由胡克定律

$$E\varepsilon_x = \sigma = \frac{M}{W}$$

解出

$$M = E\varepsilon_x W = 200 \times 10^9 \times 5 \times 10^{-4} \times \frac{\pi \times (18.3 \times 10^{-3})^3}{32} = 60.2(\text{N} \cdot \text{m})$$

B点在中性层处，仅有扭矩对应的切应力，画B点单元体，如图 10-17(b)所示。该单元体为纯剪切应力状态，其沿x'和y'方向的正应力为

$$\sigma_{45°} = \tau = \frac{T}{W_p} = \sigma_1 , \quad \sigma_{-45°} = -\tau = \sigma_3$$

由广义胡克定律可知

$$\varepsilon_{x'} = \frac{1}{E}\left(\sigma_{45°} - \mu\sigma_{-45°}\right) = \frac{1}{E}\left(\tau + \mu\tau\right) = \frac{T}{EW_p}\left(1 + \mu\right)$$

解得

$$T = \frac{EW_p \varepsilon_{x'}}{1 + \mu} = \frac{200 \times 10^9 \times \pi \times (18.3 \times 10^{-3})^3 \times 4.5 \times 10^{-4}}{16 \times (1 + 0.25)} = 86.6(\text{N} \cdot \text{m})$$

故轴受到的扭矩$T = 86.6\text{N} \cdot \text{m}$，弯矩$M = 60.2\text{N} \cdot \text{m}$。

(2)校核轴强度。圆轴受弯曲、扭转组合变形，由第三强度理论的表达式(10-10)得

$$\sigma_{r,3} = \frac{1}{W}\sqrt{M^2 + T^2} = \frac{32}{\pi \times (18.3 \times 10^{-3})^3} \times \sqrt{60.2^2 + 86.6^2} = 175.3 \times 10^6 (\text{Pa}) = 175.3(\text{MPa}) < [\sigma]$$

圆轴满足强度要求。

例 10-12　图 10-18(a)所示钢制直角拐的横截面直径为 20mm，C端与钢丝相连，钢丝的横截面面积$A = 6.5\text{mm}^2$。直角拐和钢丝的弹性模量同为$E = 200\text{GPa}$，切变模量$G = 84\text{GPa}$，许用应力$[\sigma] = 120\text{MPa}$。若钢丝的温度降低$50℃$，且材料的线膨胀系数$\alpha = 12.5 \times 10^{-6}/℃$，试用第三强度理论校核直角拐的强度。

解　这是一次超静定结构。解除钢丝对直角拐的约束，代以钢丝的拉力F_N，直角拐、钢丝在C点的相互作用力如图 10-18(b)、(c)所示。钢丝CD因温度降低缩短Δl_T，力F_N使

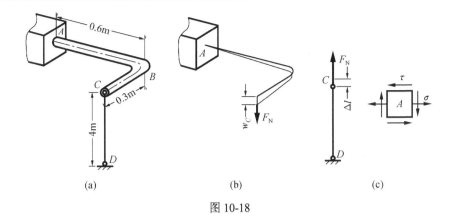

图 10-18

直角拐的 C 点产生向下的位移，直角拐的反作用力 F_N 使钢丝伸长 Δl_1，故钢丝最终的缩短量 Δl 即直角拐 C 点的下降量 w_C 为

$$\Delta l = w_C = \Delta l_T - \Delta l_1 \tag{1}$$

此式即变形协调条件。记钢丝长度为 l_1，其物理关系为

$$\Delta l_T = \alpha \Delta T l_1, \quad \Delta l_1 = \frac{F_N l_1}{EA} \tag{2}$$

记直角拐 CB 段长为 l_2，BA 段长为 l，在 F_N 作用下，将 AB 段刚化，直角拐上 C 点的挠度 $w_{C1} = \dfrac{F_N l_2{}^3}{3EI}(\downarrow)$；在 B 端向下的力 F_N 和 $T = F_N l_2$ 作用下，BA 段的弯曲变形 $w_B = \dfrac{F_N l^3}{3EI}$，$B$ 点的下移带动 C 点随之下移，由此引起的挠度 $w_{C2} = w_B = \dfrac{F_N l^3}{3EI}(\downarrow)$；扭转变形使 B 截面逆时针方向转过 φ 角，$\varphi = \dfrac{Tl}{GI_p} = \dfrac{F_N l l_2}{GI_p}$，由 φ 角引起的 C 点挠度 $w_{C3} = \varphi l_2 = \dfrac{F_N l l_2{}^2}{GI_p}(\downarrow)$。于是

$$w_C = w_{C1} + w_{C2} + w_{C3} \tag{3}$$

将式（2）、式（3）及以上分析结果代入式（1），即

$$\alpha \Delta T l_1 - \frac{F_N l_1}{EA} = \frac{F_N l_2{}^3}{3EI} + \frac{F_N l_2{}^3}{3EI} + \frac{F_N l l_2{}^2}{GI_p} \tag{4}$$

求解式（4），并将 $I = \dfrac{\pi}{64} d^4$、$I_p = \dfrac{\pi}{32} d^4$ 代入，得

$$F_N = \frac{\alpha \Delta T l_1}{\dfrac{l_1}{EA} + \dfrac{32}{\pi d^4}\left\{\left[\dfrac{2}{3E}\left(l_2{}^3 + l^3\right)\right] + \dfrac{l l_2{}^2}{G}\right\}}$$

将 $\alpha = 12.5 \times 10^{-6}/℃$，$\Delta T = 50℃$，$l_1 = 4\text{m}$，$l_2 = 0.3\text{m}$，$l = 0.6\text{m}$，$d = 20\text{mm}$，$A = 6.5\text{mm}^2$ 及 E、G 代入计算，得

$$F_N \approx 26.2\text{N}$$

截面 A 的顶点既有弯曲引起的 $\sigma_{\max}$，又有扭转引起的 $\tau_{\max}$，其应力状态如图 10-18（c）所示。

其中

$$\sigma_{max} = \frac{M_{max}}{W_z} = \frac{F_N l}{\pi d^3 / 32} = \frac{32 \times 26.2 \times 0.6}{\pi \times (20 \times 10^{-3})^3} \approx 20.0 \times 10^6 (\text{N/m}^2) = 20.0(\text{MPa})$$

$$\tau_{max} = \frac{T}{W_p} = \frac{F_N l_2}{\pi d^3 / 16} = \frac{16 \times 26.2 \times 0.3}{\pi \times (20 \times 10^{-3})^3} \approx 5.00 \times 10^6 (\text{N/m}^2) = 5(\text{MPa})$$

A 截面顶点的应力状态为二向应力状态，代入第三强度理论表达式(10-8)进行强度校核，即

$$\sigma_{r,3} = \sigma_1 - \sigma_3 = \sqrt{\sigma^2 + 4\tau^2} = \sqrt{20^2 + 4 \times 5^2} = 22.4(\text{MPa}) \leqslant [\sigma]$$

所以，直角拐强度满足要求。当然，将 M_{max}、T_{max} 直接代入式(10-10)更为方便。

10.5　组合变形的普遍情形

图10-19(a)表示在任意载荷作用下的等直杆。可用截面法研究任一横截面 *m-m* 上的内力。考虑 *m-m* 截面左段的杆件，取杆件的轴线为 x 轴，截面的形心主惯性轴为 y 轴和 z 轴。作用于左段上的载荷与 *m-m* 截面上的内力组成空间平衡力系。根据六个平衡条件，可求出六个内力分量 F_N、F_{sy}、F_{sz}、M_x、M_y 和 M_z。前三个为力分量，后三个为力偶矩分量。

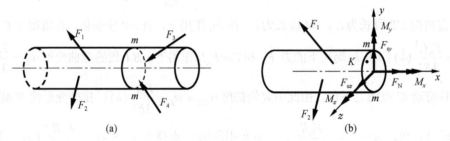

图 10-19

在三个内力分量中，F_N 对应拉伸(压缩)变形，与 F_N 对应的正应力可按轴向拉伸(压缩)计算。剪力 F_{sy} 和 F_{sz} 分别对应 xy 和 xz 平面内的剪切变形，相应的切应力可按横力弯曲时的切应力公式计算。在三个内力偶矩分量中，M_x 为扭矩，对应扭转变形，可按扭转切应力公式计算切应力。M_y 和 M_z 为弯矩，分别对应 xz 和 xy 平面内的弯曲变形，相应的弯曲正应力按弯曲理论计算。

根据叠加原理，叠加各内力和内力偶矩分量所对应的应力，即为组合变形的应力。其中与 F_N、M_y、M_z 对应的是正应力，可按代数值相加。横截面任一点 K (图10-19(b))的正应力为

$$\sigma = \frac{F_N}{A} + \frac{M_y z}{I_y} - \frac{M_z y}{I_z}$$

从上式可见，最大正应力所在的点，即危险点位置，由弯曲变形所确定。与 F_{sy}、F_{sz} 和 M_x 对应的是切应力，一般情形下，F_{sy} 和 F_{sz} 所引起的切应力是次要的，可略去不计。

当截面形心 C 和弯曲中心 A 不相重合时(图10-20)，薄壁杆件的切应力，除考虑扭矩引起的切应力外，还需考虑 F_{sy} 和 F_{sz} 所引起的切应力。即将剪力 F_{sy} 和 F_{sz} 向弯曲中心 A 简化。截面上的总扭矩为

$$T = M_x + F_{sy}e_z - F_{sz}e_y$$

而
$$\tau = \frac{T}{W_n}$$

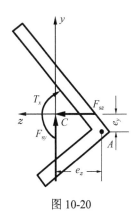

图 10-20

正应力 σ 和切应力 τ 确定后，可根据危险点处的应力状态、材料性质，选择合适的强度理论建立强度条件。

例 10-13　图 10-21 为水轮机主轴的示意图。水轮机组的输出功率 $P = 37500\text{kW}$，转速 $n = 150\text{r}/\min$。已知轴的推力 $F_z = 4800\text{kN}$，轮重 $W_1 = 390\text{kN}$；主轴的内径 $d = 340\text{mm}$，外径 $D = 750\text{mm}$，自重 $W = 285\text{kN}$。主轴材料为 45 号钢，其许用应力为 $[\sigma] = 80\text{MPa}$，试按第四强度理论校核主轴的强度。

解　(1)受力分析。水轮机主轴是拉扭组合变形，危险截面在主轴根部，该处的轴力和扭矩分别为

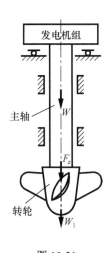

图 10-21

$$F_N = W + F_z + W_1 = 285 + 4800 + 390 = 5475(\text{kN})$$

$$T = 9549\frac{P}{n} = 9549 \times \frac{37500}{150} = 2387250(\text{N}\cdot\text{m})$$
$$= 2387.25(\text{kN}\cdot\text{m})$$

(2)应力计算。危险点的拉伸正应力和扭转切应力分别为

$$\sigma = \frac{F_N}{A} = \frac{F_N}{\frac{\pi}{4}(D^2 - d^2)} = \frac{4 \times 5475 \times 10^3}{\pi \times [(750 \times 10^{-3})^2 - (340 \times 10^{-3})^2]}$$
$$\approx 15.60 \times 10^6 (\text{N}/\text{m}^2) = 15.60(\text{MPa})$$

$$\tau = \frac{T}{W_p} = \frac{T}{\frac{\pi}{16}D^3(1-\alpha^4)} = \frac{16 \times 2387.25 \times 10^3}{\pi \times (750 \times 10^{-3})^3 \times \left[1 - \left(\dfrac{340}{750}\right)^4\right]}$$
$$\approx 30.09 \times 10^6 (\text{N}/\text{m}^2)$$
$$= 30.09(\text{MPa})$$

(3)强度校核。依题意，按第四强度理论校核，有

$$\sigma_{r,4} = \sqrt{\sigma^2 + 3\tau^2} = \sqrt{15.60^2 + 3 \times 30.09^2} \approx 54.40(\text{MPa}) < [\sigma]$$

故水轮机主轴满足强度要求。

拉扭组合变形时危险点的单元体为只有一对正应力和切应力的平面应力状态，故可直接使用式(10-9)计算相当应力，不需要再进行应力状态分析。

例 10-14　对图 10-22 所示的曲柄轴，按第三强度理论校核其强度。已知 $F_z = 15\text{kN}$，$F_y = 3\text{kN}$，$r = 80\text{mm}$，$l = 560\text{mm}$，$a = 220\text{mm}$，$d_1 = 60\text{mm}$，$d_2 = 65\text{mm}$，$h = 72\text{mm}$，$b = 48\text{mm}$，材料的许用应力 $[\sigma] = 120\text{MPa}$。曲柄轴在 G 处是一摩擦轮，轮重忽略不计，其上作用的转矩为 $T = F_z r$，曲柄横截面是矩形。

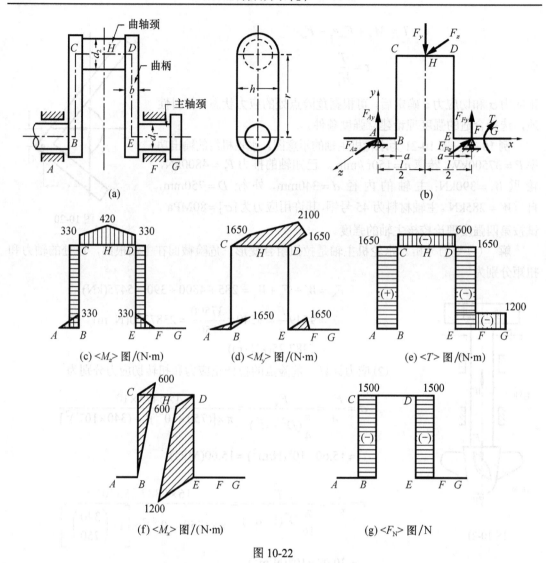

图 10-22

解 (1)求支座反力。由于 F_y、F_z 作用于 H 点,支座 A、F 处的支座反力由对称条件可得

$$F_{Ay} = F_{Fy} = \frac{1}{2} F_y, \quad F_{Az} = F_{Fz} = \frac{1}{2} F_z$$

(2)画内力图。由于曲柄轴承受的是空间力系,必须分别考虑由垂直力和水平力所引起的内力图。取 xyz 坐标如图 10-22(b)所示。

先考虑 xy 平面内的受力情形,可求得 B、E 点处的弯矩为

$$M_{Bz} = M_{Ez} = \frac{1}{2} F_y a = \frac{1}{2} \times 3 \times 10^3 \times 0.22 = 330 (\text{N} \cdot \text{m})$$

C、D 点处的弯矩为 $\quad M_{Cz} = M_{Dz} = \frac{1}{2} F_y a = \frac{1}{2} \times 3 \times 10^3 \times 0.22 = 330 (\text{N} \cdot \text{m})$

H 点处的弯矩为　　　　　　　$M_{Hz} = \dfrac{1}{4}F_y l = \dfrac{1}{4}\times 3\times 10^3\times 0.56 = 420\,(\text{N}\cdot\text{m})$

根据这些数值画出 xy 平面内的弯矩图，如图 10-22(c) 所示。按规定把弯矩图画在杆件的受压一侧。

再考虑 xz 平面内的受力情形，这时需考虑 F_z、F_{Az} 和 F_{Fz} 三个力。对于 AB 和 EF 段，弯矩在 B、E 两点最大，其值为

$$M_{By} = M_{Ey} = \frac{1}{2}F_z a = \frac{1}{2}\times 15\times 10^3\times 0.22 = 1650\,(\text{N}\cdot\text{m})$$

水平段 CD 的 C、D 两点处的弯矩为

$$M_{Cy} = M_{Dy} = \frac{1}{2}F_z a = \frac{1}{2}\times 15\times 10^3\times 0.22 = 1650\,(\text{N}\cdot\text{m})$$

H 点的弯矩为　　　　　　　$M_{Hy} = \dfrac{1}{4}F_z l = \dfrac{1}{4}\times 15\times 10^3\times 0.56 = 2100\,(\text{N}\cdot\text{m})$

根据这些值画出弯矩 M_y 图，如图 10-22(d) 所示。对垂直段 BC 和 DE，内力偶矢量 M_y 与杆轴线方向一致。因此对此两段来说，M_y 是扭矩，其大小为

$$T_1 = \frac{1}{2}F_z a = \frac{1}{2}\times 15\times 10^3\times 0.22 = 1650\,(\text{N}\cdot\text{m})$$

BC 和 DE 段的扭矩图如图 10-22(e) 所示。

分析在 yz 平面内的受力情形，对于 BC 和 DE 段，由于支座反力 F_{Az} 和 F_{Fz} 及转矩 T，使该两段杆内产生矢量为 x 方向的弯矩 M_x。C 点和 D 点的弯矩值为

$$M_{Dx} = M_{Cx} = \frac{1}{2}F_z r = \frac{1}{2}\times 15\times 10^3\times 0.08 = 600\,(\text{N}\cdot\text{m})$$

E 点的弯矩 M_x 为　　　　　$M_{Ex} = T = F_z r = 15\times 10^3\times 0.08 = 1200\,(\text{N}\cdot\text{m})$

根据这些值画出弯矩 M_x 图，如图 10-22(f) 所示。对水平段 CD 和 EG，内力偶矢量 M_x 与杆轴线方向一致。对两段可求出其扭矩为

$$T_2 = \frac{1}{2}F_z r = \frac{1}{2}\times 15\times 10^3\times 0.08 = 600\,(\text{N}\cdot\text{m})\,,\quad T_3 = T = F_z r = 15\times 10^3\times 0.08 = 1200\,(\text{N}\cdot\text{m})$$

根据这些值作出的扭矩图如图 10-22(e) 所示。

最后作轴力图，左、右曲柄承受轴向压缩，它们的轴力为

$$F_N = \frac{1}{2}F_y = \frac{1}{2}\times 3\times 10^3 = 1500\,(\text{N})$$

轴力图如图 10-22(g) 所示。

由内力图可知，AB 和 EF 两段中 E 截面为危险截面，该处弯矩和扭矩都达到最大值。CD 段中 H 截面是危险截面。BC、DE 段中 E 截面为危险截面，该处弯矩、扭矩、轴力都最大。

(3) 强度校核。

① CD 段的 H 截面。在 H 截面上，弯矩 $M_y = 2100\,\text{N}\cdot\text{m}$，$M_z = 420\,\text{N}\cdot\text{m}$，扭矩 $T_2 = 600\,\text{N}\cdot\text{m}$，截面为圆截面，该截面上的总弯矩为

$$M_1 = \sqrt{M_y^2 + M_z^2} = \sqrt{2100^2 + 420^2} = 2142(\text{N} \cdot \text{m})$$

代入式(10-10)，得

$$\sigma_{r,3} = \frac{\sqrt{M_1^2 + T_2^2}}{W} = \frac{32\sqrt{M_1^2 + T_2^2}}{\pi d_2^3} = \frac{32 \times \sqrt{2142^2 + 600^2}}{\pi \times 65^3 \times 10^{-9}} = 8.25 \times 10^7(\text{Pa}) = 82.5(\text{MPa}) < [\sigma]$$

②EF 段的 E 截面。该截面上有弯矩 $M_y = 1650\text{N} \cdot \text{m}$，$M_z = 330\text{N} \cdot \text{m}$，扭矩 $T_3 = 1200\text{N} \cdot \text{m}$，截面为圆形，截面上的总弯矩为

$$M_2 = \sqrt{M_y^2 + M_z^2} = \sqrt{1650^2 + 330^2} = 1683(\text{N} \cdot \text{m})$$

代入式(10-10)，得

$$\sigma_{r,3} = \frac{\sqrt{M_2^2 + T_3^2}}{W} = \frac{32\sqrt{M_2^2 + T_3^2}}{\pi d_1^3} = \frac{32 \times \sqrt{1683^2 + 1200^2}}{\pi \times 60^3 \times 10^{-9}} = 9.75 \times 10^7(\text{Pa}) = 97.5(\text{MPa}) < [\sigma]$$

③ DE 段的 E 截面。该截面处受弯矩 $M_x = 1200\text{N} \cdot \text{m}$，$M_z = 330\text{N} \cdot \text{m}$，扭矩 $T_1 = 1650\text{N} \cdot \text{m}$，轴向压力 $F_N = 1500\text{N}$。由于该段截面为矩形，各内力分量引起的应力如图 10-23 所示。自左向右为轴力 F_N 引起的正应力、弯矩 M_z 引起的正应力、弯矩 M_x 引起的正应力和扭矩引起的切应力。由图可见，危险点位置可能在点 1、2 和 3 处。点 1 是扭转切应力最大处，且有 M_z 和 F_N 产生的正应力。点 2 扭转切应力较大，且有 M_x 和 F_N 产生的正应力。点 3 是正应力最大处。

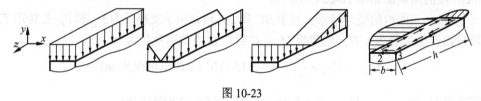

图 10-23

点 1 处的正应力 σ 为

$$\sigma = \frac{F_N}{A} + \frac{M_z}{W_z} = \frac{1500}{48 \times 72 \times 10^{-6}} + \frac{330}{\frac{1}{6} \times 72 \times 48^2 \times 10^{-9}} = 1.237 \times 10^7(\text{Pa}) = 12.37(\text{MPa})$$

扭转引起的切应力由矩形截面切应力公式计算，由于 $\frac{h}{b} = \frac{72}{48} = 1.5$，查表 4-1 可得系数 $\alpha = 0.231$。由式(4-30)得

$$\tau_{max} = \frac{T_1}{\alpha b^2 h} = \frac{1650}{0.231 \times 48^2 \times 72 \times 10^{-9}} = 4.31 \times 10^7(\text{Pa}) = 43.1(\text{MPa})$$

代入式(10-8)，得 $\sigma_{r,3} = \sqrt{\sigma^2 + 4\tau^2} = \sqrt{12.37^2 + 4 \times 43.1^2} = 87.1(\text{MPa}) < [\sigma]$

点 2 处的正应力 σ 为

$$\sigma = \frac{F_N}{A} + \frac{M_x}{W_x} = \frac{1500}{48 \times 72 \times 10^{-6}} + \frac{1200}{\frac{1}{6} \times 48 \times 72^2 \times 10^{-9}} = 2.94 \times 10^7(\text{Pa}) = 29.4(\text{MPa})$$

对于扭转引起的切应力，由表 4-1 查得 $\gamma = 0.858$。于是代入式(4-31)得

$$\tau = \gamma\tau_{\max} = 0.858 \times 43.1 = 37.0(\text{MPa})$$

由式(10-8)，得

$$\sigma_{r,3} = \sqrt{\sigma^2 + 4\tau^2} = \sqrt{29.4^2 + 4\times 37^2} = 79.6(\text{MPa}) < [\sigma]$$

点 3 处的正应力为

$$\sigma = \frac{F_N}{A} + \frac{M_z}{W_z} + \frac{M_x}{W_x} = \frac{1500}{48\times 72\times 10^{-6}} + \frac{330}{\frac{1}{6}\times 72\times 48^2\times 10^{-9}} + \frac{1200}{\frac{1}{6}\times 48\times 72^2\times 10^{-9}}$$

$$= 4.13\times 10^7(\text{Pa}) = 41.3(\text{MPa}) < [\sigma]$$

综上所述，该曲柄轴强度满足要求。

思　考　题

10.1　采用叠加原理解决组合变形问题应具备什么条件？

10.2　在图示各梁的横截面上，画出了外力的作用平面 *a-a*，试指出哪些梁发生斜弯曲？

10.3　等边角钢如图所示，拉力 *F* 通过截面内的 *K* 点，角钢产生什么变形？

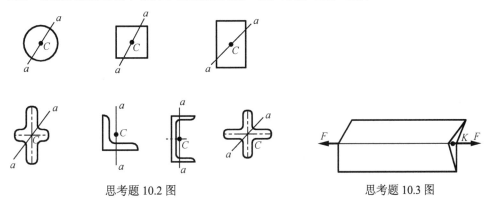

思考题 10.2 图　　　　　　　　　　　思考题 10.3 图

10.4　图示压力机的机架由铸铁制成，机架立柱的横截面有(*a*)、(*b*)、(*c*)三种设计方案，你认为哪一种合适？为什么？

10.5　圆轴在弯扭组合变形情况下，试写出用弯矩 *M*、扭矩 *T* 表示的双切应力强度条件。

10.6　图示直角拐的固定端截面上有哪些内力？试在该截面上画出每一内力产生的应力分布图。

10.7　有一直径为 *d* 的圆截面梁，弯矩 *M* 的矢量如图所示，截面上的危险点在何处？危险点的弯曲正应力如何表达？

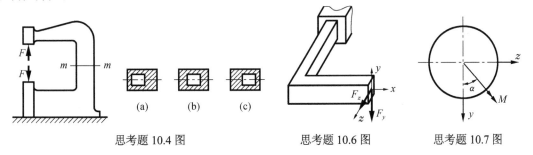

思考题 10.4 图　　　　　　思考题 10.6 图　　　　　思考题 10.7 图

10.8　下列第三强度理论的强度条件

$$\sigma_{r,3} = \sigma_1 - \sigma_3 \leqslant [\sigma]$$

$$\sigma_{r,3} = \sqrt{\sigma^2 + 4\tau^2} \leqslant [\sigma]$$

$$\sigma_{r,3} = \frac{1}{W}\sqrt{M^2 + T^2} \leqslant [\sigma]$$

各在何种条件下适用？

10.9　受压杆如图所示，横截面是边长为 a 的正方形。试求外力作用于侧面中点和棱角处时的最大应力与作用在轴线时的最大应力之比。

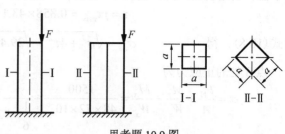

思考题 10.9 图

习　　题

10-1　矩形截面悬臂梁如图所示，若 $F = 300N$，$h/b = 1.5$，$[\sigma] = 10MPa$，试确定截面尺寸。

10-2　矩形截面简支梁如图所示，已知 $F = 15kN$，$E = 10GPa$，试求：（1）梁的最大正应力；（2）梁中点的总挠度。

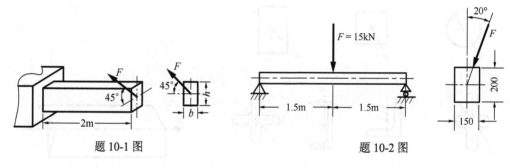

题 10-1 图　　　　　　　　　　　　题 10-2 图

10-3　拉板如图所示，$F = 12kN$，$[\sigma] = 100MPa$，试求半圆形切口允许的深度 r（不计应力集中的影响）。

10-4　图示长 2m、直径为 30mm 的圆棒被向上握住。已知棒的线密度为 5kg/m，试求棒的握紧端无轴向拉应力时的最大角度 θ。

10-5　如图所示，直径为 80mm 的圆截面试件，在轴向拉伸时能承受的拉力为 F。试求当拉力偏离试件轴线 $e = 1mm$ 时，试件能承受的拉力 F_e。

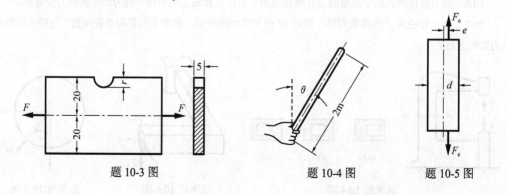

题 10-3 图　　　　　　　题 10-4 图　　　　　题 10-5 图

10-6　偏心链节受力如图所示,试确定所需的宽度 b。已知材料的许用应力 $[\sigma]=73\text{MPa}$,链节截面的厚度是 40mm。

10-7　图示为灰口铸铁的压力机框架,许用拉应力 $[\sigma_t]=30\text{MPa}$,许用压应力 $[\sigma_c]=80\text{MPa}$,试校核框架立柱的强度。

10-8　图示为钻床简图,若 $F=15\text{kN}$,材料的许用拉应力 $[\sigma_t]=35\text{MPa}$,试计算铸铁立柱所需的直径 d。

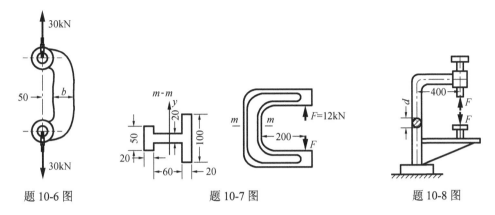

题 10-6 图　　　　　　　　　　　题 10-7 图　　　　　　　　　　题 10-8 图

10-9　结构如图所示,已知作用在绳索上的力是 4kN,鼓轮的重量是 2kN,试用单元体表示支承梁上 A、B 两点的应力状态。

10-10　图示直角拐 A 端固定,在 B 截面内施加力 $F=50\text{N}$,$\theta=60°$,试用第四强度理论求 D、E 两点的相当应力。

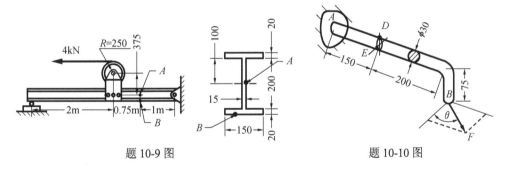

题 10-9 图　　　　　　　　　　　　　　　　题 10-10 图

10-11　图示直径为 D 的圆截面杆受到与轴线平行的压力 F 的作用。欲使横截面上不出现拉应力,试求压力作用点到圆心 O 的距离 e。

10-12　图示铁道路标的圆形信号板安装在外径 $D=60\text{mm}$ 的空心圆柱上,若信号板上所受的最大风压 $p=3\text{kPa}$,材料的许用应力 $[\sigma]=60\text{MPa}$,试按第三强度理论选择空心圆柱的壁厚。

10-13　图示电动机的功率为 9kW,转速为 715r/min,皮带轮直径 $D=250\text{mm}$,主轴外伸部分长度 $l=120\text{mm}$,主轴直径 $d=40\text{mm}$。若许用应力 $[\sigma]=60\text{MPa}$,试用第四强度理论校核轴的强度。

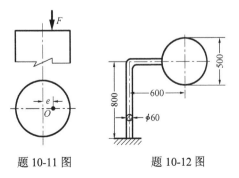

题 10-11 图　　　　　　题 10-12 图

10-14 传动轴如图所示，传递的功率为 10kW，转速为 100r/min。A 轮上的皮带是水平的，B 轮上的皮带是铅垂的。若两轮的直径均为 500mm，且 $F_1 > F_2$，$F_2 = 2\text{kN}$，$[\sigma] = 80\text{MPa}$，试用第三强度理论设计轴的直径 d。

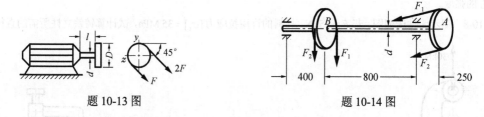

题 10-13 图   题 10-14 图

10-15 图示钢质圆杆同时受到轴向拉力 F、扭转力偶 T 和弯曲力偶 M 的作用，试用第四强度理论写出其强度条件表达式。该杆的横截面面积 A、弯曲截面系数 W 为已知。

10-16 一端固定的轴线为半圆形的圆截面杆的受力情况如图所示，其中 $F = 500\text{N}$，圆杆直径 $d = 20\text{mm}$。试求 B 和 C 截面上危险点处的相当应力 $\sigma_{r,3}$。

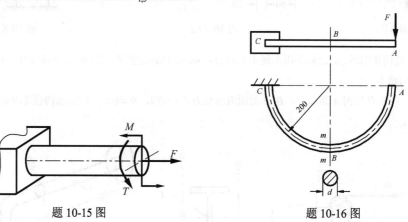

题 10-15 图   题 10-16 图

10-17 如图所示，试按第三强度理论对飞机起落架的折轴进行强度校核。此轴为管状截面，外径 $D = 80\text{mm}$，内径 $d = 70\text{mm}$，许用应力 $[\sigma] = 100\text{MPa}$，集中力 $F_2 = 1\text{kN}$，$F_1 = 4\text{kN}$。

10-18 水平放置的钢制圆杆 ABC 如图所示，杆的横截面面积 $A = 80 \times 10^{-4}\,\text{m}^2$，抗弯截面模量 $W = 100 \times 10^{-6}\,\text{m}^3$，抗扭截面模量 $W_p = 200 \times 10^{-6}\,\text{m}^3$，$AB$ 长 $l_1 = 3\text{m}$，BC 长 $l_2 = 0.5\text{m}$，许用应力 $[\sigma] = 160\text{MPa}$，试用第三强度理论校核此杆强度。

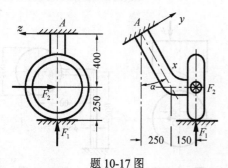 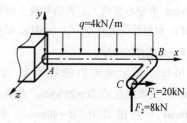

题 10-17 图   题 10-18 图

10-19　已知直径为 d 的钢制圆轴受力如图所示，其中 $F_1 = \dfrac{Fa}{d}$ 。(1)试确定圆轴危险点的位置，并用单元体表示其应力状态；(2)若此圆轴的许用应力为$[\sigma]$，试列出用第三强度理论校核此轴的强度条件。

10-20　在 xy 平面内放置的折杆 ABC 受力如图所示，已知 $F = 120\text{kN}$，$q = 8\text{kN/m}$，$a = 2\text{m}$；在 yz 平面内有 $M_x = qa^2$；杆直径 $d = 150\text{mm}$，$[\sigma] = 140\text{MPa}$。试用第四强度理论校核强度。

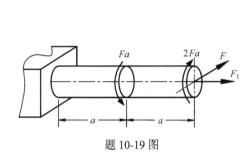

题 10-19 图

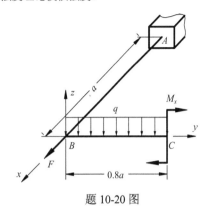

题 10-20 图

重点及
难点

第11章 压杆稳定[*]

11.1 基本概念

在绪论中曾指出,要保证构件能正常进行工作,必须使其满足强度、刚度和稳定性三方面的要求。前面各章中,主要讨论了强度问题和刚度问题,本章主要研究稳定性问题。中国有句谚语,称为"立木顶千斤",意思是对于一个细长杆来说,直杆的承压能力要远高于弯曲杆的承压能力。实际工程中往往需要采取一些措施,使承受压力的杆件保持直线状态,如高层建筑工地的塔吊,其支撑部分需要每上升一段就和建筑物固连起来,以保持塔吊稳定。

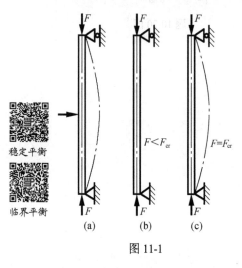

稳定平衡

临界平衡

图 11-1

现以图 11-1 所示两端铰支细长杆为例,说明稳定性问题。设压力与杆件轴线重合,当压力逐渐增加,但小于某一极限值时,压杆一直保持直线形状的平衡。若作用一个微小的侧向干扰力,暂时使其发生微小的弯曲变形(图 11-1(a)),在干扰力去除后,它将恢复原有的直线形状(图 11-1(b))[*]。这说明压杆直线形状的平衡是稳定的。当压力逐渐增加到某一极限值时,若再给压杆作用一微小的侧向干扰力,使其发生微小的弯曲变形,在干扰力去除后,它将保持曲线形状的平衡,不能恢复其原来的直线形状(图 11-1(c))[*]。这就是说,压杆能在直线形状下维持平衡是有条件的,当轴向压力达到了某一数值后,压杆在它原有直线形状下的平衡就变为不稳定的。通常把这种在一定外力作用下,构件突然发生不能保持原有平衡形式的现象,称为压杆在它原有直线形状下的平衡丧失了稳定性,简称为**失稳或屈曲**。

这里提出的稳定平衡和不稳定平衡概念可用物理知识更加明了地给出解释。如图 11-2(a)中的小球,放置在凹面的最低点 A 处。如果由于某种原因,小球偏移到和 A 相邻的 B 点,则小球将在重力 G 和支持力 F_N 的作用下,最终返回原来的平衡位置点 A 处。这种平衡称为稳定平衡。如小球放置在图 11-2(b)中的 A 点,这时小球也能在 A 点平衡。但一旦由于某种原因,小球偏移到和 A 点相邻的 B 点,则小球在重力 G 和支持力 F_N 的合力作用下,越来越偏离平衡位置 A,不可能自行回到 A 点,这种平衡称为不稳定平衡。

图 11-1 中的细长压杆会在因强度不足而破坏以前,就由于它维持不了在直线形状下的平衡而不能正常工作。因此,在讨论压杆承载能力时,首先应研究它在直线形状下的平衡是否稳定,即研究压杆直线形状平衡的稳定性问题。

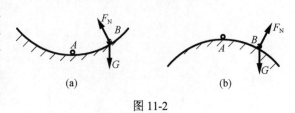

图 11-2

当轴向压力增加到某一数值时，压杆在原有直线形状下的平衡将从稳定平衡过渡到不稳定平衡。这一压力值称为**临界压力或临界载荷**，用 F_{cr} 来表示。理论分析和实验结果指出，压杆临界压力的大小不但和杆材料的力学性质有关，而且和杆横截面的形状、大小及杆的长度、杆端的约束情况有关。对压杆稳定性的研究，主要是确定压杆临界压力的数值。

对细长杆来说，当压力达到临界压力时，应力并不一定很高，非但低于屈服极限，而且低于比例极限。所以细长压杆的丧失稳定并不是强度不足，而是稳定性不够。

杆件丧失稳定后，改变了杆件的受力性质，压力的微小增加将引起弯曲变形的明显增大。这时杆件已丧失了承载能力，不能正常工作。所以在正常情形下，压力必须小于临界压力。

除压杆外，在其他形式的构件中，只要有压应力，就有使构件失稳的可能性。当外力超过了与各种构件相应的临界值后，这种构件就不能在它原有的形状下维持稳定的平衡。如均布外压作用下的薄壁圆筒(图 11-3(a))，当压力超过了筒的临界力时，它就不可能在圆的形状下维持稳定的平衡，而变成图中虚线所示的形状。又如狭长矩形截面梁(图 11-3(b))，当它在抗弯能力最大的平面内受横向力作用而弯曲时，若横向力超过了相应的临界力，梁将失稳而出现侧向弯曲，如图 11-3(b)中虚线所示。薄壁圆管扭转时，在外力偶矩超过了相应的临界值后，圆管也会因失稳而在管壁上出现折皱。

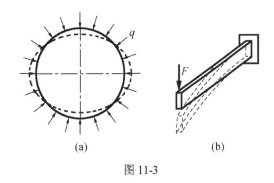

图 11-3

本章只讨论压杆的稳定性问题，而不涉及板与壳的稳定性问题。

11.2 细长压杆的临界压力

要确定压杆的平衡是否是稳定平衡，首先应求其临界力 F_{cr}。下面就几种不同支承形式的细长压杆的临界力进行讨论。

11.2.1 两端铰支细长压杆的临界力

设杆长度为 l，在轴向压力 F 达到临界力 F_{cr} 时，压杆直线形状的平衡将由稳定转变为不稳定。在轻微的侧向干扰力去除后，它将保持曲线形状的平衡。因此，可以认为，能够保持压杆在微小弯曲状态下平衡的最小轴向压力，即为**临界压力**。

对两端铰支的细长压杆，选取坐标系，如图 11-4(a)所示。距原点为 x 的任意截面的挠度为 $y(x)$，由图 11-4(b)可知，该截面的弯矩为

$$M(x) = -Fy(x) \tag{a}$$

式中，负号是因为计算时只取轴向压力 F 的绝对值，弯矩 $M(x)$ 与挠度 $y(x)$ 的正负号相反，即 y 为正时 M 为负，y 为负时 M 为正。弯矩用变形后的位置计算，这里不再应用原始尺寸原理。

在小变形前提下，挠曲线的近似微分方程为式(7-1)：

$$\frac{\mathrm{d}^2 y}{\mathrm{d} x^2} = \frac{M}{EI} \tag{b}$$

将 $M(x) = -Fy(x)$ 代入式(b)，得

$$\frac{\mathrm{d}^2 y(x)}{\mathrm{d} x^2} = \frac{M(x)}{EI} = -\frac{F}{EI} y(x) \tag{c}$$

令

$$k^2 = \frac{F}{EI} \tag{d}$$

将式(d)代入式(c)，得

$$\frac{\mathrm{d}^2 y(x)}{\mathrm{d} x^2} + k^2 y(x) = 0 \tag{e}$$

式(e)是一个二阶常系数线性齐次微分方程，其通解为

$$y(x) = A \sin kx + B \cos kx \tag{f}$$

式中，A 和 B 为积分常数，可由压杆的边界条件来确定。

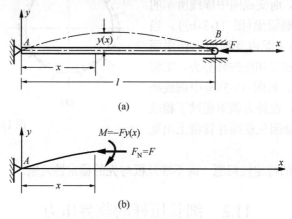

图 11-4

当 $x = 0$ 时，$y = 0$，得 $B = 0$；当 $x = l$ 时，$y = 0$，得 $A \sin kl = 0$。这就要求 A 或 $\sin kl$ 应等于零。若 $A = 0$，由通解可知，各处挠度恒等于零，表示杆件任一横截面的挠度皆等于零，即杆件的轴线仍为直线，这与假设杆件发生了微小弯曲变形的前提相矛盾。因此仅可能 $\sin kl = 0$，满足这一条件的 kl 值为

$$kl = n\pi, \quad n = 0, 1, 2, \cdots \tag{g}$$

根据 k^2 的定义式(d)，代入式(g)得

$$k^2 = \frac{F}{EI} = \frac{n^2 \pi^2}{l^2} \tag{h}$$

所以

$$F = \frac{n^2 \pi^2 EI}{l^2}, \quad n = 0, 1, 2, \cdots \tag{i}$$

杆件保持曲线形状平衡的压力，在理论上是多值的。在这些压力中，使杆件保持微小弯曲的最小压力，才是临界压力 F_{cr}。若取 $n = 0$，则 $F = 0$，表示杆件上无压力作用，自然不是所要讨论的情形。所以应取 $n = 1$，相应的临界压力为

$$F_{cr} = \frac{\pi^2 EI}{l^2} \tag{11-1}$$

式 (11-1) 通常称为临界压力的**欧拉公式**,该载荷又称为**欧拉临界载荷**[①]。式中,E 为压杆材料的拉压弹性模量;I 为压杆两端为球铰支座时,压杆横截面的最小主形心惯性矩。

在临界压力作用下,$k = \dfrac{\pi}{l}$,所以通解式 (f) 简化为

$$y = A\sin\frac{\pi x}{l} \tag{j}$$

由此可以看出,在临界压力作用下,杆轴的挠曲线是半个正弦波形,而积分常数 A 表示

$$y_{max} = A \tag{k}$$

是压杆中点处所产生的最大挠度。通常用 δ 表示杆件中点的挠度,则杆挠曲线的公式为

$$y = \delta\sin\frac{\pi x}{l} \tag{11-2}$$

式中,δ 为任意的微小位移,其幅值取决于压杆微弯的程度。

以上讨论中,假设压杆轴线是理想直线,压力 F 的作用线与杆件轴线完全重合,而且材料是均匀连续的。这是一种理想情形,称为**理想压杆**。若以横坐标表示杆件中点的挠度 δ,以纵坐标表示压力 F(图 11-5),当压力小于临界力时,杆件一直保持直线平衡,F 与 δ 的关系是直线 OA。当压力达到临界力时,F 与 δ 的关系呈水平直线 AB。实际上,压杆的轴线难以避免有一些初弯曲,压力也无法保证没有偏心,材料也经常有不均匀或存在缺陷的情形。实际压杆与理想压杆不符的这些因素,使压杆在较小的载荷作用下就开始弯曲。只是 F 值较小时,挠度增加比较缓慢,当 F 值接近临界压力 F_{cr} 时,挠度增加较快,实际压杆的压缩如图 11-5 中曲线 OD 所示。杆件越接近理想压杆,OD 曲线与理论曲线 OAB 越靠近。

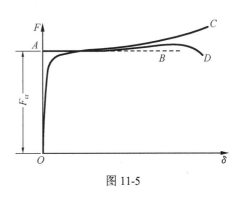

图 11-5

式 (11-2) 中的 δ 要求足够小,但其值不确定。这是由于式 $\dfrac{d^2 y}{d x^2} = \dfrac{M}{EI}$ 是挠曲线的近似微分方程,它略去了 $\left(\dfrac{dy}{dx}\right)^2$ 项。若采用挠曲线的精确微分方程 $\dfrac{1}{\rho} = \dfrac{d\theta}{dx} = \dfrac{y''}{(1+y'^2)^{\frac{3}{2}}} = \dfrac{M}{EI}$,就不存在 δ 值的不确定问题,这时可找到理想压杆的最大挠度 δ 与轴向压力 F 之间的理论关系,如图 11-5 中 OAC 曲线所示。该曲线表明,当压力 F 超过 F_{cr} 时压杆开始弯曲,并且挠度增长速率极快,所以 δ 的不确定性实际上并不存在。

从图 11-5 中可以看出,曲线 AC 在 A 点附近极为平坦,且与水平直线 AB 相切。因此,

[①] 式 (11-1) 由瑞士数学家 L. Euler(1707—1783 年)于 1757 年建立,该式通常称为欧拉屈曲载荷或欧拉公式。

在 A 点附近很小一段范围内，可近似地用直线代替曲线。即在临界压力 F_{cr} 下，压杆可以在直线位置保持平衡，也可在任意位置保持平衡。由此可见，以微弯平衡作为临界状态的特征，并根据挠曲线近似微分方程确定临界载荷的方法，是利用小变形条件对大挠度理论的一种合理简化。其不仅正确，而且求解简单，更为实用。

同时应当注意，由于曲线 AC 在 A 点附近极为平坦，因此当轴向压力 F 略高于临界压力 F_{cr} 时，挠度即急剧增加。例如，当 $F = 1.015F_{cr}$ 时，$y_{max} = 0.11l$，即轴向压力超过其临界值 1.5% 时，最大挠度高达压杆长度的 11%。因此，大挠度理论更鲜明地说明了失稳的危险性。

11.2.2 其他支承条件下细长压杆的临界力

压杆两端的约束除同为铰支以外，还可能有其他支承的情形。对于其他支承条件下的临界压力公式，完全可仿照两端铰支细长压杆临界压力公式的推导方法进行，但也可用类比的方法比较简单地求出。

对于如图 11-6(a) 所示的一端固定另一端自由的细长压杆，设在临界压力作用下，杆件以轻微弯曲的形状保持平衡。现把变形曲线延伸一倍，如图 11-6(a) 中假想线 BAC 所示。比较图 11-6(a) 和图 11-4(a)，可见一端固定另一端自由，长为 l 的压杆挠曲线，和两端铰支长为 $2l$ 的压杆挠曲线的右半部分完全相同，均为半个正弦波形曲线，所以，对于一端固定另一端自由，长为 l 的压杆临界压力，应等于两端铰支，长为 $2l$ 的压杆的临界压力，即

$$F_{cr} = \frac{\pi^2 EI}{(2l)^2} \tag{11-3}$$

对于两端固定的细长压杆，在临界力作用下，杆件以轻微弯曲的形状保持平衡（图11-6(b)）。挠曲线在离两端各 $\frac{l}{4}$ 处的截面 C 和 D 处存在拐点（反弯点），故该两截面的弯矩均为零。其挠曲线与图 11-4(a) 比较，可见，C、D 两点间长为 $\frac{l}{2}$ 的中间部分，与两端铰支长为 $\frac{l}{2}$ 的压杆的挠曲线相同，故可把此部分看成两端铰支的压杆，这样，两端固定压杆的临界压力为

$$F_{cr} = \frac{\pi^2 EI}{\left(\dfrac{l}{2}\right)^2} \tag{11-4}$$

对于一端固定另一端铰支的压杆（图 11-6(c)），对于它丧失稳定后的挠曲线形状，可近似地把长约 $0.7l$ 的 BC 部分看作两端铰支的压杆，即挠曲线在离固定端约 $0.3l$ 的截面 C 处存在拐点，该截面的弯矩为零。于是计算临界压力的公式可写成

$$F_{cr} = \frac{\pi^2 EI}{(0.7l)^2} \tag{11-5}$$

对于一端固定，另一端可以平动，但不能转动的压杆（图 11-6(d)），在临界力的作用下，杆件以轻微弯曲形状保持平衡。其挠曲线与图 11-6(a) 比较，两端各长 $\frac{l}{2}$ 部分，与一端自由

另一端固定的压杆的挠曲线相同。于是，对于图 11-6(d)所示的压杆，计算临界力的公式同式(11-1)。

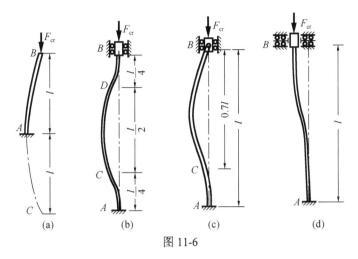

图 11-6

综合以上结果，式(11-1)、式(11-3)～式(11-5)，可统一地写成欧拉公式的普遍形式：

$$F_{cr} = \frac{\pi^2 EI}{(\mu l)^2} \qquad (11\text{-}6)$$

式中，μl 称为**相当长度或计算长度**，表示把压杆折算成两端铰支压杆的长度；μ 称为**长度因数**。

上述五种支承情形下的理论长度因数 μ 见表 11-1。

应当指出，压杆的理论长度因数 μ 是对理想约束而言的。而实际支承情况常常要复杂得多，根据实际测试和计算，压杆的实际长度因数和理论长度因数存在一定差异。实际长度因数 μ_p 也列入表 11-1 中。

表 11-1　压杆的长度因数 μ

压杆的约束条件	理论长度因数 μ	实际长度因数 μ_p
两端铰支	1	1.0
一端固定，另一端自由	2	2.10
两端固定	0.5	0.65
一端固定，另一端铰支	0.7	0.8
一端固定，另一端可以平动，但不能转动	1	

注：数据 μ_p 摘自 Mott R L. Applied Strength of Materials. Englewood Cliffs: Prentice-Hall，1990。

以上只是几种典型情形，实际问题中压杆的支承还可能有其他的形式。如杆端与其他弹性构件固结的压杆，由于弹性构件也将发生变形，所以压杆的端截面为介于固定支座和铰支座之间的弹性支座。此外，作用于压杆的载荷也有多种形式。如压力可能沿轴线分布而不是集中于两端；在弹性介质中的压杆，还将受到介质的阻抗力。上述各种不同情形也可用不同的长度因数 μ。这些因数的值可从有关的设计手册或规范中查到。

对于各种形式的压杆，都可以像两端铰支情形那样建立数学模型，求解微分方程，从而得到临界压力的表达式。

例 11-1　图 11-7（a）所示压杆一端固定另一端铰支，试求其临界压力表达式。

解　假设压杆失稳时的挠曲线如图 11-7（a）所示。注意此时挠曲线的某点 C 为一拐点，即该点弯矩为零，因此 B 端支反力 F_{By} 的方向指向左方。写出挠曲线微分方程：

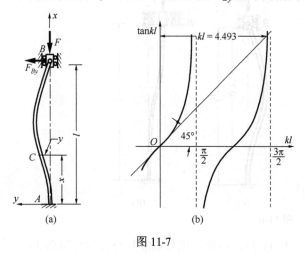

图 11-7

$$EIy'' = -Fy + F_{By}(l-x) \qquad (1)$$

令 $F/EI = k^2$，则微分方程式（1）改写为

$$y'' + k^2 y = \frac{F_{By}}{EI}(l-x) \qquad (2)$$

其通解为

$$y = C_1 \cos kx + C_2 \sin kx + \frac{F_{By}}{F}(l-x) \qquad (3)$$

利用边界条件确定积分常数 C_1、C_2 和未知反力 F_{By}。当 $x = 0$ 时，$y = 0$，$y' = 0$；当 $x = l$ 时，$y = 0$。将边界条件代入式（3），得

$$C_1 + \frac{F_{By}}{F}l = 0, \quad C_1 \cos kl + C_2 \sin kl = 0, \quad kC_2 - \frac{F_{By}}{F} = 0 \qquad (4)$$

式（4）为关于 C_1、C_2 与 F_{By} 的线性齐次方程组。该方程组有两组可能的解：其一为 C_1、C_2 与 F_{By} 均为零，此时 $y = 0$，即压杆的轴线为直线，这与压杆处于微弯状态的研究前提不符；其二为 C_1、C_2 与 F_{By} 不同时为零的非零解，故式（4）的系数行列式必等于零，即

$$\begin{vmatrix} 0 & 1 & l \\ k & 0 & -1 \\ \sin kl & \cos kl & 0 \end{vmatrix} = 0 \qquad (5)$$

或者由式（4）中第一个方程解出 $C_1 = -\dfrac{F_{By}}{F}l$，由第三个方程解出 $C_2 = \dfrac{F_{By}}{kF}$，然后将它们代入第二个方程，均可得到下列确定临界压力的超越方程：

$$\tan kl = kl \qquad (6)$$

以 kl 为横坐标，$\tan kl$ 为纵坐标，画出正切曲线。再从坐标原点画出 $45°$ 的斜直线，与正切曲线的交点的横坐标即给出满足式（6）的最小非零正根（图 11-7（b））。由图 11-7（b）可找出最小根为 $kl = 4.493$，于是该压杆的临界力表达式即为式（11-5）。

11.3　压杆的临界应力

不同约束条件下的细长杆的临界压力可用欧拉公式（11-6）来计算。为了便于对不同柔度的压杆进行研究，需要了解压杆的临界应力。

11.3.1　细长杆临界应力及欧拉公式的适用范围

当受压杆件的轴向压力达到临界压力时，压杆开始丧失稳定。压杆处于这种临界状态时

横截面上的平均应力，称为**压杆的临界应力**，用临界力 F_{cr} 除以杆横截面的面积 A 来求得。细长压杆的临界应力为

$$\sigma_{cr} = \frac{F_{cr}}{A} = \frac{\pi^2 EI}{(\mu l)^2 A} \tag{a}$$

如果把同一约束情况下压杆横截面的最小形心主惯性矩 I 用惯性半径来表示，即 $I = Ai^2$，其中 i 为压杆截面的最小惯性半径，将其代入式(a)，得

$$\sigma_{cr} = \frac{\pi^2 E}{\left(\dfrac{\mu l}{i}\right)^2} \tag{b}$$

令

$$\lambda = \frac{\mu l}{i} \tag{11-7}$$

将式(11-7)代入式(b)，得

$$\sigma_{cr} = \frac{\pi^2 E}{\lambda^2} \tag{11-8}$$

这里 λ 是一个量纲为 1 的量，它反映了杆端的约束情形、杆的长度和横截面的形状等因素对压杆临界应力 σ_{cr} 的影响。通常 λ 称为**压杆的柔度**或**长细比**。

式(11-8)称为欧拉临界应力公式。它是欧拉公式(11-6)的另一种表达形式，两者无实质性差别。但欧拉公式是由挠曲线的近似微分方程式(7-1)导出的，材料服从胡克定律是微分方程的基础。只有在临界应力小于比例极限 σ_p 时，式(11-6)和式(11-8)才是正确的，即

$$\sigma_{cr} = \frac{\pi^2 E}{\lambda^2} \leqslant \sigma_p，\text{或写成}$$

$$\lambda \geqslant \sqrt{\frac{\pi^2 E}{\sigma_p}}$$

可见只有当压杆的柔度 λ 大于或等于极限值 $\sqrt{\dfrac{\pi^2 E}{\sigma_p}}$ 时，欧拉公式才是正确的。用 λ_p 代表与比例极限 σ_p 对应的柔度极限值，即

$$\lambda_p = \sqrt{\frac{\pi^2 E}{\sigma_p}} \tag{11-9}$$

则

$$\lambda \geqslant \lambda_p \tag{11-10}$$

这就是计算压杆临界力的公式(11-6)或计算临界应力的公式(11-8)适用的范围。超出这个范围，欧拉公式就不再适用。

凡满足式(11-10)的压杆称为**细长杆**，或称为**大柔度杆**。

从式(11-9)可见，λ_p 与材料的性质有关，不同的材料，λ_p 的数值不同。以 Q235 钢为例，弹性模量 $E = 200\text{GPa}$，比例极限 $\sigma_p = 200\text{MPa}$，代入式(11-9)，得

$$\lambda_p = \sqrt{\frac{\pi^2 E}{\sigma_p}} = \sqrt{\frac{\pi^2 \times 200 \times 10^9}{200 \times 10^6}} \approx 100$$

用 Q235 钢制成的压杆，只有当 $\lambda \geqslant 100$ 时，欧拉公式才适用。表 11-2 中列出了一些常见材料的 λ_p 值。

表 11-2　常见材料的有关常数

材料	σ_s/MPa	σ_b/MPa	a/MPa	b/MPa	λ_p	λ_s
Q235 钢	235	≥372	304	1.12	100	61.6
优质碳钢	306	≥471	460	2.57	100	60
硅钢	353	≥510	578	3.74	100	60
铬钼钢			980	5.29	55	0
硬铝			392	3.26	50	0
铸铁			332	1.45	80	
松木			28.7	0.19	110	40

11.3.2　中、小柔度杆的临界应力

在工程实际中，还经常遇到柔度小于 λ_p 的压杆，这类压杆的临界应力大于材料的比例极限 σ_p，这时欧拉公式已不能使用，属于超过比例极限的压杆稳定问题。工程中对这类压杆的稳定性计算，一般使用以试验结果为依据的经验公式。在这里主要介绍两种经常使用的经验公式——**直线公式和抛物线公式**。

(1) 直线公式。直线公式把临界应力 σ_{cr} 和柔度 λ 表示为如下的直线关系：

$$\sigma_{cr} = a - b\lambda \qquad\qquad (11\text{-}11)$$

式中，a 和 b 是与材料性质有关的常数。例如，对 Q235 钢制成的压杆，$a = 304\text{MPa}$，$b = 1.12\text{MPa}$。在表 11-2 中列出了一些材料的 a 和 b 值。

柔度很小的短压杆，在受到压力作用时，不可能像大柔度杆那样发生弯曲变形，丧失稳定。这类压杆的破坏，主要是因为压应力达到屈服极限（塑性材料）或强度极限（脆性材料）而引起的。压缩试验用的金属短柱或水泥块的破坏属于这种情形。事实上这仅是一个强度问题。这类柔度较小的短粗压杆，称为**短粗杆**或**小柔度杆**。所以对小柔度杆来说，"临界应力"就是屈服极限或强度极限。

因而，使用直线经验公式(11-11)时，也有一个适用范围。对于塑性材料制成的压杆，要求其临界应力不超过材料的屈服极限 σ_s，若以 λ_s 表示与屈服极限 σ_s 对应的柔度值，则在式 (11-11) 中令 $\sigma_{cr} = \sigma_s$，得

$$\lambda_s = \frac{a - \sigma_s}{b} \qquad\qquad (11\text{-}12)$$

这就是使用直线公式时柔度 λ 的最小值。当 $\lambda < \lambda_s$ 时，为小柔度压杆，属于强度问题，应按第 2 章的轴向压缩计算。如果是脆性材料，只需把式(11-12)中的 σ_s 改为 σ_b，就可以确定相应的 λ_s。

柔度介于 λ_s 和 λ_p 之间的压杆称为**中长杆**或称**中柔度杆**。直线经验公式(11-11)仅适用于中柔度杆。对于 Q235 钢，其 $\sigma_s = 235\text{MPa}$，$a = 304\text{MPa}$，$b = 1.12\text{MPa}$。由此求得 $\lambda_s = \dfrac{a - \sigma_s}{b} = \dfrac{304 - 235}{1.12} = 61.6$。对 Q235 钢，中柔度杆的 λ 通常认为在 $60 \sim 100$。

(2)抛物线公式。抛物线公式把临界应力 σ_{cr} 和柔度 λ 表示为

$$\sigma_{cr} = a_1 - b_1 \lambda^2 \tag{11-13}$$

式中，a_1、b_1 也是与材料有关的常数，但不同于式(11-11)中的常数 a、b。

在我国的钢结构设计规范 GB 50017—2017 中，对于不能采用欧拉公式计算临界应力的中心受压直杆，采用下列形式的抛物线公式：

$$\sigma_{cr} = \sigma_s \left[1 - \alpha \left(\frac{\lambda}{\lambda_c} \right)^2 \right], \quad \lambda < \lambda_c \tag{11-14}$$

式中

$$\lambda_c = \sqrt{\frac{\pi^2 E}{0.57 \sigma_s}} \tag{11-15}$$

对于 Q235 钢、16 锰钢，式(11-14)中的系数 $\alpha = 0.43$。把 Q235 钢的屈服极限 $\sigma_s = 235\text{MPa}$，弹性模量 $E = 200\text{GPa}$ 代入式(11-14)，得

$$\sigma_{cr} = 235 - 0.00690 \lambda^2, \quad \lambda < 121 = \lambda_c \tag{11-16a}$$

对 16 锰钢，把屈服极限 $\sigma_s = 343\text{MPa}$，弹性模量 $E = 206\text{GPa}$ 代入式(11-14)，得

$$\sigma_{cr} = 343 - 0.0142 \lambda^2, \quad \lambda < 102 = \lambda_c \tag{11-16b}$$

由上述可知，对于 Q235 钢，用抛物线公式不以 $\lambda_p = 100$ 作为欧拉公式和抛物线公式的分界点，而以 $\lambda_c = 121$ 作为两者的分界点。当压杆的 $\lambda \geqslant \lambda_c$ 时，用式(11-8)计算临界应力，而 $\lambda < \lambda_c$ 时用式(11-16a)计算临界应力。

11.3.3 临界应力总图

压杆的临界应力和压杆柔度之间的 σ_{cr}-λ 曲线关系，可用图 11-8 所示的图线来表示。该图称为**压杆的临界应力总图**。图 11-8(a)是采用直线经验公式时的临界应力总图；图 11-8(b)是采用抛物线经验公式时的临界应力总图。

从图 11-8(a)中可以看出，对于由稳定性控制的细长杆和中柔度杆，它们的临界应力都随压杆柔度的增加而减小；但对于由强度控制的短粗杆，是以材料的屈服极限 σ_s 作为它的临界应力的，所以临界应力与这种压杆的柔度无关。

根据临界应力总图，可对不同柔度的压杆计算出它的临界压力。具体方法为：首先计算压杆的柔度，选择合适的计算临界应力的公式；然后使用欧拉临界应力公式、直线公式或强度条件来计算临界应力；最后将临界应力乘以压杆的横截面面积，得到临界压力。当然，如果是大柔度杆，可直接应用式(11-6)求出临界压力。

临界压力是由压杆的整体变形确定的，局部削弱(如螺钉孔等)对杆件的整体变形影响很小。所以，无论用理论公式还是经验公式计算临界应力时，都可采用未削弱前的横截面面积 A 和惯性矩 I 来计算。

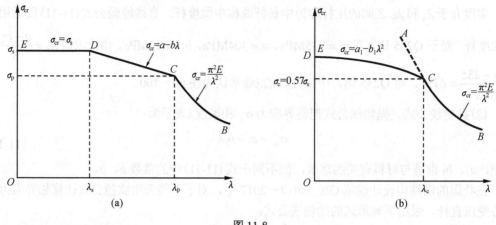

图 11-8

例 11-2　一端固定另一端自由的矩形截面钢柱，长度 $l = 1\mathrm{m}$，截面尺寸为 $60\mathrm{mm} \times 100\mathrm{mm}$，钢的弹性模量 $E = 200\mathrm{GPa}$，比例极限 $\sigma_\mathrm{p} = 250\,\mathrm{MPa}$。试求此钢柱的临界压力。

解　(1)确定杆的柔度，选定临界压力计算公式。压杆横截面的最小惯性矩为

$$I_\mathrm{min} = \frac{1}{12}hb^3 = \frac{1}{12} \times 100 \times 10^{-3} \times 60^3 \times 10^{-9} = 1.8 \times 10^{-6}\,(\mathrm{m}^4)$$

最小惯性半径为

$$i_\mathrm{min} = \sqrt{\frac{I_\mathrm{min}}{A}} = \sqrt{\frac{1.8 \times 10^{-6}}{60 \times 100 \times 10^{-6}}} = 1.732 \times 10^{-2}\,(\mathrm{m})$$

故钢柱的柔度为

$$\lambda = \frac{\mu l}{i_\mathrm{min}} = \frac{2 \times 1}{1.732 \times 10^{-2}} = 115.5$$

根据题中给定参数，则 $\lambda_\mathrm{p} = \sqrt{\dfrac{\pi^2 E}{\sigma_\mathrm{p}}} = \sqrt{\dfrac{\pi^2 \times 200 \times 10^9}{250 \times 10^6}} = 89$。所以 $\lambda > \lambda_\mathrm{p}$，钢柱属细长杆。应选用欧拉公式。

(2)计算临界压力。将相关参数代入式(11-6)，计算钢柱的临界压力为

$$F_\mathrm{cr} = \frac{\pi^2 EI}{(\mu l)^2} = \frac{\pi^2 \times 200 \times 10^9 \times 1.8 \times 10^{-6}}{(2 \times 1)^2} = 8.88 \times 10^5\,(\mathrm{N}) = 888(\mathrm{kN})$$

例 11-3　横截面尺寸为 $120\mathrm{mm} \times 200\mathrm{mm}$ 的矩形截面木柱，长度 $l = 7\mathrm{m}$，支承情形是：在最大刚度平面内弯曲时为两端铰支（图 11-9(a)），在最小刚度平面内弯曲时为两端固定（图 11-9(b)）。木材的弹性模量 $E = 10\mathrm{GPa}$，试求木柱的临界应力和临界压力。

解　在实际构件中，常常遇到一种柱状铰（图 11-9(c)）。由图可见，在 xz 平面内（最大刚度平面），轴销对杆的约束相当于铰支；在 xy 平面内（最小刚度平面），轴销对杆的约束接近于固定端。木柱在最小和最大刚度平面内的支承情形不同，需要分别计算其柔度。

(1)最大刚度 xz 平面内的柔度。考虑木柱在最大刚度平面内失稳时，如图 11-9(a)所示，横截面对 y 轴的惯性矩 I_y 和惯性半径 i_y 分别为

$$I_y = \frac{1}{12}bh^3 = \frac{1}{12} \times 120 \times 10^{-3} \times 200^3 \times 10^{-9} = 8 \times 10^{-5}\,(\mathrm{m}^4)$$

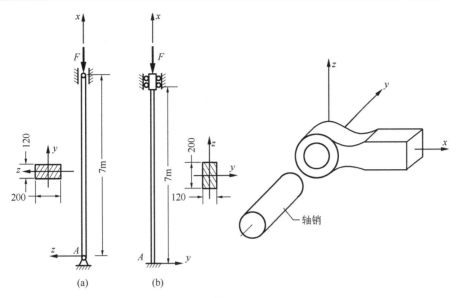

图 11-9

$$i_y = \sqrt{\frac{I_y}{A}} = \sqrt{\frac{8 \times 10^{-5}}{120 \times 200 \times 10^{-6}}} = 5.77 \times 10^{-2}\,(\text{m})$$

其柔度为
$$\lambda_y = \frac{\mu_1 l}{i_y} = \frac{1 \times 7}{5.77 \times 10^{-2}} = 121.3$$

查表 11-2，得松木的 $\lambda_p = 110$。所以 $\lambda_y > \lambda_p$。

(2) 最小刚度 xy 平面内的柔度。考虑木柱在最小刚度平面内失稳时，如图 11-9(b)所示，截面对 z 轴的惯性矩 I_z 和惯性半径 i_z 分别为

$$I_z = \frac{1}{12}hb^3 = \frac{1}{12} \times 200 \times 10^{-3} \times 120^3 \times 10^{-9} = 2.88 \times 10^{-5}\,(\text{m}^4)$$

$$i_z = \sqrt{\frac{I_z}{A}} = \sqrt{\frac{2.88 \times 10^{-5}}{120 \times 200 \times 10^{-6}}} = 3.46 \times 10^{-2}\,(\text{m})$$

对于两端固定支承，$\mu_2 = 0.5$，于是其柔度为

$$\lambda_z = \frac{\mu_2 l}{i_z} = \frac{0.5 \times 7}{3.46 \times 10^{-2}} = 101.2 < \lambda_p$$

(3) 临界压力和临界应力的计算。从上面的计算可见，木柱的最小和最大刚度平面内，它的柔度是不同的。从临界应力总图(图 11-8)中可见，对同一材料的压杆，随着柔度的增加，临界应力相应减少，所以木柱临界应力和临界压力应取柔度大的来计算。由于本题中 $\lambda_y > \lambda_z$，按 λ_y 来考虑，其临界应力为

$$\sigma_{\text{cr}} = \frac{\pi^2 E}{\lambda_y^2} = \frac{\pi^2 \times 10 \times 10^9}{121.3^2} = 6.71 \times 10^6\,(\text{Pa}) = 6.71\,(\text{MPa})$$

临界压力为
$$F_{\text{cr}} = \sigma_{\text{cr}} A = 6.71 \times 10^6 \times 120 \times 200 \times 10^{-6} = 1.610 \times 10^5\,(\text{N}) = 161.0\,(\text{kN})$$

此例说明，当构件在最小和最大刚度平面内的支承情形不同时，构件不一定在最小刚度平面内失稳，必须经过具体计算之后才能确定。

例 11-4　图 11-10 为两端铰支的圆截面连杆，外径 $D = 38\text{mm}$，内径 $d = 34\text{mm}$，杆长 $l = 600\text{mm}$，材料为硬铝，$a = 392\text{MPa}$，$b = 3.26\text{MPa}$，$\lambda_\text{p} = 50$，$\lambda_\text{s} = 0$。试求连杆的临界应力。

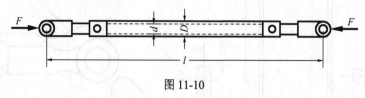

图 11-10

解　连杆为空心圆截面，其惯性矩为 $I = \dfrac{\pi}{64}(D^4 - d^4)$；横截面面积为 $A = \dfrac{\pi}{4}(D^2 - d^2)$；于是惯性半径为

$$i = \sqrt{\frac{I}{A}} = \sqrt{\frac{\frac{\pi}{64}(D^4 - d^4)}{\frac{\pi}{4}(D^2 - d^2)}} = \frac{\sqrt{D^2 + d^2}}{4} = \frac{\sqrt{38^2 + 34^2}}{4} = 12.75(\text{mm})$$

连杆的柔度 λ 为

$$\lambda = \frac{\mu l}{i} = \frac{1 \times 600}{12.75} = 47.1$$

由于 $\lambda_\text{s} < \lambda < \lambda_\text{p}$，所以连杆的临界应力应选直线公式 (11-11) 进行计算，即连杆的临界应力为

$$\sigma_\text{cr} = a - b\lambda = 392 - 3.26 \times 47.1 = 238(\text{MPa})$$

例 11-5　图 11-11 为一两端铰支的压杆，材料为 Q235 钢，截面为一薄壁圆环。若杆长 $l = 2.5\text{m}$，平均半径 $r_0 = 4\text{cm}$，试计算其临界应力（对中、小柔度杆要求用抛物线公式计算）。

解　对薄壁圆环截面，惯性矩为

$$I = \frac{\pi}{64}(D^4 - d^4) = \frac{\pi}{64}(D^2 + d^2)(D + d)(D - d) \approx \pi r_0^3 \delta$$

式中，δ 为薄壁圆环壁厚，式中近似忽略了圆环壁厚 δ 的二次以上项。

薄壁圆环截面面积 A 为

$$A = \frac{\pi}{4}(D^2 - d^2) = \frac{\pi}{4}(D + d)(D - d) = 2\pi r_0 \delta$$

薄壁圆环的惯性半径为

$$i = \sqrt{\frac{I}{A}} = \sqrt{\frac{\pi r_0^3 \delta}{2\pi r_0 \delta}} = \frac{r_0}{\sqrt{2}} = \frac{40}{\sqrt{2}} = 28.3(\text{mm})$$

图 11-11

压杆的柔度值为

$$\lambda = \frac{\mu l}{i} = \frac{1 \times 2.5 \times 10^3}{28.3} = 88.3$$

由式 (11-16a) 可知，Q235 钢的 $\lambda_\text{c} = 121$，因为 $\lambda < \lambda_\text{c}$，采用抛物线经验公式，由式 (11-16a) 得

$$\sigma_\text{cr} = 235 - 0.00690\lambda^2 = 235 - 0.00690 \times 88.3^2 = 181.2(\text{MPa})$$

例 11-6　图 11-12 所示结构中，AB 及 AC 均为圆截面杆，直径 $d=80\text{mm}$，材料为 Q235 钢，$E=200\text{GPa}$，$\lambda_p=100$，求该结构的临界载荷。如果 F 在 AB 及 AC 两杆的延长线范围内移动，试确定 F 为最大值的 θ 角，并求出对应的临界载荷值。

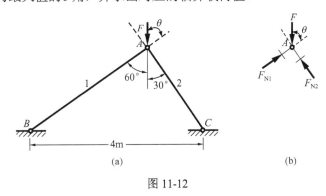

图 11-12

解　图 11-12 所示结构中两杆均为两端铰支的压杆，在确定了轴力与外载的关系后，计算出每个压杆的临界压力，再计算出由各杆临界压力确定的结构临界载荷。而结构中各杆一般不会同时失稳，静定结构中某一杆件失稳，则整个结构失稳，故选择各杆确定的最小临界载荷。

(1) 求各杆的轴力。根据平衡条件得

$$F_{N1} = F\cos 60° = \frac{1}{2}F, \qquad F = 2F_{N1}$$

$$F_{N2} = F\sin 60° = \frac{\sqrt{3}}{2}F, \quad F = \frac{2}{\sqrt{3}}F_{N2} = 1.15F_{N2}$$

(2) 计算各杆的柔度。对于圆截面杆，其惯性半径 $i=\sqrt{\dfrac{I}{A}}=\dfrac{d}{4}$，两杆两端均为铰支，长度因数均为 $\mu=1$。故两杆的柔度分别为 $\lambda_{AB}=\dfrac{\mu l_1}{i_1}=\dfrac{1\times 4000\times\cos 30°}{80/4}=173 > \lambda_p=100$；

$\lambda_{AC}=\dfrac{\mu l_2}{i_2}=\dfrac{1\times 4000\times\sin 30°}{80/4}=100=\lambda_p$，两杆均为大柔度杆。

(3) 分别计算各杆的临界轴力，确定结构的临界载荷。将各杆参数代入式 (11-6)，得

$$F_{N1}=\frac{\pi^2 EI}{(\mu l_1)^2}=\frac{\pi^2\times 200\times 10^9\times\pi\times(80\times 10^{-3})^4}{64\times(1\times 4\times\cos 30°)^2}=331\times 10^3(\text{N})=331(\text{kN})$$

故　　　　　　　　　　　　$$F_{cr1}=2F_{N1}=662\text{kN}$$

$$F_{N2}=\frac{\pi^2 EI}{(\mu l_2)^2}=\frac{\pi^2\times 200\times 10^9\times\pi\times(80\times 10^{-3})^4}{64\times(1\times 4\times\sin 30°)^2}=992\times 10^3(\text{N})=992(\text{kN})$$

故　　　　　　　　　　　　$$F_{cr2}=1.15F_{N2}=1141\text{kN}$$

结构的临界载荷取两者中较小者，即 $F_{cr}=662\text{kN}$。

当 F 在 AB 及 AC 两杆的延长线范围内 $(0<\theta<\pi/2)$ 移动时，欲使外载 F 达到最大，即两杆要同时达到各自的临界载荷 (同时失稳)，进一步讨论可知，当 $\tan\theta=3$ 时两杆同时达到临

界载荷，结构失稳的临界载荷为 1048kN。

在多杆件构成的结构中，临界载荷应选由各杆临界压力推算出的临界载荷的最小值；也可以采用由某杆确定的临界载荷，对其余杆件进行稳定校核，失稳时再重新估计载荷。

例 11-7　图 11-13 所示工字钢梁，A、B 两端搁置在刚性支座上，中点 C 处由圆管形铸铁柱支撑，柱 CH 的外径 $D=10$cm，内径 $d=6$cm，全梁受均布载荷 q(kN/m)作用，在梁的强度足够时，试计算载荷 q 的允许值。取安全系数 $n=3$，钢的弹性模量 $E_{st}=210$GPa；铸铁的弹性模量 $E_c=150$GPa，比例极限 $\sigma_p=230$MPa，强度极限 $\sigma_b=600$MPa。已知 No.36c 工字钢的截面几何性质 $I_z=17300$cm^4，$I_y=612$cm^4，$A=90.84$cm^2。

解　由题知简支梁中点有一弹性支承，故为一次超静定结构，容易确定 C 点的变形协调关系。题中给出梁的强度足够，故仅考虑压杆达到临界压力时对应的 q 值。

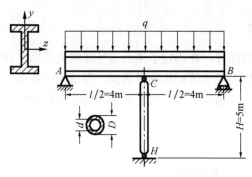

图 11-13

(1) 设铸铁管所受的轴向压力为 F_R，利用变形协调条件，C 点的位移等于管的缩短量 ΔH，即

$$y_{C,q} - y_{C,F_R} = \Delta H$$

代入简支梁受均布载荷和中面受集中力时中面的位移公式，并由胡克定律可知变形协调条件为

$$\frac{5}{384}\frac{ql^4}{E_{st}I_z} - \frac{1}{48}\frac{F_R l^3}{E_{st}I_z} = \frac{F_R H}{E_c A_c}$$

解得

$$F_R = \frac{\dfrac{5}{8}ql}{1+\dfrac{E_{st}}{E_c}\dfrac{48HI_z}{A_c l^3}} = \frac{\dfrac{5}{8}ql}{1+\dfrac{2.1}{1.5}\times\dfrac{48\times 5\times 17300\times 10^{-8}}{\dfrac{\pi}{4}\times(10^2-6^2)\times 10^{-4}\times 8^3}} = \frac{\dfrac{5}{8}ql}{1.02259} = 0.6112ql$$

(2) 由铸铁管的强度估算 q 的允许值。由题意可知许用应力为

$$[\sigma] = \frac{\sigma_b}{n} = \frac{600}{3} = 200(\text{MPa})$$

柱的强度条件为

$$\sigma = \frac{F_R}{A_c} = \frac{0.6112q_1 l}{\dfrac{\pi}{4}\times(10^2-6^2)\times 10^{-4}} \leqslant 200\times 10^6$$

解得

$$q_1 \leqslant 205.6\text{kN/m}$$

(3) 由铸铁管的稳定条件计算 q 的允许值。管两端铰支，其长度因数 $\mu=1$，相关参数为

$$\lambda_p = \sqrt{\frac{\pi^2 E}{\sigma_p}} = \pi\times\sqrt{\frac{150\times 10^9}{230\times 10^6}} = 80.2$$

$$I = \frac{\pi}{64}(D^4-d^4) = \frac{\pi}{64}\times(10^4-6^4) = 427.3(\text{cm}^4) = 427.3\times 10^{-8}(\text{m}^4)$$

$$i = \sqrt{\frac{I}{A_c}} = \frac{\sqrt{D^2 + d^2}}{4} = \frac{\sqrt{10^2 + 6^2}}{4} = 2.92(\text{cm})$$

$$\lambda = \frac{\mu H}{i} = \frac{1 \times 500}{2.92} = 171.2 > \lambda_p$$

故铸铁管为细长杆，由欧拉公式计算临界载荷：

$$F_{cr} = \frac{\pi^2 EI}{(\mu H)^2} = \frac{\pi^2 \times 150 \times 10^9 \times 427.3 \times 10^{-8}}{(1 \times 5)^2} = 253.0 \times 10^3 (\text{N}) = 253.0(\text{kN})$$

由稳定条件，则有

$$F_R = 0.6112 q_2 l \leqslant \frac{F_{cr}}{n_{st}} = \frac{253.0 \times 10^3}{3} = 84.3 \times 10^3 (\text{N}) = 84.3(\text{kN})$$

解得

$$q_2 \leqslant 17.2 \text{kN/m}$$

(4) 确定临界载荷。比较两种情况确定的 q 值，可见应由铸铁柱的稳定性控制载荷的允许值，取

$$[q] = 17.2 \text{kN/m}$$

本例为超静定与压杆稳定结合的题目，必须先求解超静定问题，然后分别由受压铸铁管的强度条件和稳定条件求出两个许可载荷数值，必要时还应考虑横梁的强度条件，在其中选出一个最小值为载荷的允许值。计算结果表明，当强度和稳定问题并存时，若题目无特别要求，可仅计算稳定性对应的临界载荷，强度问题可不考虑。

11.4 压杆的稳定计算

对于工程实际中的压杆，为了使其能正常工作而不丧失稳定，必须进行稳定计算。即要求压杆所承受的轴向压力 F 小于它的临界压力 F_{cr}。为安全起见，应使压杆有足够的稳定性，还要考虑一定的安全裕度。因此，压杆的稳定条件为

$$n = \frac{F_{cr}}{F} \geqslant n_{st} \tag{11-17}$$

式中，F 为压杆的工作压力；F_{cr} 为压杆的临界压力；n_{st} 为规定的稳定安全系数。

由于压杆存在初曲率和载荷偏心等不利因素的影响，n_{st} 值一般规定得比强度安全系数要高一些，并且 λ 越大，n_{st} 也应越大。下面列出几种常用零件稳定安全系数的参考数值：

金属结构中的压杆	$n_{st} = 1.8 \sim 3.0$	机床走刀丝杆	$n_{st} = 2.5 \sim 4$
水平长丝杠或精密丝杠	$n_{st} > 4$	磨床油缸活塞杆	$n_{st} = 4 \sim 6$
低速发动机挺杆	$n_{st} = 4 \sim 6$	高速发动机挺杆	$n_{st} = 2 \sim 5$
起重螺旋	$n_{st} = 3.5 \sim 5$		

其他构件的稳定安全系数参考数值可从相关专业手册中查得。

与构件强度计算相类似，压杆的稳定计算也可分为三类问题，即稳定校核、确定许可载荷和设计截面。

例 11-8 氧气压缩机的活塞杆由优质碳钢制成，$\sigma_s = 306\text{MPa}$，$\sigma_p = 280\text{MPa}$，$E = 210\text{GPa}$。活塞杆长度 $l = 703\text{mm}$，直径 $d = 45\text{mm}$，最大压力 $F_{\max} = 41.6\text{kN}$，规定稳定安全系数 $n_{st} = 8 \sim 10$。试校核其稳定性。

解 由式(11-9)求得

$$\lambda_p = \sqrt{\frac{\pi^2 E}{\sigma_p}} = \sqrt{\frac{\pi^2 \times 210 \times 10^9}{280 \times 10^6}} = 86.0$$

活塞杆可简化成两端铰支的压杆，所以 $\mu = 1$。活塞杆的截面为圆形，$i = d/4$，柔度为

$$\lambda = \frac{\mu l}{i} = \frac{4\mu l}{d} = \frac{4 \times 1 \times 703}{45} = 62.5 < \lambda_p$$

故不能用欧拉公式计算临界应力。若使用直线公式，由表 11-2 查得优质碳钢的 $a = 460\text{MPa}$，$b = 2.57\text{MPa}$，$\lambda_s = 60$。可见活塞杆的柔度 λ 介于 λ_p 和 λ_s 之间，是中柔度杆。由直线经验公式求得临界应力为

$$\sigma_{cr} = a - b\lambda = 460 - 2.57 \times 62.5 = 299.4(\text{MPa})$$

临界压力为

$$F_{cr} = \sigma_{cr} A = 299.4 \times 10^6 \times \frac{\pi}{4} \times 45^2 \times 10^{-6} = 4.762 \times 10^5(\text{N}) = 476.2(\text{kN})$$

活塞杆的工作安全系数为

$$n = \frac{F_{cr}}{F} = \frac{476.2 \times 10^3}{41.6 \times 10^3} = 11.45 > n_{st}$$

故压杆满足稳定性要求。

例 11-9 钢柱长 $l = 7\text{m}$，两端固定，材料是 Q235 钢，规定的稳定安全系数 $n_{st} = 3$，横截面由两个 No.10 槽钢组成(图 11-14)。已知材料的弹性模量 $E = 200\text{GPa}$，试求当两槽钢靠紧(图 11-14(a))和离开(图 11-14(b))时钢柱的许可载荷。

解 (1)两槽钢靠紧的情形。从附录 D 中查 No.10 槽钢得

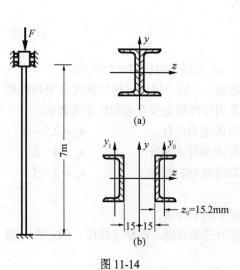

图 11-14

$$A = 12.74 \times 2 = 25.5(\text{cm}^2)$$

$$I_y = 54.9 \times 2 = 109.8(\text{cm}^4)$$

$$i_y = i_{\min} = \sqrt{\frac{I_y}{A}} = \sqrt{\frac{109.8}{25.5}} = 2.08(\text{cm})$$

钢柱的柔度为

$$\lambda_y = \frac{\mu l}{i_y} = \frac{0.5 \times 700}{2.08} = 168.3$$

查表 11-2，Q235 钢的 $\lambda_p = 100$。故 $\lambda_y > \lambda_p$，该钢柱为大柔度杆。由式(11-6)计算临界压力：

$$F_{cr} = \frac{\pi^2 EI}{(\mu l)^2} = \frac{\pi^2 \times 200 \times 10^9 \times 109.8 \times 10^{-8}}{(0.5 \times 7)^2}$$

$$= 1.769 \times 10^5(\text{N}) = 176.9(\text{kN})$$

由式(11-17)计算钢柱的许可载荷 F，得

$$F \leqslant \frac{F_{cr}}{n_{st}} = \frac{176.9}{3} = 59.0(kN)$$

(2)两槽钢离开的情形。从附录 D 中查 No.10 槽钢可得

$$I_z = 198 \times 2 = 396 cm^4, \quad I_{y1} = 25.6 cm^4, \quad z_0 = 1.52 cm$$

根据平行移轴公式，得截面对 y 轴的惯性矩为

$$I_y = 2\left[I_{y1} + \frac{A}{2}\left(z_0 + \frac{3}{2}\right)^2\right] = 2 \times [25.6 + 12.74 \times (1.52 + 1.5)^2] = 284(cm^4)$$

惯性半径为

$$i_y = \sqrt{\frac{I_y}{A}} = \sqrt{\frac{284}{25.5}} = 3.34(cm)$$

比较以上数值，应取

$$i_{min} = i_y = 3.34 cm$$

钢杆的最大柔度为

$$\lambda_y = \frac{\mu l}{i_{min}} = \frac{0.5 \times 700}{3.34} = 104.8 > \lambda_p = 100$$

由式(11-6)计算临界压力：

$$F_{cr} = \frac{\pi^2 EI}{(\mu l)^2} = \frac{\pi^2 \times 200 \times 10^9 \times 284 \times 10^{-8}}{(0.5 \times 7)^2} = 4.58 \times 10^5 (N) = 458(kN)$$

由式(11-17)计算钢柱的许可载荷 F，则

$$F \leqslant \frac{F_{cr}}{n_{st}} = \frac{458}{3} = 152.7(kN)$$

将这两种情形进行比较，可知两槽钢靠紧时许可载荷较小。因此，为了提高压杆的稳定性，可将两槽钢拉开一定距离，以增加它对 y 轴的惯性矩 I_y；拉开的距离，最好能使 I_y 与 I_z 相等，使压杆在两个方向有相等的抵抗失稳的能力。根据这样的原则来设计压杆的截面形状相对比较合理。

例 11-10 图 11-15 为结构的四根立柱，每根承受 $F/4$ 的压力，已知立柱由低碳钢制成，材料的弹性模量 $E = 206 GPa$，比例极限为 $\sigma_p = 220 MPa$，立柱长度 $l = 3m$，集中力 $F = 1000 kN$，规定稳定安全系数 $n_{st} = 4$，试按稳定条件设计立柱的直径 d。

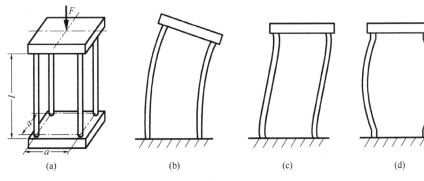

图 11-15

解　为了确定图 11-15(a) 所示结构的长度因数，应首先分析压杆可能的弯曲状态，可能的弯曲状态如图 11-15(b)～(d) 所示。实际上，图 11-15(b) 的形状是不可能出现的，这是由于每根立柱的承载情况相同，支撑条件及立柱的刚度均相同。图 11-15(d) 的情况也不可能出现，因为对于图 11-15(d) 的形状，有 $\mu=0.5$，其临界应力是图 11-15(c) 的 4 倍，因此不可能按图 11-15(d) 的形状弯曲，只能按图 11-15(c) 的形状弯曲。而图 11-15(c) 的形状是正弦波形的 1/2，即图 11-6(d) 所示形式，故取 $\mu=1$。

(1) 确定每根立柱的临界力。由题意可知每根立柱承受相同载荷，即每根立柱承受的压力为

$$\frac{F}{4}=\frac{1000}{4}=250(\text{kN})$$

故其临界压力

$$F_{\text{cr}}=n_{\text{st}}\times\frac{F}{4}=4\times250=1000(\text{kN})$$

(2) 确定立柱的直径。要确定立柱的直径，首先确定临界力的公式，由于直径尚未确定，无法求出立柱的柔度，无法判定是用欧拉公式还是用经验公式计算。为此，在计算时先用欧拉公式确定立柱的直径，进而验证其是否满足使用欧拉公式的条件。由欧拉公式求出临界压力为

$$F_{\text{cr}}=\frac{\pi^2 EI}{(\mu l)^2}=\frac{\pi^2\times206\times10^9\times\pi d^4}{64\times(1\times3)^2}=1000(\text{kN})$$

由此解出 $d=97.4\text{mm}$，取 $d=98\text{mm}$。

(3) 验证是否满足欧拉公式条件。对圆形截面 $i=d/4$，故立柱的柔度为

$$\lambda=\frac{\mu l}{i}=\frac{1\times3000}{\dfrac{1}{4}\times98}=122.4$$

与比例极限对应的柔度为

$$\lambda_{\text{p}}=\sqrt{\frac{\pi^2 E}{\sigma_{\text{p}}}}=\sqrt{\frac{\pi^2\times206\times10^9}{220\times10^6}}=96.1$$

$\lambda>\lambda_{\text{p}}$，用欧拉公式计算临界压力是正确的。

11.5　稳定系数法

在 11.4 节中得到由安全系数表示的稳定性条件式 (11-17)，即

$$n=\frac{F_{\text{cr}}}{F}\geqslant n_{\text{st}}$$

也可以把上面的条件改写为

$$\frac{F}{A}\leqslant\frac{1}{n_{\text{st}}}\frac{F_{\text{cr}}}{A}$$

或

$$\sigma\leqslant\frac{1}{n_{\text{st}}}\sigma_{\text{cr}}$$

引用记号
$$[\sigma_{st}]=\frac{\sigma_{cr}}{n_{st}}$$

稳定性条件可以用应力的形式表达为　　　$\sigma \leqslant [\sigma_{st}]$

　　这里的$[\sigma_{st}]$也可以看作稳定问题中的许用应力。由于临界应力σ_{cr}随压杆的柔度变化，对不同柔度的压杆又规定不同的稳定安全系数n_{st}，所以$[\sigma_{st}]$是柔度λ的函数。在起重机械、桥梁和房屋的结构设计中，往往用规定$[\sigma_{st}]$与强度许用应力$[\sigma]$之间比值的方法来确定$[\sigma_{st}]$，即规定

$$[\sigma_{st}]=\varphi\,[\sigma]$$

φ为**稳定系数**。由于$[\sigma_{st}]$是λ的函数，所以φ也是λ的函数。又因$[\sigma_{st}]$总小于$[\sigma]$，只有当λ很小时，$[\sigma_{st}]$才接近$[\sigma]$，所以φ是一个小于1的系数。

　　引用稳定系数φ，稳定性条件可以改写成

$$\sigma \leqslant \varphi[\sigma] \tag{11-18}$$

　　常用材料压杆的稳定系数φ的数值，在我国的结构设计规范中可以查出。在钢结构设计规范 GB 50017—2017 中，根据我国常用构件的截面形式、尺寸和加工条件，规定了相应的残余应力变化规律，并考虑了$l/1000$的弯曲度，计算了96根压杆的稳定系数φ与柔度λ间的关系值，然后把承载能力相近的截面归并为a、b、ba、c、cb类(表 11-3)，根据不同材料分别给出a、b、c三类截面在不同柔度λ下的φ值，以供压杆设计时应用。其中a类的残余应力影响较小，稳定性较好；c类的残余应力影响较大，或截面没有双对称轴，需考虑扭转失稳的影响，其稳定性差。b类为除a类和c类以外的其他各种截面，基本上多数情况可取作b类。附录 E 是 Q235 钢的稳定系数。

　　对于木制压杆的稳定系数φ值，可参阅木结构设计规范 GB 50005—2017。对于其他材料，可参阅相应的设计规范。

　　对已有的压杆来说，其λ已知，可直接由附录 E 查出稳定系数φ，有时还可以根据有关设计规范将计算与试验得出的λ与φ的数值绘制成φ-λ曲线，由具体结构的λ值，直接从曲线上找出对应的φ值。然后代入式(11-18)即可进行稳定校核或求许可载荷，用式(11-18)设计压杆的截面是比较方便的。由于式中有A和φ两个未知量，其中的φ与λ有关，λ又与A的大小有联系，所以要用逐次逼近法才能选定压杆所需的横截面面积。

表 11-3　中心受压直杆的截面分布

类别	截面形式和对应轴	
a 类	轧制，$b/h \leqslant 0.8$，对 x 轴	轧制，对任意轴
ba 类	轧制，$b/h > 0.8$，对 x 轴	轧制(等边角钢)对 x、y 轴
cb 类	轧制，$b/h > 0.8$，对 y 轴	

续表

类别	截面形式和对应轴	
b 类	轧制，$b/h \leqslant 0.8$，对 y 轴	
	焊接，翼缘为焰切边，对 x、y 轴	焊接，翼缘为轧制或剪切边，对 x 轴
	轧制对 x、y 轴	轧制或焊接对 x 轴
		焊接对任意轴
	轧制或焊接对 y 轴	轧制对 x、y 轴
	焊接对 x、y 轴	
	结构式对 x、y 轴	
c 类	焊接，翼缘为轧制或剪切边，对 y 轴	轧制或焊接对 y 轴
	轧制或焊接对 x 轴	无任何对称轴的截面，对任意轴
		板件厚度大于 40mm 的焊接实腹截面，对任意轴

注：① 当槽形截面用于结构式构件的分肢，计算分肢对垂直于腹板轴的稳定性时，应按 b 类截面考虑。

② 分类表摘自钢结构设计规范 GB 50017—2017。

③ ba 类含义为 Q235 钢取 b 类，Q345、Q390、Q420 和 Q460 取 a 类；cb 类含义为 Q235 钢取 c 类，Q345、Q390、Q420 和 Q460 取 b 类。

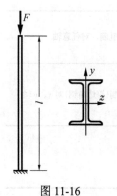

图 11-16

例 11-11　图 11-16 为一端固定一端自由的压杆，截面为工字形，材料为 Q235 钢。已知压力 $F = 240\text{kN}$，杆长 $l = 1.5\text{m}$，材料的许用应力 $[\sigma] = 140\text{MPa}$，试选择工字钢的型号。

解　因为工字钢型号还未确定，这样就不能计算杆的柔度 λ，φ 值也无法确定，不能用式(11-18)进行校核。因此，在设计截面时，需采用逐次逼近法。

(1)第一次试算。取 $\varphi_1 = 0.5$，得到

$$A = \frac{F}{\varphi[\sigma]} = \frac{240 \times 10^3}{0.5 \times 140} = 3429(\text{mm}^2)$$

从附录 D 查得，No.20a 工字钢的横截面面积 $A = 35.55\text{cm}^2$，$I_y = 158\text{cm}^4$，$i_y = 2.12\text{cm}$；$I_z = 2370\text{cm}^4$，$i_z = 8.15\text{cm}$。于是算得该杆的柔度为

$$\lambda_y = \frac{\mu l}{i_y} = \frac{2\times1500}{21.2} = 141.5 ， \lambda_z = \frac{\mu l}{i_z} = \frac{2\times1500}{81.5} = 36.8$$

对于工字钢截面，一般 $I_z \gg I_y$，故应从附录 E-2 中查柔度较大者对应的稳定系数。由 $\lambda = 141.0$，查得 $\varphi = 0.341$，由 $\lambda = 142.0$，查得 $\varphi = 0.337$，使用线性插值法，可得

$$\varphi_1' = 0.341 - \frac{141.5-141.0}{142.0-141.0}\times(0.341-0.337) = 0.339$$

若取 No.20a 工字钢，则

$$\sigma = \frac{240\times10^3}{35.55\times10^{-4}} = 67.5\times10^6(\text{Pa}) = 67.5(\text{MPa})$$

$$[\sigma_{\text{st}}] = \varphi_1'[\sigma] = 0.339\times140 = 47.5(\text{MPa})$$

工作应力超过稳定许用应力，需作第二次试算。

(2) 第二次试算。取

$$\varphi_2 = \frac{\varphi_1 + \varphi_1'}{2} = \frac{0.5+0.339}{2} = 0.420$$

由式 (11-18) 得 $A \geq \dfrac{F}{\varphi[\sigma]}$，即

$$A \geq \frac{240\times10^3}{0.420\times140\times10^6} = 4082\times10^{-6}(\text{m}^2) = 4082(\text{mm}^2)$$

从附录 D 查得，No.22a 工字钢的横截面面积 $A = 42.10\text{cm}^2$，$I_y = 225\text{cm}^4$，$i_y = 2.31\text{cm}$。代入柔度公式，得

$$\lambda_y = \frac{2\times1500}{23.1} = 129.9$$

从附录 E-2 查得 $\lambda = 129.0$ 时，$\varphi = 0.392$；$\lambda = 130.0$ 时，$\varphi = 0.387$。线性插值后的 $\varphi_2' = 0.388$。

若取 No.22a 工字钢，则

$$\sigma = \frac{240\times10^3}{42.10\times10^{-4}} = 57.0(\text{MPa}), \quad [\sigma_{\text{st}}] = \varphi_2'[\sigma] = 0.388\times140 = 54.3(\text{MPa})$$

工作应力仍超过稳定许用应力，需作第三次试算。

(3) 第三次试算。取

$$\varphi_3 = \frac{\varphi_2 + \varphi_2'}{2} = \frac{0.420+0.388}{2} = 0.404$$

得到

$$A \geq \frac{240\times10^3}{0.404\times140\times10^6} = 4243\times10^{-6}(\text{m}^2) = 4243(\text{mm}^2)$$

从附录 D 查得，No.22b 工字钢的横截面面积 $A = 46.50\text{cm}^2$，$I_y = 239\text{cm}^4$，$i_y = 2.27\text{cm}$。代入柔度公式得 $\lambda_y = \dfrac{2\times1500}{22.7} = 132.2$。从附录 E-2 查得 $\lambda = 132.0$ 时，稳定系数 $\varphi = 0.378$；

$\lambda = 133.0$ 时，稳定系数 $\varphi = 0.374$。经线性插值求得
$$\varphi'_3 = 0.377$$

若取 No.22b 工字钢，则
$$\sigma = \frac{240 \times 10^3}{46.5 \times 10^{-4}} = 51.6(\text{MPa})，[\sigma_{\text{st}}] = \varphi'_3[\sigma] = 0.377 \times 140 = 52.8(\text{MPa})$$

因此，选择 No.22b 工字钢满足稳定性条件。

11.6　提高压杆稳定性的措施

从前几节讨论可知，影响压杆稳定性的主要因素有压杆的截面形状、长度、约束条件和材料性质等。要提高压杆的稳定性，也需从这几个方面考虑。

11.6.1　选择合理的截面形状

从临界应力总图（图 11-8(a)）可见，柔度 λ 越小，临界应力越高。由于 $\lambda = \dfrac{\mu l}{i}$，所以提高惯性半径 i 的数值就能减小 λ 的数值。例如，不增加截面面积，尽可能把材料放在离截面形心较远处，以取得较大的 I 和 i，等于提高了临界应力。如图 11-17 所示，若两截面面积相同，则环形截面的惯性半径 i 和惯性矩 I 都远大于实心圆形截面，采用空心的圆环形截面比实心圆形截面更合理。

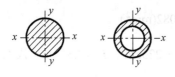

图 11-17

若压杆在各个纵向平面内相当长度 μl 相同，应使截面对任一形心轴的 i 相等或接近相等，使压杆在任一纵向平面内有相等或接近相等的稳定性。若压杆在不同的纵向平面内，相当长度 μl 不相同，这就要求在两个形心主惯性平面内的柔度接近相等，这样，在两个过形心主惯性轴的纵向平面内仍有接近相等的稳定性。

11.6.2　减小压杆的支承长度

由前面的讨论可知，随着压杆长度的增加，柔度 λ 相应增加，临界应力减小。因此在条件允许时，尽可能减小压杆的长度，或在压杆的中间增加支座，可提高压杆的稳定性。

11.6.3　改善杆端约束情形

由压杆柔度公式(11-7)可知，若杆端约束刚性越强，则压杆长度因数 μ 越小，即柔度越小，可使临界应力提高。因此，尽可能改善杆端约束情形，加强杆端约束的刚性，可提高压杆的稳定性。

11.6.4　合理选择材料

细长压杆的临界压力和临界应力由欧拉公式(11-6)和式(11-8)计算，可见临界力的大小与材料的弹性模量 E 有关。选择 E 较大的材料，可提高细长压杆的临界压力。但应注意，由

于各种钢材的 E 值大致相同，选择优质钢材或低碳钢并无很大差别。所以，对细长压杆来说，选用高强度钢制作压杆是不必要的。对中、小柔度杆，无论经验公式还是理论分析都说明临界力与材料的强度有关，优质钢材在一定程度上可提高临界应力的数值。柔度很小的短粗杆，本来就是强度问题，优质钢的强度高，其优越性自然是明显的。

11.7 纵横弯曲的概念

杆件在受到横向力和轴向力同时作用时，若杆件的刚度较小，弯曲变形较大，则轴向力对弯曲变形的影响不能忽略。这类同时考虑横向力和轴向力的弯曲变形问题称为**纵横弯曲**。

如图 11-18 所示的杆件，同时受横向力 F_y 和纵向力 F_x 作用。设弯曲变形发生于杆件的一个主惯性平面内，抗弯刚度为 EI。设 x 截面处挠度为 y，在 AC 和 CB 段内的挠曲线微分方程分别为

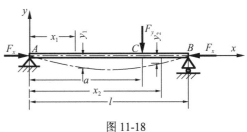

图 11-18

$$EI\frac{\mathrm{d}^2 y_1}{\mathrm{d}x_1^2} = M_1(x_1) = \frac{F_y(l-a)}{l}x_1 - F_x y_1, \quad 0 \leqslant x_1 \leqslant a \tag{a}$$

$$EI\frac{\mathrm{d}^2 y_2}{\mathrm{d}x_2^2} = M_2(x_2) = \frac{F_y(l-a)}{l}x_2 - F_y(x_2-a) - F_x y_2, \quad a \leqslant x_2 \leqslant l \tag{b}$$

令 $k^2 = \dfrac{F_x}{EI}$ ，式(a)和式(b)分别化为

$$\frac{\mathrm{d}^2 y_1}{\mathrm{d}x_1^2} + k^2 y_1 = k^2 \frac{F_y}{F_x}\frac{l-a}{l}x_1$$

$$\frac{\mathrm{d}^2 y_2}{\mathrm{d}x_2^2} + k^2 y_2 = k^2 \frac{F_y}{F_x}\frac{l-a}{l}x_2 - k^2 \frac{F_y}{F_x}(x_2-a)$$

两微分方程的解分别为

$$y_1(x_1) = A\sin kx_1 + B\cos kx_1 + \frac{F_y}{F_x}\frac{l-a}{l}x_1$$

$$y_2(x_2) = C\sin kx_2 + D\cos kx_2 + \frac{F_y}{F_x}\frac{l-a}{l}x_2 - \frac{F_y}{F_x}(x_2-a)$$

利用位移边界条件，在 $x_1 = 0$ 处 $y_1 = 0$，在 $x_2 = l$ 处 $y_2 = 0$，以及 C 截面的光滑连续条件，即在 $x_1 = x_2 = a$ 处 $y_1 = y_2$ 和 $y_1' = y_2'$，可得

$$B = 0, \quad C\sin kl + D\cos kl = 0$$

$$A\sin ka + B\cos ka + \frac{F_y}{F_x}\frac{l-a}{l}a = C\sin ka + D\cos ka + \frac{F_y}{F_x}\frac{l-a}{l}a$$

$$Ak\cos ka - Bk\sin ka + \frac{F_y}{F_x}\frac{l-a}{l} = Ck\cos ka - Dk\sin ka + \frac{F_y}{F_x}\frac{l-a}{l} - \frac{F_y}{F_x}$$

联立求解，得　　　$A = -\dfrac{F_y}{F_x} \dfrac{\sin k(l-a)}{k \sin kl}$，$B = 0$，$C = \dfrac{F_y \sin ka}{k F_x \tan kl}$，$D = -\dfrac{F_y \sin ka}{F_x k}$

于是得挠曲线方程为

$$y_1(x_1) = -\frac{F_y}{F_x} \frac{\sin k(l-a)}{k \sin kl} \sin kx_1 + \frac{F_y}{F_x} \frac{l-a}{l} x_1 \tag{c}$$

$$y_2(x_2) = \frac{F_y}{F_x} \frac{\sin ka}{k \tan kl} \sin kx_2 - \frac{F_y}{F_x} \frac{\sin ka}{k} \cos kx_2 + \frac{F_y}{F_x} \frac{l-a}{l} x_2 - \frac{F_y}{F_x}(x_2-a) \tag{d}$$

在横向力作用于杆件中点的特殊情形，$a = \dfrac{l}{2}$，由式（c）可求得中点挠度 δ 为

$$\delta = -\frac{F_y}{F_x} \frac{\sin^2 \dfrac{kl}{2}}{k \sin kl} + \frac{F_y l}{4 F_x} = -\frac{F_y}{2 k F_x} \tan \frac{kl}{2} + \frac{F_y l}{4 F_x} \tag{e}$$

最大弯矩为

$$M_{max} = \frac{F_y}{2k} \tan \frac{kl}{2} \tag{f}$$

引用记号

$$\frac{kl}{2} = \frac{l}{2} \sqrt{\frac{F_x}{EI}} = u$$

式（e）和式（f）可写成　　$\delta = -\dfrac{F_y}{2 F_x k} \tan u + \dfrac{F_y l}{4 F_x} = -\dfrac{F_y l^3}{48 EI}\left(\dfrac{3 \tan u - 3u}{u^3}\right)$ 　(g)

$$M_{max} = \frac{F_y}{2k} \tan u = \frac{F_y l}{4}\left(\frac{\tan u}{u}\right) \tag{h}$$

式（g）和式（h）等号右边的第一个因子代表仅作用横向力 F_y 时的挠度和弯矩。而第二个因子代表轴向力 F_x 对挠度和弯矩的影响。由于 δ 和 M_{max} 与 u（即与 F_x）的关系是非线性的，所以叠加原理不适用。

若 F_x 接近临界力 $\dfrac{\pi^2 EI}{l^2}$，即 u 趋近 $\dfrac{\pi}{2}$，式（g）和式（h）中的第二个因子皆趋向于无限大。说明横向载荷无论多么微小，杆件都将失去稳定。因而也可把纵横弯曲中使弯曲变形趋向无限大的轴向压力，定义为临界压力。

若 EI 很大，即 u 很小，式（g）和式（h）中的等号右边第二个因子都将趋于 1。在这种情形下，可采用第 10 章中组合变形的处理方法，作为弯曲与压缩的组合变形问题处理。

求出最大弯矩后，不难计算出纵横弯曲中的最大应力为

$$\sigma_{max} = \frac{F_x}{A} + \frac{M_{max}}{W}$$

例 11-12　一端固定另一端自由的大柔度直杆，其横截面面积为 A，抗弯刚度为 EI，弯曲截面系数 W 均已知。压力 F 以小偏心距 e 作用于杆的自由端，如图 11-19（a）所示。试导出下列各量的表达式：(1) 杆的最大挠度 δ；(2) 杆内最大弯矩 M_{max}；(3) 杆横截面上的最大应力。

解　(1) 列出微分方程。杆的任一截面上，其弯矩由图 11-19（b）可知

$$M(x) = F(e + \delta - y)$$

代入挠曲线近似微分方程，得

$$\frac{\mathrm{d}^2 y}{\mathrm{d}x^2} = \frac{M}{EI} = \frac{F}{EI}(e + \delta - y) \qquad \text{(i)}$$

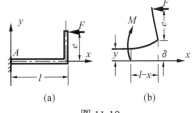

图 11-19

令 $k^2 = \dfrac{F}{EI}$，则式 (i) 化为

$$\frac{\mathrm{d}^2 y}{\mathrm{d}x^2} + k^2 y = k^2(e + \delta) \qquad \text{(j)}$$

(2) 解微分方程。式 (j) 的解为

$$y = A\sin kx + B\cos kx + e + \delta \qquad \text{(k)}$$

由边界条件可知，在 $x = 0$ 处，$\dfrac{\mathrm{d}y}{\mathrm{d}x} = 0$，得 $A = 0$；在 $x = 0$ 处，$y = 0$，得 $B + e + \delta = 0$。于是

$$y = (e + \delta)(1 - \cos kx) \qquad \text{(l)}$$

在 $x = l$ 处，$y = \delta$，由式 (i) 得 $\qquad \dfrac{\mathrm{d}^2 y}{\mathrm{d}x^2} = \dfrac{M}{EI} = \dfrac{Fe}{EI} = k^2 e \qquad \text{(m)}$

对式 (l) 求二阶导数，并与式 (m) 相等，得

$$(e + \delta)k^2 \cos kl = k^2 e \qquad \text{(n)}$$

解得

$$\delta = e\frac{1 - \cos kl}{\cos kl}$$

将 δ 代入式 (l)，得 $\qquad y = (e + \delta)(1 - \cos kx) = \dfrac{e}{\cos kl}(1 - \cos kx) \qquad \text{(o)}$

(3) 杆的最大挠度。由图 11-19 可知在 $x = l$ 处挠度最大，即

$$y_{\max} = \delta = e\frac{1 - \cos kl}{\cos kl}$$

从上式中可以看出，当 $\cos kl = 0$ 时，挠度为无限大。此时 $kl = \dfrac{\pi}{2}$，即 $F = \dfrac{\pi^2 EI}{(2l)^2}$。由此可见，当外力 F 达到一端固定另一端自由压杆的临界力时，挠度为无限大，杆件失稳。

(4) 杆内最大弯矩。对挠曲线方程式 (o) 求二阶导数，得

$$\frac{\mathrm{d}^2 y}{\mathrm{d}x^2} = ek^2 \frac{\cos kx}{\cos kl}$$

从上式可以看出，当 $x = 0$ 时，$\dfrac{\mathrm{d}^2 y}{\mathrm{d}x^2}$ 取得极值，故最大弯矩在固定端处，其值为

$$M_{\max} = EI\frac{\mathrm{d}^2 y}{\mathrm{d}x^2} = \frac{ek^2 EI}{\cos kl} = \frac{Fe}{\cos kl}$$

(5) 横截面上的最大应力为

$$\sigma_{\max} = \frac{F}{A} + \frac{M_{\max}}{W} = \frac{F}{A} + \frac{Fe}{W\cos kl}$$

思　考　题

11.1　如何区别压杆的稳定平衡和不稳定平衡？

11.2　欧拉公式是如何建立的？应用该公式的条件是什么？

11.3　何谓长度因数、相当长度和柔度？

11.4　如何区分大、中、小柔度杆？它们的临界应力是如何确定的？如何绘制临界应力总图？

11.5　证明所有几何相似，且材料、端部支承方式都相同的压杆，其临界应力相同。

11.6　在对压杆进行稳定计算时，怎样判别杆在哪个平面内失稳？

11.7　为什么对梁通常采用矩形截面，对压杆则宜采用正方形截面？

11.8　判定一根压杆属于细长杆、中长杆还是短粗杆时，需全面考虑压杆的哪些因素？

11.9　今有两种压杆，一为中长杆，另一为细长杆。在计算压杆临界力时，若中长杆误用细长杆公式，而细长杆误用中长杆公式，其后果是什么？

11.10　压杆由四个相同的等边角钢组合而成。假设压杆在各个纵向平面内的相当长度相同，从稳定性角度考虑，采用图示的哪种排列方式较合理？为什么？

11.11　图示结构由四段等长的细长杆组成，且各段 EI 相同。在力 F 作用下，哪段最先失稳？

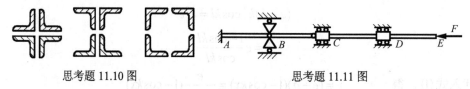

思考题 11.10 图　　　　　　　　　　思考题 11.11 图

习　题

11-1　两端为球铰的压杆的横截面为如图所示的不同形状时，压杆会在哪个平面内失稳(即失稳时横截面绕哪个轴转动)？

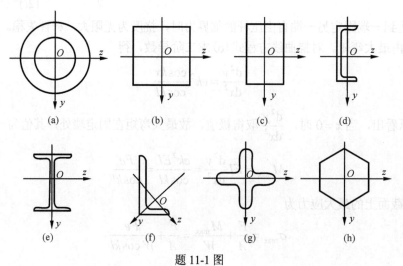

题 11-1 图

11-2 大柔度杆如图所示,各杆的材料和截面均相同,试问哪一根杆能承受的压力最大,哪一根杆最小?

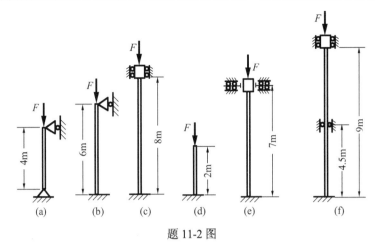

题 11-2 图

11-3 图示结构由铅垂刚性杆和两根钢丝绳组成,刚性杆的上端受铅垂压力 F,钢丝绳的横截面面积为 A,弹性模量为 E,钢丝绳的初拉力为零。设结构不能在垂直于图面方向运动,试求该结构的临界压力 F_{cr}。

11-4 一根钢柱长 5m,两端固定,横截面尺寸如图所示。已知材料的弹性模量 $E = 200$GPa,比例极限 $\sigma_p = 360$MPa,试求其临界载荷。

11-5 压杆如图所示,材料为 Q235 钢,材料的弹性模量 $E = 200$GPa,比例极限 $\sigma_p = 200$MPa,屈服极限 $\sigma_s = 235$MPa,材料的相关参数 $a = 304$MPa,$b = 1.12$MPa。横截面有四种形式,但其面积均为 5000mm²,试在上述四种情形下分别计算压杆的临界载荷,并进行比较。

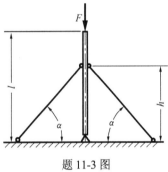

题 11-3 图

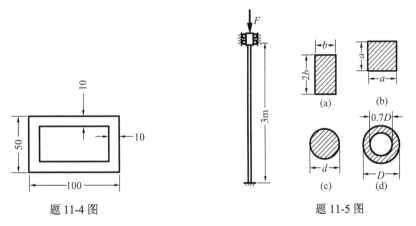

题 11-4 图   题 11-5 图

11-6 三根圆截面压杆,直径均为 $d = 160$mm,材料为 Q235 钢,材料弹性模量 $E = 200$GPa,屈服极限 $\sigma_s = 235$MPa,比例极限 $\sigma_p = 200$MPa,$a = 304$MPa,$b = 1.12$MPa。两端均为铰支,长度分别为 l_1、l_2、l_3,且 $l_1 = 2$m,$l_2 = 3$m,$l_3 = 5$m。试求各杆的临界压力 F_{cr}。

11-7　正方形桁架如图所示，各杆的抗弯刚度 EI 均相同，并均为细长杆，试问当载荷 F 为何值时结构中的个别杆件将失稳？若将载荷 F 的方向改为向内，则使杆件产生失稳现象的载荷又为何值？

11-8　平面结构如图所示，AB 为刚性横梁，杆 1 和杆 2 均为由 Q235 钢制成的细长杆，材料的弹性模量 $E=200\text{GPa}$，截面为圆形 $d_1=30\text{mm}$，$d_2=26\text{mm}$，$l=1300\text{mm}$。试求此结构的临界载荷 F_{cr}。

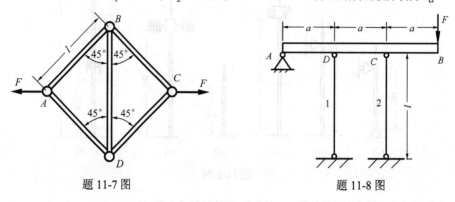

题 11-7 图　　　　　　　　　　　题 11-8 图

11-9　T 形截面铸铁梁 AB 如图所示，已知 $I_z=4\times10^7\text{mm}^4$，$y_1=140\text{mm}$，$y_2=60\text{mm}$，许用拉应力 $[\sigma_\text{t}]=35\text{MPa}$，许用压应力 $[\sigma_\text{c}]=140\text{MPa}$。$CD$ 为直径 $d=32\text{mm}$ 圆截面钢杆，相关参数 $E=200\text{GPa}$，$\sigma_\text{p}=200\text{MPa}$，$\sigma_\text{s}=240\text{MPa}$，$[\sigma]=120\text{MPa}$，稳定安全系数 $n_{\text{st}}=3$，$l=1\text{m}$，直线经验公式为 $\sigma_{\text{cr}}=(304-1.12\lambda)\text{MPa}$。当载荷 F 在 AB 范围内移动时，求此结构的许可荷载 $[F]$。

11-10　图示结构用 Q235 钢制成，横梁为 No.14 工字钢，许用应力 $[\sigma]=160\text{MPa}$，斜撑杆的外径 $D=45\text{mm}$，内径 $d=36\text{mm}$，稳定安全系数 $n_{\text{st}}=3$。且 Q235 钢的比例极限 $\sigma_\text{p}=200\text{MPa}$，屈服极限 $\sigma_\text{s}=235\text{MPa}$，相关参数 $a=304\text{MPa}$，$b=1.12\text{MPa}$，弹性模量 $E=200\text{GPa}$，试确定该结构的许可载荷 F。

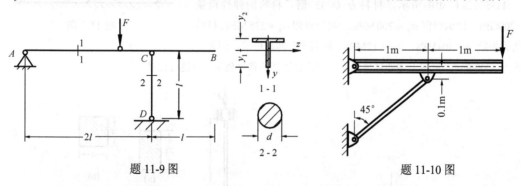

题 11-9 图　　　　　　　　　　　题 11-10 图

11-11　试求图示千斤顶丝杠的工作安全系数。已知其最大承重量 $F=120\text{kN}$，有效直径 $d_1=52\text{mm}$，长度 $l=600\text{mm}$，材料为 Q235 钢，弹性模量 $E=200\text{GPa}$，屈服极限 $\sigma_\text{s}=235\text{MPa}$，比例极限 $\sigma_\text{p}=200\text{MPa}$，相关参数 $a=304\text{MPa}$，$b=1.12\text{MPa}$，可以认为丝杠的下端固定，上端自由。

11-12　图示连杆截面为工字形，材料为 Q235 钢。连杆所受最大轴向压力为 465kN。连杆在 xy 平面内产生弯曲时，两端可认为是铰支；而在 xz 平面内产生弯曲时，两端可认为是固定端。材料的弹性模量 $E=200\text{GPa}$，屈服极限 $\sigma_\text{s}=235\text{MPa}$，比例极限 $\sigma_\text{p}=200\text{MPa}$，相关参数 $a=304\text{MPa}$，$b=1.12\text{MPa}$，试确定其工作安全系数。

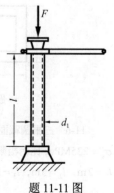

题 11-11 图

11-13　悬臂回转吊车如图所示,斜杆 AB 由钢管制成,在 B 点铰支。钢管外径 $D=100\text{mm}$,内径 $d=86\text{mm}$,杆长 $l=5.5\text{m}$,材料为 Q235 钢,弹性模量 $E=200\text{GPa}$,起吊重量 $W=18\text{kN}$,规定稳定安全系数 $n_{\text{st}}=2.5$,试校核斜杆的稳定性。

11-14　图示梁及柱的材料相同,其比例极限 $\sigma_{p}=200\text{MPa}$,屈服极限 $\sigma_{s}=235\text{MPa}$,弹性模量 $E=210\text{GPa}$,均布载荷 $q=30\text{kN/m}$。竖杆为 No.14a 槽钢,梁为 No.16 工字钢,试确定梁及柱的工作安全系数。

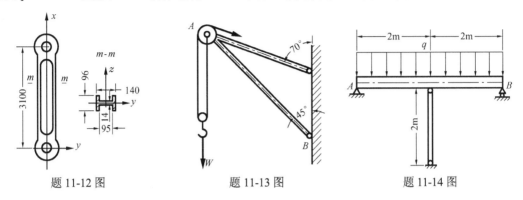

题 11-12 图　　　　　　　　题 11-13 图　　　　　　　　题 11-14 图

11-15　图示材料为 Q235 钢的圆形钢管,其内、外径分别为 60mm 和 80mm,杆长 $l=7\text{m}$,在温度 $t=15℃$ 时安装,此时管子不受力。已知钢的线膨胀系数 $a=12.5\times10^{-6}/℃$,弹性模量 $E=200\text{GPa}$,问当温度升高到多少度时管子将失稳?

11-16　图示为焊接组合柱的截面,柱长 $l=7\text{m}$,材料为 Q235 钢,许用应力 $[\sigma]=160\text{MPa}$。柱的上端可以认为是铰支,下端当截面绕 y 轴转动时可视为铰支,绕 z 轴转动时可视为固定端。已知轴向压力 $F=2600\text{kN}$。试求:(1)对柱的稳定性进行校核;(2)与轧制的工字钢截面比较,此宽翼缘工字形截面有何优点?

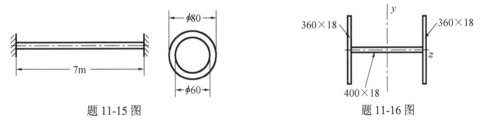

题 11-15 图　　　　　　　　　　　　题 11-16 图

11-17　材料试验机机架如图所示,在其横梁中面上作用有夹头传来的载荷 F,立柱为直径为 d 的圆杆,立柱上下两端固定在横梁和底座上,底座和横梁视为刚体。(1)试分析在总压力 F 作用下,压杆可能失稳的几种形式,并求出最小的临界载荷(设满足欧拉公式的使用条件);(2)已知立柱用低碳钢制成,立柱高 $l=3\text{m}$,直径 $d=100\text{mm}$,$a=1\text{m}$,弹性模量 $E=200\text{GPa}$,比例极限 $\sigma_{p}=200\text{MPa}$,确定试验机临界载荷值。

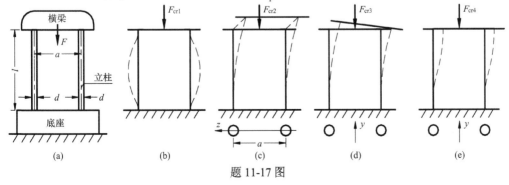

题 11-17 图

11-18 一简易吊车的摇臂如图所示，最大起重量 $F = 20$kN。已知 AB 杆的外径 $D = 5$cm，内径 $d = 4$cm，由 Q235 钢轧制而成，许用应力 $[\sigma] = 150$MPa，试按稳定系数法校核此压杆是否稳定。

11-19 图示结构由圆弧形曲杆 AB 和直杆 BC 组成，材料均为 Q235 钢。已知铅垂载荷 $F = 20$kN，弹性模量 $E = 200$GPa，$\lambda_p = 100$，$\lambda_s = 61.6$，$a = 304$MPa，$b = 1.12$MPa，规定稳定安全系数 $n_{st} = 3$，试校核 BC 杆的稳定性。

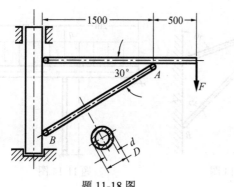

题 11-18 图

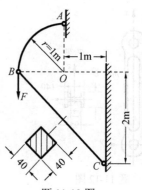

题 11-19 图

11-20 T 形截面梁如图所示，z 为形心轴，$I_z = 800$cm^4，$y_1 = 50$mm，$y_2 = 90$mm，已知材料的许用应力 $[\sigma] = 60$MPa。杆 BD 的稳定安全系数 $n_{st} = 2.5$，$\lambda_p = 100$，$\lambda_s = 60$，直径 $d = 24$mm，$F_1 = 10$kN，$F_2 = 4$kN，试校核结构是否安全。

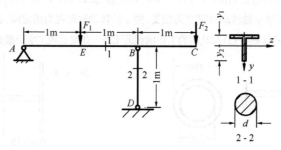

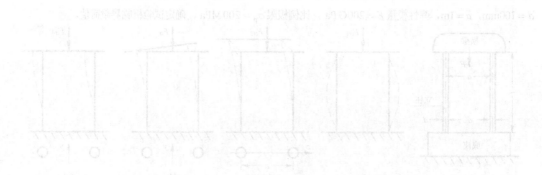

题 11-20 图

第 12 章 动 载 荷*

12.1 概 述

材料力学的主要任务是讨论静载荷作用下构件的强度、刚度和稳定性。静载荷是指从零开始缓慢地增加至终值并且保持不变的载荷。静载荷作用下构件内部各个质点的加速度很小，对一般金属，其应变速率 $\dot\varepsilon = \dfrac{\mathrm{d}\varepsilon}{\mathrm{d}t} = 10^{-4} \sim 10^{-2}/\mathrm{s}$，因此可以忽略不计。

如果载荷作用下构件内部各个部分的加速度比较显著，即 $\dot\varepsilon \geqslant 10^{-2}/\mathrm{s}$ 则不能忽略，这种载荷称为**动载荷**。实际工程结构中，很多构件均承受各种形式的动载荷作用，包括短时间快速作用的冲击载荷、随时间做周期性变化的周期载荷和非周期变化的随机载荷等。例如，加速吊升或者放落重物的起重机、打桩的空气锤、空气压缩机曲轴、汽车发动机的曲轴连杆、高速旋转的飞轮和冲床的机座等，均受到动载荷的作用。

构件在动载荷作用下的承载能力与静载荷有明显的不同。一是相同水平的载荷引起的构件应力水平不等，一般动载荷相比静载荷引起的应力水平要高很多；二是构件材料在动载荷作用下的材料性能不同。构件在动载荷作用下引起的应力称为**动应力**。

实验证明：静载荷作用下服从胡克定律的材料，只要动应力不超过比例极限，在动载荷作用下胡克定律仍然成立，而且弹性模量与静载荷作用下相同。

动应力是工程构件设计中的常见问题，工程界对于不同形式的动应力通过一些专门学科进行分析讨论。本章的工作主要是利用已经学习的静强度知识，介绍部分可以转化为静载荷分析的动应力问题，并且建立动应力的基本概念和动应力的分析方法。

因此，本章的讨论仅限于两类常见问题：①等加速直线运动或者匀速转动的构件动应力分析；②冲击载荷作用下的构件动应力计算。疲劳问题将在《材料力学》（Ⅱ）中讨论，振动问题可参阅相关专著。

12.2 等加速直线运动及匀速转动时构件的动应力计算

构件在等加速直线运动时，构件内部各个质点将产生与加速度方向相反的惯性力。匀速转动时将产生向心力。对于上述两种问题，一般而言加速度较容易计算，而且由于材料的均匀性，构件惯性力也是均匀分布的，因此可以利用理论力学中的动静法（达朗贝尔原理）分析。即先计算出构件的惯性力，再将惯性力作为外力作用于构件，分析构件的承载能力。

12.2.1 构件做等加速直线运动时的动应力

水平放置在一排滚子上的等直杆，在载荷的 F 牵引下沿杆件轴线方向做等加速直线运动，如图 12-1(a)所示。设杆件材料的单位体积重量(重度)为 γ，长度为 l，横截面面积为 A，假设摩擦力可以忽略不计，杆件的动应力分析如下。

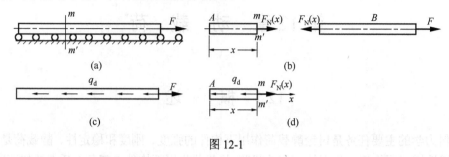

图 12-1

等直杆在载荷 F 作用下沿轴线做等加速直线运动，根据牛顿第二定律，有

$$F = Ma = \frac{\gamma}{g} Ala$$

式中，M 为杆件质量；a 为加速度。杆件加速度为

$$a = \frac{Fg}{\gamma Al}$$

首先采用截面法分析任意横截面 mm' 的内力，使用假想截面沿 mm' 截面将杆件截为 A、B 两部分，如图 12-1(b)所示。以 A 部分作为研究对象，轴力 $F_N(x)$ 是 B 部分对于 A 部分的作用力，即使得 A 部分运动并且产生加速度 a 所需要的力。因此轴力 $F_N(x)$ 可以根据构件的质量和加速度，按照牛顿第二定律计算。

对于等直杆，质量沿轴线是均匀分布的。根据动静法，在杆件各个点施加与加速度方向相反的惯性力，外力与惯性力组成平衡力系。因此，单位长度的惯性力(惯性力集度)为

$$q_d = \frac{\gamma}{g} Aa$$

上述分析同样适用于构件的任意部分，对于 A 部分，如图 12-1(d)所示，有

$$F_N(x) = q_d x = \frac{\gamma}{g} Aax$$

横截面 mm' 上的动应力为

$$\sigma_d(x) = \frac{\gamma}{g} ax = \frac{F}{Al} x$$

对于其他做等加速直线运动的构件，同样可以使用动静法计算动应力。

例 12-1　简易滑轮装置通过钢丝绳起吊重物，如图 12-2(a)所示。已知物体重量 $W = 40\text{kN}$，钢丝绳横截面面积 $A = 8\text{cm}^2$，许用应力 $[\sigma] = 80\text{MPa}$。假设钢丝绳重量不计，以加速度 $a = 5\text{m/s}^2$ 提升物体时，试校核钢丝绳的强度。

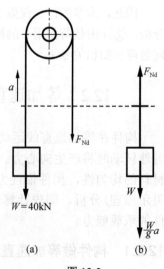

图 12-2

解　用假想平面截取研究对象，如图 12-2(b) 所示。

在物体上施加与加速度方向相反的惯性力，惯性力的数值为 $\dfrac{W}{g}a$。根据平衡关系，可得

$$F_{\mathrm{Nd}} - W - \frac{W}{g}a = 0$$

解得

$$F_{\mathrm{Nd}} = W\left(1 + \frac{a}{g}\right) = 40\times10^3\times\left(1 + \frac{5}{9.8}\right) = 60.4\times10^3\,(\mathrm{N}) = 60.4\,(\mathrm{kN})$$

钢丝绳中的动应力为

$$\sigma_{\mathrm{Nd}} = \frac{F_{\mathrm{Nd}}}{A} = \frac{60.4\times10^3}{8\times10^{-4}} = 75.5\times10^6\,(\mathrm{Pa}) = 75.5\,(\mathrm{MPa}) \leqslant [\sigma]$$

所以钢丝绳的强度满足要求。

12.2.2　构件做匀速转动时的动应力

机械工程中大量使用飞轮类构件，下面以旋转飞轮为例介绍匀速转动构件的动应力计算。假设旋转飞轮以匀角速度 ω 在水平平面内转动，飞轮轮缘的平均直径为 D，横截面面积为 A，材料的重度为 γ。如果不考虑轮辐对于强度分析的影响，则飞轮可以抽象为旋转的薄壁圆环，如图 12-3(a) 所示。

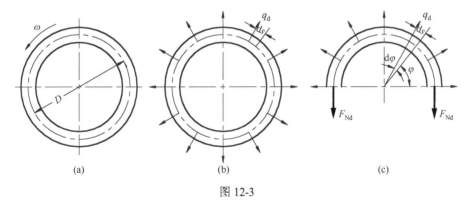

图 12-3

薄壁圆环在匀速旋转时，圆环的切向加速度为零，法向加速度为 $a_{\mathrm{n}} = \dfrac{D}{2}\omega^2$，方向指向圆心。在圆环上截取长度为 $\mathrm{d}s$ 的微段，微段的质量为 $\mathrm{d}m$，则该微段的惯性力为

$$\mathrm{d}F = \mathrm{d}m\cdot a_{\mathrm{n}} = \mathrm{d}m\frac{D}{2}\omega^2 = \frac{\gamma A}{g}\mathrm{d}s\frac{D}{2}\omega^2 = q_{\mathrm{d}}\mathrm{d}s$$

式中，q_{d} 表示薄壁圆环单位长度上的惯性力。因此薄壁圆环的惯性力可以看作作用于圆环轴线、方向向外的均匀分布载荷，如图 12-3(b) 所示。

截取飞轮的 1/2 作为研究对象，如图 12-3(c) 所示。作为薄壁圆环，由于飞轮轮缘很薄，因此假设横截面上的正应力近似均匀分布。横截面上的内力只有轴力 F_{Nd}，根据平衡关系 $\sum F_y = 0$，即

$$-2F_{Nd}+\int_s q_d ds\sin\varphi=0$$

由于 $ds=\dfrac{D}{2}d\varphi$，代入上式解得

$$F_{Nd}=\frac{\gamma}{4g}A\omega^2 D^2=\frac{\gamma}{g}Av^2$$

式中，$v=\dfrac{D}{2}\omega$ 为飞轮轮缘轴线各点的线速度。

飞轮横截面的动应力为 $\qquad \sigma_d=\dfrac{F_{Nd}}{A}=\dfrac{\gamma}{g}v^2$

说明旋转飞轮的动应力与飞轮材料的重度和线速度有关，而与飞轮轮缘的横截面面积无关。因此对于旋转飞轮构件，不能采用增加横截面面积的方法提高构件的强度。

飞轮的动应力强度条件为 $\qquad \sigma_d=\dfrac{\gamma}{g}v^2\le[\sigma]$

由此可见，对于飞轮构件的设计，速度控制是至关重要的。

例 12-2　轴 AB 的 A 端安装有制动离合器，B 端为飞轮，如图 12-4 所示。已知轴的最大转速 $n=100$ r/min，直径 $d=100$ mm，飞轮的转动惯量 $I_x=500$ kg·m²，机械制动要求 10s 内匀减速完成制动过程，试求轴的最大动应力。

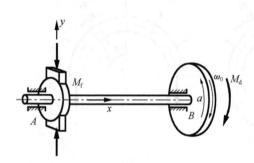

图 12-4

解　(1)飞轮角速度为

$$\omega_0=\frac{2n\pi}{60}=\frac{10}{3}\pi(\text{rad/s})$$

制动时的角加速度为

$$a=\frac{\omega-\omega_0}{t}=\frac{0-\dfrac{10}{3}\pi}{10}=-\frac{1}{3}\pi(\text{rad/s}^2)$$

(2)B 端飞轮的制动加速度将对轴产生一个惯性力偶，数值为

$$M_d=-I_x a=-0.5\times\left(-\frac{1}{3}\pi\right)=\frac{\pi}{6}(\text{kN·m})$$

根据平衡关系，A 端制动离合器的摩擦力矩 M_f 与惯性力偶 M_d 相等，因此轴横截面上的扭矩为

$$T=M_d=\pi/6(\text{kN·m})$$

(3)最大动切应力为

$$\tau_{d,max}=\frac{T}{W_p}=\frac{16T}{\pi d^3}=\frac{16\times\dfrac{\pi}{6}\times10^3}{\pi\times0.1^3}=2.67\times10^6(\text{Pa})=2.67(\text{MPa})$$

例 12-3　重物 M 绕铅垂轴做匀速转动，如图 12-5 所示。已知重物重量 $m=1$ kg，轴的转

速 $n = 300\text{r/min}$，直径 $d = 10\text{mm}$，试求轴的动应力(计算中不考虑轴的压缩变形和变形对于惯性力的影响，不考虑轴的自重)。

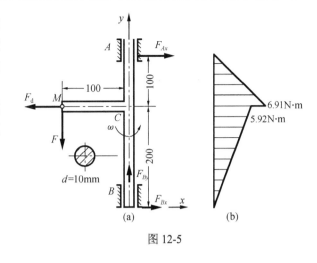

图 12-5

解 选取轴 AB 和重物 M 作为研究对象，根据动静法，系统作用外力为重物重力 F、惯性力 F_d 和 A、B 支座反力，如图 12-5(a) 所示。

(1) 根据平衡条件得

$$\sum F_x = 0, \quad F_{Ax} + F_{Bx} - F_d = 0$$

$$\sum F_y = 0, \quad F_{By} - F = 0$$

$$\sum M_B = 0, \quad -0.3F_{Ax} + 0.2F_d + 0.1F = 0$$

联立求解，可得 $\quad F_{Ax} = \dfrac{1}{3}(2F_d + F), \quad F_{Bx} = \dfrac{1}{3}(F_d - F), \quad F_{By} = F$

重物 M 的向心加速度为 $\quad a_n = r\omega^2 = 0.1 \times \left(\dfrac{2\pi \times 300}{60}\right)^2 = 98.7(\text{rad/s}^2)$

惯性力 F_d 和重力 F 分别为

$$F_d = ma_n = 98.7(\text{N}), \quad F = mg = 1 \times 9.8 = 9.8(\text{N})$$

代入可求得支座反力： $\quad F_{Ax} = 69.1\text{N}, \quad F_{Bx} = 29.6\text{N}, \quad F_{By} = 9.8\text{N}$

(2) 轴 AB 的弯矩图如图 12-5(b) 所示。最大弯矩在轴的 C 截面偏上处，数值为 $M_{d,max} = 6.91\text{N·m}$。轴内最大弯曲动应力为

$$\sigma_{d,max} = \frac{M_{d,max}}{W} = \frac{32M_{d,max}}{\pi d^3} = \frac{32 \times 6.91}{\pi \times 10^3 \times 10^{-9}} = 7.04 \times 10^7 = 70.4(\text{MPa})$$

例 12-4 图 12-6(a) 所示钢轴 AB 的直径为 80mm，轴上有一直径为 80mm 的钢质圆杆 CD，CD 垂直于 AB。若 AB 以匀角速度 $\omega = 40\text{rad/s}$ 转动，材料的许用应力 $[\sigma] = 70\text{MPa}$，密度为 7.8g/cm^3，试校核 AB 轴及 CD 杆的强度。

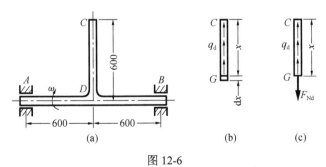

图 12-6

解 (1) 离 C 截面为 x 处的向心加速度为

$$a_n = (r-x)\omega^2$$

该处单位长度的惯性力 q_d（图 12-6(b)）为

$$q_d = \gamma A a_n = \gamma A(r-x)\omega^2$$

(2) 由平衡方程（图 12-6(c)）得 G 截面处轴向力 F_{Nd} 为

$$F_{Nd} = \int_0^x q_d \mathrm{d}\rho + \gamma g A x = \int_0^x \gamma A(r-\rho)\omega^2 \mathrm{d}\rho + \gamma g A x$$

$$= \gamma A \omega^2 \left(rx - \frac{1}{2}x^2\right) + \gamma g A x = \gamma A \omega^2 x\left(r - \frac{1}{2}x\right) + \gamma g A x$$

(3) 轴向力在 D 截面处最大。该处（即 CD 杆内最大）正应力为

$$\sigma'_{d,max} = \frac{F_{Nd,max}}{A} = \gamma\left[r\omega^2\left(r - \frac{1}{2}r\right) + rg\right] = \gamma r\left(\frac{1}{2}r\omega^2 + g\right)$$

$$= 7.8\times10^3 \times 0.6 \times\left(\frac{1}{2}\times0.6\times40^2 + 9.8\right) = 2.29\times10^6 \ (\text{Pa}) = 2.29(\text{MPa}) < [\sigma]$$

AB 轴内最大正应力为

$$\sigma''_{d,max} = \frac{M}{W} = \frac{\dfrac{1}{4}F_{Nd,max}l}{\dfrac{\pi}{32}d^3} = \frac{32\gamma A r\left(\dfrac{1}{2}r\omega^2 + g\right)l}{4\pi d^3} = \frac{2\gamma d_1^2 r\left(\dfrac{1}{2}r\omega^2 + g\right)l}{d^3}$$

$$= \frac{2\times7.8\times10^3 \times 0.08^2 \times 0.6 \times\left(\dfrac{1}{2}\times0.6\times40^2 + 9.8\right)\times1.2}{0.08^3} = 68.8\times10^6(\text{Pa}) = 68.8(\text{MPa}) < [\sigma]$$

该结构安全。

12.3　冲 击 问 题

　　如果运动物体（冲击物体）以比较大的速度（$\dot{\varepsilon}$ 为 1～10/s）作用于静止的工程构件（被冲击物体）上，工程构件将承受很大的作用力，这一作用力称为冲击载荷。这种现象称为**冲击**，工程构件由冲击引起的应力称为**冲击应力**。

　　工程施工中的重锤打桩，金属加工中的锻造、冲压以及高速旋转的飞轮突然制动等都是典型的冲击。在上述问题中，重锤、气锤和飞轮等均为冲击物体，而被打的桩、加工工件及与飞轮连接的轴和轴承等均为被冲击物体。

　　在冲击过程中，由于被冲击物体的阻碍，冲击物体的速度在极短的时间发生剧烈的变化，甚至降低为零，出现相当大的与冲击运动方向相反的加速度。因此，在冲击物体与被冲击物体之间必然出现很大的作用力与反作用力，这将导致被冲击的工程构件出现很大的冲击应力和变形。冲击问题的特点是结构受外力作用的时间极短，加速度的变化剧烈，很难精确测定。因此根据加速度确定某一瞬间结构所受的冲击载荷是很困难的，动静法已不适用。因此，工程上使用能量法近似计算冲击时构件内的最大应力和最大变形。

下面根据图 12-7(a) 所示的简支梁建立冲击问题的力学模型。某一重物的重量为 W，该重物以静载荷形式作用于构件的作用力为 F。设重物由高度 h 处(初速度为零)自由下落至梁的中点 C 处。当被冲击的简支梁的质量相对冲击物体比较小时，可以忽略不计。当冲击物体与梁接触后，可以认为冲击物体附着于梁，成为图 12-7(b) 所示的一个运动系统。由于梁对于冲击物体的阻碍，冲击物体的速度逐渐降低为零，与此同时梁的变形达到最大，梁达到冲击过程的最大位移。设冲击点 C 处梁的最大挠度为 Δ_{d}，对应的冲击载荷为 F_{d}，根据上述分析，只要冲击过程中梁的变形处于弹性范围内，如果计算出 Δ_{d}，则可以根据载荷、应力、变形之间的正比例关系，计算出冲击载荷 F_{d} 和相应的动应力 σ_{d}。

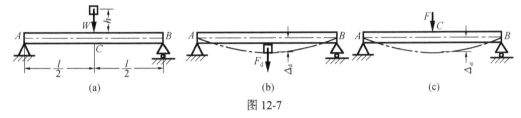

图 12-7

为了应用能量法求解冲击问题，做出简化计算的基本假设：①在整个冲击过程中，结构变形保持线弹性，即力与变形成正比，而且材料的应力-应变关系与静载荷相同，满足胡克定律；②被冲击物体，即结构的质量忽略不计；③冲击物体的变形不计，即认为冲击物体是刚体；④冲击过程的其他能量损耗，如塑性变形能、声能和热能等忽略不计，全部冲击机械能转换为构件的应变能。

根据能量原理，冲击物体冲击过程的动能 E_{k} 和势能 E_{p} 的变化等于被冲击物体内部的应变能 V_{d}，即

$$E_{\mathrm{k}} + E_{\mathrm{p}} = V_{\mathrm{d}} \tag{12-1}$$

当梁的位移最大时，冲击物体的势能减少为

$$E_{\mathrm{p}} = F(h + \Delta_{\mathrm{d}}) \tag{12-2}$$

由于冲击物体的初速度和终速度均为零，因此动能没有变化，即

$$E_{\mathrm{k}} = 0 \tag{12-3}$$

对于被冲击物体，即简支梁的应变能，等于冲击力 F_{d} 在冲击过程所做的功。由于冲击过程中，F_{d} 和 Δ_{d} 都是由 0 开始增加到终值的，而且材料服从胡克定律，因此

$$V_{\mathrm{d}} = \frac{1}{2} F_{\mathrm{d}} \Delta_{\mathrm{d}} \tag{12-4}$$

将式(12-2)～式(12-4)代入式(12-1)，得

$$F(h + \Delta_{\mathrm{d}}) = \frac{1}{2} F_{\mathrm{d}} \Delta_{\mathrm{d}} \tag{12-5}$$

根据冲击问题求解的基本假设①，在线性弹性范围内，载荷与位移呈正比关系，即

$$\frac{F_{\mathrm{d}}}{F} = \frac{\Delta_{\mathrm{d}}}{\Delta_{\mathrm{st}}} = \frac{\sigma_{\mathrm{d}}}{\sigma_{\mathrm{st}}} \tag{12-6}$$

将式(12-6)代入式(12-5)得
$$F(h + \Delta_{\mathrm{d}}) = \frac{1}{2} \Delta_{\mathrm{d}}^2 \frac{F}{\Delta_{\mathrm{st}}}$$

整理得

$$\Delta_{\mathrm{d}}^2 - 2\Delta_{\mathrm{st}}\Delta_{\mathrm{d}} - 2\Delta_{\mathrm{st}}h = 0$$

求解得

$$\Delta_{\mathrm{d}} = \Delta_{\mathrm{st}} \pm \sqrt{\Delta_{\mathrm{st}}^2 + 2h\Delta_{\mathrm{st}}}$$

引入动荷因数:

$$K_{\mathrm{d}} = \frac{F_{\mathrm{d}}}{F} = \frac{\Delta_{\mathrm{d}}}{\Delta_{\mathrm{st}}} = \frac{\sigma_{\mathrm{d}}}{\sigma_{\mathrm{st}}} \tag{12-7}$$

且取 Δ_{d} 的最大值,即根号前取"+"号,则

$$K_{\mathrm{d}} = 1 + \sqrt{1 + \frac{2h}{\Delta_{\mathrm{st}}}} \tag{12-8}$$

显然

$$F_{\mathrm{d}} = K_{\mathrm{d}}F, \quad \Delta_{\mathrm{d}} = K_{\mathrm{d}}\Delta_{\mathrm{st}}, \quad \sigma_{\mathrm{d}} = K_{\mathrm{d}}\sigma_{\mathrm{st}} \tag{12-9}$$

根据上述分析,只要利用式(12-8)确定冲击动荷因数,就可以求解自由落体冲击问题。一般当 $\dfrac{2h}{\Delta_{\mathrm{st}}} \geq 10$ 时,动荷因数近似用 $K_{\mathrm{d}} = 1 + \sqrt{\dfrac{2h}{\Delta_{\mathrm{st}}}}$ 计算,误差 $\delta < 5\%$;当 $\dfrac{2h}{\Delta_{\mathrm{st}}} \geq 110$ 时,动荷因数近似用 $K_{\mathrm{d}} = \sqrt{\dfrac{2h}{\Delta_{\mathrm{st}}}}$ 计算,误差 $\delta < 10\%$。

如果冲击物体在高度 h 处具有速度 v,则根据自由落体运动规律,初速度为零时的高度 $H = h + \dfrac{v^2}{2g}$;如果已知冲击物体与被冲击物体接触时的速度 v,则相当于初速度为零时自由落体高度 $h = \dfrac{v^2}{2g}$,将初速度为零时的 H 或 h 高度代入式(12-8)可求得对应的动荷因数 K_{d};对于突然作用于构件的载荷,相当于高度 $h = 0$ 的自由落体冲击,根据式(12-8),动荷因数 $K_{\mathrm{d}} = 2$。因此突加载荷作用下构件的变形和应力均为静载荷的 2 倍。

由于 Δ_{d}、F_{d} 和 σ_{d} 分别为被冲击物体的最大变形、冲击物体速度为零时刻的动载荷和动应力。因此,以能量法为基础所计算的构件冲击变形和动应力均为最大值。

上述冲击应力的计算方法并不仅限于简支梁构件,同样适用于受到自由落体垂直冲击的其他构件和结构。应该注意动荷因数 K_{d} 计算中的静位移 Δ_{st},是指冲击物体重量 W 作为静载荷 F 施加于结构或者构件时,被冲击物体冲击点沿冲击方向的静位移。

自由落体冲击物体仅仅是冲击的一种形式,对于其他形式的冲击问题,同样可以采用能量原理得到解决。由于冲击问题的基本假设中忽略了冲击物体的变形能、被冲击物体的势能和其他能量损耗,即冲击物体冲击前全部机械能转化为构件的动应变能,因此理论上计算结果是相对保守的。

例 12-5　正方形横截面简支梁如图 12-8(a)所示,重物重量 $W = 1\mathrm{kN}$,自高度 $h = 50\mathrm{mm}$ 自由下落冲击梁的中点 C。已知梁的跨度 $l = 3\mathrm{m}$,正方形横截面边长 $b = 120\mathrm{mm}$,材料的弹性模量 $E = 200\mathrm{GPa}$,试求这两种情形下,梁的最大弯曲正应力和中点 C 的挠度 $y_{C,\mathrm{d}}$:(1)梁的两端为刚性支座;(2)梁的两端为弹簧刚度相同的弹性支座,弹簧刚度 $k = 100\mathrm{N/mm}$。

解　(1)梁的两端为刚性支座,根据附录 C,简支梁中点 C 的挠度为

$$\Delta_{C,\mathrm{st}} = \frac{Wl^3}{48EI} = \frac{1 \times 10^3 \times 3^3}{48 \times 200 \times 10^9 \times \dfrac{1}{12} \times 0.12^4} = 0.1628 \times 10^{-3}\,(\mathrm{m})$$

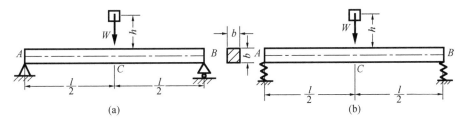

图 12-8

所以，由式(12-8)可知冲击动荷因数为

$$K_{\mathrm{d}} = 1 + \sqrt{1 + \frac{2h}{\Delta_{\mathrm{st}}}} = 1 + \sqrt{1 + \frac{2 \times 50}{0.1628}} = 25.8$$

梁中最大弯矩为

$$M_{\max} = \frac{1}{4}Wl = \frac{1}{4} \times 10^3 \times 3 = 750(\mathrm{N \cdot m})$$

静载荷作用下梁的最大弯曲正应力为

$$\sigma_{\max} = \frac{M_{\max}}{W_z} = \frac{6M_{\max}}{b^3} = \frac{6 \times 750}{0.12^3} = 2.60(\mathrm{MPa})$$

梁的最大冲击弯曲正应力为

$$\sigma_{\mathrm{d,max}} = K_{\mathrm{d}}\sigma_{\max} = 25.8 \times 2.60 = 67.1(\mathrm{MPa})$$

冲击载荷作用时梁的中点 C 的挠度为

$$y_{C,\mathrm{d}} = K_{\mathrm{d}}\Delta_{C,\mathrm{st}} = 25.8 \times 0.1628 = 4.2(\mathrm{mm})$$

(2) 梁的两端为弹簧刚度相同的弹性支座。与刚性支座相比，不同之处在于梁的静位移包括弹簧变形。

弹性支座梁的中点 C 的静位移为

$$\Delta_{C,\mathrm{st}} = \frac{Wl^3}{48EI} + \frac{W}{2k} = \frac{1 \times 10^3 \times 3^3}{48 \times 200 \times 10^9 \times \frac{1}{12} \times 0.12^4} + \frac{1 \times 10^3}{2 \times 100 \times 10^3} = 5.16 \times 10^{-3}(\mathrm{m})$$

代入式(12-8)，得冲击动荷因数为

$$K_{\mathrm{d}} = 1 + \sqrt{1 + \frac{2h}{\Delta_{\mathrm{st}}}} = 1 + \sqrt{1 + \frac{2 \times 50}{5.16}} = 5.51$$

梁的最大冲击弯曲正应力为

$$\sigma_{\mathrm{d,max}} = K_{\mathrm{d}}\sigma_{\max} = 5.51 \times 2.60 = 14.3(\mathrm{MPa})$$

冲击载荷作用时梁的中点 C 的挠度为

$$y_{C,\mathrm{d}} = K_{\mathrm{d}}\Delta_{C,\mathrm{st}} = 5.51 \times 5.16 = 28.4(\mathrm{mm})$$

比较上述两种支承形式，梁的刚性支承改为弹性支承后，由于增加了梁的静位移，所以动荷因数大幅下降，从而使得梁的冲击应力大幅降低。

例 12-6 对于例 12-2 中的轴 AB，已知材料的切变模量 $G = 80\mathrm{GPa}$，轴 AB 的长度 $l = 1\mathrm{m}$。

假设 A 端突然制动（即 A 端停止转动），试求轴 AB 的最大动应力。

解 （1）当 A 端突然制动时刻，轴的 B 端飞轮具有动能，该动能将导致轴 AB 受到冲击，直至飞轮动能为零。设轴 AB 在冲击中受到扭转变形，飞轮的动能全部转化为轴的应变能 V_d。

制动时飞轮的动能为

$$E_k = \frac{1}{2}I_x\omega^2$$

轴 AB 的应变能为

$$V_d = \frac{T_d^2 l}{2GI_p}$$

（2）根据能量原理 $V_d = E_k$ 可知

$$\frac{1}{2}I_x\omega^2 = \frac{T_d^2 l}{2GI_p}$$

所以

$$T_d = \sqrt{\frac{GI_pI_x\omega^2}{l}}$$

（3）轴 AB 内的最大冲击切应力为

$$\tau_{d,max} = \frac{T_d}{W_p} = \sqrt{\frac{GI_pI_x\omega^2}{lW_p^2}}$$

对于圆轴，有

$$\frac{I_p}{W_p^2} = \frac{\frac{1}{32}\pi d^4}{\left(\frac{1}{16}\pi d^3\right)^2} = \frac{8}{\pi d^2} = \frac{2}{A}$$

所以

$$\tau_{d,max} = \sqrt{\frac{GI_pI_x\omega^2}{lW_p^2}} = \sqrt{\frac{2GI_x\omega^2}{Al}}$$

上式说明扭转冲击时，轴的最大扭转动应力与轴的体积 Al 有关，轴的体积越大，扭转动应力越小。将已知数据代入上式，可得

$$\tau_{d,max} = \omega\sqrt{\frac{2GI_x}{Al}} = \frac{10\pi}{3}\times\sqrt{\frac{2\times80\times10^9\times0.5\times10^3}{\frac{\pi}{4}\times0.1^2\times1}} = 1057\times10^6(Pa) = 1057(MPa)$$

与例 12-2 比较可见，对于轴的扭转动应力，突然制动为 10s 内匀减速制动的 396 倍。普通钢材的许用切应力为 80~100MPa，本例计算所得轴的最大动应力远远超出许用应力，冲击载荷对于工程构件的安全具有很大威胁。

例 12-7 如图 12-9 所示，某一物体重量为 W，以速度 v 由水平方向冲击杆件，试求水平冲击的动荷因数。

解 （1）水平冲击时，冲击物体初始时刻具有动能 E_k，当被冲击物体具有最大位移时，冲击物体和被冲击物体的速度均为零。因此，冲击物体的动能改变为

$$E_k = \frac{1}{2}\frac{W}{g}v^2$$

对于水平冲击，整个冲击过程高度不变，因此势能没有改变。对于被冲击构件的应变能 V_d，

可以用外力做功表示为

$$V_\text{d} = \frac{1}{2} F_\text{d} \varDelta_\text{d}$$

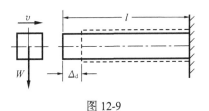

图 12-9

(2) 根据能量原理得

$$\frac{1}{2} F_\text{d} \varDelta_\text{d} = \frac{1}{2} \frac{W}{g} v^2$$

构件材料在冲击时仍然满足胡克定律，即

$$\frac{F_\text{d}}{W} = \frac{\varDelta_\text{d}}{\varDelta_\text{st}}$$

代入能量原理可得

$$\varDelta_\text{d}^2 - \frac{\varDelta_\text{st} v^2}{g} = 0$$

所以动荷因数为

$$K_\text{d} = \frac{\varDelta_\text{d}}{\varDelta_\text{st}} = \sqrt{\frac{v^2}{g \varDelta_\text{st}}}$$

(3) 对于水平杆件，静应力、静位移分别

$$\sigma_\text{st} = \frac{W}{A}, \quad \varDelta_\text{st} = \frac{Wl}{EA}$$

所以杆内动应力为

$$\sigma_\text{d} = K_\text{d} \sigma_\text{st} = \sqrt{\frac{v^2}{g \varDelta_\text{st}}} \frac{W}{A} = \sqrt{\frac{WEv^2}{gAl}}$$

根据上式，水平杆件的最大冲击应力与杆的体积 Al 有关，体积越大，冲击应力越小。

例 12-8　质量为 80t 的火车车厢以 0.2m/s 的速度冲击固定于地面上的钢质方柱的 A 点，如图 12-10 所示。设火车车厢的变形不计，钢质方柱的横截面为边长为 200mm 的正方形，弹性模量 $E = 200\text{GPa}$，试求钢柱 B 点的最大水平冲击位移和钢柱的最大冲击应力。

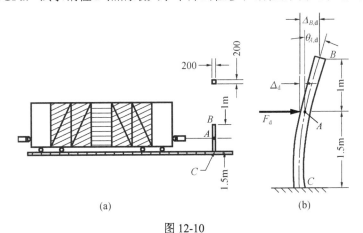

图 12-10

解　(1) 火车车厢水平冲击钢柱，车厢初始时刻具有动能 E_k，当钢柱具有最大位移时，冲击物体和被冲击物体的速度均为零，因此车厢动能改变为

$$E_k = \frac{1}{2}mv^2$$

钢柱应变能 V_d 可用外力做功表示为

$$V_d = \frac{1}{2}F_d \Delta_d$$

产生 Δ_d 动位移的动载荷 F_d（附录 C）为

$$F_d = \frac{3EI}{l_{AC}^3}\Delta_d$$

（2）根据能量原理，有

$$\frac{1}{2}mv^2 = \frac{1}{2}F_d \Delta_d = \frac{3EI}{2l_{AC}^3}\Delta_d^2$$

所以　　　　$$\Delta_d = \sqrt{\frac{mv^2 l_{AC}^3}{3EI}} = \sqrt{\frac{80\times10^3 \times 0.2^2 \times 1.5^3}{3\times200\times10^9 \times \frac{1}{12}\times0.2^4}} = 0.01162(\text{m}) = 11.62(\text{mm})$$

冲击动载荷为　　　　$$F_d = \frac{3\times200\times10^9 \times \frac{1}{12}\times0.2^4}{1.5^3}\times0.01162 = 275.4(\text{kN})$$

（3）对于 B 点的最大水平冲击位移，根据叠加原理可得

$$\Delta_{B,d} = \Delta_d + \theta_{A,d}l_{AB}$$

A 点的转角 $\theta_{A,d}$（附录 C）为

$$\theta_{A,d} = \frac{F_d l_{AC}^2}{2EI} = \frac{275.4\times10^3 \times 1.5^2}{2\times200\times10^9 \times \frac{1}{12}\times0.2^4} = 0.01162(\text{rad})$$

B 点的最大水平冲击位移为

$$\Delta_{B,d} = \Delta_d + \theta_{A,d}l_{AB} = 11.62 + 0.01162\times10^3 = 23.2(\text{mm})$$

钢柱的最大弯曲应力在固定端 C 截面，其值为

$$\sigma_{C,d} = \frac{M_d}{W} = \frac{F_d l_{AC}}{\frac{1}{6}a^3} = \frac{275.4\times10^3 \times 1.5}{\frac{1}{6}\times0.2^3} = 310(\text{MPa})$$

对于本例，当然可以利用例 12-7 水平冲击动荷系数 $K_d = \sqrt{\dfrac{v^2}{g\Delta_{st}}}$ 完成计算分析。即首先计算静位移 Δ_{st}，然后依次计算动荷因数、最大变形和最大应力。这里直接利用能量原理求解水平冲击，为大家提供另一种思路。

例 12-9　平面直角折杆位于水平平面内，如图 12-11（a）所示，折杆的 A 端固定，B 端为轴承支承（允许转动）。一个重量为 W 的重物自高度 h 处以初速度 v_0 下落冲击折杆的 D

点。设折杆各个部分的抗弯刚度 EI 和抗扭刚度 GI_p 相等，试求折杆 C 点相对 A 点的相对转角。

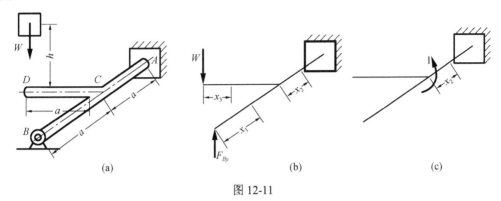

图 12-11

解 本例为超静定问题，选取 B 端轴承支承 F_{By} 为多余约束，相当系统如图 12-11(b)所示，其变形协调条件为 $y_B = 0$。

(1)求解超静定问题。折杆各段的弯矩和扭矩方程为

$$M_1(x_1) = F_{By}x_1, \qquad\qquad 0 \leqslant x_1 \leqslant a$$

$$M_2(x_2) = F_{By}(a + x_2) - Wx_2, \quad 0 \leqslant x_2 \leqslant a$$

$$T_2(x_2) = Wa, \qquad\qquad 0 \leqslant x_2 \leqslant a$$

$$M_3(x_3) = -Wx_3, \qquad\qquad 0 \leqslant x_3 \leqslant a$$

内力的一阶偏导数为

$$\frac{\partial M_1}{\partial F_{By}} = x_1, \quad \frac{\partial M_2}{\partial F_{By}} = a + x_2, \quad \frac{\partial T_2}{\partial F_{By}} = 0, \quad \frac{\partial M_3}{\partial F_{By}} = 0$$

利用卡氏定理(参见《材料力学(Ⅱ)》中能量法)，可得

$$y_B = \int_0^a \frac{M_1}{EI}\frac{\partial M_1}{\partial F_{By}}\mathrm{d}x_1 + \int_0^a \frac{M_2}{EI}\frac{\partial M_2}{\partial F_{By}}\mathrm{d}x_2 + \int_0^a \frac{T_2}{GI_p}\frac{\partial T_2}{\partial F_{By}}\mathrm{d}x_2 + \int_0^a \frac{M_3}{EI}\frac{\partial M_3}{\partial F_{By}}\mathrm{d}x_3$$

$$= \int_0^a \frac{F_{By}}{EI}x_1^2\mathrm{d}x_1 + \int_0^a \frac{F_{By}(a + x_2) - Wx_2}{EI}(a + x_2)\mathrm{d}x_2 = 0$$

所以

$$F_{By} = \frac{5}{16}W$$

F_{By} 的方向如图 12-11(b)所示。求解超静定问题中，相关位移包括下一步中 D 点的静挠度，都可以用第 7 章弯曲变形中的叠加法求得，读者不妨一试。下面选用能量法中的莫尔积分法，力图向读者展示求位移方法的多样性，莫尔积分法将在《材料力学(Ⅱ)》中第 1 章介绍。

(2)计算动荷因数。首先计算冲击点 D 的静挠度。利用单位载荷法，折杆各个部分的单位力分别为

$$\overline{M}_1 = 0, \quad \overline{M}_2 = -x_2, \quad \overline{T}_2 = a, \quad \overline{M}_3 = -x_3$$

根据莫尔积分法，D 点的静挠度为

$$y_{D,\text{st}} = \frac{1}{EI}\int_0^a M_1\overline{M}_1\mathrm{d}x_1 + \frac{1}{EI}\int_0^a M_2\overline{M}_2\mathrm{d}x_2 + \frac{1}{GI_p}\int_0^a T_2\overline{T}_2\mathrm{d}x_2 + \frac{1}{EI}\int_0^a M_3\overline{M}_3\mathrm{d}x_3$$

$$= \frac{1}{EI}\int_0^a [F_{By}(a+x_2)-Wx_2](-x_2)\mathrm{d}x_2 + \frac{1}{GI_p}\int_0^a Wa^2\mathrm{d}x_2 + \frac{1}{EI}\int_0^a (-Wx_3)(-x_3)\mathrm{d}x_3$$

$$= \frac{13Wa^3}{32EI} + \frac{Wa^3}{GI_p}$$

动荷因数为
$$K_d = 1 + \sqrt{1+\frac{2H}{\varDelta_{\text{st}}}} = 1 + \sqrt{1+\frac{v^2}{g\varDelta_{\text{st}}}}$$

根据自由落体运动公式：
$$v^2 = v_0^2 + 2gh$$

所以
$$K_d = 1 + \sqrt{1+\frac{v_0^2+2gh}{gy_{D,\text{st}}}}$$

（3）计算 C 点相对 A 点的相对转角。首先计算静载荷作用下的相对转角。由于 A 点固定，在 C 点作用单位力偶如图 12-10（c）所示，单位力偶引起的内力分别为

$$\overline{M}_1 = 0, \quad \overline{M}_2 = 0, \quad \overline{T}_2 = 1, \quad \overline{M}_3 = 0$$

所以 C 点转角，也就是 C、A 的相对转角为

$$\theta_{C,\text{st}} = \frac{1}{GI_p}\int_0^a T_2\overline{T}_2\mathrm{d}x_2 = \frac{1}{GI_p}\int_0^a Wa\mathrm{d}x_2 = \frac{Wa^2}{GI_p}$$

冲击载荷作用下，C、A 的相对转角为

$$\theta_{C,d} = K_d\theta_{C,\text{st}} = \left(1+\sqrt{1+\frac{v_0^2+2gh}{gy_{D,\text{st}}}}\right)\frac{Wa^2}{GI_p} = \left[1+\sqrt{1+\frac{v_0^2+2gh}{g\left(\frac{13Wa^3}{32EI}+\frac{Wa^3}{GI_p}\right)}}\right]\frac{Wa^2}{GI_p}$$

例 12-10　在图 12-12（a）所示结构中，木杆 AB 与钢梁 BC 在端点 B 处铰接，长度 $l=1\,\text{m}$，两者的横截面均为 $a=0.1\,\text{m}$ 的正方形。D-D 为与 AB 连接的不变形刚杆，当环状重物 $W=1.2\,\text{kN}$ 从 $h=1\,\text{cm}$ 处自由落在 D-D 刚杆时，试求木杆各段的内力，并校核结构是否安全。已知钢梁的弹性模量 $E_{\text{st}}=200\,\text{GPa}$，许用应力 $[\sigma_{\text{st}}]=120\,\text{MPa}$，木材的弹性模量 $E_w=10\,\text{GPa}$，许用应力 $[\sigma_w]=6\,\text{MPa}$，稳定安全系数 $n_{\text{st}}=10$（认为 BD 段为大柔度杆）。

解　结构为悬臂梁在端点 B 加一二力杆吊挂，故有多余约束，是一次超静定结构。先将 W 视作作用在 D-D 刚杆上的静载荷，求解 B 点的静内力；再计算 D-D 截面的静位移及动荷因数；最后可求得铰接点 B 的动内力。在此基础上进行木杆的强度校核。

（1）求 B 点的静内力。如图 12-12（b）所示，将 W 视作静载荷，B 点的变形协调条件是梁端的挠度 y_B 应与 AB 杆下端的位移（即 AB 杆的伸长）Δl_{AB} 相等，即 $y_B = \Delta l_{AB}$。而

$$y_B = \frac{F_{NB}l^3}{3E_{\text{st}}I}$$

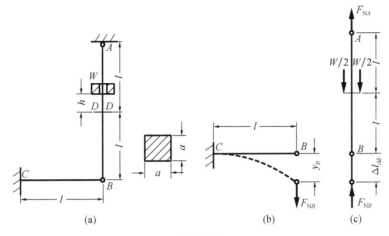

图 12-12

AB 杆受力如图 12-12(c)所示，由纵向力的平衡 $\sum F_y = 0$ ，得

$$F_{NA} + F_{NB} = W$$

由胡克定律可知

$$\Delta l_{AB} = \frac{F_{NA}l}{E_w A} - \frac{F_{NB}l}{E_w A} = \frac{l}{E_w A}(W - 2F_{NB})$$

将 y_B、Δl_{AB} 代入变形协调条件，得

$$\frac{F_{NB}l^3}{3E_{st}I} = \frac{l}{E_w A}(W - 2F_{NB})$$

式中，$I = \dfrac{a^4}{12}$；$A = a^2$，代入相关数据，化简得

$$F_{NB} = \frac{5a^2 W}{l^2 + 10a^2} = \frac{1}{22}W = 54.5\text{N}$$

(2)受冲击点 D-D 面的静位移 Δ_{st}。该位移等于在 F_{NA} 作用下 AD 段的伸长量，即

$$\Delta_{st} = \frac{F_{NA}l}{E_w A} = \frac{(1.2 \times 10^3 - 54.5) \times 1}{10 \times 10^9 \times 0.1^2} = 1.146 \times 10^{-5}(\text{m})$$

(3)求系统的动荷因数 K_d。该问题属初速度为零的自由落体冲击，其动荷因数为

$$K_d = 1 + \sqrt{1 + \frac{2h}{\Delta_{st}}} = 1 + \sqrt{1 + \frac{2 \times 10^{-2}}{1.146 \times 10^{-5}}} = 42.8$$

(4)木杆内的动内力。木杆内两段内力不同，故

$$F_{NB,d} = K_d F_{NB} = 42.8 \times 54.5 = 2.33 \times 10^3(\text{N}) = 2.33(\text{kN})$$

$$F_{NA,d} = K_d(W - F_{NB}) = 42.8 \times (1200 - 54.5) = 49.0 \times 10^3(\text{N}) = 49.0(\text{kN})$$

(5)结构安全性校核。结构的安全性校核包括 AD 段的拉伸强度、BD 段的压缩强度及稳定性和梁 BC 的强度。当然，木材给出了拉压许用应力 $[\sigma_w]$。从上面计算中看出 $F_{Nt} > F_{Nc}$，故先对 AD 段作强度校核，即

$$\sigma_{\text{t,max}} = \frac{F_{N A,\text{d}}}{A} = \frac{49 \times 10^3}{0.1^2} = 4.9 \times 10^6 (\text{Pa}) = 4.9 (\text{MPa}) < [\sigma_{\text{w}}]$$

木杆 AD 段满足拉伸强度条件。

其次，DB 段一端固定另一端铰支，其长度因数 $\mu = 0.7$，依题意可知 DB 段为大柔度杆，其临界压力用欧拉公式计算，故

$$F_{N B,\text{cr}} = \frac{\pi^2 E I}{(0.7 l)^2} = \frac{\pi^2 \times 10 \times 10^9 \times 0.1^4}{12 \times 0.7^2 \times 1^2} = 1.679 \times 10^6 (\text{N}) = 1679 (\text{kN})$$

故

$$n = \frac{F_{N B,\text{cr}}}{F_{N B,\text{d}}} = \frac{1679}{2.33} = 721 > 10$$

该段稳定性条件满足。

最后，对 BC 梁进行弯曲强度校核。梁中最大弯矩为 $M_{\text{d,max}} = F_{N B,\text{d}} l$，危险截面在 C 截面，故

$$\sigma_{\text{d,max}} = \frac{M_{\text{d,max}}}{W} = \frac{6 M_{\text{d,max}}}{a^3} = \frac{6 \times 2.33 \times 10^3 \times 1}{0.1^3} = 13.98 \times 10^6 (\text{Pa}) = 13.98 (\text{MPa}) < [\sigma_{\text{st}}]$$

因此，整个结构安全。

当题目给出稳定性有关参数时，应先判断其柔度，再选定临界应力计算公式。

根据上述例题可见，冲击问题的求解不仅适用于静定结构，而且适用于超静定结构。未知反力求解后，在外力和已知多余约束反力作用下，相当系统与原超静定结构完全等价。因此可以直接利用相当系统计算结构变形。

例 12-11　图 12-13 所示两相同梁 AB、CD，自由端间距 $\delta = W l^3 / (3 E I)$。当重 W 的重物突然加于 AB 梁的 B 点时，求 CD 梁 C 点的挠度 f。

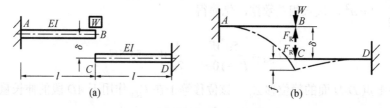

图 12-13

解　当 AB 梁的动位移 $\Delta_{B,\text{d}} \leqslant \delta$ 时，AB 梁是一个悬臂梁受冲击载荷的问题，而当 AB 梁的动位移 $\Delta_{B,\text{d}} > \delta$ 时，BC 接触形成一次超静定系统。对于悬臂梁 AB，当 B 端受重力 W 时，其挠度 $\Delta_{B,\text{st}} = \delta = W l^3 / (3 E I)$，而对于突加载荷 $K_{\text{d}} = 2$，故 $\Delta_{B,\text{d}} = K_{\text{d}} \Delta_{B,\text{st}} = 2 \delta = 2 W l^3 / (3 E I) > \delta$，故问题属一次超静定问题。

（1）设 B 端在突加载荷作用下达到最低位置时，梁 AB 在 B 端的受力为 $W - F_{\text{R}}$，其挠度为 $\delta + f$，其中 f 为梁 CD 在 F_{R} 作用下 C 端的位移。系统在突加载荷作用前后的能量关系为

$$E_{\text{p}} = V_{\text{d}}$$

C 点在突加载荷作用下的挠度为 f，重物 W 下降的势能为 $E_{\text{p}} = W(\delta + f)$，该能量转化为两杆的应变能，即

$$W(\delta + f) = \frac{1}{2}(W - F_{\text{R}})(\delta + f) + \frac{1}{2} F_{\text{R}} f$$

(2) 令两梁的弹簧系数均为 $C = \dfrac{3EI}{l^3}$，对梁 AB，由挠度公式可得 $\Delta_{Bd} = \delta + f = (W - F_R)/C$，故 $W - F_R = (\delta + f)C$；对梁 CD，$f = F_R/C$，故 $F_R = fC$。

(3) 将 W、F_R、$W - F_R$ 代入能量关系表达式中，得

$$W(f + \delta) = \frac{C(f + \delta)^2}{2} + \frac{Cf^2}{2} = \frac{C}{2}[(f + \delta)^2 + f^2]$$

而 $\delta = \dfrac{Wl^3}{3EI} = W/C$，故 $W = C\delta$，代入上式，得 $\delta^2 = 2f^2$，得 CD 梁 C 端的挠度为

$$f = \frac{\delta}{\sqrt{2}} = \frac{\sqrt{2}Wl^3}{6EI}$$

突加载荷是动载荷问题中的一个特例，其动荷因数 K_d 可直接从初速度为零的自由落体冲击时的动荷因数 $K_d = 1 + \sqrt{1 + 2h/\Delta_{st}}$ 中，令 $h = 0$ 直接得出。但应当注意，动荷因数是在冲击过程中系统状态不变的条件下推导出来的，可以是静定系统，也可以是超静定系统。但当系统状态改变时，例如，例 12-11 中梁接触前仅 AB 梁受载，接触后两梁同时受载，系统状态发生了变化，不可直接套用公式，而应从能量关系出发进行推导。

12.4 冲 击 韧 度

冲击载荷作用不仅使得工程构件的工作原理与静载荷完全不同，材料抵抗静载荷和冲击载荷的能力也是不同的。工程中衡量材料抵抗冲击破坏性能的指标称为**冲击韧度**，冲击韧度是通过冲击实验测定的。

冲击实验使用带有切槽的弯曲试件，试件放置在冲击实验机的支架上，并且使得切槽一侧作用拉应力，如图 12-14(a) 所示。冲击实验机的摆锤从一定高度 h_1 处自由下落冲击试件，摆锤将试件冲击断裂后，惯性作用使得摆锤在高度 h_2 处，如图 12-14(b) 所示。根据能量原理，试件冲击断裂需要的能量等于摆锤做功 W，且 $W = G(h_1 - h_2)$。式中，G 为摆锤重量，摆锤冲击做功 W 可以从实验机上直接读出。

设试件切槽处的横截面面积为 A，则定义材料的冲击韧度为

$$\alpha_k = W/A \tag{12-10}$$

单位为 J/mm^2。冲击韧度 α_k 越大，材料在冲击载荷作用下破坏需要的能量越多，因此抵抗冲击破坏的能力越强。一般而言，塑性材料抵抗冲击的能力远远高于脆性材料。

由于冲击韧度 α_k 的数值不仅与材料有关，而且与试件的尺寸、形状和支承条件等因素相关，所以冲击韧度 α_k 只能作为一个比较材料抵抗冲击能力的相对指标。为了便于比较，测定冲击韧度 α_k 时应该采用标准试件。为了避免材料的不均匀和切槽的加工不精确等因素的影响，每一组实验不能少于四个试件。冲击试件开切槽使得切槽区域高度应力集中，这样切槽区域就吸收了比较多的冲击能量。详细可参考国家标准 GB/T 229—2020《金属材料 夏比摆锤冲击试验方法》。

实验结果表明，冲击韧度 α_k 随着温度的降低而下降。对于低碳钢材料，冲击韧度 α_k 与温度的关系曲线如图 12-15 所示。当温度低于某一临界值时，材料将变得很脆，冲击韧度 α_k 也将大幅度减小。材料在低温环境下抵抗冲击的能力降低，这一现象称为**冷脆**。

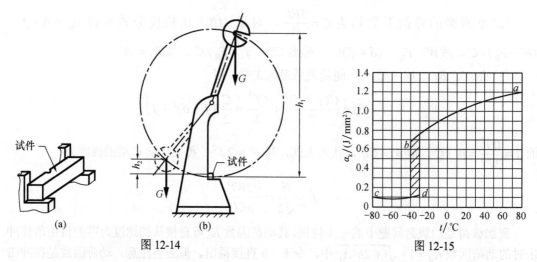

图 12-14　　　　　　　　　　　　　　　　图 12-15

试件在冲击载荷作用下，破坏断口的断面部分呈晶粒状，这是脆性断裂的特征；部分断面呈纤维状，则是塑性断口。

由于材料在低于转变温度的低温环境下，冲击韧度 α_k 很小，因此在低温下并且可能受到冲击的构件必须具有足够的冲击韧度，以防构件受到冲击时发生脆性断裂。

当然，并非所有的金属材料均有这种转变温度，如有色金属铝、铜和某些高强度合金钢，在很大的温度变化环境中，冲击韧度 α_k 的改变很小，没有明显的转变温度。

12.5　提高构件抗冲击能力的措施

冲击对于工程构件的变形和应力的影响，对于大多数问题，集中反映在动荷因数上。因此工程构件设计中，降低动荷因数就能有效地减小构件的冲击应力和变形，提高承载能力。根据动荷因数公式，增加构件的静位移 Δ_{st}，就能够减小动荷因数。这是因为静位移 Δ_{st} 增大，表示构件比较柔软，可以吸收更多的冲击能量。但是单纯增加静位移 Δ_{st}，动荷因数会降低，在某种程度上可能会提高构件的静应力，因此构件的动应力未必会降低。

工程上有多种减小动荷因数，降低构件冲击应力的成功范例。例如，为了减少冲击应力对于车辆运行的影响，在汽车大梁和轮轴之间安装叠形钢板，在火车车厢与轮轴之间安装压缩弹簧，在某些机器或者零件之间加装橡胶垫或者垫圈等。上述方法均被工程界普遍采用，是既不改变构件的静应力，又能够提高构件静位移、降低动荷因数的有效方法。

对于某些情况，改变受冲击构件的形状，也可以降低动应力。如扭转冲击，从例 12-6 的讨论中可见，扭转最大冲击切应力 $\tau_{d,max}$ 与杆件的体积 Al 有关，体积越大，冲击应力越小。例 12-7 的水平冲击也表明最大动应力与构件的体积有关。因此在可能的条件下，增加构件体积可以有效提高构件的抗冲击能力。对于受到活塞冲击的汽缸盖螺栓，由短螺栓（图 12-16(a)）改为长螺栓（图 12-16(b)），增加了螺栓的长度和体积，因此可以有效地提高螺栓的抗冲击能力。

由弹性模量比较低的材料制作的构件一般具有比较大的静变形，因此采用低弹性模量材料取代高弹性模量材料有利于降低动应力。但是，低弹性模量材料的许用应力也比较低，因此必须注意强度条件是否满足。

上述讨论均是针对等截面构件，不能应用于变截面构件。图 12-17 所示的两个杆件，一个为等截面杆件，另一个为变截面杆件。显然图 12-17(a) 所示的变截面杆件的体积比较大，但是在材料和载荷相同的情况下，变截面杆件要比等截面杆件的动应力更大。因为变截面杆件的静变形比较小，因此动荷因数相对要大。而在危险截面面积相同的情况下，两杆的静应力是相等的，因此变截面杆件动应力比较大。对于承受冲击载荷作用的杆件应该尽可能避免在局部区域削弱杆件的横截面面积。

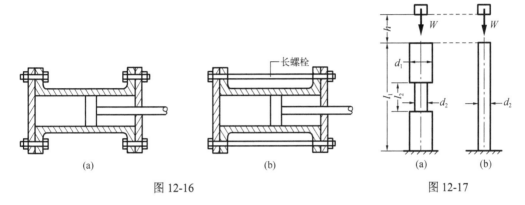

图 12-16　　　　　　　　　　　　图 12-17

对于抗冲击工程构件，如果遇到某些不能回避的局部削弱问题，如螺栓等零件，设计中应该尽可能增加构件的长度。例如，采用螺栓光杆部分直径与螺纹内径接近的方法，使得被削弱部分长度增加，从而达到增加构件静变形，减小动应力的目的。

12.6　考虑被冲击构件质量的冲击应力

在建立冲击应力力学模型时，曾经做出了一些基本假设。其中假设不考虑被冲击构件的质量，这显然对于冲击问题的分析是比较保守的。而当被冲击物体的质量比较大时，这一假设将导致比较大的误差。本节将以图 12-18 所示的简支梁为例，分析讨论被冲击物体质量对于冲击应力的影响。

在冲击即将发生的时刻，冲击物体 W 的速度为 v_0，而梁是静止的。在冲击发生的极短时间内，梁的所有单元均得到一个速度，而冲击物体的速度减小。可以认为这一阶段简支梁实际仍然保持为直的，冲击物体速度的降低是由梁和冲击物体自身的局部变形引起的。当冲击物体和梁的速度

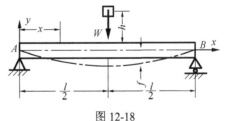

图 12-18

在冲击点处相等，即达到某一共同值 v_1 时，这一冲击阶段结束。以后冲击物体 W 以速度 v_1 与梁一起运动，简支梁出现弯曲变形，这是冲击过程的第二阶段。

冲击过程的第二阶段整个梁均产生变形，冲击物体和运动着的梁的动能转化为梁的应变能。如果计算这一能量，必须分析冲击物体的速度 v_1 和简支梁各点的速度。在冲击过程中，设梁的动变形与冲击点作用静载荷 W 时产生的静变形规律相同，则根据附录 C 可得简支梁挠曲线方程为

$$y(x) = -\frac{Wx}{12EI}\left(\frac{3}{4}l^2 - x^2\right), \quad 0 \leqslant x \leqslant \frac{l}{2} \tag{12-11}$$

简支梁中点挠度 $\delta = -\dfrac{Wl^3}{48EI}$，将其代入式(12-11)，得

$$y(x) = \delta(3l^2 - 4x^2)\frac{x}{l^3}$$

如果在冲击过程的某一时刻，冲击点的位移为 f，则根据上述假设，坐标为 x 的截面的挠度为

$$y(x) = f(3l^2 - 4x^2)\frac{x}{l^3}$$

该截面的运动方程为 $\qquad \dfrac{\mathrm{d}y(x)}{\mathrm{d}t} = (3l^2 - 4x^2)\dfrac{x}{l^3}\dfrac{\mathrm{d}f}{\mathrm{d}t}$

长度为 $\mathrm{d}x$ 微段梁的动能 $\mathrm{d}E_\mathrm{k}$ 可以表示为

$$\mathrm{d}E_{\mathrm{k}1} = \frac{1}{2}\frac{\gamma}{g}A\mathrm{d}x\left[(3l^2 - 4x^2)\frac{x}{l^3}\frac{\mathrm{d}f}{\mathrm{d}t}\right]^2$$

式中，γ 为梁材料的重度；A 为梁的横截面面积。整个梁的动能为

$$E_{\mathrm{k}1} = \frac{1}{2g}\gamma A\left(\frac{\mathrm{d}f}{\mathrm{d}t}\right)^2\frac{1}{l^6}\times 2\int_0^{\frac{l}{2}}(3l^2x - 4x^3)^2\mathrm{d}x = \frac{17}{35}\times\frac{1}{2g}\gamma Al\left(\frac{\mathrm{d}f}{\mathrm{d}t}\right)^2 \tag{12-12}$$

式(12-12)表示在冲击的第二阶段中某一时刻梁的全部动能，该瞬时冲击物体的动能为

$$\frac{W}{2g}\left(\frac{\mathrm{d}f}{\mathrm{d}t}\right)^2$$

根据上述分析，可以将被冲击构件的全部质量称为相当质量，集中于冲击点，认为整个被冲击构件的动能和集中于冲击点的相当质量的动能相等。根据式(12-12)，简支梁的相当质量为 $\dfrac{17}{35}\dfrac{\gamma Al}{g}$。

下面计算冲击物体和梁的第二阶段开始时刻的速度 v_1。当冲击物体与梁相撞后以速度 v_1 共同运动，依照动量守恒定律可知

$$\frac{W}{g}v_0 = \left(\frac{W}{g} + \frac{17}{35}\frac{\gamma Al}{g}\right)v_1$$

解得 $\qquad v_1 = \dfrac{v_0}{\left(1 + \dfrac{17}{35}\dfrac{\gamma Al}{W}\right)}$

所以，第二阶段开始后的动能为

$$\frac{1}{2}\left(\frac{W}{g} + \frac{17}{35}\frac{\gamma Al}{g}\right)v_1^2 = \frac{1}{2}\frac{W}{g}\frac{v_0^2}{1 + \dfrac{17}{35}\dfrac{\gamma Al}{W}}$$

考虑第二阶段的能量守恒，整个系统的动能改变为

$$E_k = \frac{1}{2}\frac{W}{g}v_0^2 \frac{1}{1+\frac{17}{35}\frac{\gamma Al}{W}} = \frac{1}{2}\frac{W}{g}v_0^2\frac{1}{1+\beta}$$

式中，$\beta = \frac{17}{35}\frac{\gamma Al}{W}$，即梁的相当质量与冲击物体质量的比值。势能的改变为

$$E_p = W\Delta_d$$

梁的应变能为

$$V_d = \frac{1}{2}W_d\Delta_d$$

根据能量守恒定律，有

$$E_k + E_p = V_d$$

即

$$\frac{1}{2}\frac{W}{g}v_0^2\frac{1}{1+\beta} + W\Delta_d = \frac{1}{2}W_d\Delta_d$$

设材料满足胡克定律，则

$$\frac{W_d}{W} = \frac{\Delta_d}{\Delta_{st}}$$

将上述比例关系代入能量关系式，化简可得

$$\Delta_d^2 - 2\Delta_{st}\Delta_d - \frac{v_0^2\Delta_{st}}{(1+\beta)g} = 0$$

解得

$$\Delta_d = \Delta_{st} \pm \sqrt{\Delta_{st}^2 + \frac{v_0^2\Delta_{st}}{(1+\beta)g}}$$

为了计算最大值，上式根号前取"+"号，所以

$$\Delta_d = \Delta_{st}\left[1 + \sqrt{1 + \frac{v_0^2}{(1+\beta)g\Delta_{st}}}\right] = K_d\Delta_{st}$$

动荷因数为

$$K_d = 1 + \sqrt{1 + \frac{v_0^2}{(1+\beta)g\Delta_{st}}}$$

根据物理学知识，第一阶段末冲击物体速度 v_0 为

$$\frac{1}{2}\frac{W}{g}v_0^2 = \frac{W}{g}gh, \quad v_0^2 = 2gh$$

所以

$$K_d = 1 + \sqrt{1 + \frac{2h}{(1+\beta)\Delta_{st}}} \tag{12-13}$$

将上式与忽略被冲击构件质量的冲击动荷因数表达式(12-8)比较，其差别在于因数中的 $(1+\beta)$ 因子。如果 β 与 1 相比很小，即被冲击构件相当质量与冲击物体质量相比较很小，动荷因数计算不必考虑 β 的影响。如果被冲击构件相当质量与冲击物体质量相比较不是很小，动荷因数的计算必须考虑 β 的影响。由于考虑被冲击物体质量，所以必然有部分冲击能量被构件质量消耗，相对引起构件冲击动应力的能量减少，因此 β 的引入将导致动荷因数减小，

使得构件的计算冲击应力和变形减少。

不同的构件承载形式具有不同的相当质量，对于悬臂梁 $\beta = \dfrac{33}{140}\dfrac{\gamma Al}{W}$，直杆受到拉伸或者压缩冲击时 $\beta = \dfrac{1}{3}\dfrac{\gamma Al}{W}$。

思 考 题

12.1　什么是动载荷？动载荷与静载荷的本质区别是什么？

12.2　什么是动荷因数？动荷因数的力学意义是什么？

12.3　为什么飞轮构件均有一定的速度限制？如果速度过高，将会导致什么后果？

12.4　采用能量法求解冲击问题的四条假设的作用各是什么？为什么说根据这些假设所确定的计算结果对于工程应用是相对安全的？

12.5　冲击动荷因数与哪些因素有关？为什么刚度越大的构件越容易受到冲击破坏？为什么缓冲弹簧可以承受比较大的冲击载荷？

12.6　冲击应力与哪些因素相关？工程构件承受冲击应力与静应力有哪些差别？

12.7　图示两个悬臂梁材料相同，试问固定端的动应力 σ_d 和静应力 σ_{st} 是否相同？为什么？

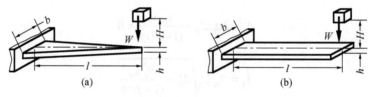

思考题 12.7 图

12.8　重量为 W 的重物从高度 h 处自由下落冲击简支梁的 D 截面，如图所示。梁的 C 截面动应力 $\sigma_{C,d} = K_d\sigma_{C,st}$，其中 $K_d = 1+\sqrt{1+2h/\Delta_{st}}$，试问 Δ_{st} 应该采用静载荷作用下哪一截面的位移？

12.9　柱体 AB 长度为 l，下端固定，在 C 点受到沿水平方向的运动物体冲击，如图所示。已知冲击物体的重量为 W，与柱体接触时刻的速度为 v，动荷因数计算公式为 $K_d = \sqrt{\dfrac{v^2}{g\Delta_{st}}}$。试问公式中的 Δ_{st} 是如何确定的？

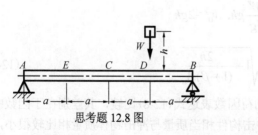

思考题 12.8 图

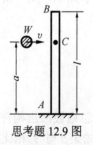

思考题 12.9 图

12.10　图示悬臂梁受自由落体 W 的冲击，若要求 B 截面有动位移，其动荷因数 K_d 公式中的静位移应是哪一截面处的静位移？

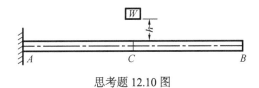

思考题 12.10 图

习 题

12-1 荷重 F 固结在摆线的端点，求当荷重自由摆动时摆线的最大内力。摆线对铅垂线的最大偏斜角为 α。

12-2 图示正方形截面钢杆以角速度 ω 绕着垂直于图形平面的 A 轴旋转。试求当杆内正应力达到比例极限 σ_p 时的最大转速 n_{max}，并计算杆的绝对伸长 Δl。已知：$l = 750mm$，$\sigma_p = 250MPa$，$\gamma = 78.5kN/m^3$，弹性模量 $E = 210GPa$。

12-3 图示轴以等角速度在轴承 A 和 B 内旋转，在轴上固定着两个杆件，而且两杆的端点都固定有重量 $F = 100N$ 的小球，两杆在同一平面内，且与支座的距离相等。已知 $n = 600r/min$，$l = 3m$，轴的直径 $d = 60mm$，$r = 250mm$，轴和杆的自重均略去不计，试求惯性力在轴内引起的最大弯曲正应力。

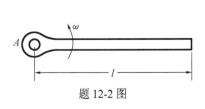

题 12-2 图

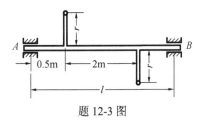

题 12-3 图

12-4 图示圆截面钢环以角速度 ω 绕铅垂轴旋转，已知 $D = 700mm$，$n = 3000r/min$，$[\sigma] = 100MPa$，$\gamma = 78.5kN/m^3$。试校核环的强度，并求最大许可切向速度 v。

12-5 图示轴上装有一钢质圆盘，圆盘上有一圆孔。已知 $\gamma = 78.5kN/m^3$，若圆盘以 $\omega = 40rad/s$ 的等角速度旋转，试求轴内由于圆孔引起的最大正应力。

12-6 图示机车车轮以 $n = 300r/min$ 的速度旋转。平行杆 AB 的横截面为矩形，$h = 56mm$，$b = 28mm$，长 $l = 2m$，$r = 250mm$，$\gamma = 76kN/m^3$，试确定平行杆最危险的位置和杆内最大正应力。

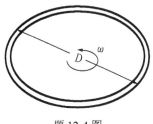

题 12-4 图

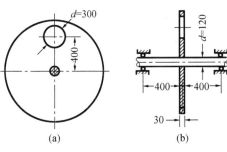

题 12-5 图

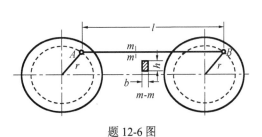

题 12-6 图

12-7　如图所示，荷重 $W=100N$ 的物体固结在钢丝上，以等角速度 ω 绕着 OA 轴旋转。已知钢丝直径 $d=1mm$，$l=1m$，$\sigma_p=250MPa$，$\sigma_b=1000MPa$，试求：(1) 当钢丝内的正应力达到比例极限 σ_p 时，荷重切向速度的极限值 v；(2) 使得钢丝断裂的转速 n_{max}。

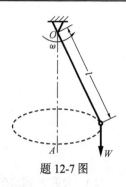

题 12-7 图

12-8　图示钢梁 AB 的作用是阻止铁路车厢的下滑。铁路车厢的质量为 $m=10t$，以水平速度 $v=0.5m/s$ 冲击梁 AB。设冲击点在梁的中点，且梁 AB 以简支梁形式支撑。已知梁 AB 长 $l=2m$，横截面面积为 $200\times200mm^2$，$E_{st}=200GPa$，$[\sigma]=250MPa$，求梁 AB 的最大应力和最大变形。

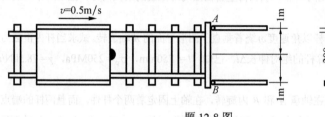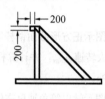

题 12-8 图

12-9　图示卷扬机用绳索以匀加速度 $7m/s^2$ 向上起吊重 30kN 的重物，绳索绕在重 4kN、直径为 1000mm 的鼓轮上，其回转半径为 450mm。设轴的两端可以视为铰支，$[\sigma]=100MPa$，试按第三强度理论设计轴的直径。

12-10　图示重量 $W=1kN$ 的物体突然作用于 $l=2m$ 的悬臂梁自由端。已知 $b=100mm$，$h=200mm$，弹性模量 $E=11GPa$，试求悬臂梁自由端挠度和最大正应力。

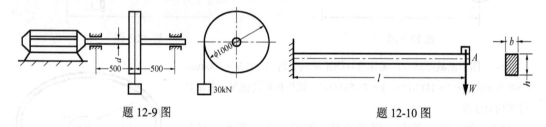

题 12-9 图　　　　　　　　　　　题 12-10 图

12-11　受压圆柱形密圈弹簧的簧丝直径 $d=6mm$，弹簧的平均直径 $D=120mm$，有效圈数 $n=18$，$G=80GPa$。若弹簧压缩 25mm，试求所需要施加的静载荷。假如这一载荷自 100mm 的高度自由下落于弹簧上，则弹簧的最大应力和变形各为多少？

12-12　图示钢杆的下端有一个固定圆盘，圆盘上放置弹簧。弹簧在 1kN 的静载荷作用下缩短 0.625mm。钢杆的直径 $d=40mm$，$l=4m$，$[\sigma]=120MPa$，$E=200GPa$，若重 15kN 的重物自由下落，试求其许可高度 H。

12-13　图示圆轴直径 $d=60mm$，$l=2m$，左端固定，右端有一直径 $D=40cm$ 的鼓轮。轮上绕以钢绳，绳的端点 A 悬挂吊盘。绳长 $l_1=10m$，横截面面积 $A=120mm^2$，$E=200GPa$，轴的切变模量 $G=80GPa$。重量 $F=800N$ 的物体自 $h=20cm$ 处下落于吊盘上，求轴内最大切应力和绳内最大正应力。

12-14　图示重 $F=100N$ 的重物自高度 $h_1=100mm$ 处自由下落至正方形截面钢杆上，已知正方形的边长 $a=50mm$，杆长 $l=1m$，弹性模量 $E=210GPa$，试求杆内最大压应力。若比例极限 $\sigma_p=200MPa$，求杆内压应力达到比例极限时的最大下落高度 h。

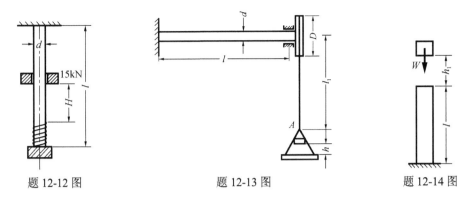

题 12-12 图　　　　题 12-13 图　　　　题 12-14 图

12-15　图示一端具有荷重 F 的杆件，在水平平面内绕铅垂轴 A 以角速度 ω 旋转。它突然受阻于 B 点，试求杆内的最大弯矩。

12-16　图示为两端固定的 No.20a 工字钢梁，有 $W = 1\text{kN}$ 的重物自高度 $h = 200\text{mm}$ 处下落至梁上，已知 $E = 210\text{GPa}$，试求梁内的最大正应力。

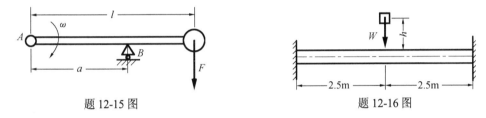

题 12-15 图　　　　题 12-16 图

12-17　如图所示，有 $W = 200\text{N}$ 的重物自高度 $h = 15\text{mm}$ 处下落至直径 $D = 500\text{mm}$ 的钢圆环上，圆环的横截面为直径 $d = 30\text{mm}$ 的圆截面。已知 $E = 210\text{GPa}$，试求圆环内的最大正应力和直径 AB 的缩短量 Δ。

12-18　如图所示，No.10 工字钢梁的 C 端固定，A 端铰支于空心钢管 AB 上。钢管的内径和外径分别为 30mm 和 40mm，B 端也是铰支。梁和钢管材料相同。当重为 500N 的重物落于 A 端时，试校核杆的稳定性。已知 $E = 210\text{GPa}$，规定稳定安全系数为 2.5。

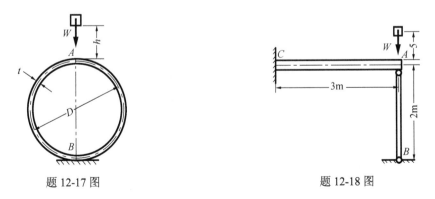

题 12-17 图　　　　题 12-18 图

12-19　如图所示，体重 670N 的跳水运动员从 635mm 处下落至跳板的 A 点，假设跳水运动员的腿保持刚性，跳板为 450mm×60mm 的矩形截面，弹性模量 $E = 12\text{GPa}$，试求：(1) A 端的最大位移；(2) 跳板内的最大应力。

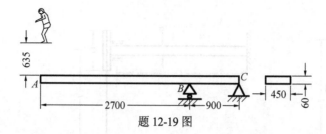

题 12-19 图

12-20　如图所示，重量 $W = 2\,\text{kN}$ 的冰块以 $v = 1\,\text{m/s}$ 的速度冲击长为 $l = 3\,\text{m}$、直径 $d = 200\,\text{mm}$ 的木桩顶部。已知木材的弹性模量 $E_w = 11\,\text{GPa}$，试求木桩内的最大正应力。

12-21　如图所示，重量 $W = 1000\,\text{N}$ 的物体从高 $h = 100\,\text{mm}$ 处自由下落冲击梁 AB 的中点 C。已知梁和杆的材料相同，弹性模量 $E_{st} = 200\,\text{GPa}$。梁为矩形截面，杆为圆形截面，尺寸如图所示，且梁的跨度 $l = 2\,\text{m}$，试求梁的冲击点 C 的挠度和梁的最大动应力。

12-22　如图所示，刚度均为 $k\,(\text{N/m})$ 的弹簧，一端固定，另一端装有相互平行的两块刚性平板 A 和 B，其间距为 $\delta = W/(2k)$。当重为 W 的物体突然加在平板 A 上时，求平板 B 的位移（平板和弹簧的质量略去不计）。

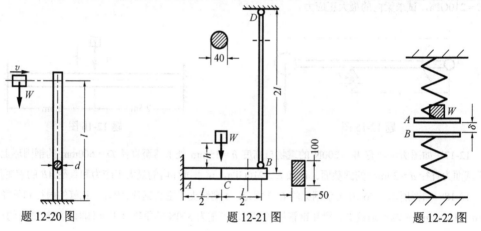

题 12-20 图　　　　　　　　　　题 12-21 图　　　　　　　　　　题 12-22 图

12-23　图示等截面刚架 $ABCD$ 的抗弯刚度为 EI。一重物 W 自高度 h 自由下落，冲击刚架的 C 点，试求刚架的最大应力。

12-24　一圆截面平面折杆 ABC 位于水平平面，AB 与 BC 垂直，折杆的直径为 d。ABC 与圆截面杆 CD 铰接于 C 点，D 处为固定铰链（CD 垂直于水平平面），CD 的直径为 d_0。重 W 的物体自高度 h 自由下落冲击折杆 B 点，如图所示。已知梁和杆的材料均为 Q235 钢，$\sigma_b = 380\,\text{MPa}$，$\sigma_s = 235\,\text{MPa}$，$\sigma_p = 200\,\text{MPa}$，$E = 200\,\text{GPa}$，$G = 80\,\text{GPa}$。结构尺寸：$d = 50\,\text{mm}$，$d_0 = 10\,\text{mm}$，$l = 1\,\text{m}$。载荷 $W = 200\,\text{N}$，高度 $h = 20\,\text{mm}$，强度安全系数 $n_0 = 2$，稳定安全系数 $n_{st} = 3$，试校核结构的安全性。

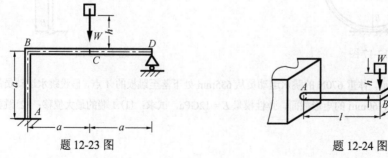

题 12-23 图　　　　　　　　　　　　题 12-24 图

12-25 图示结构由梁 AB 和杆 BD、BC 组成,材料均为 Q235 钢,弹性模量 $E=200$GPa, $\lambda_p=100$。$W=8$kN 的重物自高度 $h=10$mm 处自由下落冲击梁的中面 K。已知 $a=1$m, 杆 BC、BD 的横截面均为圆形, 直径 $d=50$mm, 梁 AB 为 No.10 工字钢, 惯性矩 $I_z=245$cm^4。设杆的稳定安全系数 $n_{st}=2.5$, 试校核结构的稳定性。

12-26 如图所示,一重量为 W 的物体以速度 v 水平冲击刚架 ABC 的 D 点。试求刚架的最大冲击应力。已知刚架的各个部分均由圆截面杆组成, 直径为 d, 材料的弹性模量为 E。

12-27 如图所示, 杆 1、2 的 $E_1=E_2=100$GPa, $A_1=A_2=20$mm^2, $l_1=l_2=1.2$m, $\alpha=30°$, 杆 3 的 $E_3=200$GPa, $A_3=25$mm^2, $l_3=3$m, 当 $W=0.1$kN 的重物自由下落冲击托盘时, 求各杆的动应力。

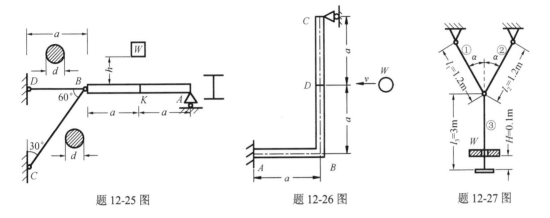

题 12-25 图   题 12-26 图   题 12-27 图

重点及
难点

附录 A　平面图形的几何性质[*]

计算杆在外力作用下的应力和变形时，常用到横截面的几何性质，如在计算拉(压)杆时所用到的面积 A，计算杆扭转时所用到的截面二次极矩或极惯性矩 I_p，计算弯曲应力时所用到截面二次矩或惯性矩 I_y、I_z 等。附录 A 将介绍与本课程有关的一些几何性质的定义和计算方法。

A.1　静矩和形心

A.1.1　静矩和形心的概念

设有一平面图形如图 A-1 所示，在图形平面内取坐标系 yOz。在坐标 (y,z) 处，取面积微元 $\mathrm{d}A$，面积微元 $\mathrm{d}A$ 与坐标的乘积，即 $y\mathrm{d}A$ 和 $z\mathrm{d}A$ 分别称为面积微元 $\mathrm{d}A$ 对 z 轴和 y 轴的截面一次矩(静矩)。遍及整个图形面积 A 的下列积分：

$$\begin{cases} S_z = \displaystyle\int_A y\mathrm{d}A \\ S_y = \displaystyle\int_A z\mathrm{d}A \end{cases} \tag{A-1}$$

则分别定义为图形对 z 轴和 y 轴的**截面一次矩**或**静矩**。

从式(A-1)可见，平面图形的静矩是对某坐标轴来说的，同一图形对不同的坐标轴，其静矩也就不同。静矩的数值可能为正，可能为负，也可能为零。静矩的量纲是长度的三次方。

静矩可用来确定平面图形形心的位置。设想有一单位厚度的均质薄板，薄板的形状与图 A-1 所示的平面图形相同。显然在 yOz 坐标系中，均质薄板的重心与平面图形的形心有相同的坐标 y_C 和 z_C。由静力学的力矩定理可知，平面图形形心(薄板重心)的坐标 y_C 和 z_C 分别是

图 A-1

$$\begin{cases} y_C = \dfrac{\displaystyle\int_A y\mathrm{d}A}{A} \\ z_C = \dfrac{\displaystyle\int_A z\mathrm{d}A}{A} \end{cases} \tag{A-2}$$

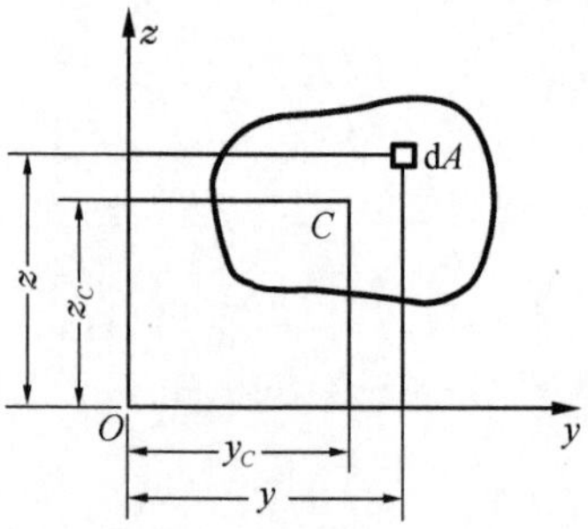

利用式(A-1)，可把式(A-2)写成

$$\begin{cases} y_C = \dfrac{S_z}{A} \\ z_C = \dfrac{S_y}{A} \end{cases} \tag{A-3}$$

或

$$\begin{cases} S_z = Ay_C \\ S_y = Az_C \end{cases} \tag{A-4}$$

可以看出，若坐标轴通过平面图形的形心，则 y_C 和 z_C 为零。由式(A-4)可知，此时静矩 S_z 或 S_y 也为零。也就是说，平面图形对通过形心的坐标轴的静矩等于零。反之，平面图形对某坐标轴的静矩为零，则坐标轴必通过平面图形的形心。例如，对于图 A-2 所示的平面图形，它们都有垂直对称轴 z 轴，z 轴左、右两边的面积对 z 轴的静矩数值相等而正负号相反，所以整个面积对 z 轴的静矩等于零，形心必在此对称轴上。

若图形有两个对称轴 y 和 z 轴，如图 A-2(a)～(c)所示，则形心必在此两对称轴的交点上。

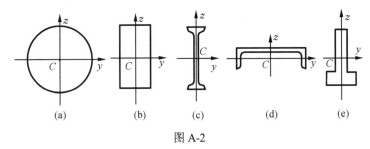

图 A-2

例 A-1 图 A-3 所示抛物线的方程为 $z = h(1 - y^2 / b^2)$。计算由抛物线、y 轴和 z 轴所围成的平面图形对 y 轴和 z 轴的静矩 S_y 和 S_z，并确定图形的形心 C 的坐标。

解 取平行于 z 轴的狭长条作为微元面积 $\mathrm{d}A = z\mathrm{d}y$，其形心坐标为 $\left(y, \dfrac{z}{2}\right)$，则

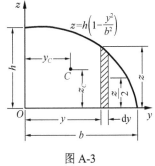

图 A-3

$$S_y = \int_A \frac{z}{2}\mathrm{d}A = \int_0^b \frac{h^2}{2}\left(1 - \frac{y^2}{b^2}\right)^2 \mathrm{d}y = \frac{4}{15}bh^2$$

$$S_z = \int_A y\mathrm{d}A = \int_0^b hy\left(1 - \frac{y^2}{b^2}\right)\mathrm{d}y = \frac{b^2 h}{4}$$

图形的面积为

$$A = \int_A \mathrm{d}A = \int_0^b h\left(1 - \frac{y^2}{b^2}\right)\mathrm{d}y = \frac{2}{3}bh$$

把求得的静矩 S_y、S_z 和面积 A 代入式(A-3)，得

$$y_C = \frac{S_z}{A} = \frac{b^2 h / 4}{2bh / 3} = \frac{3}{8}b, \quad z_C = \frac{S_y}{A} = \frac{4bh^2 / 15}{2bh / 3} = \frac{2}{5}h$$

A.1.2 组合图形的静矩和形心

一个平面图形由若干个简单图形(如矩形、圆形等)组成时，由静矩的定义可知，图形的各组成部分(简单图形)对某一轴静矩的代数和等于整个图形对同一轴的静矩，即

$$\begin{cases} S_y = \sum_{i=1}^n A_i z_{Ci} \\[2mm] S_z = \sum_{i=1}^n A_i y_{Ci} \end{cases} \tag{A-5}$$

式中，A_i 和 y_{Ci}、z_{Ci} 分别表示某一组成部分的面积和其形心坐标；n 表示图形由 n 部分组成。由于组合图形的任一组成部分都是简单图形，其面积和形心坐标就不难确定，所以式(A-5)中的任一项都可由式(A-4)算出，然后求其代数和，即为整个组合图形的静矩。

将式(A-5)代入式(A-3)，得组合图形形心坐标的计算式为

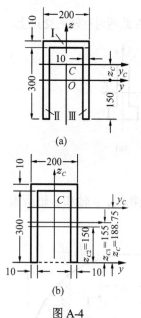

(a)

(b)

图 A-4

$$y_C = \frac{\sum\limits_{i=1}^{n} A_i y_{Ci}}{\sum\limits_{i=1}^{n} A_i}, \quad z_C = \frac{\sum\limits_{i=1}^{n} A_i z_{Ci}}{\sum\limits_{i=1}^{n} A_i} \tag{A-6}$$

例 A-2　求图 A-4 所示图形的形心。

解　将此组合图形分割成图 A-4(a)所示的 Ⅰ、Ⅱ、Ⅲ 三部分，以图形的垂直对称轴为 z 轴，过 Ⅱ、Ⅲ 的形心且与 z 轴垂直的轴取为 y 轴，则由式(A-6)可知

$$z_C = \frac{\sum\limits_{i=1}^{n} A_i z_{Ci}}{\sum\limits_{i=1}^{n} A_i} = \frac{200 \times 10 \times (150 + 5) + 2 \times 300 \times 10 \times 0}{200 \times 10 + 2 \times 300 \times 10} = 38.75 \,(\text{mm})$$

由对称性可知 $y_C = 0$。

如果将 y 轴分别选在与 z 轴垂直的上、下边缘，则 z_C 分别为 -121.25mm 和 188.75mm，y_C 则恒等于零，可见形心坐标与所选的参考坐标有关。

另外，也可以把图形看成一个 310mm×200mm 的矩形 Ⅰ 上挖去 300mm×180mm 的矩形 Ⅱ，y 轴选在垂直于 z_C 轴的底边，如图 A-4(b)所示。根据式(A-6)可知

$$z_C = \frac{A_1 z_{C1} - A_2 z_{C2}}{A_1 - A_2} = \frac{310 \times 200 \times 155 - 300 \times 180 \times 150}{310 \times 200 - 300 \times 180} = 188.75 \,(\text{mm})$$

此种方法通常称为负面积法。

例 A-3　截面为边长 $a = 200\text{mm}$ 的等边三角形，从中挖去另一个等边三角形，两个等边三角形保留下来的截面宽度在垂直于边长的方向为 $\delta = 30\text{mm}$，如图 A-5 所示。试求截面的形心。

解　(1)求被挖去的内部三角形的尺寸。根据几何关系可知，BE 与 BC 边的夹角为 $30°$，故 $BE = 60\text{mm}$。被挖去部分 DEF 的高度为

$$h = 200 \times \cos 30° - 30 - 60 = 83.2 \,(\text{mm})$$

挖去三角形的边长 $b = h/\cos 30° = 96.1\text{mm}$。

(2)求截面形心位置。图形关于 z 轴对称，故形心必在 z 轴上，即 $y_C = 0$，根据式(A-6)，利用负面积法可知

$$z_C = \frac{A_1 z_{C1} - A_2 z_{C2}}{A_1 - A_2} = \frac{\dfrac{1}{6} a^3 \cos^2 30° - \dfrac{1}{2} bh \left(\delta + \dfrac{1}{3} h \right)}{\dfrac{1}{2} a^2 \cos 30° - \dfrac{1}{2} bh} = 57.7 \,\text{mm}$$

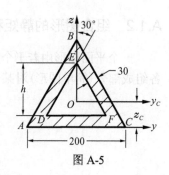

图 A-5

A.2　惯性矩　惯性积　惯性半径

对于图 A-6 所示的平面图形，其面积为 A，y 轴和 z 轴为图形所在平面内的坐标轴。在坐标 (y,z) 处取微面积 dA，z^2dA 和 y^2dA 分别称为微面积 dA 对 y 轴和 z 轴的**二次矩或惯性矩**；$yzdA$ 也称为微面积 dA 对 y 和 z 轴的**二次矩或惯性积**。遍及整个图形面积 A 的积分：

$$\begin{cases} I_y = \int_A z^2 dA \\ I_z = \int_A y^2 dA \end{cases} \tag{A-7}$$

定义为图形对 y 轴和 z 轴的**惯性矩**或**截面二次矩**。

$$I_{yz} = \int_A yz dA \tag{A-8}$$

定义为图形对 y、z 轴的**惯性积**或**截面二次矩**。

从式 (A-7) 和式 (A-8) 可见，平面图形的惯性矩和惯性积是对某一坐标系而言的，同一图形对不同的坐标轴，其值也不同。惯性矩的数值总是正的，惯性积的值可能为正，可能为负，也可能为零。它们的量纲都是长度的四次方。

坐标轴 y 或 z 中至少有一个是图形的对称轴时，如图 A-7 中的 z 轴，在 z 轴两侧的对称位置处，各取一微面积 dA，则两个微面积 dA 的 z 坐标相同，y 坐标则数值相等而正负号相反。因而两个微面积的惯性积数值相等，正负号相反，它们在积分中相互抵消，即 $I_{yz} = \int_A yz dA = 0$。所以，两个坐标轴中只要有一个轴为图形的对称轴，则图形对这一对坐标轴的惯性积等于零。

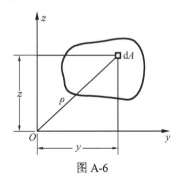

图 A-6

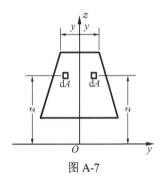

图 A-7

以 ρ 表示微面积 dA 到坐标原点 O 的距离，ρ^2dA 称为微面积 dA 对坐标原点 O 的极惯性矩，遍及整个图形面积 A 的积分：

$$I_p = \int_A \rho^2 dA \tag{A-9}$$

称为图形对坐标原点 O 的**截面二次极矩**或**极惯性矩**。

由图 A-6 可见，$\rho^2 = y^2 + z^2$，于是

$$I_{\mathrm{p}} = \int_A \rho^2 \mathrm{d}A = \int_A (y^2 + z^2)\mathrm{d}A = \int_A y^2 \mathrm{d}A + \int_A z^2 \mathrm{d}A = I_z + I_y \tag{A-10}$$

所以，图形对任一对相互垂直坐标轴的惯性矩之和，等于它对该两轴交点的极惯性矩。

一个平面图形由若干个简单图形组成时，根据惯性矩、惯性积和极惯性矩的定义，可分别算出每一个简单图形对一对坐标轴的惯性矩、惯性积和对该坐标轴交点的极惯性矩，然后求其总和，即得整个图形对该坐标轴的惯性矩、惯性积和对该对坐标轴交点的极惯性矩，即

$$I_y = \sum_{i=1}^n I_{yi}, \quad I_z = \sum_{i=1}^n I_{zi}, \quad I_{yz} = \sum_{i=1}^n I_{yizi}, \quad I_{\mathrm{p}} = \sum_{i=1}^n I_{\mathrm{p}i} \tag{A-11}$$

一个平面图形的惯性矩可以写成该图形的面积 A 与某一长度 i 的平方的乘积，即

$$I_y = A i_y^2, \quad I_z = A i_z^2$$

或改写为

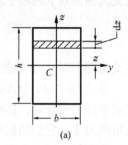

(a)

$$i_y = \sqrt{\frac{I_y}{A}}, \quad i_z = \sqrt{\frac{I_z}{A}} \tag{A-12}$$

式中，i_y 和 i_z 分别称为图形对 y 轴和 z 轴的惯性半径。惯性半径的量纲是长度的一次方。

例 A-4　试计算图 A-8(a)所示矩形对其对称轴 y 和 z 的惯性矩。矩形的高为 h，宽为 b。

解　先求图形对 y 轴的惯性矩。取平行于 y 轴的狭长条作为微元面积 $\mathrm{d}A$，且 $\mathrm{d}A = b\mathrm{d}z$，则

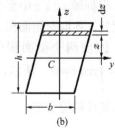

(b)

图 A-8

$$I_y = \int_A z^2 \mathrm{d}A = \int_{-\frac{h}{2}}^{\frac{h}{2}} b z^2 \mathrm{d}z = \frac{1}{12} b h^3$$

同理，取平行于 z 轴的狭长条作为微元面积 $\mathrm{d}A$，且 $\mathrm{d}A = h\mathrm{d}y$，则

$$I_z = \int_A y^2 \mathrm{d}A = \int_{-\frac{b}{2}}^{\frac{b}{2}} h y^2 \mathrm{d}y = \frac{h b^3}{12}$$

如果图形是图 A-8(b)所示的高为 h、宽为 b 的平行四边形，它对形心轴 y 的惯性矩仍然是

$$I_y = \frac{1}{12} b h^3$$

例 A-5　计算图 A-9 所示圆形对其形心轴的惯性矩。

解　在 4.3 节中已知圆截面对其形心的极惯性矩为

$$I_{\mathrm{p}} = \frac{1}{32} \pi d^4$$

由于圆形对其过形心的坐标轴(直径)是对称的，且对于任一过形心的坐标轴惯性矩应相等，即 $I_y = I_z$，利用式(A-10)，可得

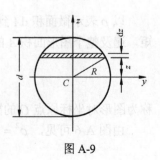

图 A-9

$$I_y = I_z = \frac{1}{2}I_p = \frac{\pi}{64}d^4$$

当然，用定义式积分(如取 $dA = 2\sqrt{R^2 - z^2}dz$)同样可以得到上述结果。

例A-6 计算图A-10所示三角形关于底边轴线 y 的惯性矩 I_y 。

解 由三角形的相似关系可知 $b_z / b = (h-z) / h$ ，得 z 处的

宽度 $b_z = \frac{b}{h}(h-z)$ ，阴影部分的面积 $dA = b_z dz$ ，根据惯性矩的定

义式(A-7)，得

$$I_y = \int z^2 dA = \int_0^h z^2 b_z dz = \frac{b}{h} \int_0^h (hz^2 - z^3)dz = \frac{bh^3}{12}$$

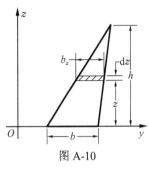

图 A-10

其惯性矩 I_y 虽与例 A-4 中矩形相同,但是对不同坐标轴而言的。

A.3 平行移轴公式

虽然同一平面图形对不同轴的惯性矩、惯性积各不相同,但它们之间存在着一定的关系。利用这些关系既可以使计算得到简化,又有助于计算图形对某些特殊轴的惯性矩和惯性积。本节仅讨论平行移轴公式。

图 A-11 表示一平面图形。在图形中任取一微面积 dA ,该微面积 dA 的形心在 $y_1 O_1 z_1$ 坐标系中的坐标为(y_1, z_1); 在 yOz 坐标系中的坐标为 (y, z) 。从图中可见

$$y = y_1 + b, \quad z = z_1 + a$$

根据定义即式(A-7)和式(A-8),图形对 y 轴和 z 轴的惯性矩和惯性积应为

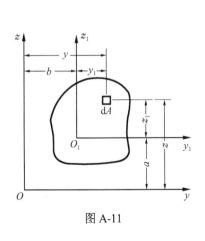

图 A-11

$$I_y = \int_A z^2 dA = \int_A (z_1 + a)^2 dA$$
$$= \int_A z_1^2 dA + 2a\int_A z_1 dA + a^2\int_A dA$$

$$I_z = \int_A y^2 dA = \int_A (y_1 + b)^2 dA$$
$$= \int_A y_1^2 dA + 2b\int_A y_1 dA + b^2\int_A dA$$

$$I_{yz} = \int_A yz dA = \int_A (y_1 + b)(z_1 + a)dA$$
$$= \int_A y_1 z_1 dA + a\int_A y_1 dA + b\int_A z_1 dA + ab\int_A dA$$

因为式中

$$\int_A z_1^2 dA = I_{y1}, \quad \int_A z_1 dA = S_{y1}, \quad \int_A dA = A, \quad \int_A y_1^2 dA = I_{z1}, \quad \int_A y_1 dA = S_{z1}, \quad \int_A y_1 z_1 dA = I_{y1z1}$$

于是有

$$\begin{cases} I_y = I_{y1} + 2aS_{y1} + a^2 A \\ I_z = I_{z1} + 2bS_{z1} + b^2 A \\ I_{yz} = I_{y1z1} + aS_{z1} + bS_{y1} + abA \end{cases} \tag{A-13}$$

式(A-13)称为**平行移轴公式**。式中 a、b 的正负由 O_1 点在 xOy 坐标系中的位置决定，如图 A-11 中所示情形，O_1 点在 xOy 坐标系的第一象限内，a、b 均为正值。

若 O_1 点为平面图形的形心，则 y_1、z_1 轴均过图形的形心。因此，由式(A-4)可知，$S_{y1} = 0$, $S_{z1} = 0$。于是式(A-13)可化简为

$$\begin{cases} I_y = I_{y1} + a^2 A \\ I_z = I_{z1} + b^2 A \\ I_{yz} = I_{y1z1} + abA \end{cases} \tag{A-14}$$

式(A-14)是从平面图形的形心坐标系向形心外坐标系平移的平行移轴公式。由式(A-14)可知，$a^2 A$ 和 $b^2 A$ 均为正值，所以平面图形对各平行轴的惯性矩中，以对形心轴的惯性矩最小。

例A-7 试计算图 A-12(a)所示图形对形心轴 y_C 的惯性矩 I_{yC}。

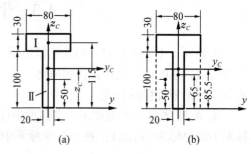

图 A-12

解 (1)形心位置。由于图形左右对称，形心必在对称轴上。取对称轴 z_C 为参考轴，形心位置为 $y_C = 0$。另一参考轴可选 T 形下边缘处，则

$$z_C = \frac{\sum_{i=1}^{n=2} S_{yi}}{\sum A_i} = \frac{80 \times 30 \times 115 + 20 \times 100 \times 50}{80 \times 30 + 100 \times 20} = 85.5(\text{mm})$$

(2)对形心轴 y_C 的惯性矩 I_{yC}。形心位置确定后，使用平行移轴公式，计算矩形 Ⅰ 和 Ⅱ 对 y_C 的惯性矩，它们分别为

$$I_{yC1} = \frac{1}{12} b_1 h_1^3 + a_1^2 A_1 = \frac{80 \times 30^3}{12} + (115 - 85.5)^2 \times 80 \times 30 = 227 \times 10^4 (\text{mm}^4)$$

$$I_{yC2} = \frac{1}{12} b_2 h_2^3 + a_2^2 A_2 = \frac{1}{12} \times 20 \times 100^3 + (85.5 - 50)^2 \times 100 \times 20 = 419 \times 10^4 (\text{mm}^4)$$

整个图形对 y_C 轴的惯性矩为

$$I_{yC} = I_{yC1} + I_{yC2} = (227 + 419) \times 10^4 = 646 \times 10^4 (\text{mm}^4)$$

还可以把图形看作由 80mm×130mm 的大矩形和两个 30mm×100mm 的小矩形组成(图 A-12(b))。同样可计算出图形对形心轴 y_C 的惯性矩：

$$I_{yC} = \sum_{i=1}^{n=3} (I_{yCi} + a_i^2 A_i) = \left[\frac{1}{12} \times 80 \times 130^3 + 80 \times 130 \times (85.5 - 65)^2 \right]$$

$$- 2 \times \left[\frac{1}{12} \times 30 \times 100^3 + 30 \times 100 \times (85.5 - 50)^2 \right] = 646 \times 10^4 (\text{mm}^4)$$

例 A-8 计算图 A-13 所示平面图形对 y、z 轴的惯性矩 I_y、I_z 和惯性积 I_{yz}。

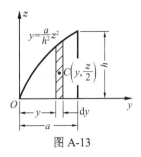

图 A-13

解 (1)取微面元 $\mathrm{d}A = z\mathrm{d}y$，求图形对 y 轴的惯性矩。微面元对 y 轴的惯性矩为

$$\mathrm{d}I_y = \frac{z^3 \mathrm{d}y}{12} + \left(\frac{z}{2}\right)^2 z\mathrm{d}y$$

故

$$I_y = \frac{1}{12}\int_0^a z^3 \mathrm{d}y + \frac{1}{4}\int_0^a z^3 \mathrm{d}y = \frac{1}{3}\int_0^a \left(\frac{h^2 y}{a}\right)^{\frac{3}{2}} \mathrm{d}y = \frac{2}{15}ah^3$$

(2)图形对 z 轴的惯性矩。微面元对 z 轴的惯性矩 $\mathrm{d}I_z = \frac{z(\mathrm{d}y)^3}{12} + y^2 \mathrm{d}A$，略去高阶项 $(\mathrm{d}y)^3$，故 $\mathrm{d}I_z = y^2 z\mathrm{d}y$，故

$$I_z = \int_0^a y^2 \left(\frac{h^2}{a}y\right)^{\frac{1}{2}} \mathrm{d}y = \left(\frac{h^2}{a}\right)^{\frac{1}{2}} \frac{2}{7} a^{\frac{7}{2}} = \frac{2}{7}a^3 h$$

(3) 图形对 y、z 轴的惯性积 I_{yz}。取此微面元，则该微面元对 y、z 轴的惯性积 $\mathrm{d}I_{yz} = 0 + y \times z/2 \times \mathrm{d}A = \frac{1}{2}yz \times z\mathrm{d}y$，式中 0 表示微面元对其自身形心坐标轴的惯性积为零，故

$$I_{yz} = \frac{1}{2}\int_0^a \frac{h^2}{a}y^2 \mathrm{d}y = \frac{h^2}{2a} \times \frac{1}{3}a^3 = \frac{a^2 h^2}{6}$$

应当注意，求平面图形的惯性矩、惯性积时，可依据定义，代入 $\mathrm{d}A=\mathrm{d}y\mathrm{d}z$ 对其进行二次积分即得，但当选择图示微面元时，对 z 轴的惯性矩，由于微面元与 z 轴垂直的边长即为 $\mathrm{d}y$，可不计对自身形心轴的惯性矩，但当求对 y 轴的惯性矩时，应先求出微面元对平行于 y 轴的形心坐标惯性矩，并进行平行移轴，再对其积分。同样，对坐标轴 z 的惯性矩同样要考虑移轴问题。当微面元选取为 $\mathrm{d}A=(a-y)\mathrm{d}z$ 时，I_y 不需计算微面元对自身形心轴的惯性矩，而 I_z 则要考虑。

例 A-9 求图 A-14 所示直角三角形的惯性矩 I_y。

解 可先写出三角形斜边 AB 的方程，再按惯性矩的定义用重积分求出惯性矩 I_y。下面介绍用平行移轴公式求惯性矩 I_y 的方法。

将直角三角形 OAB 补成矩形 $OACB$，矩形 $OACB$ 对通过自身形心轴 y_0 的惯性矩为

$$I'_{y0} = \frac{1}{12}bh^3$$

由于 $\triangle OAB$ 和 $\triangle ABC$ 对 y_0 轴的惯性矩是相同的，所以 $\triangle OAB$ 对 y_0 轴的惯性矩为

$$I_{y0} = \frac{1}{2}I'_{y0} = \frac{1}{24}bh^3$$

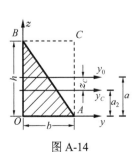

图 A-14

$\triangle OAB$ 对 y_0 轴的静矩为

$$S_{y0} = Az_C = \frac{1}{2}bh\left(-\frac{1}{6}h\right) = -\frac{1}{12}bh^2$$

平行移轴时，两个轴之间距离 $a = \dfrac{1}{2}h$，代入平行移轴公式(A-13)，有

$$I_y = I_{y0} + 2aS_{y0} + a^2 A = \frac{1}{24}bh^3 + 2 \times \left(\frac{h}{2}\right)\left(-\frac{1}{12}bh^2\right) + \left(\frac{h}{2}\right)^2 \times \frac{1}{2}bh = \frac{1}{12}bh^3$$

应当注意，y_0 轴并非 $\triangle AOB$ 的形心轴，该方法是利用一般的平行移轴公式来计算，公式中有三项；同时，应用公式时要注意静矩 S_{y0} 和 a 的正负号。当然，也可以应用式(A-14)进行计算，但首先要计算出图形对形心坐标轴 y_C 的惯性矩。前已求出 $\triangle OAB$ 对 y_0 轴的惯性矩 I_{y0}，然后先移轴至三角形形心轴 y_C，得

$$I_{yC} = I_{y0} - a_1^2 A = \frac{1}{24}bh^3 - \left(\frac{h}{6}\right)^2 \times \frac{1}{2}bh = \frac{1}{36}bh^3$$

再从形心轴移至 y 轴，根据式(A-14)，得

$$I_y = I_{yC} + a_2^2 A = \frac{1}{36}bh^3 + \left(\frac{h}{3}\right)^2 \times \frac{1}{2}bh = \frac{1}{12}bh^3$$

本例主要强调平行移轴公式(A-14)应注意是否从形心坐标轴向外平移。当然，直接利用例 A-6，其结果显而易见。

例 A-10　求图 A-15 所示拱形截面对形心轴 y_C 的惯性矩 I_{yC}。

解　图示拱形是在矩形内挖去一个半圆，用负面积法计算比较方便。

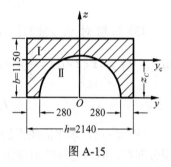

图 A-15

(1) 求图形形心。利用组合截面求形心的方法求该拱形截面的形心。选参考坐标轴 y 和 z，由于 z 是对称轴，形心必在 z 轴上，即 $y_C = 0$，而

$$z_C = \frac{\sum A_i z_{Ci}}{\sum A_i} = \frac{bh\dfrac{b}{2} - \dfrac{1}{2}\pi R^2 \dfrac{4R}{3\pi}}{bh - \dfrac{1}{2}\pi R^2} = \frac{1150 \times 2140 \times \dfrac{1}{2} \times 1150 - \dfrac{1}{2}\pi \times 790^2 \times \dfrac{4}{3\pi} \times 790}{1150 \times 2140 - \dfrac{1}{2}\pi \times 790^2} = 734(\text{mm})$$

(2) 计算矩形截面对 y_C 轴的惯性矩。

$$I_{yC1} = \frac{hb^3}{12} + bh\left(z_C - \frac{b}{2}\right)^2 = \frac{1}{12} \times 2140 \times 1150^3 + 1150 \times 2140 \times \left(734 - \frac{1150}{2}\right)^2 = 3.33 \times 10^{11}(\text{mm}^4)$$

(3) 计算半圆形截面对 y_C 轴的惯性矩。可考虑从半圆形心向 y_C 轴平移，但半圆形截面对其形心坐标惯性矩尚不知，但 y 轴恰为圆形对称轴，惯性矩易知，y 轴并不是半圆形截面的形心，故平移公式要用式(A-13)。首先求出半圆形截面对 y 轴的惯性矩：

$$I_{y2} = \frac{1}{2} \times \frac{1}{4}\pi R^4 = \frac{1}{2} \times \frac{1}{4}\pi \times 790^4 = 1.53 \times 10^{11}(\text{mm}^4)$$

半圆对 y 轴的静矩为

$$S_{y2} = \frac{1}{2}\pi R^2 \times \frac{4}{3\pi}R = \frac{2}{3}R^3 = \frac{2}{3} \times 790^3 = 3.29 \times 10^8(\text{mm}^3)$$

由图可知 $\qquad a=-z_C=-734\,\text{mm}$，$A=\dfrac{1}{2}\pi R^2=9.80\times10^5\,\text{mm}^2$

半圆形截面对 y_C 轴的惯性矩为

$$I_{yC2}=I_{y2}+2aS_{y2}+a^2A=1.53\times10^{11}-2\times734\times3.29\times10^8+(-734)^2\times9.80\times10^5=1.98\times10^{11}(\text{mm}^4)$$

(4) 拱形截面的惯性矩 I_{yC}。根据负面积法有

$$I_{yC}=I_{yC1}-I_{yC2}=3.33\times10^{11}-1.98\times10^{11}=1.35\times10^{11}(\text{mm}^4)=0.135(\text{m}^4)$$

应当注意，平行移轴公式的应用中，首先是矩形由其形心向拱形形心的平移，其次是半圆由其直径处向拱形形心处的平移，注意二者的差别。另外，对于半圆形，可由直径处先平移到半圆的形心 $z_{C1}=4R/(3\pi)$ 处，再由半圆的形心向拱形形心平移。

例 A-11　图 A-16 所示图形由一个 No.22b 槽钢截面和两个 90mm×90mm×12mm 的等边角钢截面组成。试求此组合截面对其形心轴 y_C 和 z_C 的惯性矩 I_{yC} 和 I_{zC}。

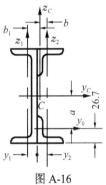

图 A-16

解　(1) 形心位置。由于图形上下对称，形心 C 在对称轴 y_C 轴上，故 $z_C=0$。取过槽钢截面形心的 z_1 轴为参考轴。由附录 D 查得，槽钢的截面积 $A_1=36.23\,\text{cm}^2$，$y_1=2.03\,\text{cm}$。等边角钢的截面积 $A_2=20.31\,\text{cm}^2$，$y_2=2.67\,\text{cm}$，于是形心 C 的 y 坐标是

$$y_C=\frac{S_{z1}}{A}=\frac{3623\times0+2\times2031\times(20.3+26.7)}{3623+2\times2031}=24.8(\text{mm})$$

(2) 惯性矩的计算。由附录 D 查得，槽钢对其形心轴 y_C、z_1 的惯性矩是 $I'_{yC}=2570\,\text{cm}^4$，$I_{z1}=176\,\text{cm}^4$；每个角钢对其形心轴 y_0、z_2 的惯性矩是 $I_{y0}=149\,\text{cm}^4$，$I_{z2}=149\,\text{cm}^4$。

按平行移轴公式可得惯性矩为

$$I_{yC}=I'_{yC}+2(I_{y0}+A_2a^2)=2570+2\times\left[149+20.31\times\left(\frac{22}{2}-2.67\right)^2\right]=5.69\times10^3(\text{cm}^4)$$

$$\begin{aligned}I_{zC}&=I_{z1}+A_1b_1^2+2(I_{z2}+A_2b^2)=176+36.23\times2.48^2+2\times[149+20.31\times(2.03+2.67-2.48)^2]\\&=8.97\times10^2(\text{cm}^4)\end{aligned}$$

A.4　转轴公式　主惯性矩

本节讨论参考轴绕坐标原点旋转时，平面图形惯性矩和惯性积的变化。

A.4.1　转轴公式

设一任意图形对以 O 为原点的 y、z 轴的惯性矩和惯性积为

$$I_y=\int_A z^2\mathrm{d}A,\quad I_z=\int_A y^2\mathrm{d}A,\quad I_{yz}=\int_A yz\,\mathrm{d}A$$

若把 y、z 轴绕 O 点旋转 α 角（规定逆时针旋转时 α 为正值），转到 y_1、z_1 轴位置（图 A-17），则由图可知微面积 dA 的坐标为

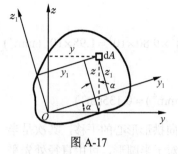

图 A-17

$$y_1 = y\cos\alpha + z\sin\alpha, \quad z_1 = -y\sin\alpha + z\cos\alpha$$

所以

$$\begin{aligned}
I_{y1} &= \int_A z_1^2 \mathrm{d}A = \int_A (-y\sin\alpha + z\cos\alpha)^2 \mathrm{d}A \\
&= \sin^2\alpha \int_A y^2 \mathrm{d}A - 2\sin\alpha\cos\alpha \int_A yz\mathrm{d}A + \cos^2\alpha \int_A z^2 \mathrm{d}A \\
&= I_y\cos^2\alpha + I_z\sin^2\alpha - 2I_{yz}\sin\alpha\cos\alpha
\end{aligned}$$

利用三角函数关系 $\sin 2\alpha = 2\sin\alpha\cos\alpha, \cos^2\alpha = \dfrac{1}{2}(1+\cos 2\alpha), \sin^2\alpha = \dfrac{1}{2}(1-\cos 2\alpha)$，代入上式，可得

$$I_{y1} = \frac{1}{2}(I_y + I_z) + \frac{1}{2}(I_y - I_z)\cos 2\alpha - I_{yz}\sin 2\alpha \tag{A-15}$$

同理可得

$$I_{z1} = \frac{1}{2}(I_y + I_z) - \frac{1}{2}(I_y - I_z)\cos 2\alpha + I_{yz}\sin 2\alpha \tag{A-16}$$

$$I_{y1z1} = \frac{1}{2}(I_y - I_z)\sin 2\alpha + I_{yz}\cos 2\alpha \tag{A-17}$$

可见 I_{y1}、I_{z1} 和 I_{y1z1} 随 α 角的改变而变化，式(A-15)～式(A-17)称为**转轴公式**。

A.4.2　主惯性轴及主惯性矩

由式(A-17)可见，惯性积 I_{y1z1} 是转角 α 的函数，当 α 由 $0° \sim 360°$ 变化时，I_{y1z1} 也在正值和负值之间变化。因此，过原点 O 必可找到一对特殊的 y_0、z_0 轴，其惯性积 $I_{y0z0} = 0$，相应的转角 $\alpha = \alpha_0$。这一对特殊的轴，称为图形通过 O 点的**主惯性轴**。图形对主惯性轴的惯性矩称为**主惯性矩** I_{y0}、I_{z0}。若坐标轴原点 O 与图形形心重合，过形心的一对主惯性轴称为**形心主惯性轴**。对形心主惯性轴的惯性矩称为**形心主惯性矩**。

对于有对称轴的平面图形，因为形心在对称轴上，且对对称轴的惯性积为零，所以对称轴就是形心主惯性轴，对对称轴的惯性矩就是形心主惯性矩。

由式(A-17)可知主惯性轴的位置为

$$I_{y1z1} = \frac{1}{2}(I_y - I_z)\sin 2\alpha_0 + I_{yz}\cos 2\alpha_0 = 0$$

于是

$$\tan 2\alpha_0 = -\frac{2I_{yz}}{I_y - I_z} \tag{A-18}$$

利用三角函数关系：

$$\cos 2\alpha_0 = \frac{1}{\sqrt{1 + \tan^2 2\alpha_0}} = \frac{I_y - I_z}{\sqrt{(I_y - I_z)^2 + 4I_{yz}^2}}$$

$$\sin 2\alpha_0 = \frac{\tan 2\alpha_0}{\sqrt{1+\tan^2 2\alpha_0}} = \tan 2\alpha_0 \cos 2\alpha_0 = -\frac{2I_{yz}}{\sqrt{(I_y - I_z)^2 + 4I_{yz}^2}}$$

代入式(A-15)，可得主惯性矩为

$$\begin{aligned} I_{y0} &= \frac{1}{2}(I_y + I_z) + \frac{1}{2}(I_y - I_z)\cos 2\alpha_0 - I_{yz}\sin 2\alpha_0 \\ &= \frac{1}{2}(I_y + I_z) + \frac{1}{2}(I_y - I_z)\frac{1}{\sqrt{1+\tan^2 2\alpha_0}} - I_{yz}\frac{\tan 2\alpha_0}{\sqrt{1+\tan^2 2\alpha_0}} \end{aligned}$$

将式(A-18)代入上式，化简后可得

$$I_{y0} = \frac{1}{2}(I_y + I_z) + \sqrt{\left(\frac{I_y - I_z}{2}\right)^2 + I_{yz}^2} \tag{A-19}$$

同理可得

$$I_{z0} = \frac{1}{2}(I_y + I_z) - \sqrt{\left(\frac{I_y - I_z}{2}\right)^2 + I_{yz}^2} \tag{A-20}$$

再由式(A-15)和式(A-16)可见，I_{y1}、I_{z1}的值随α角连续变化，必有极大值和极小值。设$\alpha = \alpha_1$时，I_{y1}有极值，则

$$\frac{\mathrm{d}I_{y1}}{\mathrm{d}\alpha} = -2\times\left[\frac{1}{2}(I_y - I_z)\sin 2\alpha_1 + I_{yz}\cos 2\alpha_1\right] = -2I_{y1z1} = 0$$

于是

$$\tan 2\alpha_1 = -\frac{2I_{yz}}{I_y - I_z}$$

上式与式(A-18)比较，可见$\alpha_1 = \alpha_0$。表明当I_{y1}取得极值时，图形对坐标轴的惯性积$I_{y1z1} = 0$，该对坐标轴必然为主惯性轴。此外，由式(A-10)可知，图形对于过某点的任何一对坐标轴的惯性矩之和为一常数。由此可得，图形对过某一点的所有轴的惯性矩中，一个主惯性矩是所有惯性矩中的最大值，另一个主惯性矩为最小值。于是

$$\begin{cases} I_{\max} = \dfrac{1}{2}(I_y + I_z) + \sqrt{\left(\dfrac{I_y - I_z}{2}\right)^2 + I_{yz}^2} \\ I_{\min} = \dfrac{1}{2}(I_y + I_z) - \sqrt{\left(\dfrac{I_y - I_z}{2}\right)^2 + I_{yz}^2} \end{cases} \tag{A-21}$$

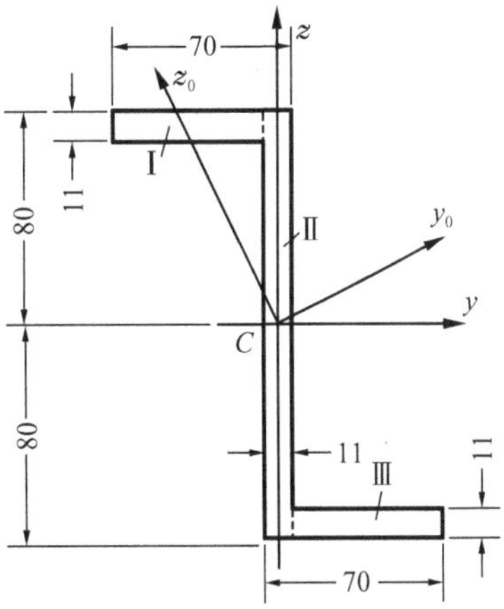

图 A-18

例 A-12 试确定图A-18所示图形的形心主惯性轴的位置，并计算形心主惯性矩。

解 (1)形心位置。因图形是中心对称的，对称中心C即为形心。

(2)惯性矩和惯性积计算。取y、z轴如图A-18所示，将图形分成Ⅰ、Ⅱ、Ⅲ三部分。按平行移轴公式可得

$$\begin{aligned} I_y &= I_{y1} + a_1^2 A_1 + I_{y2} + I_{y3} + a_3^2 A_3 \\ &= \left[\frac{1}{12}\times(70-11)\times 11^3 + (70-11)\times 11\times\left(80 - \frac{11}{2}\right)^2\right]\times 2 + \frac{1}{12}\times 11\times 160^3 = 1.097\times 10^7 (\mathrm{mm}^4) \end{aligned}$$

$$I_z = I_{z1} + b_1^2 A_1 + I_{z2} + I_{z3} + b_3^2 A_3$$

$$= \left[\frac{1}{12} \times 11 \times (70-11)^3 + (70-11) \times 11 \times \left(\frac{70-11}{2} + \frac{11}{2} \right)^2 \right] \times 2 + \frac{1}{12} \times 160 \times 11^3$$

$$= 1.98 \times 10^6 (\text{mm}^4)$$

$$I_{yz} = I_{y1z1} + a_1 b_1 A_1 + I_{y2z2} + I_{y3z3} + a_3 b_3 A_3 = (70-11) \times 11 \times \left(80 - \frac{11}{2} \right) \times \left[-\left(\frac{70-11}{2} + \frac{11}{2} \right) \right] \times 2$$

$$= -3.38 \times 10^6 (\text{mm}^4)$$

(3) 形心主惯性轴的位置。按式(A-18)计算：

$$\tan 2\alpha_0 = -\frac{2I_{yz}}{I_y - I_z} = -\frac{2 \times (-3.38 \times 10^6)}{1.097 \times 10^7 - 1.98 \times 10^6} = 0.752$$

故 $2\alpha_0 = 37°$ 或 $217°$，$\alpha_0 = 18.5°$ 或 $108.5°$。α_0 的两个值分别确定了形心主惯性轴 y_0 和 z_0 的位置。

(4) 形心主惯性矩。以 α_0 的两个值分别代入式(A-15)，求出图形的形心主惯性矩为

$$I_{y0} = \frac{1}{2}(I_y + I_z) + \frac{1}{2}(I_y - I_z)\cos 2\alpha_{01} - I_{yz}\sin 2\alpha_{01} = \frac{1}{2} \times (10.97 + 1.98) \times 10^6$$

$$+ \frac{1}{2} \times (10.97 - 1.98) \times 10^6 \times \cos 37° - (-3.38) \times 10^6 \times \sin 37° = 1.210 \times 10^7 (\text{mm}^4)$$

$$I_{z0} = \frac{1}{2}(I_y + I_z) + \frac{1}{2}(I_y - I_z)\cos 2\alpha_{02} - I_{yz}\sin 2\alpha_{02} = \frac{1}{2} \times (10.97 + 1.98) \times 10^6$$

$$+ \frac{1}{2} \times (10.97 - 1.98) \times 10^6 \times \cos 217° - (-3.38) \times 10^6 \times \sin 217° = 8.51 \times 10^5 (\text{mm}^4)$$

形心主惯性矩也可按式(A-21)求得。

例 A-13　求图 A-19 所示图形的形心主惯性轴位置和形心主惯性矩。

解　(1) 形心位置。取参考轴 $y_1 O_1 z_1$，如图 A-19 所示。形心为

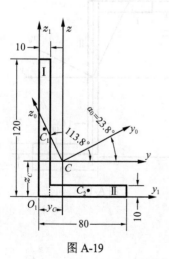

图 A-19

$$y_C = \frac{\sum\limits_{i=1}^{n} A_i y_{Ci}}{\sum\limits_{i=1}^{n} A_i} = \frac{120 \times 10 \times \frac{10}{2} + (80-10) \times 10 \times \left(10 + \frac{80-10}{2} \right)}{120 \times 10 + (80-10) \times 10}$$

$$= 19.74 (\text{mm})$$

$$z_C = \frac{\sum\limits_{i=1}^{n} A_i z_{Ci}}{\sum\limits_{i=1}^{n} A_i} = \frac{120 \times 10 \times \frac{120}{2} + (80-10) \times 10 \times \frac{10}{2}}{120 \times 10 + (80-10) \times 10}$$

$$= 39.7 (\text{mm})$$

(2) 惯性矩和惯性积计算。取图中所示坐标系 yCz，计算惯性矩和惯性积为

$$I_y = I_{yC1} + a_1^2 A_1 + I_{yC2} + a_2^2 A_2 = \frac{1}{12} \times 10 \times 120^3 + 120 \times 10 \times \left(\frac{120}{2} - 39.7\right)^2$$

$$+ \frac{1}{12} \times (80-10) \times 10^3 + (80-10) \times 10 \times \left(39.7 - \frac{10}{2}\right)^2 = 2.78 \times 10^6 (\text{mm}^4)$$

$$I_z = I_{zC1} + b_1^2 A_1 + I_{zC2} + b_2^2 A_2 = \frac{1}{12} \times 120 \times 10^3 + 120 \times 10 \times \left(19.74 - \frac{10}{2}\right)^2$$

$$+ \frac{1}{12} \times 10 \times (80-10)^3 + 10 \times (80-10) \times \left(10 + \frac{80-10}{2} - 19.74\right)^2 = 1.003 \times 10^6 (\text{mm}^4)$$

$$I_{yz} = I_{yC1zC1} + a_1 b_1 A_1 + I_{yC2zC2} + a_2 b_2 A_2 = 120 \times 10 \times \left(\frac{120}{2} - 39.7\right) \times \left[-\left(19.74 - \frac{10}{2}\right)\right]$$

$$+ (80-10) \times 10 \times \left(10 + \frac{80-10}{2} - 19.74\right) \times \left[-\left(39.7 - \frac{10}{2}\right)\right] = -9.73 \times 10^5 (\text{mm}^4)$$

(3) 形心主惯性轴位置。由式(A-18)可知

$$\tan 2\alpha_0 = -\frac{2I_{yz}}{I_y - I_z} = -\frac{2 \times (-9.73 \times 10^5)}{(2.78-1.003) \times 10^6} = 1.095$$

则 $2\alpha_0 = 47.6°$ 或 $227.6°$，$\alpha_0 = 23.8°$ 或 $113.8°$。

α_0 的两个值分别确定了形心主惯性轴 y_0 和 z_0 的位置。

(4) 形心主惯性矩。以 α_0 的两个值分别代入式(A-15)，求出图形的形心主惯性矩为

$$I_{y0} = \frac{1}{2}(I_y + I_z) + \frac{1}{2}(I_y - I_z)\cos 2\alpha_{01} - I_{yz}\sin 2\alpha_{01}$$

$$= \frac{1}{2} \times (2.78+1.003) \times 10^6 + \frac{1}{2} \times (2.78-1.003) \times 10^6 \times \cos 47.6° - (-9.73) \times 10^5 \times \sin 47.6°$$

$$= 3.21 \times 10^6 (\text{mm}^4) = 3.21 \times 10^{-6} (\text{m}^4)$$

$$I_{z0} = \frac{1}{2}(I_y + I_z) + \frac{1}{2}(I_y - I_z)\cos 2\alpha_{02} - I_{yz}\sin 2\alpha_{02}$$

$$= \frac{1}{2} \times (2.78+1.003) \times 10^6 + \frac{1}{2} \times (2.78-1.003) \times 10^6 \times \cos 227.6° - (-9.73) \times 10^5 \times \sin 227.6°$$

$$= 5.74 \times 10^5 (\text{mm}^4) = 5.74 \times 10^{-7} (\text{m}^4)$$

例 A-14　求正 n 边形对形心轴的惯性矩。

解　将正 n 边形分成几个等腰三角形，如图 A-20(a) 所示，每个三角形的顶角为 $\alpha = 2\pi / n$。

(1) 为了讨论方便，先求出图 A-20(c) 所示三角形的惯性矩 I_y、I_z 及惯性积 I_{yz}，由相似关系可知

$$h_1 = \frac{h}{a}(a - 2y)$$

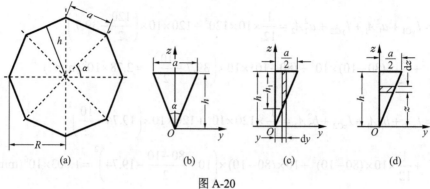

图 A-20

故
$$dA = \frac{h}{a}(a - 2y)dy$$

于是
$$I_z = \int_A y^2 dA = \int_0^{\frac{a}{2}} y^2 \frac{h}{a}(a - 2y)dy = \frac{ha^3}{96}$$

为求图形对 y 轴的惯性矩 I_y 及惯性积 I_{yz}，取微面元如图 A-20(d)所示，则
$$dA = \frac{az}{2h}dz$$

于是
$$I_y = \int_A z^2 dA = \int_0^h z^2 \times \frac{az}{2h}dz = \frac{a}{2h}\int_0^h z^3 dz = \frac{ah^3}{8}$$

此微面元 dA 的形心坐标为 z 和 $y = az/(4h)$，所以
$$I_{yz} = \int_A yz dA = \int_0^h \frac{az}{4h} \times z \times \frac{az}{2h}dz = \frac{a^2}{8h^2}\int_0^h z^3 dA = \frac{a^2 h^2}{32}$$

(2) 对图 A-20(b)所示的等腰三角形，其中
$$R = \frac{a}{2\sin\frac{\alpha}{2}}, \quad h = R\cos\frac{\alpha}{2}$$

任一等腰三角形对 y、z 轴的惯性矩由图 A-20(c)、(d)结果乘 2 即得
$$I'_y = \frac{ah^3}{4}, \quad I'_z = \frac{a^3 h}{48}$$

图形 A-20(d)增加左侧 1/2，由于 y 为负值，故增加部分的 $I'_{yz} = -\frac{a^2 h^2}{32}$，整个图形对 yOz 轴的惯性积为零(图 A-20(b))，即当 y、z 轴之一为图形的对称轴时，图形对这一对称坐标轴的惯性积为零。

根据轴惯性矩和极惯性矩的关系，得等腰三角形对坐标原点 O 的极惯性矩为
$$I'_p = I'_y + I'_z = \frac{ah^3}{4} + \frac{a^3 h}{48} = \frac{R^4}{12}\sin\alpha(\cos\alpha + 2)$$

(3) 正 n 边形由 n 个等腰三角形组成，每个三角形对坐标原点(即正 n 边形的形心)的极惯性矩都相同。所以正 n 边形的极惯性矩为 n 个三角形极惯性矩之和，即

$$I_{\mathrm{p}} = nI_{\mathrm{p}}' = \frac{nR^4}{12}\sin\alpha(\cos\alpha + 2)$$

由于正 n 边形有 n 个对称轴，图形对每一对称轴的惯性积为零，即图形惯性矩的莫尔圆(见 A.5 节)上有 n 点的纵坐标(惯性积)为零。因此该圆必缩成在横坐标上的一点，该圆的半径为零。所以 $I_y = I_z$，于是得到

$$I_y = I_z = \frac{1}{2}I_{\mathrm{p}} = \frac{nR^4}{24}\sin\alpha(\cos\alpha + 2)$$

若 $n=3$，即正三角形，则　　　$\alpha = \dfrac{2\pi}{3}$，$R = \dfrac{a}{2\sin\dfrac{2\pi}{3}} = \dfrac{a}{\sqrt{3}}$

于是　　　　　　　$$I_y = I_z = \frac{3 \times \dfrac{a^4}{9}}{24}\sin\frac{2\pi}{3}\left(\cos\frac{2\pi}{3} + 2\right) = \frac{\sqrt{3}a^4}{96}$$

若 $n = 4$，即正方形，则　　　　$\alpha = \dfrac{\pi}{2}$，$R = \dfrac{a}{2\sin\dfrac{\pi}{4}} = \dfrac{a}{\sqrt{2}}$

于是　　　　　　　$$I_y = I_z = \frac{4 \times \dfrac{a^4}{4}}{24}\sin\frac{\pi}{2}\left(\cos\frac{\pi}{2} + 2\right) = \frac{a^4}{12}$$

若 $n = 5$，即正五边形，则　　　$\alpha = \dfrac{2\pi}{5}$，$R = \dfrac{a}{2\sin\dfrac{\pi}{5}} = 0.851a$

于是　　　　　$$I_y = I_z = \frac{5 \times (0.851a)^4}{24}\sin\frac{2\pi}{5}\left(\cos\frac{2\pi}{5} + 2\right) = 0.240a^4$$

(4) 推论。

① 对正 n 边形，由于惯性矩莫尔圆缩成一点，因此，无论形心坐标系旋转任意 α 角，$I_{yC\alpha} = I_{zC\alpha}$，$I_{yC\alpha zC\alpha} \equiv 0$。故正 n 边形的任意形心坐标轴，都是形心主惯性轴，凡是平面图形对其两个形心主轴的惯性矩相等时，图形的任一形心轴都是形心主惯性轴。

② 当外力 F 过正 n 边形的弯曲中心时(正 n 边形图形形心即为弯曲中心)，无论外力 F 与 y_C (或 z_C) 成任何角度，其产生的弯曲变形总为平面弯曲。

另外，一个和正 n 边形有关的结论是：正 n 边形刚架，在节点处受等值径向拉(压)作用力时，各边直杆内只产生轴力。

A.5　惯性矩的莫尔圆法

对于给定的平面图形，由式（A-7）和式（A-8）可求出图形对以 O 为原点的 y、z 轴的惯性矩和惯性积 I_y、I_z、I_{yz}。当 y、z 轴绕 O 点旋转 α 角，转到 y_1、z_1 轴位置后，平面图形对旋转后坐标系的惯性矩和惯性积如式（A-15）～式（A-17）所示。将式（A-15）右边第一项移项后，等式两边同时平方，再将式（A-17）等式两边同时平方，然后相加，得

$$\left(I_{y1} - \frac{I_y + I_z}{2}\right)^2 + I_{y1z1}^2 = \left(\frac{I_y - I_z}{2}\right)^2 + I_{yz}^2 \tag{A-22}$$

对于给定问题，I_y、I_z 和 I_{yz} 都是已知量，而 I_{y1}、I_{y1z1} 则是随旋转角度 α 改变的变量。如果令

$$a = \frac{I_y + I_z}{2}, \quad R^2 = \left(\frac{I_y - I_z}{2}\right)^2 + I_{yz}^2$$

则式（A-22）可以写成以（a,0）为圆心、以 R 为半径的圆的方程：

$$(I_{y1} - a)^2 + I_{y1z1}^2 = R^2 \tag{A-23}$$

这样描述的圆称为惯性矩**莫尔圆**，其应用同应力分析和应变分析中的应力莫尔圆和应变莫尔圆。同理可得

$$\left(I_{z1} - \frac{I_y + I_z}{2}\right)^2 + I_{y1z1}^2 = \left(\frac{I_y - I_z}{2}\right)^2 + I_{yz}^2 \tag{A-24}$$

讨论惯性矩莫尔圆的主要目的在于使用该方法简便地由 I_y、I_z 和 I_{yz} 求出主惯性矩。对于给定平面图形（图 A-21（a）），首先，确定 y、z 轴，计算出图形对 y、z 轴的惯性矩和惯性积 I_y、I_z、I_{yz}（设 $I_y > I_z$）。如果坐标原点 O 选在图形形心，上述所求 I_y、I_z、I_{yz} 则为形心惯性矩和形心惯性积。

其次，选择以惯性矩 I 为横坐标、以惯性积 I_{yz} 为纵坐标的正交坐标系（图 A-21（b））。在横坐标轴上距原点距离为 $(I_y + I_z)/2$ 的 C 点就是圆心的位置。再根据已知惯性矩、惯性积确定点 $A(I_y, I_{yz})$。连接 CA，其距离代表圆的半径 R。最后，作出莫尔圆。

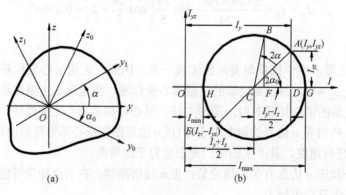

图 A-21

当坐标轴 y、z 绕原点 O 逆时针旋转 α 角时，在莫尔圆上从 A 逆时针旋转 2α 到 B，B 点的横、纵坐标即为旋转后该坐标轴的惯性矩 I_{y1}、惯性积 I_{y1z1}。从图中可知

$$OF = OC + CF = OC + CB\cos(2\alpha_0 + 2\alpha) = OC + CD\cos 2\alpha - AD\sin 2\alpha$$

$$= \frac{I_y + I_z}{2} + \frac{I_y - I_z}{2}\cos 2\alpha - I_{yz}\sin 2\alpha = I_{y1}$$

$$BF = CB\sin(2\alpha_0 + 2\alpha) = AD\cos 2\alpha + CD\sin 2\alpha = \frac{I_y - I_z}{2}\sin 2\alpha + I_{yz}\cos 2\alpha = I_{y1z1}$$

以上两式即为旋转坐标后新旧坐标系下惯性矩、惯性积的关系式。通常更为关注的主惯性矩，其值由莫尔圆与横坐标的两个交点 G 和 H 给出。这两个点的惯性积为零，故 I_{max}、I_{min} 即为给定图形的主惯性矩。如果图 A-21(a) 所选坐标原点 O 恰为图形形心，则 I_{max}、I_{min} 就是形心主惯性矩。由图 A-21(b) 可以看出，从 A 旋转到 G，顺时针转过了 $2\alpha_0$ 角，图 A-21(a) 中，坐标系顺时针旋转 α_0 角，即为图形过 O 点的主惯性轴。由图中可以看出，主惯性矩为

$$I_{max} = OG = OC + CG = \frac{I_y + I_z}{2} + \sqrt{\left(\frac{I_y - I_z}{2}\right)^2 + I_{yz}^2} = I_{y0}$$

$$I_{min} = OH = OC - CH = \frac{I_y + I_z}{2} - \sqrt{\left(\frac{I_y - I_z}{2}\right)^2 + I_{yz}^2} = I_{z0}$$

且

$$\tan 2\alpha_0 = -\frac{2I_{yz}}{I_y - I_z}$$

例 A-15 图 A-22 为 No.20a 工字钢和 No.22b 槽钢的组合截面，试求该图形的形心主惯性轴位置及形心主惯性矩。

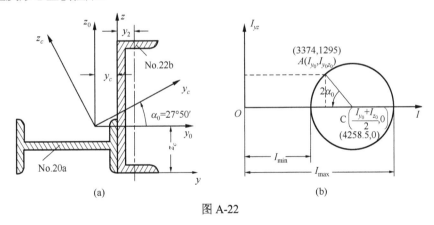

图 A-22

解 (1)求形心位置。选参考坐标轴 y 和 z，如图 A-22(a) 所示。由附录 D 得 No.20a 工字钢面积 $A_1 = 35.55\text{cm}^2$，No.22b 槽钢面积 $A_2 = 36.23\text{cm}^2$，形心位置 $y_2 = 2.03\text{cm}$。于是

$$y_C = \frac{\sum A_i y_{ci}}{\sum A_i} = \frac{36.23 \times 2.03 - 35.55 \times 10}{36.23 + 35.55} = -3.93(\text{cm})$$

$$z_C = \frac{\sum A_i z_{Ci}}{\sum A_i} = \frac{36.23 \times 11 + 35.55 \times 5}{36.23 + 35.55} = 8.03(\text{cm})$$

（2）求 I_{y0}、I_{z0}、I_{y0z0}。由附录 D 查得 No.20a 工字钢对自身形心轴的惯性矩和惯性积为 $I_{yC1}=158\,\text{cm}^4$，$I_{zC1}=2370\,\text{cm}^4$，$I_{yCzC1}=0$。No.22b 槽钢对自身形心轴的惯性矩和惯性积为 $I_{yC2}=2570\,\text{cm}^4$，$I_{zC2}=176\,\text{cm}^4$，$I_{yCzC2}=0$。故

$$I_{y0}=I_{yC1}+a_1^2A_1+I_{yC2}+a_2^2A_2$$
$$=158+(8.03-5)^2\times35.55+2570+(11-8.03)^2\times36.23=3374(\text{cm}^4)$$

$$I_{z0}=I_{zC1}+b_1^2A_1+I_{zC2}+b_2^2A_2$$
$$=2370+(10-3.93)^2\times35.55+176+(3.93+2.03)^2\times36.23=5143(\text{cm}^4)$$

$$I_{y0z0}=I_{yCzC1}+a_1b_1A_1+I_{yCzC2}+a_2b_2A_2=0+(-8.03+5)\times(-10+3.93)\times35.55$$
$$+0+(11-8.03)\times(3.93+2.03)\times36.23=1295(\text{cm}^4)$$

（3）作莫尔圆。建立 I、I_{yz} 坐标系，确定圆心 C，其中 $a=\dfrac{I_{y0}+I_{z0}}{2}=4258.5\,\text{cm}^4$。由 I_{y0}、I_{y0z0} 确定点 $A(3374,1295)$，连接 AC，以 C 为圆心、以 AC 为半径作莫尔圆，如图 A-22（b）所示。

（4）确定形心主惯性轴。从图 A-22（b）中可量出 $2\alpha_0$ 的数值，或根据式（A-18）求得 α_0，即

$$\tan2\alpha_0=-\frac{2I_{y0z0}}{I_{y0}-I_{z0}}=-\frac{2\times1295}{3374-5143}=1.464$$

故 $2\alpha_0=55°40'$ 或 $235°40'$，$\alpha_0=27°50'$ 或 $117°50'$。

在相差 $\pi/2$ 的两个 α_0 中，哪一个是最大（小）主惯性矩，除按照第 8 章中主应力方位的判别方法外，还可借助于惯性矩莫尔圆确定，即从 y_0 轴逆时针方向旋转 $\alpha_0=27°50'$ 为最小形心主惯性矩 $I_{yC}=I_{\min}$。

（5）求形心主惯性矩。莫尔圆在横轴上的交点 $I_{\max}$、$I_{\min}$ 即为形心主惯性矩，可直接测得，或按式（A-19）、式（A-20）求得

$$\begin{cases}I_{yC}=I_{\min}\\I_{zC}=I_{\max}\end{cases}=\frac{1}{2}(I_{y0}+I_{z0})\mp\sqrt{\left(\frac{I_{y0}-I_{z0}}{2}\right)^2+I_{y0z0}^2}$$
$$=\frac{1}{2}\times(3374+5143)\mp\sqrt{\left(\frac{3374-5143}{2}\right)^2+1295^2}=\begin{matrix}2690(\text{cm}^4)\\5827(\text{cm}^4)\end{matrix}$$

在求形心主惯性矩时，总是先用平行移轴公式，然后再用转轴公式。而不能反过来先用转轴公式求出主惯性轴位置，然后平行移轴。因为对各个不同坐标原点的主惯性轴不是相互平行的，因此主惯性轴平行移轴后不再是主惯性轴，当然对该轴的惯性矩也不再是主惯性矩。

思　考　题

A.1　平面图形的形心和静矩是如何定义的？二者有何关系？

A.2　平面图形的惯性矩、极惯性矩、惯性积和惯性半径是如何定义的？对过一点的任一对正交坐标轴的惯性矩与对该点的极惯性矩有何关系？

A.3　惯性矩和惯性积的量纲同为长度的四次方，为什么惯性矩总是正值而惯性积的值却有正负之分？

A.4　使用平行移轴公式时有什么条件？已知图示截面对 y 轴的惯性矩 I_y 和截面面积 A，y 轴到形心的距离 b，y 轴到 y_1 轴的距离 a，求截面对 y_1 轴的惯性矩 I_{y1}。

A.5　平面图形如图所示，取图示微面元 $dA=zdy$，则此微面元对 y、z 轴的惯性矩 dI_y、dI_z 各为多少？

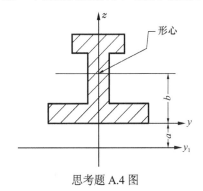

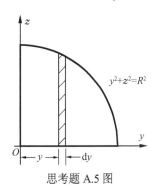

思考题 A.4 图　　　　　　　　　　思考题 A.5 图

A.6　何为主惯性轴、形心主惯性轴和形心主惯性矩？计算某平面图形形心主惯性矩的步骤是什么？如何判断最大和最小惯性矩所对应的轴的方位？

A.7　如何利用对称条件简化形心坐标、静矩、惯性矩和主轴位置的计算？

A.8　应力莫尔圆与惯性矩莫尔圆有何异同？

A.9　图示平面图形对 y 轴的惯性矩分别为多少？

A.10　已知图示截面的形心为 C，面积为 A，对 z 轴的惯性矩为 I_z，写出截面对 z_1 轴的惯性矩。

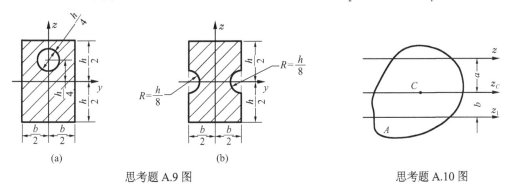

思考题 A.9 图　　　　　　　　　　　思考题 A.10 图

习　　题

A-1　试求图示各图形的形心位置。

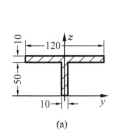
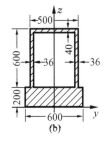
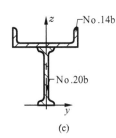
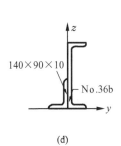

(a)　　　　　　(b)　　　　　　(c)　　　　　　(d)

题 A-1 图

A-2 如图所示，在边长为 a 的正方形内截取一等腰三角形 AEB，使 E 点为剩余面积的形心，试求 E 点位置。

A-3 计算图示图形对 y、z 轴的惯性矩 I_y、I_z 以及惯性积 I_{yz}。

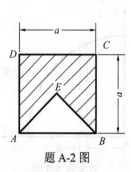

题 A-2 图

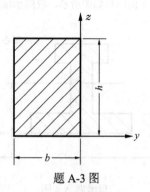

题 A-3 图

A-4 试求图中各图形对形心轴 y 的惯性矩。

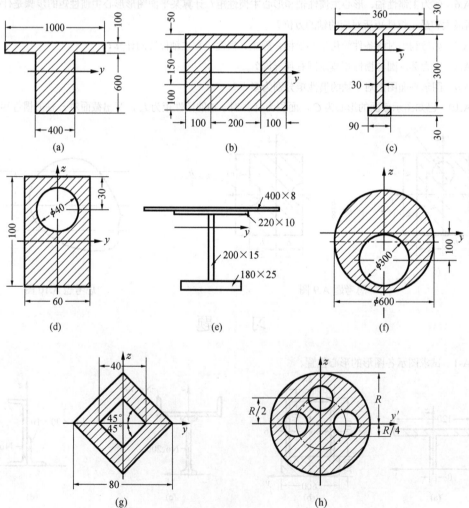

题 A-4 图

A-5　图示截面是由一个正方形中挖去另一个正方形组成的，试求截面对 y 轴的惯性矩。

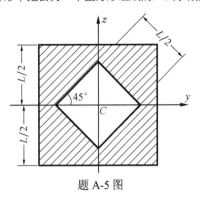

题 A-5 图

A-6　某平面图形的面积 $A = 10\text{cm}^2$，其形心主惯性矩 $I_y = 410\text{cm}^4$，$I_z = 320\text{cm}^4$。试在形心主惯性轴 y 上求这样的点，使所有通过该点的轴都为该图形的主惯性轴。

A-7　试证明图示各截面的所有形心轴均为形心主惯性轴，且截面对这些轴的形心主惯性矩均相同。

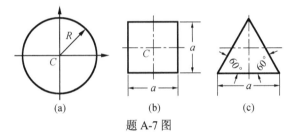

题 A-7 图

A-8　求图中各图形对形心轴 y、z 的惯性矩 I_y、I_z。

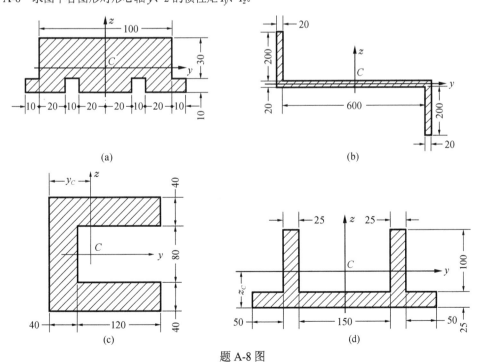

题 A-8 图

A-9　求图示中图形对 y_1、z_1 轴的惯性矩 I_{y1}、I_{z1} 和惯性积 I_{y1z1}。

A-10　试求图示中图形的形心主惯性轴位置和形心主惯性矩。

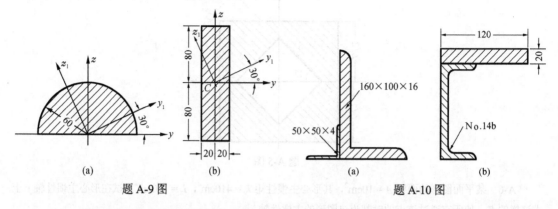

(a)　　　　　　　　　　(b)　　　　　　　　　　(a)　　　　　　　　　(b)

题 A-9 图　　　　　　　　　　　　　　题 A-10 图

A-11　确定图示角形截面的形心主惯性轴，并分别用解析法、莫尔圆法求出形心主惯性矩。

A-12　试求图示图形关于形心轴的惯性矩、惯性积及形心主惯性矩。

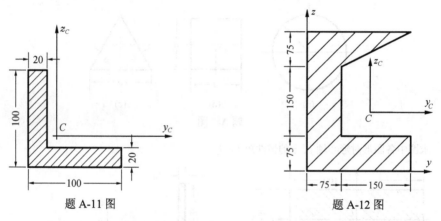

题 A-11 图　　　　　　　　　　　题 A-12 图

A-13　花键轴截面及带有花键孔的轴截面如图所示，试证通过形心的任一坐标轴都是形心主惯性轴，且形心主惯性矩等于常量，并问任意正多边形是否也有相同的性质？

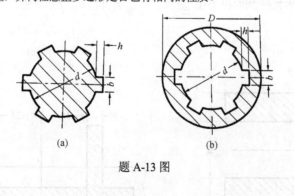

(a)　　　　　　　　　(b)

题 A-13 图

附录 B　简单截面图形的几何性质

截面图形	面积	形心位置	惯性矩	截面模量	惯性半径
	$\pi r^2 = \dfrac{\pi d^2}{4}$	$y_C = r = \dfrac{d}{2}$ $z_C = r = \dfrac{d}{2}$	$I_y = I_z = \dfrac{\pi r^4}{4} = \dfrac{\pi d^4}{64}$	$W_y = W_z$ $= \dfrac{\pi r^3}{4} = \dfrac{\pi d^3}{32}$	$i_y = i_z = \dfrac{r}{2} = \dfrac{d}{4}$
	$\pi(R^2 - r^2)$ $= \dfrac{\pi}{4}(D^2 - d^2)$ $= \dfrac{\pi}{4}D^2(1 - \alpha^2)$ $\alpha = d/D$	$y_C = R = \dfrac{D}{2}$ $z_C = R = \dfrac{D}{2}$	$I_y = I_z$ $= \dfrac{\pi}{4}(R^4 - r^4)$ $= \dfrac{\pi}{64}(D^4 - d^4)$ $= \dfrac{\pi D^4}{64}(1 - \alpha^4)$ $\alpha = d/D$	$W_y = W_z$ $= \dfrac{\pi}{4R}(R^4 - r^4)$ $= \dfrac{\pi}{32D}(D^4 - d^4)$ $= \dfrac{\pi D^3}{32}(1 - \alpha^4)$ $\alpha = d/D$	$i_y = i_z$ $= \dfrac{1}{2}\sqrt{R^2 + r^2}$ $= \dfrac{1}{4}\sqrt{D^2 + d^2}$ $= \dfrac{D}{4}\sqrt{1 + \alpha^2}$ $\alpha = d/D$
	$\dfrac{\pi r^2}{2}$	$y_C = r$ $z_C = \dfrac{4r}{3\pi}$ $\approx 0.424r$	$I_y = \left(\dfrac{1}{8} - \dfrac{8}{9\pi^2}\right)$ $\pi r^4 \approx 0.110 r^4$ $I_z = \dfrac{\pi r^4}{8}$	$W_{y1} \approx 0.191 r^3$ $W_{y2} = 0.259 r^3$ $W_z = \dfrac{\pi r^3}{8}$	$i_y = 0.264r$ $i_z = \dfrac{r}{2}$
	πab	$y_C = a$ $z_C = b$	$I_y = \dfrac{\pi ab^3}{4}$ $I_z = \dfrac{\pi ba^3}{4}$	$W_y = \dfrac{\pi ab^2}{4}$ $W_z = \dfrac{\pi ba^2}{4}$	$i_y = \dfrac{b}{2}$ $i_z = \dfrac{a}{2}$
	bh	$y_C = \dfrac{b}{2}$ $z_C = \dfrac{h}{2}$	$I_y = \dfrac{bh^3}{12}$ $I_z = \dfrac{hb^3}{12}$	$W_y = \dfrac{bh^2}{6}$ $W_z = \dfrac{hb^2}{6}$	$i_y = \dfrac{h}{\sqrt{12}}$ $i_z = \dfrac{b}{\sqrt{12}}$

截面图形	面积	形心位置	惯性矩	截面模量	惯性半径
	h^2	$y_C = \dfrac{h}{\sqrt{2}}$ $z_C = \dfrac{h}{\sqrt{2}}$	$I_y = I_z = \dfrac{h^4}{12}$	$W_y = W_z$ $= \dfrac{h^3}{\sqrt{72}}$	$i_y = i_z = \dfrac{h}{\sqrt{12}}$
	$\dfrac{bh}{2}$	$y_C = \dfrac{b}{2}$ $z_C = \dfrac{h}{3}$	$I_y = \dfrac{bh^3}{36}$ $I_z = \dfrac{hb^3}{48}$	$W_{y1} = \dfrac{bh^2}{24}$ $W_{y2} = \dfrac{bh^2}{12}$ $W_z = \dfrac{hb^2}{24}$	$i_y = \dfrac{h}{\sqrt{18}}$ $i_z = \dfrac{b}{\sqrt{24}}$
	$\dfrac{bh}{2}$	$y_C = \dfrac{b+c}{3}$ $z_C = \dfrac{h}{3}$	$I_y = \dfrac{1}{36}bh^3$ $I_z = \dfrac{1}{36}bh(b^2$ $\quad -bc+c^2)$	$W_{y1} = \dfrac{1}{24}bh^2$ $W_{y2} = \dfrac{1}{12}bh^2$	$i_y = \dfrac{h}{\sqrt{18}}$ $i_z = \sqrt{\dfrac{b^2-bc+c^2}{18}}$
	$\dfrac{(b_1+b)h}{2}$	$y_C = \dfrac{b_1}{2}$ $z_C = \dfrac{b_1+2b}{3(b_1+b)}h$	$I_y = \dfrac{b_1^2+4b_1b+b^2}{36(b_1+b)}h^3$	$W_{y1} =$ $\dfrac{b_1^2+4b_1b+b^2}{12(2b_1+b)}h^2$ W_{y2} $= \dfrac{b_1^2+4b_1b+b^2}{12(b_1+2b)}h^2$	$i_y = \dfrac{\sqrt{b_1^2+4b_1b+b^2}}{\sqrt{18(b_1+b)}}h$
	$b_1h_1 - bh$	$y_C = \dfrac{b_1}{2}$ $z_C = \dfrac{h_1}{2}$	$I_y = \dfrac{1}{12}(b_1h_1^3 - bh^3)$ $I_z = \dfrac{1}{12}h_1b_1^3$ $\quad -\dfrac{hb}{48}\cdot[b^2$ $\quad +3(2b_1-b)^2]$	$W_y = \dfrac{b_1h_1^3 - bh^3}{6h_1}$ $W_z = \dfrac{h_1b_1^2}{6} - \dfrac{hb}{24b_1}\cdot$ $[b^2+3(2b_1-b)^2]$	$i_y = \sqrt{\dfrac{b_1h_1^3 - bh^3}{12(b_1h_1 - bh)}}$

附录C 简单载荷下梁的弯矩、剪力、挠度和转角

序号	梁的形式及其载荷	最大弯矩 M_{max}（绝对值）	最大剪力 $F_{s,max}$（绝对值）	挠曲线方程	最大挠度和梁端转角（绝对值）
1		M_B	0	$y = \dfrac{M_B x^2}{2EI}$	$\theta_{max} = \dfrac{M_B l}{EI}$ （↷） $y_{max} = \dfrac{M_B l^2}{2EI}$ （↑）
2		Fl	F	$y = -\dfrac{Fx^2}{6EI}(3l - x)$	$\theta_{max} = \dfrac{Fl^2}{2EI}$ （↶） $y_{max} = \dfrac{Fl^3}{3EI}$ （↓）
3		Fa	F	$y = -\dfrac{Fx^2}{6EI}(3a - x)$ $(0 \leqslant x \leqslant a)$ $y = -\dfrac{Fa^2}{6EI}(3x - a)$ $(a \leqslant x \leqslant l)$	$\theta_{max} = \dfrac{Fa^2}{2EI}$ （↶） $y_{max} = \dfrac{Fa^2}{6EI}(3l - a)$（↓）
4		$\dfrac{ql^2}{2}$	ql	$y = -\dfrac{qx^2}{24EI}$ $(x^2 + 6l^2 - 4lx)$	$\theta_{max} = \dfrac{ql^3}{6EI}$ （↶） $y_{max} = \dfrac{ql^4}{8EI}$ （↓）
5		$\dfrac{ql^2}{8}$	$\dfrac{ql}{2}$	$y = -\dfrac{qx^2}{24EI}\left(\dfrac{3}{2}l^2 - 2lx + x^2\right)$ $(0 \leqslant x \leqslant l/2)$ $y = -\dfrac{ql^3}{192EI}\left(4x - l/2\right)$ $(l/2 \leqslant x \leqslant l)$	$\theta_{max} = \dfrac{ql^3}{48EI}$ （↶） $y_{max} = \dfrac{7ql^4}{384EI}$ （↓）
6		$\dfrac{q_0}{6}l^2$	$\dfrac{1}{2}q_0 l$	$y = -\dfrac{q_0 x^2}{120lEI}(10l^3 - 10l^2 x$ $+ 5lx^2 - x^3)$ $(0 \leqslant x \leqslant l)$	$\theta_{max} = \dfrac{q_0 l^3}{24EI}$ （↶） $y_{max} = \dfrac{q_0 l^4}{30EI}$ （↓）

序号	梁的形式及其载荷	最大弯矩 M_{max}（绝对值）	最大剪力 $F_{s,max}$（绝对值）	挠曲线方程	最大挠度和梁端转角（绝对值）
7		M_B	$\dfrac{M_B}{l}$	$y = -\dfrac{M_B l x}{6EI}\left(1 - \dfrac{x^2}{l^2}\right)$	$\theta_A = \dfrac{M_B l}{6EI}$ （↷） $\theta_B = \dfrac{M_B l}{3EI}$ （↶） $y_C = \dfrac{M_B l^2}{16EI}$ （↓） $y_{max} = \dfrac{M_B l^2}{9\sqrt{3}EI}$ （↓） $x = \dfrac{l}{\sqrt{3}}$
8		$\dfrac{ql^2}{8}$	$\dfrac{ql}{2}$	$y = \dfrac{-qx}{24EI}(l^3 - 2lx^2 + x^3)$	$\theta_A = \dfrac{ql^3}{24EI}$ （↷） $\theta_B = \dfrac{ql^3}{24EI}$ （↶） $y_{max} = \dfrac{5ql^4}{384EI}$ （↓）
9		$\dfrac{Fl}{4}$	$\dfrac{F}{2}$	$y = -\dfrac{Fx}{12EI}\left(\dfrac{3}{4}l^2 - x^2\right)$ $\left(0 \le x \le \dfrac{l}{2}\right)$	$\theta_A = \dfrac{Fl^2}{16EI}$ （↷） $\theta_B = \dfrac{Fl^2}{16EI}$ （↶） $y_{max} = \dfrac{Fl^3}{48EI}$ （↓）
10		$\dfrac{Fab}{l}$	$\dfrac{Fa}{l}$ $(a > b)$	$y = -\dfrac{Fbx}{6EIl}(l^2 - x^2 - b^2)$ $(0 \le x \le a)$ $y = -\dfrac{Fb}{6EIl}\left[\dfrac{l}{b}(x-a)^3 \right.$ $\left. +(l^2 - b^2)x - x^3\right]$ $(a \le x \le l)$	$\theta_A = \dfrac{Fab(l+b)}{6EIl}$ （↷） $\theta_B = \dfrac{Fab(l+a)}{6EIl}$ （↶） $y_C = \dfrac{Fb}{48EI}(3l^2 - 4b^2)$ （↓） $(a > b)$ $y_{max} = \dfrac{Fb\sqrt{(l^2-b^2)^3}}{9\sqrt{3}EIl}$ （↓） $x = \sqrt{\dfrac{l^2 - b^2}{3}}$ $y_D = \dfrac{Fa^2 b^2}{3EIl}$
11		$\dfrac{9}{128}ql^2$	$\dfrac{3}{8}ql$	$y = -\dfrac{qx}{384EI}(16x^3$ $-24lx^2 + 9l^3)$ $(0 \le x \le l/2)$ $y = -\dfrac{ql}{384EI}(8x^3 - 24lx^2$ $+17l^2 x - l^3)$ $(l/2 \le x \le l)$	$\theta_A = \dfrac{3ql^3}{128EI}$ （↷） $\theta_B = \dfrac{7ql^3}{384EI}$ （↶） $y_{max} \approx y|_{x=l/2}$ $= \dfrac{5ql^4}{768EI}$ （↓）

序号	梁的形式及其载荷	最大弯矩 $M_{\max}$ (绝对值)	最大剪力 $F_{s,\max}$ (绝对值)	挠曲线方程	最大挠度和梁端转角(绝对值)
12		$\dfrac{53}{27}q_0 l^2$	$\dfrac{1}{3}q_0 l$	$y=\dfrac{-q_0 x}{360lEI}(3x^4$ $-10l^2x^2+7l^4)$ $(0\leqslant x\leqslant l)$	$\theta_A=\dfrac{7q_0 l^3}{360EI}$ (↷) $\theta_B=\dfrac{q_0 l^3}{45EI}$ (↶) $y_{\max}=6.52\times10^{-3}\dfrac{q_0 l^4}{EI}(\downarrow)$ $x=0.5193l$ $y_C=\dfrac{5q_0 l^4}{768EI},x=\dfrac{l}{2}$
13		$\dfrac{M_e a}{l}$ $(a>b)$	$\dfrac{M_e}{l}$	$y=\dfrac{M_e}{6EIl}[x^3-x(l^2-3b^2)]$ $(0\leqslant x\leqslant a)$ $y=-\dfrac{M_e}{6EIl}[x^3-3(x-a)^2 l$ $-x(l^2-3b^2)]$ $(a\leqslant x\leqslant l)$	$\theta_A=\dfrac{M_e}{2EIl}\left(\dfrac{l^2}{3}-b^2\right)$ (↷) $\theta_B=\dfrac{M_e}{2EIl}\left(\dfrac{l^2}{3}-a^2\right)$ (↷) $\theta_C=\dfrac{M_e}{3EIl}(l^2-3la+3a^2),$ $\theta_C>0$ 则为逆时针转
14		$\dfrac{qa}{4}$ $\times\left(l-\dfrac{a}{2}\right)$	$\dfrac{qa}{2}$	$y=\dfrac{qa}{48EI}[4x^3-(3l^2$ $-a^2)x]$ $\left(0\leqslant x\leqslant\dfrac{l-a}{2}\right)$ $y=\dfrac{q}{48EI}[4ax^3$ $-2\left(x-\dfrac{l-a}{2}\right)^4$ $-ax(3l^2-a^2)]$ $\left(\dfrac{l-a}{2}\leqslant x\leqslant\dfrac{l+a}{2}\right)$	$\theta_A=\dfrac{qa}{48EI}(3l^2-a^2)$ (↷) $\theta_B=\dfrac{qa}{48EI}(3l^2-a^2)$ (↶) $y_{\max}=\dfrac{qa}{48EI}$ $\times\left(l^3-\dfrac{a^2 l}{2}+\dfrac{a^3}{8}\right)(\downarrow)$ 在梁中点处
15		Fa	$F(l>a)$	$y=-\dfrac{Fl^2a}{6EI}\left(\dfrac{x^3}{l^3}-\dfrac{x}{l}\right)$ $(0\leqslant x\leqslant l)$ $y=\dfrac{-F}{6EI}(x-l)[2al$ $+3a(x-l)-(x-l)^2]$ $(l\leqslant x\leqslant l+a)$	$\theta_A=\dfrac{Fla}{6EI}$ (↶) $\theta_B=\dfrac{Fla}{3EI}$ (↷) $\theta_D=\dfrac{Fa}{6EI}(2l+3a)$ (↷) $y_C=\dfrac{Fl^2a}{16EI}(\uparrow)$ $y_D=\dfrac{Fa^2}{3EI}(l+a)(\downarrow)$

附录 D　型钢截面尺寸、截面面积、理论重量及截面特性（GB/T 706—2016）

表 D-1　等边角钢截面尺寸、截面面积、理论重量及截面特性

符号意义：
b——边宽；
d——边厚；
r——内圆弧半径；
r_1——边端内弧半径；
I——惯性矩；
i——惯性半径；
W——弯曲截面系数；
z_0——重心距离。

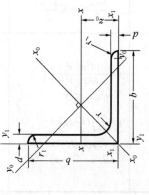

图 D-1

角钢号数	尺寸/mm b	d	r	截面面积/cm²	理论重量/(kg/m)	外表面积/(m²/m)	参考数值 $x\text{-}x$ I_x/cm⁴	i_x/cm	W_x/cm³	$x_0\text{-}x_0$ I_{x_0}/cm⁴	i_{x_0}/cm	W_{x_0}/cm³	$y_0\text{-}y_0$ I_{y_0}/cm⁴	i_{y_0}/cm	W_{y_0}/cm³	$x_1\text{-}x_1$ I_{x_1}/cm⁴	z_0/cm
2	20	3	3.5	1.132	0.89	0.078	0.40	0.59	0.29	0.63	0.75	0.45	0.17	0.39	0.20	0.81	0.60
		4		1.459	1.15	0.077	0.50	0.58	0.36	0.78	0.73	0.55	0.22	0.38	0.24	1.09	0.64
2.5	25	3		1.432	1.12	0.098	0.82	0.76	0.46	1.29	0.95	0.73	0.34	0.49	0.33	1.57	0.73
		4		1.859	1.46	0.097	1.03	0.74	0.59	1.62	0.93	0.92	0.43	0.48	0.40	2.11	0.76
3.0	30	3		1.749	1.37	0.117	1.46	0.91	0.68	2.31	1.15	1.09	0.61	0.59	0.51	2.71	0.85
		4	4.5	2.276	1.79	0.117	1.84	0.90	0.87	2.92	1.13	1.37	0.77	0.58	0.62	3.63	0.89
3.6	36	3		2.109	1.66	0.141	2.58	1.11	0.99	4.09	1.39	1.61	1.07	0.71	0.76	4.68	1.00
		4		2.756	2.16	0.141	3.29	1.09	1.28	5.22	1.38	2.05	1.37	0.70	0.93	6.25	1.04
		5		3.382	2.65	0.141	3.95	1.08	1.56	6.24	1.36	2.45	1.65	0.70	1.00	7.84	1.07

续表

角钢号数	尺寸/mm b	d	r	截面面积/cm²	理论重量/(kg/m)	外表面积/(m²/m)	I_x/cm⁴	i_x/cm	W_x/cm³	I_{x_0}/cm⁴	i_{x_0}/cm	W_{x_0}/cm³	I_{y_0}/cm⁴	i_{y_0}/cm	W_{y_0}/cm³	I_{x_1}/cm⁴	z_0/cm
							x-x			x₀-x₀			y₀-y₀			x₁-x₁	
4.0	40	3	5	2.359	1.85	0.157	3.59	1.23	1.23	5.69	1.55	2.01	1.49	0.79	0.96	6.41	1.09
		4		3.086	2.42	0.157	4.60	1.22	1.60	7.29	1.54	2.58	1.91	0.79	1.19	8.56	1.13
		5		3.792	2.98	0.156	5.53	1.21	1.96	8.76	1.52	3.10	2.30	0.78	1.39	10.7	1.17
4.5	45	3	5	2.659	2.09	0.177	5.17	1.40	1.58	8.20	1.76	2.58	2.14	0.89	1.24	9.12	1.22
		4		3.486	2.74	0.177	6.65	1.38	2.05	10.6	1.74	3.32	2.75	0.89	1.54	12.2	1.26
		5		4.292	3.37	0.176	8.04	1.37	2.51	12.7	1.72	4.00	3.33	0.88	1.81	15.2	1.30
		6		5.077	3.99	0.176	9.33	1.36	2.95	14.8	1.70	4.64	3.89	0.80	2.06	18.4	1.33
5	50	3	5.5	2.971	2.33	0.197	7.18	1.55	1.96	11.4	1.96	3.22	2.98	1.00	1.57	12.5	1.34
		4		3.897	3.06	0.197	9.26	1.54	2.56	14.7	1.94	4.16	3.82	0.99	1.96	16.7	1.38
		5		4.803	3.77	0.196	11.2	1.53	3.13	17.8	1.92	5.03	4.64	0.98	2.31	20.9	1.42
		6		5.688	4.46	0.196	13.1	1.52	3.68	20.7	1.91	5.85	5.42	0.98	2.63	25.1	1.46
5.6	56	3	6	3.343	2.62	0.221	10.2	1.75	2.48	16.1	2.20	4.08	4.24	1.13	2.02	17.6	1.48
		4		4.39	3.45	0.220	13.2	1.73	3.24	20.9	2.18	5.28	5.46	1.11	2.52	23.4	1.53
		5		5.415	4.25	0.220	16.0	1.72	3.97	25.4	2.17	6.42	6.61	1.10	2.98	29.3	1.57
		8		8.367	6.57	0.219	23.6	1.68	6.03	37.4	2.11	9.44	9.89	1.09	4.16	47.2	1.68
6.3	63	4	7	4.978	3.91	0.248	19.0	1.96	4.13	30.2	2.46	6.78	7.89	1.26	3.29	33.4	1.70
		5		6.143	4.82	0.248	23.2	1.94	5.08	36.8	2.45	8.25	9.57	1.25	3.90	41.7	1.74
		6		7.288	5.72	0.247	27.1	1.93	6.00	43.0	2.43	9.66	11.2	1.24	4.46	50.1	1.78
		8		9.515	7.47	0.247	34.5	1.90	7.75	54.6	2.40	12.3	14.3	1.23	5.47	67.1	1.85
		10		11.66	9.15	0.246	41.1	1.88	9.39	64.9	2.36	14.6	17.3	1.22	6.36	84.3	1.93
7	70	4	8	5.570	4.37	0.275	26.4	2.18	5.14	41.8	2.74	8.44	11.0	1.40	4.17	45.7	1.86
		5		6.876	5.40	0.275	32.2	2.16	6.32	51.1	2.73	10.3	13.3	1.39	4.95	57.2	1.91
		6		8.160	6.41	0.275	37.8	2.15	7.48	59.9	2.71	12.1	15.6	1.38	5.67	68.7	1.95
		7		9.424	7.40	0.275	43.1	2.14	8.59	68.4	2.69	13.8	17.8	1.38	6.34	80.3	1.99
		8		10.67	8.37	0.274	48.2	2.12	9.68	76.4	2.68	15.4	20.0	1.37	6.98	91.9	2.03

参考数值

续表

角钢号数	尺寸/mm b	d	r	截面面积/cm²	理论重量/(kg/m)	外表面积/(m²/m)	x-x I_x/cm⁴	i_x/cm	W_x/cm³	x₀-x₀ I_{x_0}/cm⁴	i_{x_0}/cm	W_{x_0}/cm³	y₀-y₀ I_{y_0}/cm⁴	i_{y_0}/cm	W_{y_0}/cm³	x₁-x₁ I_{x_1}/cm⁴	z_0/cm
7.5	75	5	9	7.412	5.82	0.295	40.0	2.33	7.32	63.3	2.92	11.9	16.6	1.50	5.77	70.6	2.04
		6		8.797	6.91	0.294	47.0	2.31	8.64	74.4	2.90	14.0	19.5	1.49	6.67	84.6	2.07
		7		10.16	7.98	0.294	53.6	2.30	9.93	85.0	2.89	16.0	22.2	1.48	7.44	98.7	2.11
		8		11.50	9.03	0.294	60.0	2.28	11.2	95.1	2.88	17.9	24.9	1.47	8.19	113	2.15
		10		14.13	11.1	0.293	72.0	2.26	13.6	114	2.84	21.5	30.1	1.46	9.56	142	2.22
8	80	5		7.912	6.21	0.315	48.8	2.48	8.34	77.3	3.13	13.7	20.3	1.60	6.66	85.4	2.15
		6		9.397	7.38	0.314	57.4	2.47	9.87	91.0	3.11	16.1	23.7	1.59	7.65	103	2.19
		7		10.86	8.53	0.314	65.6	2.46	11.4	104	3.10	18.4	27.1	1.58	8.58	120	2.23
		8		12.30	9.66	0.314	73.5	2.44	12.8	117	3.08	20.6	30.4	1.57	9.46	137	2.27
		10		15.13	11.9	0.313	88.4	2.42	15.6	140	3.04	24.8	36.8	1.56	11.1	172	2.35
9	90	6	10	10.64	8.35	0.354	82.8	2.79	12.6	131	3.51	20.6	34.3	1.80	9.95	146	2.44
		7		12.30	9.66	0.354	94.8	2.78	14.5	150	3.50	23.6	39.2	1.78	11.2	170	2.48
		8		13.94	10.9	0.353	106	2.76	16.4	169	3.48	26.6	44.0	1.78	12.4	195	2.52
		10		17.17	13.5	0.353	129	2.74	20.1	204	3.45	32.0	53.3	1.76	14.5	244	2.59
		12		20.31	15.9	0.352	149	2.71	23.6	236	3.41	37.1	62.2	1.75	16.5	294	2.67
10	100	6	12	11.93	9.37	0.393	115	3.10	15.7	182	3.90	25.7	47.9	2.00	12.7	200	2.67
		7		13.80	10.8	0.393	132	3.09	18.1	209	3.89	29.6	54.7	1.99	14.3	234	2.71
		8		15.64	12.3	0.393	148	3.08	20.5	235	3.88	33.2	61.4	1.98	15.8	267	2.76
		10		19.26	15.1	0.392	180	3.05	25.1	285	3.84	40.3	74.4	1.96	18.5	334	2.84
		12		22.80	17.9	0.391	209	3.03	29.5	331	3.81	46.8	86.8	1.95	21.1	402	2.91
		14		26.26	20.6	0.391	237	3.00	33.7	374	3.77	52.9	99.0	1.94	23.4	471	2.99
		16		29.63	23.3	0.390	263	2.98	37.8	414	3.74	58.6	111	1.94	25.6	540	3.06
11	110	7		15.20	11.9	0.433	177	3.41	22.1	281	4.30	36.1	73.4	2.20	17.5	311	2.96
		8		17.24	13.5	0.433	199	3.40	25.0	316	4.28	40.7	82.4	2.19	19.4	355	3.01
		10		21.26	16.7	0.432	242	3.38	30.6	384	4.25	49.4	100	2.17	22.9	445	3.09
		12		25.20	19.8	0.431	283	3.35	36.1	448	4.22	57.6	117	2.15	26.2	535	3.16
		14		29.06	22.8	0.431	321	3.32	41.3	508	4.18	65.3	133	2.14	29.1	625	3.24

续表

角钢号数	尺寸/mm b	尺寸/mm d	尺寸/mm r	截面面积/cm²	理论重量/(kg/m)	外表面积/(m²/m)	x-x I_x/cm⁴	x-x i_x/cm	x-x W_x/cm³	x₀-x₀ I_{x_0}/cm⁴	x₀-x₀ i_{x_0}/cm	x₀-x₀ W_{x_0}/cm³	y₀-y₀ I_{y_0}/cm⁴	y₀-y₀ i_{y_0}/cm	y₀-y₀ W_{y_0}/cm³	x₁-x₁ I_{x_1}/cm⁴	z_0/cm
12.5	125	8	14	19.75	15.5	0.492	297	3.88	32.5	471	4.88	53.3	123	2.50	25.9	521	3.37
		10		24.37	19.1	0.491	362	3.85	40.0	574	4.85	64.9	149	2.48	30.6	652	3.45
		12		28.91	22.7	0.491	423	3.83	47.2	671	4.82	76.0	175	2.46	35.0	783	3.53
		14		33.37	26.2	0.490	482	3.80	54.2	764	4.78	86.4	200	2.45	39.1	916	3.61
14	140	10	14	27.37	21.5	0.551	515	4.34	50.6	817	5.46	82.6	212	2.78	39.2	915	3.82
		12		32.51	25.5	0.551	604	4.31	59.8	959	5.43	96.9	249	2.76	45.0	1100	3.90
		14		37.57	29.5	0.550	689	4.28	68.8	1090	5.40	110	284	2.75	50.5	1280	3.98
		16		42.54	33.4	0.549	770	4.26	77.5	1220	5.36	123	319	2.74	55.6	1470	4.06
16	160	10	16	31.50	24.7	0.630	780	4.98	66.7	1240	6.27	109	322	3.20	52.8	1370	4.31
		12		37.44	29.4	0.630	917	4.95	79.0	1460	6.24	129	377	3.18	60.7	1640	4.39
		14		43.30	34.0	0.629	1050	4.92	91.0	1670	6.20	147	432	3.16	68.2	1910	4.47
		16		49.07	38.5	0.629	1180	4.89	103	1870	6.17	165	485	3.14	75.3	2190	4.55
18	180	12	16	42.24	33.2	0.710	1320	5.59	101	2100	7.05	165	543	3.58	78.4	2330	4.89
		14		48.90	38.4	0.709	1510	5.56	116	2410	7.02	189	622	3.56	88.4	2720	4.97
		16		55.47	43.5	0.709	1700	5.54	131	2700	6.98	212	699	3.55	97.8	3120	5.05
		18		61.96	48.6	0.708	1880	5.50	146	2990	6.94	235	762	3.51	105	3500	5.13
20	200	14	18	54.64	42.9	0.788	2100	6.20	145	3340	7.82	236	864	3.98	112	3730	5.46
		16		62.01	48.7	0.788	2370	6.18	164	3760	7.79	266	971	3.96	124	4270	5.54
		18		69.30	54.4	0.787	2620	6.15	182	4160	7.75	294	1080	3.94	136	4810	5.62
		20		76.51	60.1	0.787	2870	6.12	200	4550	7.72	322	1180	3.93	147	5350	5.69
		24		90.66	71.2	0.785	3340	6.07	236	5290	7.64	374	1380	3.90	167	6460	5.87

注：截面图中的 $r_1 = \dfrac{1}{3}d$ 及表中 r 的数据用于孔型设计，不做交货条件。

表 D-2　不等边角钢截面尺寸、截面面积、理论重量及载面特性

符号意义：

B —— 长边宽度；　　　b —— 短边宽度；
d —— 边厚；　　　r —— 内圆弧半径；
r₁ —— 边端内弧半径；　　　I —— 惯性矩；
i —— 惯性半径；　　　W —— 截面系数；
x₀ —— 重心距离；　　　y₀ —— 重心距离。

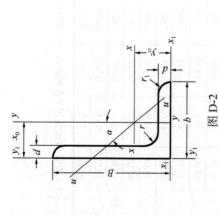

图 D-2

角钢号数	尺寸/mm				截面面积/cm²	理论重量/(kg/m)	外表面积/(m²/m)	参考数值														
								x-x			y-y			x₁-x₁		y₁-y₁		u-u			
	B	b	d	r				I_x/cm⁴	i_x/cm	W_x/cm³	I_y/cm⁴	i_y/cm	W_y/cm³	I_{x_1}/cm⁴	y_0/cm	I_{y_1}/cm⁴	x_0/cm	I_u/cm⁴	i_u/cm	W_u/cm³	$\tan\alpha$
2.5/1.6	25	16	3	3.5	1.162	0.91	0.080	0.70	0.78	0.43	0.22	0.44	0.19	1.56	0.86	0.43	0.42	0.14	0.34	0.16	0.392
			4		1.499	1.18	0.079	0.88	0.77	0.55	0.27	0.43	0.24	2.09	0.90	0.59	0.46	0.17	0.34	0.20	0.381
3.2/2	32	20	3		1.492	1.17	0.102	1.53	1.01	0.72	0.46	0.55	0.30	3.27	1.08	0.82	0.49	0.28	0.43	0.25	0.382
			4		1.939	1.52	0.101	1.93	1.00	0.93	0.57	0.54	0.39	4.37	1.12	1.12	0.53	0.35	0.42	0.32	0.374
4/2.5	40	25	3	4	1.890	1.48	0.127	3.08	1.28	1.15	0.93	0.70	0.49	6.39	1.32	1.59	0.59	0.56	0.54	0.40	0.385
			4		2.467	1.94	0.127	3.93	1.26	1.49	1.18	0.69	0.63	8.53	1.37	2.14	0.63	0.71	0.54	0.52	0.381
4.5/2.8	45	28	3	5	2.149	1.69	0.143	4.45	1.44	1.47	1.34	0.79	0.62	9.10	1.47	2.23	0.64	0.80	0.61	0.51	0.383
			4		2.806	2.20	0.143	5.69	1.42	1.91	1.70	0.78	0.80	12.1	1.51	3.00	0.68	1.02	0.60	0.66	0.380
5/3.2	50	32	3	5.5	2.431	1.91	0.161	6.24	1.60	1.84	2.02	0.91	0.82	12.5	1.60	3.31	0.73	1.20	0.70	0.68	0.404
			4		3.177	2.49	0.160	8.02	1.59	2.39	2.58	0.90	1.06	16.7	1.65	4.45	0.77	1.53	0.69	0.87	0.402
5.6/3.6	56	36	3	6	2.743	2.15	0.181	8.88	1.80	2.32	2.92	1.03	1.05	17.5	1.78	4.70	0.80	1.73	0.79	0.87	0.408
			4		3.590	2.82	0.180	11.5	1.79	3.03	3.76	1.02	1.37	23.4	1.82	6.33	0.85	2.23	0.79	1.13	0.408
			5		4.415	3.47	0.180	13.9	1.77	3.71	4.49	1.01	1.65	29.3	1.87	7.94	0.88	2.67	0.78	1.36	0.404

续表

角钢号数	尺寸/mm				截面面积/cm²	理论重量/(kg/m)	外表面积/(m²/m)	参考数值													
	B	b	d	r				x-x			y-y			x₁-x₁		y₁-y₁		u-u			
								I_x/cm⁴	i_x/cm	W_x/cm³	I_y/cm⁴	i_y/cm	W_y/cm³	I_{x_1}/cm⁴	y_0/cm	I_{y_1}/cm⁴	x_0/cm	I_u/cm	i_u/cm	W_u/cm³	$\tan\alpha$
6.3/4	63	40	4	7	4.058	3.19	0.202	16.5	2.02	3.87	5.23	1.14	1.70	33.3	2.04	8.63	0.92	3.12	0.88	1.40	0.398
			5		4.993	3.92	0.202	20.0	2.00	4.74	6.31	1.12	2.07	41.6	2.08	10.9	0.95	3.76	0.87	1.71	0.396
			6		5.908	4.64	0.201	23.4	1.96	5.59	7.29	1.11	2.43	50.0	2.12	13.1	0.99	4.34	0.86	1.99	0.393
			7		6.802	5.34	0.201	26.5	1.98	6.40	8.24	1.10	2.78	58.1	2.15	15.5	1.03	4.97	0.86	2.29	0.389
7/4.5	70	45	4	7.5	4.553	3.57	0.226	23.2	2.26	4.86	7.55	1.29	2.17	45.9	2.24	12.3	1.02	4.40	0.98	1.77	0.410
			5		5.609	4.40	0.225	28.0	2.23	5.92	9.13	1.28	2.65	57.1	2.28	15.4	1.06	5.40	0.98	2.19	0.407
			6		6.644	5.22	0.225	32.5	2.21	6.95	10.6	1.26	3.12	68.4	2.32	18.6	1.09	6.35	0.98	2.59	0.404
			7		7.658	6.01	0.225	37.2	2.20	8.03	12.0	1.25	3.57	80.0	2.36	21.8	1.13	7.16	0.97	2.94	0.402
7.5/5	75	50	5	8	6.126	4.81	0.245	34.9	2.39	6.83	12.6	1.44	3.30	70.0	2.40	21.0	1.17	7.41	1.10	2.74	0.435
			6		7.260	5.70	0.245	41.1	2.38	8.12	14.7	1.42	3.88	84.3	2.44	25.4	1.21	8.54	1.08	3.19	0.435
			8		9.467	7.43	0.244	52.4	2.35	10.5	18.5	1.40	4.99	113	2.52	34.2	1.29	10.9	1.07	4.10	0.429
			10		11.59	9.10	0.244	62.7	2.33	12.8	22.0	1.38	6.04	141	2.60	43.4	1.36	13.1	1.06	4.99	0.423
8/5	80	50	5	8	6.376	5.00	0.255	42.0	2.56	7.78	12.8	1.42	3.32	85.2	2.60	21.1	1.14	7.66	1.10	2.74	0.388
			6		7.560	5.93	0.255	49.5	2.56	9.25	15.0	1.41	3.91	103	2.65	25.4	1.18	8.85	1.08	3.20	0.387
			7		8.724	6.85	0.255	56.2	2.54	10.6	17.0	1.39	4.48	119	2.69	29.8	1.21	10.2	1.08	3.70	0.384
			8		9.867	7.75	0.254	62.8	2.52	11.9	18.9	1.38	5.03	136	2.73	34.3	1.25	11.4	1.07	4.16	0.381
9/5.6	90	56	5	9	7.212	5.66	0.287	60.5	2.90	9.92	18.3	1.59	4.21	121	2.91	29.5	1.25	11.0	1.23	3.49	0.385
			6		8.557	6.72	0.286	71.0	2.88	11.7	21.4	1.58	4.96	146	2.95	35.6	1.29	12.9	1.23	4.13	0.384
			7		9.881	7.76	0.286	81.0	2.86	13.5	24.4	1.57	5.70	170	3.00	41.7	1.33	14.7	1.22	4.72	0.382
			8		11.18	8.78	0.286	91.0	2.85	15.3	27.2	1.56	6.41	194	3.04	47.9	1.36	16.3	1.21	5.29	0.380
10/6.3	100	63	6	10	9.618	7.55	0.320	99.1	3.21	14.6	30.9	1.79	6.35	200	3.24	50.5	1.43	18.4	1.38	5.25	0.394
			7		11.11	8.72	0.320	113	3.20	16.9	35.3	1.78	7.29	233	3.28	59.1	1.47	21.0	1.38	6.02	0.394
			8		12.58	9.88	0.319	127	3.18	19.1	39.4	1.77	8.21	266	3.32	67.9	1.50	23.5	1.37	6.78	0.391
			10		15.47	12.1	0.319	154	3.15	23.3	47.1	1.74	9.98	333	3.40	85.7	1.58	28.3	1.35	8.24	0.387
10/8	100	80	6	10	10.64	8.35	0.354	107	3.17	15.2	61.2	2.40	10.2	200	2.95	103	1.97	31.7	1.72	8.37	0.627
			7		12.30	9.66	0.354	123	3.16	17.5	70.1	2.39	11.7	233	3.00	120	2.01	36.2	1.72	9.60	0.626
			8		13.94	10.9	0.353	138	3.14	19.8	78.6	2.37	13.2	267	3.04	137	2.05	40.6	1.71	10.8	0.625
			10		17.17	13.5	0.353	167	3.12	24.2	94.7	2.35	16.1	334	3.12	172	2.13	49.1	1.69	13.1	0.622

角钢号数	尺寸/mm B	b	d	r	截面面积/cm²	理论重量/(kg/m)	外表面积/(m²/m)	x-x I_x/cm⁴	i_x/cm	W_x/cm³	y-y I_y/cm⁴	i_y/cm	W_y/cm³	x₁-x₁ I_{x_1}/cm⁴	y_0/cm	y₁-y₁ I_{y_1}/cm⁴	x_0/cm	u-u I_u/cm	i_u/cm	W_u/cm³	tanα
11/7	110	70	6	10	10.64	8.35	0.354	133	3.54	17.9	42.9	2.01	7.90	266	3.53	69.1	1.57	25.4	1.54	6.53	0.403
			7		12.30	9.66	0.354	153	3.53	20.6	49.0	2.00	9.09	310	3.57	80.8	1.61	29.0	1.53	7.50	0.402
			8		13.94	10.9	0.353	172	3.51	23.3	54.9	1.98	10.3	354	3.62	92.7	1.65	32.5	1.53	8.45	0.401
			10		17.17	13.5	0.353	208	3.48	28.5	65.9	1.96	12.5	443	3.70	117	1.72	39.2	1.51	10.3	0.397
12.5/8	125	80	7	11	14.10	11.1	0.403	228	4.02	26.9	74.4	2.30	12.0	455	4.01	120	1.80	43.8	1.76	9.92	0.408
			8		15.99	12.6	0.403	257	4.01	30.4	83.5	2.28	13.6	520	4.06	138	1.84	49.2	1.75	11.2	0.407
			10		19.71	15.5	0.402	312	3.98	37.3	101	2.26	16.6	650	4.14	173	1.92	59.5	1.74	13.6	0.404
			12		23.35	18.3	0.402	364	3.95	44.0	117	2.24	19.4	780	4.22	210	2.00	69.4	1.72	16.0	0.400
14/9	140	90	8	12	18.04	14.2	0.453	366	4.50	38.5	121	2.59	17.3	731	4.50	196	2.04	70.8	1.98	14.3	0.411
			10		22.26	17.5	0.452	446	4.47	47.3	140	2.56	21.2	913	4.58	246	2.12	85.8	1.96	17.5	0.409
			12		26.40	20.7	0.451	522	4.44	55.9	170	2.54	25.0	1100	4.66	297	2.19	100	1.95	20.5	0.406
			14		30.46	23.9	0.451	594	4.42	64.2	192	2.51	28.5	1280	4.74	349	2.27	114	1.94	23.5	0.403
16/10	160	100	10	13	25.32	19.9	0.512	669	5.14	62.1	205	2.85	26.6	1360	5.24	337	2.28	122	2.19	21.9	0.390
			12		30.05	23.6	0.511	785	5.11	73.5	239	2.82	31.3	1640	5.32	406	2.36	142	2.17	25.8	0.388
			14		34.71	27.2	0.510	896	5.08	84.6	271	2.80	35.8	1910	5.40	476	2.43	162	2.16	29.6	0.385
			16		39.28	30.8	0.510	1000	5.05	95.3	302	2.77	40.2	2180	5.48	548	2.51	183	2.16	33.4	0.382
18/11	180	110	10	14	28.37	22.3	0.571	956	5.80	79.0	278	3.13	32.5	1940	5.89	447	2.44	167	2.42	26.9	0.376
			12		33.71	26.5	0.571	1120	5.78	93.5	325	3.10	38.3	2330	5.98	539	2.52	195	2.40	31.7	0.374
			14		38.97	30.6	0.570	1290	5.75	108	370	3.08	44.0	2720	6.06	632	2.59	222	2.39	36.3	0.372
			16		44.14	34.6	0.569	1440	5.72	122	412	3.06	49.4	3110	6.14	726	2.67	249	2.38	40.9	0.369
20/12.5	200	125	12	14	37.91	29.8	0.641	1570	6.44	117	483	3.57	50.0	3190	6.54	788	2.83	286	2.74	41.2	0.392
			14		43.87	34.4	0.640	1800	6.41	135	551	3.54	57.4	3730	6.62	922	2.91	327	2.73	47.3	0.390
			16		49.74	39.0	0.639	2020	6.38	152	615	3.52	64.9	4260	6.70	1060	2.99	366	2.71	53.3	0.388
			18		55.53	43.6	0.639	2240	6.35	169	677	3.49	71.7	4790	6.78	1200	3.06	405	2.70	59.2	0.385

注：截面图中的 $r_1 = \frac{1}{3}d$ 及表中 r 的数据用于孔型设计，不做交货条件。

表 D-3 工字钢截面尺寸、截面面积、理论重量及截面特性

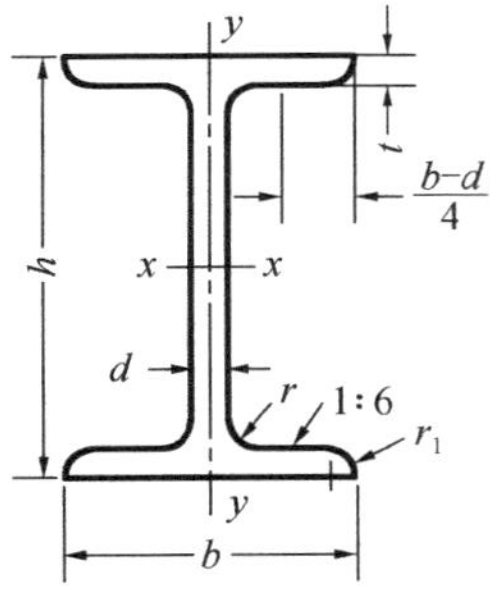

图 D-3

符号意义：

h——高度；
b——腿宽；
d——腰厚；
t——平均腿厚；
r——内圆弧半径；

r_1——腿端圆弧半径；
I——惯性矩；
W——弯曲截面系数；
i——惯性半径；
S——半截面的静矩。

| 型号 | 尺寸/mm | | | | | | 截面面积/cm² | 理论重量/(kg/m) | 参考数值 | | | | | |
	h	b	d	t	r	r_1			I_x/cm⁴	W_x/cm³	i_x/cm	I_y/cm⁴	W_y/cm³	i_y/cm
									x-x			y-y		
10	100	68	4.5	7.6	6.5	3.3	14.33	11.3	245	49.0	4.14	33.0	9.72	1.52
12.6	126	74	5.0	8.4	7.0	3.5	18.10	14.2	488	77.5	5.20	46.9	12.7	1.61
14	140	80	5.5	9.1	7.5	3.8	21.50	16.9	712	102	5.76	64.4	16.1	1.73
16	160	88	6.0	9.9	8.0	4.0	26.11	20.5	1130	141	6.58	93.1	21.2	1.89
18	180	94	6.5	10.7	8.5	4.3	30.74	24.1	1660	185	7.36	122	26.0	2.00
20a	200	100	7.0	11.4	9.0	4.5	35.55	27.9	2370	237	8.15	158	31.5	2.12
20b	200	102	9.0	11.4	9.0	4.5	39.55	31.1	2500	250	7.96	169	33.1	2.06
22a	220	110	7.5	12.3	9.5	4.8	42.10	33.1	3400	309	8.99	225	40.9	2.31
22b	220	112	9.5	12.3	9.5	4.8	46.50	36.5	3570	325	8.78	239	42.7	2.27
25a	250	116	8.0	13.0	10.0	5.0	48.51	38.1	5020	402	10.20	280	48.3	2.40
25b	250	118	10.0	13.0	10.0	5.0	53.51	42.0	5280	423	9.94	309	52.4	2.40
27a	270	122	8.5	13.7	10.5	5.3	54.52	42.8	6550	485	10.9	345	56.6	2.51
27b	270	124	10.5	13.7	10.5	5.3	59.92	47.0	6870	509	10.7	366	58.9	2.47

续表

型号	尺寸/mm						截面面积 /cm²	理论重量 /(kg/m)	参考数值					
	h	b	d	t	r	r_1			x-x			y-y		
									I_x/cm⁴	W_x/cm³	i_x/cm	I_y/cm⁴	W_y/cm³	i_y/cm
28a	280	122	8.5	13.7	10.5	5.3	55.37	43.5	7110	508	11.3	345	56.6	2.50
28b		124	10.5				60.97	47.9	7480	534	11.1	379	61.2	2.49
32a	320	130	9.5	15.0	11.5	5.8	67.12	52.7	11100	692	12.8	460	70.8	2.62
32b		132	11.5				73.52	57.7	11600	726	12.6	502	76.0	2.61
32c		134	13.5				79.92	62.7	12200	760	12.3	544	81.2	2.61
36a	360	136	10.0	15.8	12.0	6.0	76.44	60.0	15800	875	14.4	552	81.2	2.69
36b		138	12.0				83.64	65.7	16500	919	14.1	582	84.3	2.64
36c		140	14.0				90.84	71.3	17300	962	13.8	612	87.4	2.60
40a	400	142	10.5	16.5	12.5	6.3	86.07	67.6	21700	1090	15.9	660	93.2	2.77
40b		144	12.5				94.07	73.8	22800	1140	15.6	692	96.2	2.71
40c		146	14.5				102.1	80.1	23900	1190	15.2	727	99.6	2.65
45a	450	150	11.5	18.0	13.5	6.8	102.4	80.4	32200	1430	17.7	855	114	2.89
45b		152	13.5				111.4	87.4	33800	1500	17.4	894	118	2.84
45c		154	15.5				120.4	94.5	35300	1570	17.1	938	122	2.79
50a	500	158	12.0	20.0	14.0	7.0	119.2	93.6	46500	1860	19.7	1120	142	3.07
50b		160	14.0				129.2	101	48600	1940	19.4	1170	146	3.01
50c		162	16.0				139.2	109	50600	2080	19.0	1220	151	2.96
56a	560	166	12.5	21.0	14.5	7.3	135.4	106	65600	2340	22.0	1370	165	3.18
56b		168	14.5				146.6	115	68500	2450	21.6	1490	174	3.16
56c		170	16.5				157.8	124	71400	2550	21.3	1560	183	3.16
63a	630	176	13.0	22.0	15.0	7.5	154.6	121	93900	2980	24.5	1700	193	3.31
63b		178	15.0				167.2	131	98100	3160	24.2	1810	204	3.29
63c		180	17.0				179.8	141	102000	3300	23.8	1920	214	3.27

注：表中 r、r_1 的数据用于孔型设计，不做交货条件。

表 D-4　槽钢截面尺寸、截面面积、理论重量及截面特性

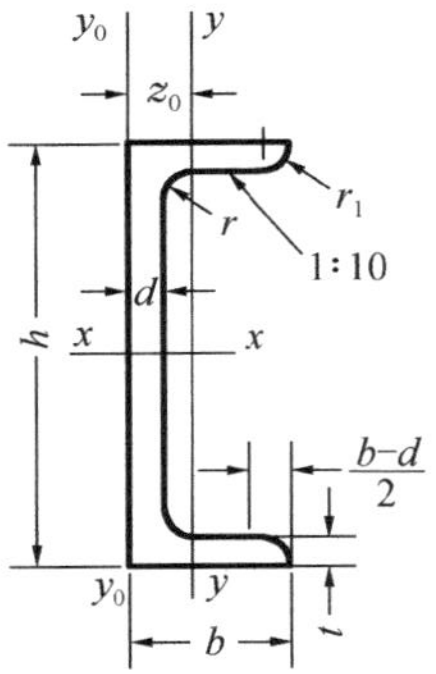

图 D-4

符号意义：

h——高度；
b——腿宽；
d——腰厚；
t——平均腿厚；
r——内圆弧半径；
r_1——腿端圆弧半径；
I——惯性矩；
W——弯曲截面系数；
i——惯性半径；
z_0——y-y 与 y_0-y_0 轴线间距离。

| 型号 | 尺寸/mm | | | | | | 截面面积/cm² | 理论重量/(kg/m) | 参考数值 | | | | | | | 重心距离 |
| | h | b | d | t | r | r_1 | | | x-x | | | y-y | | | y_0-y_0 | z_0/cm |
									W_x/cm³	I_x/cm⁴	i_x/cm	W_y/cm³	I_y/cm⁴	i_y/cm	I_{y_0}/cm⁴	
5	50	37	4.5	7.0	7.0	3.5	6.925	5.44	10.4	26.0	1.94	3.55	8.30	1.10	20.9	1.35
6.3	63	40	4.8	7.5	7.5	3.8	8.446	6.63	16.1	50.8	2.45	4.50	11.9	1.19	28.4	1.36
8	80	43	5.0	8.0	8.0	4.0	10.24	8.04	25.3	101	3.15	5.79	16.6	1.27	37.4	1.43
10	100	48	5.3	8.5	8.5	4.2	12.74	10.0	39.7	198	3.95	7.8	25.6	1.41	54.9	1.52
12.6	126	53	5.5	9.0	9.0	4.5	15.69	12.3	62.1	391	4.95	10.2	38.0	1.57	77.1	1.59
14a	140	58	6.0	9.5	9.5	4.8	18.51	14.5	80.5	564	5.52	13.0	53.2	1.70	107	1.71
14b	140	60	8.0	9.5	9.5	4.8	21.31	16.7	87.1	609	5.35	14.1	61.1	1.69	121	1.67
16a	160	63	6.5	10.0	10.0	5.0	21.95	17.2	108	866	6.28	16.3	73.3	1.83	144	1.80
16b	160	65	8.5	10.0	10.0	5.0	25.15	19.8	117	935	6.10	17.6	83.4	1.82	161	1.75
18a	180	68	7.0	10.5	10.5	5.2	25.69	20.2	141	1270	7.04	20.0	98.6	1.96	190	1.88
18b	180	70	9.0	10.5	10.5	5.2	29.29	23.0	152	1370	6.84	21.5	111	1.95	210	1.84
20a	200	73	7.0	11.0	11.0	5.5	28.83	22.6	178	1780	7.86	24.2	128	2.11	244	2.01
20b	200	75	9.0	11.0	11.0	5.5	32.83	25.8	191	1910	7.64	25.9	144	2.09	268	1.95

续表

型号	尺寸/mm						截面面积 /cm²	理论重量 /(kg/m)	参考数值							重心距离
									x-x			y-y			y_0-y_0	
	h	b	d	t	r	r_1			W_x/cm³	I_x/cm⁴	i_x/cm	W_y/cm³	I_y/cm⁴	i_y/cm	I_{y_0}/cm⁴	z_0/cm
22a	220	77	7.0	11.5	11.5	5.8	31.83	25.0	218	2390	8.67	28.2	158	2.23	298	2.10
22b	220	79	9.0	11.5	11.5	5.8	36.23	28.5	234	2570	8.42	30.1	176	2.21	326	2.03
25a	250	78	7.0	12.0	12.0	6.0	34.91	27.4	270	3370	9.82	30.6	176	2.24	322	2.07
25b	250	80	9.0	12.0	12.0	6.0	39.91	31.3	282	3530	9.41	32.7	196	2.22	353	1.98
25c	250	82	11.0	12.0	12.0	6.0	44.91	35.3	295	3690	9.07	35.9	218	2.21	384	1.92
28a	280	82	7.5	12.5	12.5	6.2	40.02	31.4	340	4760	10.9	35.7	218	2.33	388	2.10
28b	280	84	9.5	12.5	12.5	6.2	45.62	35.8	366	5130	10.6	37.9	242	2.30	428	2.02
28c	280	86	11.5	12.5	12.5	6.2	51.22	40.2	393	5500	10.4	40.3	268	2.29	463	1.95
32a	320	88	8.0	14.0	14.0	7.0	48.50	38.1	475	7600	12.5	46.5	305	2.50	552	2.24
32b	320	90	10.0	14.0	14.0	7.0	54.90	43.1	509	8140	12.2	49.2	336	2.47	593	2.16
32c	320	92	12.0	14.0	14.0	7.0	61.30	48.1	543	8690	11.9	52.6	374	2.47	643	2.09
36a	360	96	9.0	16.0	16.0	8.0	60.89	47.8	660	11900	14.0	63.5	455	2.73	818	2.44
36b	360	98	11.0	16.0	16.0	8.0	68.09	53.5	703	12700	13.6	66.9	497	2.70	880	2.37
36c	360	100	13.0	16.0	16.0	8.0	75.29	59.1	746	13400	13.4	70.0	536	2.67	948	2.34
40a	400	100	10.5	18.0	18.0	9.0	75.04	58.9	879	17600	15.3	78.8	592	2.81	1070	2.49
40b	400	102	12.5	18.0	18.0	9.0	83.04	65.2	932	18600	15.0	82.5	640	2.78	1140	2.44
40c	400	104	14.5	18.0	18.0	9.0	91.04	71.5	986	19700	14.7	86.2	688	2.75	1220	2.42

注：表中 r、r_1 的数据用于孔型设计，不做交货条件。

附录 E　Q235 钢各类截面受压直杆的稳定系数 φ

表 E-1　Q235 钢 a 类截面中心受压直杆的稳定系数 φ

λ	0	1.0	2.0	3.0	4.0	5.0	6.0	7.0	8.0	9.0
0	1.000	1.000	1.000	1.000	0.999	0.999	0.998	0.998	0.997	0.996
10	0.995	0.994	0.993	0.992	0.991	0.989	0.988	0.986	0.985	0.983
20	0.981	0.979	0.977	0.976	0.974	0.972	0.970	0.968	0.966	0.964
30	0.963	0.961	0.959	0.957	0.955	0.952	0.950	0.948	0.946	0.944
40	0.941	0.939	0.937	0.934	0.932	0.929	0.927	0.924	0.921	0.919
50	0.916	0.913	0.910	0.907	0.904	0.900	0.897	0.894	0.890	0.886
60	0.883	0.879	0.875	0.871	0.867	0.863	0.858	0.851	0.849	0.844
70	0.830	0.834	0.829	0.824	0.818	0.813	0.807	0.801	0.795	0.789
80	0.788	0.776	0.770	0.763	0.757	0.750	0.743	0.736	0.728	0.721
90	0.714	0.706	0.699	0.691	0.684	0.676	0.668	0.661	0.653	0.645
100	0.638	0.630	0.622	0.615	0.607	0.600	0.592	0.585	0.577	0.570
110	0.563	0.555	0.548	0.541	0.534	0.527	0.520	0.514	0.507	0.500
120	0.494	0.488	0.481	0.475	0.469	0.463	0.457	0.451	0.445	0.440
130	0.434	0.429	0.423	0.418	0.412	0.407	0.402	0.397	0.392	0.387
140	0.383	0.378	0.373	0.369	0.364	0.360	0.356	0.351	0.347	0.343
150	0.339	0.335	0.331	0.327	0.323	0.320	0.316	0.312	0.309	0.305
160	0.302	0.298	0.295	0.292	0.289	0.285	0.282	0.279	0.276	0.273
170	0.270	0.267	0.264	0.262	0.259	0.256	0.253	0.251	0.248	0.246
180	0.243	0.241	0.238	0.236	0.233	0.231	0.229	0.226	0.224	0.222
190	0.220	0.218	0.215	0.213	0.211	0.209	0.207	0.205	0.203	0.201
200	0.199	0.198	0.196	0.194	0.192	0.190	0.189	0.187	0.185	0.183
210	0.182	0.180	0.179	0.177	0.175	0.174	0.172	0.171	0.169	0.168
220	0.166	0.165	0.164	0.162	0.161	0.159	0.158	0.157	0.155	0.154
230	0.156	0.152	0.150	0.149	0.148	0.147	0.146	0.144	0.143	0.142
240	0.141	0.140	0.139	0.138	0.136	0.135	0.134	0.133	0.132	0.131
250	0.130									

表 E-2　Q235 钢 b 类截面中心受压直杆的稳定系数 φ

λ	0	1.0	2.0	3.0	4.0	5.0	6.0	7.0	8.0	9.0
0	1.000	1.000	1.000	0.999	0.999	0.998	0.997	0.996	0.995	0.994
10	0.992	0.991	0.989	0.987	0.985	0.983	0.981	0.978	0.976	0.973
20	0.970	0.967	0.963	0.960	0.957	0.953	0.950	0.946	0.943	0.939
30	0.936	0.932	0.929	0.925	0.922	0.918	0.914	0.910	0.906	0.903
40	0.899	0.895	0.891	0.887	0.882	0.878	0.874	0.870	0.865	0.861
50	0.865	0.852	0.847	0.842	0.838	0.833	0.828	0.823	0.818	0.813
60	0.807	0.802	0.797	0.791	0.786	0.780	0.774	0.769	0.736	0.757
70	0.751	0.745	0.739	0.732	0.726	0.720	0.714	0.707	0.701	0.694
80	0.688	0.681	0.675	0.668	0.661	0.655	0.648	0.641	0.635	0.628
90	0.621	0.614	0.608	0.601	0.594	0.588	0.581	0.575	0.568	0.561

- 396 -

材料力学（Ⅰ）

续表

λ	0	1.0	2.0	3.0	4.0	5.0	6.0	7.0	8.0	9.0
100	0.555	0.549	0.542	0.536	0.529	0.523	0.517	0.511	0.505	0.499
110	0.493	0.487	0.481	0.475	0.470	0.464	0.458	0.453	0.447	0.442
120	0.437	0.432	0.426	0.421	0.416	0.411	0.406	0.402	0.397	0.392
130	0.387	0.383	0.378	0.374	0.370	0.365	0.361	0.357	0.353	0.349
140	0.345	0.341	0.337	0.333	0.329	0.326	0.322	0.318	0.315	0.311
150	0.308	0.304	0.301	0.298	0.295	0.291	0.288	0.285	0.282	0.279
160	0.276	0.273	0.270	0.267	0.265	0.262	0.259	0.256	0.254	0.251
170	0.249	0.246	0.244	0.241	0.239	0.236	0.234	0.232	0.229	0.227
180	0.225	0.223	0.220	0.218	0.216	0.214	0.212	0.210	0.208	0.206
190	0.204	0.202	0.200	0.198	0.197	0.195	0.193	0.191	0.190	0.188
200	0.186	0.184	0.183	0.181	0.180	0.178	0.176	0.175	0.173	0.172
210	0.170	0.169	0.167	0.166	0.165	0.163	0.162	0.160	0.159	0.158
220	0.156	0.155	0.154	0.153	0.151	0.150	0.149	0.148	0.146	0.145
230	0.144	0.143	0.142	0.141	0.140	0.138	0.137	0.136	0.135	0.134
240	0.133	0.132	0.131	0.130	0.129	0.128	0.127	0.126	0.125	0.124
250	0.123									

表 E-3 Q235 钢 c 类截面中心受压直杆的稳定系数 φ

λ	0	1.0	2.0	3.0	4.0	5.0	6.0	7.0	8.0	9.0
0	1.000	1.000	1.000	0.999	0.999	0.998	0.997	0.996	0.995	0.993
10	0.992	0.990	0.988	0.986	0.983	0.981	0.978	0.976	0.973	0.970
20	0.996	0.959	0.953	0.947	0.940	0.934	0.928	0.921	0.915	0.909
30	0.902	0.896	0.890	0.884	0.877	0.871	0.865	0.858	0.852	0.846
40	0.839	0.833	0.826	0.820	0.814	0.807	0.801	0.794	0.788	0.781
50	0.775	0.768	0.762	0.755	0.748	0.742	0.735	0.729	0.722	0.715
60	0.709	0.702	0.695	0.689	0.682	0.676	0.669	0.662	0.656	0.649
70	0.643	0.636	0.629	0.623	0.616	0.610	0.604	0.597	0.591	0.584
80	0.578	0.572	0.566	0.559	0.553	0.547	0.541	0.535	0.529	0.523
90	0.517	0.511	0.505	0.500	0.494	0.488	0.483	0.477	0.472	0.467
100	0.463	0.458	0.454	0.449	0.445	0.441	0.436	0.432	0.428	0.428
110	0.419	0.415	0.411	0.407	0.403	0.399	0.395	0.391	0.387	0.383
120	0.379	0.375	0.371	0.367	0.364	0.360	0.356	0.353	0.349	0.346
130	0.342	0.339	0.335	0.332	0.328	0.325	0.322	0.319	0.315	0.312
140	0.309	0.306	0.303	0.300	0.297	0.294	0.291	0.288	0.285	0.282
150	0.280	0.277	0.274	0.271	0.269	0.266	0.264	0.261	0.258	0.256
160	0.254	0.251	0.249	0.246	0.244	0.242	0.239	0.237	0.235	0.233
170	0.230	0.228	0.226	0.224	0.222	0.220	0.218	0.216	0.214	0.212
180	0.210	0.208	0.206	0.205	0.203	0.201	0.199	0.197	0.196	0.194
190	0.192	0.190	0.189	0.187	0.186	0.184	0.182	0.181	0.179	0.178
200	0.176	0.175	0.173	0.172	0.170	0.169	0.168	0.166	0.165	0.163
210	0.162	0.161	0.159	0.158	0.157	0.156	0.154	0.153	0.152	0.151
220	0.150	0.148	0.147	0.146	0.145	0.144	0.143	0.142	0.140	0.139
230	0.138	0.137	0.136	0.135	0.134	0.133	0.132	0.131	0.130	0.129
240	0.128	0.127	0.126	0.125	0.124	0.124	0.123	0.122	0.121	0.120
250	0.119									

附录 F　中英文名词对照

A

安全系数　safety factor(n_s, n_b, n)

B

半径　radius(r, R)
比例极限　proportional limit(σ_p)
边界条件　boundary condition
变换方程　transformation equation
变截面　variable cross section
变截面梁　beams of variable cross-section
变形　deformation
标长　gauge length
表面力　surface force
表面强化　surface peening
表面质量因数　surface quality factor(β)
薄壁杆件　thin-walled member
薄壁空心轴　thin-walled hallow shaft
薄壁空心轴的扭转　torsion of thin-walled hollow shafts
薄壁筒　thin-walled cylinder
薄壁压力容器　thin-walled pressure vessel
不稳定平衡　unstable equilibrium

C

材料　material
材料的力学行为　behavior of materials
材料力学(强度)　mechanics of materials or strength of materials
残余伸长应力　residual extended stress$(\sigma_{r0.2})$
残余应变　residual strain(ε_R)
残余应力　residual stress(σ_R)
长度　length(l, L)
长度系数　coefficient of length(μ)
长细比　slenderness ratio(λ)
超静定梁　statically indeterminate beams
超静定问题　statically indeterminate problem
持久极限(疲劳极限)　endurance limit
尺寸系数　dimensional factor(ε_σ)

冲击功　impact work(W_i)
冲击韧度　impact toughness(α_k)
冲击试验　impact test
冲击应力　impact stress(σ_i)
冲击载荷　impact loading(F_i)
传动轴　transmission shaft
纯剪切　pure shear
纯剪切应力状态　stress state of pure shearing
纯弯曲　pure bending
脆性材料　brittle materials

D

单剪切　single shear
单位力法　method of unit-force
单元体　element
单轴应力　uniaxial stress
等强度梁　beams of constant strength
等强度设计　constant strength design
低碳钢　low carbon steel or mild steel or soft steel
叠加法　superposition method
叠加原理　superposition principle
动能　kinetic energy(E_k)
动载荷　dynamic loading(F_d)
短柱　short column
断裂长度　length of fracture(L_f)
断裂力学　fracture mechanics
断裂面积　area at fracture(A_f)
断裂准则　criteria for fracture
断裂韧性　fracture toughness
断裂失效准则　failure criteria of rupture
断裂应力　rupture stress
对称面　symmetric plane
对称弯曲　symmetric bending
对称循环　symmetrical cycle
对称载荷　symmetric loading
多余反力　redundant reaction
多轴应力　multiaxial stress
多轴载荷　multiaxial loading

E

二向应力　biaxial stress

F

法向力　normal force
非对称弯曲　unsymmetric bending
非对称载荷　unsymmetric loading
非圆截面杆　noncircular members
非圆截面杆扭转　torsion of noncircular members
分布力　distributed force
分布载荷　distributed load
分离体　free body
腹板　web
复合材料　composite material
附加力　additional force（F_{af}）

G

杆或杆件　bar or rod
钢　steel
刚度　stiffness
刚度条件（刚度设计准则）　criterion for rigidity design
刚架　frame
刚体　rigid body
高度　height（h）
高碳钢　high carbon steel
割线公式　secant formula
各向同性（现象）isotropy
各向同性材料　isotropic materials
各向异性　anisotropy
工程应变　engineering strain
功率　power
功能法　work-energy method
构件　member
固定端　fixed support
惯性半径　radius of gyration（i_y, i_z）
惯性积　product of inertia of an area（I_{yz}）
惯性矩　inertia moment of an area（I_y, I_z, I）
光弹性　photoelasticity
广义胡克定律　generalized Hooke's law
滚柱支座　roller support
国际单位制　international system of units or SI untis

H

核心　kern

横向剪切　horizontal shear
横向切应力　transverse shear stress
横向应变　lateral strain
横向载荷　transverse loading
宏观裂纹　macroscopic cracks
弧度　radian（rad）
胡克定律　Hooke's law
滑移带　slip band
灰口铸铁　gray cast iron

J

基本假设　basic assumption
集度　intensity
极惯性矩　polar moment of inertia of an cross-section area（I_p）
极限剪应力　ultimate shear stress（τ_u）
极限扭矩　ultimate torque
极限强度　ultimate strength
极限弯矩　ultimate bending moment
极限载荷　ultimate loading
极限正应力　ultimate normal stress（σ_u）
集中载荷　concentrated load
挤压面积　bearing surface（A_{bs}）
挤压应力　bearing stress（σ_{bs}）
加速度　acceleration（a）
剪力　shearing force（F_s）
剪力方程　shear force equation
剪力图　shear force diagram
剪流　shear flow（q）
剪切　shear
剪切变形　shearing deformation
剪切公式　shear formula
剪切胡克定律　Hooke's law for shearing stress and strain
剪切面　shear plane
（剪）切应力-应变图　shearing stress-strain diagram
键槽　keyway
简支梁　simply supported beam
交变应力　alternating stress
交变载荷　alternating load
焦耳　Joule（J）
铰　pin
角速度　angular velocity（ω）
铰支座　pin support
接头　joint
结构　structure

截面二次极矩 second polar moment of area (I_p)

截面二次矩 second moment of area (I)

截面法 method of section

截面核心 kern of section

截面收缩率 percent reduction of area at fracture (ψ)

截面系数 section modulus (W)

颈缩 necking

静不定度 degree of statical indeterminacy

静定梁 statically determinate beams

静定问题 statically determinate problem

静矩 statical moment of an area (S_y, S_z, S_y^*, S_z^*)

静压强 hydrostatic pressure

静应力 statical stress

静载荷 statical load

矩形截面杆扭转 torsion of rectangular bars

均匀性 homogeneity

K

卡氏定理 Castigliano's theorem

抗拉强度 tensile strength

抗扭截面系数 polar section modulus (W_p) (modulus of torsion)

抗弯刚度 flexural rigidity (EI)

抗弯截面系数 section modulus in bending (W_y, W_z, W)

空心薄壁非圆截面杆扭转 noncircular members torsion of thin-walled hollow

控制面 control cross-section

宽翼缘工字钢 wide-flange beam

宽度 breadth (b)

L

拉伸或压缩变形 tensile or compressive deformation

拉伸试验 tensile test

拉伸应变 tensile strain

拉伸应力 tensile stress

力 force

力矩 moment of force

力偶矩 moment of couple

力学性能 mechanical property

连接 connections

连续条件 continuity condition

梁 beam

梁的横截面 cross section of beam

临界点 critical point

临界应力 critical stress (σ_{cr})

临界载荷 critical loading (F_{cr})

铝合金 aluminum alloy

M

马力 horsepower (hp)

铆接 riveting

铆接接头 riveted joint

幂强化材料 power hardening materials

密圈螺旋弹簧 closed-coiled helical spring

面积 area (A, S)

面积二次矩 second moment of an area

面(静)矩 moment of areas (S, S_y, S_z)

名义应力 nominal stress (σ_N)

莫尔 Mohr

莫尔强度理论 Mohr's strength theory $(\sigma_{r,M})$

莫尔圆(应力圆) Mohr's circle or stress circle

木 wood

木梁(柱) wood beam (column)

N

挠度 deflection

挠曲线 deflection curve

挠曲线微分方程式 differential equation of the deflection curve

内力 internal force

内扭矩 internal torque (T)

能量方法 energy method

能量密度 energy density

扭矩 torque or torsional moment (T)

扭矩图 torsional moment diagram

扭转 torsion

扭转公式 torsion formula

扭转角 angle of twist $[\varphi]$

扭转试验机 torsion testing machine

O

欧拉公式 Euler formula

P

帕斯卡 Pascal (Pa)

疲劳 fatigue

疲劳断裂 fatigue fracture

疲劳极限 fatigue limit

偏心距 eccentric distance or eccentricity (e)

偏心载荷 eccentric loading

平均切应力　average shear stress（τ_m）

平均应力　mean（average）stress（σ_m）

平均正应变　average normal strain（ε_m）

平均正应力　average normal stress（σ_m）

平面假设　hypothesis of plane, plane assumption

平面弯曲　plane bending

平面应变　plane strain

平面应力　plane stress

平面应力（应变）变换　transformation of plane stress（strain）

平面应力莫尔圆　Mohr's circle for plane stress

平面应力状态　plane state of stress

平行轴定理　parallel-axis theorem

泊松　Poisson

泊松比　Poisson's ratio（μ）

Q

奇异函数　singular function

千帕　kilopascal（kPa）

强度　strength

强度极限　strength limit（σ_b）

强度理论　strength theory, theory of strength

翘曲　warp

切变模量　shear modulus of elasticity（G）

切线模量　tangent modulus（E_t）

切应变　shearing strain（γ）

切应力　shear stress（τ）

切应力互等定理　theorem of conjugate shearing stress

球形压力容器　spherical pressure vessel

屈服　yield

屈服点　yield point

屈服强度　yield strength

屈服失效准则　failure criteria of yield

屈服应力　yield stress

屈服准则　yield criterion

曲率半径　radius of curvature（ρ）

屈曲　buckling

屈曲失效　failure by buckling

R

挠动　disturb

热膨胀　thermal expansion

韧性（可塑性）　ductility

韧性材料　ductile materials

柔度（性）　flexibility

蠕变　creep

S

三向应力莫尔圆　Mohr's circle for three-dimensional stress

三向应力状态（一般应力状态）　three-dimensional state of stress or general state of stress

三向应力（应变）变换　transformation of three-dimensional stress（strain）

上屈服点　upper yield point（σ_{su}）

圣维南　Saint-Venant

圣维南原理　Saint-Venant's principle

失效　failure

失效理论　theory of failure

失效准则　failure criteria

实心非圆截面杆扭转　noncircular members torsion of solid

势能　potential nergy（E_p）

试验机　testing machine

试样　specimen

试样原始标长　original gauge mark length of the specimen（l_0）

试样原始横截面面积　original cross-sectional area of the specimen（A_0）

双剪切　double shear

塑性变形　plastic deformation

塑性铰　plastic hinge

塑性理论　theory of plasticity

塑性扭矩　plastic torque（T_p）

塑性区　plastic zone

塑性弯矩　plastic moment（M_p）

塑性应变　plastic strain（ε_p）

T

T 形截面梁　T-beam

弹簧系数　spring constant

弹塑性材料　elastoplastic materials

弹性变形　elastic deformation（Δ_c）

弹性极限　elastic limit（σ_c）

弹性理论　theory of elasticity

弹性模量（杨氏模量）　modulus of elasticity or Young's modulus（E）

弹性 - 线性强化材料　elastic-linear hardening materials

弹性曲线方程式　equation of elastic curve

弹性应变　elastic strain（ε_e）

弹性应变能　elastic strain energy

特雷斯卡　Tresca

特雷斯卡屈服准则　Tresca's yield criterion

体积改变比能　strain-energy density corresponding to a change of volume (v_v)

体积模量　bulk modulus

体力　body force

体应变　volume strain (θ)

条件屈服强度　yield strength at some offset ($\sigma_{0.2}$)

W

外伸梁　overhanging beam

弯矩　bending moment (M_y, M_z, M)

弯矩方程　bending moment equation

弯矩图　bending moment diagram

弯曲　bending

弯曲疲劳试验　repeated bend test

弯曲中心(剪切中心)　shear center

微裂纹　microscopic cracks

微体　infinitesimal element

危险截面　critical cross-section

位移　displacement (Δ or Δ_i)

温度变化　temperature change (Δt, change in temperature)

温度(热)应变　thermal strain (ε_t)

温度(热)应力　thermal stress (σ_t)

稳定安全系数　steady safety factor (n_{st})

稳定性　stability

X

线胀系数　linear expansion coefficient (α_i)

下屈服点　lower yield point (σ_{sl})

相当应力　equivalent stress (σ_{eq}, σ_r, σ_{ri})

相对位移　relative displacement (Δ_{AB})

相对转角　relative angle of rotation (φ_{AB})

相互关系　relations (among E, μ and G, between load and shear, between shear and bending moment,$\cdots$)

斜弯曲　skew bending

形心　centroid of an area (C) or centroid of a crosssection

形心轴　centroidal axis (x_C, y_C, z_C)

形状改变比能　strain-energy density corresponding to a change of form (v_{sf})

修正系数　correction factor

虚拟载荷法　dummy-load method

许用切应力　allowable shearing stress [τ]

许用应力　allowable stress

许用应力法　allowable-stress method

许用载荷　allowable load

许用正应力　allowable normal stress [σ]

悬臂梁　cantilevered beams

Y

压杆(柱)的有效长度　effective length of column (μl)

压力容器　pressure vessel

压缩　compression

压缩试验　compressive test

压缩试样　compressive specimen

压应力　compressive stress

延伸率　percent elongation (A)

杨氏模量　Young's modulus

一般应力状态　general state of stress

翼缘　flange

应变　strain (ε)

应变比能(密度)　strain energy density (v_s)

应变花　strain rosettes

应变能　strain energy (V_s)

应变片　strain gauge

应变硬化　strain hardening

应变主轴　principal axes of strain

应力　stress (σ)

应力比(循环特征)　stress ratio (γ) or cyclic character

应力变换　transformation of stress

应力幅　stress amplitude (σ_a)

应力集中　stress concentration

应力集中因数　stress-concentration factor (K)

应力强度因子　stress intensity factor (K)

应力-寿命(循环次数)曲线(S-N 曲线)　stress-number of cycles curve

应力松弛　stress relaxation

应力循环　stress cycle

应力-应变曲线(图)　stress-strain curve (diagram)

应力状态　state of stress at a given point

永久变形　permanent deformation (Δ_p)

有效长度因数　effective length factor (μ)

有效应力集中因数　effective stress-concentration factor (K_σ)

圆轴　circular shaft

圆轴的抗扭刚度　torsional rigidity of circular shaft (GI_p)

圆轴的扭转　torsion of circular shafts

圆柱形压力容器的纵向应力　longitudinal stress in cylindrical pressure vessels

Z

Z 形截面　Z-section

载荷　loading

载荷集度　load intensity

载荷循环　loading cycles

兆帕　megapascal (MPa)

真应变　true strain

真应力　true stress

正切　tangent (tan)

正应变　normal strain (linear strain) (ε)

正应力　normal stress (σ)

支座　support

支座反力　support reaction (F_R, R_A)

直径　diameter (d, D)

中碳钢　medium carbon steel

中性层（面）　neutral surface

中性轴　neutral axis

周（环）向应力　circumferential stress

轴　shaft

轴的设计　design of shaft

轴力　axial force (F_N)

轴力图　axial force diagrams, diagram of normal force

轴线　axis

轴向拉伸或压缩　axial tension or compression

轴向位移　axial displacement

轴向载荷　axial loading (F)

主方向　principal direction

主矩（主惯性矩）　principal moment of inertia of an area

主平面　principal plane

主应变　principal strain

主应力　principal stress

主应力迹线　principal stress trajectories

柱（压杆）　column

转角　angle of rotation (θ)

转轴定理　rotation axis theorem

纵向应变　longitudinal strain

纵向应力　longitudinal stress

自由落体加速度　acceleration of free fall (g)

组合变形　combined deformation

组合梁　built-up beam

组合图形　composite area

组合应力　combined stress

组合载荷（复杂载荷）　combined loading

最大拉伸强度　maximum tensile strength

最大拉应变理论　maximum-normal-strain theory ($\sigma_{r,2}$)

最大拉应力理论　maximum-normal-stress theory ($\sigma_{r,1}$)

最大切应变　maximum shear strain (γ_{max})

最大切应力　maximum shear stress (τ_{max})

最大切应力理论　maximum-shear-stress theory ($\sigma_{r,3}$)

最大弹性扭矩　maximum elastic torque (T_e)

最大弹性弯矩　maximum elastic moment (M_e)

最大形状改变比能理论　maximum-distortion-energy theory ($\sigma_{r,4}$)

最大压缩强度　maximum compressive strength

最大正应力　maximum-normal-stress (σ_{max})

最小剪应力　minimum-shearing stress (τ_{min})

最小正应力　minimum-normal-stress (σ_{min})

习题参考答案

第 1 章 绪 论

1-1 (a) $F_N = -F$, $F_s = \dfrac{F}{2}$, $M = \dfrac{1}{8}Fl$；(b) 1-1面，$F_s = qa$, 2-2面，$F_s = qa$

1-2 (a) $F_N = F$, $F_s = F$, $M = Fa$；(b) 1-1面，$F_N = -\dfrac{1}{4}qa$, 2-2面，$F_N = -\dfrac{1}{4}qa$

1-3 B 轮左侧截面均为 0，B 轮右侧截面 $F_s = -3F$；$T = -FR$

1-4 (a) $F_N = \dfrac{8}{3}F$；(b) $F_N = 1.155F$

1-5 $F_N = -450\,\text{kN}$

1-6 $(\varepsilon_{AB})_a = -7.93 \times 10^{-3}$, $\gamma_{xy} = 0.0121\,\text{rad}$

1-7 $\varepsilon_{CE} = 2.50 \times 10^{-3}$, $\varepsilon_{BD} = 1.07 \times 10^{-3}$

1-8 (1) $\gamma_{xy} = 8.80 \times 10^{-3}\,\text{rad}$；(2) $\varepsilon_x = 4.42 \times 10^{-3}$；(3) $\varepsilon_{x'} = 8.84 \times 10^{-3}$

1-9 $\varepsilon_{AB} = \dfrac{\Delta L_1}{L_1}\cos^2\theta + \dfrac{\Delta L_2}{L_2}\sin^2\theta$

1-10 $\varepsilon_{BC} = 0.001$

第 2 章 拉伸与压缩

2-2 (a) $F_{N1} = \dfrac{1}{2}ql$, $F_{N2} = -\dfrac{\sqrt{3}}{2}ql$, $F_{N3} = ql$；(b) $F_{N1} = \dfrac{1}{3}F$, $F_{N2} = F_{N3} = \dfrac{2\sqrt{3}}{9}F$

2-3 $d_{AB} = d_{BC} = d_{BD} \geqslant 17.2\,\text{mm}$

2-4 $p \leqslant 6.5\,\text{MPa}$

2-5 杆 1: $\sigma' = 127\,\text{MPa}$；杆 2: $\sigma'' = 63.7\,\text{MPa}$

2-6 (1) $d_{\max} \leqslant 17.8\,\text{mm}$；(2) $A_{CD} \geqslant 833\,\text{mm}^2$；(3) $F_{\max} \leqslant 15.7\,\text{kN}$

2-7 $d \geqslant 22.6\,\text{mm}$

2-8 $F = 40.5\,\text{kN}$

2-9 $\Delta_{By} = 2\,\text{mm}$

2-10 (1) $\sigma = E'\varepsilon + \left(1 - \dfrac{E'}{E}\right)\sigma_p$；(2) $\varepsilon = 1.81 \times 10^{-3}$, $\varepsilon_e = 1.43 \times 10^{-3}$, $\varepsilon_p = 3.8 \times 10^{-4}$

2-11 (1) $F \leqslant 15.1\,\text{kN}$；(2) $\Delta_B = 3.18\,\text{mm}$；(3) $[F] = 14.3\,\text{kN}$

2-12 $\Delta_y = 0.322\,\text{mm}$

2-13 $\Delta = 7.5 \times 10^{-3}\,\text{mm}$

2-14 $\mu = 0.33$

2-15 $\sigma_{AB} = 143\,\text{MPa} < [\sigma]$, $\sigma_{BC} = 73.2\,\text{MPa} < [\sigma]$, $\delta_x = 0.86\,\text{mm}$, $\delta_y = 1.56\,\text{mm}$

2-16　$\Delta = \dfrac{\sqrt{2}Fa}{EA}$

2-17　$F_N = 313\text{kN}$，$F = 1251\text{kN}$

2-18　$\sigma = 75\text{MPa}$，$\Delta S = 0.168\text{mm}$

2-19　$F = 19.8\text{kN}$，$\sigma = 15.8\text{MPa}$

2-20　$\Delta_A = 0.308\text{mm}$，$\Delta_{B/C} = 0.0318\text{mm}$

2-21　$\Delta_C = 0.0975\text{mm}$

2-22　$\sigma = 144.3\text{MPa}$，$\delta_C = 0.75\text{mm}$

2-23　$\Delta = 0.249\text{mm}$

2-24　$d_{AB} : d_{AC} = 1.03$

2-25　$A_{AB} = 1732\text{mm}^2$，$A_{BC} = 1750\text{mm}^2$，$\Delta_x = 0.37\text{mm}(\rightarrow)$，$\Delta_y = 1.78\text{mm}(\downarrow)$

2-26　$\theta = 54°44'$

2-27　(1) $\sigma = 1000\,\text{MPa}$；(2) $\Delta = 100\text{mm}$；(3) $F = 156\text{N}$

2-28　$F_{N1} = F_{N2} = \dfrac{2}{1+\sqrt{2}}F$

2-29　$\delta_{Cx} = 0.25\text{mm}$，$\delta_{Cy} = 0.375\text{mm}$

2-30　$[F] = 698\text{kN}$

2-31　$h = \dfrac{1}{5}l$ 时，$F_{N,AC} = 15\text{kN}$；$F_{N,BC} = 0$；$h = \dfrac{4}{5}l$ 时，$F_{N,AC} = 22\text{kN}$，$F_{N,BC} = 7\text{kN}$

2-32　$F_{N1} = F_{N2} = \dfrac{F}{\sqrt{2}}$，$F_{N3} = 0$

2-33　(a) $F_{N,AB} = -\dfrac{2-\sqrt{2}}{2}F$，$F_{N,BC} = \dfrac{\sqrt{2}}{2}F$，$F_{N,AD} = F_{N,AE} = \dfrac{\sqrt{2}-1}{2}F$；

　　　(b) $F_{N,AB} = F_{N,AC} = F_{N,AD} = \dfrac{6\sqrt{3}-4}{23}F$，$F_{N,BC} = F_{N,BD} = \dfrac{9\sqrt{3}-6}{23}F$

2-34　$\sigma_{AB} = 127\text{MPa}$，$\sigma_{AC} = 26.8\text{MPa}$，$\sigma_{AD} = -86.6\text{MPa}$

2-35　$A_1 = 267\text{mm}^2$，$A_2 = 50\text{mm}^2$

2-36　$p = 1.58\text{MPa}$，$\sigma_{st} = 79\text{MPa}$，$\sigma_{co} = -19.8\text{MPa}$

2-37　降低；$\Delta t = -18.7℃$

2-38　$\Delta l = 0.15\text{m}$

2-39　(1) $F_{N1} = 63\text{kN}$，$F_{N2} = -63\text{kN}$；(2) $F_{N1} = 103\text{kN}$，$F_{N2} = -23\text{kN}$；(3) $F_{N1} = 12.6\text{kN}$，$F_{N2} = -12.6\text{kN}$

2-40　(a) $\sigma_2 = 70\text{MPa}$，$\sigma_1 = \sigma_3 = -35\text{MPa}$；(b) $\sigma_2 = -35\text{MPa}$，$\sigma_1 = \sigma_3 = 17.5\text{MPa}$

2-41　$p = 11.11\text{MPa}$，$\sigma_{c1} = -222\text{MPa}$，$\sigma_{c2} = 278\text{MPa}$

2-42　$\sigma_{br} = 6.57\text{MPa}$，$\sigma_{al} = 4.60\text{MPa}$

2-43　$\sigma_{DA} = -113.0\text{MPa}$，$\sigma_{AB} = 88.1\text{MPa}$，$\sigma_{BC} = 14.1\text{MPa}$

2-44　$\sigma_{AB} = \sigma_{CD} = \dfrac{3E_1 M_e}{Aa(9E_1+E_2)}$，$\sigma_{GH} = \sigma_{EF} = \dfrac{E_2 M_e}{Aa(9E_1+E_2)}$

2-45　$F_{N,D} = 133.0\text{N}$，$F_{N,C} = 665.0\text{N}$，$F_{N,B} = 222.0\text{N}$

2-46　(1) $F_{N1} = F_{N2} = 7.338\text{kN}$，$F_{N3} = F_{N4} = 10.376\text{kN}$；

　　　(2) $\sigma_1 = \sigma_2 = 114.4\text{MPa}$，$\sigma_3 = \sigma_4 = -37.17\text{MPa}$

2-47　$\Delta_B = 0.559\text{mm}$

2-48　$F_{N,A} = 16.6\,\text{kN}$,　$F_{N,B'} = -3.4\,\text{kN}$

2-49　$F_{N1} = F_{N3} = -22.8\,\text{kN}$,　$F_{N2} = 36.5\,\text{kN}$

2-50　$F_{N,AB} = F_{N,CD} = 16.67\,\text{kN}$,　$F_{N,EF} = 33.33\,\text{kN}$

2-51　$W = 24.5\,\text{kN}$

2-52　$F_{N,A} = F_{N,B} = 4.20\,\text{kN}$

2-53　$\varDelta = 7.2\,\text{mm}$; $\sigma_c = 48.0\,\text{MPa}$

第 3 章　剪　切

3-1　$\tau = 159\,\text{MPa}$,　$\sigma_{bs} = 318\,\text{MPa}$

3-2　$\tau = 190\,\text{MPa}$,　$\sigma_{bs} = 477\,\text{MPa}$

3-3　$\tau = 21.7\,\text{MPa}$,　$\sigma_{bs} = 35.7\,\text{MPa}$

3-4　$[F] = 6.04\,\text{kN}$

3-5　$d \geqslant 30\,\text{mm}$

3-6　$\sigma = 153\,\text{MPa}$,　$\tau = 146\,\text{MPa}$,　$\sigma_{bs} = 230\,\text{MPa}$,　强度不够

3-7　$\sigma = 43.1\,\text{MPa}$,　$\tau = 110\,\text{MPa}$,　$\sigma_{bs} = 294\,\text{MPa}$,　$\tau' = 31.3\,\text{MPa}$,　强度够

3-8　$\delta = 18\,\text{mm}$,　$l = 112.5\,\text{mm}$,　$h = 30\,\text{mm}$

3-9　$\delta = 2.83\,\text{mm}$

3-10　$a = 26.5\,\text{mm}$,　$b = 10\,\text{mm}$,　$h = 4\,\text{mm}$

3-11　$\tau = 16.7\,\text{MPa}$,　$\sigma_{bs} = 53.3\,\text{MPa}$,　强度够

3-12　$d = 3.79\,\text{mm}$

3-13　$M_e = 145\,\text{N·m}$

3-14　$[F] = 240\,\text{kN}$

3-15　$\delta = 57.7\,\text{mm}$,　$l = 123\,\text{mm}$

3-16　$\sigma_{bs} = 37.5\,\text{MPa}$,　$\tau = 16.67\,\text{MPa}$

3-17　$e \leqslant 40.2\,\text{mm}$

3-18　$F = 1.68\,\text{kN}$

3-19　$\tau = 132\,\text{MPa}$

3-20　$F = 8290\,\text{N}$

3-21　$[F] = 212\,\text{kN}$

3-22　$\tau_{max} = 15.9\,\text{MPa} < [\tau]$

第 4 章　扭　转

4-1　(a) $|T|_{max} = 800\,\text{N·m}$;　(b) $|T|_{max} = 900\,\text{N·m}$;　(c) $|T|_{max} = 120\,\text{N·m}$

4-2　(1) $T_2 = -191\,\text{N·m}$,　$T_3 = 382\,\text{N·m} = T_{max}$;　(2) 对调后 $T_{max} = 573\,\text{N·m}$

4-3　$\tau_{AB,max} = 57.0\,\text{MPa}$,　$\tau_{CD,max} = 42.2\,\text{MPa}$

4-4　$\tau_{max} = 345\,\text{MPa}$,　$\tau_{min} = 276\,\text{MPa}$;实心时,　$d = 8.39\,\text{mm}$

4-5　(a) $\tau_A = 14.1\,\text{MPa}$,　$\tau_B = 8.06\,\text{MPa}$;　(b) $\tau_A = 6.88\,\text{MPa}$,　$\tau_B = 10.3\,\text{MPa}$

4-6 $\tau_{\max}(x) = \dfrac{2M_e}{\pi\left[r_A - (r_A - r_B)\dfrac{x}{L}\right]^3}$

4-7 $\tau_{\max} = 18.7\,\text{MPa}$，$\varphi'_{\max} = 0.0187\,\text{rad/m} = 1.07°/\text{m}$

4-8 $\varphi_A = 0.212\,\text{rad}$，弧线长度为 21.2mm

4-9 $\tau_{\max} = 18.1\,\text{MPa}$，$\varphi_{AB} = 0.151\,\text{rad}$

4-10 $\varphi_B = \dfrac{mL^2}{G\pi R^4}$

4-11 $\varphi_A = \dfrac{7M_eL}{12G\pi r^4}$

4-12 $\tau_{\max} = 48.9\,\text{MPa}$，$\varphi'_{\max} = 0.0244\,\text{rad/m} = 1.4°/\text{m}$

4-13   (1) $M_e = 1.31\,\text{kN·m}$；(2) $l_2 = 1.4\,l_1$

4-14 $M_A = \left(1 - \dfrac{16x}{17L}\right)M_e$，$M_B = \dfrac{16x}{17L}M_e$，$x = \dfrac{17}{32}L$

4-15 $T_A = 127\,\text{N·m}$，$T_B = 424\,\text{N·m}$，$\varphi'_{\max} = 7.9°/\text{m}$

4-16 $F_{AB} = \dfrac{3}{4}F$，$F_{CD} = \dfrac{1}{4}F$

4-17 $l_1 = l_2 = \dfrac{l}{2}$，$\delta_1 \geqslant \dfrac{3M_e}{4\pi R_0^2[\tau]}$，$\delta_2 \geqslant \dfrac{M_e}{\pi R_0^2[\tau]}$

4-18 $s = 39.5\,\text{mm}$

4-19 $G = 85.8\,\text{GPa}$，$\mu = 0.224$

4-20   (1) $G = 81.5\,\text{GPa}$；(2) $\tau_{\max} = 76.4\,\text{MPa}$；(3) $\gamma = 9.37\times10^{-4}\,\text{rad} = 0.0537°$

4-21   空心 $\tau_{\max} = 5.88\,\text{MPa}$，实心 $\tau_{\max} = 6.4\,\text{MPa}$，$\varphi = 0.112°$

4-22 $T_{\max} = 9.64\,\text{kN·m}$，$\tau_{\max} = 52.4\,\text{MPa}$

4-23   (1)实心轴直径 $d = 67.6\,\text{mm}$；(2)空心外径 $D = 79.1\,\text{mm}$，内径 $d = 63.3\,\text{mm}$，$W_空/W_实 = 49.2\%$

4-24   AC 段：$\tau_1 = 49.4\,\text{MPa}$，$\varphi'_1 = 1.77°/\text{m}$；DB 段：$\tau_3 = 21.3\,\text{MPa}$，$\varphi'_3 = 0.435°/\text{m}$

4-25   (1) $d_1 = 86.4\,\text{mm}$，$d_2 = 76.0\,\text{mm}$；(2) $d = 86.4\,\text{mm}$；

(3)轮 1、2 相互调换，使主动轮位于两从动轮之间

4-26 $\tau_{\max} = 33.1\,\text{MPa}$，$n = 8.6$ 圈

4-27   (1) $\varepsilon_x = -1\,035\times10^{-6}$，$\varepsilon_y = 1\,035\times10^{-6}$；(2) $\Delta = 0$

4-28 $\delta = 6.0\,\text{mm}$

4-29 $\tau_{\max} = 30.6\,\text{MPa}$，$\varphi'_{\max} = 0.44°/\text{m}$

4-30   3.08 kN

4-31 $F_1 = 2.69\,\text{kN}$，$F_2 = 1.79\,\text{kN}$，$d = 16.6\,\text{mm}$

4-32 $\tau_A = 39.3\,\text{MPa}$，$\tau_B = 30.6\,\text{MPa}$

4-33   圆形 $\tau_{\max} = 37.1\,\text{MPa}$，正方形 $\tau_{\max} = 48.1\,\text{MPa}$，矩形 $\tau_{\max} = 60.6\,\text{MPa}$

4-34   6.15 kN·m

4-35 $\tau_1 = 68.5\,\text{MPa}$，$\tau_2 = 129\,\text{MPa}$

4-36 $T_1 = \dfrac{G_1 I_{p1}}{G_1 I_{p1} + G_2 I_{p2}}M_e$，$T_2 = \dfrac{G_2 I_{p2}}{G_1 I_{p1} + G_2 I_{p2}}M_e$

4-37 $\tau_{1\max} = 109.2\,\text{MPa}$，$\tau_{2\max} = 54.6\,\text{MPa}$

4-38　(1) $d_1 = 16.7\text{mm}$，$d_3 = 42.0\text{mm}$；　(2) $P_k \leqslant 3.66\text{kW}$

4-39　$T_e = \dfrac{\pi \tau_s}{2b}(b^4 - a^4)$，　$T_p = \dfrac{2\pi \tau_s}{3}(b^3 - a^3)$

第5章　弯　曲　内　力

5-10　$q_A = \dfrac{3F}{4L}$，$q_B = \dfrac{9F}{4L}$，$M_{\max} = \dfrac{17FL}{64}$，$\dfrac{3L}{2}$

5-11　(1) $\begin{cases} M_{\max} = \dfrac{FL(n+2)}{8(n+1)}，\ n\text{为偶数} \\[2mm] M_{\max} = \dfrac{FL(n+1)}{8n}，\ n\text{为奇数} \end{cases}$；

(2)

n	1	2	3	4	5	6	7	8	9	10	11	12	13	14
$M_{\max}^{奇}(FL)$	$\frac{1}{4}$		$\frac{1}{6}$		$\frac{3}{20}$		$\frac{1}{7}$		$\frac{5}{36}$		$\frac{3}{22}$		$\frac{7}{52}$	
$M_{\max}^{偶}(FL)$		$\frac{1}{6}$		$\frac{3}{20}$		$\frac{1}{7}$		$\frac{5}{36}$		$\frac{3}{22}$		$\frac{7}{52}$		$\frac{2}{15}$

(3) 均布载荷下，$M_{\max} = \dfrac{FL}{8}$。n 无论为奇数和偶数，当 $n \to \infty$ 时，$M_{\max} = \dfrac{FL}{8}$，二者一致

第6章　弯　曲　应　力

6-1　$\sigma_{\max} = 960\text{MPa}$，$M = 20.26\text{kN}\cdot\text{m}$

6-2　$\sigma_A = -25.48\text{MPa}$，$\sigma_B = -20.37\text{MPa}$，$\sigma_C = 0$，$\sigma_D = 25.48\text{Pa}$，$\sigma_{\max} = 38.22\text{MPa}$

6-3　$\sigma_{t.\max} = 108\text{MPa}$，作用在 6kN 力处下边缘；$\sigma_{c,\max} = 124\text{MPa}$，作用在左支座下边缘处

6-4　$\sigma_{\max} = 120\text{MPa}$

6-5　$\sigma_{\max} = 48.0\text{MPa} < [\sigma]$

6-6　$W_z = 17.5\text{cm}^3$，No.8 槽钢

6-7　$l_2 = \dfrac{(h_1^2 + h_2^2)l_1}{h_1^2}$，$F \leqslant \dfrac{2bh_1^2}{3l_1}[\sigma]$

6-8　原梁最大起重量为 61.2kN<70kN。加强梁 $\sigma_{\max} = 122.4\text{MPa} < [\sigma]$，$\tau_{\max} = 19.15\text{MPa} < [\tau]$，$l' = 3.38\text{m}$

6-9　$b > 131\text{mm}$，$d \leqslant 193\text{mm}$

6-10　$\sigma_{t.\max} = 39.3\text{MPa} < [\sigma_t]$，$\sigma_{c.\max} = 78.6\text{MPa} < [\sigma_c]$；

倒置后 $\sigma_{t.\max} = 78.6\text{MPa} > [\sigma_t]$，$\sigma_{c.\max} = 39.3\text{MPa} < [\sigma_c]$

6-11　$q \leqslant 30.4\text{kN/m}$

6-12　$F \leqslant 3.83\text{kN}$

6-13　$\sigma_{\max} = 21.7\text{MPa}$，距左支座 0.917m 处上下边缘处；

$\tau_{\max} = 2.10\text{MPa}$，右支座左边截面距中性轴上下各 10mm 处

6-14　$\sigma_{t.\max} = 18.3\text{MPa} < [\sigma_t]$，$\sigma_{c.\max} = 63.8\text{MPa} < [\sigma_c]$，$\tau_{\max} = 29.7\text{MPa} < [\tau]$

6-15　(1) $I_z = 764\text{cm}^4$；(3) $\sigma_{t.\max} = 57.6\text{MPa}$，$\sigma_{c,\max} = 69.1\text{MPa}$；(4) $\tau_{\max} = 5.57\text{MPa}$，$\tau_{g,\max} = 1.81\text{MPa}$

6-16　$\tau = 16.2\text{MPa} < [\tau]$

6-17　$\sigma_{w,max} = 11.5\text{MPa}$, 　$\sigma_{st,max} = 97.1\text{MPa}$

6-18　$F = 30\text{kN}$

6-19　$F = 8qa/3$

6-20　$b(x) = \dfrac{b_0}{L}x$,　$b_0 = \dfrac{6FL}{\delta^2[\sigma]}$

6-21　$d(x) = d_0\sqrt{\dfrac{x}{L}}$,　$d_0 = \sqrt{\dfrac{6FL}{b_0[\sigma]}}$

6-22　$\sigma_{max} = 4.2\text{MPa}$, $x = 40\text{mm}$

6-23　$\sigma(x)_{max} = \dfrac{3FxL^2}{b_0 h_0^2(L+2x)^2}\left(0 \le x \le \dfrac{L}{2}\right)$,　$\sigma_{max} = \dfrac{3FL}{8b_0 h_0^2}$

6-24　(a) $d(x) = \sqrt[3]{\dfrac{16Fx}{\pi[\sigma]}} = \sqrt[3]{\dfrac{2x}{L}}d_0$,　$d_0 = \sqrt[3]{\dfrac{8FL}{\pi[\sigma]}}$;　(b) $d(x) = d_0\sqrt[3]{4\left(\dfrac{x}{L} - \dfrac{x^2}{L^2}\right)}$,　$d_0 = \sqrt[3]{\dfrac{4qL^2}{\pi[\sigma]}}$

6-25　$\sigma_{t,max} = 8.89\text{MPa}$, 　$\sigma_{c,max} = 12.57\text{MPa}$

6-26　(1) $b = 23.1\text{cm}$, 　$h = 32.6\text{cm}$, 　$x = 2\text{m}$;　(2) $F \le 20.5\text{kN}$

6-27　$\sigma_{max} = 72.9\text{MPa}$

6-28　$[q] = 6.997\text{kN/m}$

第7章　弯 曲 变 形

7-2　(a) $y_A = 0$, $y_B = 0$;　(b) $y_B = 0$, 　$y_D = 0$;　(c) $y_B = 0$, 　$\theta_B = 0$;　(d) $y_B = 0$, $y_C = \Delta l_1 = -\dfrac{Fal_1}{lE_1A_1}$;

　　(e) $y_A = 0$, 　$y_B = -\dfrac{ql}{2K}$;　(f) $y_A = 0$, 　$y_{C.L} = y_{C.R}$, $y_D = 0$, $\theta_D = 0$

7-4　(a) $y_C = \dfrac{19ql^4}{128EI}(\uparrow)$, 　$\theta_C = \dfrac{11ql^3}{48EI}$ (逆时针)；　(b) $y_C = \dfrac{7qa^4}{8EI}(\uparrow)$, 　$\theta_C = \dfrac{4qa^3}{3EI}$ (逆时针)；

　　(c) $y_C = -\dfrac{5qa^4}{24EI}(\downarrow)$, 　$\theta_C = -\dfrac{qa^3}{4EI}$ (顺时针)；

　　(d) $y_C = \dfrac{qal^2}{48EI}(5l+6a)(\uparrow)$, 　$\theta_C = -\dfrac{ql^2}{24EI}(5l+12a)$ (顺时针)；

　　(e) $y_C = \dfrac{Fa}{48EI}(3l^2 - 16la - 16a^2)$, 　$\theta_C = -\dfrac{F}{48EI}(3l^2 - 16la - 24a^2)$;

　　(f) $y_C = \dfrac{qa}{24EI}(l^3 - 4la^2 - 3a^3)$, 　$\theta_C = \dfrac{q}{24EI}(l^3 - 4la^2 - 4a^3)$

7-5　$F = 4\text{kN}$, 　$\sigma_{max} = 192\text{MPa}$

7-6　(1) $y_1 = \dfrac{5ql^4}{384EI}$;　(2) $y_2 = \dfrac{7ql^4}{6144EI}$, 　$\dfrac{y_1}{y_2} = \dfrac{80}{7} = 11.43$

7-7　$d \ge 23.9\text{mm}$

7-8　$\Delta = 0.0432\text{mm}$

7-9　$F = 1.735\text{kN}$

7-10　$y(x_1) = \dfrac{qx_1}{48EI}(6ax_1^2 - 2x_1^3 - 9a^3)$, 　$y(x_2) = \dfrac{qax_2}{48EI}(2x_2^2 - 7a^2)$;　$\theta_A = \dfrac{3qa^3}{16EI}$, 　$y_C = -\dfrac{5qa^4}{48EI}$

7-11 $EIy_1' = 2.25x^2 - 0.5x^3 - 3.125$ ， $EIy_1 = 0.75x^3 - 0.125x^4 - 3.125x$ ，

$EIy_2' = -15x + 65.625$ ， $EIy_2 = -7.5x^2 + 65.625x - 140.625$

7-12 $EIy_1' = 8x^2 - \dfrac{1}{3}x^3 - 63x$ ， $EIy_1 = \dfrac{8}{3}x^3 - \dfrac{1}{12}x^4 - \dfrac{63}{2}x^2$ ，

$EIy_2' = 5x^2 - 54x - 9$ ， $EIy_2 = \dfrac{5}{3}x^3 - 27x^2 - 9x + 6.75$ ，

$EIy_3' = 3x^2 - 36x - 49.5$ ， $EIy_3 = x^3 - 18x^2 - 49.5x + 67.5$ ，

$\theta_B = -0.705°$ ， $y_B = -51.7\text{mm}$

7-13 $y_A = \dfrac{7ql^4}{24EI}(\downarrow)$

7-14 (a) $\theta_B = -\dfrac{3Fa^2}{EI}$ (顺时针)， $y_C = -\dfrac{4Fa^3}{3EI}(\downarrow)$ ； (b) $\theta_B = \dfrac{7qa^3}{12EI}$ (逆时针)， $y_C = -\dfrac{25qa^4}{48EI}(\downarrow)$

7-15 $F = \dfrac{F_1}{4}(\downarrow)$

7-16 $F_{Ay} = 11.1\text{kN}$ ， $F_{By} = 90.1\text{kN}$ ， $F_{Bx} = 0$ ， $M_B = 86.6\text{kN} \cdot \text{m}$

7-17 $F_{Cy} = \dfrac{F}{3}$

7-18 $F_N = \dfrac{Fl^2 \sin \alpha}{l^2 \sin^2 \alpha + \dfrac{3EI}{EA \cos \alpha}}$

7-19 $M_A = 72.00\text{N} \cdot \text{m}$ ， $M_B = 201.60\text{N} \cdot \text{m}$

7-20 $\Delta_0 = 13.83\text{mm}$

7-21 $F_{Ay} = 14.07\text{kN}(\uparrow)$ ， $F_{Dy} = 5.39\text{kN}(\uparrow)$

7-22 $y_C = \dfrac{9F^4}{2048q^3EI}$ ， $F_{s,\max} = \dfrac{F}{2}$ ， $|M| = \dfrac{F^2}{16q}$

7-23 $b = \sqrt{2}a$

7-24 $\sigma_{AB,\max} = 156\text{MPa}$ ， $\sigma_{BC,\max} = 185\text{MPa}$

7-25 $\Delta_{Cy} = \dfrac{4Fa}{53EA} = \dfrac{10Fa^3}{53EI}(\downarrow)$

第 8 章 应力状态及应变状态分析

8-1

序号	指定斜截面上的应力		主方向和主应力		
	σ_α /MPa	τ_α /MPa	α_0	$\sigma_{\max}$ /MPa	$\sigma_{\min}$ /MPa
(a)	−52	30	45°	60	−60
(b)	−10	−52	0°	80	−40
(c)	76	15	45°	80	20
(d)	109.6	−23.3	−19.3°	114	−14
(e)	−27.7	−53.3	−10.9°	33.9	−73.9

8-3 (1) $\sigma_1 = 31\text{MPa}$ ， $\sigma_2 = 0$ ， $\sigma_3 = -116\text{MPa}$ ；(2) $\alpha_{01} = -27.3°$ ， $\alpha_{02} = 62.7°$ ， $\tau_{\max} = 73.5\text{MPa}$

8-4 A 点：$\sigma_1 = 110.7\text{MPa}$ ， $\sigma_2 = \sigma_3 = 0$ ；B 点：$\sigma_1 = 2.39\text{MPa}$ ， $\sigma_2 = 0$ ， $\sigma_3 = -6.68\text{MPa}$

8-5　(1) $\sigma_{120°} = 7.19\,\mathrm{MPa}$ ，　$\tau_{120°} = -30.6\,\mathrm{MPa}$ ；　(2) $\sigma_1 = 93.5\,\mathrm{MPa}$ ，　$\sigma_2 = 0$ ，　$\sigma_3 = -3.35\,\mathrm{MPa}$ ，　$\alpha_0 = 10.7°$

8-6　$\sigma_{-45°} = 250\,\mathrm{MPa}$ ；　$\tau_{-45°} = 83.3\,\mathrm{MPa}$

8-7　(1) $\alpha_{01} = -22.5°$ ，　$\alpha_{02} = 67.5°$ ；　(2) $\sigma_{-22.5°} = 57.6\,\mathrm{MPa}$ ，　$\sigma_{67.5°} = -9.91\,\mathrm{MPa}$

8-8　$\sigma_1 = 500\,\mathrm{MPa}$ ；　$\sigma_2 = 100\,\mathrm{MPa}$

8-9　$\sigma_1 = 120\,\mathrm{MPa}$ ；　$\sigma_2 = 20\,\mathrm{MPa}$ ；　AB 顺时针转 $30°$ 为 σ_1 方向

8-10　$\varepsilon_1 = 203 \times 10^{-6}$ ；　$\varepsilon_2 = 0$ ；　$\varepsilon_3 = -353 \times 10^{-6}$ ；　$\alpha_0 = -4.14°$ （ε_3 方向）

8-11　$\varepsilon_{45°} = \varepsilon_{135°} = \dfrac{\sigma}{2E}(1 - \mu)$

8-12　$\varepsilon_1 = \varepsilon_{30.2°} = 1039 \times 10^{-6}, \varepsilon_2 = \varepsilon_{-59.8°} = 291 \times 10^{-6}, \varepsilon_3 = 0$

8-13　$\varepsilon_1 = \dfrac{\sigma}{E}(3 + \mu)$ ；　$\varepsilon_2 = -\dfrac{2\mu\sigma}{E}$ ；　$\varepsilon_3 = -\dfrac{\sigma}{E}(1 + 3\mu)$

8-14　$\varepsilon_x = \dfrac{\sigma}{E}(3 - \mu)$ ；　$\varepsilon_y = \dfrac{\sigma}{E}(1 - 3\mu)$ ；　$\varepsilon_z = -\dfrac{4\mu\sigma}{E}$

8-15　(a) $\tau_{\max} = 40\,\mathrm{MPa}$ ；　(b) $\tau_{\max} = 30\,\mathrm{MPa}$

8-16　$\varepsilon_1 = 250 \times 10^{-6}$ ，　$\varepsilon_2 = 100 \times 10^{-6}$ ，　$\varepsilon_3 = 0$ ，　$\alpha_0 = -30°$ （ε_1 方向）

8-18　$\Delta A = \dfrac{ab\sigma}{E}(1 - \mu)$

8-19　$\varepsilon_{0°} = 24.2 \times 10^{-6}$ ；　$\varepsilon_{45°} = 54.4 \times 10^{-6}$ ；　$\varepsilon_{90°} = -6.77 \times 10^{-6}$

8-20　轴向应力为 $40.1\,\mathrm{MPa}$ ；　切向应力为 $80.2\,\mathrm{MPa}$ ；　$p = 3.27\,\mathrm{MPa}$

8-21　$P_k = 109.5\,\mathrm{kW}$

8-22　(1) $\sigma_1 = \sigma_2 = 0$ ，　$\sigma_3 = -50\,\mathrm{MPa}$ ；　(2) $\sigma_1 = 0$ ，　$\sigma_2 = -16.5\,\mathrm{MPa}$ ，　$\sigma_3 = -50\,\mathrm{MPa}$ ；
　　　(3) $\sigma_1 = \sigma_2 = -24.6\,\mathrm{MPa}$ ，　$\sigma_3 = -50\,\mathrm{MPa}$

8-23　$\alpha_0 = -25°$ ，　$\varepsilon_{\max} = 357 \times 10^{-6}$

8-24　$\sigma = 67.8\,\mathrm{MPa}$

8-25　$A = 31426.4\,\mathrm{mm}^2$

8-26　$|\tau_{x'y'}| = 1.55\,\mathrm{MPa} > 1\,\mathrm{MPa}$ ，　不满足

8-27　$\tau_{xy} = 120\,\mathrm{MPa}$

8-28　$\sigma_1 = 364\,\mathrm{MPa}$ ；　$\sigma_3 = -364\,\mathrm{MPa}$ ；　$\alpha_0 = -30°$

8-29　$\Delta l_{AB} = l_{AB}\varepsilon_{45°} = \dfrac{\sqrt{2}a(1 - \mu)q}{2E}$

第9章　强 度 理 论

9-1

序号	$\sigma_{r,1}/\mathrm{MPa}$	$\sigma_{r,2}/\mathrm{MPa}$	$\sigma_{r,3}/\mathrm{MPa}$	$\sigma_{r,4}/\mathrm{MPa}$
(1)	86.1	82.6	86.1	80.1
(2)	80	75	80	72.1
(3)	114	117.5	128	121.6
(4)	33.9	52.4	107.8	95.5

9-2　$n_s = 1.4$

9-3 按第三强度理论 $p \leqslant 1.2\,\text{MPa}$ ，按第四强度理论 $p \leqslant 1.39\,\text{MPa}$

9-4 $\sigma_{r,1} = 20\,\text{MPa} < [\sigma_t]$ ， $\sigma_{r,2} = 26.1\,\text{MPa} < [\sigma_t]$

9-5 $\tau = 100\,\text{MPa}$ ， $\tau_{\max} = 130.9\,\text{MPa}$ ； $p = 7.64\,\text{MPa}$ ， $T = 680\,\text{N}\cdot\text{m}$

9-6 $h = 13.3\,\text{m}$

9-7 A 腔充气 $\sigma_{r,y} = 100\,\text{MPa}$ ， B 腔充气 $\sigma_{r,y} = 78.4\,\text{MPa}$

9-8 No.20a

9-9 No.32a

9-10 $\sigma_{r,M} = 25.1\,\text{MPa}$

9-11 $\sigma_{r,2} = 35.3\,\text{MPa} < [\sigma_t]$ ， $\sigma_{r,M} = 34.6\,\text{MPa} < [\sigma_t]$

9-12 $\sigma_{r,4} = 109\,\text{MPa}$

9-13 根据第三强度理论 $T = 708\,\text{N}\cdot\text{m}$ ，根据双切应力强度理论 $T = 834\,\text{N}\cdot\text{m}$

9-14 $F = 385.9\,\text{kN}$ ， $T = 6.05\,\text{kN}\cdot\text{m}$ ， $\sigma_{r,3} = 16.2\,\text{MPa}$

9-15 $\sigma_{r,3} = 107.7\,\text{MPa}$

9-16 安全

9-17 （1） $\Delta d = 0.319\,\text{mm}$ ， $\Delta l = 0.225\,\text{mm}$ ， $\Delta V = 1680\,\text{cm}^3$ ；

（2） $\tau_{\max} = 37.5\,\text{MPa}$ ，作用面垂直横截面，并与径向截面及容器表面成 $45°$

第 10 章 组合变形时的强度计算

10-1 $h = 98.5\,\text{mm}$ ， $b = 65.6\,\text{mm}$

10-2 （1） $\sigma_{\max} = 15.7\,\text{MPa}$ ；（2） $f = 9.44\,\text{mm}$ ，与铅垂线的夹角为 $32.9°$

10-3 $r = 5.2\,\text{mm}$

10-4 $\theta \leqslant 0.215°$

10-5 $F_e = 91\%F$

10-6 $b = 80\,\text{mm}$

10-7 $\sigma_{t,\max} = 26.8\,\text{MPa} < [\sigma_t]$ ， $\sigma_{c,\max} = 32.3\,\text{MPa} < [\sigma_c]$

10-8 $d = 122\,\text{mm}$

10-9

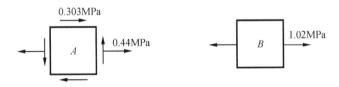

10-10

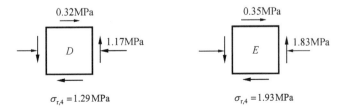

10-11 $\quad e = D/8$

10-12 $\quad \delta = 4.3\,\text{mm}$

10-13 $\quad \sigma_{r,4} = 57.5\,\text{MPa} < [\sigma]$

10-14 $\quad d = 67.2\,\text{mm}$

10-15 $\quad \sqrt{\left(\dfrac{F}{A} + \dfrac{M}{W}\right)^2 + 3\left(\dfrac{T}{2W}\right)^2} \leqslant [\sigma]$

10-16 $\quad \sigma_{r3,C} = \dfrac{64FR}{\pi d^3} = 254.6\,\text{MPa}, \quad \sigma_{r3,B} = \dfrac{32\sqrt{2}FR}{\pi d^3} = 180.1\,\text{MPa}$

10-17 $\quad \sigma_{r,3} = 84.4\,\text{MPa}$

10-18 $\quad \sigma_{r,3} = 125.6\,\text{MPa} < [\sigma]$

10-19 $\quad \sigma_{r3,B} = 73.4\dfrac{Fa}{\pi d^3}, \quad \sigma_{r3,A} = 75.15\dfrac{Fa}{\pi d^3}$

10-20 $\quad \sigma_{r,4} = 138.7\,\text{MPa}$

第 11 章　压 杆 稳 定

11-2 图(e)承受压力最小，图(f)承受压力最大

11-3 $\quad F_{cr} = \dfrac{hEA\sin\alpha\cos^2\alpha}{l}$

11-4 $\quad F_{cr} = 272\,\text{kN}$

11-5 矩形 $F_{cr} = 914\,\text{kN}$，正方形 $F_{cr} = 1109\,\text{kN}$，圆形 $F_{cr} = 1099\,\text{kN}$，圆环 $F_{cr} = 1175\,\text{kN}$

11-6 杆1：$F_{cr} = 4725\,\text{kN}$；杆2：$F_{cr} = 4423\,\text{kN}$；杆3：$F_{cr} = 2540\,\text{kN}$

11-7 $\quad F_{cr} = \dfrac{\pi^2 EI}{2l^2}, \quad F_{cr} = \dfrac{\sqrt{2}\pi^2 EI}{l^2}$

11-8 $\quad F_{cr} = 23.3\,\text{kN}$

11-9 $\quad [F] = 10\,\text{kN}$

11-10 $\quad F \leqslant 14.4\,\text{kN}$

11-11 $\quad n = 3.55$

11-12 $\quad n = 2.83$

11-13 $\quad n = 3.63$

11-14 梁 $n = 2.3$，柱 $n = 3.7$

11-15 $\quad T = 55.3\,^\circ\text{C}$

11-16 (1) $\sigma = 129\,\text{MPa} < \varphi[\sigma] = 136\,\text{MPa}$

11-17 (1) $F_{cr} = \dfrac{\pi^3 E d^4}{128 l^2}$；(2) $F_{cr} = 538\,\text{kN}$

11-18 $\quad \sigma = 75.45\,\text{MPa} < \varphi[\sigma] = 75.57\,\text{MPa}$

11-19 $\quad n = 3.72 > n_{st}$，稳定

11-20 $\quad \sigma_{t,max} = 33.75\,\text{MPa}, \quad \sigma_{c,max} = 40\,\text{MPa}, n = 2.92$

第12章 动 载 荷

12-1 $F_N = F(3 - 2\cos\alpha)$

12-2 $n_{max} = 53.1\,\text{r/s} = 3186\,\text{r/min}$, $\Delta l = 0.6\,\text{mm}$

12-3 $\sigma = 160.6\,\text{MPa}$

12-4 $\sigma_d = 96.8\,\text{MPa} \leqslant [\sigma]$, $v \leqslant 111.7\,\text{m/s}$

12-5 $\sigma_{max} = 12.8\,\text{MPa}$

12-6 $\sigma_{max} = 107\,\text{MPa}$

12-7 (1) $v = 3.78\,\text{m/s}$; (2) $n_{max} = 83.8\,\text{r/min}$

12-8 $\Delta_d = 3.95\,\text{mm}$, $\sigma_{max} = 237\,\text{MPa}$

12-9 $d = 145\,\text{mm}$

12-10 $\Delta_d = 7.27\,\text{mm}$, $\sigma_{max} = 6\,\text{MPa}$

12-11 $F = 10.4\,\text{N}$, $\tau_d' = 63\,\text{MPa}$, $\Delta_d = 100\,\text{mm}$

12-12 $H = 389\,\text{mm}$, 如果没有弹簧 $H = 9.66\,\text{mm}$

12-13 $\sigma_d = 142.6\,\text{MPa}$, $\tau_d = 80.7\,\text{MPa}$

12-14 $\sigma_d' = 41\,\text{MPa}$, $h = 2.38\,\text{m}$

12-15 $M_{d,max} = \omega\sqrt{\dfrac{3FEIl}{g}}$

12-16 $\sigma_d = 148.5\,\text{MPa}$

12-17 $\sigma_d = 145.5\,\text{MPa}$, $\Delta_d = 1.357\,\text{mm}$

12-18 $n = 2.55 \geqslant n_{st}$

12-19 (1) $K_d = 5.68$, A 端的动位移 $\Delta_d = 343\,\text{mm}$; (2)动应力 $\sigma_{d,max} = 38.1\,\text{MPa}$

12-20 $\sigma_d = 16.9\,\text{MPa}$

12-21 $\Delta_d = 4.22\,\text{mm}$, $\sigma_{d,max} = 219.4\,\text{MPa}$

12-22 $y_B = \dfrac{1+\sqrt{7}}{2}\delta = 0.91\dfrac{W}{k}$

12-23 $K_d = 1 + \sqrt{1 + \dfrac{480hEI}{31Wa^3}}$, $\sigma_{d,max} = K_d\dfrac{17Wa}{40W_z}$

12-24 $\Delta_{st} = 0.9\,\text{mm}$, $K_d = 7.74$, $n = 3.6 \geqslant n_{st}$

12-25 $\Delta_{k,st} = 2.74\,\text{mm}$, $K_d = 3.88$, $n = 8.48 \geqslant n_{st}$

12-26 $K_d = 0.872\sqrt{\dfrac{v^2Ed^3}{gWa^3}}$, $\sigma_{d,max} = 3.77\sqrt{\dfrac{v^2EW}{gad^3}}$

12-27 $\Delta_{st} = 0.08\,\text{mm}$, $K_d = 51$, $\sigma_{d1} = \sigma_{d2} = 147\,\text{MPa}$, $\sigma_{d3} = 204\,\text{MPa}$

附录A 平面图形的几何性质

A-1 (a) $y_C = 0$, $z_C = 46.2\,\text{mm}$; (b) $y_C = 0$, $z_C = 260\,\text{mm}$;

(c) $y_C = 0$, $z_C = 140.9\,\text{mm}$; (d) $y_C = 12.64\,\text{mm}$, $z_C = 147\,\text{mm}$

A-2　$y_E = \dfrac{a}{2}$,　$z_E = 0.634a$

A-3　$I_y = \dfrac{1}{3}bh^3$,　$I_z = \dfrac{1}{3}hb^3$,　$I_{yz} = -\dfrac{1}{4}b^2h^2$

A-4　(a) $I_y = 1.593 \times 10^{-2}\,\text{m}^4$;　(b) $I_y = 8.19 \times 10^{-4}\,\text{m}^4$;　(c) $I_y = 3.57 \times 10^{-4}\,\text{m}^4$;　(d) $I_y = 4.24 \times 10^{-6}\,\text{m}^4$;
　　　(e) $I_y = 1.324 \times 10^{-4}\,\text{m}^4$;　(f) $I_y = 5.02 \times 10^{-3}\,\text{m}^4$;　(g) $I_y = 80 \times 10^{-8}\,\text{m}^4$;　(h) $I_y = 0.723R^4$

A-5　$I_y = I_z = \dfrac{5L^4}{64}$

A-6　$y_C = \pm 30\,\text{mm}$

A-8　(a) $z_C = 20\,\text{mm}$,　$I_y = 5.33 \times 10^5\,\text{mm}^4$,　$I_z = 38.13 \times 10^5\,\text{mm}^4$;
　　　(b) $z_C = y_C = 0$,　$I_y = 1.24 \times 10^8\,\text{mm}^4$,　$I_z = 12.06 \times 10^8\,\text{mm}^4$;
　　　(c) $y_C = 68\,\text{mm}$,　$I_y = 49.5 \times 10^6\,\text{mm}^4$,　$I_z = 36.9 \times 10^6\,\text{mm}^4$;
　　　(d) $z_C = 37.5\,\text{mm}$,　$I_y = 16.3 \times 10^6\,\text{mm}^4$,　$I_z = 94.8 \times 10^6\,\text{mm}^4$

A-9　(a) $I_{y1} = 5.09 \times 10^6\,\text{mm}^4$,　$I_{z1} = 5.09 \times 10^6\,\text{mm}^4$,　$I_{y1z1} = 0$;
　　　(b) $I_{y1} = 10.45 \times 10^6\,\text{mm}^4$,　$I_{z1} = 4.05 \times 10^6\,\text{mm}^4$,　$I_{y1z1} = 0$

A-10　(a) $\alpha_0 = 17.69°$,　$I_{yC} = 1152\,\text{cm}^4$,　$I_{zC} = 285\,\text{cm}^4$;
　　　(b) $\alpha_0 = -27.4°$,　$I_{yC} = 1314\,\text{cm}^4$,　$I_{zC} = 358\,\text{cm}^4$

A-11　$y_C = z_C = 32.2\,\text{mm}$,　$\alpha_0 = \dfrac{\pi}{4}$,　$I_{y'C} = 48.60 \times 10^5\,\text{mm}^4$,　$I_{z'C} = 14.34 \times 10^5\,\text{mm}^4$

A-12　$I_{yC} = 398 \times 10^6\,\text{mm}^4$,　$I_{zC} = 146 \times 10^6\,\text{mm}^4$,　$I_{yCzC} = 56 \times 10^6\,\text{mm}^4$,　$I_{max} = 410 \times 10^6\,\text{mm}^4$,　$I_{min} = 134 \times 10^6\,\text{mm}^4$

参 考 文 献

国家市场监督管理总局, 国家标准化管理委员会, 2020. 金属材料 夏比摆锤冲击试验方法(GB/T 229 —2020).
北京: 中国标准出版社.

国家市场监督管理总局, 国家标准化管理委员会, 2021. 金属材料 拉伸试验 第 1 部分: 室温试验方法(GB/T
228. 1—2021). 北京: 中国标准出版社.

国家质量监督检验检疫总局, 国家标准化管理委员会, 2008. 金属材料 室温扭转试验方法(GB/T 10128—
2007). 北京: 中国标准出版社.

国家质量监督检验检疫总局, 国家标准化管理委员会, 2017. 金属材料 室温压缩试验方法(GB/T 7314—
2017).

国家质量监督检验检疫总局, 国家标准化管理委员会, 2017. 热轧型钢(GB/T 706—2016). 北京: 中国标准出
版社.

刘鸿文, 2017. 材料力学. 6 版. 北京: 高等教育出版社.

单辉祖, 2016. 材料力学. 4 版. 北京: 高等教育出版社.

俞茂宏, 1998. 双切理论及其应用. 北京: 科学出版社.

BEER F P, et al. , 1992. Mechanics of Materials. New York: McGraw-Hill Inc.

HIBBELER R C, 1991. Mechanics of Materials. New York: Macmillan Publishing Company.

MOTT R L, 1990. Applied Strength of Materials. Englewood Cliffs: Prentice-Hall.

NASH W A, 2002. 全美经典学习指导系列——材料力学. 赵志岗, 译. 北京: 科学出版社.

TIMOSHENKO S, GERE J, 1972. Mechanics of Materials. London: Van Nostrand Reinhold Company.